U0262754

海相缝洞型碳酸盐岩储层循缝找洞增产理论与技术

赵海洋　刘志远　著

科学出版社

北　京

内 容 简 介

“循缝找洞”是依据塔里木盆地海相缝洞型碳酸盐岩储层的地质特点，基于西北油田20余年在储层改造方面的探索、研究和实践提出的“特色工程技术”思想，以促进该类油气藏的高效开发。本书内容分为两部分，第一部分为第1～6章，主要从碳酸盐岩储层构造及岩石力学特征着手，阐述裂缝起裂、扩展及缝洞沟通的相关理论、试验与数值模拟工作；第二部分为第7～12章，主要是缝洞型碳酸盐岩循缝找洞增产的相关工程技术，包括复杂缝酸压技术、暂堵酸压技术、脉冲波压裂技术、二氧化碳压裂技术及其在油田开发过程中的应用与评估。

本书适合从事油气田开发与相关专业研究的高等院校师生，以及科研院所、油田企业的技术和管理人员参考使用。

图书在版编目(CIP)数据

海相缝洞型碳酸盐岩储层循缝找洞增产理论与技术 / 赵海洋，刘志远著. —北京：科学出版社，2023.3

ISBN 978-7-03-066777-9

Ⅰ. ①海… Ⅱ. ①赵… ②刘… Ⅲ. ①海相–碳酸盐岩油气藏–油田开发–研究 Ⅳ. ①TE344

中国版本图书馆CIP数据核字(2020)第219981号

责任编辑：万群霞 冯晓利 / 责任校对：王萌萌
责任印制：吴兆东 / 封面设计：无极书装

科学出版社 出版
北京东黄城根北街16号
邮政编码：100717
http://www.sciencep.com
北京中科印刷有限公司 印刷
科学出版社发行 各地新华书店经销
*
2023年3月第 一 版 开本：787×1092 1/16
2023年3月第一次印刷 印张：30
字数：711 000

定价：398.00元

(如有印装质量问题，我社负责调换)

前言

碳酸盐岩储层是塔里木盆地西北油田的主力油气层，以缝洞为主要储集空间，分布随机，非均质性强，如何有效建立井眼与不同方位缝洞体的流动通道，是高效开发该类油气藏、提高采收率的关键。本书以建立与储层地质环境统一、协调的增产技术为出发点，提出了“循缝找洞”的工程技术思想，即遵循储层岩体的缝洞结构分布及储层改造的科学规律，采用与之匹配的工艺技术，通过工程实施，实现井眼与油气储集体的连通，开采油气，增产增效。以此为基础阐述深层缝洞型碳酸盐岩储层改造的理论与技术方法。

全书共12章两个部分。第一部分为第1～6章，为储层地质特征及基础理论，其中第1章阐述西北油田碳酸盐岩储层的构造成因、缝洞类型及分布特征、岩石物理及力学特征，分析裂缝、酸液对碳酸盐岩岩石力学性能的影响；第2章讨论地应力场反演的数值计算方法，建立典型区块的整体区域、断层局部区域、溶洞局部区域的地应力场分布计算模型，明确了地应力场的基本分布规律；第3章讨论天然裂缝张开压力和井周裂缝转向压力的力学模型，发展了岩石动态破裂的过程及描述方法；第4章基于裂缝起裂的力学模型，对裂缝扩展的模型准则、数学模型及数值模拟方法进行讨论，分析水力裂缝扩展、暂堵裂缝扩展及不同尺度下裂缝动态扩展的影响因素、特征；第5章开展缝洞沟通机理（井周缝洞沟通模式、近井缝洞沟通模式、远井缝洞沟通模式和缝洞储集体沟通模式）的数值模拟研究，建立相应的数值模型，分析不同沟通模式的影响因素，结合现场实际条件进行模拟计算与分析；基于第4章的理论模型，第6章对不同井型（直井、斜井和水平井）下多洞沟通进行了数值模拟研究，分别讨论了横向展布、纵向展布和三维展布的连通模型及规律。第二部分为第7～12章，为工程技术及应用评估，其中第7章基于复杂缝酸压技术的原理，讨论复合渗透酸液体系的性能、体系配方及对裂缝特征的影响，根据现场工程应用实例，优选并制定合理的改造工艺方案及参数设计；第8章研究高强度暂堵材料，分析暂堵材料的性能并对暂堵材料进行优选，同时制订工艺方案；第9章分析推进剂在不同药剂配制工艺下的适用性，讨论并制订了层内脉冲波压裂的工艺及关键施工参数；第10章讨论二氧化碳的物性特征及温度场的分布规律，测试了二氧化碳压裂液的性能并进行了适应性评价，优选压裂工艺方案；第11章建立基于应力场和测井资料预测裂缝宽度的模型方法，研究长期导流能力的关键影响因素并测试了不同支撑剂的导流能力，开展了脉冲压裂地层导流能力的评估方法及算例分析；第12章讨论储层改造的监测方案，对比分析并优选了酸压效果评估的方法。

在本书撰写与出版过程中，得到了中国石油化工股份有限公司西北油田分公司、中国石油化工股份有限公司石油勘探开发技术研究院、上海交通大学、武汉大学、中国石油大学（北京）、西南石油大学、中国科学院武汉岩土力学研究所、中国石油大学（华东）等单位的大力支持，唐旭海教授、张振南教授、赵海峰教授等知名专家对本书进行了认真的审阅并提出了宝贵意见，在此表示感谢。

由于本书涉及内容多，加之作者水平有限，书中难免存在不妥之处，恳请专家、同行批评指正。

作　者

2022 年 11 月

目 录

第1章　储层地质力学特征

塔里木盆地碳酸盐岩油气藏在构造演化过程中形成了以缝洞为主要储集空间的储层，非均质性强，缝洞分布随机。

本章以塔里木盆地塔河油田托甫台区块为对象，简要介绍与碳酸盐岩改造有关的储层地质、岩石物理及岩石力学特征，同时着重指出碳酸盐岩的力学性质一方面由岩石固有特性控制，另一方面更重要的是受酸液作用引发岩石内部结构改变带来的影响。本章涉及的试验方法可参考关于岩石物理和岩石力学等相关方面的文献和著作。

1.1　储层地质特征

1.1.1　区域地质背景

塔河油田托甫台区块构造位置处于塔里木盆地东北拗陷沙雅隆起-阿克库勒凸起西南倾末端，北东方向毗邻油田主体区，北西方向与哈拉哈塘凹陷相接，南为顺托果勒隆起，如图 1.1.1 所示。区域内断裂发育，主要发育有北北西、北北东向逆断裂。奥陶系碳酸盐岩是主要的油气储层，平面上具有“南北分带、东西分异”的特征，顶面呈现由西南向北东抬升的斜坡形态，分为构造低洼、构造缓坡和构造陡坡三个构造单元。储层基质孔隙度较低，溶蚀孔、洞、缝和构造缝为主要的储集空间。

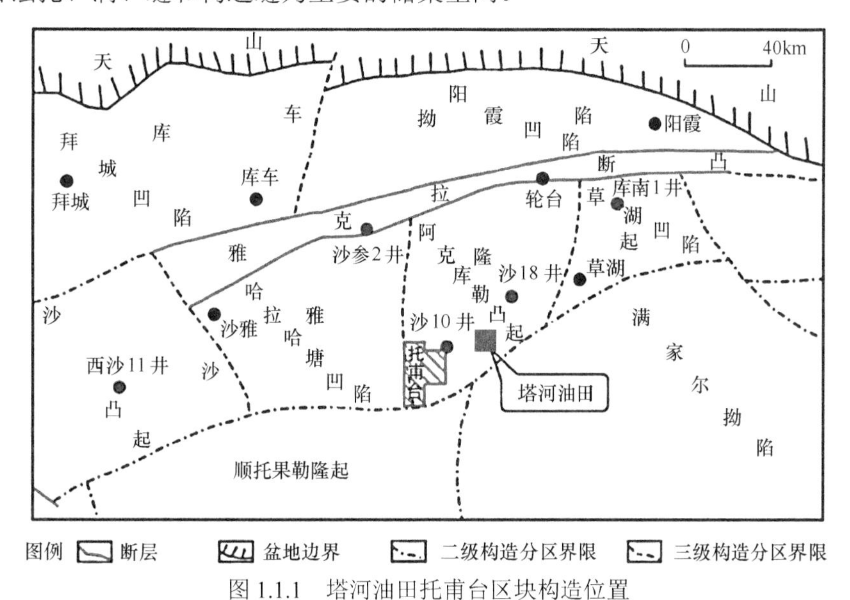

图 1.1.1　塔河油田托甫台区块构造位置

1. 构造演化过程

塔里木盆地在加里东中晚期发生了区域性挤压构造运动，盆地性质由被动大陆边缘盆地向挤压型盆地转变，盆地内形成隆拗交替的构造格局。塔河油田托甫台区块所在的阿克库勒凸起在该时期初具雏形，该时期构造运动源于塔里木板块南部与南昆仑板块的碰撞，阿克库勒凸起距板块碰撞地较远，受影响相对较弱，主要表现为整体小幅度抬升，形成向北缓慢抬升的缓坡形态。在海西期，阿克库勒凸起受区域性挤压抬升，逐渐形成向西南倾伏、北东向展布的大型鼻凸，后经印支—燕山和喜马拉雅运动进一步改造而最终定型。

托甫台区块处于阿克库勒凸起的西南斜坡部位，总体构造格局呈南西低、北东高的单斜形态，顶面产状平缓，构造变形相对较弱。区块内奥陶系油藏 T_7^4 顶面构造轴向以北北西、北北东、东西向为主，构造倾角为10°～40°，构造幅度为20～150m。加里东中期是该区块岩溶储层形成的关键时期，古地貌、断裂或裂缝作用、高能礁滩体等是控制储层发育的重要因素，表现出明显的层控和断控性。有利储层位于加里东中期古地貌高部位或岩溶残丘、断裂和裂缝密集带、高能礁滩体的复合部位，主要分布在区块的中、北部。

2. 断裂形成过程

托甫台区块根据断裂断开的层位、展布方向、断距大小、垂向上的变化特征、区域构造应力场，将区域内断裂系统的活动划分为三期：加里东早期—加里东中期、加里东晚期—海西早期、海西晚期—印支期。加里东早期—海西早期形成的断裂规模较大，切割层位较多且深，发育形成一系列北北东和北北西向的主控断裂，构成了托甫台区域的断裂格架，对奥陶系碳酸盐岩储层油气向上运移、局部构造的形成具有一定的控制作用。

贯穿托甫台全区域的主干断裂延伸长度达 45km，在构造演化过程中多次变换扭动方向，宽度时窄时宽，变形强度有强有弱，拉张、挤压、压扭现象共存，并伴生形成一系列的次级断裂。次级断裂与主干断裂呈现为平行、不连续的斜交。受岩溶作用影响，在剖面上呈漏斗形、V字形、梯形或线形，在平面上表现为延伸不连续、宽窄不相等、边界不规则的分布特征。

3. 储层类型与特征

断控岩溶缝洞型碳酸盐岩储层，储集空间类型多样、大小不均、分布随机，主要为孔隙、裂缝、孔洞三大类。

1）孔隙

碳酸盐岩经历深埋藏和后期改造，原生孔隙几乎消失殆尽，次生孔隙是碳酸盐岩储层的主要储渗空间类型之一。次生孔隙主要为粒间溶孔、粒内溶孔、晶间孔、晶间溶孔。粒间溶孔、粒内溶孔大小不等，镜下多呈微溶孔，岩心上多呈斑状、透镜状和薄层状分布，孔径一般为0.1～0.5mm。晶间孔、晶间溶孔分布广泛，晶间孔孔径多在0.001～0.01mm，晶间溶孔孔径一般小于1mm，常含油或被沥青充填。

2）裂缝

经多期构造运动及多期岩溶改造后，构造缝、溶蚀缝较发育，对储层储渗性能贡献较大。储层的储集性、裂缝长度、开启度、密度、充填性在纵横向变化较大，导致碳酸盐岩储层具有强烈的非均质性，宏观上表现为构造轴部强、翼部弱，高部位强、低部位弱，北部强、南部弱等主要特征。

3）孔洞

孔洞是奥陶系碳酸盐岩储层的重要储集空间，其形成和发育主要与岩溶作用有关，多见沿先期渗透带（古地貌凸起、断裂带）发育，常与裂缝一起构成缝洞型储层。按照大小，孔洞可分为溶蚀孔洞和大型洞穴：溶蚀孔洞多见沿裂缝、缝合线发生溶蚀作用形成，表现为密集分布或孤立发育，部分被泥质、方解石全充填-半充填；洞穴指直径大于 100mm 的溶洞，在岩心上无法进行完整观察，往往通过洞穴角砾岩、地下暗河沉积物、巨晶方解石充填、钻井放空、钻井液漏失、钻时变化等数据资料来判断。

根据储集空间的组合特征，奥陶系碳酸盐岩一般有三类储集层：裂缝型、裂缝-孔洞型、裂缝-溶洞型。

1）裂缝型储集层

裂缝型储层表现为孔隙度小但渗透率大的特征，不排除溶蚀孔洞的贡献。常规物性分析资料显示碳酸盐岩岩石基质部分孔渗性差，对储层或产层的影响小，而裂缝系统的发育使孔隙度小的储集岩具有一定的产能。塔河油田奥陶系碳酸盐岩发育裂缝型储层，尤其是一间房组、鹰山组的纯石灰岩，性脆，受北北西、北北东向深大断裂的影响，发育次级小型断裂，局部地区有效裂缝发育。

2）裂缝-孔洞型储集层

裂缝-孔洞型储集层储集空间内裂缝和孔洞发育，两者对油气的储集和渗滤均有相当贡献，但溶蚀孔洞的贡献更大。该类储集层主要分布在中奥陶统一间房组开阔台地相沉积，受岩石组构控制，礁滩相颗粒灰岩比泥微晶灰岩更易于形成溶蚀孔隙，并在构造应力或上覆压力作用下产生裂缝、微裂缝，形成较好的储集性能；受岩相控制，平面上呈片状分布。

3）裂缝-溶洞型储集层

裂缝-溶洞型储集层以大型洞穴为主要储集空间，裂缝主要起渗滤通道和连通孔洞的作用，其分布与裂缝和古岩溶发育带密切相关，是 I 类优质储层。该类储层在钻进过程中常发生放空、钻井液漏失、井涌等现象，却因岩心破碎或取不到岩心而缺乏实测物性数据，但测试动态资料、测井解释资料、后期生产数据说明大型缝、洞型储层是极好的储集体。

1.1.2　裂缝与孔洞分布特征

裂缝可以有多种不同的分类，一般而言裂缝的分类方案可以归纳成几何学分类、地质分类、成因分类等。根据裂缝的地质成因，可以将裂缝分为成岩裂缝、风化裂缝、溶蚀裂缝、卸载裂缝、构造裂缝等。根据裂缝的力学性质，可以分为张性缝、张剪性缝、剪切缝和压剪性缝。在油气田开发中一般使用以下三个分类标准：①根据裂缝与水平面的夹角可以分为垂直缝、高角度缝、低角度缝、水平缝，多种倾角裂缝互相交切成网状则称为网状缝；②根据裂缝的开度将裂缝分为大缝、中缝、小缝、微缝；③根据裂缝的充填情况可以分为未充填、部分充填及充填缝。

根据孔洞尺寸大小，将储层分为溶洞型、溶蚀孔洞型、溶蚀裂缝型与缝洞型等几种类型。大型溶洞型储层是指以大型溶洞为主要储集空间的储层，在共轭裂缝的交叉处，受溶蚀作用易发育成大溶洞，因此大型溶洞储层往往伴随着溶蚀孔洞和溶蚀裂缝。溶蚀孔洞型储层是以溶蚀孔洞为主要储集空间的储层，不发育大型溶洞。溶蚀裂缝型储层是指以溶蚀裂缝为主要储层空间的储层，不发育大型溶洞，裂缝往往被溶蚀，有些甚至被溶蚀形成小的溶蚀孔洞。

1. 裂缝分布特征

根据岩心观察和测井提取裂缝分布的数据信息，包括裂缝的走向、倾向、倾角、长度、高度、开度及密度。

以塔河油田托甫台区块为例，裂缝的产状：①走向主要集中在40°～80°、220°～240°区间内，基本上与断层走向保持一致；②倾向主要集中在10°～20°、160°～170°、300°～330°区间内，占统计数的60%以上，其中主要集中在320°～330°区间内，如图1.1.2所示；③倾角可见高角度立缝（60°～90°）、低角度水平缝（0°～30°）及少量伴随高角度缝或低角度缝发育的斜缝（30°～60°），主要以大角度裂缝为主，倾角在60°～90°，占统计数的80%以上，如图1.1.3所示。裂缝的尺度：①长度为每平方米井壁的裂缝长度之和，单位为m/m^2，长度一般小于6m，其中小于4m的裂缝占统计数的70%以上；②高度主要集中在0～2m，占统计数的90%以上；③储层发育的天然裂缝多为小缝，开度小于0.1mm。区块内主断裂区域天然裂缝的密度为2.71条/m，次级断裂区域天然裂缝的密度为0.6条/m。天然裂缝多为半充填和全充填，充填物以方解石为主，如图1.1.4所示。

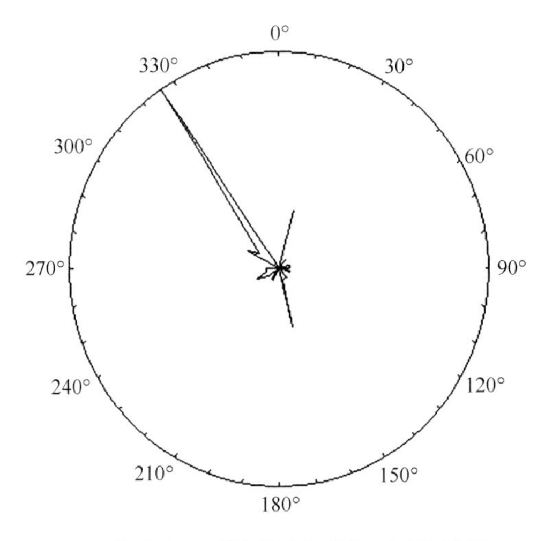

图1.1.2　塔河油田托甫台区块天然裂缝倾向分布

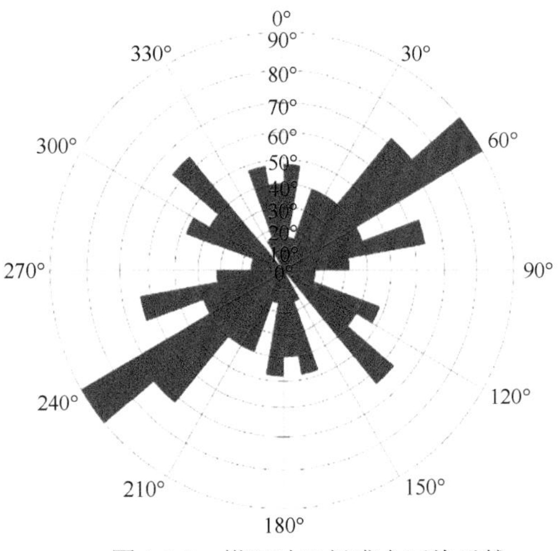

图1.1.3　塔河油田托甫台区块天然裂缝走向分布

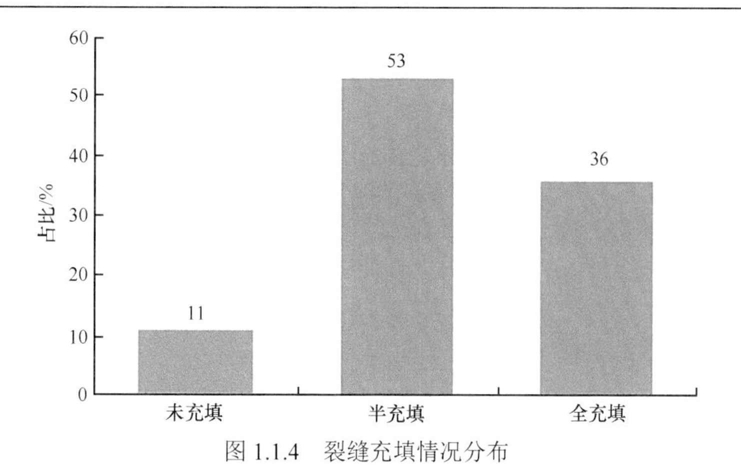

图 1.1.4　裂缝充填情况分布

根据地震数据体提取裂缝信息，包括走向和倾角：①走向上主要发育北北西与北北东两组共轭裂缝，如图 1.1.5 所示；②倾角主要为高角度裂缝，大部分裂缝的倾角在 60°以上，如图 1.1.6 所示。

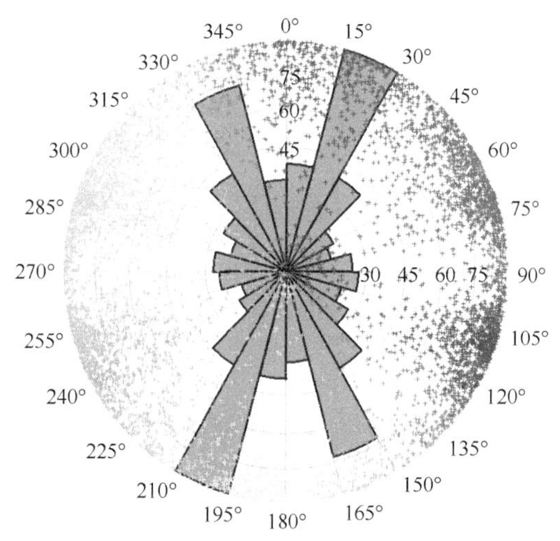

图 1.1.5　深度域离散裂缝走向分布

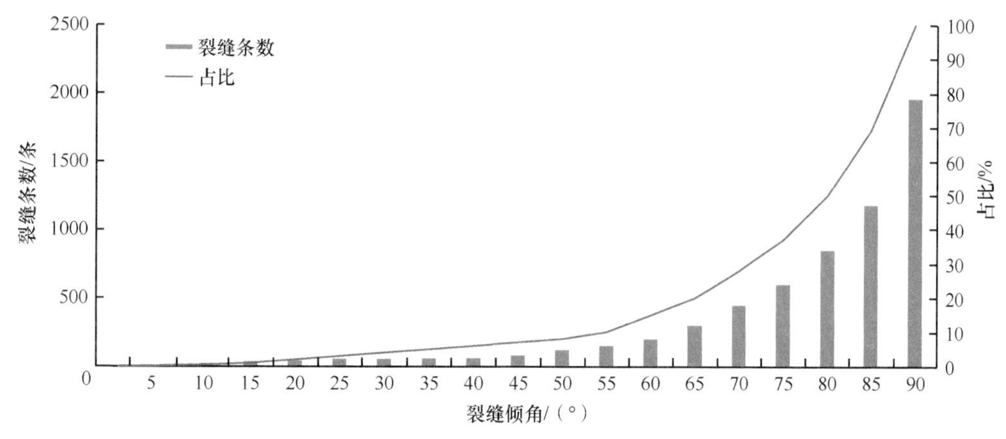

图 1.1.6　地震数据体识别出的裂缝倾角分布

2. 孔洞分布特征

溶蚀孔洞主要是生物灰岩中的粒内溶孔或原生孔隙溶蚀扩大而成粒间溶孔，有类似原生孔隙的特征，分布比较均匀。塔河油田在 T_7^4 与 T_7^6 界面之间的奥陶系中发育有大量不同规模的溶洞，当其达到一定规模后在地震资料上（如地震反射、地震振幅变化、波形与波阻抗）有明显的响应特征，根据这些响应特征识别和提取地层中的溶洞。

以托甫台区块为例，溶洞在平面上呈现孤立状、分布随机且不均匀，纵向上主要分布在高部位，即 T_7^4 界面附近，纵深部位发育程度降低，靠近 T_7^6 界面溶洞发育较弱，如图 1.1.7 所示为自北向南三个不同地区的东西向地震剖面。溶洞具体分布规律如图 1.1.8 所示：①串珠状反射，T_7^4 界面以下溶洞在地震反射剖面上呈现串珠状特征，对应的时间为 3900～4100ms；②平面分布，在 T_7^4 界面附近中部地区少有溶洞存在，北部区域溶洞发育中等；T_7^4 界面向下 25ms 切片，南部区域有少量溶洞出现，中部地区溶洞数量少，北部区域溶洞发育程度增大；在 50ms 与 75ms 切片上，北部地区的溶洞较南部区域发育；100ms 至 T_7^6 界面，整个地区的溶洞发育较少；③垂直分布，南部地区溶洞发育较少，中部地区整体溶

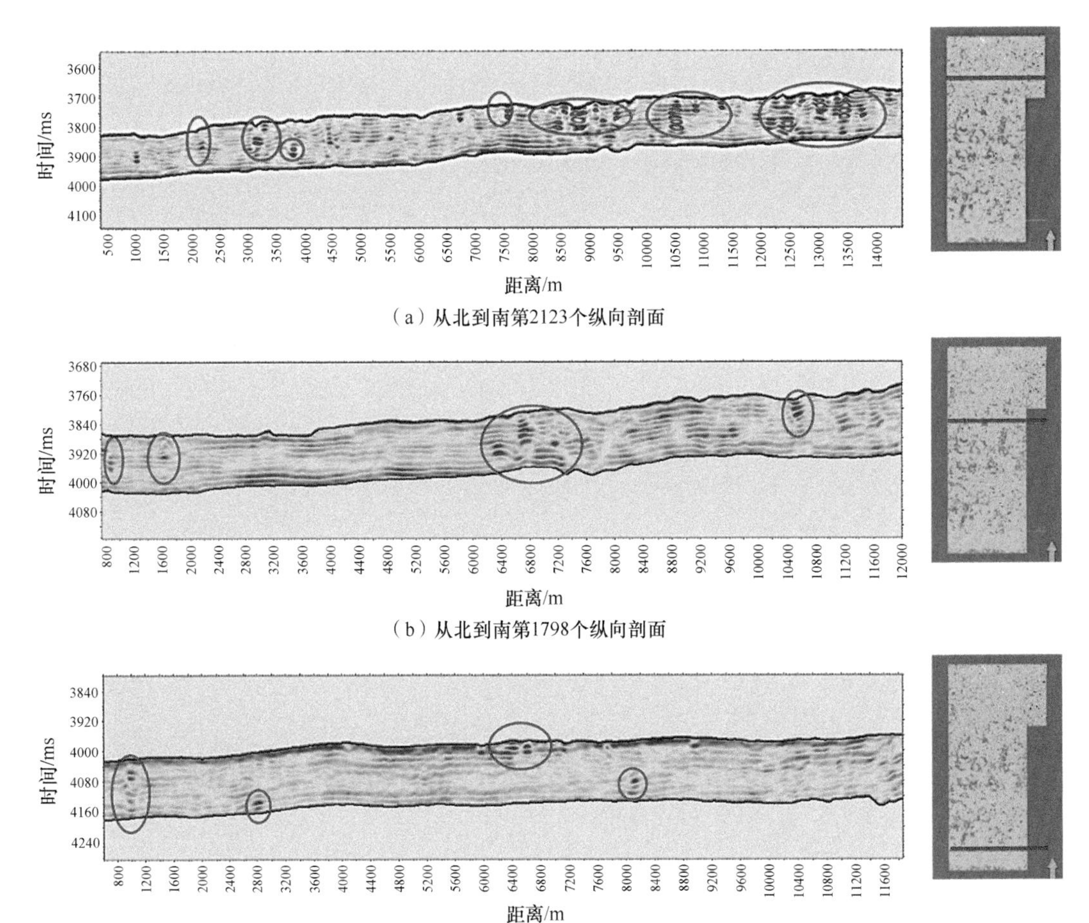

（a）从北到南第2123个纵向剖面

（b）从北到南第1798个纵向剖面

（c）从北到南第700个纵向剖面

图 1.1.7 不同位置处地震剖面溶洞显示

洞发育程度低，北部地区自上而下均有溶洞发育；④整体分布，南部溶洞的发育程度较弱且呈条带状展布，北西位置有一定程度的溶洞发育，北东位置的溶洞最为发育；⑤储集体尺寸，平面及垂向上均有几十到上百米规模的储集体分布；⑥溶洞与断层的伴生情况，南部溶洞和断层的伴生关系比较明显，大部分溶洞沿断层分布，北部溶洞和主断层有伴生关系，但由于北部地区溶洞较发育，大部分溶洞呈连片状，与断层的伴生关系不明显。

3. 溶洞与裂缝伴生分布特征

托甫台区块南部大部分溶洞沿天然裂缝分布，北部地区溶洞连片分布，与裂缝有一定的关系，但缝洞伴生关系较弱，如图1.1.9所示。

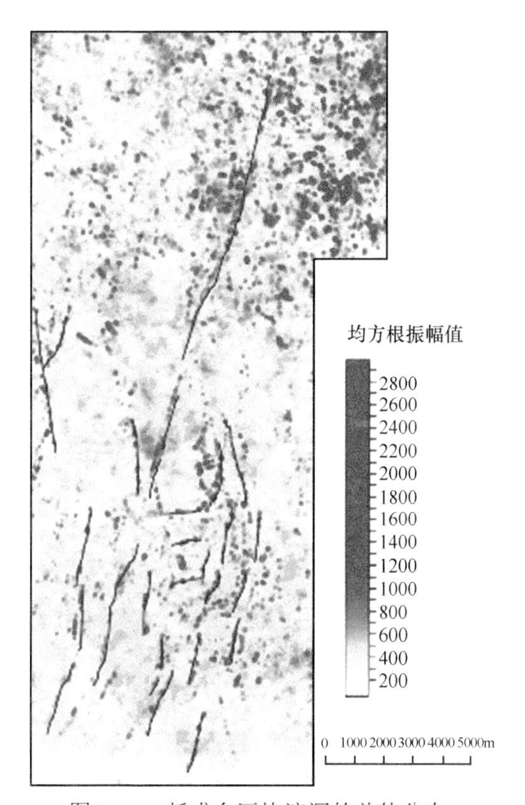

图1.1.8 托甫台区块溶洞的总体分布

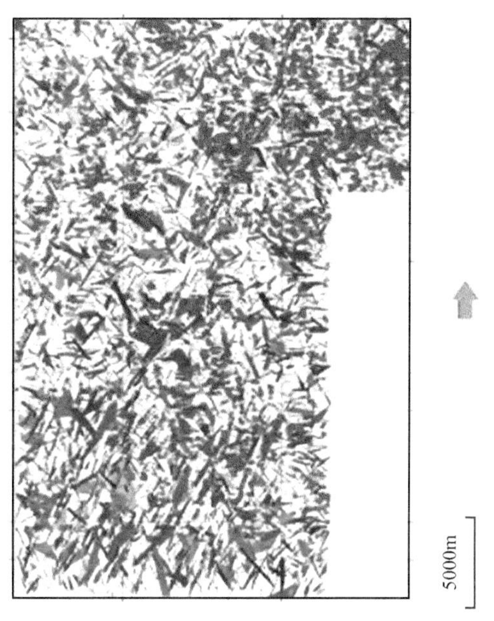

图1.1.9 天然裂缝和溶洞叠合分布图

1.1.3 主干断裂及次级断裂特征

1. 断裂整体分布特征

托甫台区块在经历多期构造运动背景下，发育了一系列规模、大小不等的断裂，主要发育北北西、北北东两组断裂体系，局部发育近东西向断裂。断裂的性质主要为高角度基底卷入型压性-压扭性逆断裂，局部发育一系列小型正断层。依据断裂规模、产状、性质、断开层位及活动期次，区块内断裂划分为三级：Ⅰ级断裂带、Ⅱ级断裂带和Ⅲ级断裂带，如图1.1.10所示。

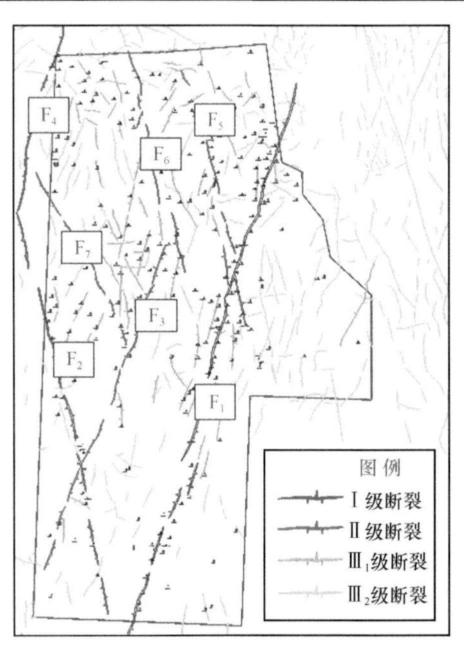

图 1.1.10 托甫台区块奥陶系油藏三级断裂叠合

F_1～F_7为断裂编号

Ⅰ级断裂带是区内规模最大的一类断裂带，走向为北北西向、北北东向，断开层位为T_7^0—T_9^0，断裂长度多大于 50km，断距范围为 25～50m，为断续状组合成近线性状的断裂带，储集体发育表现为一定的非均质性，油气充注具有分段性。该类断裂带地震剖面及实钻资料显示多具有较好的断裂溶扩面，说明断裂形成时间相对较早，主要形成于加里东中期，并经历了加里东晚期至海西早期的溶蚀扩大作用，具有纵向厚度大、平面波及范围广的控储特征。Ⅱ级断裂带走向为北北西向、北北东向，断开层位 T_7^0—T_8^0，断裂长度大于 10km，断距范围 20～40m，整体表现为较强的非均质性，油气充注差异性大，详细信息如表 1.1.1 所示。

表 1.1.1 托甫台区块奥陶系油藏断裂分级表

断裂级别		断层性质	断开层位	活动期次	断层规模			
					长度/km	断距/m	控储特征	控油特征
Ⅰ级断裂带		逆	T_7^0—T_9^0	加里东中期—海西期	50～92.1	25～50	纵向厚度和平面波及范围大，溶扩特征明显	整体油气富集
Ⅱ级断裂带		逆	T_7^0—T_8^0	加里东中期—海西期	12.1～16	20～40	纵向厚度较大，平面呈狭条状，具一定溶孔特征	断裂面油气富集
Ⅲ级断裂	$Ⅲ_1$	逆	T_7^0—T_8^0	加里东晚期—海西期	2～4.5	10～45	发育一定规模的裂缝型储层	深部断裂对油气有控制作用，多数油气充注程度低
	$Ⅲ_2$	逆	多数 T_7^2—T_7^5，局部 T_7^0—T_8^0	加里东晚期—海西期	2.9～7.4	15～30	发育裂缝型储层	充注程度低

2. 主干断裂特征

托甫台区块主控断裂差异性分段控储作用明显，主要受走滑断裂差异性受力作用的影响，导致Ⅰ、Ⅱ级断裂组合分布广、样式多，如图 1.1.11 所示，Ⅰ级主控断裂带以正花状为主，Ⅱ级及次级断裂带以单支状为主，如图 1.1.12 所示。主干断裂主要特征如表 1.1.2 所示。

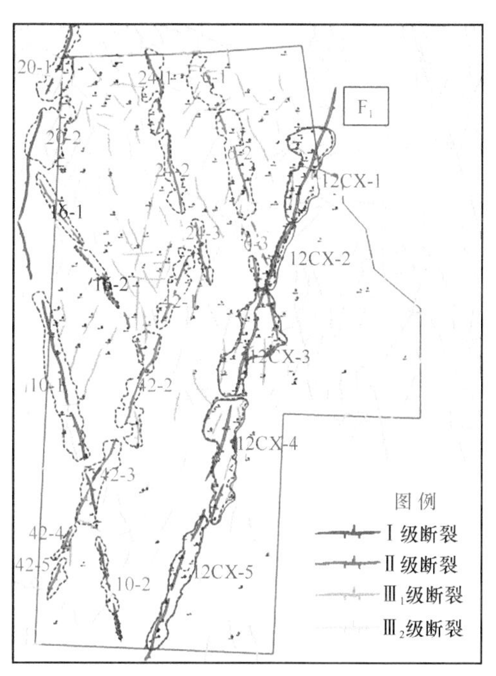

图 1.1.11　Ⅰ、Ⅱ级断裂带分段特征

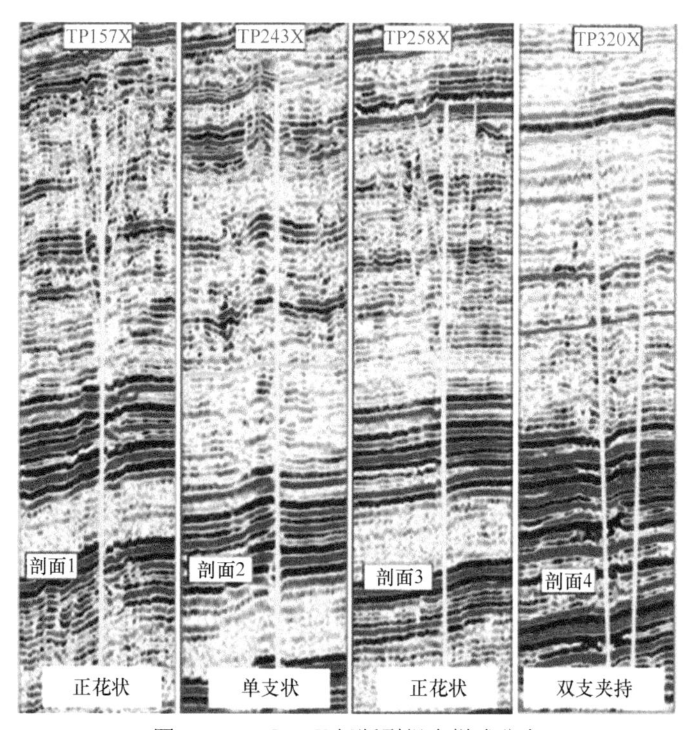

图 1.1.12　Ⅰ、Ⅱ级断裂组合样式分布

表 1.1.2　不同断裂带间分段性统计表

断裂级别	断裂带	分段号	长度/km	宽度范围/km	破碎深度范围/km	切错层位
I	TP12CX	1	11.6	0.24～2.3	1.5～1.8	T_5^0—T_9^0
		2	6.8	0.1～0.3	1.5～1.8	
		3	7.8	0.3～2.4	1.5～1.8	
		4	8.3	0.2～1.6	0.9～1.2	
		5	10.5	0.1～0.8	0.9～1.2	
	TP20	1	6.1	0.5～3	0.6～0.7	T_5^0—T_9^0
		2	5.4	1.2～2.1	0.4～0.5	T_7^0—T_9^0
	TP10CH	1	12.5	0.9～2.2	0.8～1	T_5^0—T_9^0
		2	7.7	0.2～0.6	0.2～0.4	T_7^0—T_7^4
	平均		8.5	1.4	1.1	—

3. 次级断裂特征

次级断裂为多期构造活动形成，断裂规模小，北部较南部断裂密度大，如表 1.1.3 所示。

表 1.1.3　次级裂缝发育区断裂密度对比

井区	面积/km^2	断裂条数/条	断裂密度/（条/km^2）	断裂类型
TP8 北部井区	73.8	33	0.45	III_2为主，其次为III_1
TP101 井区	80.6	32	0.40	III_1、III_2均发育
TP7 井区	56.7	27	0.48	III_1为主
TP12CX 井区	54.1	13	0.24	III_1为主
TP5—TP14 井区	36.7	19	0.52	III_2

4. 储集体与断裂伴生分布关系

托甫台区块溶洞储集体发育规模较小，纵向上主要发育在 T_7^4 以下 0～60m，全区 243 口完钻井中 75 口井钻遇 87 个溶洞，溶洞钻遇率 30.9%，平均洞高 3.08m。87 个溶洞中 73 个溶洞发育在 T_7^4 以下 0～60m，占溶洞总数的 83.9%，如图 1.1.13 所示。平面上，溶洞主要沿 I 、II 级断裂带及 I 级断裂带的伴生断裂分布，同一断裂带不同段间溶洞发育程度差异大，如表 1.1.4 所示。

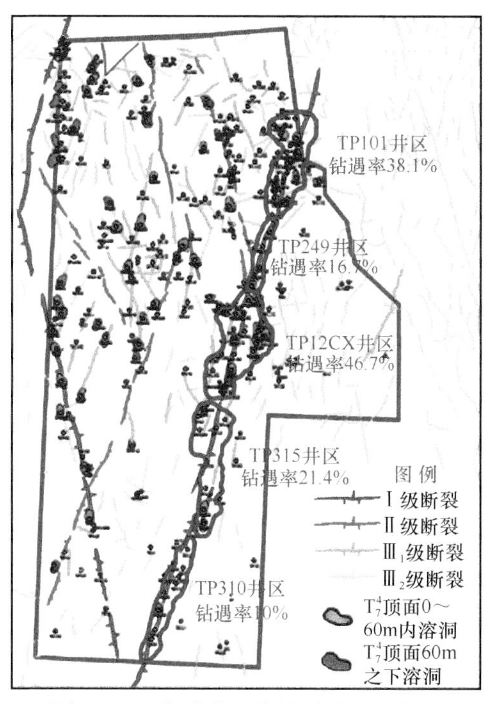

图 1.1.13　托甫台区块钻遇溶洞分布图

表 1.1.4　不同级别断裂钻遇溶洞对比表

断裂分级		完钻井数/口	溶洞个数	钻遇率/%	T_7^4 界面下 0～60m		T_7^4 界面 60m 以下	
					溶洞个数	占溶洞比例/%	溶洞个数	占溶洞比例/%
Ⅰ		89	37	36	29	78.4	8	21.6
Ⅱ		36	15	38.9	10	66.7	5	33.3
Ⅲ	$Ⅲ_1$	44	20	36.4	19	95	1	5
	$Ⅲ_2$	54	11	16.7	11	100	0	0
断裂带间		20	4	20	4	100	0	0
合计		243	87	30.9	73	83.9（平均占比）	14	16.1（平均占比）

1.2　岩石物理特征

1.2.1　微观结构与矿物成分

缝洞型碳酸盐岩储层通过酸化压裂建立溶蚀通道是实现油气增产的主要手段，岩石的矿物成分是影响酸岩反应的关键。塔河油田深层碳酸盐岩矿物排列紧密（图 1.2.1），基质岩层致密、质地坚硬，基质中缝孔发育少、连通性差，孔隙度和渗透率低，几乎没有储渗能力。碳酸盐岩主要成分为方解石，其含量约占 85%；其次为白云石，约占 13%；剩余为含有少量的石英及其他矿物。方解石和白云石与酸液发生反应，反应速率差异是裂缝面刻蚀不均匀从而形成导流能力的关键。

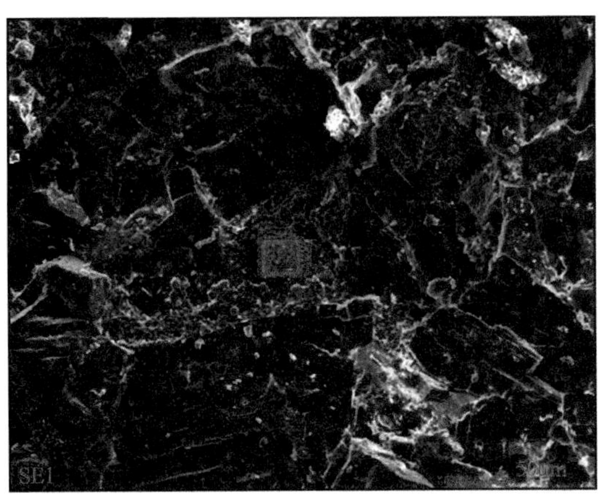

图 1.2.1 50μm 视域下扫描电子显微镜（SEM）图

1.2.2 储层物性特征

塔河油田奥陶系碳酸盐岩储层基质致密，一间房组全直径孔隙度为 0.1%～6.8%，平均孔隙度为 1.93%；渗透率为 0.001～38.7mD①，平均渗透率为 0.88mD；鹰山组全直径孔隙度分布范围为 0.3%～7.3%，平均孔隙度为 2.23%；渗透率为 0.01～211mD，平均渗透率为 5.5mD。储集空间主要为裂缝与溶蚀孔洞、溶洞，大缝、大洞发育区储层物性好，其中 AD4 井钻井过程中在一间房组顶面之下放空 23m，测试后高产。

1.3 岩石力学特征

1.3.1 碳酸盐岩基本力学特性

岩石类材料的全过程应力-应变曲线是研究材料力学性能和本构关系的基础，在储层改造工程决策、设计、实施、评价等方面具有重要作用。

1. 压缩破坏

碳酸盐岩单轴压缩的变形特征与一般岩石相同，压缩过程大致可分为初始压实阶段、弹性阶段、屈服阶段和破坏阶段。初始压实阶段是指试样的微裂隙逐渐闭合，岩石被压实，形成非线性变形；弹性阶段是指应力与应变基本呈线性关系，服从胡克定律，表现出碳酸盐岩的弹性特征；屈服阶段是指碳酸盐岩试样初步损伤的发展过程；破坏阶段是指轴向应力达到试样能够承受的极限能力，内部沿某破裂面产生宏观滑移，在滑移初期由于摩擦作用使试样纵向出现剪应力，应力迅速跌落，岩石试样整体失去承载能力的过程。由图 1.3.1 可知，试样峰值后表现出一定的脆性特征，具体表现为曲线在峰值前的塑性变形较小，达到峰值后应力跌落明显。

单轴压缩时，当轴向应力达到峰值强度后，伴随着能量的突然释放，产生多个沿应力

---

① $1mD=0.987\times10^{-3}\mu m^2$。

加载方向发展的宏观裂缝，使试样失去承载能力，形成多个拉伸、剪切破裂面，破裂形态具有明显的层状硬脆性岩石破坏特征。

三轴压缩时，随着围压升高，最高 40MPa：①岩石峰值后破坏所需要的破裂能逐渐增加，可释放的弹性能逐渐减少，不足以使碳酸盐岩进一步破坏，动力破坏现象不断减弱，破裂模式主要为剪切破坏。②破裂面的数量逐渐减少，脆性破裂特征逐渐减弱，韧性破裂特征逐渐显现。③试样破坏形态和破坏角度发生变化，低围压时，破裂面较为规整，岩样两端较为平整；高围压时，岩石试样出现多种剪切破坏形式，即单一剪切破坏和共轭剪切破坏。

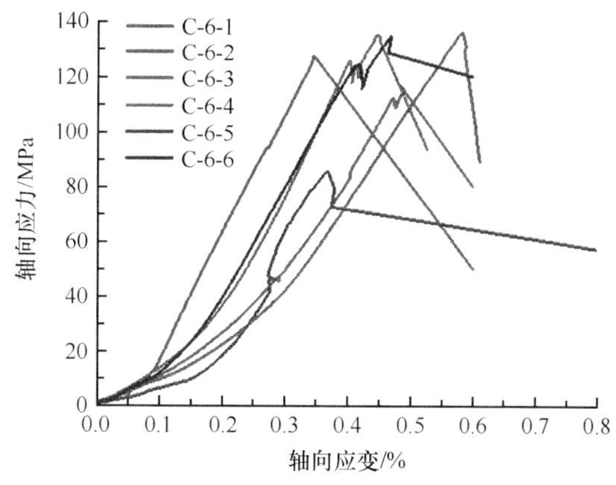

图 1.3.1　单轴压缩典型试样破坏曲线形态

2. 拉张破坏

碳酸盐岩储层中，岩层的应力状态较复杂。由于岩石类材料的抗拉强度远低于抗压强度，多数情况下井壁失稳、裂缝起裂及扩展一般是从围岩的拉应力开始的。因此，抗拉强度对分析碳酸盐岩储层压裂裂缝扩展规律具有重要意义。根据巴西劈裂试验，测试塔河深层碳酸盐岩的抗拉强度介于 7.8～11.6MPa，平均值为 8.79MPa，岩石破裂裂纹主要沿拉应力的垂向方向发展。

3. 剪切破坏

剪切应力是影响裂缝转向的重要因素之一，研究碳酸盐岩在剪应力下的破裂特性对深入认识酸化压裂过程中裂缝的形成机制具有重要意义。由图 1.3.2 可知，碳酸盐岩的剪切破坏表现出明显的脆性特征，其基本特点：①加载初期，曲线斜率较小，剪切位移增加较快而剪应力增加缓慢，当剪切位移增加到一定值后曲线斜率明显上升，这是由于试样内部存在微孔隙或微裂缝，初期的剪应力对这些孔隙或裂缝起到压实作用；②曲线斜率明显增大阶段，剪切位移的增加速率变缓，而剪应力的增加速率加强，剪应力-剪切位移曲线存在一个明显的转折，这一阶段试样内开始产生张拉裂纹，在剪应力接近峰值强度时，曲线逐渐由陡变缓达到峰值，该阶段试样产生了不可逆的塑性变形，变形量小，脆性特征明显；③达到峰值强度后，曲线斜率由正变负，剪应力急剧下降，产生应力跌落现象，当剪应力下降到一定程度后，曲线斜率趋于平缓，随剪切位移的继续增加，剪应力进入残余强度阶段，该阶段剪应力表现出岩石剪切滑动时的特征，即剪切强度的滑动弱化现象。

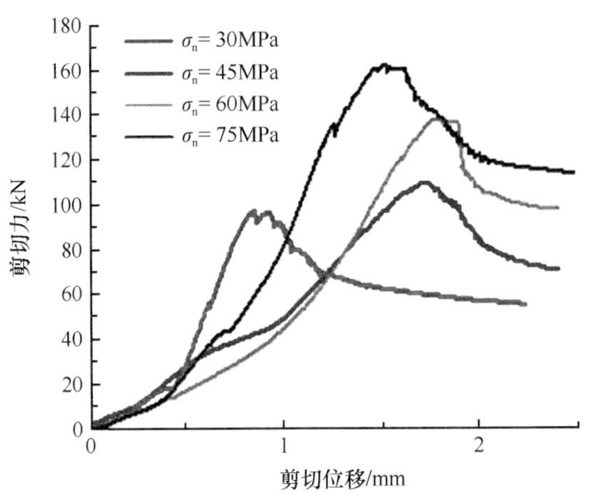

图 1.3.2　不同法向应力 σ_n 下试样的剪切力-剪切位移曲线

剪切破坏首先是剪切力作用下开裂，接着是剪切滑移过程中开裂面的破裂，而在剪切滑移过程中，摩擦作用使剪切带内形成大量的散体小薄片。

1.3.2　裂缝对岩石力学性能的影响

考虑岩石内包含一条裂缝的情况，如图 1.3.3 所示，当裂缝的长度 $L=2a$ 和角度 θ 变化时，岩石单轴抗压强度变化规律如图 1.3.4 所示：①裂缝长度增加，岩石单轴抗压强度降低；②加载应力方向与裂缝方向的夹角 θ 变化，岩石单轴抗压强度先降低后上升，其中最低点对应岩石的内摩擦角。岩石抗拉强度变化规律如图 1.3.5 所示：裂缝长度增加，抗拉强度降低，加载应力方向与裂缝方向的夹角 θ 增加，岩石抗拉强度逐渐降低。

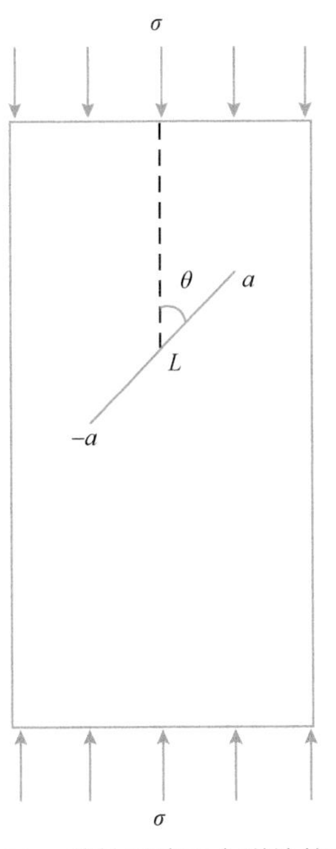

图 1.3.3　单轴压缩下含裂缝的岩心

σ 为轴向加载应力

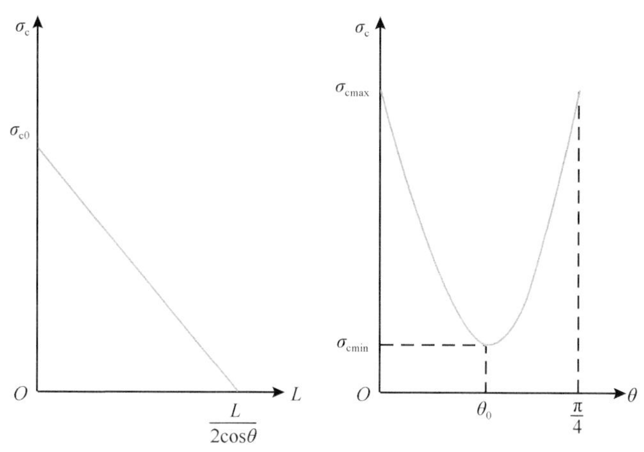

图 1.3.4　裂缝长度和角度对单轴压缩强度的影响

σ_{c0} 为裂缝长度为零时单轴抗压强度

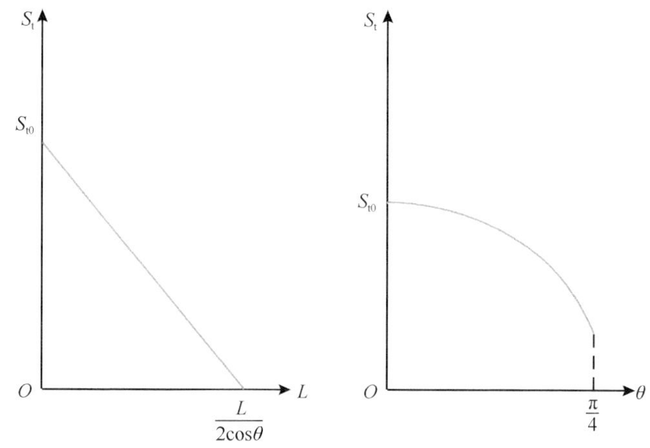

图 1.3.5　裂缝长度和角度对抗拉强度的影响

S_{t0} 为裂缝长度为零时抗拉强度

岩石内存在裂缝时，岩石的单轴抗压强度和抗拉强度均出现明显的降低，其原因在于裂缝尖端应力集中形成薄弱点，在外力作用下，岩石更容易发生破坏，即裂缝对岩石强度具有弱化效应。实际的碳酸盐岩发育有多条微裂隙，这些微裂隙不会影响岩石的整体形态，但在三轴压缩试验中，受到外力作用后，裂缝开始生长，由微观裂缝演化成宏观裂缝，在这种情况下岩石易发生宏观剪切破坏，使抗压强度降低，一般下降 25%。

1.3.3　酸液对岩石力学性能的影响

碳酸盐岩储层改造的主要方式是酸化压裂，目的是构建和完善油气流动通道。酸液与岩石的化学作用，会改变岩石的内部结构和表观形态，进而影响岩石的力学性能、流体流动。

1. 静态酸岩反应试验

将准备好的立方块试样进行编号，在初始状态下进行称重，后将试样分别置于盐酸、交联酸和胶凝酸溶液中进行酸蚀浸泡处理，反应时间设为 20s、2min、5min、15min、30min 和 2h，反应过程中及时记录试样的质量、溶液 pH 变化。结果显示，三种酸液均在与碳酸盐岩试样反应 30min 时质量变化最大，且变化速率最快，可知 30min 为酸液与岩石的最佳反应时间，如图 1.3.6 所示。酸液对岩石表面酸蚀明显，并形成了溶蚀微孔隙，表观酸蚀效果盐酸最佳，形成了较深的溶蚀裂纹，胶凝酸和交联酸次之，反应速率依次为 $V_{盐酸}>V_{胶凝酸}>V_{交联酸}$。

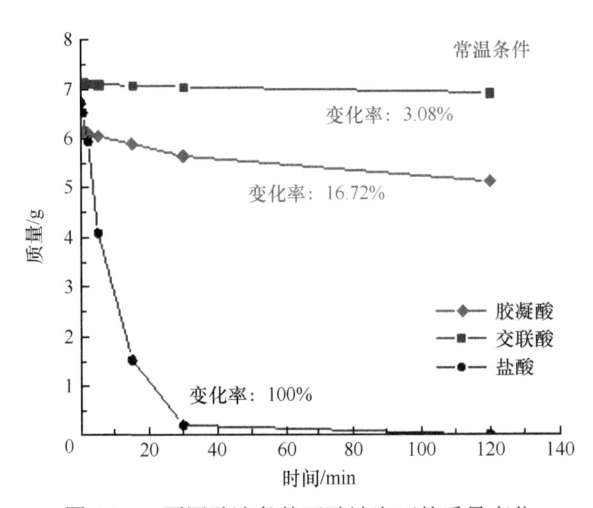

图 1.3.6　不同酸液条件下酸蚀岩石的质量变化

盐酸虽然反应速率最快、短时间内溶蚀效果好，但在实际的酸化压裂过程中，酸岩反应过快将导致由井筒注入的酸液集中消耗在井周附近，同时过度酸蚀会引发井壁失稳、酸蚀结束后通道流动性差，实际矿场需综合考虑酸液的反应时效、溶蚀通道的形态来评价通道的导流能力和有效导流缝长，目前矿场常用的酸液为胶凝酸和交联酸。

2. 酸液对岩石抗压力学性能的影响

试验前将试样分为六组，酸岩反应的时间分别为 0s、20s、5min、15min、30min 和 2h。碳酸盐岩内部矿物酸蚀或溶解，试样质量在酸岩反应后显著减少，且试样质量随反应时间增长不断减小，减小速率逐渐变缓，主要是因为酸液浓度不断稀释，导致酸岩反应速率逐渐下降，如图 1.3.7 所示。另外，酸岩反应使试样的部分可溶物溶解，内部孔隙变大，导致酸岩反应后较反应前试样的纵波波速迅速降低。岩石单轴抗压强度随反应时间增加，峰值强度大幅下降，如图 1.3.8 所示，从中可看出每组试验中曲线的趋势基本一致，其变形特征与一般岩石相似。

碳酸盐岩在单轴压缩情况下破裂形式基本呈现拉伸劈裂破坏，裂纹扩展方向与应力的加载方向一致，属于拉张破坏。经静态酸岩反应处理后的岩样，由于酸蚀过程产生了溶蚀孔洞和裂缝沟壑，导致在压缩过程中出现多条劈裂缝和多个裂缝面，如图 1.3.9 所示。

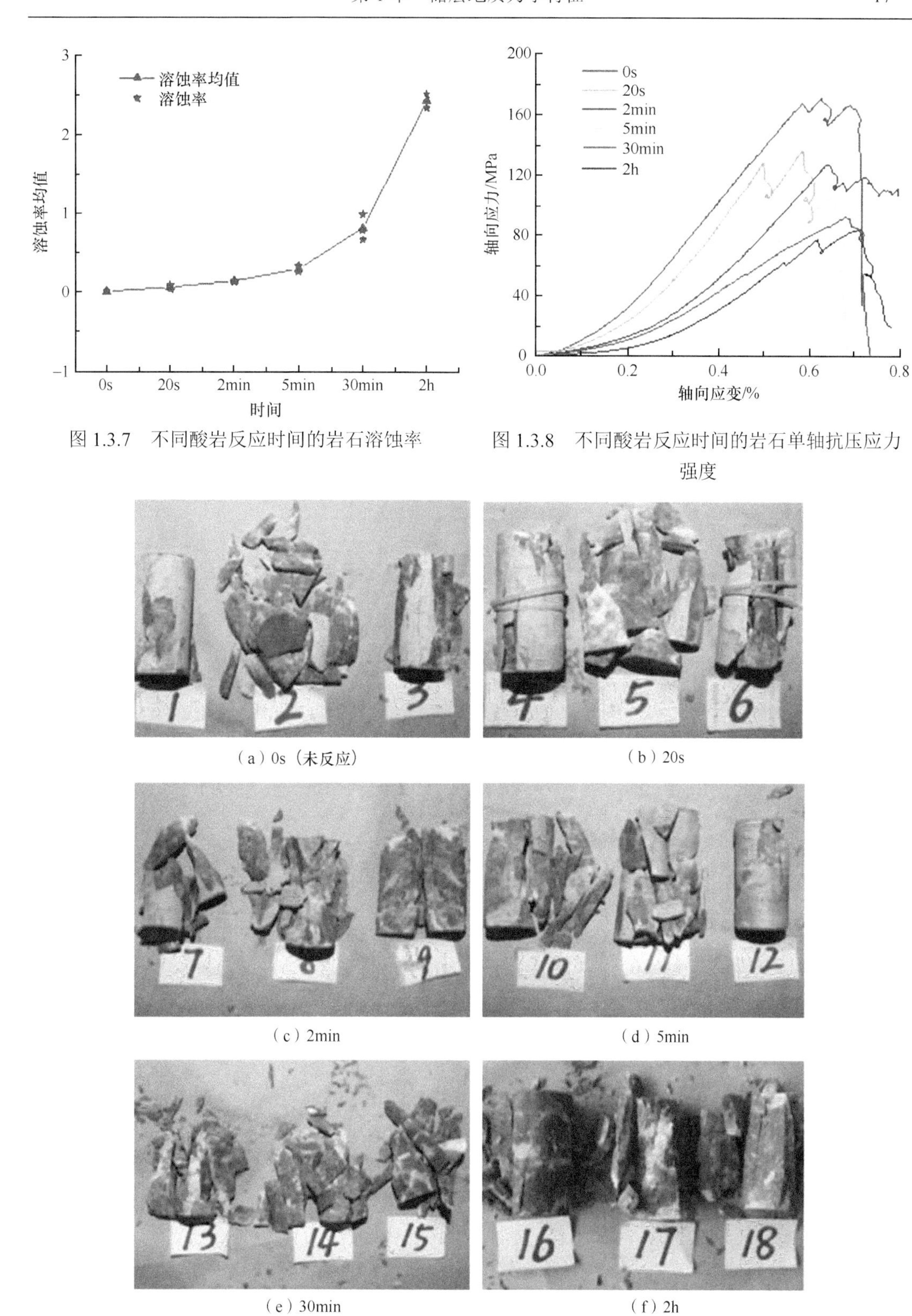

图 1.3.7　不同酸岩反应时间的岩石溶蚀率

图 1.3.8　不同酸岩反应时间的岩石单轴抗压应力强度

（a）0s（未反应）　（b）20s

（c）2min　（d）5min

（e）30min　（f）2h

图 1.3.9　不同酸岩反应时间下的岩石破坏特征

3. 酸液对岩石抗拉力学性能的影响

将试样分为两组，配置不同酸液（交联酸和胶凝酸），将酸液置于不同烧杯中，然后将两组试样分别置于配好酸液的恒温容器中，酸岩反应时间统一设置为 30min。反应结束后测量试样溶蚀率、纵波波速及抗拉强度。

经过不同酸液处理后的岩心巴西劈裂试验，岩心密度、纵波波速及抗拉强度等数据如表 1.3.1 所示。与未经酸处理的岩心相比，经过酸液浸泡后的岩心密度、纵波波速和抗拉强度均出现了不同程度的降低，岩心表面出现了多处微孔洞和裂缝，且胶凝酸处理后的岩心比交联酸处理后的岩心其各项指标降低更明显，说明胶凝酸对岩心产生的损伤和破坏比交联酸更显著，表明对碳酸盐岩储层进行酸化压裂时，胶凝酸对岩石强度的降低程度好于交联酸。

表 1.3.1　不同试样的巴西劈裂试验结果

组号	编号	最大轴向力/kN	抗拉强度/MPa	平均抗拉强度/MPa	纵波波速/（m/s）	平均纵波波速/（m/s）	密度/（g/cm³）	平均密度/（g/cm³）
初始	1	21.610	11.60	8.79	5712.36	5525.90	2.713	2.74
	2	14.610	7.81		5513.60		2.740	
	3	16.280	8.69		5464.07		2.690	
	4	14.510	7.81		5477.09		2.735	
	5	15.030	8.06		5462.38		2.819	
胶凝酸	A-1	13.983	7.57	7.67	3773.85	3819.64	2.681	2.67
	A-2	16.253	8.75		3996.73		2.665	
	A-3	13.510	7.25		3590.46		2.653	
	A-4	12.664	6.84		3936.00		2.672	
	A-5	14.642	7.93		3801.17		2.673	
交联酸	B-1	18.026	9.61	8.10	4311.11	4271.89	2.673	2.67
	B-2	17.176	9.19		4438.18		2.684	
	B-3	13.518	7.28		4101.05		2.672	
	B-4	10.686	5.70		4281.32		2.666	
	B-5	16.216	8.70		4227.82		2.678	

4. 酸液对岩石剪切力学性能的影响

试验前将试样进行编号，配置酸液（胶凝酸），酸岩反应时间设置为 30min，测量酸岩反应前后试样的剪切强度。剪切试验过程中法向应力依次设置为 30MPa、45MPa、60MPa、75MPa，法向应力按 1kN/s 的速率加载至预定值后保持恒定。以水平剪切位移控制模式施加剪切荷载，加载速率为 0.002mm/s，待剪切应力至残余强度时终止试验。碳酸盐岩剪切破坏呈现明显的脆性特征，如图 1.3.10 所示。岩石试样的抗剪强度曲线如图 1.3.11 所示。

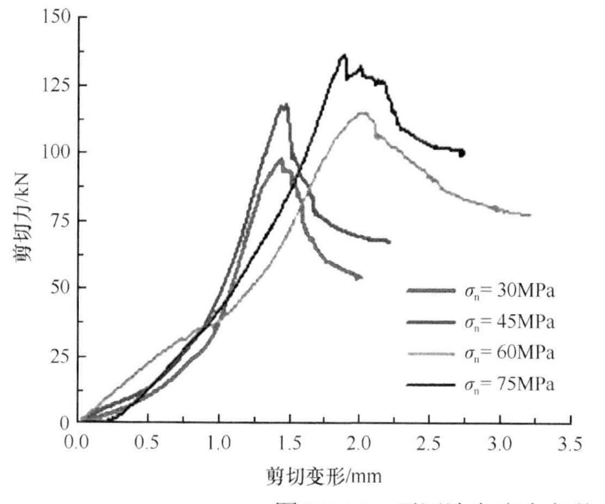

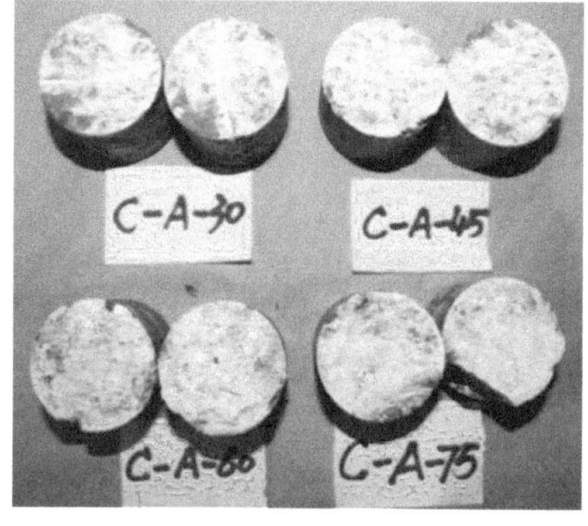

图 1.3.10　不同法向应力条件下胶凝酸处理后的剪切试验

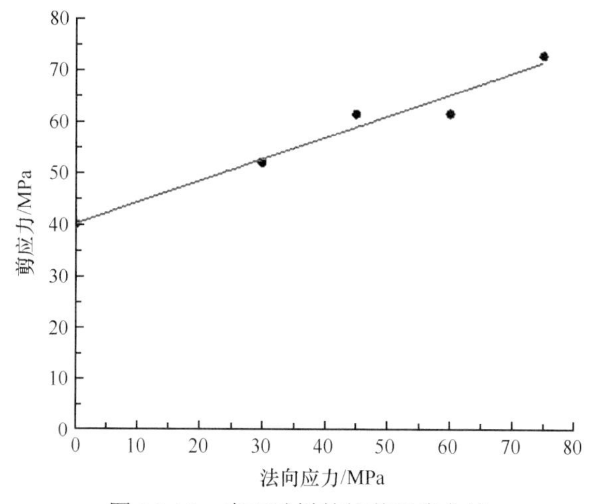

图 1.3.11　岩石试样的抗剪强度曲线

深层碳酸盐岩的主要特性：①非均质性。碳酸盐岩是以方解石（约占 85%）和白云石（约占 13%）为主的多种矿物组成，不同矿物颗粒之间的物理化学性质的差异导致其非均质性特征，而非均质性使碳酸盐岩酸压过程中，酸液和岩石反应速率不一致，形成非均匀刻蚀，有利于增加压裂后裂缝面的导流能力。②致密性。碳酸盐岩的微观结构和物理化学特征试验显示，碳酸盐岩基质致密，少有孔隙和裂隙发育，且连通性差，孔隙度和渗透率很低，基质几乎不具有储藏流体的能力。③塑性。深层碳酸盐岩主要成分是方解石和白云岩，在低围压条件下，这些矿物呈现为晶体，具有明显的弹脆性特征，但随着围压的增大，矿物的性质发生转变，根据试验结果，认为围压超过 40MPa 时，碳酸盐岩有塑性特征显示。塔河深层碳酸盐岩埋深超过 5000m，在酸化压裂改造过程中，需充分考虑碳酸盐岩塑性对裂缝起裂、扩展和压裂液返排的影响。

第2章 地 应 力 场

地应力对油气田开发有着重要的影响作用：第一，采油和注水过程中的孔隙压力下降或增加，导致储层地应力发生变化，使地层变形，进而诱发套管产生破坏；第二，储层地应力决定水力裂缝的扩展形态，而裂缝形态是压裂施工设计的基础；第三，低渗透油田改造后的裂缝展布形态影响井网布置，若注采井网布置合理，则注水驱油时的驱油面积处于最优状态，能取得较好的开发效果，反之注入水会沿着裂缝系统快速锥进，使油井见水或水淹。因而，明确地应力分布是油气层开采及改造的关键环节和基础工作之一。

2.1 地应力场反演理论

2.1.1 数学模型

油气储层为典型的多重非均质介质，其中碳酸盐岩储层可分为基质、裂缝和洞穴三重介质，具有不同的岩石物理及力学性质，需分别建立相应的数学模型。

1）基质数学模型

考虑油气等流体在储层内的运移特征，流固耦合模型采用 Biot 孔隙介质力学模型，其有效应力可表示为

$$\sigma_{\mathrm{e}} = \sigma + \alpha \boldsymbol{m} p \tag{2.1.1}$$

式中，σ_{e} 为有效应力；σ 为总应力；α 为 Biot 系数，其值决定于岩石体积模量（K）和岩石骨架体积模量（K_{s}），即 $\alpha=1-K/K_{\mathrm{s}}$；$\boldsymbol{m}$ 为特征向量，对于二维问题，$\boldsymbol{m}=[1,1,0]^{\mathrm{T}}$；$p$ 为孔隙压力。

有效应力增量（$\mathrm{d}\sigma_{\mathrm{e}}$）与应变增量（$\mathrm{d}\varepsilon$）之间的关系为

$$\mathrm{d}\sigma_{\mathrm{e}} = \boldsymbol{C}\mathrm{d}\varepsilon \tag{2.1.2}$$

式中，$\boldsymbol{C}$ 为岩石本构矩阵。

如果忽略体积力，则平衡方程为

$$\nabla \cdot \sigma = 0 \tag{2.1.3}$$

渗流方程为

$$\dot{p} - c\nabla^2 p + Q\nabla \cdot \dot{u} = 0 \tag{2.1.4}$$

式中，$\dot{p}$ 为流体速度场；$\dot{u}$ 为岩石速度场；c 为扩散系数，定义为

$$c = \frac{2kB^2 G(1-2\nu)(1+\nu_{\mathrm{u}})^2}{9\mu(1-2\nu_{\mathrm{u}})(\nu_{\mathrm{u}}-\nu)} \tag{2.1.5}$$

Q 为多孔岩石压缩系数，定义为

$$Q = \frac{2BG(1+\nu_{\mathrm{u}})}{3(1-2\nu_{\mathrm{u}})} \tag{2.1.6}$$

式（2.1.5）和式（2.1.6）中，k 为岩石渗透率；B 为孔隙压力系数，取值小于 1；G 为剪切模量；ν 与 ν_u 分别为岩石排水与不排水条件下的泊松比；μ 为流体黏度。

2）裂缝数学模型

假设裂缝内流体为牛顿流体，流体流动为层流，裂缝与基质间存在流体交换，如图 2.1.1 所示。

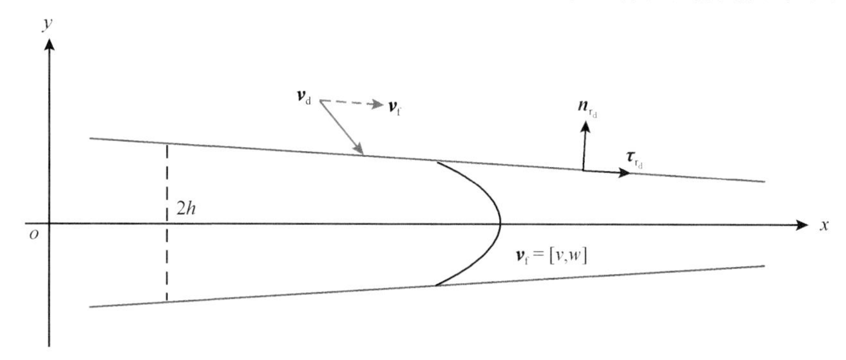

图 2.1.1 裂缝流动示意图

$\boldsymbol{v}_f$ 为流体平行缝面方向流速；$\boldsymbol{v}_d$ 为流体垂直缝面方向流速；$\boldsymbol{n}_{r_d}$ 为垂直缝面方向单位矢量；$\boldsymbol{\tau}_{r_d}$ 为平行缝面方向单位矢量

流体在裂缝内的流动方程为

$$\mu\Delta\boldsymbol{v}_f = \nabla p \tag{2.1.7}$$

由于裂缝宽度相对于裂缝长度较小，则假设流体压力在裂缝横截面处相等，即

$$\frac{\partial p}{\partial y} = 0 \tag{2.1.8}$$

沿裂缝长度方向有

$$\mu\frac{\partial^2 v}{\partial y^2} = \frac{\partial p}{\partial x} \tag{2.1.9}$$

式中，$v = \boldsymbol{v}_f \cdot \tau_{r_d}$，对式（2.1.9）进行积分可得运动方程：

$$v(y) = \frac{1}{2\mu}\frac{\partial p}{\partial x}(y^2 - h^2) + v_f \tag{2.1.10}$$

式中，$v_f = \boldsymbol{v}_d \cdot \tau_{r_d}$，流体在裂缝中的守恒方程为

$$\frac{\partial \rho}{\partial t} + \rho\nabla \cdot v_f = 0 \tag{2.1.11}$$

式（2.1.11）可以进一步写为

$$K_f\frac{\partial p}{\partial t} + \frac{\partial v}{\partial x} + \frac{\partial w}{\partial y} = 0 \tag{2.1.12}$$

式中，K_f 为流体体积模量。

3）洞穴数学模型

流体在裂缝中的二维流动守恒方程同样适用于流体在洞穴内的流动，即

$$\frac{\partial \rho}{\partial t} + \rho\nabla \cdot \boldsymbol{v}_c = 0 \tag{2.1.13}$$

式中，$\boldsymbol{v}_{\mathrm{c}}$为流体在洞穴内的流速矢量。

根据 Navier-Stokes 方程，流体在洞穴内的动量方程可表示为

$$\rho\frac{\partial \boldsymbol{u}_{\mathrm{c}}}{\partial t}+\rho(\boldsymbol{u}_{\mathrm{c}}\cdot\nabla)\boldsymbol{u}_{\mathrm{c}}=\nabla\cdot\left[-p\boldsymbol{I}+\mu(\nabla\boldsymbol{u}_{\mathrm{c}}+(\nabla\boldsymbol{u}_{\mathrm{c}})^{\mathrm{T}})-\frac{2}{3}\mu(\nabla\cdot\boldsymbol{u}_{\mathrm{c}})\boldsymbol{I}\right] \tag{2.1.14}$$

式中，$\boldsymbol{u}_{\mathrm{c}}$为流体在洞穴内的位移矢量；$\boldsymbol{I}$为单位矩阵。

2.1.2　反演方法

地应力分布反演一般通过数值模拟来实现。在一般油田深度范围内，岩石主要表现为弹性，因此采用弹性模型进行分析。根据岩石力学理论，平衡方程为

$$\begin{aligned}\rho\frac{\partial^2 u}{\partial t^2}&=f_x+\frac{\partial\sigma_{xx}}{\partial_x}+\frac{\partial\sigma_{xy}}{\partial_y}+\frac{\partial\sigma_{xz}}{\partial_z}\\ \rho\frac{\partial^2 v}{\partial t^2}&=f_y+\frac{\partial\sigma_{xy}}{\partial_x}+\frac{\partial\sigma_{yy}}{\partial_y}+\frac{\partial\sigma_{yz}}{\partial_z}\\ \rho\frac{\partial^2 w}{\partial t^2}&=f_z+\frac{\partial\sigma_{xz}}{\partial_x}+\frac{\partial\sigma_{yz}}{\partial_y}+\frac{\partial\sigma_{zz}}{\partial_z}\end{aligned} \tag{2.1.15}$$

（1）位移边界条件为

$$\begin{aligned}u|_l&=f_1(x,y,z)\\ v|_l&=f_2(x,y,z)\\ w|_l&=f_3(x,y,z)\end{aligned} \tag{2.1.16}$$

（2）应力边界条件为

$$\begin{aligned}\sigma_{xx}\cos(\boldsymbol{n},x)+\sigma_{xy}\cos(\boldsymbol{n},y)&=F_x\\ \sigma_{xy}\cos(\boldsymbol{n},x)+\sigma_{yy}\cos(\boldsymbol{n},y)&=F_y\end{aligned} \tag{2.1.17}$$

式中，$\boldsymbol{n}$为边界外法线方向。

将建立的地质模型进行离散，计算区域的总体刚度矩阵与载荷、位移之间的关系为

$$\boldsymbol{P}=\boldsymbol{K}\boldsymbol{\varDelta} \tag{2.1.18}$$

式中，$\boldsymbol{P}$、$\boldsymbol{K}$、$\boldsymbol{\varDelta}$分别为节点载荷列向量、总刚度矩阵、位移列向量。

为充分利用已知的地质构造、地应力数据等，尽可能使模拟结果与已知值逼近，采用约束反演模拟技术，即理想条件下多个边界上的力在测点上产生的应力叠加等于该点测量值。

$$\begin{aligned}\sum_{i=1}^{n}\alpha_i\sigma_{xj,i\text{-}F_i}&=\sigma_{xj}\\ \sum_{i=1}^{n}\alpha_i\sigma_{yj,i\text{-}F_i}&=\sigma_{yj}\\ \sum_{i=1}^{n}\alpha_i\tau_{j,i\text{-}F_i}&=\tau_j\end{aligned} \tag{2.1.19}$$

式中，σ_{xj}、σ_{yj}、τ_j为实测点j处的地应力分量；α_i为每段边界处的应力加权系数。

上述方程组在计算时难以得到精确解，采用逼近法获得近似解，因而需建立多约束目

标函数优化方法。目标函数为

$$\min\left\{A\sum_{i=1}^{n}\left|\alpha_i\sigma_{xj,i\text{-}F_i}-\sigma_{xj}\right|+B\sum_{i=1}^{n}\left|\alpha_i\sigma_{yj,i\text{-}F_i}-\sigma_{yxj}\right|+C\sum_{i=1}^{n}\left|\alpha_i\tau_{j,i\text{-}F_i}-\tau_{xj}\right|\right\} \tag{2.1.20}$$

约束条件可以是某些点上计算的约束值，在设定的允许范围内，或等于指定的数值。

$$\begin{gathered} a_i \geqslant \alpha_i \geqslant b_i \\ \sum_{i=1}^{n}\alpha_i\sigma_{xj_0,i\text{-}F_i}=\sigma_{xj_0} \end{gathered} \tag{2.1.21}$$

具体应用时需要根据实测的水平最大地应力方向（θ）、水平最大地应力值（σ_{H}）、水平最小地应力值（σ_{h}），按式（2.1.22）计算出相应的应力σ_x、σ_y、τ_{xy}：

$$\begin{aligned} &\left(\frac{1}{2}+\frac{1}{2}\cos 2\alpha\right)\sigma_x+\left(\frac{1}{2}-\frac{1}{2}\cos 2\alpha\right)\sigma_y-\sin 2\alpha\cdot\tau_{xy}=\sigma_{\mathrm{H}} \\ &\left(\frac{1}{2}-\frac{1}{2}\cos 2\alpha\right)\sigma_x+\left(\frac{1}{2}+\frac{1}{2}\cos 2\alpha\right)\sigma_y+\sin 2\alpha\cdot\tau_{xy}=\sigma_{\mathrm{h}} \\ &\frac{1}{2}\sin 2\theta\cdot\sigma_x-\frac{1}{2}\sin 2\theta\cdot\sigma_y+\cos 2\theta\cdot\tau_{xy}=0 \end{aligned} \tag{2.1.22}$$

式中，α的值取决于水平最大地应力方向值θ，若水平最大地应力方向为北偏东，则$\alpha=90°-\theta$。

一般情况下，可采用约束条件下n维极值的复形调优法求解多约束优化问题。假设目标函数为

$$\min J=\min(x_1,x_2,\cdots,x_n) \tag{2.1.23}$$

对于n个常量约束条件，迭代求解方法如下。

（1）首先给出复形的第一个顶点坐标，要满足约束条件：

$$\begin{aligned} &a_i \leqslant x_i \leqslant b_i \\ &C_j(x_1,x_2,\cdots,x_n)\leqslant W_j(x_1,x_2,\cdots,x_n)\leqslant D_j(x_1,x_2,\cdots,x_n) \end{aligned} \tag{2.1.24}$$

（2）在n维变量空间中确定出复形的其余$2n$–1个顶点。

利用伪随机数按常量约束条件产生第j个顶点：

$$X(j)=(x_{1j},x_{2j},\cdots,x_{nj}),\quad j=1,2,\cdots,2n \tag{2.1.25}$$

式中各分量分别为

$$x_{ij}=a_i+\mathrm{RN}(a_i\ b_i),\quad i=1,2,\cdots,n,\ j=1,2,\cdots,2n \tag{2.1.26}$$

RN为[0, 1]之间均匀分布的一个伪随机数。由上述方法产生的初始复形各顶点显然满足常量条件，如下检查它们是否满足函数条件，如不符合则进行调整，使其符合函数条件：

$$\begin{gathered} X(j)=\left[X(j-1)+T\right]/2 \\ T=\frac{1}{j-1}\sum_{i=1}^{j>1}X(i) \\ j=1,2,\cdots,2n \end{gathered} \tag{2.1.27}$$

（3）假设前j–1个顶点均满足所有的约束条件，而第j个顶点不满足约束条件，则做如下变换。

$$f(j)=f\left[X(j)\right],\quad j=1,2,\cdots,2n \tag{2.1.28}$$

重复该过程直到满足所有约束条件为止。

（4）确定最坏点 $X(R)$：

$$\begin{aligned}&f(R)=f\left[x(R)\right]=\max\left\{f(i)\right\},\quad 1\leqslant i\leqslant 2n\\&f(G)=f\left[x(G)\right]=\max\left\{f(i)\right\},\quad 1\leqslant i\leqslant 2n,\ i\leqslant R\end{aligned} \tag{2.1.29}$$

（5）确定最坏点 $X(R)$ 的对称点：

$$\begin{aligned}&x_{\mathrm{T}}=(1+\alpha)X_{\mathrm{F}}-\alpha X(R)\\&X_{\mathrm{F}}=\frac{1}{2n-1}\sum_{\substack{i=1\\i\neq R}}^{2n}X(i)\end{aligned} \tag{2.1.30}$$

式中，α 为反射系数，一般取值为 1.3 左右。

（6）确定一个新顶点替代最坏点 $X(R)$ 构成新的复形，其方法如下。

如果 $f\left[X(T)\right]>f(G)$，则用 $X_{\mathrm{T}}=(X_{\mathrm{F}}+X_{\mathrm{T}})/2$。修正后的 $X_{\mathrm{T}}(j)$ 如果不满足常量条件，则选择公式（2.1.23）中的一项进行修正：

$$\begin{aligned}&X_{\mathrm{T}}(j)=a_j+\delta\\&X_{\mathrm{T}}(j)=b_j-\delta\end{aligned} \tag{2.1.31}$$

式中，δ 为很小的一个常数，一般取 $\delta=10^{-6}$，重复步骤（6）。

如果仍不满足函数条件，则用式（2.1.32）修正后重复步骤（6）：

$$X_{\mathrm{T}}=(X_{\mathrm{F}}+X_{\mathrm{T}})/2 \tag{2.1.32}$$

直到 $f(X_{\mathrm{T}})\leqslant f(G)$ 且 X_{T} 满足所有的约束条件，令

$$\begin{aligned}&X(R)=X_{\mathrm{T}}\\&f(R)=f(X_{\mathrm{T}})\end{aligned} \tag{2.1.33}$$

（7）重复步骤（2）～步骤（6），直至复形中各顶点的值满足预先给定的精度为止，得到各边界条件的加权系数值。

2.1.3　反演步骤

应用有限元方法模拟地层应力场时，首先根据地质构造信息建立地质模型，其次确定模型区域的边界条件，区域外围的应力状态称为远场应力状态，由远场应力状态初步确定区域的应力边界条件，构成自平衡的外力系统。根据构建的地质模型及边界条件，利用目标井的实测地应力值作为反演目标，采用反演理论和方法，确定反演理论中的系数值，从而计算储层地应力场分布。

在构造应力场反演分析过程中，目标区域外围的应力状态具有不确定性，求解反演系数时在数学上存在多解性，这就要求统筹考虑目标区域地层的构造特点，从众多解中优选出一组最符合区域应力边界条件的解。需综合考虑地层的应力大小和方向，经过多种假设，在模型中反复调试，对比验证最后得到确定的解。同时目标区域边界条件的反演过程也是对地层构造运动的再认识，经过反复调试来确定研究区域内地质现象与构造规律较吻合的边界条

件，将确定的反演系数代入模型中进行迭代计算，正演计算地应力场，具体步骤如下。

（1）建立地质模型。

（2）将目标井和断层数据进行数值化处理。

（3）对建立的地质模型进行精细划分。

（4）确定反演目标的约束条件及模型的边界条件。

（5）地应力场反演计算。

2.2　油藏区域地应力场

模拟区块内奥陶系碳酸盐岩为一套缝洞发育的复杂储层，区域内经多期地质构造，形成复杂的地形及裂隙体系，使储层的地应力分布状态复杂，对压裂裂缝的扩展方向和形态形成较大干扰。区块内分布一组大断层，井位主要分布在该大断层附近，大断层走向为北偏东20°～30°，长约为30km，井区内中型断层分布离散，走向为北偏西20°～30°，长为2.5～5km，局部小断层分布随机，没有统一的方向，长为0.5～1.5km。

2.2.1　地质模型建立

实测资料显示，模拟区块水平最大地应力方向为NE向。本章根据三维地震数据体，建立时间域及深度域的地质模型，输入岩石物理、力学参数，通过数值模拟计算，获得区域内三向主应力的分布特征。

1. 时间域地质模型

通过地震数据重采样，将均方根振幅属性采样到三维地质网格中，通过选取合理的截断值，将整个网格划分为两部分，即溶洞和除溶洞以外的岩体，在此基础上建立时间域地质模型。由溶洞分布图（图2.2.1）可以看出，模拟区块在平面上北部地区溶洞（红色）相对发育，中部与南部地区溶洞相对较少，纵向上顶部相比底部发育，底部基本没有溶洞发育。

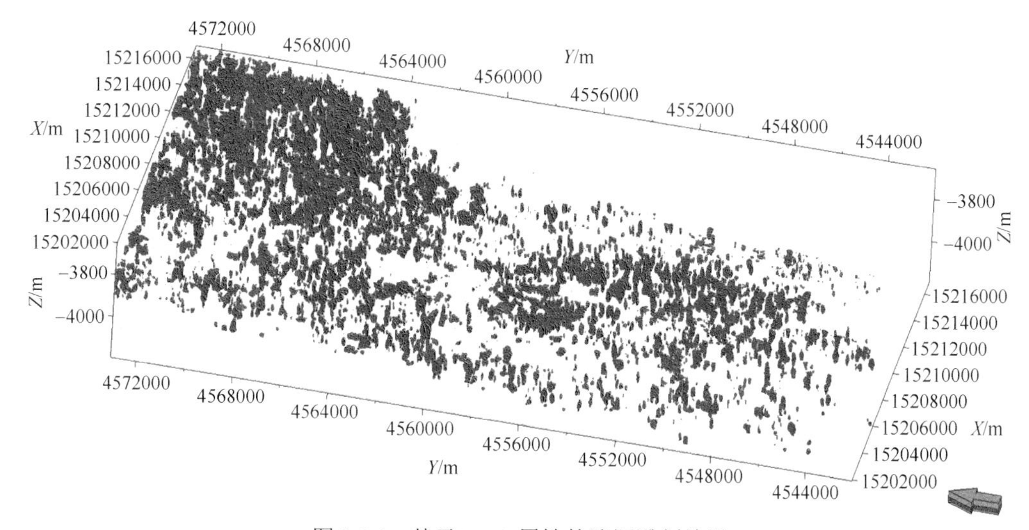

图2.2.1　基于RMS属性的溶洞雕刻结果

2. 深度域地质模型

模拟区块地层北部高、南部低，自南向北埋深变化范围大，从建立的地震地质模型可知，越往南平均速度越大、深度越大。在建立时深转换关系时，对不同的区域需采用不同的转换关系式，从南至北依次划分为六个区域，分别求取平均速度和深度之间的关系。根据已有的 T_7^4 与 T_7^6 的深度坐标，结合地震数据体中 T_7^4 与 T_7^6 的时间域坐标，建立时深转换的线性关系，如图 2.2.2 所示，并利用实钻井实测的 T_7^4 界面深度对深度值进行校核。

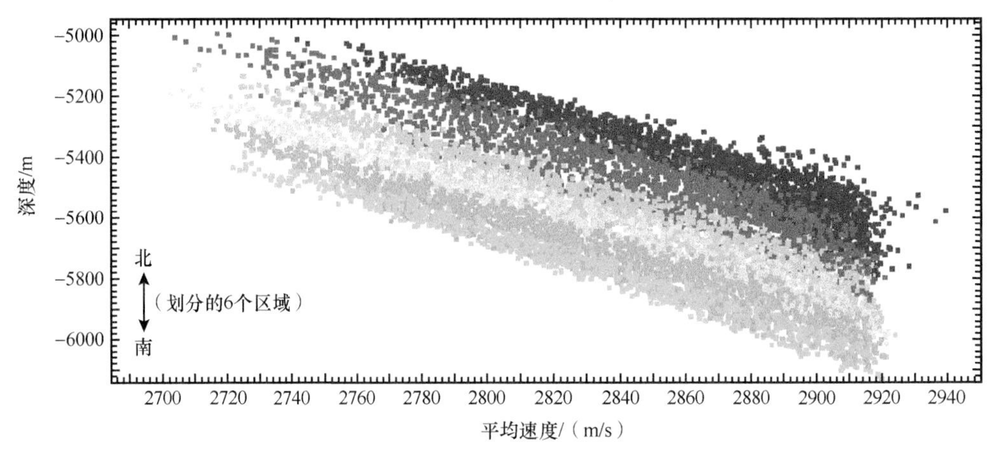

图 2.2.2　不同位置的平均速度与深度关系

根据建立的时-深转换关系，将建立的时间域地质模型转化为深度域地质模型（图 2.2.3）。在建立地质模型过程中，根据井位坐标、断层分布，将井位与断层加载于模型中，其中包括溶洞和天然裂缝。

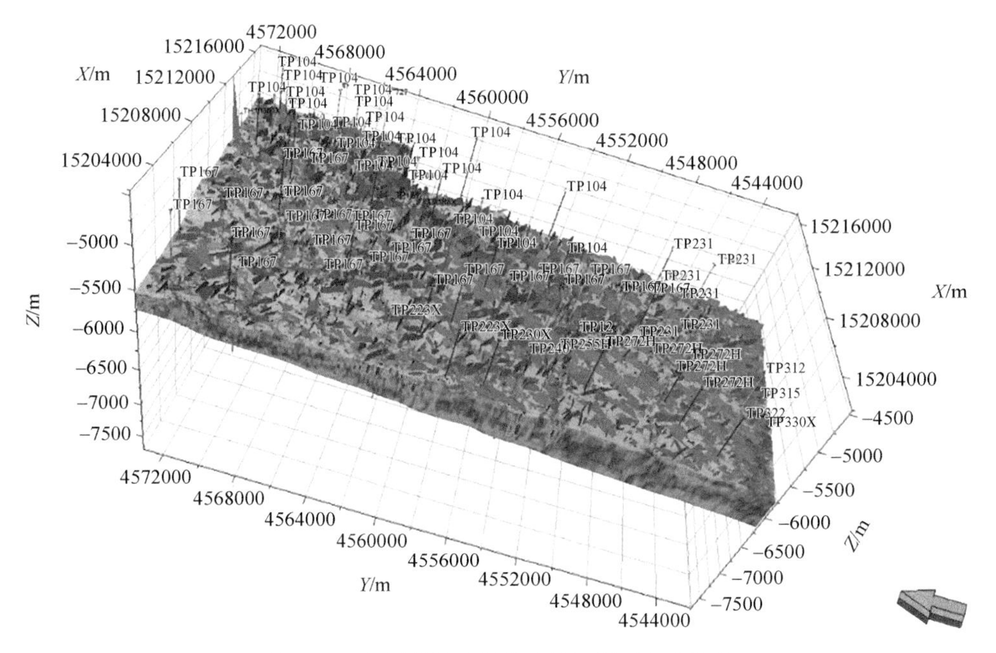

图 2.2.3　包括多种地质要素的深度域地质模型

3. 属性参数

根据室内岩石力学试验及现场实测，获取碳酸盐岩的抗压强度、弹性模量、泊松比与抗拉强度。由于模型中包含有完整的地层、断层、溶洞与裂缝结构，对较难直接获取的参数做如下假定：①对于断层，将断层考虑为断层带，主干断层带的宽度范围设定为100m、次级断层为50m、小断层为10m；②对于溶洞，分为三种类型，即全部充填流体、半充填流体、全充填沉积物。当溶洞内全部充填与半充填流体时，认为其为正常流体压力，实测显示，模拟区块的地层压力梯度为1.1MPa/100m；当全充填沉积物时，溶洞内的材料参数与围岩类似，但不承载，作为空洞处理。模拟计算地应力场时，对断层的弹性模量参数，按照围岩的0.5倍、0.1倍与0.05倍取值，然后利用区块内某单井已知的应力值进行校核，最后确定合理的弹性模量参数值，材料参数如表2.2.1所示，溶洞内为正常流体压力。

表 2.2.1 地应力场数值模拟参数

材料类型	弹性模量/GPa	泊松比	抗压强度/MPa	抗拉强度/MPa
围岩	40.0	0.20	60	8
断层	20.0/4.0/2.0	0.23	30	2
溶洞	0.1	0.25	5	0.1
裂缝	0.5	0.23	10	1

注：20.0/4.0/2.0表示分别计算断层弹性模量取值为20GPa、4GPa和2GPa时应力场的分布，如图2.2.5～图2.2.7所示。

4. 网格划分及约束条件

模型中包含有大量的断层、溶洞与裂缝，计算时采用混合介质模型，将包含断层、溶洞与裂缝的地层强度参数进行弱化处理。地质模型中，整体网格在平面上的东西向、南北向分别划分297个单元和619个单元，网格单元大小为50m×50m，纵向上划分为20层，层厚为25m（图2.2.4）。进行局部地应力场描述时，根据地震解释精度及分析需要进行局部网格加密处理。

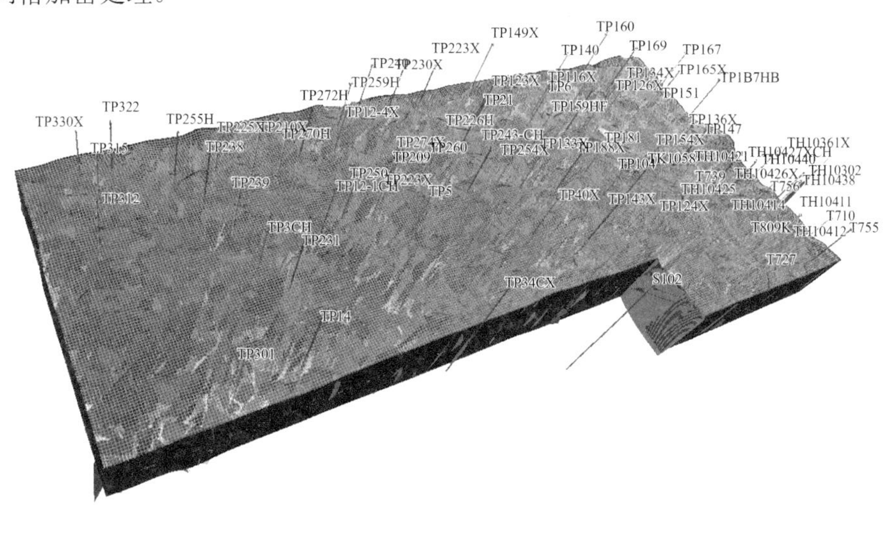

图2.2.4 地层单元网格划分

实测数据显示，区块内奥陶系中某井所在区域垂直方向地应力值最大，水平最大地应力方向为 NNE10°～NE15°。在应力场计算时，地层水平方向位移固定，在垂向施加应力梯度为 2.50MPa/100m，水平最大地应力梯度为 2.00MPa/100m、水平最小地应力梯度为 1.70MPa/100m，对于裂缝设定裂缝刚度参数 K_n 为 500MPa/cm、K_s 为 250MPa/cm。

2.2.2　地应力场模拟计算

1. 不同强度参数的地应力场模拟结果

为分析断层强度参数取值的合理性，断层的弹性模量分三种情况进行计算，如图 2.2.5～图 2.2.7 所示。

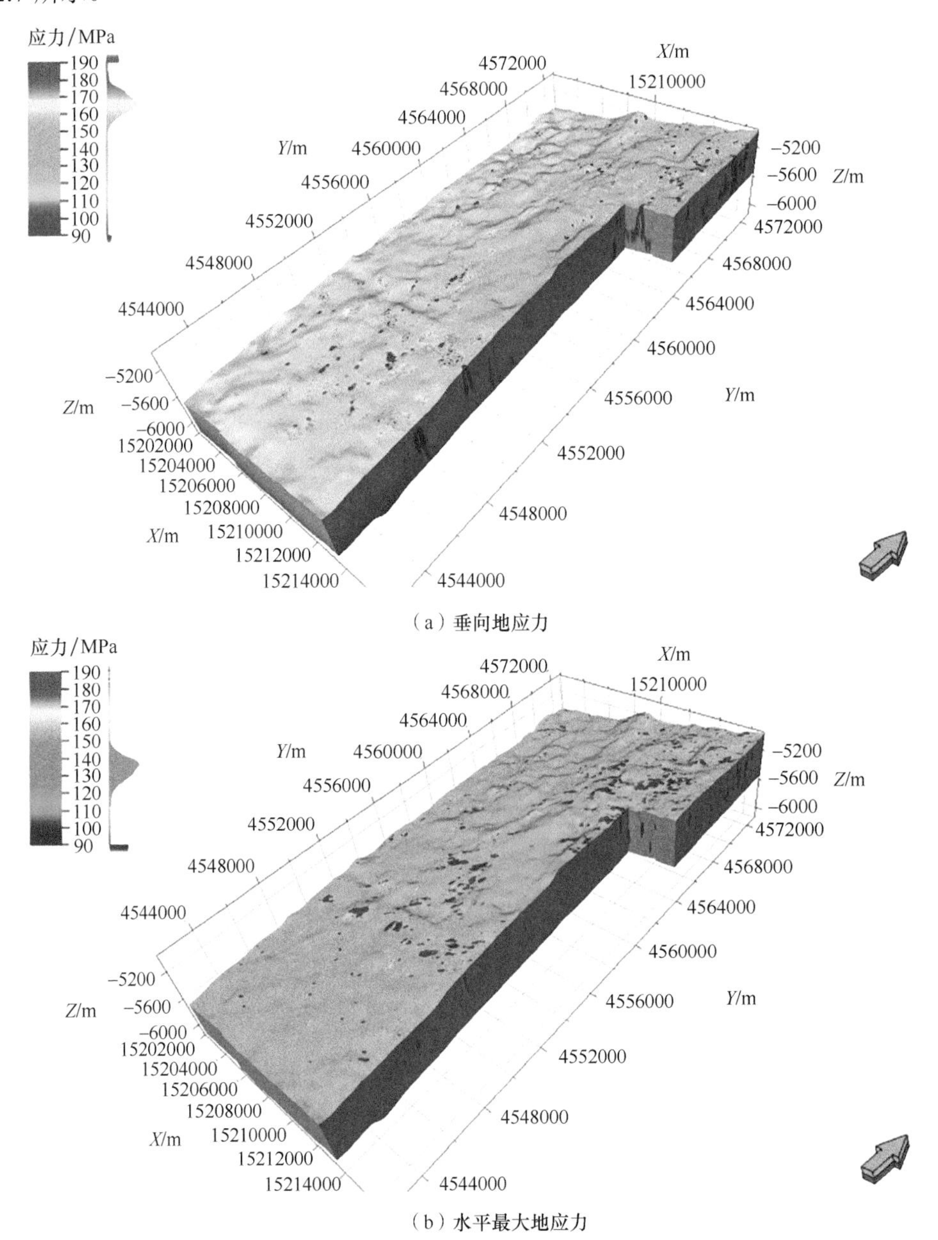

（a）垂向地应力

（b）水平最大地应力

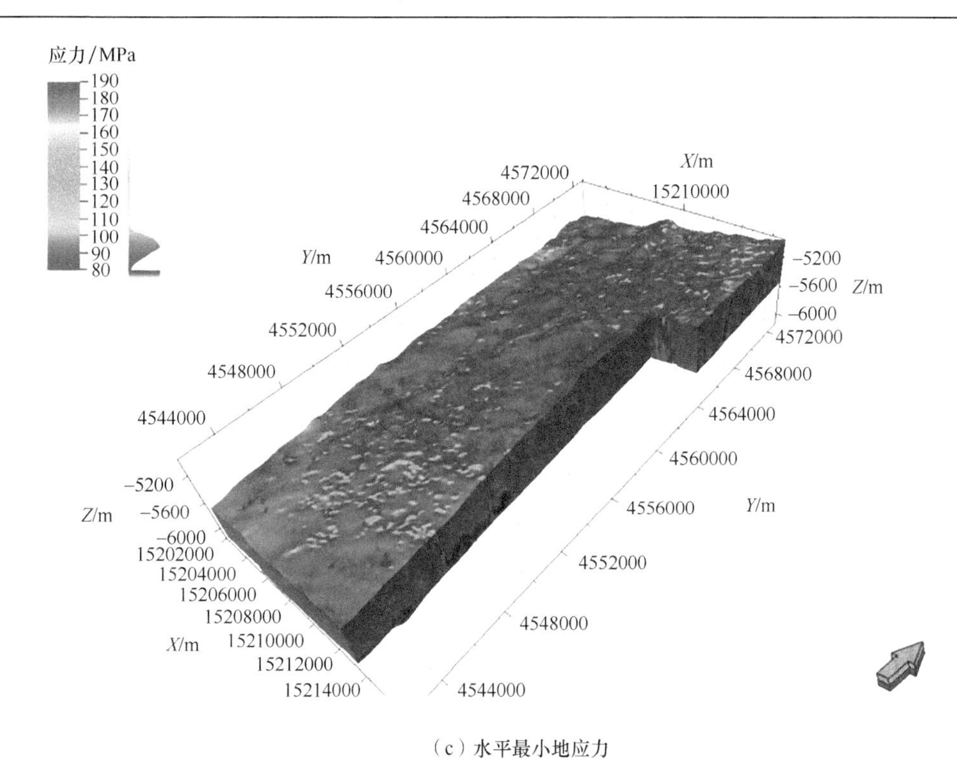

（c）水平最小地应力

图 2.2.5 第一种计算方案地应力场分布（断层弹性模量为 20.0GPa）

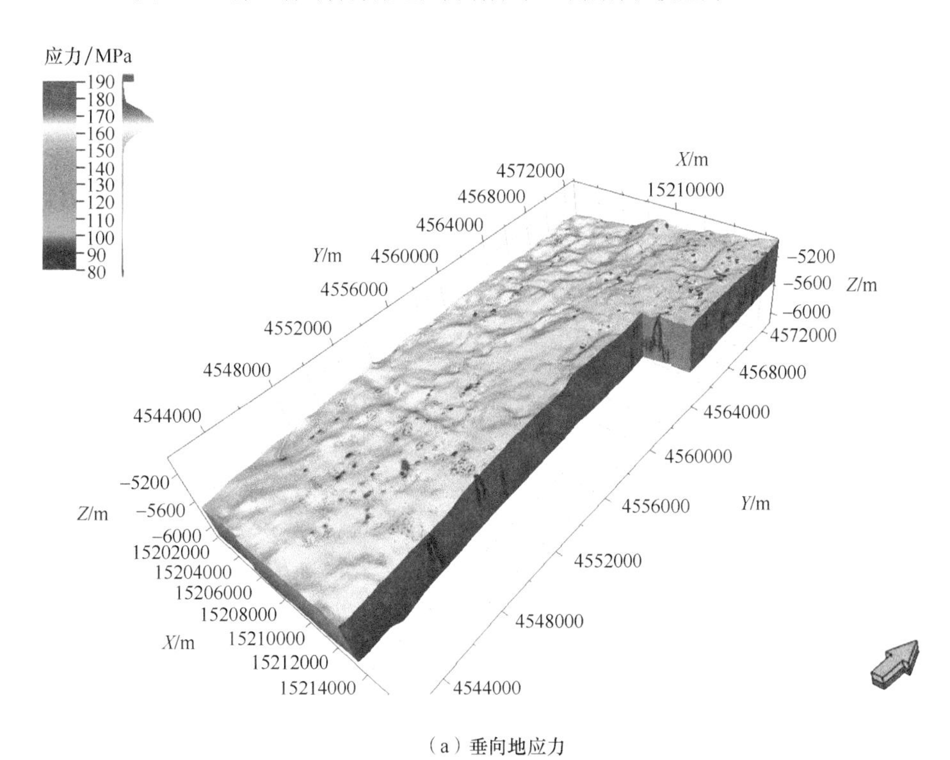

（a）垂向地应力

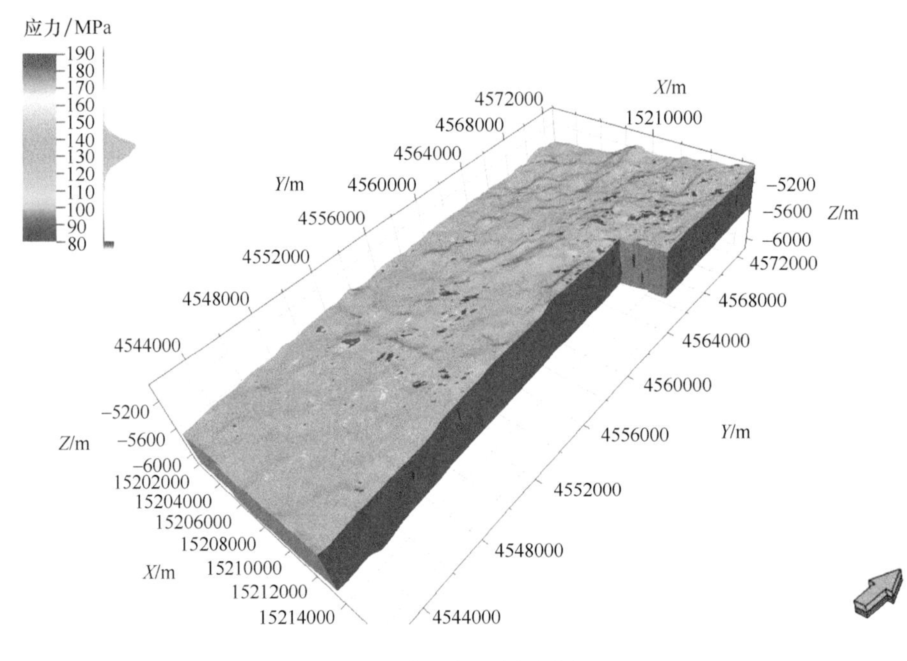

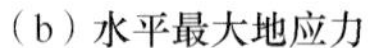
（b）水平最大地应力

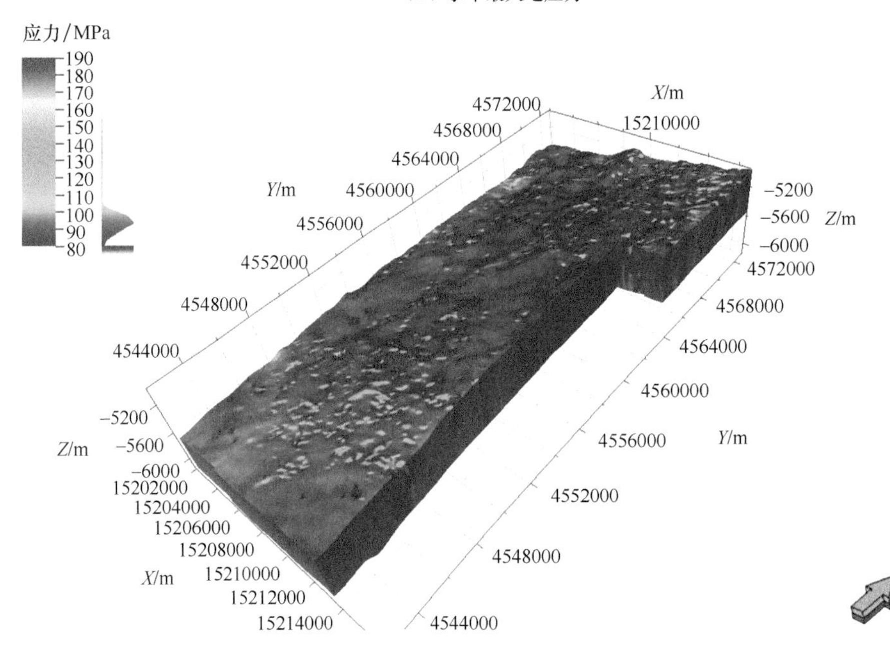

（c）水平最小地应力

图 2.2.6　第二种计算方案地应力场分布（断层弹性模量为 4.0GPa）

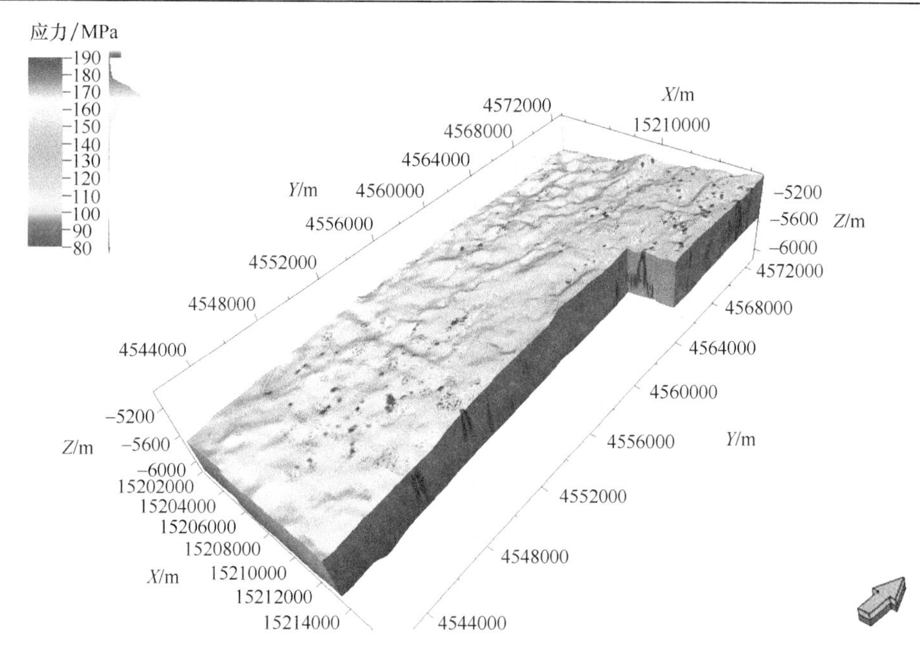

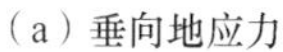
（a）垂向地应力

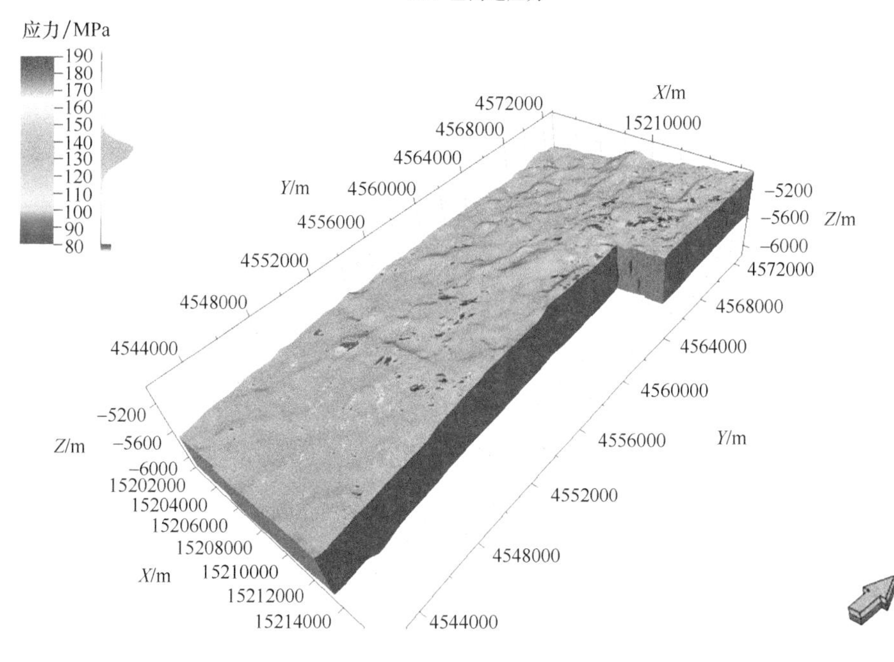

（b）水平最大地应力

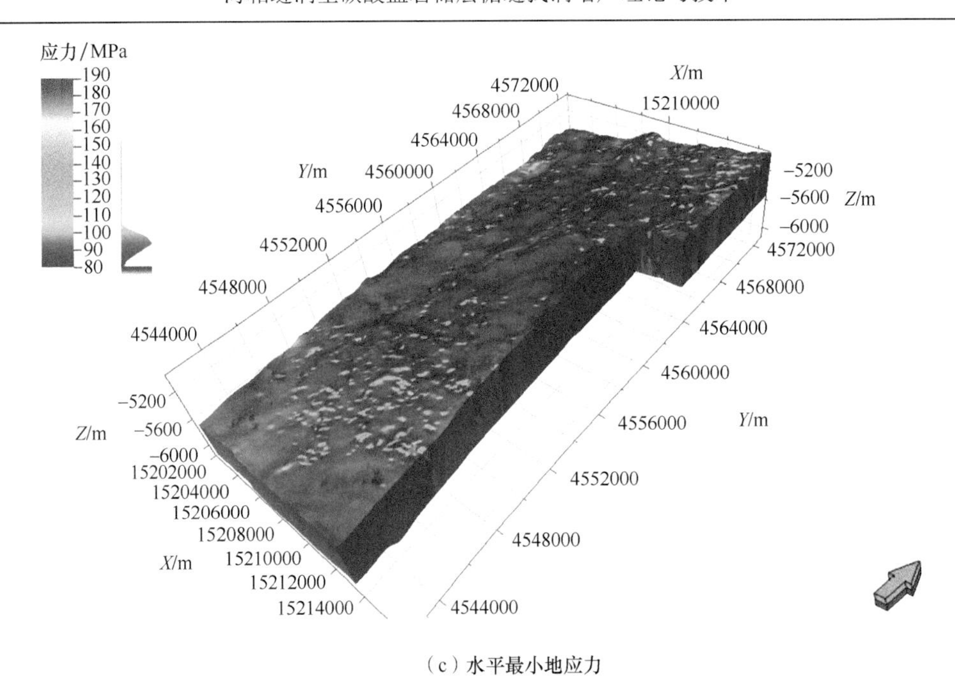

（c）水平最小地应力

图 2.2.7　第三种计算方案地应力场分布（断层弹性模量为 2.0GPa）

2. 属性参数确定

根据区块内测井资料计算单井地应力值，与模拟计算结果进行比较。图 2.2.8 为区块内部

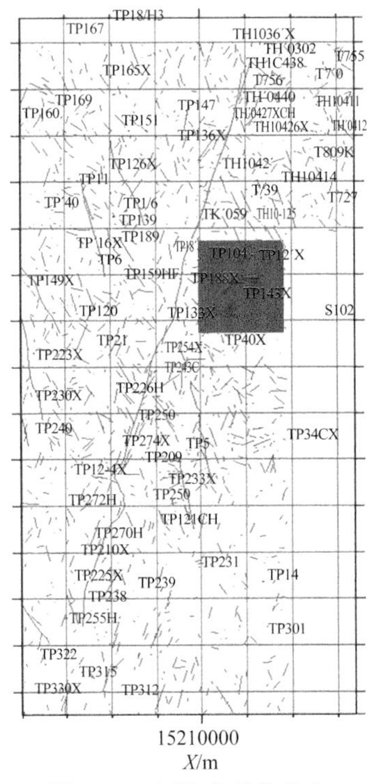

图 2.2.8　区块内井位分布

分井位平面位置分布，在区块内选取一单井进行应力剖面计算，图 2.2.9 为该井应力随深度的变化规律，总体上随深度增加，应力逐步增大，在部分层段溶洞发育处应力值有所降低。结果显示，当断层内弹性模量为 2.0GPa 时，模拟计算的单井地应力值与实测地应力最接近。

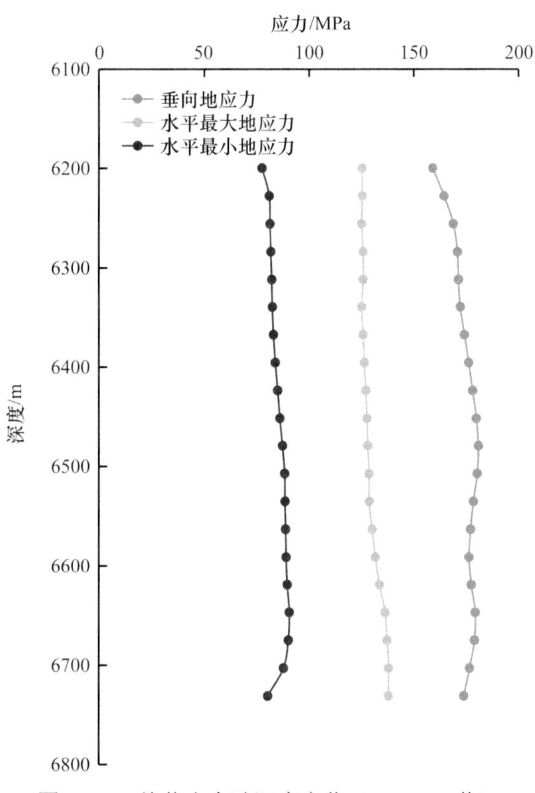

图 2.2.9 单井应力随深度变化（TP143X 井）

2.2.3 区域地应力场总体分布

1. 垂向地应力分布规律

垂向地应力由地层自重产生，主要与地层密度相关，地层中发育的断层与溶洞对该应力有减弱效应。模拟区块的应力值主要分布在 150～180MPa（图 2.2.10），应力等值线与等高线趋势相同，总体上，区块内南部区域的埋深较北部深 300～500m，因此南部地区的应力较北部区域大 7～12MPa。在断层与溶洞发育区域，出现等值线密集现象，断层和溶洞有干扰并弱化应力的作用，对应力传递产生影响，区域内部为应力低值区，区域边界出现应力集中。

2. 水平最大地应力分布规律

区块内水平最大地应力主要分布在 120～145MPa（图 2.2.11）。总体上，南部与北部地区形成水平最大地应力高值区（应力值在 130～150MPa），中部形成应力低值区（应力值在 110～130MPa)。在断层发育区域，断层带内部应力值较低，为 110～120MPa，断层两端易产生应力集中现象，应力值达 140MPa 以上，断层两侧应力等值线表现为条带状密集分布，应力值降低幅度为 20～30MPa。溶洞对水平最大地应力的影响较大，溶洞周围有应力集中现象，应力值超过 140MPa，影响范围约为洞径的 0.5～0.8 倍，溶洞之间形成相互干扰，在洞间产生明显的高应力区，最高达 150MPa。

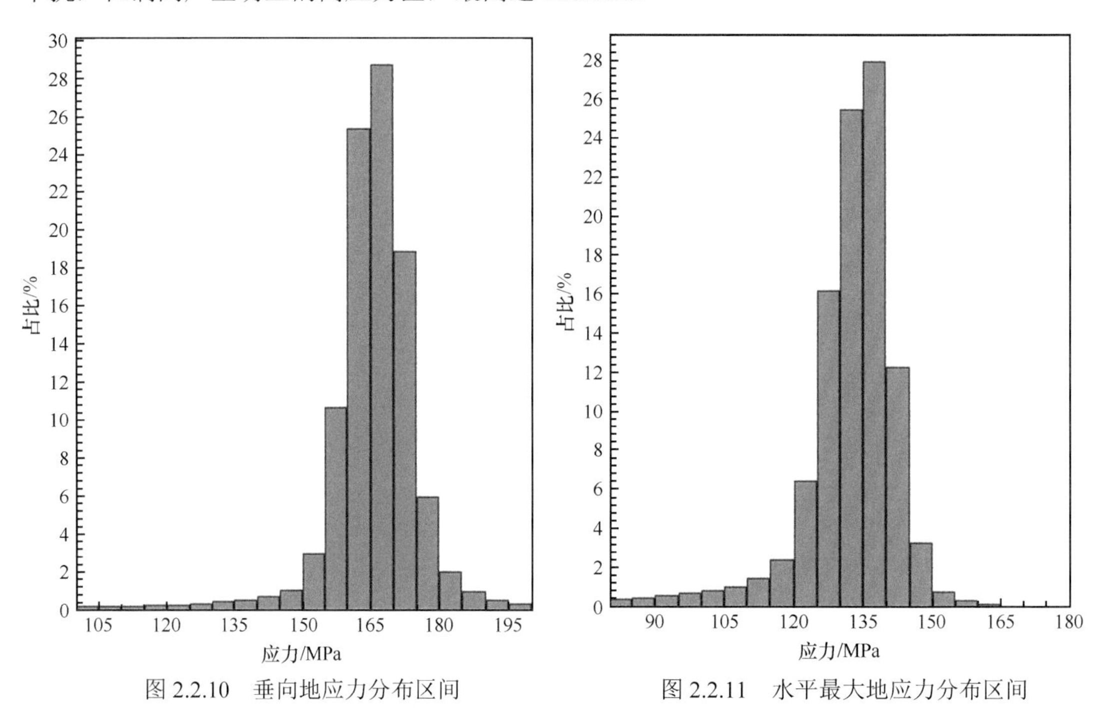

图 2.2.10　垂向地应力分布区间　　　图 2.2.11　水平最大地应力分布区间

3. 水平最小地应力分布规律

区块内水平最小地应力主要分布在 85～105MPa（图 2.2.12），总体上，随深度增加水平最小地应力增大，自北向南埋深增加，北部地区应力值在 70～90MPa，南部地区应力值在 80～100MPa，在区域西北部小型构造发育区，形成水平最小地应力低值区，等值线相对稀松。在断层发育区，总体表现为断层带内部应力值较低，在断层两端易产生应力集中现象。溶洞发育区水平最小地应力减小，在区块的西北部、东北部与南部，由于有溶洞存在，形成了水平最小地应力的低值区，应力等值线相对密集，具体表现为溶洞内部为应力低值区，溶洞周围有应力集中现象。

4. 水平最大地应力方向

图 2.2.13 为某深度平面内水平最大地应力方向分布矢量云图，结果显示，区块内水平最大地应力方向总体为 NE 向，应力方向发生局部偏转。

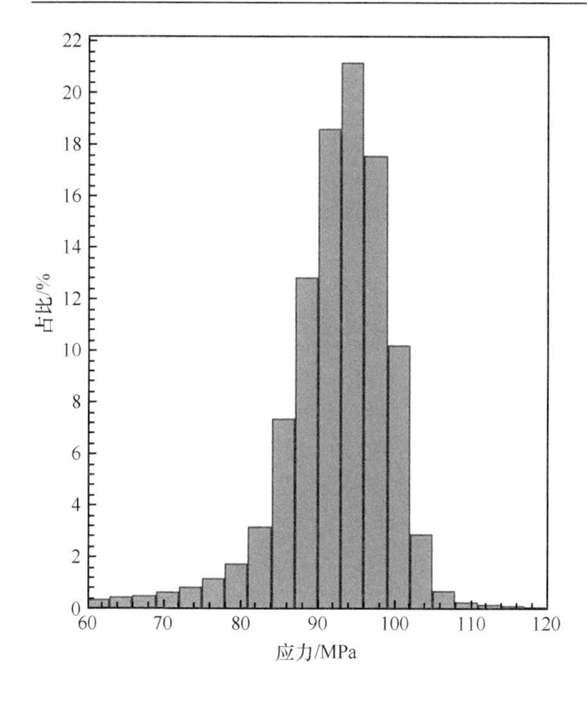

图 2.2.12　水平最小地应力分布区间

图 2.2.13　某深度处水平最大地应力方向矢量分布
蓝线表示断层，红色区域为溶洞发育区

2.3　断层局部地应力场

模拟区块断裂构造发育，分布40多条断层（表2.3.1），为明确断层对局部地应力场分布的影响，提取区块内断裂进行精细模拟。

表 2.3.1　断层属性数据

断层属性	属性值	备注
断层条数	43 条	
断层走向	NE、NW	
断层长度	2.7～8.7km	三条大断层，长度分别为11.5km、25km、30km
断层倾角	65°～85°	
断层断距	15～50m	
断层性质	走滑断层、逆断层	

2.3.1　走滑断层局部地应力场分布

1. 断层局部应力场分布的基本规律

断层端部区域出现应力集中，应力值较基岩区增大12%，侧面区域应力降低7%，如图2.3.1所示（断层为北东向30°，长为5km，X为东西向、Y为南北向，远场水平最大地应力与断层走向夹角为30°）。水平最大地应力方向在断层端部及侧面区域，与远场应力方向相比均出现偏转，断层端部的转向程度一般大于侧面（图 2.3.2），断层端部及侧面应力转向角大于 5°的区域范围分别为 2000m、1000m。水平地应力差是影响人工裂缝扩展形态的关键因素，围岩区域水平最大、最小地应力差值平均为 42MPa，断层端部区域应力差值产生明显改变，在断层端部区域的不同位置，同时出现水平地应力差值明显增大、减小的现象（图 2.3.3）。

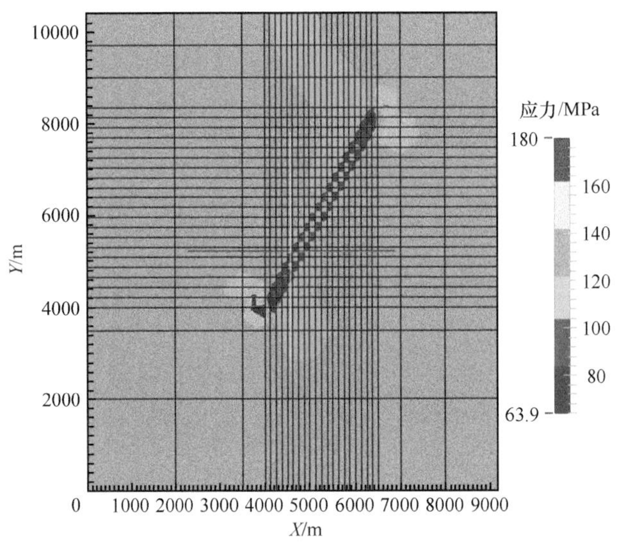

图 2.3.1　水平最大地应力分布

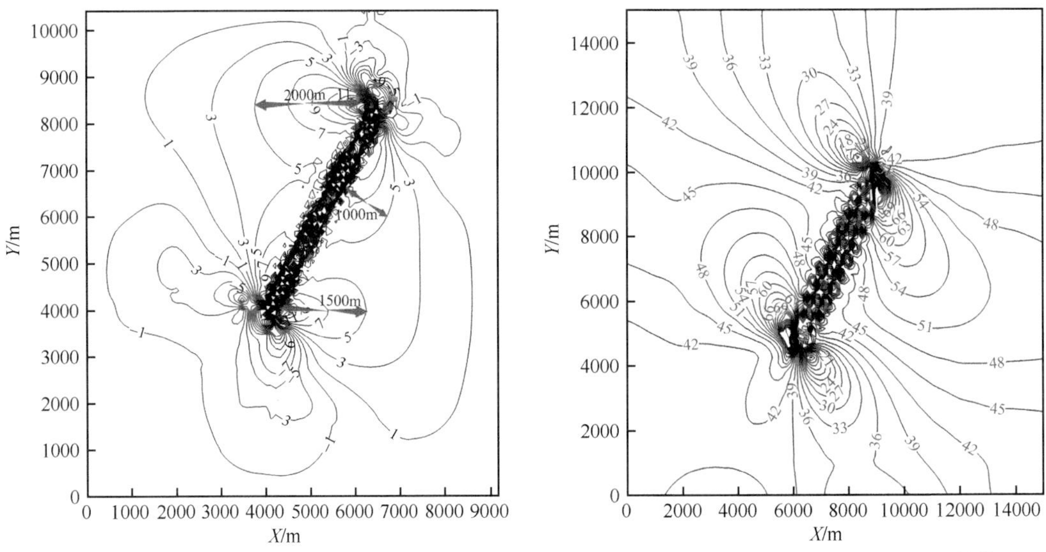

图 2.3.2　水平最大地应力在断层局部转向的等值线分布[单位：（°）]

图 2.3.3　水平地应力差在断层局部的分布（单位：MPa）

2. 断层大小对局部应力场的影响

断层长度对应力集中值的影响不大，但对应力集中干扰的范围有较大影响，即断层长度增加其端部应力集中干扰的范围逐渐增大（东西方向为 1000～2500m，南北方向为 700～1500m），断层两侧应力值降低的干扰范围，先增大后降低，在断层长度为 8km 时出现拐点（表 2.3.2）。

表 2.3.2　应力集中的干扰范围

断层走向	断层大小/km	σ_h/MPa	端部应力干扰区		侧面应力干扰区	
			X/m	Y/m	左侧/m	右侧/m
NE30°	2	108	1000	700	1750	1750
	4	106	1750	1200	2750	2750
	6	106	2000	1300	3500	3500
	8	106	2500	1300	4000	4000
	10	107	2500	1500	2500	2500

2.3.2　逆断层局部地应力场分布

建立三层地层模型（图 2.3.4），模拟逆断层形成的储层错位所引起的局部应力变化。模型几何尺寸为 250m×250m，Y 轴为垂直方向，X 轴为东西方向，垂向应力加载 150MPa（取局部区域内各井的平均值），其他载荷条件如表 2.3.3 所示。结果显示，断层面两侧相同层位的重叠区域，应力集中程度较大，其中在弹性模量较小的中间层位，应力集中程度最大，如图 2.3.5 所示。

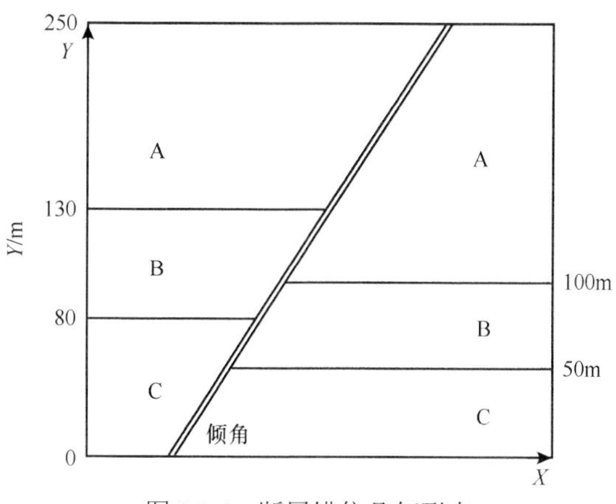

图 2.3.4　断层错位几何形态

表 2.3.3　应力载荷及岩石力学参数

层序号	地应力及地层压力梯度/（MPa/100m）			岩石力学参数	
	水平最大地应力	水平最小地应力	地层压力	弹性模量/GPa	泊松比
A	2.00	1.70	1.10	40	0.2
B	1.80	1.45	1.10	32	0.25
C	2.00	1.70	1.10	40	0.2

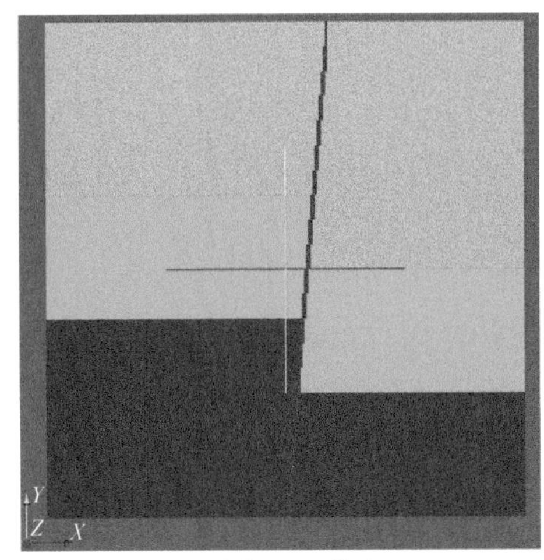

（a）逆断层模型

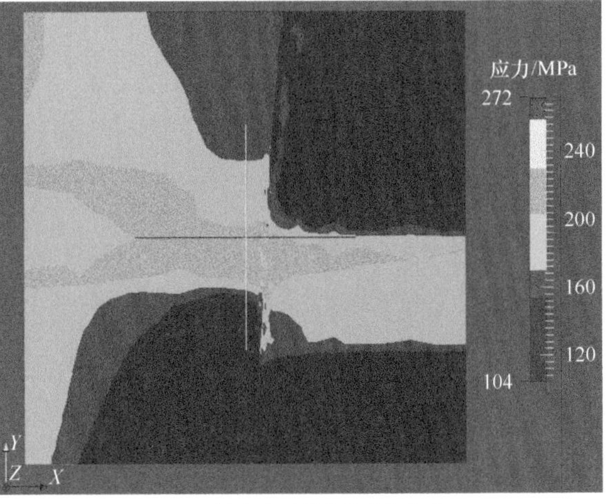

（b）水平最大地应力分布

图 2.3.5　逆断层模型和水平最大地应力分布

1. 断层倾向的影响

总体上断层倾向对应力集中程度及其干扰范围影响不大，局部上 30%的应力集中区域随着断层倾向的变化而变化，主要分布在弹性模量较小的中间储层位置，如图 2.3.6 所示。

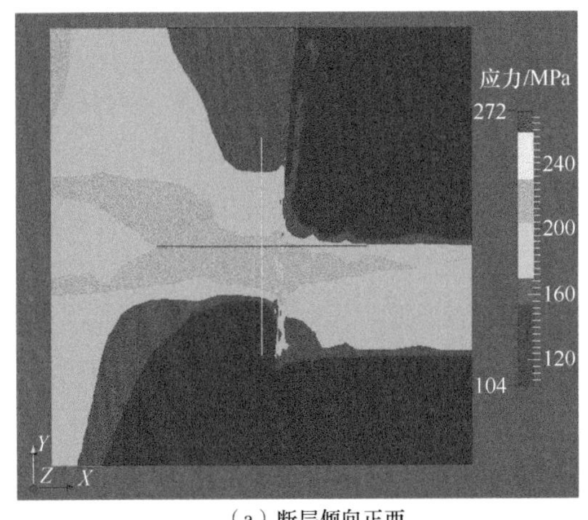

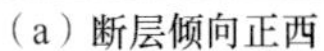

（a）断层倾向正西

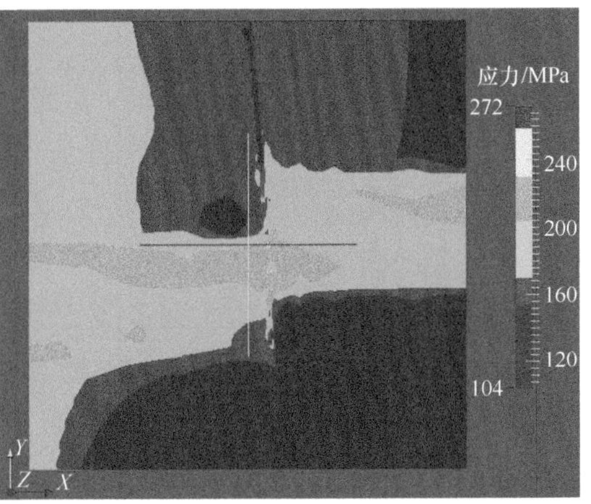

（b）断层倾向正东

图 2.3.6　不同倾向断层的水平最大地应力分布

2. 断层倾角的影响

随着断层倾角的增大，水平最大地应力降低，即集中程度略有降低，如表 2.3.4 所示，而应力集中的影响范围变化不大。此外，随着倾角的降低，应力集中区域向上盘断层区移动，如图 2.3.7 所示。

表 2.3.4　不同倾角断层的模拟参数

对应图号	断层倾向	断层倾角/（°）	中间层应力集中值/MPa
图 2.3.7（a）	E	65	257

续表

对应图号	断层倾向	断层倾角/（°）	中间层应力集中值/MPa
图 2.3.7（b）	E	70	255
图 2.3.7（c）		80	250
图 2.3.7（d）		85	243

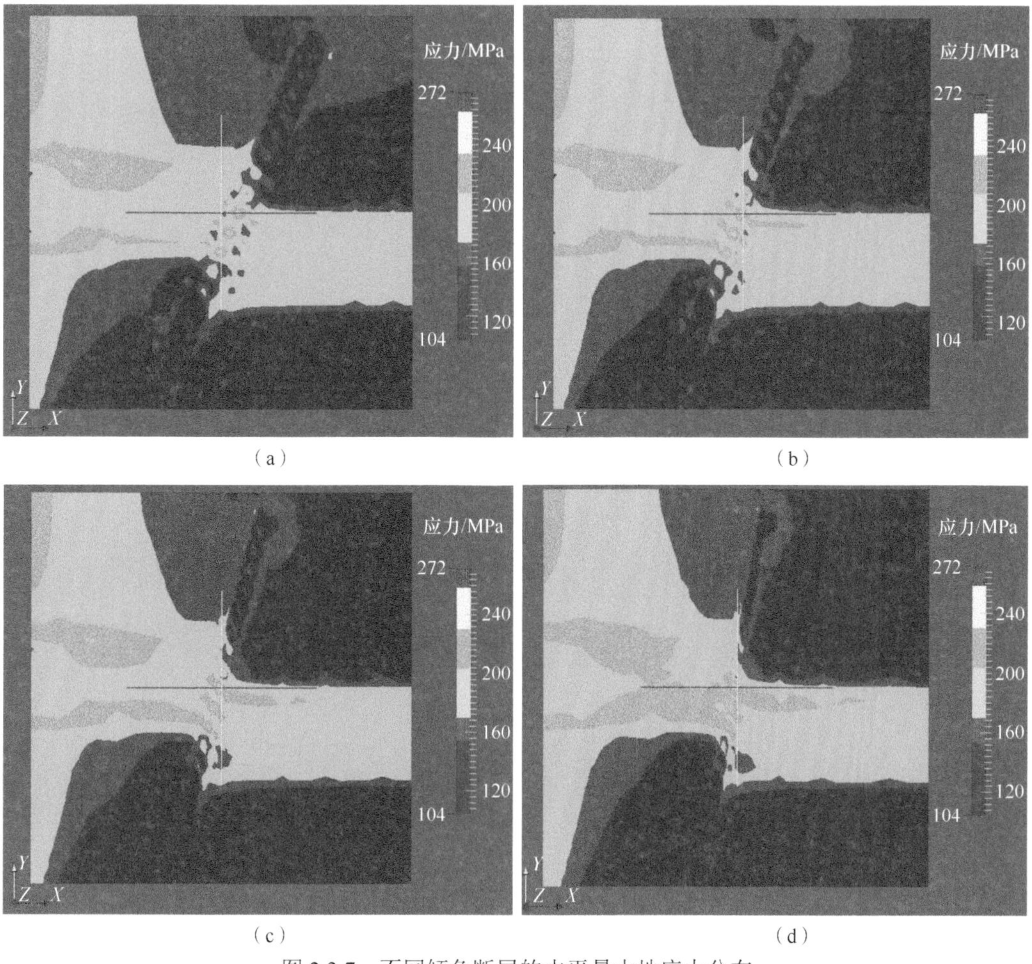

（a）

（b）

（c）

（d）

图 2.3.7 不同倾角断层的水平最大地应力分布

3. 断距的影响

为模拟断距的变化，在模型中逐渐上移上盘的中间层位（表 2.3.5）。从图 2.3.8 可以看出，上盘应力集中区域也逐渐上移，表明应力集中主要发生在弹性模量较小的层位；应力集中强度最大的区域位于断层两侧相同层位重叠的区域，如图 2.3.8 中绿色和黄色部分。总体来看，随着断距增大，应力集中增强。

表 2.3.5 不同断距的断层模拟参数

对应图号	断层倾向	断层倾角/（°）	断距/m	中间层应力集中值/MPa
图 2.3.8（a）	正西	85	15	239

续表

对应图号	断层倾向	断层倾角/（°）	断距/m	中间层应力集中值/MPa
图 2.3.8（b）	正西	85	25	253
图 2.3.8（c）			35	272

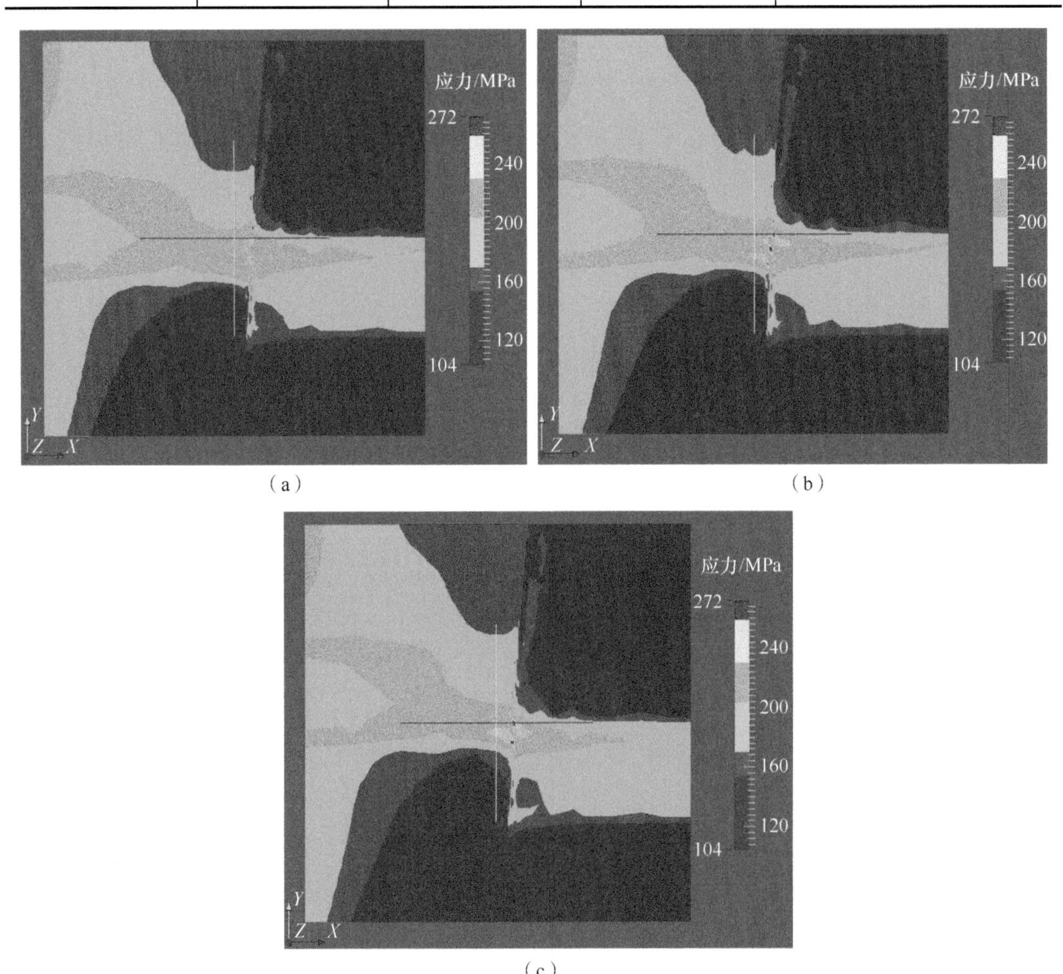

图 2.3.8　不同断距断层的水平最大地应力分布

2.3.3　主断层不同位置地应力场分布

以区块内主干断层的北部尖端、中间转弯处、南部尖端及附近两条次级断层的局部区域为例，进行地应力场分析。局部网络尺寸为 25m×25m，垂直方向划分为 50 层，层厚为 10m，以下选取第 46 层模拟结果进行分析。

1. 主断层北部地应力场分布

图 2.3.9 为断层北部尖端位置图，图 2.3.10～图 2.3.12 分别为其垂向地应力、水平最大地应力、水平最小地应力平面分布等值线图。模拟结果显示，在断层北部尖端区域，断层对局部地应力场有干扰作用，具体表现在如下。

（1）垂向地应力分布结果显示，基岩应力值为150MPa；断层内部的储集区应力最小，为135～140MPa；断层端部区域应力等值线密集分布，应力值最大，为150～165MPa；垂向地应力值的变化幅度为0～30MPa。

（2）水平最大地应力分布结果显示，基岩应力值为 120～130MPa；断层内部的储集区应力值最小，为 110～120MPa；断层端部区域应力等值线密集分布，应力值最大达150MPa；水平最大地应力值的变化幅度为20～40MPa。

（3）水平最小地应力分布结果显示，基岩应力值为90～100MPa；断层内部的储集区应力值最小，为80～90MPa；断层端部区域应力等值线密集分布，应力值最大达110MPa；水平最小地应力值的变化幅度为10～30MPa。

另外，在断层端部地应力集中区，水平最大地应力方向为NE20°，与远场地应力方向NNE10°～NNE15°，存在5°～10°的差值。

图 2.3.9 断层北部尖端位置

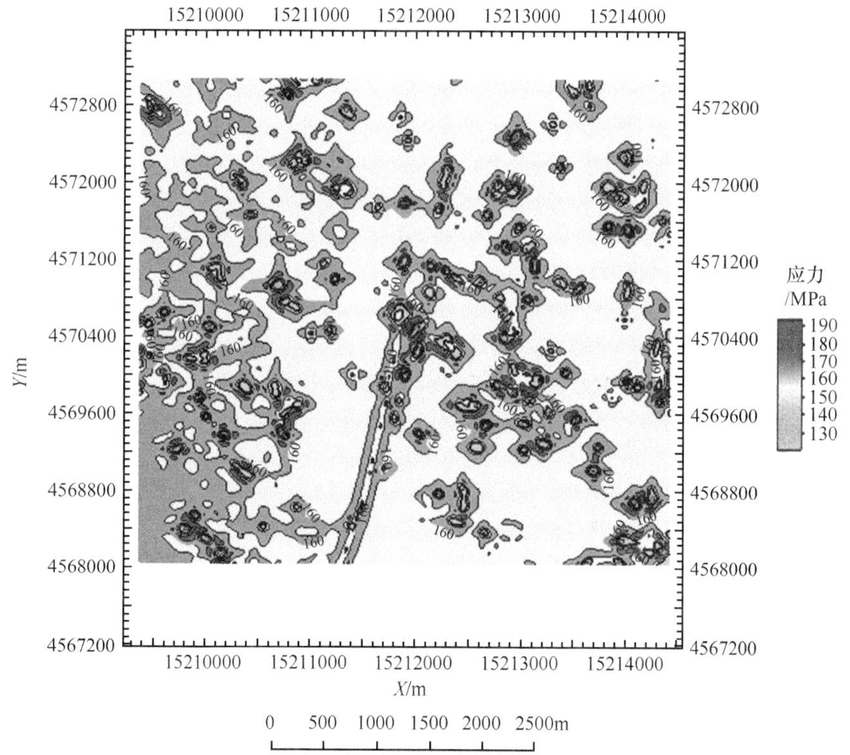

图 2.3.10 断层北部尖端垂向地应力平面分布

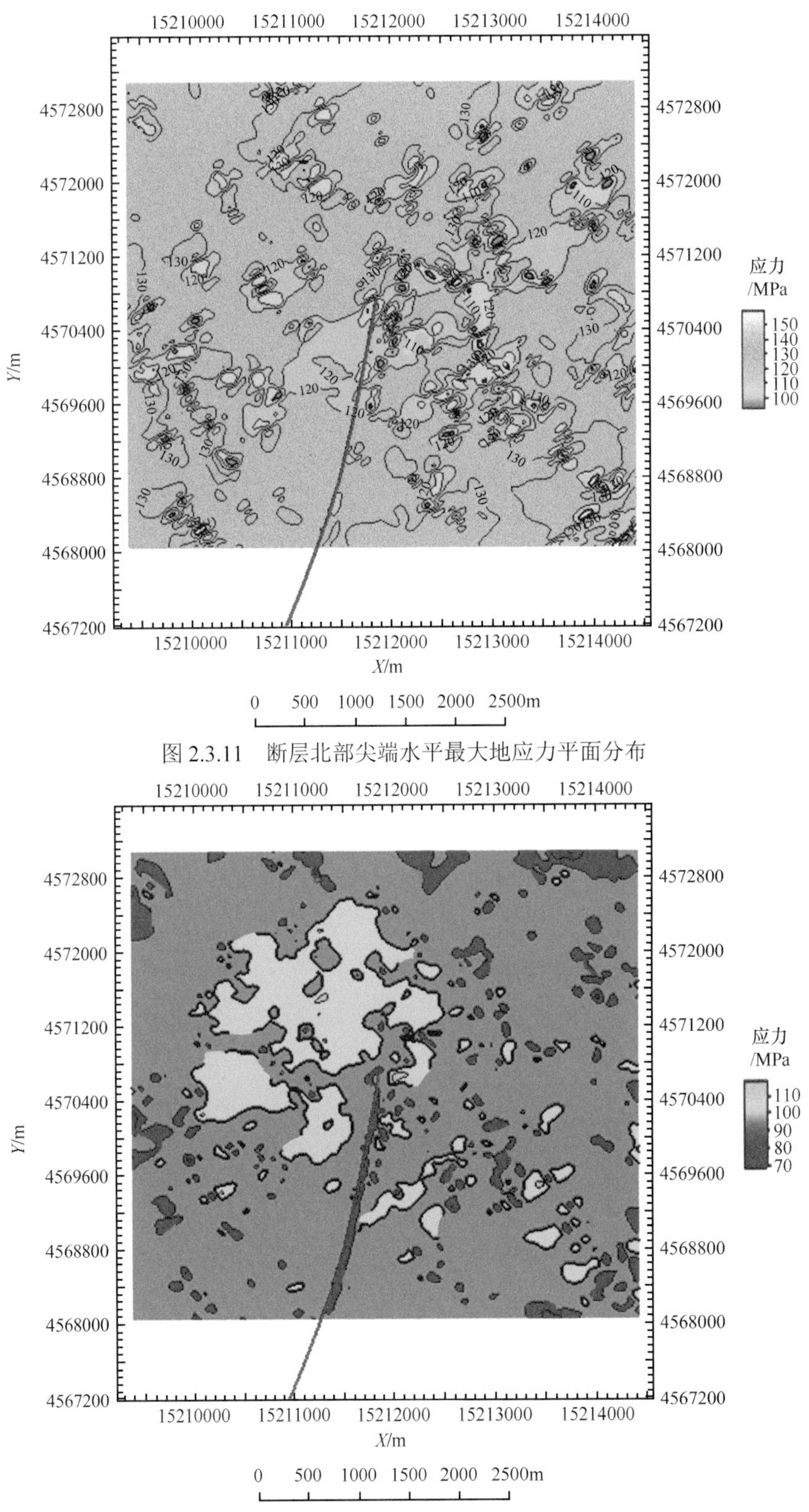

图 2.3.11　断层北部尖端水平最大地应力平面分布

图 2.3.12　断层北部尖端水平最小地应力平面分布

2. 主断层中南部转弯处地应力场分布

图 2.3.13 为断层中南部转弯位置图。图 2.3.14～图 2.3.16 分别为其垂向地应力、水平最大地应力、水平最小地应力平面分布等值线图。模拟结果显示，断层中南部转弯区域的地应力场分布，具体表现如下。

（1）垂向地应力分布结果显示，基岩应力值为 160MPa；断层内部应力值最小，为 150～160MPa；在断层及储集区边界位置，应力等值线密集分布，应力值最大，为 160～180MPa；垂向地应力值的变化幅度为 10～20MPa。

（2）水平最大地应力分布结果显示，基岩应力值为 120～130MPa；断层内部应力值最小，为 110～120MPa；断层转弯局部区域，由于受挤压作用，应力值最大达 140MPa；

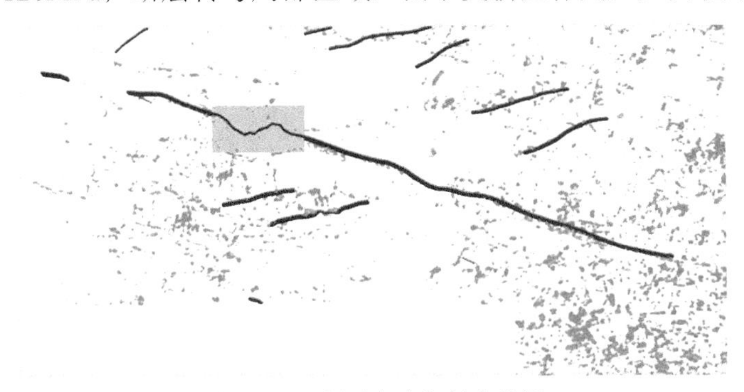

图 2.3.13 断层中南部转弯位置

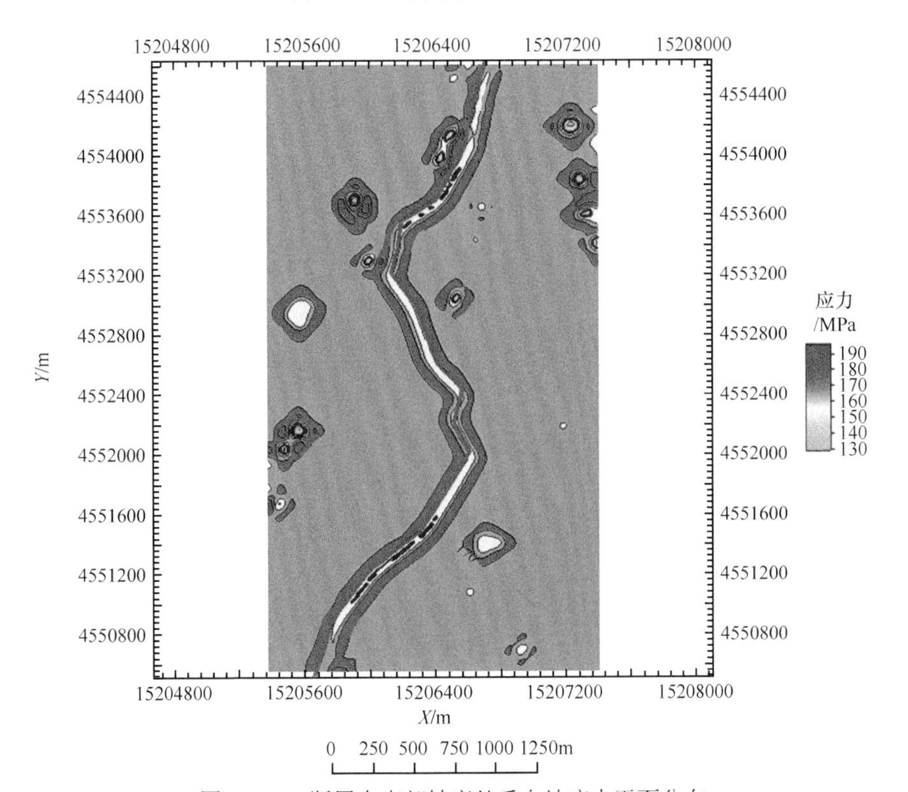

图 2.3.14 断层中南部转弯处垂向地应力平面分布

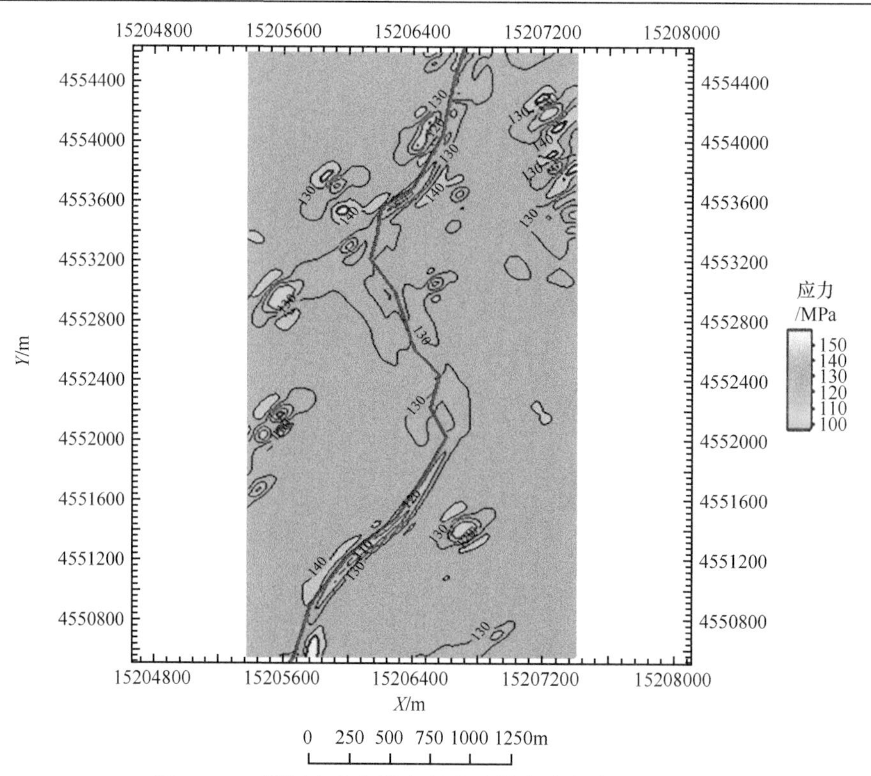

图 2.3.15　断层中南部转弯处水平最大地应力平面分布

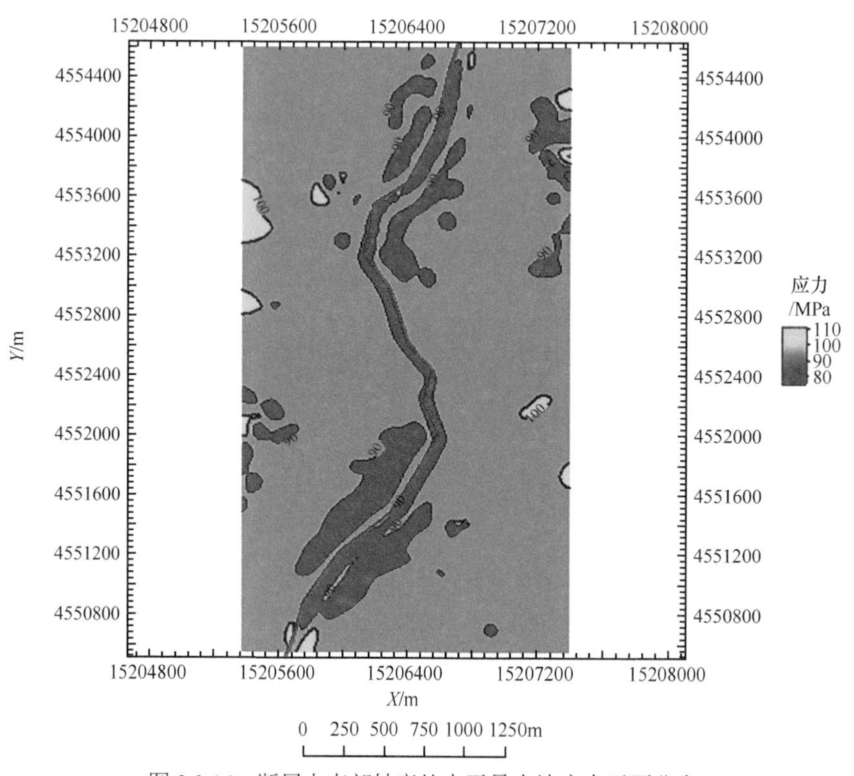

图 2.3.16　断层中南部转弯处水平最小地应力平面分布

水平最大地应力值的变化幅度为10～30MPa。

（3）水平最小地应力分布结果显示，基岩应力值为90～100MPa；断层内部应力值最小，为80～90MPa；断层转弯局部区域应力值为105MPa；水平最小地应力值的变化幅度为5～25MPa。

另外，在断层拐角处，水平最大地应力方向由NE10°变为NE20°～NE22°，存在10°～12°的差值。

3. 主断层南部地应力场分布

图2.3.17为断层南部尖端位置图。图2.3.18～图2.3.20分别为其垂向地应力、水平最

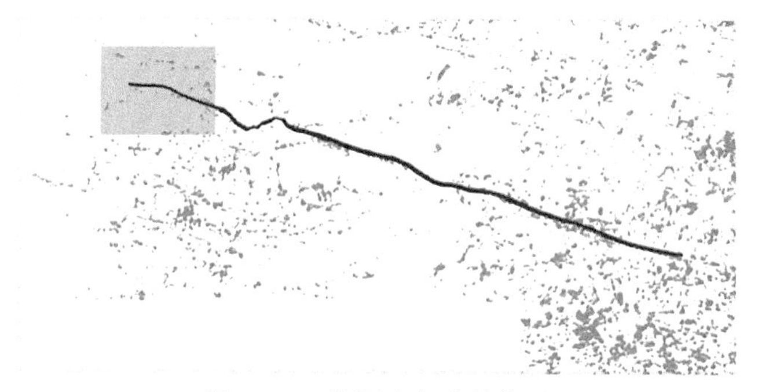

图2.3.17　断层南部尖端位置

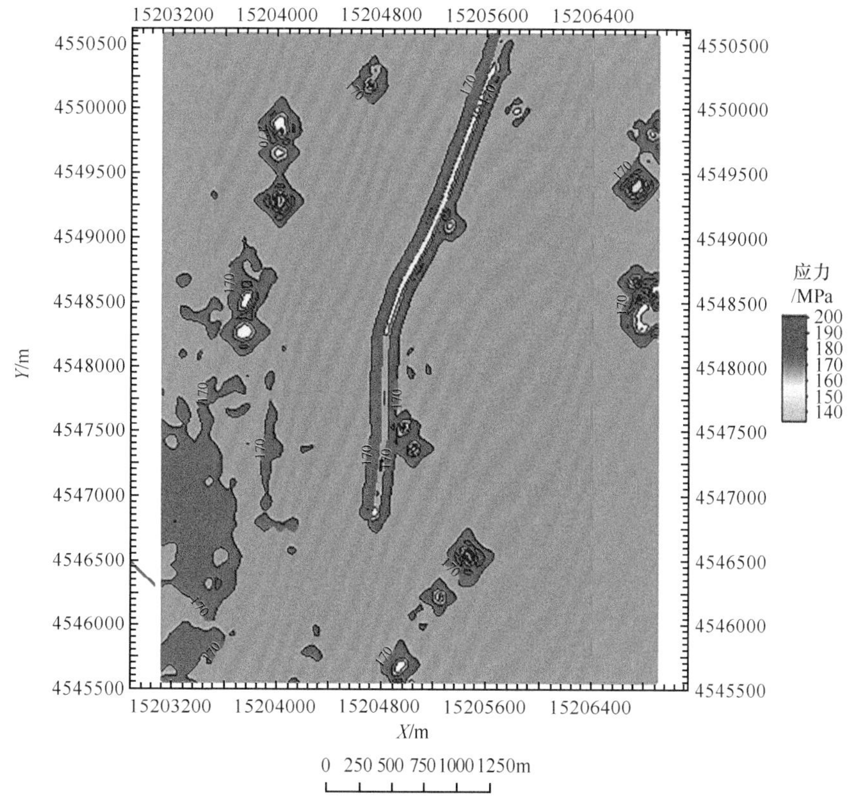

图2.3.18　断层南部尖端处垂向地应力平面分布

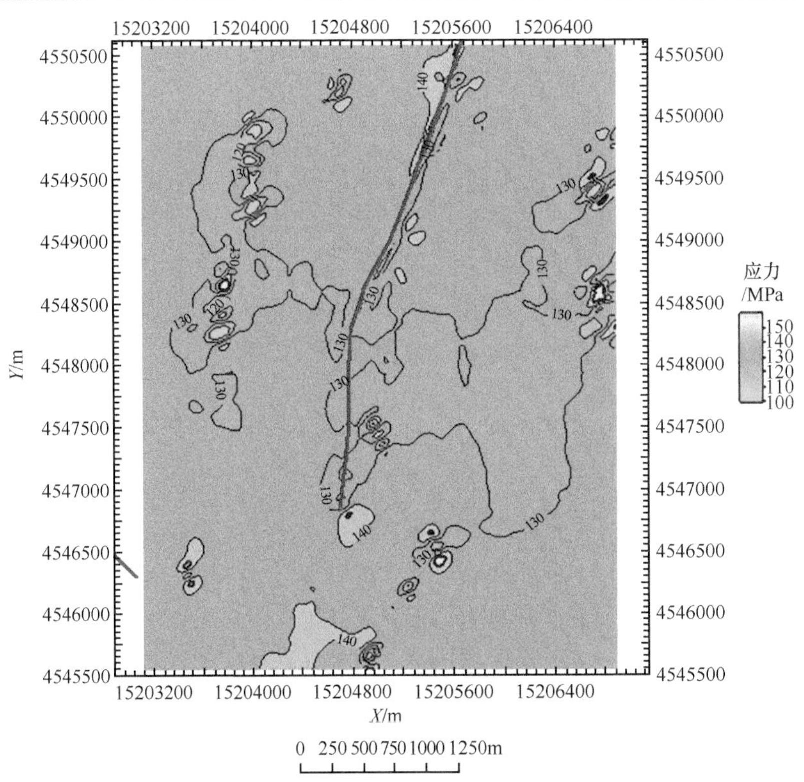

图 2.3.19　断层南部尖端处水平最大地应力平面分布

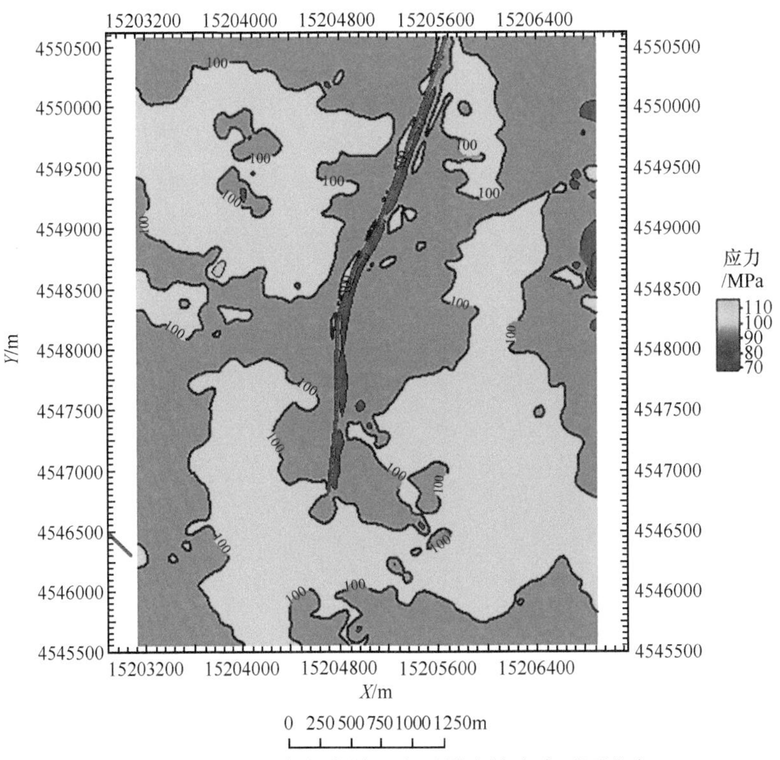

图 2.3.20　断层南部尖端处水平最小地应力平面分布

大地应力、水平最小地应力平面分布等值线图。模拟结果显示，断层南部尖端区域，断层对局部应力场有干扰作用，具体表现如下。

（1）垂向地应力分布结果显示，基岩应力值为150MPa；断层内部应力值最小，其值为140～150MPa；在断层及储集区边界位置，应力等值线密集分布，应力值最大，为160～170MPa；垂向地应力值的变化幅度为10～30MPa。

（2）水平最大地应力分布结果显示，基岩应力值为120～140MPa；断层内部应力值最小，为110～120MPa；在断层及储集区边界位置，应力等值线密集分布，应力值最大达140MPa，水平最大地应力值的变化幅度为0～30MPa。

（3）水平最小地应力分布结果显示，基岩应力值为90～105MPa；断层内部应力值最小，为80～90MPa；断层端部区域应力等值线密集分布，应力值最大达110MPa；水平最小地应力值的变化幅度为5～30MPa。

另外，在断层端部地应力集中区，水平最大地应力方向为NW355°～NE25°，与远场地应力方向NNE10°～NNE15°，存在10°～20°的差值。

4. *两条次级断层地应力场分布*

图2.3.21为中部两条次级断层位置图，图2.3.22～图2.3.24分别为其垂向地应力、水平最大地应力、水平最小地应力平面分布等值线图。模拟结果显示，次级断层对局部应力场有干扰作用，具体表现如下。

（1）两次级断层之间的区域，垂向地应力分布结果显示，基岩应力值为150～160MPa；断层及储集区内部应力值最小，为130～140MPa；断层及储集区边界位置应力等值线分布密集，应力值最大达170MPa；垂向地应力值的变化幅度为10～40MPa。

（2）水平最大地应力分布结果显示，基岩应力值为120～135MPa；断层及储集区内部应力值最小，为105～110MPa；在断层及储集区边界位置，应力等值线密集分布，应力值最大达150MPa，水平最大地应力值的变化幅度为15～45MPa。

（3）水平最小地应力分布结果显示，基岩应力值为90～100MPa；断层内部应力值最小，为80～90MPa；在断层及储集区边界位置应力值为110MPa；水平最小地应力值的变化幅度为10～30MPa。

另外，在两条断层之间的区域，水平最大地应力方向为NE12°～NE18°，与远场地应力方向NNE10°～NNE15°，存在2°～8°的差值。

图2.3.21 中部区域次级断层位置

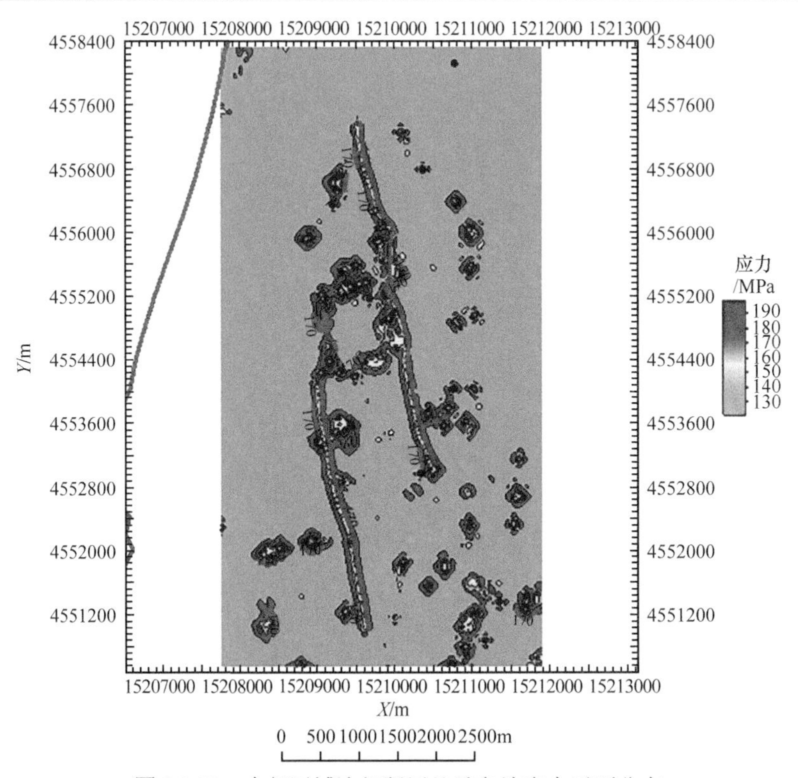

图 2.3.22　中部区域次级断层处垂向地应力平面分布

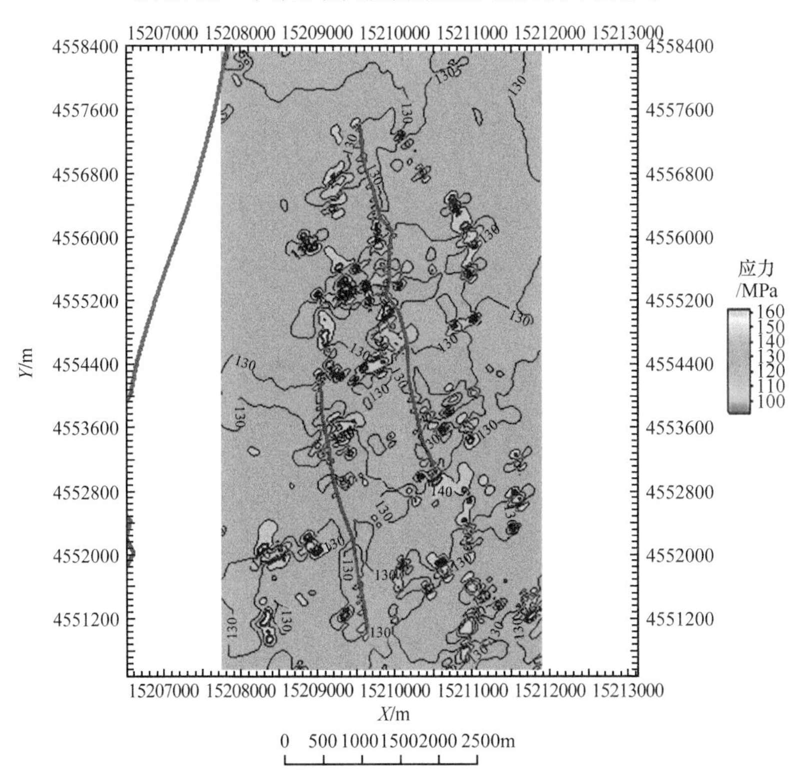

图 2.3.23　中部区域次级断层处水平最大地应力平面分布

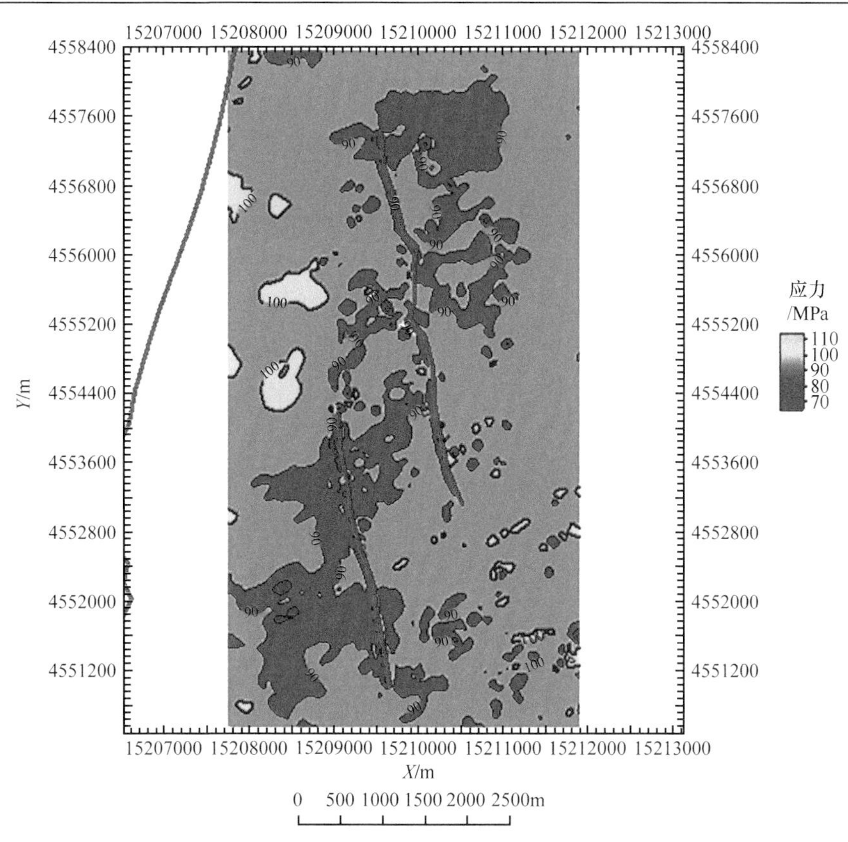

图 2.3.24 中部区域次级断层处水平最小地应力平面分布

2.3.4 组合断层对局部地应力场的干扰

模拟区块多表现为多条断层交叉耦合分布的特点，为分析多条断层同时存在对局部地应力分布的影响，模拟计算分两种组合模式：交错断层和平行断层，如图 2.3.25 所示。

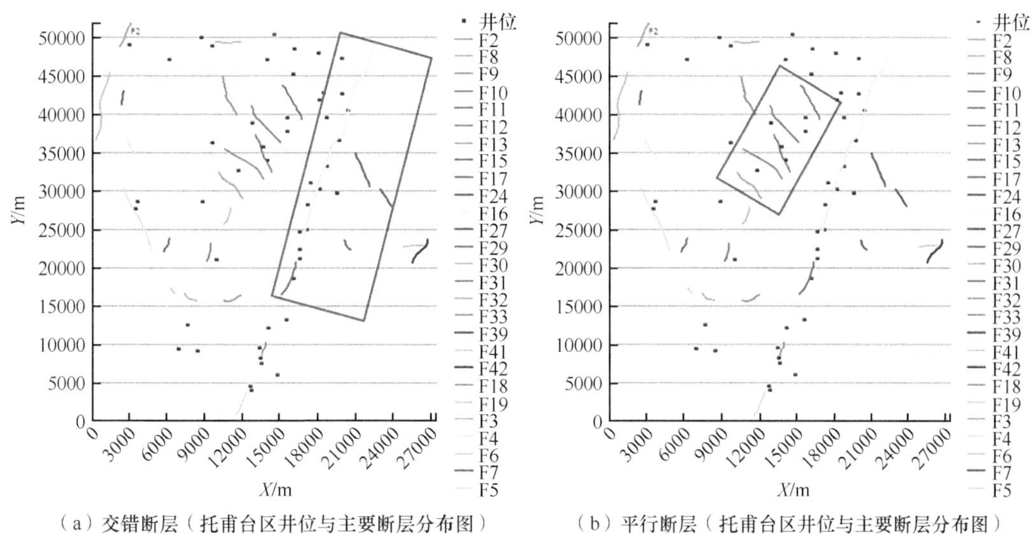

（a）交错断层（托甫台区井位与主要断层分布图） （b）平行断层（托甫台区井位与主要断层分布图）

图 2.3.25 断层组合模式

1. 交错断层

根据模拟计算结果（图 2.3.26），取断层构造不同位置点的应力进行对比，得到断层交错时断层区域的应力分布特点：断层两侧应力值降低，两断层的交叉位置，侧面区域的应力值会产生叠加效应，应力值 $B>C$；断层端部应力值增加，两断层端部的重合区，应力增强效应相互叠加，应力值 $D>A>E$。

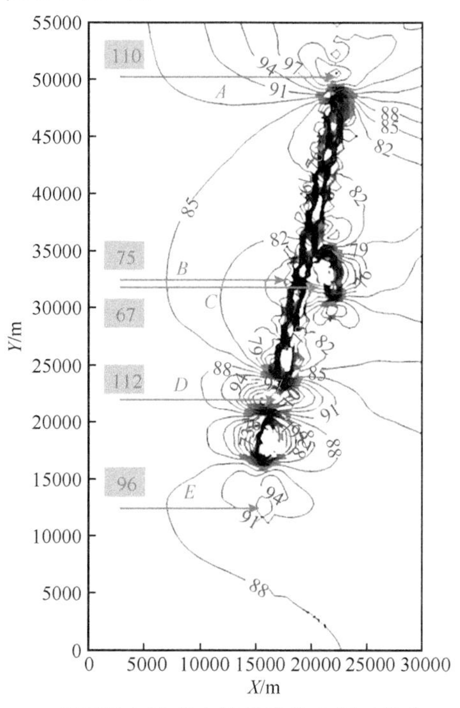

图 2.3.26　水平最小地应力等值线分布图（单位：MPa）

2. 平行断层

模拟计算结果如图 2.3.27 所示，取断层构造不同位置点的水平最小地应力值进行对比，

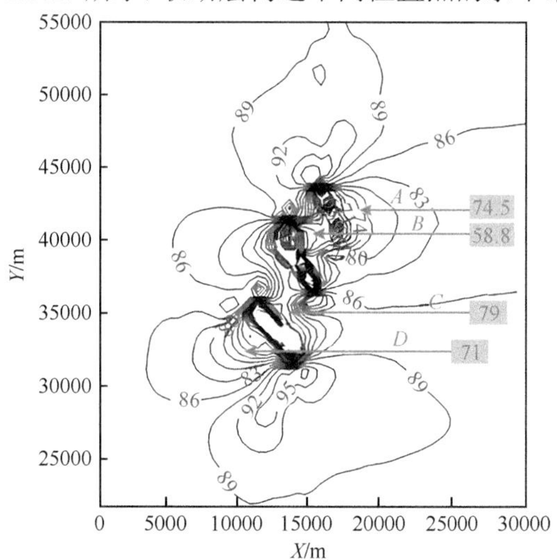

图 2.3.27　平行断层相互干扰时断层两侧的应力分布（单位：MPa）

得到断层平行时断层区域的应力分布特点：在平行断层侧面的应力干扰区域，应力值降低且相互叠加，应力值 $A>B$；C 点位于一个断层端部的应力增加区域与另一个断层侧面的应力降低区域的重合位置，导致该区域的应力值大于处于相同断层另一侧面位置的 D 点应力值，即应力值 $C>D$。

2.4 溶洞局部地应力场

2.4.1 溶洞集中发育区地应力场分布

模拟区块发育大量溶洞，计算过程中假定溶洞充填正常流体压力，选取东北部溶洞集中发育区进行应力场分析。图 2.4.1 为东北部溶洞发育区位置，提取第 46 层模拟结果进行分析，图 2.4.2～图 2.4.4 分别为其垂向地应力、水平最大地应力、水平最小地应力平面分布等值线图。模拟结果显示，在东北部溶洞发育区域，溶洞对局部应力场影响明显，具体表现如下。

（1）溶洞周围垂向地应力分布结果显示，基岩应力值为 150～160MPa；溶洞区内部应力值最小，为 120～140MPa；在溶洞边界区域应力等值线分布密集，应力值最大达 180MPa，范围为距溶洞边界 0.5 倍洞径；垂向地应力值变化幅度为 20～60MPa。

（2）水平最大地应力分布结果显示，基岩应力值为 120～130MPa；溶洞区内部应力值最小，为 90～100MPa；在溶洞边界区域应力等值线分布密集，应力值最大达 140MPa，范围为距溶洞边界 0.5～0.8 倍洞径；距溶洞边界 2 倍洞径处应力与基岩一致，水平最大地应力值变化幅度为 10～50MPa。

（3）水平最小地应力分布结果显示，基岩应力值为 80～90MPa，局部达 100MPa；溶洞区内部应力值最小，低于 85MPa；在溶洞边界区域应力值最大达 110MPa，范围为距溶洞边界 0.5 倍洞径，水平最小地应力值变化幅度为 25MPa。

另外，溶洞对局部地应力场方向有干扰作用，干扰范围为洞径 1 倍距离，溶洞区西侧方向为 NW—NE 向，东侧方向为 NE25°～NE30°，在两溶洞及多溶洞之间，应力方向与溶洞形状相关，变化较大。两溶洞及多溶洞之间，应力集中最大，水平最大地应力达到极高值。

图 2.4.1 东北部溶洞发育区位置

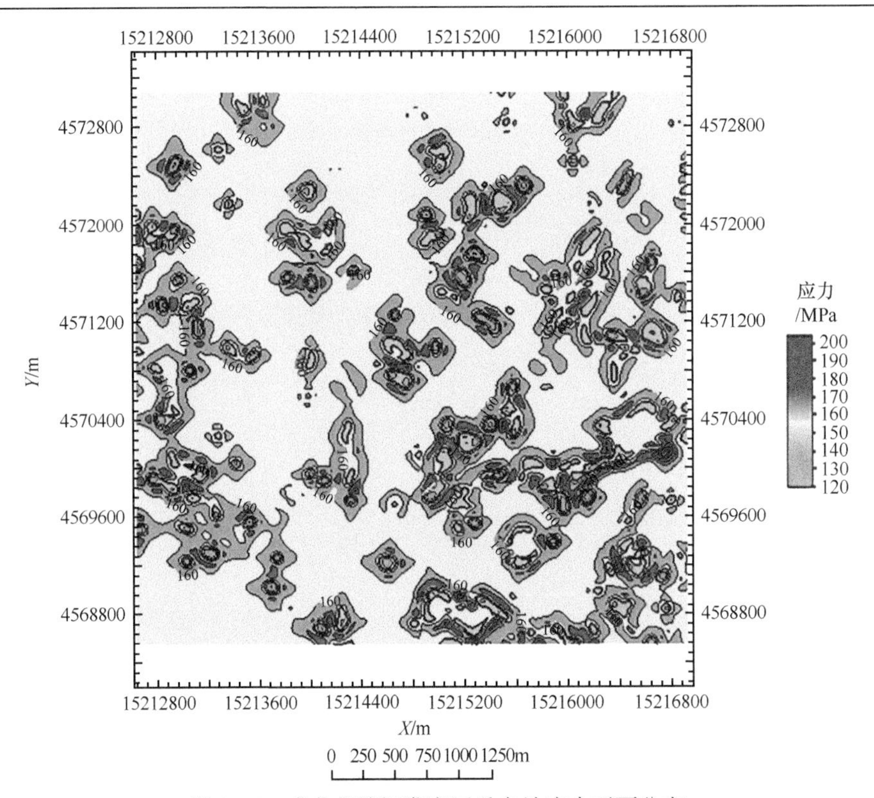

图 2.4.2　东北部溶洞发育区垂向地应力平面分布

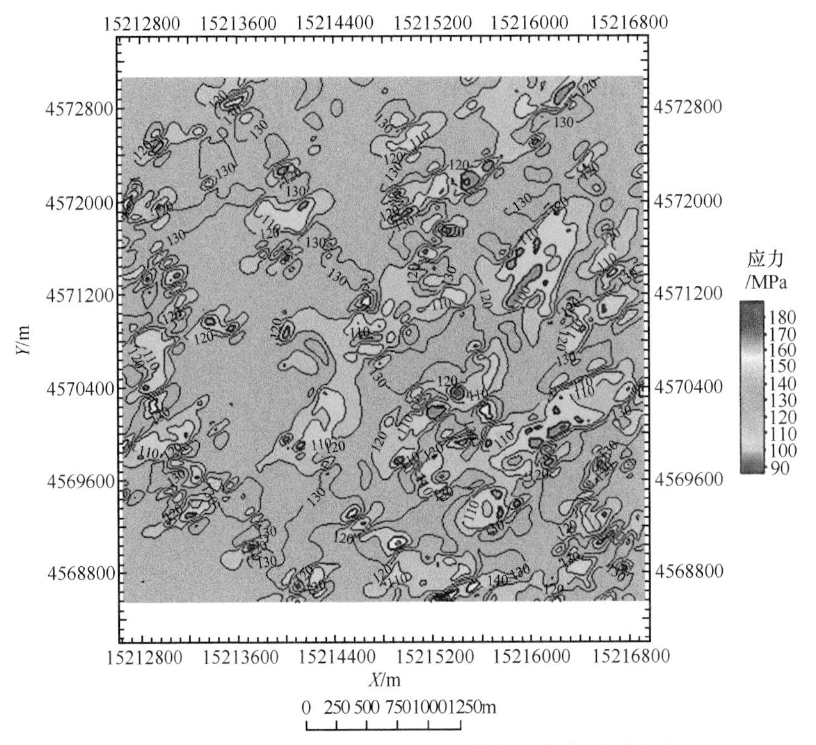

图 2.4.3　东北部溶洞发育区水平最大地应力平面分布

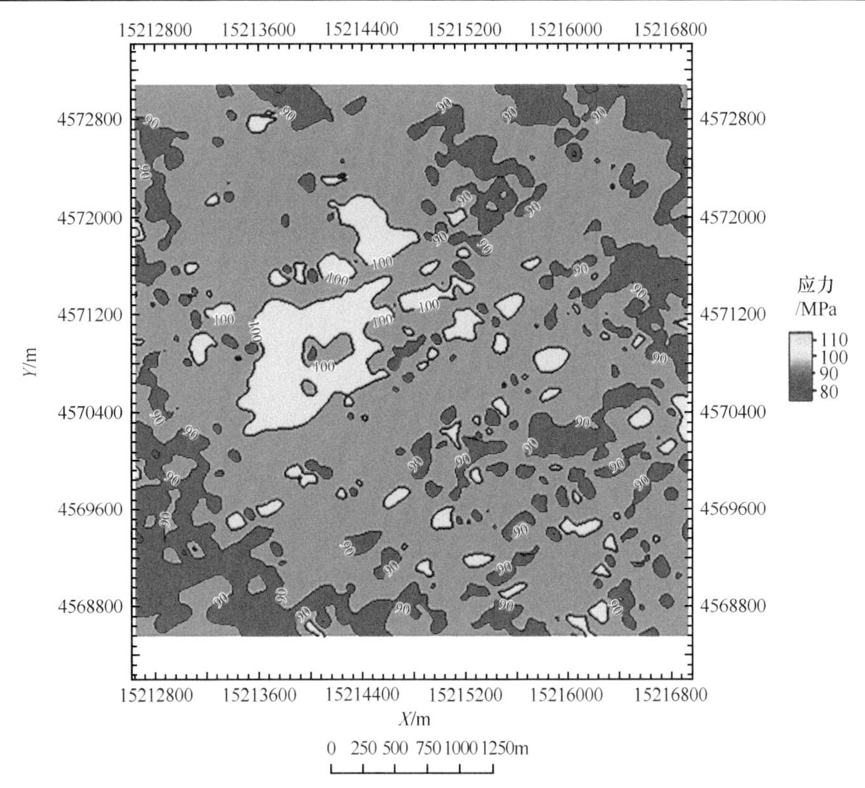

图 2.4.4 东北部溶洞发育区水平最小地应力平面分布

2.4.2 多溶洞发育区地应力场分布

图 2.4.5 为中部溶洞发育区位置。图 2.4.6～图 2.4.8 分别为其垂向地应力、水平最大地应力、水平最小地应力平面分布等值线图。模拟结果显示，在中部共轭断层附近多溶洞发育区，溶洞数量相对较少，对局部地应力场的影响具体表现如下。

（1）溶洞周围垂向地应力分布结果显示，基岩应力值为 150～160MPa；溶洞区内部应力值最小，为 120～140MPa；在溶洞边界区域应力等值线分布密集应力值最大，为 180～190MPa，范围为距溶洞边界 0.5～0.8 倍洞径，两个溶洞之间应力值达到极大值 190MPa，垂向地应力值的变化幅度为 30～70MPa。

图 2.4.5 中部多溶洞发育区位置

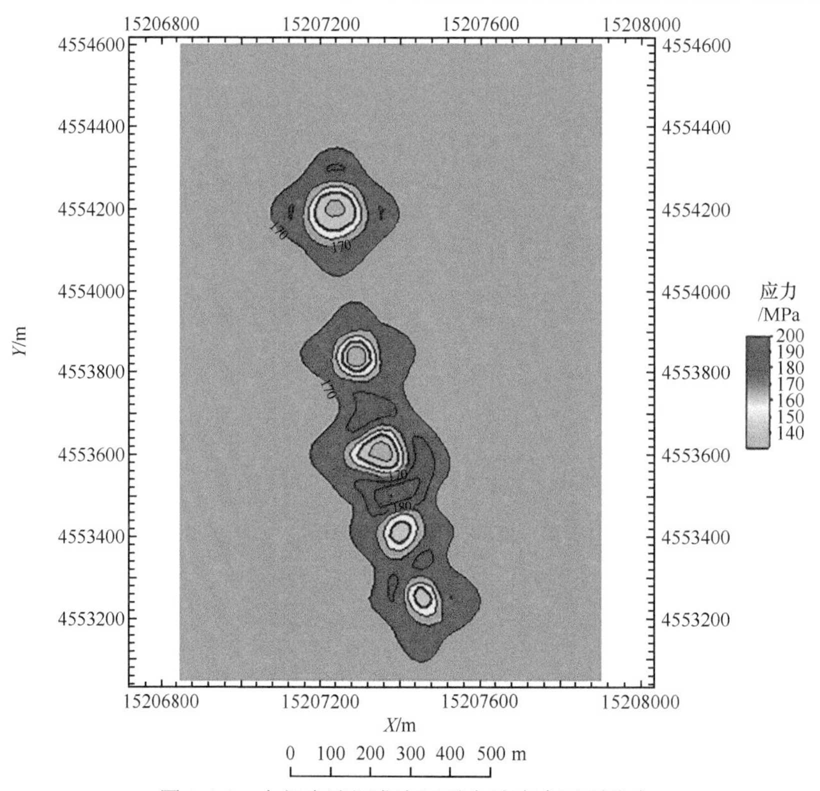

图 2.4.6　中部多溶洞发育区垂向地应力平面分布

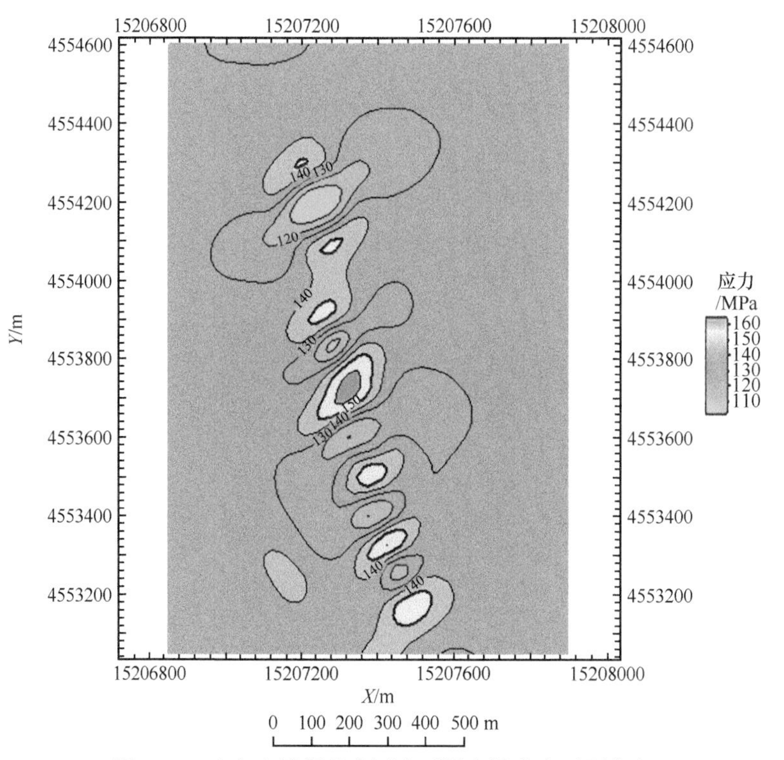

图 2.4.7　中部多溶洞发育区水平最大地应力平面分布

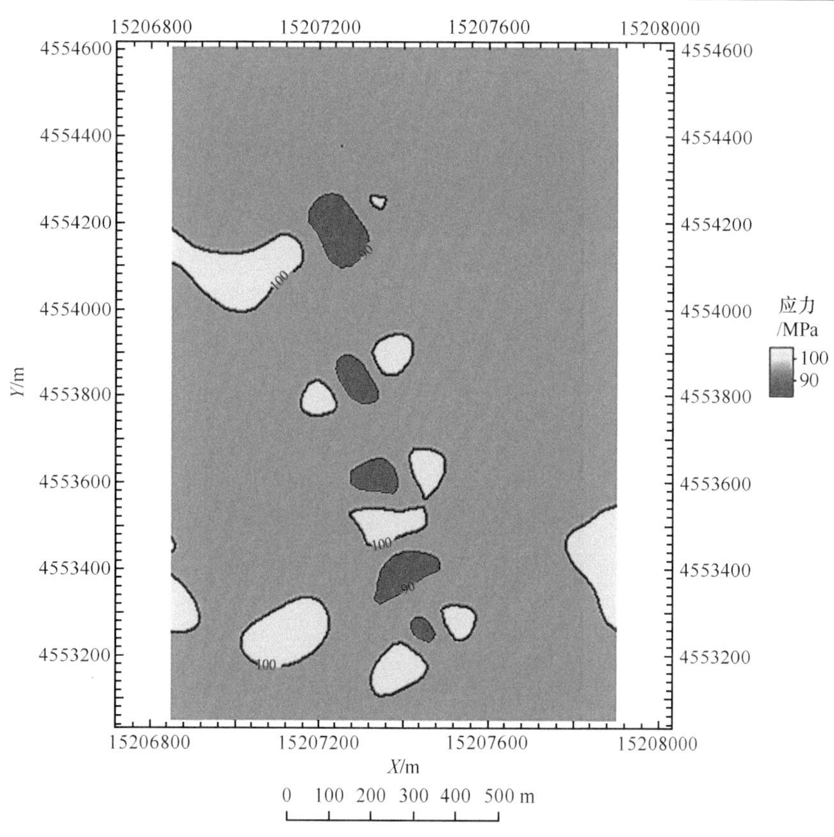

图 2.4.8 中部多溶洞发育区水平最小地应力平面分布

（2）水平最大地应力分布结果显示，基岩应力值为 120～130MPa；溶洞区内部应力值最小，约为 90MPa；溶洞边界区域应力等值线分布密集，应力值最大达 150MPa，范围为距溶洞边界 0.5～0.8 倍洞径，距溶洞边界 2 倍洞径应力与基岩一致，水平最大地应力值变化幅度为 60MPa。

（3）水平最小地应力分布结果显示，基岩应力值为 90～100MPa，局部达 100MPa；溶洞区内部应力值最小，低于 80MPa；在溶洞边界区域应力值最大达 105MPa，范围为距溶洞边界 0.5 倍洞径，水平最小地应力值变化幅度为 25MPa。

另外，溶洞周边应力变化复杂，相邻溶洞之间水平最大地应力方向一般为 NE25°，远离溶洞区域，一般为 NE30°～NE40°，远场应力方向为 NE10°～NE15°。

第3章　裂缝起裂

裂缝起裂是储层压裂改造的关键问题之一。本章建立天然裂缝张开压力、井周裂缝转向压力、岩石动态破裂等力学模型，阐释裂缝起裂的机理。

3.1　天然裂缝张开压力

3.1.1　诱导应力场

裂缝型储层压裂改造时，地层将发生破裂、天然裂缝开启、人工裂缝与天然裂缝相交等复杂力学演化过程。这些过程会引发应力场的改变，从而影响人工裂缝的延伸轨迹及形态。本章首先对压裂过程中的综合诱导应力场进行阐述。

1. 水力裂缝诱导应力场

水力裂缝一般沿水平最大主应力方向延伸，在水平最大主应力方向上水力裂缝面只受张应力作用。假设裂缝面受均匀内压，无远场地应力，取计算模型如图 3.1.1 所示。

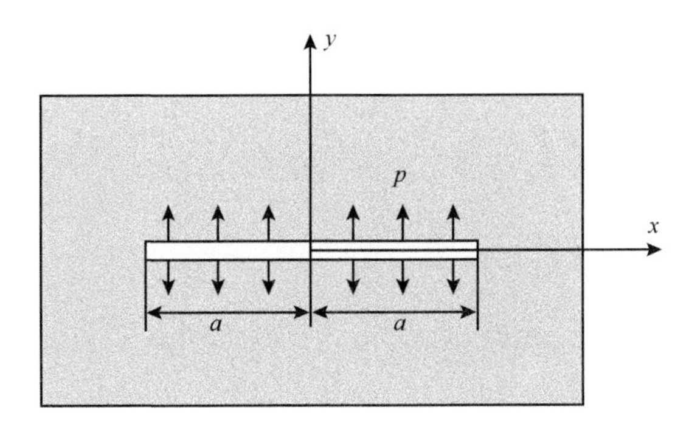

图 3.1.1　裂缝内压作用下的计算模型

平板中央有一穿透型直线裂纹，长为 $2a$，作用于裂纹面上的压力为“$-p$”。考虑模型对称性，取 $y>0$ 半平面计算，边界条件为

$$
\begin{cases}
\sigma_x = \sigma_y = \sigma_{xy} = 0, & \sqrt{x^2+y^2} \to 0 \\
\sigma_{xy} = 0, \quad y = 0, & 0 < x < \infty \\
\sigma_y = -p, \quad y = 0, & |x| \leqslant a \\
u_y = 0, \quad y = 0, & x > a
\end{cases}
\tag{3.1.1}
$$

式中，σ_x为x方向应力；σ_y为y方向应力；σ_{xy}为剪应力；u_y为y方向的位移。

根据弹性力学理论，平面应变问题的应力应变关系为

$$\begin{cases}\varepsilon_x = \left[\left(1-\nu^2\right)\sigma_x - \nu\left(1+\nu\right)\sigma_y\right]\Big/E \\ \varepsilon_y = \left[\left(1-\nu^2\right)\sigma_y - \nu\left(1+\nu\right)\sigma_x\right]\Big/E \\ \gamma_{xy} = 2\left(1+\nu\right)\sigma_{xy} / E\end{cases} \tag{3.1.2}$$

式中，ε_x为x方向应变；ε_y为y方向应变；γ_{xy}为剪切应变；ν为泊松比；E为弹性模量。

几何方程为

$$\begin{cases}\varepsilon_x = \partial u_x / \partial x \\ \varepsilon_y = \partial u_y / \partial y \\ \gamma_{xy} = \partial u_y \big/ \partial x + \partial u_x \big/ \partial y\end{cases} \tag{3.1.3}$$

式中，u_x为x方向位移。

平衡方程（不计体力）为

$$\begin{cases}\partial\sigma_x / \partial x + \partial\tau_{xy} / \partial y = 0 \\ \partial\sigma_y / \partial y + \partial\tau_{yx} / \partial x = 0\end{cases} \tag{3.1.4}$$

设$\boldsymbol{\Phi}$为应力函数，则

$$\begin{cases}\sigma_x = \partial^2\boldsymbol{\Phi} / \partial y^2 \\ \sigma_y = \partial^2\boldsymbol{\Phi} / \partial x^2 \\ \gamma_{xy} = -\partial^2\boldsymbol{\Phi} / \partial x\partial y\end{cases} \tag{3.1.5}$$

平面问题的双调和方程为

$$\nabla^4\boldsymbol{\Phi} = 0 \tag{3.1.6}$$

对上述方程求解，可得应力场为

$$\begin{aligned}\sigma_x &= p\left[\frac{r}{\sqrt{r_1 r_2}}\cos\left(\theta - \frac{\theta_1+\theta_2}{2}\right) - \frac{a^2 r}{\sqrt{\left(r_1 r_2\right)^3}}\sin\theta\sin\frac{3}{2}\left(\theta_1+\theta_2\right) - 1\right] \\ \sigma_y &= p\left[\frac{r}{\sqrt{r_1 r_2}}\cos\left(\theta - \frac{\theta_1+\theta_2}{2}\right) + \frac{a^2 r}{\sqrt{\left(r_1 r_2\right)^3}}\sin\theta\sin\frac{3}{2}\left(\theta_1+\theta_2\right) - 1\right] \\ \sigma_{xy} &= p\left[\frac{a^2 r}{\sqrt{\left(r_1 r_2\right)^3}}\sin\theta\cos\frac{3}{2}\left(\theta_1+\theta_2\right)\right]\end{aligned} \tag{3.1.7}$$

式中各参数的物理意义可参考图 3.1.2。对于垂直裂缝情形，依据图 3.1.2 将 x-y 平面换作 x-z 平面，根据式（3.1.7）可计算垂直裂缝所形成的诱导应力场。

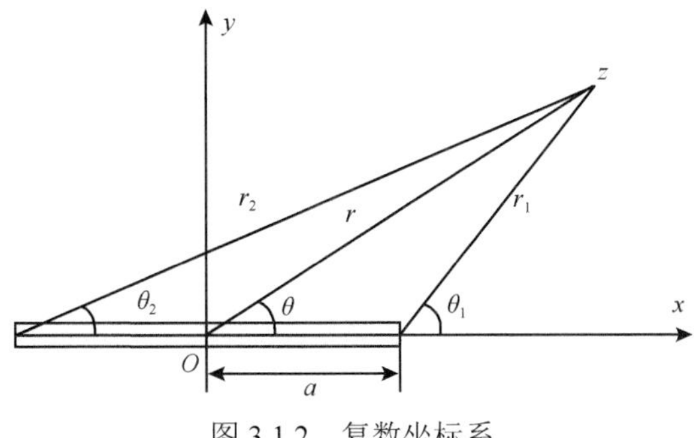

图 3.1.2 复数坐标系

2. 天然裂缝局部应力场

在裂缝型储层中，由于受构造应力作用，天然裂缝呈相互平行的阶梯组分布。为简化分析，先对一条裂缝进行分析。将天然裂缝理想化为椭圆形截面的长裂缝，如图 3.1.3 所示。在实际地层条件下，由于缝内胶结物对裂缝的支撑作用，这种假设可以近似成立。对于多条裂缝，可以将它们产生的应力场进行线性叠加。

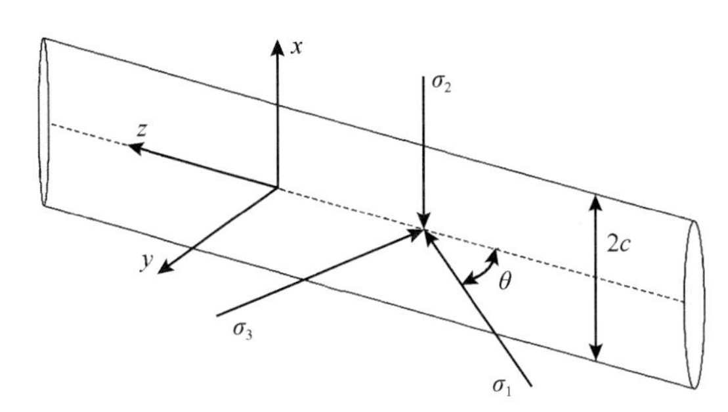

图 3.1.3 天然裂缝理想化为高度为 $2c$、无限长的单一裂纹

σ_1、σ_2、σ_3 表示三个方向的主应力

裂缝面上的正应力和剪应力分别为

$$
\begin{aligned}
&\sigma_x^\infty = \sigma_2^\infty \\
&\sigma_y^\infty = \frac{\sigma_1^\infty + \sigma_3^\infty}{2} + \frac{\sigma_1^\infty - \sigma_3^\infty}{2}\cos\left[2\left(\pi/2-\theta\right)\right] \\
&\sigma_z^\infty = \frac{\sigma_1^\infty + \sigma_3^\infty}{2} - \frac{\sigma_1^\infty - \sigma_3^\infty}{2}\cos\left[2\left(\pi/2-\theta\right)\right] \\
&\sigma_{yz}^\infty = \frac{\sigma_1^\infty - \sigma_3^\infty}{2}\sin\left[2\left(\pi/2-\theta\right)\right]
\end{aligned}
\tag{3.1.8}
$$

式中，∞ 表示远场（与局部相对应）。

考虑裂缝为张开型裂缝，则边界条件：当 y=0 且 $|x|<c$ 时，有 $\sigma_y = \sigma_{yz} = 0$；且当 $\sqrt{x^2+y^2} \to \infty$ 时，有 $\sigma_x = \sigma_x^\infty, \sigma_y = \sigma_y^\infty, \sigma_{xy} = \sigma_{xy}^\infty$。

在 x=0 平面，各个应力分量分别为

$$
\begin{aligned}
&\sigma_x = \sigma_y^\infty \left[|y|\left(y^2+2c^2\right) \Big/ \left(y^2+c^2\right)^{\frac{3}{2}} - 1 \right] + \sigma_x^\infty \\
&\sigma_y = \sigma_y^\infty \left[\left|y^3\right| \Big/ \left(y^2+c^2\right)^{\frac{3}{2}} \right] \\
&\sigma_z = \sigma_z^\infty + \nu\sigma_y^\infty \left[2\left|y^3+yc^2\right| \Big/ \left(y^2+c^2\right)^{\frac{3}{3}} - 2 \right] \\
&\sigma_{yz} = \sigma_{yz}^\infty \left[y \Big/ \left(y^2+c^2\right)^{\frac{1}{2}} \right]
\end{aligned}
\tag{3.1.9}
$$

由式（3.1.9）可得局部主应力为

$$
\begin{aligned}
&\sigma_1 = \frac{1}{2}\left(\sigma_x+\sigma_y\right) + \left[\sigma_{yz}^2 - \left(\sigma_z-\sigma_y\right)/4\right]^{\frac{1}{2}} \\
&\sigma_2 = \sigma_x \\
&\sigma_3 = \frac{1}{2}\left(\sigma_z+\sigma_y\right) - \left[\sigma_{yz}^2 + \left(\sigma_z-\sigma_y\right)/4\right]^{\frac{1}{2}}
\end{aligned}
\tag{3.1.10}
$$

局部最大主应力与 σ_z 之间的夹角 β 为

$$
\beta = 0.5\tan^{-1}\left[2\sigma_{yz} \Big/ \left(\sigma_z-\sigma_y\right)\right] \tag{3.1.11}
$$

在上述应力场中，没有考虑裂缝间的应力干扰，只考虑了天然裂缝对周围局部应力场的影响。因此，该模型仅适用于分析天然裂缝对水力裂缝延伸路径的影响，即裂缝面正应力产生的诱导应力场可参照式（3.1.7）计算。

3. 剪切应力产生的诱导应力

对于复杂缝压裂产生的剪切缝，裂缝面除了受压缩应力外，同时还受剪切应力作用，忽略远场应力对缝内剪切应力的影响，建立力学模型如图 3.1.4 所示，边界条件为

$$
\begin{cases}
\sqrt{x} = \sqrt{y} = \sqrt{xy} = 0, & \sqrt{x^2+y^2} \to \infty \\
\sqrt{y} = 0, & -\infty < x < +\infty, \quad y = 0 \\
\sqrt{xy} = \tau, & |x| \leqslant a, \quad y = 0 \\
u_x = 0, & x > a, \quad y = 0
\end{cases}
\tag{3.1.12}
$$

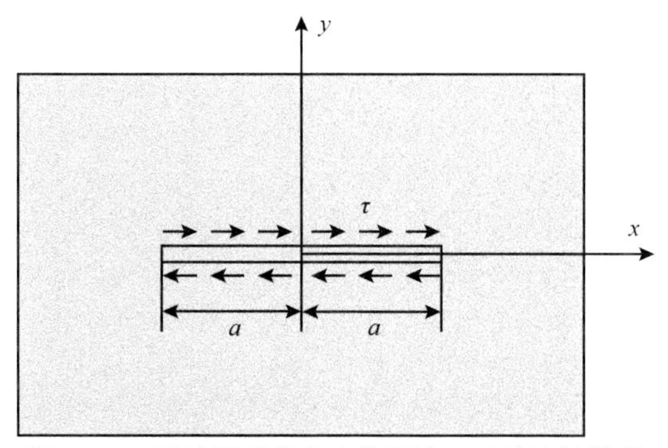

图 3.1.4　裂缝面受剪应力作用情况下的计算模型

由傅里叶变换法及边界条件，可得本问题的应力解为

$$\begin{cases}\sigma_x=\tau\left[\dfrac{2r}{\sqrt{r_1r_2}}\sin\left(\theta-\dfrac{\theta_1+\theta_2}{2}\right)-\dfrac{a^2r}{\sqrt{(r_1r_2)^3}}\sin\theta\cos\dfrac{3}{2}(\theta_1+\theta_2)\right]\\ \sigma_y=\tau\left[\dfrac{a^2r}{\sqrt{(r_1r_2)^3}}\sin\theta\cos\dfrac{3}{2}(\theta_1+\theta_2)\right]\\ \sigma_{xy}=\tau\left[\dfrac{r}{\sqrt{r_1r_2}}\cos\left(\theta-\dfrac{\theta_1+\theta_2}{2}\right)-\dfrac{a^2r}{\sqrt{(r_1r_2)^3}}\sin\theta\sin\dfrac{3}{2}(\theta_1+\theta_2)-1\right]\end{cases}\tag{3.1.13}$$

式中，几何参数含义可参考图 3.1.2。

4. 天然裂缝内流体压力分布

由于基质渗透率比天然裂缝渗透率小得多，在计算流体压力分布时，可假设压裂液仅沿天然裂缝作一维流动。若压裂施工结束时，压裂液未滤失到天然裂缝端部，此时将天然裂缝假设为半无限体，即采用半无限体非稳态渗流模型进行分析。令天然裂缝的初始流体压力为 p_0，天然裂缝与水力裂缝相交处流体压力为常数 p_c，天然裂缝无穷远处为封闭边界，可得

$$\begin{cases}\partial^2p/\partial x^2=(1/\vartheta)(\partial p/\partial t), & t>0,\quad 0<x<\infty\\ p=p_0, & t>0,\quad 0<x<\infty\\ p=p_c, & t>0,\quad x=0\\ (\partial p/\partial x)=0, & t>0,\quad x\to\infty\end{cases}\tag{3.1.14}$$

式中，ϑ 为导压系数，且 $\vartheta=k_{nf}/(\phi_{nf}\mu C_t)$，其中 k_{nf} 为天然裂缝渗透率，ϕ_{nf} 为天然裂缝孔隙度，μ 为地层流体黏度，C_t 为天然裂缝综合压缩系数。

对式（3.1.14）进行拉格朗日变换求解，可得天然裂缝内流体压力分布为

$$p(x,t)=p_0+(p_c-p_0)\operatorname{erfc}\sqrt{\frac{\phi_{nf}\mu C_t x^2}{4k_{nf}t}}\tag{3.1.15}$$

式中，erfc 为互补误差函数，$\operatorname{erfc}(x)=1-\operatorname{erf}(x)=\dfrac{2}{\sqrt{\pi}}\int_x^{+\infty}e^{-t^2}dt$，$\operatorname{erf}(x)=\dfrac{2}{\sqrt{\pi}}\int_0^x e^{-t^2}dt$。

若压裂施工结束时，压裂液已滤失到天然裂缝端部，天然裂缝为半无限体的假设不成立。需将天然裂缝假设为有限体，即进行非稳态渗流分析。天然裂缝长为 L_f，则可得如下数学模型：

$$\begin{cases}\partial^2p/\partial x^2=(1/\vartheta)(\partial p/\partial t), & t>0,\quad 0<x<L_f\\ p=p_0, & t>0,\quad 0<x<L_f\\ p=p_c, & t>0,\quad x=0\\ (\partial p/\partial x)=0, & t>0,\quad x\to L_f\end{cases}\tag{3.1.16}$$

求解式（3.1.16）可得缝内流体压力为

$$p(x,t)=p_{\mathrm{c}}-\frac{4(p_{\mathrm{c}}-p_0)}{\pi}\sum_{n=0}^{\infty}\left\{\frac{1}{2n+1}\exp\left[-\frac{(2n+1)^2\pi^2k_{\mathrm{nf}}t}{4\phi_{\mathrm{nf}}\mu C_{\mathrm{t}}L_{\mathrm{f}}^2}\right]\sin\frac{(2n+1)\pi x}{2L_{\mathrm{f}}}\right\} \tag{3.1.17}$$

5. 压裂液滤失诱导应力场

压裂液滤失会增加局部油藏压力，扰动裂缝周围应力。对于二维问题，有如下方程：

$$\nabla^4\Phi=-\eta\nabla^2 p \tag{3.1.18}$$

式中，η 为孔隙弹性系数。

通过求解式（3.1.18），并设裂缝开度为0，则可得流体滤失导致的诱导应力为

$$\Delta\sigma_{\mathrm{L}}=\eta\Delta p/(2+\zeta) \tag{3.1.19}$$

式中，ζ 为描述流体侵入尺寸和形状的参数。

3.1.2 裂缝相交

1. 裂缝相交模型

水力裂缝与天然裂缝相交是最常见的作用情形。假设水力裂缝与天然裂缝相交点处的流体压力为 $p_{\mathrm{i}}(t)$，其初始值等于水平最小地应力，即 $p_{\mathrm{i}}(0)=\sigma_{\mathrm{h}}^{\infty}$。随着流体的泵入，相交点处的流体压力上升。如果裂缝不延伸，到 t_0 时刻流体压力与垂直于天然裂缝缝面的正应力相等，即 $p_{\mathrm{i}}(t_0)=\sigma_{\mathrm{n}}$。则水力裂缝与天然裂缝可能存在的作用方式如下所示。

1）$t \leqslant t_0$，$p_{\mathrm{i}}(t)\leqslant\sigma_{\mathrm{n}}$ 的情形

相交点处的流体压力不高于天然裂缝缝面上的正应力，天然裂缝处于闭合状态，天然裂缝不会发生张开破裂。此时可能出现天然裂缝剪切破裂或水力裂缝穿过天然裂缝的情形。

情形Ⅰ（图3.1.5）：天然裂缝处于闭合状态，裂缝相交点发生剪切破裂。这种模式虽然不会对水力裂缝延伸路径产生影响，但会造成压裂液的大量滤失。

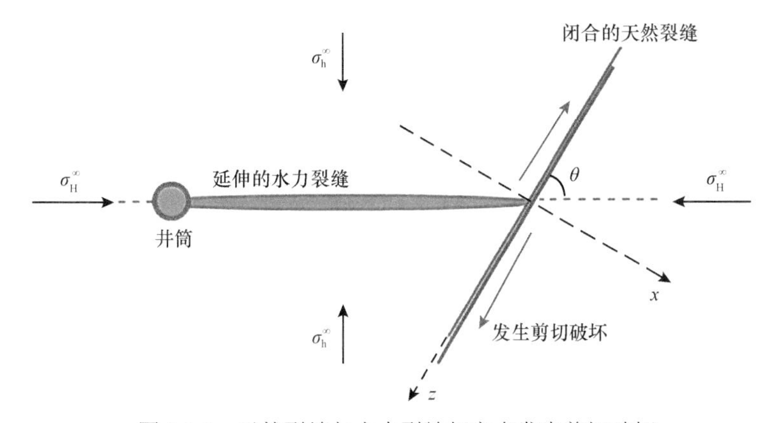

图3.1.5 天然裂缝与水力裂缝相交点发生剪切破坏

情形Ⅱ（图3.1.6）：天然裂缝处于闭合状态，水力裂缝从天然裂缝面直接穿过。

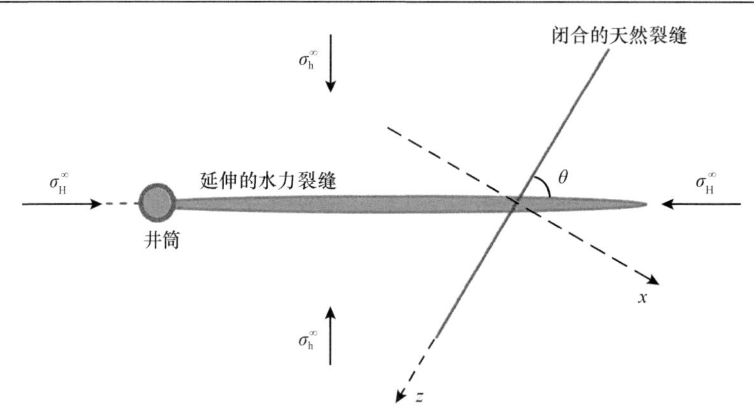

图 3.1.6　水力裂缝从天然裂缝面直接穿过

当天然裂缝另一侧面的破裂压力低于天然裂缝张开压力时，水力裂缝穿过天然裂缝。为了在天然裂缝面的另一侧面重新起裂，相交点处的压力 $p_i(t)$ 须克服平行于天然裂缝缝面方向上的正应力 σ_t 和岩石的抗张强度 T_0，即

$$p > \sigma_t + T_0 \tag{3.1.20}$$

式中，σ_t 为平行于天然裂缝缝面方向上的正应力；T_0 为岩石的抗张强度。

如图 3.1.7 所示，天然裂缝在 $-l < x < l$ 区间内是张开的，缝内流体压力等于作用于垂直缝面方向上的正应力 σ_n。在 $l + a$ 或 $-(l + a)$ 位置，存在一个摩擦滑动带，该区间内剪切应力持续增加，直到等于远场剪切应力 σ_s。

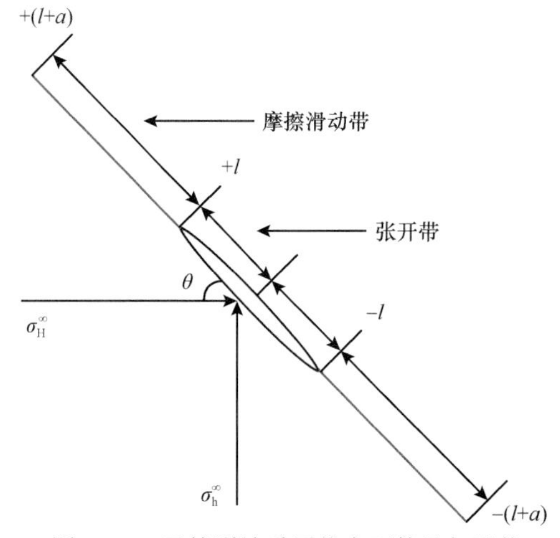

图 3.1.7　天然裂缝受压状态下的几何形状

因此，σ_t 由垂直于裂缝面上的正应力 σ_n 和剪切应力 σ_s 组成，可表达为

$$p(x) > T_0 + \sigma_n + \sigma_s \tag{3.1.21}$$

求解式（3.1.21），可得水力裂缝穿过天然裂缝的判断准则为

$$\left(\sigma_H^\infty - \sigma_h^\infty\right)[\cos 2\theta - b\sin 2\theta] < -T_0 \tag{3.1.22}$$

式中，

$$b=\frac{1}{2a}\left\{\frac{1}{\pi}\left[(x_0+l)\ln\left(\frac{x_0+l+a}{x_0+l}\right)^2+(x_0-l)\ln\left(\frac{x_0-l-a}{x_0-l}\right)^2+a\ln\left(\frac{x_0+l+a}{x_0-l-a}\right)^2\right]-\frac{x_0-l}{K_\mathrm{f}}\right\}$$

$$x_0=\left[\frac{(1+a)^2+\exp(\pi/2K_\mathrm{f})}{1+\exp(\pi/2K_\mathrm{f})}\right]^{1/2} \tag{3.1.23}$$

其中，σ_H^∞ 为远场水平最大主应力；σ_h^∞ 为远场水平最小主应力；θ 为天然裂缝面与水平最大主应力的夹角；K_f 为天然裂缝的摩擦系数；l 为天然裂缝张开带一半的长度；a 为天然裂缝面剪切带长度的一半。

由式（3.1.22）可以看出，方程的左边须为负值才能满足不等式关系。因此，有如下关系：

$$\frac{\sigma_\mathrm{H}^\infty-\sigma_\mathrm{h}^\infty}{T_0}>-\frac{1}{\cos 2\theta-b\sin 2\theta} \tag{3.1.24}$$

在方程中，b 的取值十分重要。当 a 趋于0时，天然裂缝未发生滑动；当 a 趋于无穷大时，穿过准则将无条件满足，说明水力裂缝与无限长天然裂缝相交将必然穿过。然而，当 a 从0逐渐增加时，意味着滑动带逐渐增加，b 值变化显著。当 a 趋于无穷大时，b 值接近于：

$$b_\infty=\frac{1}{2\pi}\left\{\left[1+\sqrt{1+\exp\left(\frac{\pi}{2K_\mathrm{f}}\right)}\right]\Big/\left[1-\sqrt{1+\exp\left(\frac{\pi}{2K_\mathrm{f}}\right)}\right]\right\}^2 \tag{3.1.25}$$

2）$t>t_0$，$p_\mathrm{i}(t)>\sigma_t$ 的情况

当水力裂缝与天然裂缝相交，流体压力高于垂直于天然裂缝面上的正应力时，天然裂缝发生张开破裂，这种状态是否稳定完全取决于缝内净压力 p_net、地层水平地应力差 $\sigma_\mathrm{H}^\infty-\sigma_\mathrm{h}^\infty$ 和水力裂缝角度。如果整个天然裂缝面的岩石力学性质相同，则水力裂缝继续延伸可能出现以下两种情况（情形III和情形IV）。

情形III（图 3.1.8）：天然裂缝膨胀，水力裂缝在相交点直接穿过天然裂缝，继续沿水平最大主应力方向延伸。

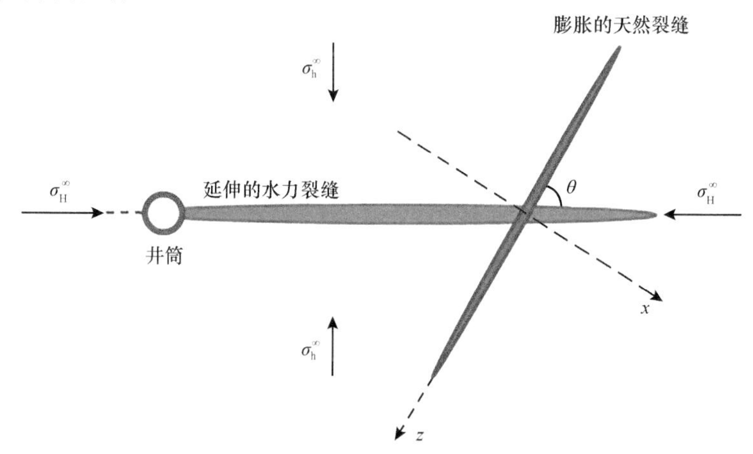

图 3.1.8　水力裂缝在相交点直接穿过天然裂缝并沿水平最大主应力方向延伸

为了在天然裂缝的另一侧壁面重新起裂，保证水力裂缝继续延伸，交点处的流体压力 $p_\mathrm{i}(t)$ 须克服平行于天然裂缝面方向的正应力 σ_t 和岩石抗张强度 T_0，同时需满足交点处从天

然裂缝另一侧壁面起裂比从天然裂缝端部起裂更容易。

情形Ⅳ（图 3.1.9）：天然裂缝膨胀，水力裂缝沿天然裂缝走向延伸，从天然裂缝端部破坏，转向后继续沿水平最大主应力方向延伸。

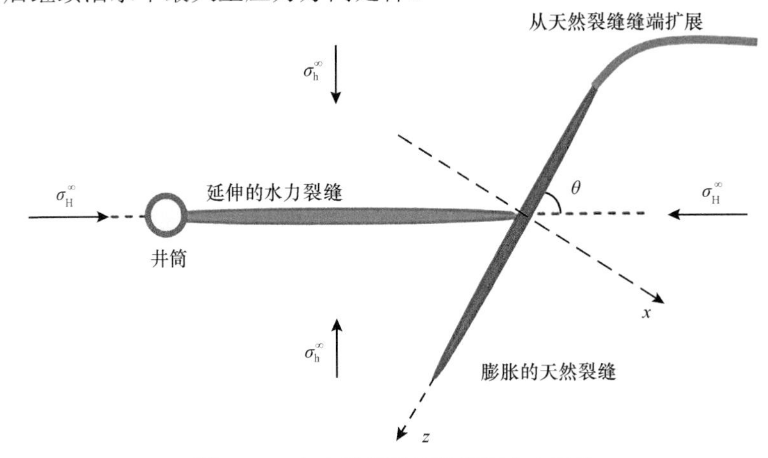

图 3.1.9　水力裂缝沿天然裂缝走向延伸

此时，天然裂缝端部流体压力必须大于天然裂缝端部起裂的临界压力，即

$$p_i(t)-\Delta p_{nf} > T_0+\sigma_t \tag{3.1.26}$$

式中，Δp_{nf} 为交点与最近裂缝端部之间的流体压力降。对于 Δp_{nf} 可采用天然裂缝内渗流方程计算：

$$\sigma_H^\infty-\sigma_h^\infty < 2\left[p_{net}(t)-T_0-\Delta p_{nf}\right]/(1-\cos 2\theta) \tag{3.1.27}$$

由情形Ⅲ和情形Ⅳ发生条件可知，在天然裂缝张开后，要保证从天然裂缝的端部起裂，交点处流体压力不能压开交点处另一侧壁面，但能压开天然裂缝的端部。因此，需要满足以下关系：

$$\Delta p_{nf} < \left(\sigma_H^\infty-\sigma_h^\infty\right)\cos 2\theta \tag{3.1.28}$$

除上述情形外，水力裂缝与天然裂缝可能出现如下相互作用模式。

情形Ⅴ（图 3.1.10）：天然裂缝膨胀，水力裂缝沿天然裂缝走向延伸，从天然裂缝壁面的某个弱面处突破，继续沿水平最大主应力方向扩展。

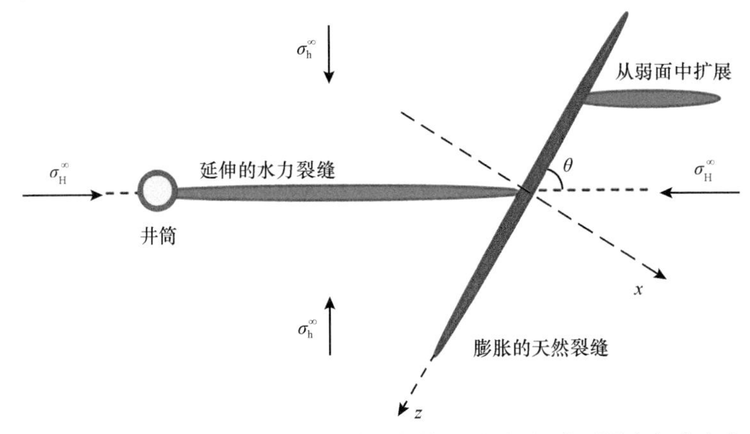

图 3.1.10　水力裂缝沿天然裂缝走向延伸后在某一弱面处沿水平最大主应力方向延伸

情形Ⅵ（图 3.1.11）：天然裂缝膨胀，水力裂缝止于天然裂缝，流体滤失于天然裂缝中，水力裂缝不再继续向前扩展。

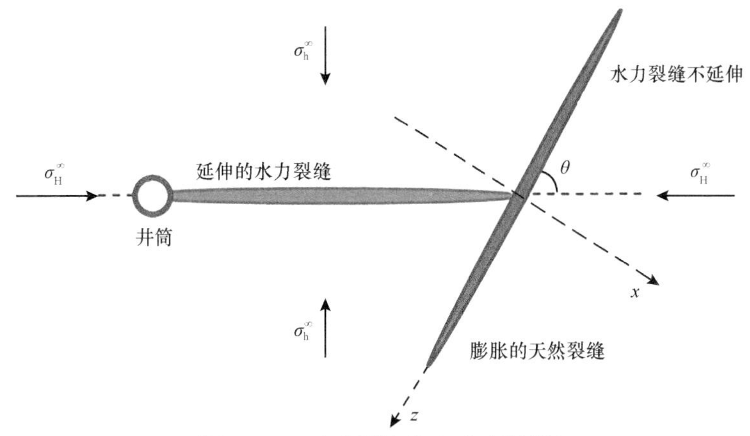

图 3.1.11 水力裂缝终止于天然裂缝

2. 建立图版

为进一步建立分析图版，现对天然裂缝、岩石进行具体参数取值：净压力为 12MPa、天然裂缝内聚力为 10MPa、内摩擦系数为 0.75、天然裂缝抗拉强度为 2.5MPa、岩石抗拉强度为 8MPa、沿天然裂缝摩擦压降为 1MPa，建立如图 3.1.12 所示图版。

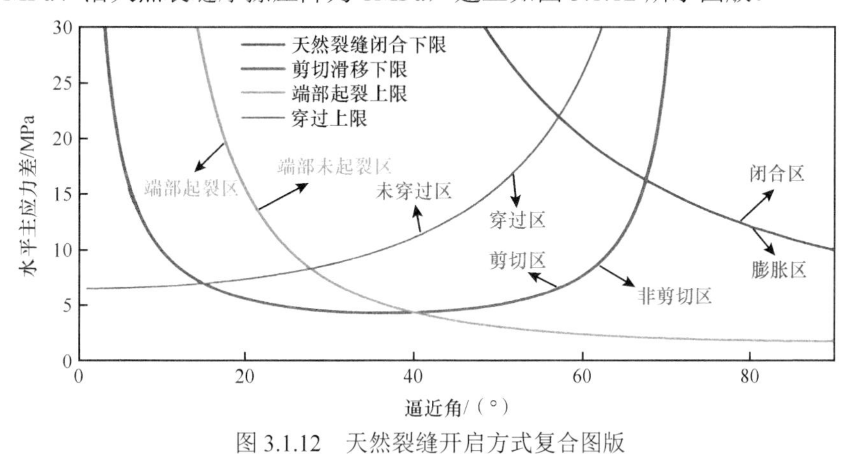

图 3.1.12 天然裂缝开启方式复合图版

结果显示，逼近角小于 10°和大于 70°时，不发生剪切破坏；逼近角小于 20°时，水力裂缝沿天然裂缝端部起裂后转向；逼近角大于 60°时，水力裂缝直接穿过天然裂缝；逼近角大于 45°时，天然裂缝膨胀效应减弱。

3.1.3 裂缝活化

1. 剪切滑移与张性破坏

当水力裂缝与天然裂缝相交时，水力裂缝端部被天然裂缝钝化，忽略裂缝端部应力奇异性。当天然裂缝强度不能阻止缝面相互滑动时，剪切滑动发生，天然裂缝被激活。缝面

滑动准则为

$$|\tau| = c_0+K_f(\sigma_n-p) \tag{3.1.29}$$

式中，c_0 为天然裂缝的内聚力；τ 为天然裂缝面上的剪切应力分量。裂缝面上的正应力和剪应力可计算为

$$\begin{aligned}\sigma_n &= (\sigma_1+\sigma_3)/2+\cos[2(\pi/2-\theta)](\sigma_1-\sigma_3)/2 \\ \tau &= \sin[2(\pi/2-\theta)](\sigma_1-\sigma_3)/2\end{aligned} \tag{3.1.30}$$

将式（3.1.30）代入式（3.1.29），可得

$$(\sigma_1-\sigma_3)(\sin 2\theta+K_f\cos 2\theta)-K_f(\sigma_1+\sigma_3-2p)=2c_0 \tag{3.1.31}$$

同时，缝内流体压力要低于缝面上的正应力，否则裂缝会张开，即

$$p<\frac{\sigma_1+\sigma_3}{2}+\frac{\sigma_1-\sigma_3}{2}\cos[2(\pi/2-\theta)] \tag{3.1.32}$$

如果水力裂缝在相交点处被天然裂缝钝化，则相交点的流体压力为

$$p=\sigma_3+p_{net} \tag{3.1.33}$$

式中，p_{net} 为缝内净压力。

将式（3.1.33）代入式（3.1.31），可得临界剪切滑动的应力差为

$$\sigma_1-\sigma_3=\frac{2c_0-2K_f p_{net}}{\sin 2\theta+K_f\cos 2\theta-K_f} \tag{3.1.34}$$

由此可得天然裂缝发生剪切滑移的条件为

$$p_{net}>\frac{1}{2K_f}[2c_0-(\sigma_1-\sigma_3)(\sin 2\theta+K_f\cos 2\theta-K_f)] \tag{3.1.35}$$

天然裂缝闭合的条件为

$$p_{net}<\frac{\sigma_1-\sigma_3}{2}(-\cos 2\theta) \tag{3.1.36}$$

2. 实例分析

根据目标井区地质条件，设计参数如表 3.1.1 所示，计算水力裂缝与天然裂缝交点处 p_{net} 大小。

表 3.1.1　水力裂缝与天然裂缝交点处流体净压力计算参数

内摩擦角 φ/（°）	内摩擦系数 K_f	内聚力 c/MPa	水平最大主应力/MPa	水平最小主应力/MPa	水平压差/MPa
38.44	0.79372756	17.933	135	125	10
38.44	0.79372756	17.933	135	115	20
38.44	0.79372756	17.933	135	105	30
38.44	0.79372756	17.933	135	95	40

从图 3.1.13 可看出，在不同水平应力差下，裂缝张性破坏时流体静压力随逼近角的增加而增加，且水平应力差越大，发生张性破坏所需的净压力越大。

从图 3.1.14 可看出，在不同水平应力差下，天然裂缝剪切破坏所需净压力，随逼近角

先减小后增加，逼近角 0°~52°范围内，水平应力差越小，发生天然裂缝剪切破坏所需净压力越大；在 52°~90°范围内，水平应力差越大，净压力增加的速度越快，水力裂缝将直接穿过天然裂缝，沿着水平最大主应力方向延伸。在不同水平应力差条件下，天然裂缝剪切破坏曲线在逼近角 52°时相交于一点，此时天然裂缝发生剪切破坏所需净压力大小相同，与水平应力差的差异无关。

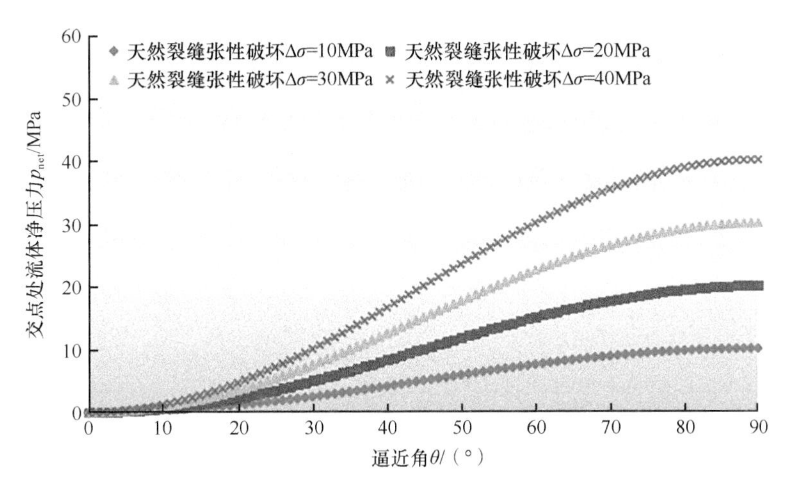

图 3.1.13 不同水平应力差条件下天然裂缝张性破坏随逼近角的变化

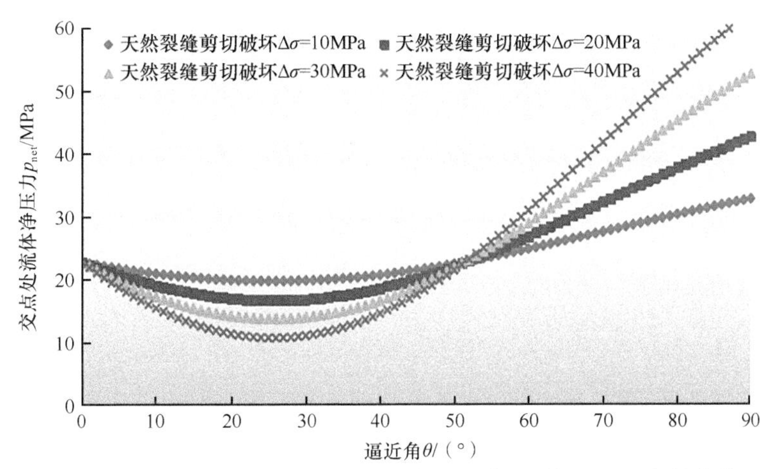

图 3.1.14 不同水平应力差条件下天然裂缝剪切破坏随逼近角的变化

从图 3.1.15 可以看出，在 1 号、2 号区域只发生天然裂缝张性破坏，在 3 号区域只发生天然裂缝剪切破坏，在 4 号区域天然裂缝以剪切破坏为主，同时可能伴随天然裂缝张性破坏，在 5 号区域天然裂缝既没有发生张性破坏也没有剪切破坏，说明水力裂缝直接穿过天然裂缝沿水平最大主应力方向延伸。

图 3.1.16 表示不同逼近角下天然裂缝张性破坏与水平压差的变化规律，由图可知，相同逼近角下，天然裂缝张性破坏所需净压力随着水平应力差的增加而增加，且逼近角越大，所需净压力越大，其增加速度也越快。

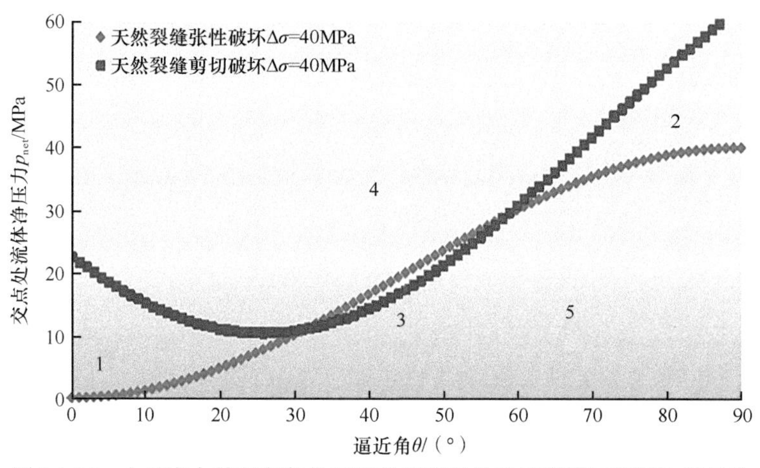

图 3.1.15　水平应力差不变条件下天然裂缝张性破坏和剪切破坏边界条件

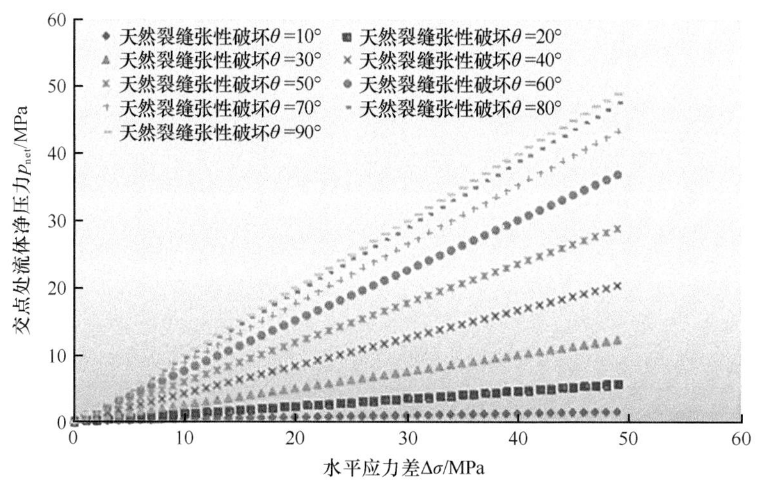

图 3.1.16　不同逼近角下天然裂缝张性破坏与水平应力差的关系

图 3.1.17 表示不同逼近角下天然裂缝剪切破坏与水平压差的变化规律，由图可知：当逼近角等于 52°时，天然裂缝发生剪切破坏的净压力不随水平应力差的变化而变化；当逼

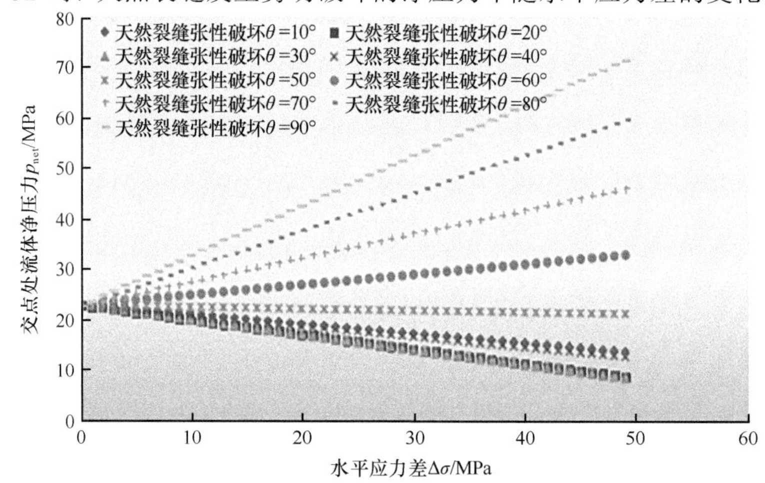

图 3.1.17　不同逼近角下天然裂缝张性剪切与水平应力差的关系

近角小于52°时，水平应力差越大，剪切破坏流体净压力越小；当逼近角大于52°时，水平应力差越大，剪切破坏所需净压力越大，且增加速度越快。

根据目标区块情况，统计得到五口井不同取样深度下的应力梯度、水平最大主应力、水平最小主应力、差异系数、内摩擦角、内摩擦系数、内聚力等参数，如表3.1.2所示。

表3.1.2 五口井不同取样深度下流体净压力计算参数

井号	取样深度/m	应力梯度/(kPa/m)			主应力值/MPa			差异系数	内摩擦角/(°)	内摩擦系数 K_f	内聚力 c/MPa
		垂向	水平最大	水平最小	垂向	水平最大	水平最小				
TP7	6548.87～6549.03	25	20.50	16.00	164.0	134.0	105.0	0.28	38.44	0.793	17.933
TP8	6492.09～6492.20	25	20.00	15.20	162.0	130.0	99.0	0.31	38.44	0.793	17.933
TP17	6844.39～6844.54	25	18.40	13.90	171.0	126.0	95.0	0.33	38.44	0.793	17.933
TP39	6985.00～6985.21	25	19.74	14.41	171.1	137.9	98.6	0.40	38.44	0.793	17.933
TP39	7062.00～7062.44	25	20.12	16.60	173.0	142.1	115.5	0.23	38.44	0.793	17.933
TP42	6946.80～6947.00	25	17.32	13.93	170.2	117.9	94.8	0.24	38.44	0.793	17.933
TP42	6952.00～6952.33	25	17.97	14.13	170.3	122.4	96.3	0.27	38.44	0.793	17.933
TP42	6951.00～6951.58	25	20.90	14.18	170.3	142.4	96.6	0.47	38.44	0.793	17.933

图3.1.18、图3.1.19分别为不同水平应力差条件下，天然裂缝张性破坏和剪切破坏随逼近角的变化关系。与图3.1.13、图3.1.14对比发现，其整体趋势基本一致。

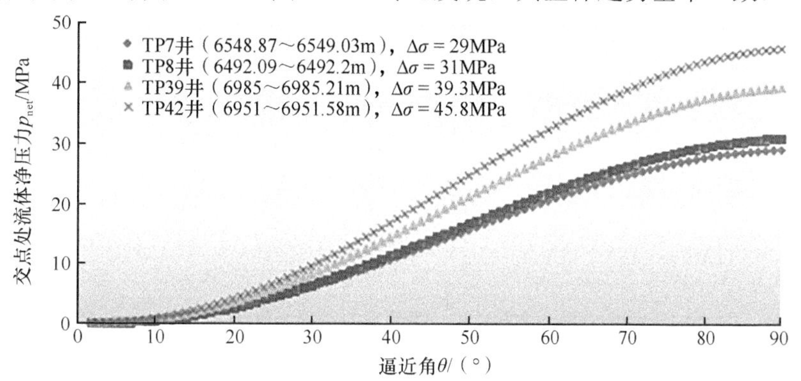

图3.1.18 不同水平应力差下天然裂缝张性破坏随逼近角的变化

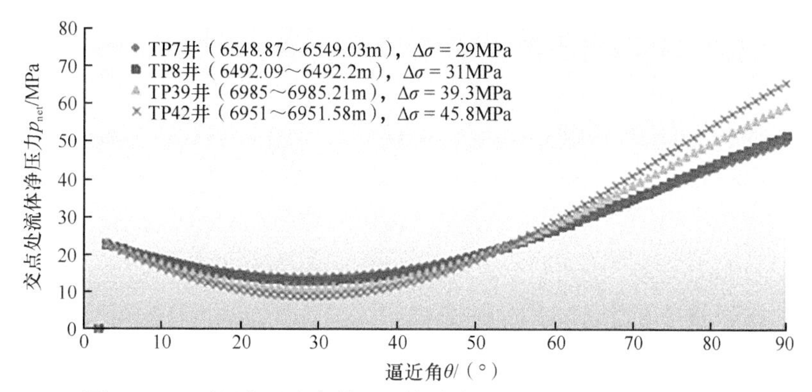

图3.1.19 不同水平应力差下天然裂缝剪切破坏随逼近角的变化

根据目标区块岩石力学参数统计，水平应力差值达到 30MPa 以上。按照前期酸压施工净压力拟合可以看出，缝洞型地层酸压过程中缝内净压力 5~10MPa。人工裂缝与天然裂缝逼近角越小，天然裂缝发生张性破坏的可能性越大。因而，对于该区域，无论逼近角大小，缝内净压力需要达到 10MPa 以上，才能实现天然裂缝的剪切破坏。

3.2 井周裂缝转向压力

3.2.1 暂堵转向类型

暂堵转向作业从机理上可以分为直井纵向暂堵转向、水平井分段暂堵转向、近井筒暂堵转向和缝内暂堵转向。

直井纵向暂堵转向（图 3.2.1）是指沿纵向不同层位压开新裂缝。对于储层较厚，纵向产层多，且产层之间有一定应力级差的情况，单条裂缝很难实现全剖面有效动用。在这种情况下，最稳妥的方法是使用机械封隔器等“硬分层”技术，但其施工步骤复杂，难度大，费用高，特别是在超深、高温高压等复杂井况条件下，难以保证分层效果。为此采用暂堵压裂，首先，在应力最小、最易破裂的小层中压开裂缝。其次，使用多级颗粒暂堵已压开层段的孔眼和主裂缝，迫使井筒压力上升，达到另一级裂缝的破裂压力时，压开新裂缝。依此类推，直到每一级依次压开，从而大大提高产层动用率和改造效果。

假设有 A、B、C 三个储层，相应的破裂压力分别为 60MPa、50MPa、55MPa，对储层分级并对每一级进行分簇射孔。当井底压力达到 50MPa 时，B 储层被压开；随后注入暂堵颗粒封堵 B 储层的孔眼和主裂缝，井底压力开始升高，当井底压力升高到 55MPa 时，C 储层被压开；继续注入暂堵颗粒，封堵储层的孔眼和主裂缝，当井底压力升高到 60MPa 时，A 储层被压开，从而实现层间转向。层间转向的条件为井底压力增量大于层间破裂压力差值。

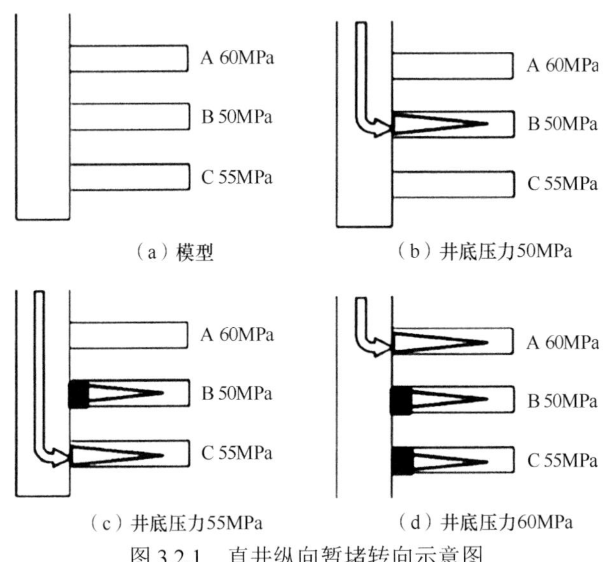

图 3.2.1 直井纵向暂堵转向示意图

水平井分段暂堵转向（图3.2.2）是指同一储层内沿水平段产生新的转向裂缝。其原理与直井纵向暂堵转向相同。

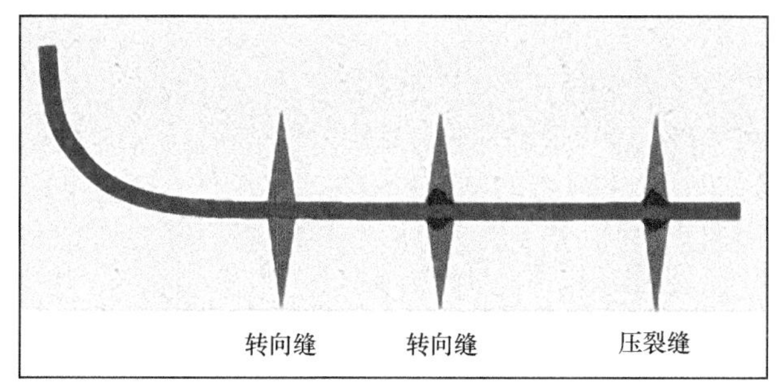

图3.2.2 水平井分段暂堵转向示意图

近井筒暂堵转向（图3.2.3）是指同一层内不同于原裂缝方位产生新裂缝。近井筒裂缝转向技术理念来源于重复压裂技术。压裂过的油气井在生产一段时间后，油气产量往往会显著下降。为恢复或提高油气井产量，通常需要采取一些措施，而重复压裂技术是其中应用最广泛的一种。

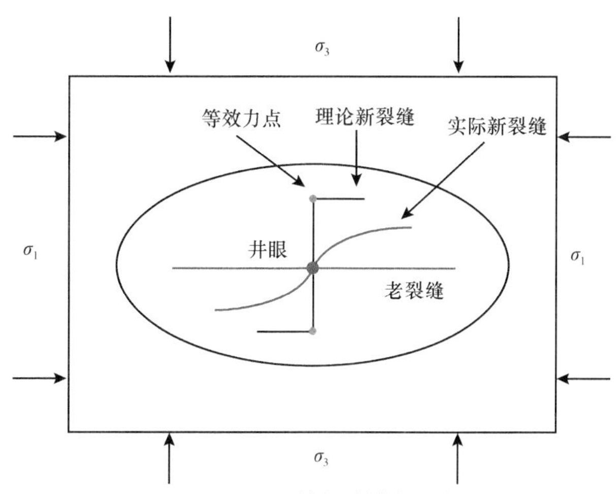

图3.2.3 近井筒暂堵转向示意图

重复压裂机理包括重新张开原有裂缝、延伸原有裂缝、清洗裂缝面和转向重复压裂。其中效果表现最佳的是在不同于原裂缝的方向上压出新缝，也称为“堵老缝压新缝”技术。这样能够沟通储层中的未动用区域，这些区域往往具有更高的含油饱和度和压力。

水力裂缝的延伸在很大程度上受地应力场的控制，一般垂直于水平最小应力方向。而复压裂缝之所以能重新定向是因为原始地应力状态的变化。大量现场试验和室内试验表明，人工裂缝、孔隙压力变化、温度场变化等会导致局部地应力场发生变化，产生应力重定向。重复压裂缝重定向还受原始应力差、原始裂缝长度、储层渗透率及产量变化情况等因素影响。

缝内暂堵转向（图3.2.4）是指在主裂缝上产生分支裂缝或沟通激活天然裂缝。对于裂缝性致密储层，改造重点在于保证形成具有一定长度主裂缝的同时，利用暂堵方法，在缝内形成有效封堵，提高缝内净压力，使天然裂缝或储层弱面张开，形成以主裂缝为主、多条天然裂缝纵横交错的裂缝网络系统。

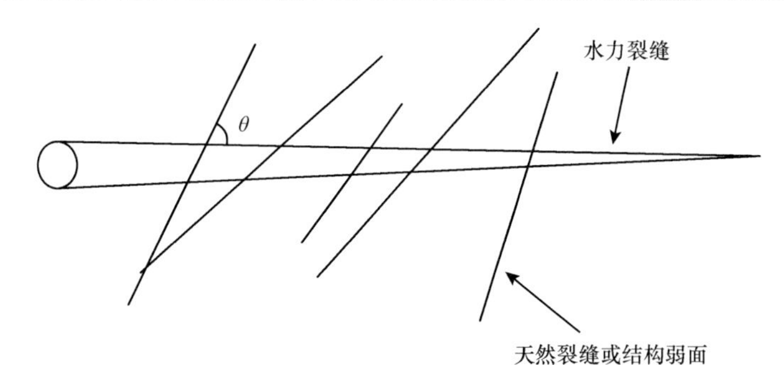

图 3.2.4　缝内暂堵转向示意图

3.2.2　转向裂缝起裂

理论计算及现场测试表明，拉伸破裂准则（最大拉应力原理）是一个较为适用的准则，是指岩石周向拉伸应力达到抗拉强度时，岩石在垂直于拉伸应力的方向上产生裂缝。裂缝的破裂压力、造缝点的位置和裂缝初始方位都取决于井筒处的应力状态。因此，要分析裂缝的起裂问题须先研究井周地层的应力状态。井周应力主要受远场地应力、液柱压力、压裂液向地层渗流、压裂液引起的地层温度变化、井壁存在的天然裂缝、初次压裂裂缝诱导应力等因素影响。下面对各影响因素进行分析，得到破裂压力预测模型。

1. 地应力与注入流体引起的切向应力

压裂施工中，井筒附近的应力分布较复杂，并不是受均匀的径向地应力的挤压。原始地应力产生的切向应力叠加如图 3.2.5 所示。

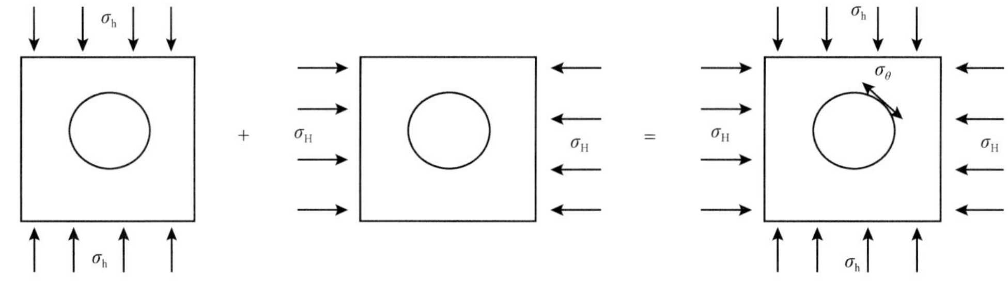

图 3.2.5　原始地应力产生的切向应力叠加图

σ_θ 为切向应力

地应力和压裂液柱压力的联合作用是影响井周应力分布最重要的因素之一。采用线性叠加，得到地应力和压裂液柱压力联合作用的井周应力分布为

$$
\begin{aligned}
\sigma_r &= \frac{\sigma_{\mathrm{H}}+\sigma_{\mathrm{h}}}{2}\left(1-\frac{R^2}{r^2}\right)+\left(\frac{\sigma_{\mathrm{H}}-\sigma_{\mathrm{h}}}{2}\right)\left(1-4\frac{R^2}{r^2}+3\frac{R^4}{r^4}\right)\cos 2\theta+\frac{R^2}{r^2}p_{\mathrm{w}} \\
\sigma_\theta &= \frac{\sigma_{\mathrm{H}}+\sigma_{\mathrm{h}}}{2}\left(1+\frac{R^2}{r^2}\right)-\left(\frac{\sigma_{\mathrm{H}}-\sigma_{\mathrm{h}}}{2}\right)\left(1+3\frac{R^4}{r^4}\right)\cos 2\theta-\frac{R^2}{r^2}p_{\mathrm{w}} \\
\sigma_z &= \sigma_{\mathrm{v}}-\nu\left[2\left(\sigma_{\mathrm{H}}-\sigma_{\mathrm{h}}\right)\frac{R^2}{r^2}\cos 2\theta\right]
\end{aligned}
\tag{3.2.1}
$$

式中，σ_r 为径向应力；σ_θ 为切向应力；σ_z 为垂向应力；σ_{H} 为水平最大主应力；σ_{h} 为水平最

小主应力；σ_{v}为上覆应力；p_{w}为压裂液柱压力；R为井筒内径；r为地层中离井筒圆心的距离；θ为井周角；ν为泊松比。

考虑井壁与周围地层压力存在压力差时，压裂液会渗入地层，对井周应力产生影响。依据孔隙弹性理论，产生的井周附加应力为

$$
\begin{aligned}
\sigma_r &= \delta\left[\frac{\alpha(1-2\nu)}{2(1-\nu)}\left(1-\frac{R^2}{r^2}\right)-\phi\right]\left(p_{\mathrm{w}}-p_{\mathrm{p}}\right) \\
\sigma_\theta &= \delta\left[\frac{\alpha(1-2\nu)}{2(1-\nu)}\left(1+\frac{R^2}{r^2}\right)-\phi\right]\left(p_{\mathrm{w}}-p_{\mathrm{p}}\right) \\
\sigma_z &= \delta\left[\frac{\alpha(1-2\nu)}{(1-\nu)}-\phi\right]\left(p_{\mathrm{w}}-p_{\mathrm{p}}\right)
\end{aligned}
\tag{3.2.2}
$$

式中，p_{p}为地层压力；δ为综合渗流系数，$\delta=K\phi$，其中K为渗流系数，ϕ为孔隙度；α为毕奥系数。

2. 温度诱导切向应力

超深储层埋藏深、温度高，当压裂液注入井底，且未达到与储层相同的温度时，会形成较大的温差。依据广义胡克定律及热弹性理论，可得到井壁及地温变化引起的井周应力分布。先将井筒及井筒周围假设为一个有外径及内径的有限圆柱，得井周应力分布为

$$
\begin{aligned}
\sigma_r &= \frac{EB}{(1-\nu)r^2}\left(\frac{r^2-R^2}{b^2-r^2}\int_R^b Tr\mathrm{d}r-\int_R^r Tr\mathrm{d}r\right) \\
\sigma_\theta &= \frac{EB}{(1-\nu)r^2}\left(\frac{r^2+R^2}{b^2-r^2}\int_R^b Tr\mathrm{d}r+\int_R^r Tr\mathrm{d}r-Tr^2\right) \\
\sigma_z &= \frac{EB}{1-\nu}\left(\frac{2}{b^2-R^2}\int_R^b Tr\mathrm{d}r-T\right)
\end{aligned}
\tag{3.2.3}
$$

式中，E为弹性模量；B为热膨胀系数；b为圆柱外径；r为圆柱环中离圆心的距离；T为温度差；R为圆柱内径。

当$\dfrac{b}{R}$趋于无穷大时，得温度变化附加的井壁（$r=R$）应力分布为

$$
\begin{aligned}
\sigma_r &= 0 \\
\sigma_\theta &= -\frac{EB\left(T_0-T_{\mathrm{w}}\right)}{1-\nu} \\
\sigma_z &= -\frac{EB\left(T_0-T_{\mathrm{w}}\right)}{1-\nu}
\end{aligned}
\tag{3.2.4}
$$

式中，T_0为地层温度；T_{w}为压裂液温度。

3. 初次裂缝诱导切向应力

暂堵转向过程中，初次裂缝会改变裂缝周围应力场，影响后续裂缝的起裂压力和延伸

状态。平面内任一点（x，y）处的诱导应力为

$$\sigma_x = p_{\text{net}}\frac{r}{x_{\text{f}}}\left(\frac{x_{\text{f}}^{2}}{r_1r_2}\right)^{3/2}\sin\beta\sin\left[\frac{3}{2}(\beta_1+\beta_2)\right]-p_{\text{net}}\left[\frac{r}{(r_1r_2)^{1/2}}\cos\left(\beta-\frac{\beta_1+\beta_2}{2}\right)-1\right]$$

$$\sigma_y = -p_{\text{net}}\frac{r}{x_{\text{f}}}\left(\frac{x_{\text{f}}^{2}}{r_1r_2}\right)^{3/2}\sin\beta\sin\left[\frac{3}{2}(\beta_1+\beta_2)\right]-p_{\text{net}}\left[\frac{r}{(r_1r_2)^{1/2}}\cos\left(\beta-\frac{\beta_1+\beta_2}{2}\right)-1\right] \quad (3.2.5)$$

$$\sigma_z = \nu\left(\sigma_x+\sigma_y\right)$$

$$\tau_{xy} = -p_{\text{net}}\frac{r}{x_{\text{f}}}\left(\frac{x_{\text{f}}^{2}}{r_1r_2}\right)^{3/2}\sin\beta\cos\left[\frac{3}{2}(\beta_1+\beta_2)\right]$$

式中，x_{f} 为裂缝半长；β、β_1、β_2 可参考图 3.1.2 中的 θ、θ_1、θ_2。

极坐标下初次裂缝诱导的井壁切向应力表达式：

$$\sigma_\theta = \sigma_x^2\sin^2\theta+\sigma_y^2\cos^2\theta-\tau_{xy}\sin 2\theta \quad (3.2.6)$$

4. 水力裂缝在井壁处起裂方式

受天然裂缝走向和倾角的影响，水力裂缝在井壁处起裂一般有三种方式：从岩石本体起裂、沿天然裂缝面张性起裂、沿天然裂缝面剪切破裂。

当井内液柱压力增大使井壁切向应力达到岩石抗拉强度，裂缝沿岩石本体起裂，如图 3.2.6 所示，起裂准则为

$$\sigma_{\theta\text{ef}} = \sigma_\theta-\alpha p_{\text{p}} = -S_{\text{t}} \quad (3.2.7)$$

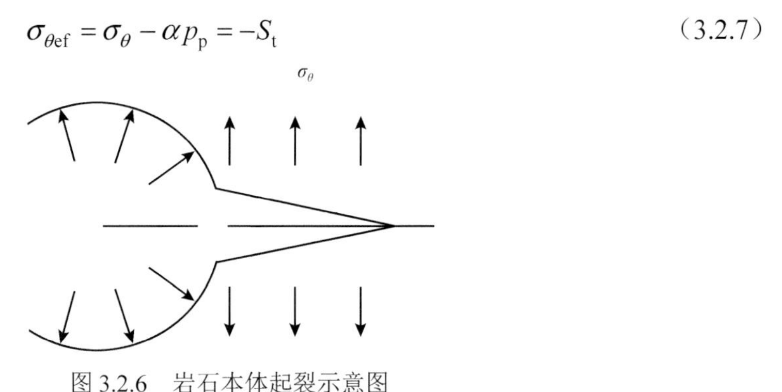

图 3.2.6　岩石本体起裂示意图

水力裂缝是否沿天然裂缝张性开裂，首先要计算天然裂缝张性起裂压力。根据裂缝周围三维受力状态（图 3.2.7），可得出天然裂缝面的正应力为

$$\sigma_{\theta\text{ef}} = l^2\sigma_{\text{H}}+m^2\sigma_{\text{h}}+n^2\sigma_{\text{v}}-p_0 \quad (3.2.8)$$

式中，l、m、n 均为方向余弦，$l=\sin\theta\sin(\text{dip})$，$m=\cos\theta\sin(\text{dip})$，$n=\cos(\text{dip})$，其中 θ、dip 分别为天然裂缝走向与水平最大主应力夹角、天然裂缝倾角；$\sigma_{\theta\text{ef}}$ 为作用于天然裂缝面上的有效正应力；p_0 为天然裂缝面附近的岩石孔隙压力。

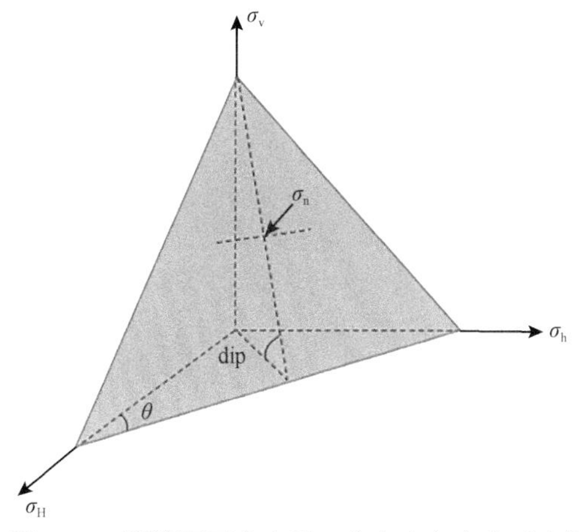

图 3.2.7 裂缝面正应力及三个方向主应力示意图

3.2.3 重复酸压暂堵转向

1. 诱导应力及转向半径模型建立

经典压裂理论中，水力裂缝沿着垂直于水平最小主应力方向延伸。考虑初始裂缝诱导应力的影响，当初始水平最小主应力与该方向产生的诱导应力的合力刚好大于初始水平最大主应力与该方向产生的诱导应力的合力时[式（3.2.9）]，裂缝开始转向。根据诱导应力公式[式（3.1.7）]可得水平诱导应力差，进而可计算裂缝的转向半径。

$$\sigma_H - \sigma_h = \sigma_x - \sigma_y \tag{3.2.9}$$

2. 诱导应力及转向半径计算分析

基于上述诱导应力及转向半径模型，模拟不同地质力学参数及施工参数条件下转向半径变化，进而分析不同条件下转向能力。

净压力一定情况下，初始水平应力差对转向半径的影响结果如图 3.2.8 所示。可知，水平主应力差增大，转向半径减小，但减小幅度不同；初始水平应力差一定时，泊松比越大，转向半径越小。

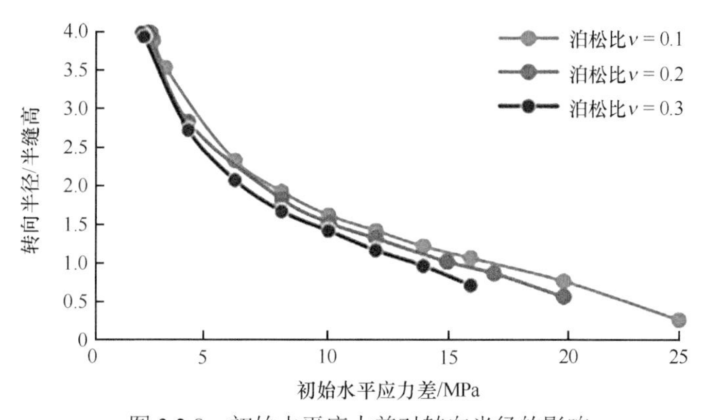

图 3.2.8 初始水平应力差对转向半径的影响

不同水平应力差下，净压力对转向半径的影响结果如图 3.2.9 所示，从图中可知，水平应力差一定时，缝内净压力越大，转向半径越大。满足转向的缝内净压力临界值随水平应力差增大而增大。

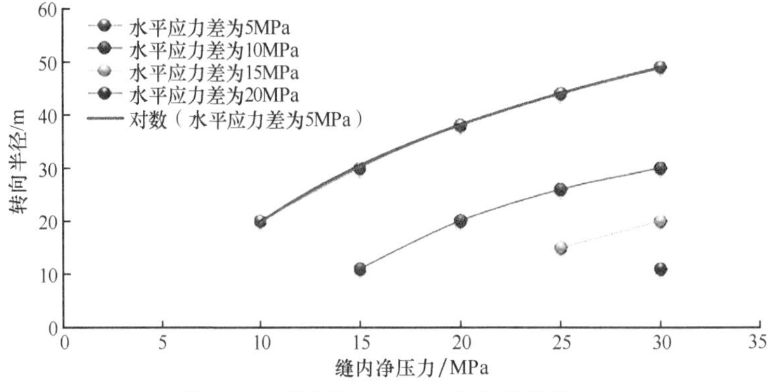

图 3.2.9　缝内净压力与转向半径的关系

不同施工参数（压裂液黏度、施工排量及初始缝长）对转向半径的影响结果，如图 3.2.10～图 3.2.12 所示。在水平应力差及裂缝净压力一定情况下，提高压裂液黏度、施工排量均能增大转向半径。因此，在实际施工时应针对储集体偏离主应力方位的位置，优化相应的施工参数。另外，初始裂缝越长，诱导应力越大，转向半径越大。但缝长超过 100m 后，转向半径增幅不明显。

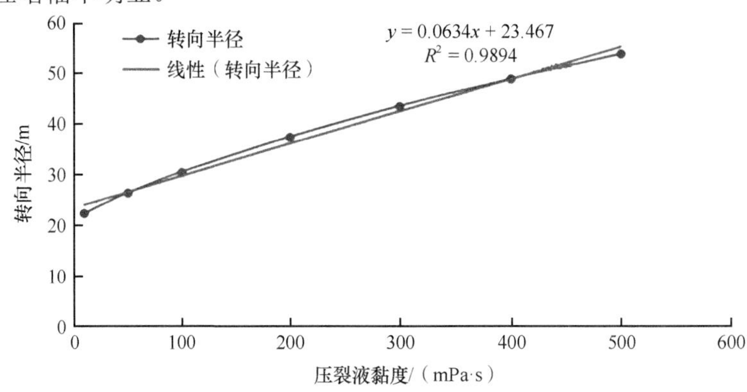

图 3.2.10　压裂液黏度与转向半径的关系

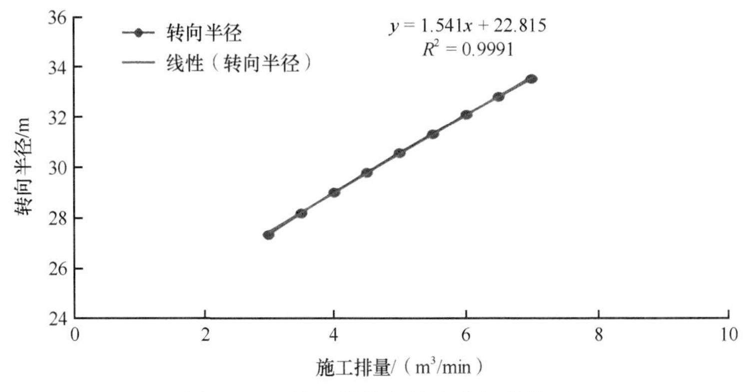

图 3.2.11　施工排量与转向半径的关系

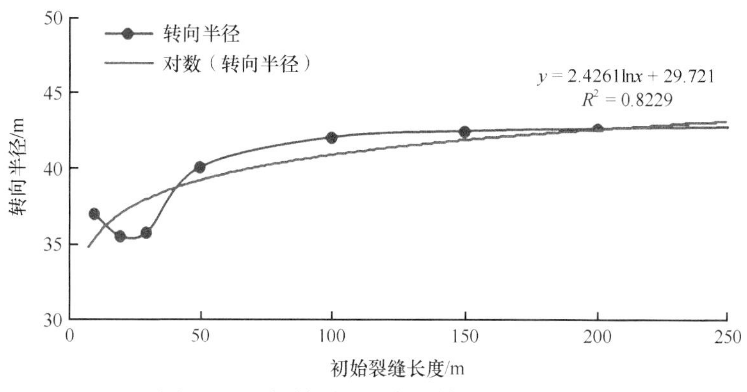

图 3.2.12 初始裂缝长度与转向半径的关系

3.3 岩石动态破裂

3.3.1 多裂缝起裂

利用岩石动态损伤试验装置对人造岩心进行燃爆压裂冲击破坏试验，对人造岩心在井底进行强动载冲击。定量设计不同冲击动载加压速率，为火药筛选和燃烧性能参数的优化提供依据，分析储层多裂缝起裂规律。

1. 岩心制备

储层碳酸盐岩力学及物性参数，如表 3.3.1 所示。

表 3.3.1 碳酸盐岩力学及物性参数

三轴抗压强度/MPa	弹性模量/GPa	泊松比	孔隙度/%	渗透率/mD
50~400	30~55	0.2~0.28	0.1~7.3	0.001~211

通过调节水泥、石英砂等材料比例，采用筛析后直径为 0.75～0.8mm 的砂子，与 P.O32.5R、P.O42.5R、P.O52.5R 三种水泥进行配制，获得性能与目标储层碳酸盐岩相近的人造岩心，岩心尺寸如图 3.3.1 所示，制成如图 3.3.2 所示的岩心试样。对人造岩心进行岩石力学与物性参数测试，如表 3.3.2 所示。

图 3.3.1 试验岩心尺寸

图 3.3.2 试验岩样

表 3.3.2 人造岩心力学与物性参数

岩石参数	平均单轴抗压强度/MPa	平均三轴抗压强度/MPa	平均抗拉强度/MPa	平均弹性模量/GPa	平均泊松比	平均孔隙度/%	平均渗透率/mD
人造岩心	73.1	224.6	3.9	41.2	0.25	1.98	2.45

对比表 3.3.1 与表 3.3.2，可知人造岩心各物性参数与目标区储层碳酸盐岩天然岩心相近，可用于目标区储层碳酸盐岩的冲击破裂试验。

2. 试验装置及试验原理

该试验装置由冲击形成结构、岩心夹持器、泵压系统及控制与测量系统、配套辅助设备五部分组成。岩石动态损伤模拟试验装置总流程如图 3.3.3 所示。

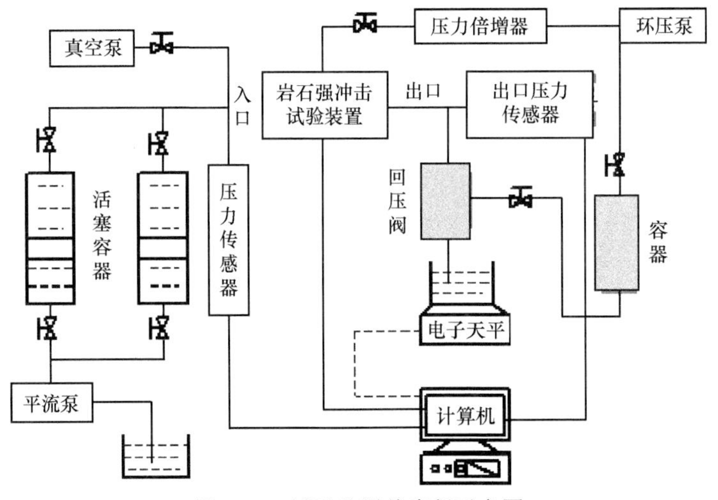

图 3.3.3 试验装置总流程示意图

工作原理：重物自由落体撞击岩心夹持器的内活动柱塞，压缩模拟井眼内的流体，产生动态冲击作用于岩心井眼壁面，模拟油气井燃爆压裂等强动载条件对油气井附近地层的破坏。

3. 冲击试验方案

共设计 5 组试验，每组试验分别为 4 块人造碳酸盐岩岩心，试验通过调节落物重量和高度来改变岩石冲击加压速率，分析目标储层碳酸盐岩起裂规律，如表 3.3.3 和表 3.3.4 所示。

表 3.3.3 冲击试验试验方案

编组	重物质量/kg	重物高度/m	峰值压力/MPa	加压速率/(MPa/ms)
1	75	1.32	153.30	64.02
2	100	0.99	153.30	50.81
3	150	0.66	153.30	46.99
4	230	0.44	154.83	23.87
5	360	0.28	154.56	11.07

表 3.3.4 冲击试验试验条件

试验岩心				试验流体
内径/mm	外径/mm	围压/MPa	模拟井眼压力/MPa	
6	80	35	15	水：25℃、15MPa 下压缩系数为 $4.3113\times10^{-10}Pa^{-1}$

4. 冲击试验结果

冲击试验结果如图 3.3.4 所示。结果显示，岩石在冲击作用下形成了多条裂缝，同时随着加压速率的增加，人造岩心的裂缝条数增多，破坏程度加大；当加压速率达到 20MPa/ms 时，岩心破裂率为 100%；当加压速率大于 20MPa/ms 时，所有岩心均被压开，并形成两条以上的裂缝，该加压速率可为药剂性能优选提供指导。

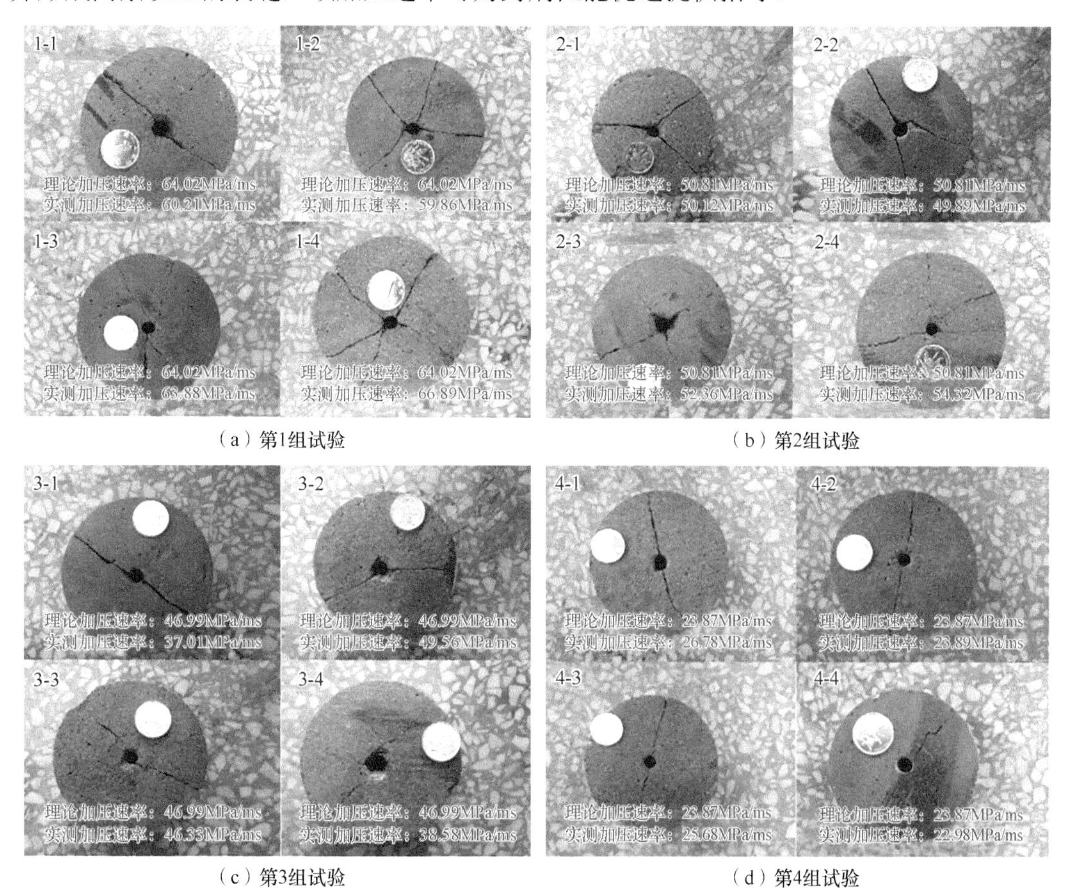

（a）第1组试验　（b）第2组试验

（c）第3组试验　（d）第4组试验

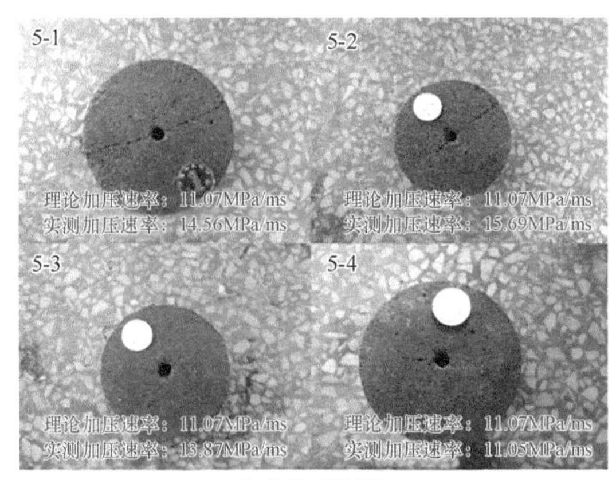

（e）第5组试验

图 3.3.4　岩石冲击破坏试验结果

5. 加压速率

高加压速率下，加压速率与裂缝条数的关系如图 3.3.5 所示。结果可知，随着加压速率的增加，裂缝条数增多，当加压速率超过 40MPa/ms 时，加压速率与裂缝条数的关系离散化，这是由于高加压速率导致井眼处应力集中更显著，产生压实破坏，消耗大部分能量，进而产生的有效裂缝条数减少。表明高加压速率下，冲击破坏效果差、稳定性差。因此，动态破岩的加压速率应不高于 40MPa/ms。动态破岩形成有效多裂缝的加压速率为 20～40MPa/ms。

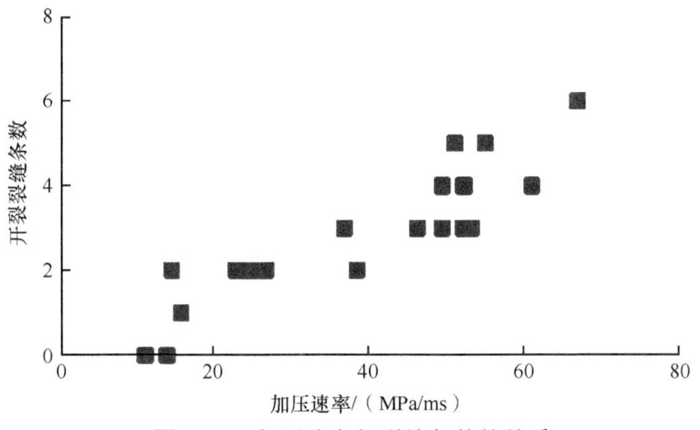

图 3.3.5　加压速率与裂缝条数的关系

3.3.2　药剂加载动力学模型

1. 固体点火药燃烧动力学模型

层内燃爆压裂所用固体点火药为圆柱状的压裂弹，火药燃爆后压缩推动燃爆点下部压挡液往上运动的同时，在有限的空间内快速升压。在目的层井段形成高温高压环境，引爆缝内的液体药，可将其简化为如图 3.3.6 所示的物理环境，一定量的中空圆柱形压裂弹置于一个密闭空间内，药剂点燃后压裂弹由内向外燃烧。

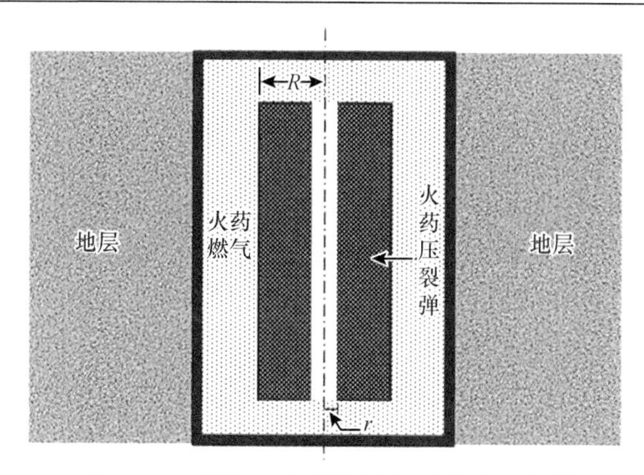

图 3.3.6 固体点火药爆燃物理模型示意图

固体点火药的燃烧模型[式(3.3.1)]由火药燃速、气体状态、连续性及能量守恒方程组成，据此即可定量求解井筒内的压力、温度随时间的变化。

$$\begin{cases}\dfrac{\mathrm{d}V_{\mathrm{g}}}{\mathrm{d}t}=\dfrac{\mathrm{d}V_{\mathrm{r}}}{\mathrm{d}t}=2\pi l\left(\delta+r\right)w_0p^n\\ pM_{\mathrm{g}}=\rho RT\\ \dfrac{MV_{\mathrm{r}}}{RT}\dfrac{\mathrm{d}p}{\mathrm{d}t}=2\pi l\left(\delta+r\right)w_0p^n(\rho_0-\rho)+\dfrac{pMV_{\mathrm{r}}}{RT^2}\dfrac{\mathrm{d}T}{\mathrm{d}t}\\ \left(f-c_{\mathrm{g}}T+c_{\mathrm{g}}T_0\right)\dfrac{\mathrm{d}m_{\mathrm{r}}}{\mathrm{d}t}=\left(c_{\mathrm{g}}m_{\mathrm{r}}\right)\dfrac{\mathrm{d}T}{\mathrm{d}t}+2\rho\dfrac{\mathrm{d}V_{\mathrm{r}}}{\mathrm{d}t}+V_{\mathrm{r}}\dfrac{\mathrm{d}\rho}{\mathrm{d}t}\end{cases} \tag{3.3.1}$$

式中，V_{g}为压裂弹已燃爆的体积；l为压裂弹药柱的长度；r为压裂弹药柱内中心孔半径；δ为任一时刻t压裂弹已燃烧的厚度；p为井筒内的燃爆压力；w_0为固体火药的燃速系数（即1MPa压力时的燃烧速率）；n为压力指数；m_{r}为药剂燃烧掉的质量；ρ_0为火药弹的密度；ρ为火药燃气的密度；M为燃气摩尔质量；V_{r}为密闭空间内燃气的体积；f为火药力；T为燃爆室内的温度；T_0为初始温度；c_{g}为火药燃气比热；$V_{\mathrm{r}}\dfrac{\mathrm{d}\rho}{\mathrm{d}t}$为单位时间内燃气质量变化所引起的密度变化量；$\rho\dfrac{\mathrm{d}V_{\mathrm{r}}}{\mathrm{d}t}$为单位时间内燃气体积变化引起的燃气质量变化量；$M_{\mathrm{g}}$为气体摩尔质量；$R$为理想气体常数。

2. 液体药燃烧动力学模型

液体药燃爆加载在极短时间内完成，过程非常复杂。为使问题简化，假设如下。

（1）液体药燃爆的空间是密闭的，容积不随时间变化，且裂缝形状为长方体。

（2）密闭空间内各点的T、p，在液体药整个燃烧过程中保持一致。

（3）液体药服从几何燃爆规律，由裂缝根部向尖端层燃。

（4）液体药燃爆加载过程是绝热的，加载结束后则是非绝热的。

（5）液体药燃爆生成的燃气为符合气体状态方程的定比热气体。

（6）液体药燃烧充分，且燃烧产物组分保持不变。

根据上述假设可将液体药燃烧简化为如图 3.3.7 所示的物理模型：空间密闭，定量液体药爆燃，火药由裂缝根部向裂缝尖端逐层燃烧，同一燃烧截面燃烧参数相同。由此建立液体药燃烧加载过程中压力、温度随时间变化的定量关系模型。

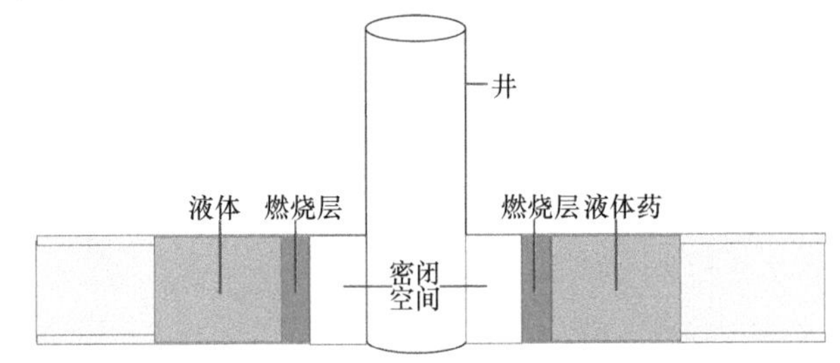

图 3.3.7 液体药缝内燃爆物理模型示意图

液体药燃烧符合几何燃烧规律，即其在燃烧过程中将由裂缝根部向裂缝尖端的方式逐步向外扩展，且其燃烧符合阿伦尼乌斯（Arrhenius）定律。液体药的燃速方程为

$$u=\frac{\mathrm{d}\delta_1}{\mathrm{d}t}=A_{\mathrm{s}}\exp\left[-E_{\mathrm{s}}/\left(RT\right)\right] \tag{3.3.2}$$

式中，u 为液体药燃烧的线速度；δ_1 为任一时刻 t 空间内液体药已燃烧掉的长度；A_{s} 为常数；E_{s} 为活化能。

液体药在燃爆前的原始气体空间为

$$V_0=whL_0 \tag{3.3.3}$$

式中，V_0 为原始气体空间；L_0 为井筒内原始气体空间的长度；w 为酸压主裂缝宽度；h 为酸压主裂缝高度。

t 时间内液体药已燃烧质量可表示为

$$m_1=\rho_1V_1=\rho_1wh\delta_1 \tag{3.3.4}$$

式中，m_1 为液体药质量；ρ_1 为液体火药密度；δ_1 为 t 时刻液体药已燃烧长度；V_1 为液体药已燃烧的体积。

t 时间内燃爆气体的质量：

$$m_{\mathrm{g}}=\rho_{\mathrm{g}}V_{\mathrm{g}}=\rho_{\mathrm{g}}\left(V_0+V_{\mathrm{i}}\right) \tag{3.3.5}$$

式中，m_{g} 为燃气的质量；ρ_{g} 为燃气密度；V_{g} 为燃爆气体占据的体积；V_0 为原始气体积；V_{i} 为液体药燃爆后的体积。

由质量守恒可得

$$\rho_1wh\frac{\mathrm{d}\delta_1}{\mathrm{d}t}=V_{\mathrm{g}}\frac{\mathrm{d}\rho_{\mathrm{g}}}{\mathrm{d}t}+\rho_{\mathrm{g}}\frac{\mathrm{d}V_{\mathrm{g}}}{\mathrm{d}t} \tag{3.3.6}$$

由气体状态方程有

$$pM_{\mathrm{g}}=\rho_{\mathrm{g}}RT \tag{3.3.7}$$

式中，p 为井筒内压力；M_{g} 为气体摩尔质量；R 为理想气体常数；T 为井筒内温度。

将式（3.3.7）代入式（3.3.6）得液体药的燃爆压力 p、井筒内温度 T 的质量守恒方程：

$$\rho_1wh\frac{\mathrm{d}\delta_1}{\mathrm{d}t}=\frac{M_{\mathrm{g}}}{RT}\left(V_{\mathrm{g}}\frac{\mathrm{d}p}{\mathrm{d}t}+p\frac{\mathrm{d}V_{\mathrm{g}}}{\mathrm{d}t}\right) \tag{3.3.8}$$

燃爆释放出的能量主要用于燃爆空间内温度和压力的升高，以及缝内燃气体积膨胀的对外做功。在假设系统绝热且无热量损失情况下，能量守恒关系为

$$E_1 = \Delta E_g + W \tag{3.3.9}$$

式中，E_1 为液体药燃烧释出的能量；ΔE_g 为缝内燃气的内能；W 为燃气体积膨胀所做的功。

液体药燃爆释放的能量可由下式计算：

$$E_1 = m_1 f_1 \tag{3.3.10}$$

式中，f_1 为液体药的火药力。

燃气能量可由气体内能计算：

$$\Delta E_g = m_g c_g (T - T_0) + pV_1 - p_0 V_0 \tag{3.3.11}$$

式中，c_g 为液体火药的燃气比热。

由于假设燃爆空间为密闭，任一时刻已燃烧掉的液体药质量与初始空间内气体质量之和等于此时生成的燃气质量，即

$$m_g = m_1 + m_{g0} \tag{3.3.12}$$

式中，m_{g0} 为原始空间内的气体质量。

将式（3.3.10）和式（3.3.11）代入式（3.3.9）得

$$m_1 f_1 = m_g c_g (T - T_0) + pV_1 - p_0 V_0 + W \tag{3.3.13}$$

式（3.3.13）两边对时间求导得

$$f_1 \frac{\mathrm{d}m_1}{\mathrm{d}t} = c_g m_1 \frac{\mathrm{d}T}{\mathrm{d}t} + c_g T \frac{\mathrm{d}m_1}{\mathrm{d}t} - c_g T_0 \frac{\mathrm{d}m_1}{\mathrm{d}t} + p\frac{\mathrm{d}V_1}{\mathrm{d}t} + V_1 \frac{\mathrm{d}p}{\mathrm{d}t} + \frac{\mathrm{d}W}{\mathrm{d}t} \tag{3.3.14}$$

式中，燃气做功可表示为

$$W = \int_0^t p \frac{\partial V}{\partial t} \mathrm{d}t \tag{3.3.15}$$

由式（3.3.14）可得系统能量守恒方程为

$$\left(f_1 - c_g T + c_g T_0\right) \frac{\mathrm{d}m_1}{\mathrm{d}t} = \left(c_g m_1\right) \frac{\mathrm{d}T}{\mathrm{d}t} + 2p\frac{\mathrm{d}V_1}{\mathrm{d}t} + V_1 \frac{\mathrm{d}p}{\mathrm{d}t} \tag{3.3.16}$$

由此建立由液体药燃速方程、气体状态方程、连续性方程和能量守恒方程所组成的液体药的燃爆动力学模型，通过对其进行数值求解可分析燃爆空间内的 p、T 随时间变化的关系：

$$\begin{cases} u = \dfrac{\mathrm{d}\delta_1}{\mathrm{d}t} = A_s \exp\left(-E_s / RT\right) \\ pM_g = \rho_g RT \\ \rho_1 wh \dfrac{\mathrm{d}\delta_1}{\mathrm{d}t} = \dfrac{M_g}{RT}\left(V_g \dfrac{\mathrm{d}p}{\mathrm{d}t} + p\dfrac{\mathrm{d}V_g}{\mathrm{d}t}\right) \\ \left(f - c_g T + c_g T_0\right)\dfrac{\mathrm{d}m_1}{\mathrm{d}t} = \left(c_g m_1\right)\dfrac{\mathrm{d}T}{\mathrm{d}t} + 2p\dfrac{\mathrm{d}V_1}{\mathrm{d}t} + V_1 \dfrac{\mathrm{d}p}{\mathrm{d}t} \end{cases} \tag{3.3.17}$$

液体药燃爆加载结束后，若假设燃气体积不变，系统仅有热损失，那么 dt 时间内燃气内能的减少 ΔE 等于其散失的热量 Q_c，即

$$Q_c = -\Delta E \tag{3.3.18}$$

散失的热量可计算为

$$Q_c = \pi DL \frac{T - T_0}{\dfrac{1}{\alpha \pi D} + \dfrac{f(t)}{2\pi \lambda_f}} dt \tag{3.3.19}$$

式中，D 为井筒直径；α 为燃气与储层对流换热系数；T_0 为储层温度；λ_f 为储层导热系数；$f(t)$为表示非稳态性质时间函数，$f(t) = 0.982 \ln (1 + 3.62 \times \frac{\sqrt{at}}{D})$，其中 a 为储层的热扩散系数。

内能变化量计算为

$$\Delta E = m_l c_g dT = \rho \frac{\pi D^2 L}{4} c_g dT \tag{3.3.20}$$

将式（3.3.19）和式（3.3.20）代入式（3.3.18）可得

$$\frac{dT}{dt} = -\frac{8\pi \alpha \lambda_f}{\rho c_g \left[2\lambda_f + \alpha D f(t)\right]}(T - T_0) \tag{3.3.21}$$

令

$$F(t) = \frac{8\pi \alpha \lambda_f}{\rho c_g \left[2\lambda_f + \alpha D f(t)\right]} \tag{3.3.22}$$

则有

$$\frac{d(T - T_0)}{T - T_0} = -F(t) dt \tag{3.3.23}$$

令过余温度：

$$\theta = T - T_0 \tag{3.3.24}$$

则有 $\theta_0 = T_m - T_0$，其中 T_m 为密闭空间内的初始温度。

将式（3.3.24）代入式（3.3.23）得

$$\frac{d\theta}{\theta} = -F(t) dt \tag{3.3.25}$$

对式（3.3.25）两边积分，可得

$$T = T_0 + \theta_0 \exp\left[-\int_0^t F(t) dt\right] \tag{3.3.26}$$

将式（3.3.26）代入式（3.3.7）的理想气体状态方程为

$$p = \rho_g M_g R T_0 + \exp\left[-\int_0^t F(t) dt\right] \rho_g M_g R (T_m - T_0) \tag{3.3.27}$$

式（3.3.26）、式（3.3.27）即为液体药燃爆加载结束后密闭空间内的 T、p 随时间的变化关系。

3. 动力学模型求解的边界条件

固体点火药燃爆模型的边界条件如下。

固体点火药点燃前（t=0）：

$$u(0)=0，\quad p(0)=p_0，\quad T(0)=T_0，\quad \delta=0，\quad S_0(0)=2\pi rl \tag{3.3.28}$$

燃爆完全时（$t=t_{\text{all}}$）：

$$\delta=R-r，\quad p(t)=p_{\text{m}}，\quad T(t)=T_{\text{m}}，\quad S_0(t)=2\pi Rl，\quad \rho(t)=\frac{\rho_0\pi\left(R^2-r^2\right)l}{\pi {R_{\text{w}}}^2 L} \tag{3.3.29}$$

液体药燃爆模型边界条件如下。

液体药点燃前（t=0）：

$$u(0)=0，\quad p(0)=p_0，\quad T(0)=T_0，\quad \delta=0，\quad S_0(0)=wh \tag{3.3.30}$$

燃爆完全时（$t=t_{\text{all}}$）：

$$\delta=\frac{V_l}{wh}，\quad p(t)=p_{\text{ml}}，\quad T(t)=T_{\text{ml}}，\quad S_0(t)=wh，\quad \rho(t)=\frac{\rho_0 whu\text{d}t}{whu\text{d}t+V_0} \tag{3.3.31}$$

式中，S_0为压裂弹的燃烧表面积。

药剂燃爆加载模型中药剂燃烧速率、燃气密度、系统内温度和压力为未知数，结合相应的边界条件，可进行求解。固体点火药和液体药的燃爆模型求解过程如图3.3.8和图3.3.9所示。

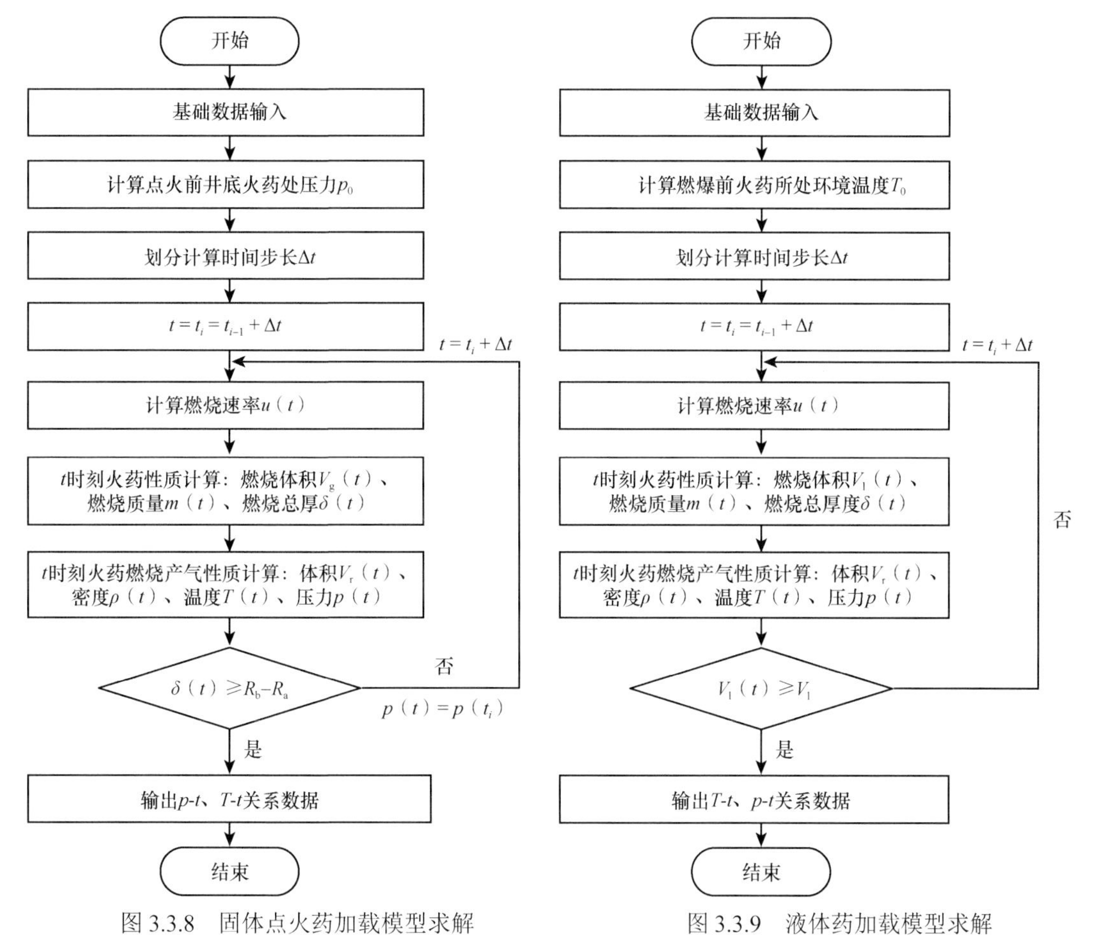

图3.3.8　固体点火药加载模型求解

图3.3.9　液体药加载模型求解

由于假设系统仅有透过井筒散热的能量损耗，因此有相应的边界条件为

爆燃完全时（$t = t_{all}$）：

$$T = T_m, \quad p = p_m \tag{3.3.32}$$

卸载完全时（$t = t_m$）：

$$T = T_0, \quad p = p_0 \tag{3.3.33}$$

结合式（3.3.26）和式（3.3.27），可定量分析卸载阶段密闭空间内的 T、p 随时间变化的关系。

3.3.3　压挡液柱动力学模型

燃爆压裂过程中火药燃气对压挡液柱的作用机理较复杂，为使问题简化，假设如下。

（1）燃爆后燃气为定比热比的完全气体，符合完全气体状态方程。

（2）压挡液为牛顿流体，可按管流理论来计算摩擦阻力。

（3）燃气与液柱存在完全接触面，且液柱的压力为连续作用力。

（4）全过程考虑流体微元动能变化和管柱摩擦阻力对液柱的影响。

（5）液柱在井筒中的流动假定为等截面管流。

采用拉格朗日分析方法，在一维流动中，为了区别微元，选取坐标 S 作为微元的标志，不同的微元具有不同的 S 值。选取初始时各微元所在截面的坐标位置 x_0 作为拉格朗日坐标 S。由于同一瞬时各微元所在的截面位置不同，所以不同截面的微元就有不同的 S 值。微元的位置表示为 $x = x(s,t)$，气流参量表示为压强 $p(s,t)$、密度 $\rho(s,t)$、速度 $v(s,t)$、加速度 $a(s,t)$。压强 $p(s,t)$ 可用该微元此时的位置坐标 $x(s,t)$ 处的液柱压力来表示。在此基础上分别建立液柱运动的拉格朗日型连续性方程、动量方程和能量方程来分析液柱运动规律。

设 l_0 为初始时刻两截面之间的距离，由这两个截面所限定区域内的微元密度为 ρ_0。经过某一时间 t 后，两截面之间的距离变为 l，密度变成 ρ，则有

$$\rho A l = \rho_0 A_0 l_0 \tag{3.3.34}$$

式中，A_0、A 分别为 t_0、t 时刻的流体截面积。

假设液体运动为等截面管流，即 $A=A_0$，则液柱运动的连续性方程为

$$\frac{\rho_0}{\rho} = \frac{l}{l_0} \tag{3.3.35}$$

再由流体的压缩性得

$$\beta = \frac{-\dfrac{dV}{V}}{dp} \tag{3.3.36}$$

式中，V 为原有体积；dV 为体积改变量；dp 为压力改变量；β 为流体体积压缩系数。

若将流体在井筒内的流动看作是等截面流，则式（3.3.36）可变换为

$$\beta dP = -\frac{dl}{l} \tag{3.3.37}$$

结合微元体压力和液柱压力的对应关系得

$$\beta l\frac{\partial p(x,t)}{\partial x}\frac{\partial x(s,t)}{\partial t}=-\frac{\mathrm{d}l}{\mathrm{d}t}\tag{3.3.38}$$

取两截面限定区域内的流体微元为分析对象，在其受冲击运动时受到四种作用力的影响。下端界面处向上的压力为$p(x,t)A$，上端界面处向下的压力为$p(x+l,t)A=\left[p(x,t)+\frac{\partial p}{\partial x}l\right]A$，流体微元自身重力为$W=\rho Agl$，由牛顿流体在管流中的摩擦阻力计算模型，得出流体微元运动时受管壁的摩擦力为$f=\left[v(s,t)\right]^2\frac{\lambda}{4Rg}l$，其中$\lambda$为流体参数。由微元的平衡方程可表示为$p(x,t)A-p(x+l,t)A-W-f=\rho Al\frac{\mathrm{d}v(s,t)}{\mathrm{d}t}$。由此，可得动量方程为

$$-\frac{1}{\rho}\frac{\partial p}{\partial x}-\frac{v^2\lambda}{4\rho RAg}-g=\frac{\mathrm{d}v}{\mathrm{d}t}\tag{3.3.39}$$

在绝热条件下，两截面包围区域内流体微元的熵值在运动过程中保持不变，即

$$\frac{\partial S}{\partial t}=0\tag{3.3.40}$$

在流体微元运动过程中上下端面处的压力、自身重力和管壁摩擦力对其做的功，全部转变成流体微元自身的动能和弹性能。由前面分析得出流体微元在运动中受到的合力为

$$F=p(x,t)A-\left[p(x,t)+\frac{\partial p}{\partial x}l\right]A-\rho Agl-\left[v(s,t)\right]^2\frac{\lambda}{4Rg}l\tag{3.3.41}$$

假设dt时间内，流体微元整体运动的距离为dx，微元长度变为l，则合力F对其做的功为

$$W_F=F\mathrm{d}x\tag{3.3.42}$$

dt时间内流体微元的动能增量为

$$\mathrm{d}E_k=\frac{1}{2}\rho Al\left[v^2(s,t)+\mathrm{d}t\right]-v^2(s,t)\tag{3.3.43}$$

由位移、速度、加速度间的关系得

$$v(s,t+\mathrm{d}t)=v(s,t)+\frac{\mathrm{d}v(s,t)}{\mathrm{d}t}\mathrm{d}t=\frac{\mathrm{d}x}{\mathrm{d}t}+\frac{\mathrm{d}^2x}{\mathrm{d}t^2}\mathrm{d}t\tag{3.3.44}$$

将式（3.3.44）代入式（3.3.43）得

$$\mathrm{d}E_k=\frac{1}{2}\rho Al\left[\left(\frac{\mathrm{d}x}{\mathrm{d}t}+\frac{\mathrm{d}^2x}{\mathrm{d}t^2}\mathrm{d}t\right)^2-\left(\frac{\mathrm{d}x}{\mathrm{d}t}\right)^2\right]\tag{3.3.45}$$

若压挡流体的弹性模量为E，可得在dt时间内流体微元的弹性能增量为

$$\mathrm{d}E_t=\frac{1}{2}E\frac{(\mathrm{d}l)^2}{l_0}\tag{3.3.46}$$

式中，dl为t时刻到t+dt时刻的微元长度变化量。

由式（3.3.40）可得流体运动中的能量守恒方程为

$$W_F = \mathrm{d}E_k + \mathrm{d}E_t \tag{3.3.47}$$

综合上式得具体能量守恒方程为

$$-\frac{\partial p}{\partial x} - \rho g - \left[v(s,t)\right]^2 \frac{\lambda}{4ARg} = \frac{1}{2}\frac{p}{\mathrm{d}x}\left[\left(\frac{\mathrm{d}x}{\mathrm{d}t} + \frac{\mathrm{d}^2 x}{\mathrm{d}t^2}\mathrm{d}t\right)^2 - \left(\frac{\mathrm{d}x}{\mathrm{d}t}\right)^2\right] + \frac{1}{2}\frac{E}{Al_0 l}\frac{(\mathrm{d}l)^2}{\mathrm{d}x} \tag{3.3.48}$$

若以 $p_n(t)$表示第 n 个流体微元，在 t 时刻所受的压强，则根据压挡液柱的运动规律可得边界条件为

$$\begin{cases} p_n(t)\big|_{n=1} = p(t) \\ p_n(t)\big|_{n=M} = \rho_0 g H_M + p_{\mathrm{at}} \\ p_n(t)\big|_{n=N} = p_{\mathrm{at}} \end{cases} \tag{3.3.49}$$

式中，n=1 表示液柱底端微元所受的冲击压强，其值等于火药爆燃产生的燃气压力 $p(t)$；n=M 表示 t 时刻应力波传到第 M 个微元，$M = \mathrm{int}\,(ct/s)$，int 表示取整，c 为液柱单位时间上升的高度，s 为微元单位长度；H_M 为第 M 个微元的上部液柱高度，$H_M = H_{\mathrm{L}} - ct$，其中 H_{L} 为整体液柱高度；$n = N$ 表示液柱最上端微元的上端面时所受压强，其值等于大气压（井口放开）。

综合连续性方程、动量守恒方程和能量守恒方程，得燃爆压裂过程中压挡液柱运动的数学模型为

$$\begin{cases} \dfrac{\rho_0}{\rho} = \dfrac{l}{l_0} \\ \beta l \dfrac{\partial p(x,t)}{\partial x}\dfrac{\partial x(s,t)}{\partial t} = -\dfrac{\mathrm{d}l}{\mathrm{d}t} \\ -\dfrac{1}{\rho}\dfrac{\partial p}{\partial x} - \dfrac{v^2\lambda}{4\rho RAg} - g = \dfrac{\mathrm{d}v}{\mathrm{d}t} \\ \dfrac{\partial p}{\partial x} - \rho g - \left[v(s,t)\right]^2 \dfrac{\lambda}{4ARg} = \dfrac{1}{2}\dfrac{\rho}{\mathrm{d}x}\left[\left(\dfrac{\mathrm{d}x}{\mathrm{d}t} + \dfrac{\mathrm{d}^2 x}{\mathrm{d}t^2}\mathrm{d}t\right)^2 - \left(\dfrac{\mathrm{d}x}{\mathrm{d}t}\right)^2\right] + \dfrac{1}{2}\dfrac{E}{Al_0 l}\dfrac{(\mathrm{d}l)^2}{\mathrm{d}x} \end{cases} \tag{3.3.50}$$

其中的未知数为液柱各处压力 p、微元流体的密度 ρ、微元自身长度 l、微元位移 x 和微元运动速度 v 五个参数。液柱运动模型有四个方程，加上微元位移与微元自身长度变化的关系，共五个方程。可定量化求解任意火药爆燃压力、液柱条件和井身条件下的液柱底气液界面上升高度随时间的变化关系。其数值求解过程如图 3.3.10 所示。将整段液柱进行网格划分，进而对建立的数学模型[式（3.3.50）]进行差分求解，以第 i 个微元网格为分析对象，分别对 t 时刻和 t+Δt 时刻进行差分计算。

则连续性方程为

$$\begin{aligned} &\rho_i(t)l_i(t) = \rho_i(t+\Delta t)l_i(t+\Delta t) \\ &-\frac{l_i(t+\Delta t)}{l_i(t)} = \beta[p_{i-1}(t+\Delta t) - p_{i-1}(t)] \end{aligned} \tag{3.3.51}$$

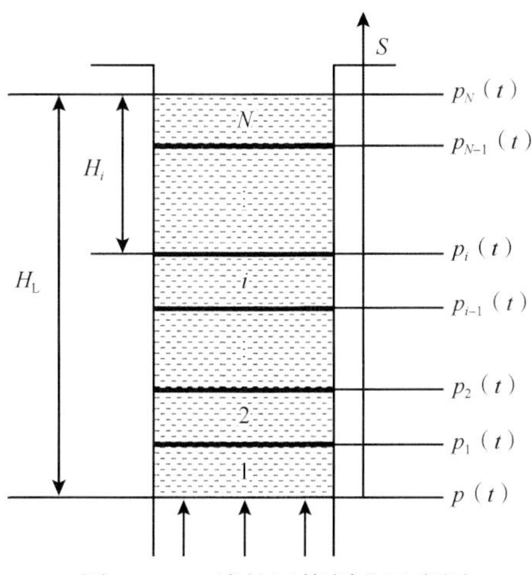

图 3.3.10 液柱网格划分示意图

动量守恒方程为

$$\begin{aligned}&\frac{p_{i-1}(t+\Delta t)+p_{i-1}(t)}{2}-\frac{mg}{A}-\frac{p_i(t+\Delta t)+p_i(t)}{2}\\&-\frac{p_{i-1}(t+\Delta t)+p_{i-1}(t)+p_i(t+\Delta t)+p_i(t)}{4}\lambda=\frac{m}{A}\frac{v_i(t+\Delta t)-v_i(t)}{\Delta t}\end{aligned} \tag{3.3.52}$$

能量守恒方程为

$$\begin{aligned}&\frac{p_{i-1}(t+\Delta t)\,p_{i-1}(t)}{2}\left\{x_i(t+\Delta t)-x_i(t)+\left[l_i(t)-l_i(t+\Delta t)\right]\right\}\\&-\left\{\frac{p_i(t+\Delta t)\,p_i(t)}{2}+\frac{mg}{A}+\left[v_i(t)\right]^2\frac{\lambda}{4ARg}\right\}\left[x_i(t+\Delta t)-x_i(t)\right]\\&=\frac{1}{2}\frac{m}{A}\left\{\left[v_i(t+\Delta t)\right]^2-\left[x_i(t)\right]^2\right\}+\frac{1}{2}\frac{EA}{l_0}\left[l_i(t)-l_i(t+\Delta t)\right]^2\end{aligned} \tag{3.3.53}$$

式（3.3.52）和式（3.3.53）中，$\frac{p_{i-1}(t+\Delta t)+p_{i-1}(t)}{2}$、$\frac{p_i(t+\Delta t)+p_i(t)}{2}$为第 i 微元在 t 到 $t+\Delta t$ 时间段内向上、向下的作用力；$x_i(t+\Delta t)-x_i(t)$为 t 到 $t+\Delta t$ 时间段内的微元整体运动距离；$l_i(t)-l_i(t+\Delta t)$为 t 到 $t+\Delta t$ 时间段内，微元被压缩的长度；$\left[v_i(t)\right]^2\frac{\lambda}{4ARg}$为微元在 t 时刻所受的管柱摩擦力。

3.3.4 裂缝系统动力学模型

1. 燃爆压裂裂缝系统物理模型

根据油层强动载下裂缝扩展相关理论，对燃爆压裂模型作如下假设。

（1）地层非均质、各向异性。

（2）裂缝延伸符合破坏力学理论。

（3）裂缝内流体沿缝长作一维稳定层流。

（4）缝宽截面为矩形，裂缝高度保持不变，只考虑裂缝在宽度和长度的延伸情况。

（5）考虑流体在裂缝壁上的渗漏。

（6）爆燃时间级别内通过热传导造成的热损失很小，可以忽略，但需考虑爆燃过程由于井筒与裂缝间的高温流体传质造成的温度变化。根据上述假设，裂缝扩展如图 3.3.11 所示。

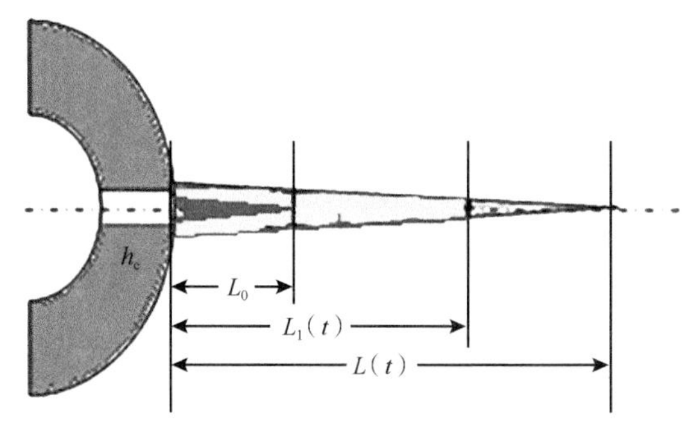

图 3.3.11 爆生气体驱动裂缝扩展示意图

$L(t)$为高能气体驱动的裂缝扩展总长度；$L_1(t)$为高能气体在裂缝中的贯入长度；L_0为初始裂缝长度，其值等于射孔长度

2. 缝内流体流动、渗漏模型

高压流体在酸压裂缝中的流动假设为窄长截面中的有压管流，可分别建立流体的连续方程、动量守恒方程和流体状态方程。通过数值求解得到裂缝内流体的膨胀流动速度，但求解该方程组过程繁杂、收敛性差。因此，一般将缝内流体压力简化为均匀分布或梯形、三角形等分布形式。考虑裂缝内不同位置压力衰减特点，给出缝内压力分布模型为

$$p(x,t)=p(t)\left(1-\frac{x}{L_0}\right) \tag{3.3.54}$$

式中，$p(x,t)$为 t 时刻酸压主裂缝内压力分布；$p(t)$为 t 时刻缝内燃爆压力；x 为从裂缝根部算起的裂缝坐标；L_0为酸压初始裂缝长度。

层内燃爆压裂过程中，若忽略缝内气液混合流动阶段，则裂缝壁面的流体渗漏分两个阶段，即前期液体渗漏和后期燃气渗漏。对于瞬间高压状态下的流体渗漏问题，采用线性达西渗流理论存在一定局限性，因此要建立非达西渗流模型。目前应用最广泛的是卡特模型及改进的卡特模型，其基本方程为

$$u(x,t)=\frac{C}{\sqrt{t-\tau(x)}} \tag{3.3.55}$$

式中，$u(x,t)$为 t 时刻裂缝壁坐标为 x 处的滤失速率；C 为流体综合滤失系数；t 为滤失时间；$\tau(x)$为 x 点处截面开始横向滤失的时间。

式（3.3.55）中关键参量为滤失系数 C。滤失过程的控制因素不同，其表达式也不同。高能气体压裂中的液体在裂缝壁面的滤失主要受储层岩石和流体压缩性控制，其滤失系

数为

$$C = 4.3 \times 10^{-3} \Delta p_{\mathrm{f}} \left(\frac{k_0 C_{\mathrm{f}} \phi}{\mu} \right)^{1/2} \tag{3.3.56}$$

式中，Δp_{f} 为裂缝内外压差；k_0 为岩石的渗透率；C_{f} 为弹性压缩系数；ϕ 为孔隙度；μ 为流体黏度。

由此得出在 t 时间内，整个裂缝内的滤失量为

$$q(t) = \sum_{i=1}^{n} \int_0^t \int_0^{L_{1i}(t)} u(x,t) h \, \mathrm{d}x \, \mathrm{d}t \tag{3.3.57}$$

式中，$q(t)$为 t 时间内高能气体在裂缝体系内的滤失量；n 为裂缝条数；$L_{1i}(t)$ 为 t 时刻第 i 条裂缝内液体的贯入长度；h 为油层厚度。

当压裂弹爆燃气运移到射孔部位时，气体开始进入裂缝，此时裂缝壁面的滤失流体为气体。高压气体在多孔介质中的滤失运移应看作非达西渗流。目前普遍用来描述这一现象的方法是在达西定律中增加了一项来考虑这种差异，即

$$-\frac{\partial p}{\partial l} = \frac{\mu}{K} u(x,t) + \beta \rho \left[u(x,t) \right]^2 \tag{3.3.58}$$

式中，u 为火药气在裂缝壁面的渗流速度；k 为地层岩石渗透率；ρ 为流体密度；β 为非达西系数，一般 $\beta = 0.005 / \sqrt{K\phi}$ 。

对（3.3.58）式左边进行变换：$\dfrac{\partial p}{\partial l} = \dfrac{\partial p}{\partial t}\dfrac{\partial t}{\partial l} = \dfrac{\partial p}{\partial t}\dfrac{1}{u(x,t)}$，则原式变为

$$-\frac{\partial p}{\partial t} = \frac{\mu}{k} \left[u(x,t) \right]^2 + \beta \rho \left[u(x,t) \right]^3 \tag{3.3.59}$$

3. 裂缝延伸动态响应模型

裂缝动态延伸主要涉及三个参量：裂缝起/止裂判据、裂缝延伸速度和裂缝宽度变化，现分别进行分析。若将地层岩石看作弹塑性体，则可利用断裂力学中的 COD 理论来分析裂缝（图 3.3.12）。促使裂缝闭合的力由两部分组成：一是地应力对裂缝的挤压力；二是裂缝尖端的黏聚力。

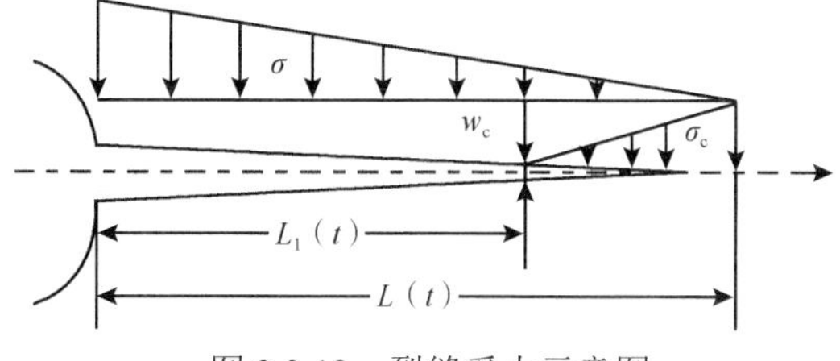

图 3.3.12　裂缝受力示意图

黏聚力的大小取决于裂缝宽度。断裂力学认为存在一个临界裂缝宽度 w_{c}，只有当裂缝宽度达到此临界值后，裂缝尖端才会裂开，临界宽度 w_{c} 可通过试验测定，计算式为

$$w_c = \frac{2K_{IC}^2(1-\nu)}{\sigma_t E} \tag{3.3.60}$$

式中，w_c为临界裂缝宽度；K_{IC}为Ⅰ型断裂韧度；σ_t为岩石抗拉强度；ν为泊松比；E为杨氏模量。

假设裂缝尖端黏聚力大小呈线性分布，而在裂缝的尖端，缝宽为零处，黏聚力等于岩石的抗拉强度。由此得出裂缝黏聚力与裂缝宽度的关系式为

$$\sigma_c(x) = \begin{cases} 0, & x < x_c \\ \sigma_t \dfrac{w_c - w(x)}{w_c}, & x \geqslant x_c \end{cases} \tag{3.3.61}$$

式中，$w(x)$为裂缝x处的宽度；σ_t为岩石抗拉强度；$\sigma_c(x)$为x处的塑性黏聚力；x_c为裂缝宽度等于临界裂缝宽度w_c时的缝长坐标。

按断裂理论，无限大平板中具有长度为L的裂纹，其应力强度因子的普遍公式为

$$K_1\left[\sigma(x,t)\right] = \left[\pi L_f(t)\right]^{-\frac{1}{2}} \int_0^L \sigma(x)\sqrt{\frac{L_f(t)+x}{L_f(t)-x}}\,dx \tag{3.3.62}$$

受地应力控制的裂缝尖端强度因子也可由式（3.3.62）计算。高压流体驱动裂缝延伸不仅要克服地应力在裂缝上造成的闭合强度，还要克服裂缝尖端部位的黏聚力造成的强度。单条裂缝黏聚力造成的强度因子可表示为$K_2[\sigma_c(x,t)]$。同理，缝内高压流体对裂缝产生张开趋势的尖端应力强度因子可表示为$K_3\left[p(x,t)\right]$，可得裂缝尖端应力强度因子为

$$\begin{aligned} K &= K_1\left[\sigma(x,t)\right] + K_2[\sigma_c(x,t)] + K_3\left[p(x,t)\right] \\ &= \left[\pi L_f(t)\right]^{-\frac{1}{2}} \int_0^L \left[p(x,t) - \sigma(x) - \sigma_c(x,t)\right]\sqrt{\frac{L_f(t)+x}{L_f(t)-x}}\,dx \end{aligned} \tag{3.3.63}$$

根据断裂力学理论，裂缝的起裂条件为$K \geqslant K_{IC}$。假设岩石裂缝起裂后，以恒定的速度向前延伸，其速度为

$$v_s = 0.38C_P \tag{3.3.64}$$

式中，v_s为裂缝延伸速度；C_P为岩石中纵波传播速度，由波动方程可得其数值为

$$C_P = \left[\frac{E(1-\nu)}{\rho_r(1+\nu)(1-2\nu)}\right]^{\frac{1}{2}} \tag{3.3.65}$$

式中，ρ_r为岩石密度。

采用帕里斯（Paris）公式计算裂缝张开宽度，即

$$w(x,t) = \frac{4(1-\mu)}{G}\int_x^{L_0(t)}\left[\int_0^{\xi}\frac{p(\zeta,t)-\sigma(\zeta)}{\left(\xi^2-\zeta^2\right)^{1/2}}d\zeta\right]\frac{\xi}{\left(\xi^2-x^2\right)^{1/2}}d\xi \tag{3.3.66}$$

式中，G为岩石剪切模量；ξ、ζ分别为裂缝扩展过程中瞬时长度和该瞬时裂缝的微段长度。

由于式（3.3.66）中的$p(\zeta,t)$、$\sigma(\zeta)$均为裂缝本身坐标的函数，因此该式积分很难得

出相应解析解。式中 ξ 是处于 λ 和 $L_0(t)$ 之间的量，若将 $\lambda \sim L_0(t)$ 段的长度 n 等分，则有

$$\xi(i)=x+\frac{L_0(t)-x}{n}i,\qquad i=1,2,\cdots,n \tag{3.3.67}$$

令裂缝延伸到 $\xi(i)$ 长度时的时间为 τ_i，则（3.3.66）式中有关 ζ 的积分可变化为

$$\int_0^{\xi}\frac{p(\zeta,t)-\sigma(\zeta)}{\left(\xi^2-\zeta^2\right)^{1/2}}\mathrm{d}\zeta=\sum_{i=1}^{n}\left\{\int_0^{\xi(i)}\frac{p(\zeta,\tau_i)-\sigma(\zeta)}{\left[\xi(i)^2-\zeta^2\right]^{1/2}}\mathrm{d}\zeta\right\} \tag{3.3.68}$$

若再将时间 τ_i 离散化为 m 等份，则式（3.3.68）变为

$$\int_0^{\xi}\frac{p(\zeta,t)-\sigma(\zeta)}{\left(\xi^2-\zeta^2\right)^{1/2}}\mathrm{d}\zeta=\sum_{i=1}^{n}\left\{\sum_{t=0}^{t=\tau_i}\frac{p(\zeta,\tau_i)-\sigma(\zeta)}{\left[\xi(i)^2-\zeta^2\right]^{1/2}}\Delta\zeta\right\} \tag{3.3.69}$$

将式（3.3.69）代入式（3.3.66）得到裂缝宽度计算式为

$$w(x,t)=\frac{4(1-\mu)}{G}\sum_{i=1}^{n}\left(\left\{\sum_{t=0}^{t=\tau_i}\frac{p(\zeta,\tau_i)-\sigma(\zeta)}{\left[\xi(i)^2-\zeta^2\right]^{1/2}}\Delta\zeta\right\}\frac{\xi(i)}{\left[\xi(i)^2-x^2\right]^{1/2}}\frac{L_0(t)-x}{n}\right) \tag{3.3.70}$$

4. 裂缝动态延伸耦合求解

上述分别给出了高压流体在裂缝中的压力分布近似模型、流体渗漏模型、弹塑性岩石裂缝的应力强度因子模型、裂缝延伸速度模型和裂缝宽度模型。这些模型的组合可判断裂缝在任意时刻是否延伸及其裂缝形态。

在实际求解过程中，由于方程复杂，难以得出相应解析解，采用如下计算步骤。

（1）利用前一时刻结束时的裂缝形态和缝内压力分布，判断裂缝是否延伸。若延伸则计算该时刻初期的裂缝形态；若不延伸，则采用前一时刻裂缝形态进行该时刻计算。

（2）计算该时刻的井筒火药燃气压力 $p(t)$。

（3）采用 $p(t)$ 和前一时刻的缝端压力 $p_1(t-\Delta t)$ 计算该时间段内的泄流量、缝长、缝宽、渗漏量。

（4）据质量守恒方程计算出此时缝内各处的燃气密度。

（5）结合燃气状态方程，计算缝内流体温度。

（6）将缝内燃气的温度和密度代入能量守恒方程，计算缝端压力 $p_1(t)$，以 $p_1(t)$ 作为新缝端压力，重复从第（2）步开始计算，得到压力 $p_1'(t)$。

（7）对比 $p_1(t)$ 和 $p_1'(t)$，如果误差超出范围则令缝端压力等于 $p_1'(t)$，重复计算，直至误差满足要求，此时的缝端压力 $p_1(t)$ 便是该时刻的真实值。

（8）从第（1）步重复计算，直至火药爆燃完全后，压力下降到裂缝止裂压力为止。

具体求解流程如图 3.3.13 所示。

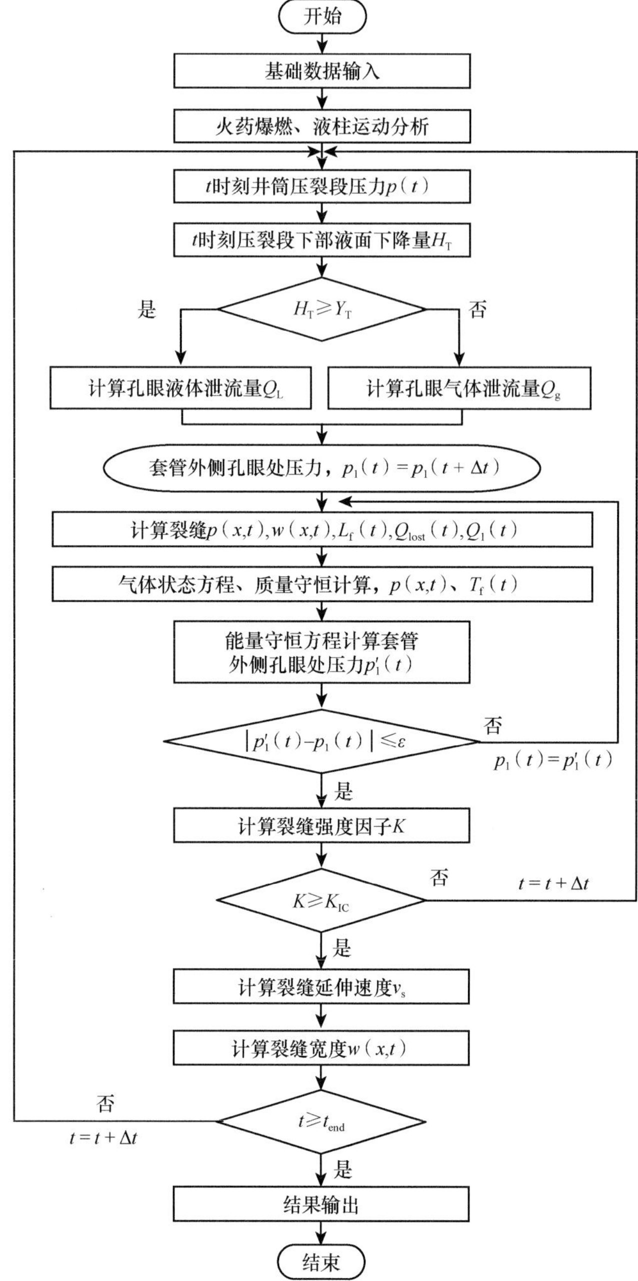

图 3.3.13 裂缝延伸耦合模型求解路线

Y_T为液体池流量

3.3.5 岩石冲击损伤数值模拟

采用 JH2 本构模型来描述岩石，该模型可以较好地模拟材料大变形、高应变率及高压效应。JH2 本构模型的岩石状态方程为

$$p_r = K_1\varepsilon + K_2\varepsilon^2 + K_3\varepsilon^3 \tag{3.3.71}$$

式中，p_r为静水压力；K_1为岩石的体积模量；K_2和K_3均为岩石材料常数；ε为岩石的体积应变。

JH2模型中引入应变率和损伤因子，将材料的等效应力表示成静水压力的幂函数形式，则规范化强度模型为

$$\sigma_D^* = \sigma_I^* - D\left(\sigma_I^* - \sigma_F^*\right) \tag{3.3.72}$$

式中，σ_D^*为标准化等效应力。

当岩石损伤因子D=0时，规范化完整强度：

$$\sigma_I^* = A\left(p^* + T^*\right)^N \left(1 + C\ln\dot{\varepsilon}^*\right) \tag{3.3.73}$$

式中，p^*为标准化压力；T^*为标准化拉伸强度；$\dot{\varepsilon}^*$为标准化应变率；A、N、C均为材料参数；当岩石损伤因子D=1时，岩石完全失效，规范化破坏强度：

$$\sigma_F^* = B(p^*)^M (1 + C\ln\dot{\varepsilon}^*) \tag{3.3.74}$$

式中，M为材料参数。损伤因子D可表示为

$$D = \sum(\Delta\varepsilon_p / \varepsilon_p^f) \tag{3.3.75}$$

式中，$\Delta\varepsilon_p$为不可恢复应变量；ε_p^f为完全失效应变量。

采用该模型所模拟的脉冲损伤结果如图3.3.14和图3.3.15所示。

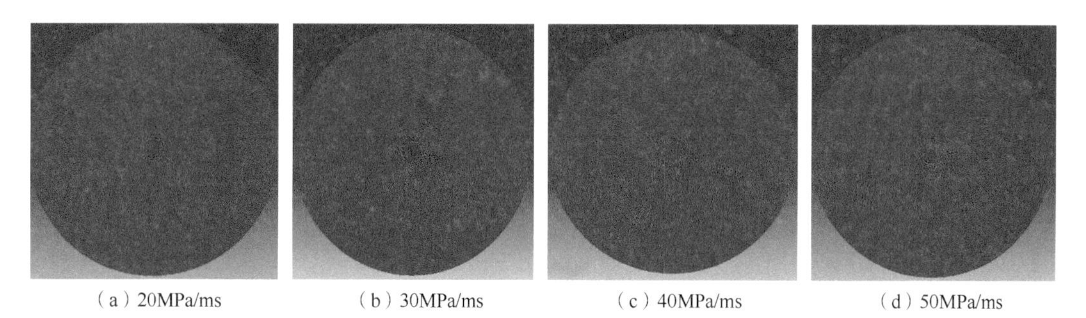

（a）20MPa/ms （b）30MPa/ms （c）40MPa/ms （d）50MPa/ms

图3.3.14 不同加压速率对岩石冲击损伤模拟结果（峰值压力为110MPa）

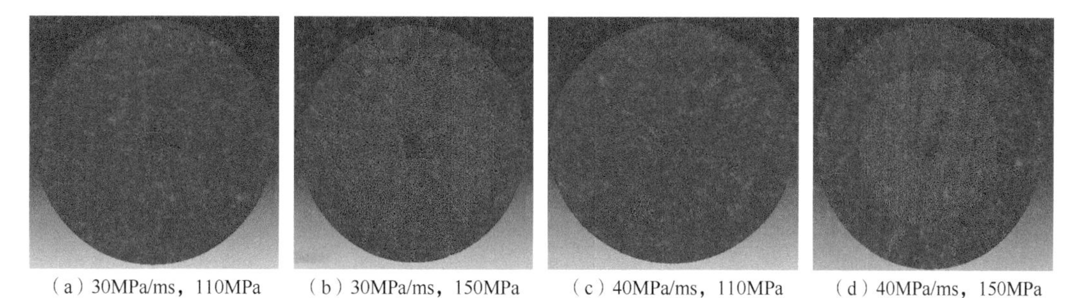

（a）30MPa/ms，110MPa （b）30MPa/ms，150MPa （c）40MPa/ms，110MPa （d）40MPa/ms，150MPa

图3.3.15 相同加压速率不同峰值压力下的冲击破坏模拟结果

由图3.3.14可知，加压速率对岩石破坏模式的影响非常大。随着加压速率的增加，岩石破裂由单裂缝逐渐过渡到多裂缝，直到粉碎。由图3.3.15可知，在相同加压速率下，峰值压力对破坏模式影响也非常大。冲击的峰值压力由110MPa增加到150MPa，岩石破坏

由多裂缝开裂过渡到大面积的压实破坏。由此表明适当的加压速率条件下，峰值压力不宜太高。

主要参考文献

宫长利. 2009. 二氧化碳泡沫压裂理论及工艺技术研究. 成都: 西南石油大学.

黄禹忠. 2005. 降低压裂井底地层破裂压力的措施. 断块油气田, 12(1) : 74-76.

卢文波, 陶振宇. 1994. 爆生气体驱动的裂纹扩展速度研究. 爆炸与冲击, 14(3) : 264-267.

孟红霞, 陈德春, 吴飞鹏. 2007. 岩石冲击开裂试验峰值压力和加压速率计算模型. 石油钻探技术, 35(4): 24-30.

吴奇, 胥云, 张守良, 等. 2014. 非常规油气藏体积改造技术核心理论与优化设计关键. 石油学报, 35(4) : 706-713.

杨卫宇, 周春虎. 1992. 高能气体压裂设计关键因素量化分析. 石油钻采工艺, 14(6) : 75-81.

杨卫宇, 周春虎, 赵刚. 1993. 高能气体压裂瞬态压力耦合分析. 石油学报, 14(3) : 127-134.

杨小林, 王梦恕. 2001. 爆生气体作用下岩石裂纹的扩展机理. 爆炸与冲击, 21(2) : 111-116.

张广清, 陈勉, 赵艳波. 2008. 新井定向射孔转向压裂裂缝起裂与延伸机理研究. 石油学报, 29(1): 116-119.

第4章 裂 缝 扩 展

裂缝扩展是储层压裂改造的核心问题，涉及岩石基质的断裂、水力场耦合和天然裂缝扩展等问题。本章首先对岩石基质力学模型、裂缝数学和计算模型，洞体数学描述、多相多组分系统等进行了理论研究。然后，在此基础上对水力裂缝、暂堵裂缝扩展及裂缝动态扩展控制因素进行了数值模拟和试验研究，得出了压裂改造过程中裂缝扩展的一些规律性认识。

4.1 基本理论与方法

4.1.1 岩石基质本构模型

对储层压裂数值模拟最棘手的问题之一就是合理选取断裂准则的问题，尤其对于动态断裂问题。为了避免这一问题，采用虚内键（virtual internal bond，VIB）系列本构模型。VIB 是一种微宏观本构建模方法，即宏观本构方程直接由微观键势导出。由于微观键势中蕴含断裂机理，因而 VIB 在模拟断裂时不需要外部断裂准则。裂纹如何生成、扩展及分叉完全是本构计算的自然结果，这在模拟储层压裂方面具有较强的优势。

1. *初始虚内键本构模型*

VIB（Gao and Klein，1998）本构模型认为，连续介质在微观上由离散微粒组成。每个微粒点对之间都由一个虚内键联结，并赋予该虚内键特定的联结法则（cohesive law），用来描述颗粒间的相互作用，如图 4.1.1 所示。

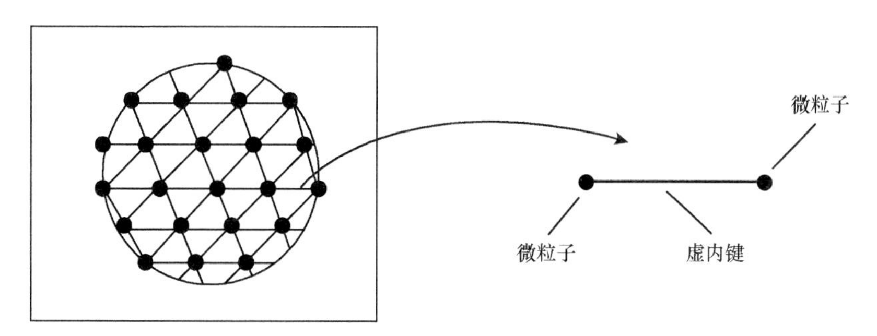

图 4.1.1 VIB 建模方法

设每一条键的能量为 $\Phi(l)$，其中 l 为键的长度。根据 Cauchy-Born 规则（Milstein，1980；Tadmor et al.，1996），变形后的键长可表示为

$$l = l_0\sqrt{1 + 2\boldsymbol{\xi}_I \boldsymbol{E}_{IJ} \boldsymbol{\xi}_J} \tag{4.1.1}$$

式中，l_0 为键的原长；$\boldsymbol{E}_{IJ}$ 为 Green-Lagrange 应变张量分量；$\boldsymbol{\xi}$ 为键的方向向量。

代表单元体的应变能密度可表示为

$$W\left(\boldsymbol{E}_{IJ}\right)=\frac{1}{V}\left\langle\Phi(l)\right\rangle=\frac{1}{V}\left\langle\Phi\left(l_0\sqrt{1+2\xi_I\boldsymbol{E}_{IJ}\xi_J}\right)\right\rangle \tag{4.1.2}$$

式中，算子$\langle\cdots\rangle$定义为

$$\langle\cdots\rangle=\int_0^{2\pi}\int_0^{\pi}(\cdots)D(\theta,\varphi)\sin\theta\mathrm{d}\theta\mathrm{d}\varphi \tag{4.1.3}$$

其中，$D(\theta,\varphi)$为键的分布密度函数；$D(\theta,\varphi)\sin\theta\mathrm{d}\theta\mathrm{d}\varphi$表示球坐标系中分布在$(\theta+\mathrm{d}\theta,\varphi+\mathrm{d}\varphi)$之间键的个数。

应力张量及四阶弹性张量可表示为

$$\begin{aligned}\boldsymbol{S}_{IJ}&=\frac{\partial W}{\partial\boldsymbol{E}_{IJ}}=\frac{1}{V}\left\langle\frac{l_0^2\Phi(l)}{l}\xi_I\xi_J\right\rangle\\ \boldsymbol{C}_{IJKL}&=\frac{\partial^2 W}{\partial\boldsymbol{E}_{IJ}\partial\boldsymbol{E}_{KL}}=\frac{1}{V}\left\langle l_0^4\left(\frac{\Phi''(l)}{l^2}-\frac{\Phi'(l)}{l^3}\right)\xi_I\xi_J\xi_K\xi_L\right\rangle\end{aligned} \tag{4.1.4}$$

式中，$\Phi'(l)$、$\Phi''(l)$分别为键能函数对键长的一阶和二阶导数；ξ_I为键的方向向量$\boldsymbol{\xi}$的分量；V为代表单元体体积。

2. 拓展虚内键模型

为了进一步发展 VIB 理论，Zhang 和 Gao（2012）提出了拓展虚内键（AVIB）理论模型。AVIB 将虚内键的变形分解为法向变形和切向变形，通过 Xu-Needman 势（Xu and Needleman，1994）描述微粒间的相互作用，导出了材料宏观本构方程，并得出了微观虚内键能量参数与宏观材料常数间的理论关系。AVIB 模型不但能再现材料不同泊松比，而且微观参量的物理意义更明确。

在黏结面方法中，Xu 和 Needleman（1994）提出如下势函数：

$$\Phi(\Delta)=\phi_{\mathrm{n}}-\phi_{\mathrm{n}}\exp\left(-\frac{\Delta_{\mathrm{n}}}{\delta_{\mathrm{n}}}\right)\left\{\left(1-r+\frac{\Delta_{\mathrm{n}}}{\delta_{\mathrm{n}}}\right)\frac{q-1}{r-1}+\left[q+\left(\frac{r-q}{r-1}\right)\frac{\Delta_{\mathrm{n}}}{\delta_{\mathrm{n}}}\right]\exp\left(-\frac{\Delta_{\mathrm{t}}^2}{\delta_{\mathrm{t}}^2}\right)\right\} \tag{4.1.5}$$

式中，Δ_{n}、Δ_{t}分别为黏结面的相对法向和切向变形；ϕ_{n}为法向分离功；q为切向分离功与法向分离功之比；δ_{n}、δ_{t}分别为法向和切向位移特征值；$r=\Delta_{\mathrm{n}}^*/\delta_{\mathrm{n}}$，其中$\Delta_{\mathrm{n}}^*$为法向力为零的条件下切向位移$\Delta_{\mathrm{t}}=\delta_{\mathrm{t}}/2$时的法向位移。

在小变形条件下，扣除刚体转动的影响，虚内键的变形为

$$\boldsymbol{\varepsilon\xi}l_0=\tilde{\xi}l-\xi l_0 \tag{4.1.6}$$

式中，$\boldsymbol{\varepsilon}$为应变张量。

虚内键的法向变形Δ_{n}和剪切变形Δ_{t}为（图 4.1.2）

$$\begin{aligned}\Delta_{\mathrm{n}}&=l-l_0=\boldsymbol{\xi}^{\mathrm{T}}\boldsymbol{\varepsilon\xi}l_0\\ \Delta_{\mathrm{t}}^2&=l_0^2\boldsymbol{\xi}^{\mathrm{T}}\boldsymbol{\varepsilon}^{\mathrm{T}}\boldsymbol{\varepsilon\xi}-\Delta_{\mathrm{n}}^2\end{aligned} \tag{4.1.7}$$

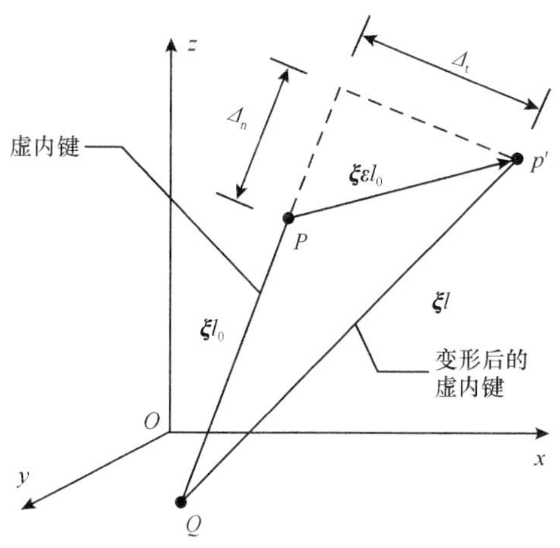

图 4.1.2 拓展虚内键的变形示意图

根据式（4.1.4）及式（4.1.5）可得小变形条件下的应力张量为

$$\boldsymbol{\sigma}_{ij} = \frac{\partial W}{\partial \boldsymbol{\varepsilon}_{ij}} = \frac{1}{V}\left\langle \frac{\partial \Phi(\Delta)}{\partial \Delta_{\mathrm{n}}} \cdot \frac{\partial \Delta_{\mathrm{n}}}{\partial \boldsymbol{\varepsilon}_{ij}} + \frac{\partial \Phi(\Delta)}{\partial \Delta_{\mathrm{t}}} \cdot \frac{\partial \Delta_{\mathrm{t}}}{\partial \boldsymbol{\varepsilon}_{ij}} \right\rangle \tag{4.1.8}$$

微观物理常数与材料宏观常数间的关系（Zhang and Gao，2012）为

$$\begin{aligned} \phi_{\mathrm{n}} &= \frac{\delta_{\mathrm{n}}^2}{l_0^2}\frac{3EV}{4\pi(1-2\nu)} \\ q &= \frac{\delta_t^2}{\delta_{\mathrm{n}}^2}\frac{1-4\nu}{1+\nu} \end{aligned} \tag{4.1.9}$$

式中，ϕ_{n} 为变性能，当虚内键切向变形位移为零而法向变形位移无穷大时所对应的变形能，即特征法向能；当虚内键法向变形位移为零而切向变形位移无穷大时所对应的变形能，即特征切向能。q 为虚内键特征切向能与特征法向能之比；ν 为泊松比。

3. 离散虚内键模型

离散虚内键模型（discretized virtual internal bond，DVIB）（Zhang，2013）假设材料由一系列离散键元胞（lattice bond cell）组成，每个元胞可具有任意几何形状及任意条键，如图 4.1.3 所示。元胞中每条键由超弹性势函数描述。这种势函数本身蕴含了断裂机理，

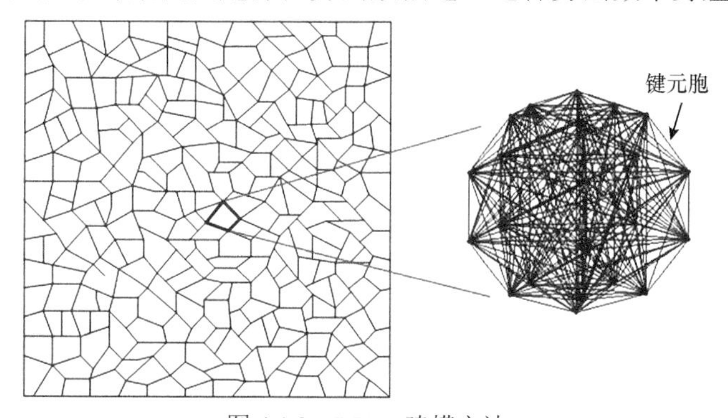

图 4.1.3 DVIB 建模方法

并能反映材料裂尖超弹性质，因此它在模拟动态断裂过程中无须其他断裂准则，更能反映动态断裂的本质过程。由于没有引入任何连续性及小变形假设，它可以直接模拟岩石大位移和大变形断裂破坏问题。

以键元胞中一条键为例，令 $\boldsymbol{X}=X_J-X_I$，$\boldsymbol{Y}=Y_J-Y_I$ 分别表示参考构型和当前构型中的键向量。其中 X_J、X_I 分别表示参考坐标系下结点 J、I 的坐标；Y_J、Y_I 分别表示当前坐标系下结点 J、I 的坐标，如图 4.1.4 所示，图中 $\boldsymbol{u}_I$、$\boldsymbol{u}_J$ 分别表示点 X_I、X_J 的位移。键在参考构型和现时构型中的键长分别为

$$
\begin{aligned}
l_0 &= \sqrt{\bar{\boldsymbol{X}} \cdot \bar{\boldsymbol{X}}} \\
l &= \sqrt{\bar{\boldsymbol{Y}} \cdot \bar{\boldsymbol{Y}}}
\end{aligned}
\tag{4.1.10}
$$

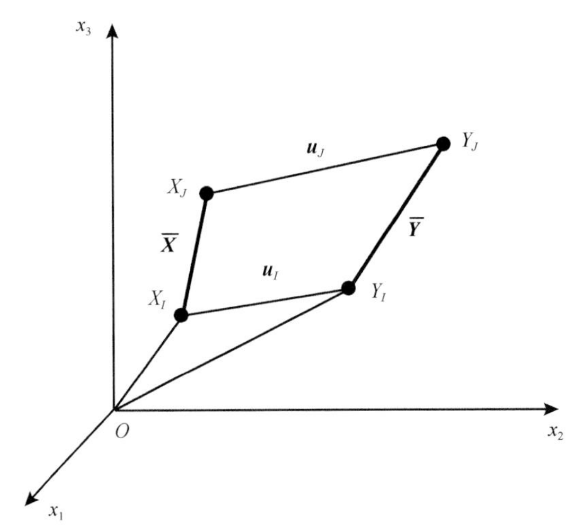

图 4.1.4　单根虚内键位移及变形

令 $\Phi(l)$ 代表微粒 I 和 J 间的作用势。键势对键长的一阶导数为键内力，其与键长的关系如图 4.1.5 所示。可以看出，在峰前阶段，键内力随键长增加而增加；在峰后阶段，键内力则随键长增加而变小。当键长超过一定值，键内力会降低到可以忽略的程度，最后趋于零。这表示键发生断裂，生成微小裂纹，因而键势中蕴含了断裂准则。如果一个键元胞的应变能总和为 $W=\sum \Phi(l)$，则键元胞的结点力向量和刚度矩阵为

$$
\begin{aligned}
\boldsymbol{F}_i &= \frac{\partial W}{\partial u_i} = \sum \Phi'(l)\frac{\partial l}{\partial u_i} \\
\boldsymbol{K}_{ij} &= \frac{\partial^2 W}{\partial u_i \partial u_j} = \sum \left[\Phi''(l)\frac{\partial l}{\partial u_i}\cdot\frac{\partial l}{\partial u_j} + \Phi'(l)\frac{\partial^2 l}{\partial u_i \partial u_j} \right]
\end{aligned}
\tag{4.1.11}
$$

式中，u_i、u_j 为结点位移分量；$\Phi'(l)$和 $\Phi''(l)$分别为键能函数 $\Phi(l)$对键长 l 的一阶和二阶导数；W 为键元胞应变能总和。

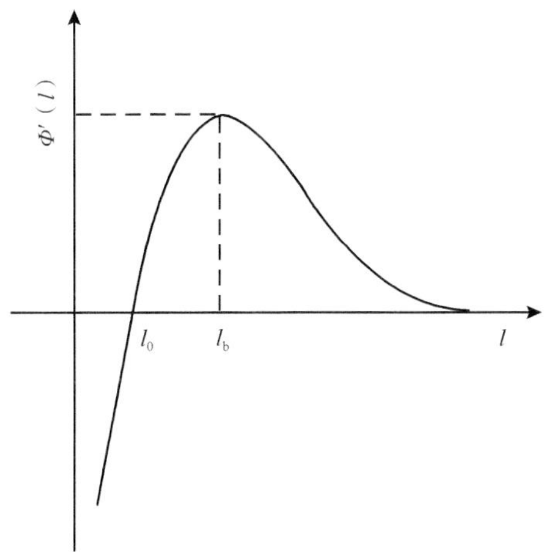

图4.1.5 键内力与键长的关系

为有效地模拟水力压裂过程，选择如下两参数势函数，其对键长的一阶导数（键内力）为

$$\varPhi'(l)=\begin{cases}A(l-l_0)\exp\left(-\dfrac{l-l_0}{Bl_0}\right), & l>l_0\\ A(l-l_0), & l\leqslant l_0\end{cases} \tag{4.1.12}$$

该势函数表示岩石在受压时为线弹性变形，而受拉时为非线性，最终岩石在微观上是受拉破坏。

式（4.1.12）中的两个微观参数 A、B 与宏观力学参数具有对应关系。其中参数 A 的物理意义为键的初始刚度系数，即

$$A=\varPhi''(l_0)=\lambda\frac{EV}{\varOmega l_0^2} \tag{4.1.13}$$

式中，$\varPhi''(l_0)$ 为键的初始刚度系数；E 为材料杨氏模量；V 为元胞体积（三维情况）或元胞面积（二维情况）；λ 为系数，对于三维情况 λ=6，平面应力情况 λ=3，平面应变情况 λ=3.2；$\varOmega$ 为键元胞中键的条数。

参数 B 的物理意义为键内力达到峰值时键的应变，即 $B=(l_\mathrm{b}-l_0)/l_0$，其中 l_b 为键力峰值时键的长度，$\varPhi''(l_\mathrm{b})=0$。因而，参数 B 与岩石宏观单轴抗拉强度有关，它与岩石单轴抗拉强度 σ_t 的近似关系为 $B\approx 2.0\sigma_\mathrm{t}/E$。

为了进一步反映岩石的脆度，基于所提供的键能函数，发展了脆性键势函数，其对键长的一阶导数（键内力）和二阶导数（键切向刚度）分别为

$$\varPhi'(l)=\begin{cases}A(l-l_0)\left[\exp\left(\dfrac{l\gamma}{(1+B)l_0}-\gamma\right)+1\right]^{-1}, & l>l_0\\ A\left[\exp\left(-\dfrac{\gamma B}{1+B}\right)+1\right]^{-1}(l-l_0), & l\leqslant l_0\end{cases} \tag{4.1.14}$$

$$\Phi''(l)=\begin{cases}A\left[\exp\left(\dfrac{l\gamma}{(1+B)l_0}-\gamma\right)+1\right]^{-1}\left\{1+\dfrac{(l-l_0)\gamma}{(1+B)l_0}\cdot\dfrac{\exp\left[\dfrac{l\gamma}{(1+B)l_0}-\gamma\right]}{\exp\left[\dfrac{l\gamma}{(1+B)l_0}-\gamma\right]+1}\right\}, & l>l_0\\ A\left[\exp\left(-\dfrac{\gamma B}{1+B}\right)+1\right]^{-1}, & l\leqslant l_0\end{cases} \tag{4.1.15}$$

式（4.1.14）中的物理参数 A 与岩石弹性模量有关，由式（4.1.13）可以标定为

$$A=\lambda\frac{EV}{\Omega l_0^2}\left[\exp\left(-\frac{\gamma B}{1+B}\right)+1\right] \tag{4.1.16}$$

式中，参数 B 与岩石单轴抗拉曲线峰值应力（强度）时的应变有关；γ 为与岩石脆度有关的参数，其值越大，脆性越强。

在模拟水力裂纹时，随主裂纹扩展，新裂纹将被水填充，从而产生新的水压边界。在定义新生水压边界前，要识别哪些单元已破坏，并产生了裂纹面。由于 DVIB 本身没有外部裂纹准则，需引进一种识别准则去识别破坏单元。根据文献（Liao et al.，1997），键元胞的等效应变可计算为

$$\begin{aligned}\boldsymbol{\varepsilon}_{ij}&=\frac{1}{V}\sum_c\boldsymbol{\Delta}_i^c\boldsymbol{f}_n^c\boldsymbol{Q}_{jn}\\ \boldsymbol{Q}_{jn}&=\left[\frac{1}{V}\sum_c\boldsymbol{f}_i^c\boldsymbol{f}_n^c\right]^{-1}\end{aligned} \tag{4.1.17}$$

式中，$\boldsymbol{\Delta}_i^c$ 为第 c 根虚内键的为位移向量；$\boldsymbol{f}_i^c$ 为张量记法，下标 i 表示向量 $\boldsymbol{f}$ 的指标，即向量 $\boldsymbol{f}$ 的第 i 个分量，其中，$\boldsymbol{f}_n^c$ 中 $\boldsymbol{f}_n$ 的指标 n 为哑标，与 $\boldsymbol{Q}_{jn}$ 中 n 的含义相同，表示求和；$\boldsymbol{f}_j^c$ 中 $\boldsymbol{f}_j$ 的指标 j 不为哑标，与张量 $\boldsymbol{Q}_{jn}$ 中的 j 指标相对应。

当键元胞的等效应变达到一定值，就认为在该键元胞中产生了新的裂纹面。破坏键元胞的识别准则可表示为

$$\varepsilon_1>\lambda\varepsilon_t \tag{4.1.18}$$

式中，ε_1 为应变张量的最大主应变；λ 为一个大于 1 的系数，取 λ=2.0；ε_{t} 为单轴拉伸应力应变曲线峰值应力所对应的应变。

新生裂纹面与应变张量的最大主值方向垂直，如图 4.1.6（a）所示；水压 p 在内边界的作用及其等效结点力，如图 4.1.6（b）所示。对一段长为 L 的给定边界段，其等效结点为

$$\begin{aligned}F_{1x}&=F_{2x}=n_1pL/2\\ F_{1y}&=F_{2y}=n_2pL/2\end{aligned} \tag{4.1.19}$$

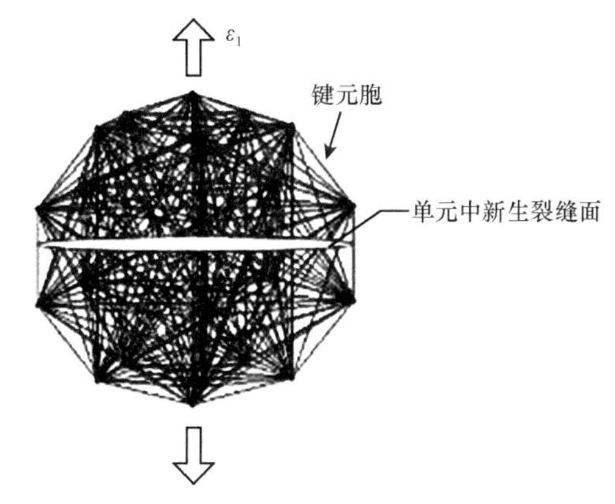

（a）键元胞中新产生的裂纹面

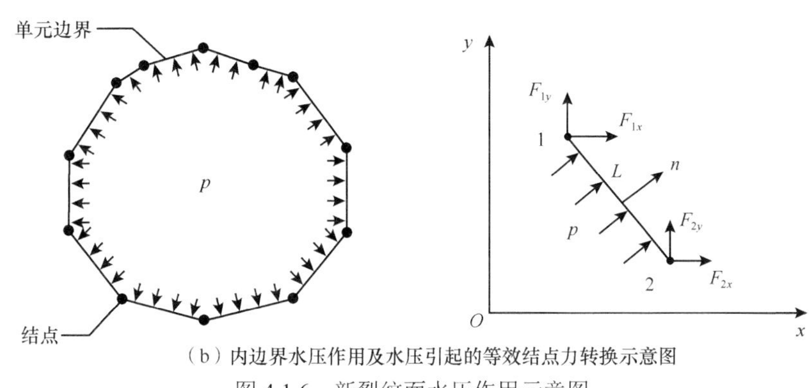

（b）内边界水压作用及水压引起的等效结点力转换示意图

图 4.1.6 新裂纹面水压作用示意图

4.1.2 裂缝数学描述和模拟方法

水力压裂模拟中，有限元方法已取得了显著进展，但传统有限元法在处理断裂问题时常涉及网格重构问题。为克服这一难题，扩展有限元法（Belystchko and Black，1999）通过结点富集插值，允许裂缝直接穿过单元。张振南和陈永泉（张振南和陈永泉，2009；Zhang and Chen，2009）发展了单元劈裂法（EPM）。EPM 允许裂缝穿过完整单元，无须引入其他自由度。初始 EPM 利用三角形单元的几何特性，推导出了裂纹单元的本构关系。它反映了裂纹面间的接触和摩擦，但忽略了裂纹单元的体变形。这将导致模型误差随单元尺寸的增加而增大。为克服这一局限性，张振南等（Zhang et al.，2013；张振南等，2013；Zhang et al.，2016a，2016b）提出了改进 EPM，其中采用特殊局部插值技术考虑了单元体变形。本章将采用 EPM 对天然裂缝进行模拟。

1. 裂缝的数学描述

缝洞型碳酸盐岩储层中分布着大量天然裂缝，这些裂缝方向、大小不一。为描述这些裂缝，本章建立了天然随机裂缝数学模型。

1）二维裂缝

单个天然裂缝由直线段表征，其控制参数为裂缝的起点坐标 $X(x,y)$ 、倾角 α（与最大主应力方向所呈角度）和长度 L ，如图 4.1.7 所示。

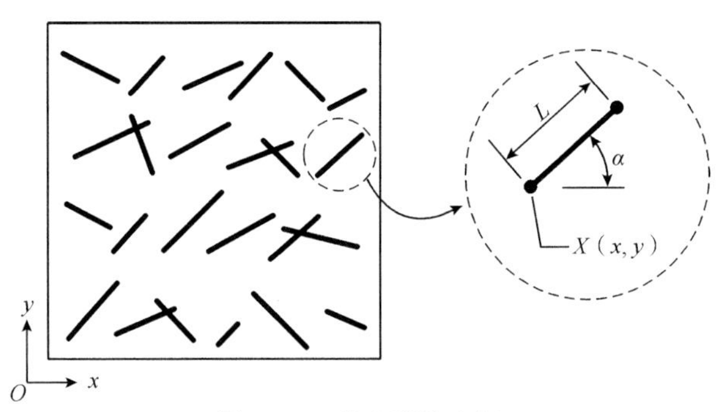

图 4.1.7　单条裂缝表征

每条裂缝可由一个向量表示，即$[x \quad y \quad \alpha \quad L]$，其中$(x,y)$为裂缝起点坐标，$\alpha$为裂缝倾角，$L$为裂缝长度。当有多条裂缝时，采用如下$4\times n$矩阵进行描述：

$$\begin{bmatrix} x_1 & x_2 & x_3 & \cdots & x_n \\ y_1 & y_2 & y_3 & \cdots & y_n \\ \alpha_1 & \alpha_2 & \alpha_3 & \cdots & \alpha_n \\ L_1 & L_2 & L_3 & \cdots & L_n \end{bmatrix} \tag{4.1.20}$$

式中，每一列表示一条裂缝，n为总裂缝条数。

为了在计算域内生成随机裂缝，假设裂缝起点坐标、倾角及长度均为随机变量，即

$$Y \sim U(a,b) \tag{4.1.21}$$

式中，Y为随机变量；U为随机分布法则；a、b分别为分布区间的最小值及最大值。当裂缝条数、随机分布法则、计算域给定时，可依据式（4.1.21）生成随机裂缝。

2）三维裂缝

三维裂缝可理想化为椭圆形。对于图 4.1.8（a）所示的单条三维裂纹，在数学上可采用一个椭球与一个空间平面相交得到，因而一个三维裂纹可采用如下向量描述：

$$\boldsymbol{c}_{xy} = [x_0,\ \ y_0,\ \ z_0,\ \ n_1,\ \ n_2,\ \ n_3,\ \ a,\ \ b,\ \ c]^{\mathrm{T}} \tag{4.1.22}$$

式中，(x_0, y_0, z_0)为裂纹中心点坐标；(n_1, n_2, n_3)为裂纹面法向向量；(a,b,c)为椭球在三个坐标轴上的半径。

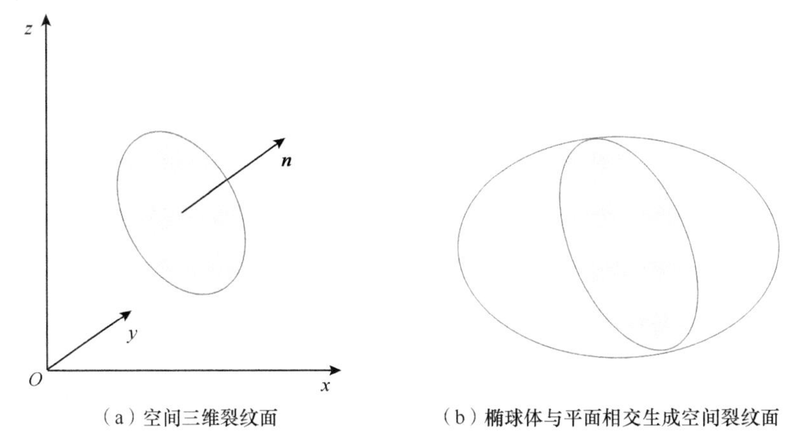

（a）空间三维裂纹面　（b）椭球体与平面相交生成空间裂纹面

图 4.1.8　三维裂纹面建模方法

复杂储层内部分布有大量随机裂纹。为生成这些随机裂纹，假设如下。

（1）裂纹坐标满足特定统计分布规律，即 $X \sim F_X(\mu,D)$。

（2）裂纹法向满足特定统计分布规律，即 $n \sim F_n(\mu,D)$。

（3）裂纹大小满足特定统计分布规律，即 $a \sim F_a(\mu,D)$。

为生成空间随机分布的 N 条裂纹，给定裂纹空间分布范围、裂纹数量、裂纹法向分布、裂纹大小分布特征，即可生成随机分布裂纹，通过如下矩阵记录：

$$\boldsymbol{c}_{xy} = \begin{bmatrix} x_0^{(1)} & x_0^{(2)} & \cdots & x_0^{(N)} \\ y_0^{(1)} & y_0^{(2)} & \cdots & y_0^{(N)} \\ z_0^{(1)} & z_0^{(2)} & \cdots & z_0^{(N)} \\ n_1^{(1)} & n_1^{(2)} & \cdots & n_1^{(N)} \\ n_2^{(1)} & n_2^{(2)} & \cdots & n_2^{(N)} \\ n_3^{(1)} & n_3^{(2)} & \cdots & n_3^{(N)} \\ a^{(1)} & a^{(2)} & \cdots & a^{(N)} \\ b^{(1)} & b^{(2)} & \cdots & b^{(N)} \\ c^{(1)} & c^{(2)} & \cdots & c^{(N)} \end{bmatrix} \tag{4.1.23}$$

2. 二维单元劈裂法

三角单元有着独特的几何性质，即当裂纹穿过单元时，总有一个结点在裂纹的一侧，两个结点在裂纹的另一侧，如图 4.1.9 所示。在裂纹一侧的结点可与另外两个结点构成两个接触点对，由于这两个接触点对与原三角单元共享结点，所以不需要改变总刚度矩阵的阶数，也不用重新划分单元或者重新设置接触单元来再现节理面之间的接触和摩擦，为裂缝有限元数值模拟提供了便利。

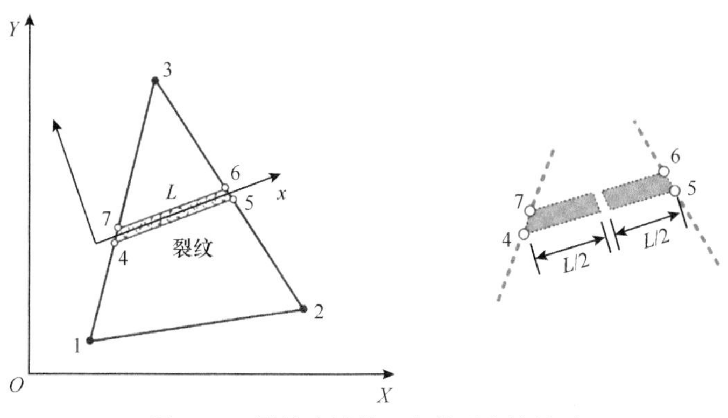

图 4.1.9　裂纹穿过的三角单元和接触对

1～3 为实结点；4～7 为虚结点

如图 4.1.9 所示，在带有贯穿裂纹的三角形单元中，裂纹和单元边相交形成了四个交点为“虚结点”。单元原有结点称“实结点”。在初始 EPM 中，虚结点可通过实结点位移得到：

$$\boldsymbol{u}^{\mathrm{V}} = \boldsymbol{\Omega}\boldsymbol{u}^{\mathrm{R}} \tag{4.1.24}$$

式中，$\boldsymbol{u}^{\mathrm{V}}$ 为虚结点位移，$\boldsymbol{u}^{\mathrm{V}} = [u_4, u_5, u_6, u_7]^{\mathrm{T}}$；$\boldsymbol{u}^{\mathrm{R}}$ 为实结点的位移，$\boldsymbol{u}^{\mathrm{R}} = [u_1, u_2, u_3]^{\mathrm{T}}$；$\boldsymbol{\Omega}$ 为实虚变换矩阵：

$$\boldsymbol{\Omega} = \begin{bmatrix} 1 & 0 & 0 \\ 0 & 1 & 0 \\ 0 & 0 & 1 \\ 0 & 0 & 1 \end{bmatrix} \tag{4.1.25}$$

图 4.1.9 中，虚结点 4、7 构成一个接触对，5、6 构成另一个接触对。每对接触面积为总接触面积的一半。对每个接触对，基于特定的接触法则，可用接触变形来表示总的应变能，即 $W=W(\varDelta)$（其中 $\varDelta$ 为接触变形）。基于这两个接触对，导出了裂纹单元的结点力和刚度矩阵：

$$\begin{aligned} \boldsymbol{F}_i &= \frac{\partial W(\varDelta_1)}{\partial \varDelta_1} \cdot \frac{\partial \varDelta_1}{\partial u_i} + \frac{\partial W(\varDelta_2)}{\partial \varDelta_2} \cdot \frac{\partial \varDelta_2}{\partial u_i} \\ \boldsymbol{K}_{ij} &= \frac{\partial^2 W(\varDelta_1)}{\partial \varDelta_1^2} \cdot \frac{\partial \varDelta_1}{\partial u_i} \cdot \frac{\partial \varDelta_1}{\partial u_j} + \frac{\partial^2 W(\varDelta_2)}{\partial \varDelta_2^2} \cdot \frac{\partial \varDelta_2}{\partial u_i} \cdot \frac{\partial \varDelta_2}{\partial u_j} \end{aligned} \tag{4.1.26}$$

式中，$\varDelta_1$、$\varDelta_2$ 分别为接触对 1 和 2 的变形；u_i、u_j 为实际结点位移分量。

EPM 的执行过程如图 4.1.10 所示。不考虑裂缝存在，对目标域直接进行网格划分。网格剖分后，基于单元和裂缝坐标确定被裂缝切割的单元。对开裂单元，采用式（4.1.26）计算；对完整单元，采用常规三角形单元刚度矩阵。利用单元劈裂法可将裂纹直接嵌入事先划好的背景网格中，而无须对网格进行修改，避免了单独设置节理单元的问题。裂纹面间的接触摩擦效应通过劈裂单元刚度矩阵自动引入计算模型。因此，单元劈裂法在处理复杂地层的大规模节理裂隙具有很强的优势。

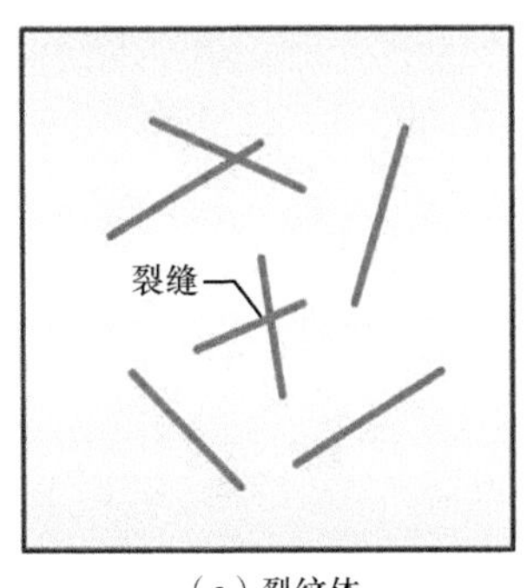

（a）裂纹体

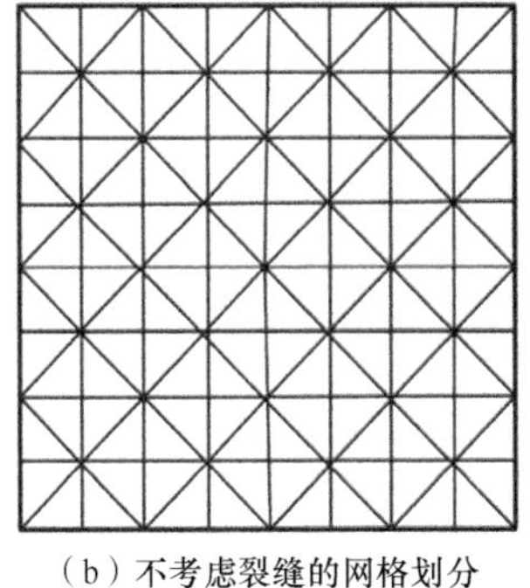

（b）不考虑裂缝的网格划分

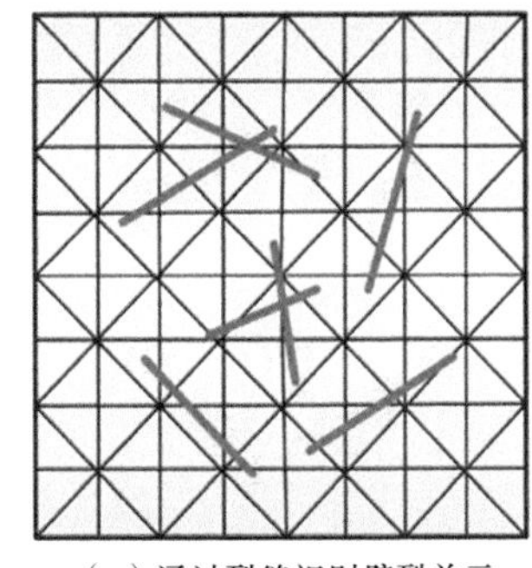

（c）通过裂缝识别劈裂单元

图 4.1.10　单元劈裂法实现过程

当满足一定条件，节理将发生扩展；表现在数值模型中为节理尖端单元发生劈裂，如图 4.1.11 所示。劈裂单元采用式（4.1.26）作为其刚度矩阵，其他单元采用完整单元刚度矩阵。

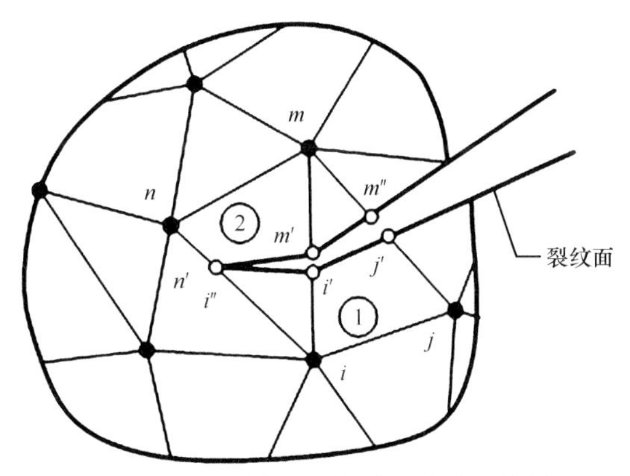

图 4.1.11 裂缝扩展与单元劈裂示意图

初始 EPM 中没有考虑劈裂单元的块体变形。随单元尺寸增大，计算误差增大。为此，张振南等（Zhang et al.，2013，2016a，2016b；张振南等，2013）采用一种特殊的局部插值技术，将虚结点位移与周围实结点位移联系起来，提出了改进 EPM。在改进 EPM 中，劈裂单元的刚度矩阵为

$$\boldsymbol{K}=\boldsymbol{K}^{\Delta}+\boldsymbol{K}^{\square}+\boldsymbol{K}^{\mathrm{J}}=\begin{bmatrix}\boldsymbol{K}_{11} & \boldsymbol{K}_{12}\\ \boldsymbol{K}_{21} & \boldsymbol{K}_{22}\end{bmatrix} \tag{4.1.27}$$

式中，$\boldsymbol{K}^{\Delta}$、$\boldsymbol{K}^{\square}$和$\boldsymbol{K}^{\mathrm{J}}$分别为子三角、子四边和子节理单元的贡献矩阵。

劈裂单元的平衡方程为

$$\begin{bmatrix}\boldsymbol{F}\\ \boldsymbol{F}^{\mathrm{V}}\end{bmatrix}=\begin{bmatrix}\boldsymbol{K}_{11} & \boldsymbol{K}_{12}\\ \boldsymbol{K}_{21} & \boldsymbol{K}_{22}\end{bmatrix}\begin{bmatrix}\boldsymbol{U}\\ \boldsymbol{U}^{\mathrm{V}}\end{bmatrix} \tag{4.1.28}$$

为了消去多余自由度（虚结点位移），将劈裂单元与周围实结点相关。通过特殊局部插值技术，可得虚结点位移与相关实结点位移间的变换关系：

$$\boldsymbol{U}^{\mathrm{V}}=\boldsymbol{M}\boldsymbol{U}^{\mathrm{R}}=\begin{bmatrix}\boldsymbol{M}^{-} & \boldsymbol{0}\\ \boldsymbol{0} & \boldsymbol{M}^{+}\end{bmatrix}\begin{bmatrix}\boldsymbol{U}^{\mathrm{R}-}\\ \boldsymbol{U}^{\mathrm{R}+}\end{bmatrix} \tag{4.1.29}$$

式中，$\boldsymbol{M}$为实-虚结点位移转换矩阵。

由式（4.1.27）～式（4.1.29）可得劈裂单元的扩展结点力向量：

$$\boldsymbol{F}^{\exp}=\begin{bmatrix}\boldsymbol{F}\\ \boldsymbol{F}^{\mathrm{R}}\end{bmatrix}=\begin{bmatrix}\boldsymbol{F}\\ \boldsymbol{M}^{\mathrm{T}}\boldsymbol{F}^{\mathrm{V}}\end{bmatrix}=\begin{bmatrix}\boldsymbol{K}_{11} & \boldsymbol{K}_{12}\boldsymbol{M}\\ \boldsymbol{M}^{\mathrm{T}}\boldsymbol{K}_{21} & \boldsymbol{M}^{\mathrm{T}}\boldsymbol{K}_{22}\boldsymbol{M}\end{bmatrix}\begin{bmatrix}\boldsymbol{U}\\ \boldsymbol{U}^{\mathrm{R}}\end{bmatrix} \tag{4.1.30}$$

式中，$\boldsymbol{F}^{\mathrm{R}}$为劈裂单元对相关实结点的结点力贡献。

相应的扩展单元刚度矩阵为

$$\boldsymbol{K}^{\exp}=\begin{bmatrix}\boldsymbol{K}_{11} & \boldsymbol{K}_{12}\boldsymbol{M}\\ \boldsymbol{M}^{\mathrm{T}}\boldsymbol{K}_{21} & \boldsymbol{M}^{\mathrm{T}}\boldsymbol{K}_{22}\boldsymbol{M}\end{bmatrix} \tag{4.1.31}$$

3. 考虑裂缝状态变化的水力耦合单元劈裂法

天然裂缝通常是闭合的，其裂缝面在地应力作用下呈接触状态，可以传递剪应力及压

应力，近于完整的连续体。当天然裂缝被活化，裂缝可能张开或滑动。由于裂缝表面粗糙，裂缝面间的剪切滑移会引起张开度增加，即剪胀效应。众多研究表明，裂缝张开度增大对裂缝渗透率有显著影响。因此，在水力裂缝模型中考虑剪胀作用具有重要意义。天然裂缝激活后，采用三次方定律来描述裂缝内的流体渗流过程。与张开裂缝不同，闭合裂缝的渗透性与裂缝面法向有效应力密切相关（Ghanizadeh et al.，2014；Heller et al.，2014）。随法向应力的降低，裂缝渗透性呈指数增长，这对流体渗流和天然裂缝活化过程具有显著影响。因此，为了更准确地模拟水力压裂过程，应考虑天然裂缝的两种状态，即未活化与活化状态。储层天然裂缝在未活化和活化状态下有不同的性质，为此，Wang 和 Zhang（2020）发展了如下裂缝状态转变的单元劈裂法。对含有未活化裂缝段的单元，被视为一个潜在的劈裂单元，其渗透性与裂缝面法向应力相关。采用莫尔-库仑型激活准则判别天然裂缝活化与否。一旦天然裂缝被激活，其潜在的劈裂单元被转换为一个劈裂单元。对劈裂单元，考虑其节理剪切膨胀和劈裂单元内的水力耦合行为。基于此，模拟研究天然裂缝的活化及其扩展过程。

1）未活化天然裂缝水力特性模拟

对于含有未活化天然裂缝段的开裂单元（图 4.1.12），可以近似地将其视为完整单元，其位移场表示为

$$u(x,y)=\sum N_i(x,y)u_i \tag{4.1.32}$$

式中，N_i 为单元中位移的插值函数。

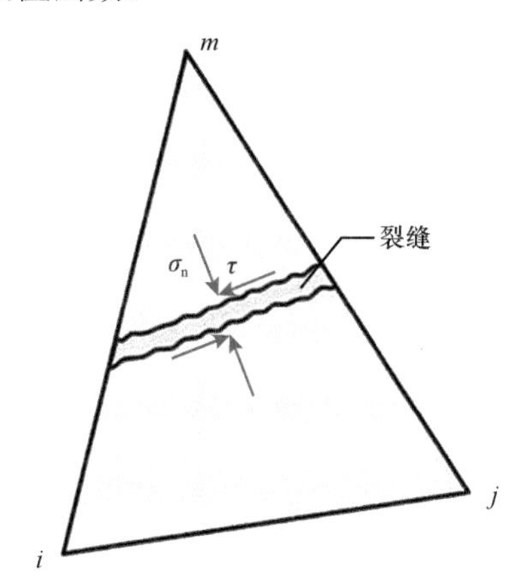

图 4.1.12　含未活化天然裂缝的三角单元

τ 为断裂面上的剪应力；σ_n 为裂缝面法向应力

利用式（4.1.32），完整单元的刚度矩阵表示为

$$\boldsymbol{K}=\int_{\Omega}\boldsymbol{B}^{\mathrm{T}}\boldsymbol{D}\boldsymbol{B}\mathrm{d}\Omega \tag{4.1.33}$$

式中，$\boldsymbol{B}$ 为位移应变转换矩阵；$\boldsymbol{D}$ 为弹性矩阵。

未活化天然裂缝（图 4.1.12）的渗透性同裂缝面法向应力相关。根据学者的研究成果（Xu et al.，2015；Ismail and Zoback，2016），渗透性与裂缝面法向应力的关系表示为

$$k_{\mathrm{m}}=ak_0\mathrm{e}^{-b(\sigma_n-p)} \tag{4.1.34}$$

式中，k_{m}、k_0 分别为裂隙岩体、完整岩体的渗透率；p 为缝内水压；a 与 b 分别为试验数据回

归系数。其中，k_{m}随有效应力降低，不可能无限增加，因而它在裂缝激活前具有最大限值。

裂缝面法向应力和剪应力的计算公式如下：

$$\begin{aligned}\sigma &= \frac{1}{2}\left(\sigma_x+\sigma_y\right)+\frac{1}{2}\left(\sigma_x-\sigma_y\right)\cos 2\theta-\sigma_{xy}\sin 2\theta \\ \tau &= \frac{1}{2}\left(\sigma_x-\sigma_y\right)\sin 2\theta+\sigma_{xy}\cos 2\theta\end{aligned} \tag{4.1.35}$$

式中，$[\sigma_x,\sigma_y,\sigma_{xy}]$为裂纹单元的应力分量；$\theta$为裂缝倾角。

对于未活化破裂单元，其单元内水压可以表示为

$$p(x,y)=\sum N_i(x,y)\,p_i \tag{4.1.36}$$

式中，p_i为结点压力。

基于式（4.1.36），三角形单元的渗透率矩阵表示为

$$\boldsymbol{k}_{\mathrm{c}}=\frac{k_{\mathrm{m}}}{4\mu A}\begin{bmatrix} b_i^2+c_i^2 & b_ib_j+c_ic_j & b_ib_m+c_ic_m \\ b_jb_i+c_jc_i & b_j^2+c_j^2 & b_jb_m+c_jc_m \\ b_mb_i+c_mc_i & b_mb_j+c_mc_j & b_m^2+c_m^2 \end{bmatrix} \tag{4.1.37}$$

式中，μ为流体黏度系数；A为单元的面积；b_i和c_i分别为$N_i(x,y)$的系数，且$b_i=y_j-y_m$，$c_i=-x_j+x_m$（x_i、y_i为结点的坐标）。

三角形单元的体积存储矩阵为

$$\boldsymbol{s}=\frac{sA}{12\rho g}\begin{bmatrix} 2 & 1 & 1 \\ 1 & 2 & 1 \\ 1 & 1 & 2 \end{bmatrix} \tag{4.1.38}$$

式中，s为基质材料的体积存储系数；ρ为流体密度；g为重力加速度。

2）天然裂缝活化准则

当未活化裂纹单元的应力达到临界值，将激活裂缝，如图4.1.13所示。杨帆和张振南（2012）采用莫尔-库仑准则作为EPM节理的活化准则，但没考虑流体压力的影响。Peng等（2017）在离散虚内键模型中采用了该准则，且考虑了流体压力的作用。在本书研究中，采用类似的激活准则，即

$$\tau \geqslant \bar{\tau}=C+\left(\sigma_n-p\right)\tan\varphi \tag{4.1.39}$$

或

$$\sigma_n+\bar{\sigma}\leqslant p$$

式中，$\bar{\tau}$为节理的抗剪强度；C为节理的黏聚力；φ为内摩擦角；$\bar{\sigma}$为节理的抗拉强度。

第一种情况是莫尔-库仑准则，相应的激活模式如图4.1.13（a）所示。对第二种情况，当水压高到足以抵抗裂缝闭合压力时，天然裂缝活化，如图4.1.13（b）所示。

3）活化天然裂缝模拟

天然裂缝激活后，采用立方定律表征裂缝的渗透性演化，通过裂缝的流量可表示为

$$q=-\frac{\omega^2}{12\mu}A_{\mathrm{f}}P \tag{4.1.40}$$

式中，q 为裂缝流量；ω 为裂缝张开度；A_f 为流体通过的横截面，二维情况下 $A_f=\omega$；P 为水压梯度。

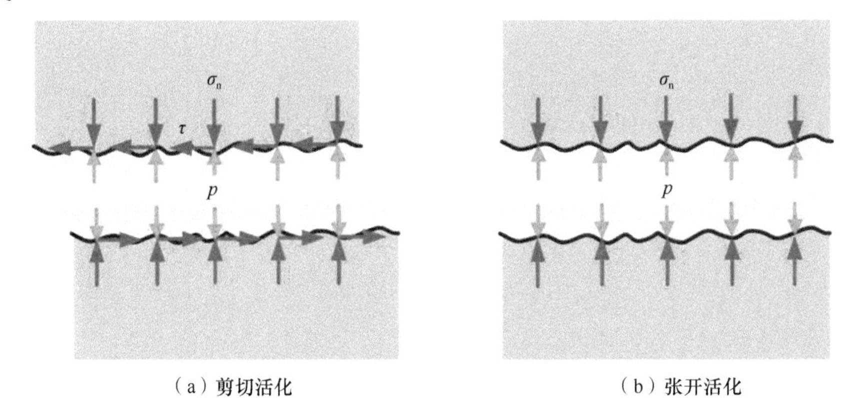

图 4.1.13　天然裂缝活化的两种模式

当一个单元包含一条裂缝时（图 4.1.14），其渗透性弥散到整个单元中，即裂缝的导流能力可通过提高单元的整体渗透性表示。张振南等（2019）推导出了含有裂缝的单元渗透性，即

$$k_f = \frac{\omega^3}{12c\sqrt{A}} \tag{4.1.41}$$

式中，A 为三角形单元面积；c 为单元类型的几何系数，对于三角形单元 $c\approx1.529$。

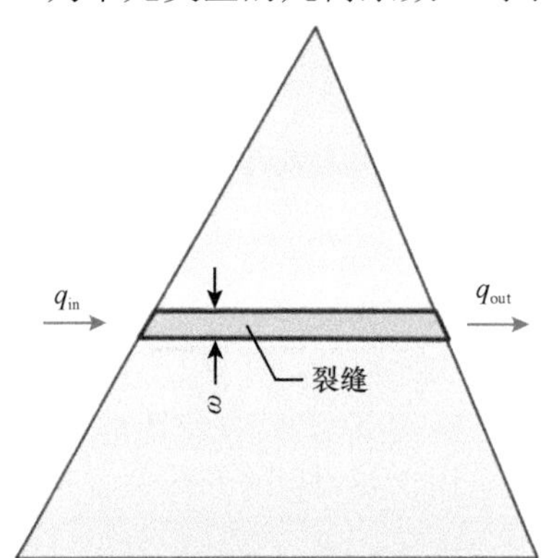

图 4.1.14　三角劈裂单元中的裂缝渗流

因此，活化裂纹单元的总渗透率表示为

$$k = k_m^{max} + k_f \tag{4.1.42}$$

式中，k_m^{max} 为裂缝激活前的裂隙基体渗透率的最大值。

4）活化天然裂缝中的耦合过程

在裂缝单元中，水压场和力学场是相互耦合的。张振南等（2019）建立了水力全耦合单元劈裂法。裂缝中的水压作用于裂缝面会引起附加结点力。附加结点力和结点水压间关系如下：

$$
\boldsymbol{f}_{\mathrm{h}}=\boldsymbol{\Lambda P}=\frac{L}{6}\boldsymbol{T}^{\mathrm{T}}\begin{bmatrix}0&0&0\\-1&-1&-1\\0&0&0\\-1&-1&-1\\0&0&0\\2&2&2\end{bmatrix}\begin{bmatrix}p_1\\p_2\\p_3\end{bmatrix} \tag{4.1.43}
$$

式中，$\boldsymbol{\Lambda}$ 为完全耦合矩阵；$\boldsymbol{T}$ 为局部坐标到全局坐标；L 为裂缝长度；$\boldsymbol{f}_{\mathrm{h}}=[u_{1x},u_{1y},u_{2x},u_{2y},u_{3x},u_{3y}]^{\mathrm{T}}$。

反之，力学场也会对水压场产生影响，则结点速度和附加结点流量间的关系为

$$
\boldsymbol{q}_{\mathrm{h}}=\boldsymbol{\Lambda}^{\mathrm{T}}\dot{\boldsymbol{u}} \tag{4.1.44}
$$

式中，$\boldsymbol{q}_{\mathrm{h}}$ 为结点流量，$\boldsymbol{q}_{\mathrm{h}}=\left[q_1,q_2,q_3\right]^{\mathrm{T}}$；$\dot{\boldsymbol{u}}$ 为结点速度，$\dot{\boldsymbol{u}}=\left[\dot{u}_{1x},\dot{u}_{1y},\dot{u}_{2x},\dot{u}_{2y},\dot{u}_{3x},\dot{u}_{3y}\right]^{\mathrm{T}}$。

裂缝单元的渗流对裂缝张开度非常敏感。由于裂缝表面粗糙，断裂面间相对滑移可导致张开度增大。为量化剪胀行为，采用式（4.1.45）（Barton and Bandis，1982）计算剪胀角：

$$
\phi=\frac{1}{2}\mathrm{JRC}\cdot\lg\left|\frac{\mathrm{JCS}}{\sigma_{\mathrm{n}}}\right| \tag{4.1.45}
$$

式中，JRC 为岩缝粗糙系数；JCS 为节理壁面抗压强度；σ_{n} 为节理表面的法向应力。

由式（4.1.45）可得到剪切膨胀引起的张开度经验值。考虑到剪切膨胀引起的张开度不可能无限制地增加（Lee and Cho，2002），因此剪切膨胀引起的张开度表示为

$$
\omega_{\mathrm{s}}=\begin{cases}\Delta_{\mathrm{s}}\tan\phi, & 0<\Delta_{\mathrm{s}}\leqslant d_{\mathrm{s}}\\ d_{\mathrm{s}}\tan\phi, & \Delta_{\mathrm{s}}>d_{\mathrm{s}}\end{cases} \tag{4.1.46}
$$

式中，Δ_{s} 为裂缝面间剪切位移值；d_{s} 为与剪胀相关的剪切位移极限。

通常，剪胀角随剪切位移的变化而变化。为了简化，本研究中假设剪胀角为常数（图 4.1.15），这与 Hoek-Brown 准则一致（Hoek and Brown，1997；Hoek and Carranza，2002）。

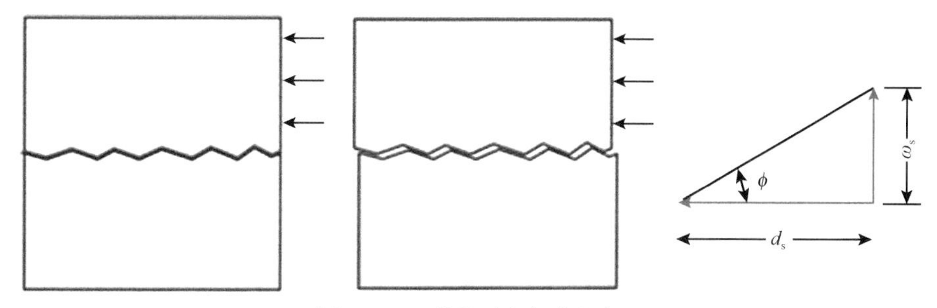

图 4.1.15 剪胀过程与剪胀角

Wang 和 Zhang（2020）推导了考虑剪胀效应的劈裂单元结点力矢量和刚度矩阵分别为

$$
\begin{aligned}
\boldsymbol{F}_i &= \frac{1}{2}\frac{L}{h}\left[K_{\mathrm{n}}\Delta_1'\frac{\partial \Delta_1'}{\partial u_i} + K_{\mathrm{s}}\left(u_5-u_1\right)\left(\delta_{5i}-\delta_{1i}\right)\right]H\left(\Delta_1'\right) \\
&\quad + \frac{1}{2}\frac{L}{h}\left[K_{\mathrm{n}}\Delta_2'\frac{\partial \Delta_2'}{\partial u_i} + K_{\mathrm{s}}\left(u_5-u_3\right)\left(\delta_{5i}-\delta_{3i}\right)\right]H\left(\Delta_2'\right) \\
\boldsymbol{K}_{ij} &= \frac{1}{2}\frac{L}{h}\left[K_{\mathrm{n}}\frac{\partial \Delta_1'}{\partial u_i}\frac{\partial \Delta_1'}{\partial u_j} + K_{\mathrm{s}}\left(\delta_{5i}-\delta_{1i}\right)\left(\delta_{5j}-\delta_{1j}\right)\right]H\left(\Delta_1'\right) \\
&\quad + \frac{1}{2}\frac{L}{h}\left[K_{\mathrm{n}}\frac{\partial \Delta_2'}{\partial u_i}\frac{\partial \Delta_2'}{\partial u_j} + K_{\mathrm{s}}\left(\delta_{5i}-\delta_{3i}\right)\left(\delta_{5j}-\delta_{3j}\right)\right]H\left(\Delta_2'\right)
\end{aligned}
\tag{4.1.47}
$$

式中，$\Delta_1'=(u_6-u_2)-\alpha\left|(u_5-u_1)\right|$；$\Delta_2'=(u_6-u_4)-\alpha\left|(u_5-u_3)\right|$；$H=1(\Delta'\leqslant 0)$为接触状态，$u_1$、$u_2$分别为三角单元结点 1 的 x 向和 y 向位移，u_3、u_4分别为三角单元结点 2 的 x 向和 y 向位移，u_5、u_6分别为三角单元结点 3 的 x 向和 y 向位移；$H=0(\Delta'>0)$为张开状态；h 为裂缝厚度，本章中取 $h=0.001\mathrm{m}$；K_{n}、K_{s}分别为节理面法向刚度系数和切向刚度系数；δ_{ij}为 Kronecker 符号。

4. 三维单元劈裂法

为模拟三维断裂问题，黄恺和张振南（2010）将二维 EPM 推广到三维。三维 EPM 的基本原理如下：当有裂纹穿过一个完整四面体单元时，四面体单元将被裂纹劈裂为两个块体，如图 4.1.16 所示。根据劈裂面的几何形状，劈裂单元可分为Ⅲ型和Ⅳ型劈裂单元两种。单元劈裂后，块体间的主要作用是节理面间的相互接触和摩擦。

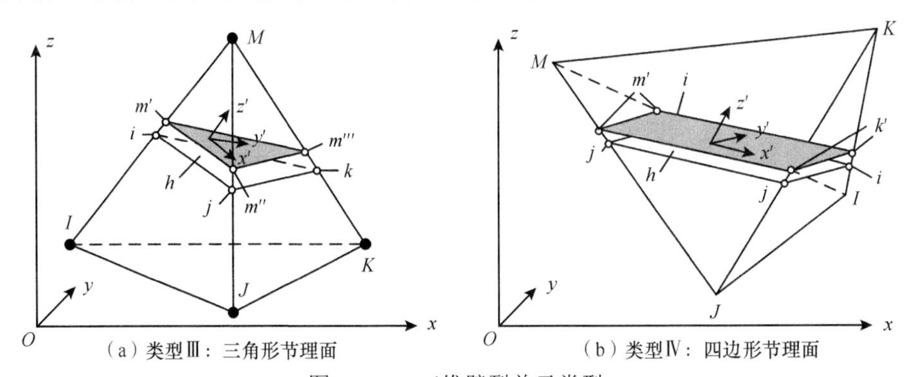

图 4.1.16　三维劈裂单元类型

常应变四面体单元的节点位移向量可以表示为 $\boldsymbol{u}_i=\{u_1, u_2, u_3, u_4, u_5, u_6, u_7, u_8, u_9, u_{10}, u_{11}, u_{12}\}$，分别对应图中的$\{u_x^I, u_y^I, u_z^I, u_x^J, u_y^J, u_z^J, u_x^K, u_y^K, u_z^K, u_x^M, u_y^M, u_z^M\}$。相应节点力向量表示为 $\boldsymbol{F}_i=\{F_1, F_2, F_3, F_4, F_5, F_6, F_7, F_8, F_9, F_{10}, F_{11}, F_{12}\}$。为推导劈裂单元刚度矩阵，假设如下。

（1）接触区域按线弹性考虑。

（2）单元应变能全部均储存于图 4.1.16 的接触区域内。

（3）点 m'，m''，m'''与点 M、点 i 与点 I、点 j 与点 J 及点 k 与点 K 的变化位移均假设相同。

（4）每一个接触点对(即 $i\text{–}m'$、$j\text{–}m''$、$k\text{–}m'''$)只影响其对应的接触区域。

在裂纹面一侧的结点分别与裂纹面另一侧的结点构成 3 个（Ⅲ型）或 4 个（Ⅳ型）接触点对，由此推导出三维劈裂单元的刚度矩阵分量为

$$
\begin{aligned}
K_{ij}(\text{Ⅲ})=&\frac{A_{im'}}{h}\Big[K_{\rm n}(\delta_{12i}-\delta_{3i})(\delta_{12j}-\delta_{3j})+K_{\rm s}(\delta_{11i}-\delta_{2i})(\delta_{11j}-\delta_{2j})+K_{\rm s}(\delta_{10i}-\delta_{1i})(\delta_{10j}-\delta_{1j})\Big]\\
&+\frac{A_{jm''}}{h}\Big[K_{\rm n}(\delta_{12i}-\delta_{6i})(\delta_{12j}-\delta_{6j})+K_{\rm s}(\delta_{11i}-\delta_{5i})(\delta_{11j}-\delta_{5j})+K_{\rm s}(\delta_{10i}-\delta_{4i})(\delta_{10j}-\delta_{4j})\Big]\\
&+\frac{A_{km'''}}{h}\Big[K_{\rm n}(\delta_{12i}-\delta_{9i})(\delta_{12j}-\delta_{9j})+K_{\rm s}(\delta_{11i}-\delta_{8i})(\delta_{11j}-\delta_{8j})+K_{\rm s}(\delta_{10i}-\delta_{7i})(\delta_{10j}-\delta_{7j})\Big]
\end{aligned}
\tag{4.1.48}
$$

$$
\begin{aligned}
K_{ij}(\text{Ⅳ})=&\frac{A_{im'}}{h}\Big[K_{\rm n}(\delta_{12i}-\delta_{3i})(\delta_{12j}-\delta_{3j})+K_{\rm s}(\delta_{11i}-\delta_{2i})(\delta_{11j}-\delta_{2j})+K_{\rm s}(\delta_{10i}-\delta_{1i})(\delta_{10j}-\delta_{1j})\Big]\\
&+\frac{A_{jm'}}{h}\Big[K_{\rm n}(\delta_{12i}-\delta_{6i})(\delta_{12j}-\delta_{6j})+K_{\rm s}(\delta_{11i}-\delta_{5i})(\delta_{11j}-\delta_{5j})+K_{\rm s}(\delta_{10i}-\delta_{4i})(\delta_{10j}-\delta_{4j})\Big]\\
&+\frac{A_{ik'}}{h}\Big[K_{\rm n}(\delta_{9i}-\delta_{3i})(\delta_{9j}-\delta_{3j})+K_{\rm s}(\delta_{8i}-\delta_{2i})(\delta_{8j}-\delta_{2j})+K_{\rm s}(\delta_{7i}-\delta_{1i})(\delta_{7j}-\delta_{1j})\Big]\\
&+\frac{A_{jk'}}{h}\Big[K_{\rm n}(\delta_{9i}-\delta_{6i})(\delta_{9j}-\delta_{6j})+K_{\rm s}(\delta_{8i}-\delta_{5i})(\delta_{8j}-\delta_{5j})+K_{\rm s}(\delta_{7i}-\delta_{4i})(\delta_{7j}-\delta_{4j})\Big]
\end{aligned}
\tag{4.1.49}
$$

式中，A 为接触'区域面的面积，对第Ⅰ类劈裂面 $A_{im'}=A_{jm''}=A_{km'''}=A/3$，对第Ⅱ类劈裂面 $A_{jm'}=A_{jk'}=A_{ik'}=A_{im'}=A/4$；$h$ 为节理厚度；$K_{\rm n}$、$K_{\rm s}$ 分别为节理面法向和切向接触刚度系数，在有限元处理时，由于裂纹的厚度不好确定，把 $K_{\rm n}/h$ 和 $K_{\rm s}/h$ 分别作一个整体来表示节理刚度系数。

当单元发生劈裂，一个三角形或四边形的小裂纹面在单元内部产生。假设该小裂纹面通过四面体单元的几何中心点，并垂直于第一主应变方向（图 4.1.17)。单元劈裂准则见式（4.1.18）。

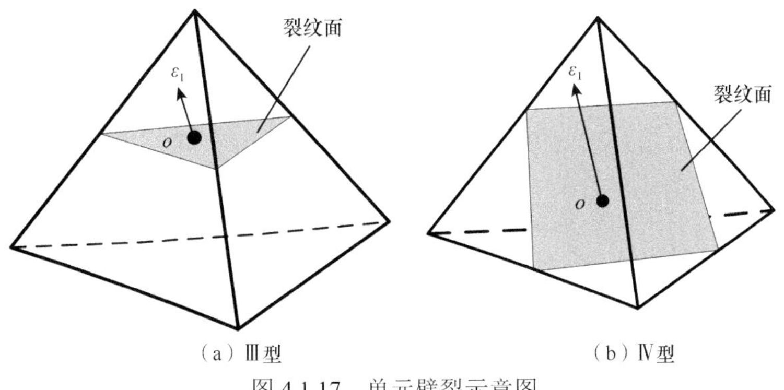

图 4.1.17 单元劈裂示意图

4.1.3　天然洞体数学描述

1. 二维洞体

缝洞型油藏内部分布着大小不一的洞体，王毓杰等（2019）对洞体进行了数学建模。将孔洞归为三种基本类型：第一种为圆形孔洞；第二种为不规则孔洞；第三种为缝洞联合体，如图 4.1.18 所示。对圆形和不规则孔洞，采用式（4.1.50）的椭圆方程进行描述和生成：

$$\frac{(x-x_0)^2}{(\alpha r)^2}+\frac{(y-y_0)^2}{(\beta r)^2}=1 \tag{4.1.50}$$

式中，(x_0,y_0) 为椭圆圆心坐标；r 为外包圆半径大小，用来控制孔洞大小；α、β 分别为两个随机参数，取值范围为(0,1)。当 $\alpha=\beta$，可生成规则孔洞；当 $\alpha\neq\beta$，可生成不规则孔洞。基于椭圆方程，对任意一个给定的椭圆圆心坐标，多次随机选择 α 与 β 取值得到多个椭圆，通过叠加生成不规则孔洞。而对缝洞联合体，则先生成孔洞，后在孔洞周边随机生成裂纹。

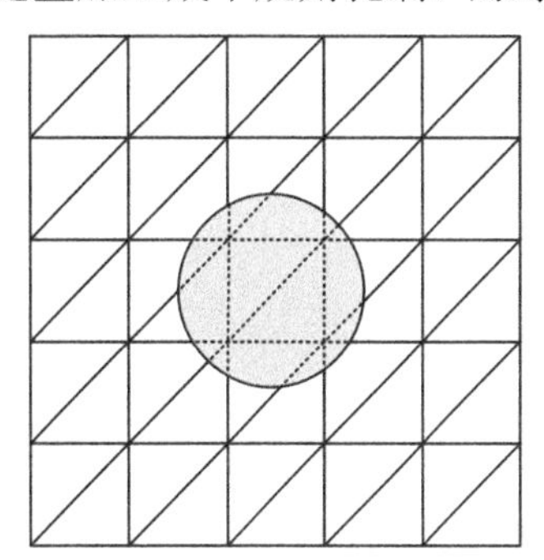
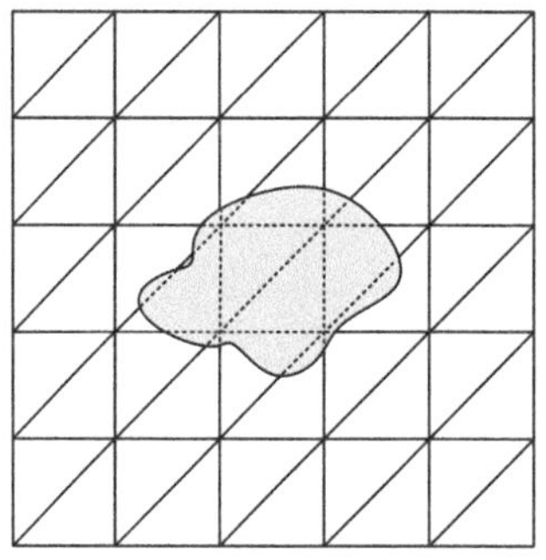
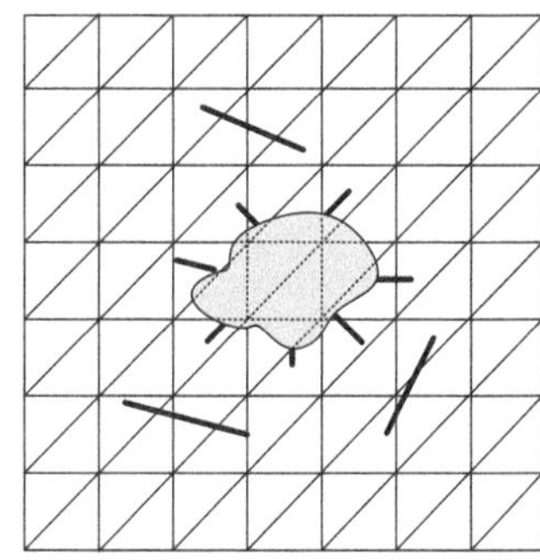

图 4.1.18　被孔洞所覆盖的单元

考虑孔洞内部具有非常大的渗透率和较小的刚度系数，Liu 等（2022）对孔洞单元的力学参数和渗透率做如下处理：

$$\begin{aligned} E&=\eta E_{\mathrm{m}} \\ k&=\omega k_{\mathrm{m}} \end{aligned} \tag{4.1.51}$$

式中，E 为孔洞单元杨氏模量；E_{m} 为基质杨氏模量；k 为孔洞单元渗透率；k_{m} 为基质渗透率；η、ω 分别为孔洞单元杨氏模量与渗透率修正系数，可根据洞体填充情况取值。

在缝洞型碳酸盐岩储层中，有些天然洞体由孔隙、径向天然裂缝和破碎岩块组成，孔隙和裂缝随机分布在洞体周围。考虑计算的可行性，采用图 4.1.19 所示的缝洞联合体来表征此类天然洞体。缝洞联合体由填充区和若干径向天然裂缝组成。填充区的内边界和外边界均为椭圆形，二者的几何方程具有相同的形式，即

$$\begin{aligned} &\left(\frac{\cos^2\theta}{a^2}+\frac{\sin^2\theta}{b^2}\right)(x-x_0)^2+\left(\frac{\sin^2\theta}{a^2}+\frac{\cos^2\theta}{b^2}\right)(y-y_0)^2 \\ &+\left(\frac{1}{a^2}-\frac{1}{b^2}\right)\cdot 2\cos\theta\sin\theta(x-x_0)(y-y_0)=1 \end{aligned} \tag{4.1.52}$$

式中，(x_0,y_0) 为椭圆中心的坐标；a 和 b 分别为椭圆的长、短半轴长；θ 为 x'轴相对 x 轴

的倾角，x'轴沿椭圆的长半轴方向。

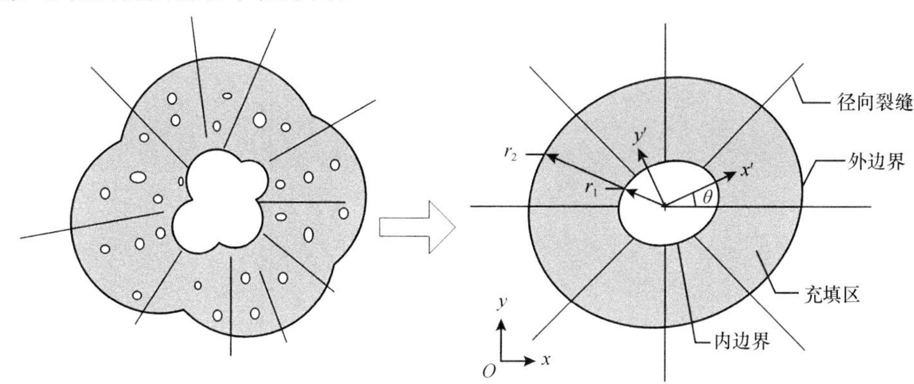

图 4.1.19 天然洞体的数学模型

缝洞联合体的内边界与外边界的几何形状相似，满足如下关系：

$$\frac{a_1}{a_2}=\frac{b_1}{b_2},\ \theta_1=\theta_2 \tag{4.1.53}$$

式中，a_1、b_1、θ_1均为内边界对应的参数；a_2、b_2、θ_2均为外边界对应的参数。

在缝洞联合体中，径向裂缝长度和方向均为随机的，而径向裂缝长度范围取决于天然洞体的尺寸，在生成洞周填充区和径向裂缝后便可生成缝洞联合体。

实际天然洞体中的岩石处于破碎状态且充满孔隙，假定填充区的岩体模量小于岩石基质，而其渗透性比后者大。填充区的内边界具有最小的模量和最高的渗透性，而外边界则完全相反。基于线性插值，填充区内的单元被赋予不同的材料参数。

2. 三维洞体

对于三维洞体，Wang 等（2020a，2020b）以椭球体作为基本洞模型，即

$$\frac{\left(x'-x_0'\right)^2}{a^2}+\frac{\left(y'-y_0'\right)^2}{b^2}+\frac{\left(z'-z_0'\right)^2}{c^2}=1 \tag{4.1.54}$$

式中，(x',y',z')为椭球体的局部坐标，如图 4.1.20 所示。

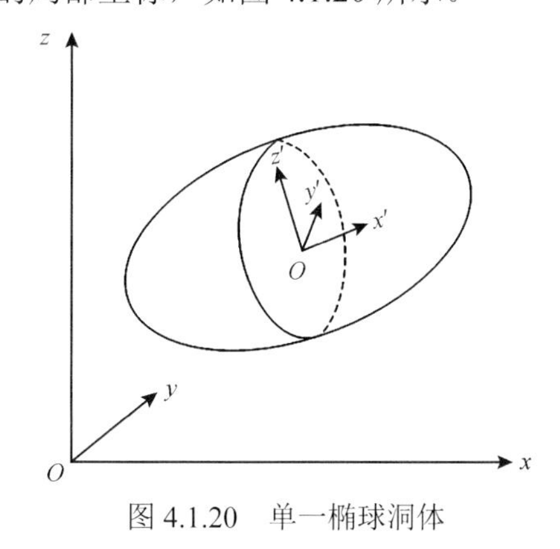

图 4.1.20 单一椭球洞体

整体坐标与局部坐标的变换关系为

$$\begin{bmatrix} x' \\ y' \\ z' \end{bmatrix} = \begin{bmatrix} l_x & l_y & l_z \\ m_x & m_y & m_z \\ n_x & n_y & n_z \end{bmatrix} \begin{bmatrix} x \\ y \\ z \end{bmatrix} \tag{4.1.55}$$

式中，$[l_x, l_y, l_z]^{\mathrm{T}}$ 为局部坐标轴 x' 的方向向量；$[m_x, m_y, m_z]^{\mathrm{T}}$ 为局部坐标轴 y' 的方向向量 $[n_x, n_y, n_z]^{\mathrm{T}}$ 为局部坐标轴 z' 的方向向量。

可将洞体的中心坐标、椭球体半径及方向作为随机变量来生成若干随机洞体，并用如下洞体矩阵来记录：

$$\boldsymbol{h}_{xy} = \begin{bmatrix} x_0^1 & y_0^1 & z_0^1 & a^1 & b^1 & c^1 & l_x^1 & l_y^1 & l_z^1 & m_x^1 & m_y^1 & m_z^1 & n_x^1 & n_y^1 & n_z^1 \\ x_0^2 & y_0^2 & z_0^2 & a^2 & b^2 & c^2 & l_x^2 & l_y^2 & l_z^2 & m_x^2 & m_y^2 & m_z^2 & n_x^2 & n_y^2 & n_z^2 \\ \vdots & \vdots & \vdots & \vdots & \vdots & \vdots & \vdots & \vdots & \vdots & \vdots & \vdots & \vdots & \vdots & \vdots & \vdots \\ x_0^N & y_0^N & z_0^N & a^N & b^N & c^N & l_x^N & l_y^N & l_z^N & m_x^N & m_y^N & m_z^N & n_x^N & n_y^N & n_z^N \end{bmatrix}^{\mathrm{T}} \tag{4.1.56}$$

在计算模型中，洞壁表面是由若干三角形单元组成。作用在洞壁上的水压会产生等效结点力，如图 4.1.21 所示。在计算等效结点力时，首先计算组成一个三角形的两个向量：

$$\begin{aligned} \boldsymbol{r}_1 &= \boldsymbol{x}_2 - \boldsymbol{x}_1 \\ \boldsymbol{r}_2 &= \boldsymbol{x}_3 - \boldsymbol{x}_1 \end{aligned} \tag{4.1.57}$$

两个向量叉积及向量模为

$$\begin{aligned} \boldsymbol{r} &= \boldsymbol{r}_1 \times \boldsymbol{r}_2 \\ \|\boldsymbol{r}\| &= \sqrt{\boldsymbol{r}^{\mathrm{T}} \boldsymbol{r}} \end{aligned} \tag{4.1.58}$$

每个结点的等效结点力计算为

$$\begin{aligned} \boldsymbol{F}_1 = \boldsymbol{F}_2 = \boldsymbol{F}_3 &= -\frac{1}{3} \times \frac{1}{2} \|\boldsymbol{r}\| p \cdot \frac{\boldsymbol{r}}{\|\boldsymbol{r}\|} = -\frac{P}{6} \cdot \boldsymbol{r} \\ p &= \frac{1}{3}(p_1 + p_2 + p_3) \end{aligned} \tag{4.1.59}$$

式中，p_1、p_2、p_3 为图 4.1.21 中 3 个结点的水压。

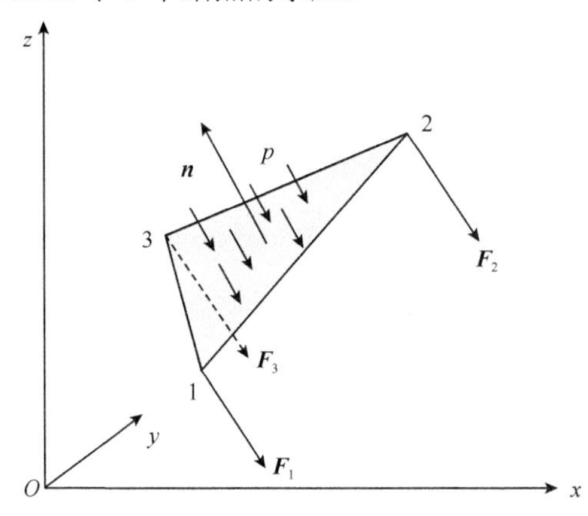

图 4.1.21　洞壁表面三角单元所受水压与等效结点力

4.1.4 裂纹扩展准则

在断裂力学框架内，裂缝是否扩展需用断裂准则予以判定，如下将对几种断裂准则进行简单介绍。

1. 能量释放率准则

当裂纹前缘的能量释放率 G_e 大于岩体的临界能量释放率 G_{ec} 时裂纹扩展，即

$$G_e \geqslant G_{ec} \tag{4.1.60}$$

能量释放率 G_e 的计算公式为

$$G = \frac{1-\nu^2}{E}\left(K_{\mathrm{I}}^2 + K_{\mathrm{II}}^2\right) + \frac{1+\nu}{E}K_{\mathrm{III}}^2 \tag{4.1.61}$$

式中，K_{I}、K_{II}、K_{III} 分别为Ⅰ、Ⅱ、Ⅲ型应力强度因子；E 为杨氏模量；ν 为泊松比。

2. J 积分准则

J 积分（Rice，1968）是弹塑性断裂力学的一个重要参量，用来描述裂缝尖端区域应力场的强度。对于二维问题，J 积分的定义为

$$J = \int_{\Gamma}\left(W\mathrm{d}x_2 - T_i\frac{\partial u_i}{\partial x_1}\mathrm{d}s\right),\quad i = 1,2 \tag{4.1.62}$$

式中，Γ 为围绕裂尖的环路；W 为应变能密度；T 为积分环路外法向力，$T_i = \sigma_{ij}\boldsymbol{n}_j$，其中 $\boldsymbol{n}$ 为积分环路的外法向向量，σ 为应力。

当 J 积分等于材料临界 J 积分时裂纹扩展，即

$$J = J_c \tag{4.1.63}$$

J 积分与积分路径无关，与应力强度因子关系如下：

$$J = \frac{1-\nu^2}{E}\left(K_{\mathrm{I}}^2 + K_{\mathrm{II}}^2\right) + \frac{1+\nu}{E}K_{\mathrm{III}}^2 \tag{4.1.64}$$

3. 应变能密度准则

裂纹尖端附近某点的应变能密度因子可表示为

$$S = \varpi r \tag{4.1.65}$$

式中，r 为目标点到裂缝尖端的距离；ϖ 为应变能密度，对于线弹性体：

$$\varpi = \left[\frac{1}{2E}\left(\sigma_x^2 + \sigma_y^2 + \sigma_z^2\right) - \frac{\nu}{E}\left(\sigma_x\sigma_y + \sigma_y\sigma_z + \sigma_z\sigma_x\right) + \frac{1+\nu}{E}\left(\tau_{xy}^2 + \tau_{yz}^2 + \tau_{zx}^2\right)\right] \tag{4.1.66}$$

应变能密度（SED）准则（Sih and Cha，1974；Sih and Macdonald，1974；Sih，1974）认为，当应变能密度因子达到一个临界值时裂纹发生扩展，即

$$S_{\min} > S_{cr} \tag{4.1.67}$$

式中，S_{cr} 为材料参数，与断裂韧度有关。

根据 SED 准则，裂纹向应变能密度因子的最小值方向扩展，即

$$\frac{\partial S}{\partial \theta}=0, \quad \frac{\partial^2 S}{\partial^2 \theta}>0 \tag{4.1.68}$$

4. COD 理论

裂缝尖端张开位移（COD）指裂缝受载后在原裂缝尖端垂直于裂缝方向所产生的位移，用δ表示。当裂缝尖端张开位移 COD 达到某一临界值，裂缝发生扩展，即

$$\delta=\delta_{\mathrm{c}} \tag{4.1.69}$$

式中，δ_{c}为材料弹塑性断裂韧性指标。针对不同屈服类型，其计算方法不同。对 D-B（Dugdale-Barenblatt）带状屈服区模型，塑性区内材料为理想塑性，塑性区周围为弹性区。塑性区和弹性区交界面上作用有垂直于裂缝面的均匀黏聚力σ_{s}，则 D-B 模型裂缝尖端张开位移δ的表达式为

$$\delta=\frac{8\sigma_{\mathrm{s}}a}{E\pi}\ln\sec\left(\frac{\pi\sigma}{2\sigma_{\mathrm{s}}}\right) \tag{4.1.70}$$

式中，a 为半裂纹长度。若考虑到塑性区的形变硬化，则式（4.1.71）中的σ_{s}应用该区域平均屈服应力σ_{ys}来替代。

COD 与 K、G 的关系为

$$\delta=\frac{\sigma^2\pi a}{E\sigma_{\mathrm{s}}}=\frac{K_{\mathrm{I}}^2}{E\sigma_{\mathrm{s}}}=\frac{G_{\mathrm{e}}}{\sigma_{\mathrm{s}}} \tag{4.1.71}$$

4.1.5　水力裂缝延伸模型

水力裂缝延伸模型主要包括裂缝中液体流动方程、裂缝宽度方程及连续性方程。为简化问题，采用二维延伸模型（图 4.1.22）。假定如下。

（1）裂缝延伸变形是线弹性行为。

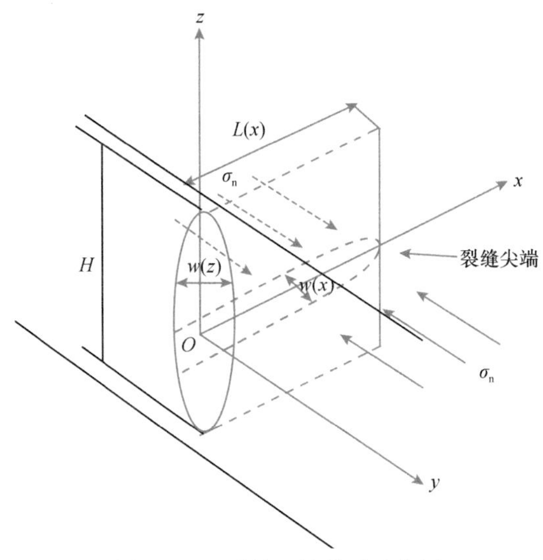

图 4.1.22　裂缝延伸模型示意图

（2）流体为不可压缩的牛顿流体。

（3）裂缝延伸各处缝高恒定为油藏厚度。

（4）裂缝长度方向上流体为层流流动。

（5）垂直于裂缝的截面，流体压力恒定。

（6）水力裂缝尖端位置的流体压力等于垂直于裂缝壁面的地应力。

基于线弹性假设，平面应变条件下二维狭长裂缝任意坐标 x 处的宽度为

$$w(x,t)=\frac{4(1-\nu)L(t)}{\pi G}\int_{\eta}^{1}\frac{f_{L_2}\mathrm{d}f_{L_2}}{\sqrt{f_{L_2}^2-\eta^2}}\int_0^{f_{L_2}}\frac{\Delta p\left(f_{L_1}\right)\mathrm{d}f_{L_1}}{\sqrt{f_{L_2}^2-f_{L_1}^2}} \tag{4.1.72}$$

式中，η 为 x 位置与缝长 L 的比值；$L(t)$为 t 时刻裂缝半长；G 为岩石剪切模量，$G=\dfrac{E}{2(1+\nu)}$，其中 E 为岩石杨氏模量，ν 为泊松比；Δp 为裂缝内的流体压力 $p(f_{L_1})$ 与裂缝面正应力 $\sigma_{\mathrm{n}}(f_{L_1})$ 的差；f_{L_1}、f_{L_2} 为半缝长的分数。

本模型采用垂直平面应变假设，且忽略截面垂向上的压力梯度。根据式（4.1.72）推导裂缝宽度 w 和流体压力 p 间的关系方程。在裂缝垂直剖面 z 方向，任意位置 z 处的缝宽方程为

$$w(z)=\frac{1-\nu}{G}\left(H^2-4z^2\right)^{1/2}\left(p-\sigma_{\mathrm{n}}\right) \tag{4.1.73}$$

式中，σ_{n} 为垂直于裂缝面壁面的正应力；H 为裂缝缝高。

假设裂缝沿 x 方向延伸，根据式（4.1.72）在裂缝任何位置处剖面中心，即 z=0 处的宽度方程为

$$w(x)=\frac{(1-\nu)H\left[p(x)-\sigma_{\mathrm{n}}(x)\right]}{G} \tag{4.1.74}$$

单位时间内流入缝内流量和注入流量为施工设计变量。结合连续性方程、缝宽方程和运动方程可确定缝长。由于缝内流体压力大于储层孔隙中的流体压力，一部分流体会滤失进入储层。从水力裂缝中取一个单位长度为 Δx 的单元体（图 4.1.23），$q(x,t)$是垂直流入单元体的流体体积流量，$V_1(x, t)$是流体滤失进入储层的体积流量，$A(x,t)$是单元体的截面积。

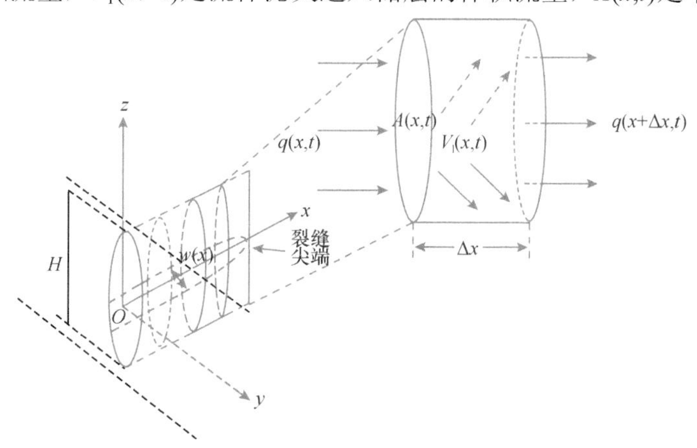

图 4.1.23 裂缝单元体内流体流量分析示意图

通过某一垂直剖面的流量等于单位裂缝长度上液体的滤失速度与剖面扩展而引起的垂直剖面面积的变化率之和，即

$$-\frac{\partial q(x,t)}{\partial x}=V_1(x,t)+\frac{\partial A(x,t)}{\partial t} \tag{4.1.75}$$

式中，$q(x,t)$ 为 t 时刻缝内 x 处流体体积流量；$A(x,t)$ 为 t 时刻缝内 x 处裂缝垂直截面积；$V_1(x,t)$ 为 t 时刻缝内 x 处流体滤失量；t 为施工时间。

假设滤失仅发生在油层内部，则流体滤失量可按下式计算：

$$V_1=\frac{2HC(x)}{\sqrt{t-\tau(x)}} \tag{4.1.76}$$

式中，C 为滤失系数；$\tau(x)$ 为流体到达裂缝 x 处的时间；H 为油层厚度。

当裂缝垂直截面为椭圆，裂缝垂直截面积 A 可表示为 $A=\pi wH/4$。由此可得

$$\frac{\pi H^3(1-\nu)^3}{256\mu G^3}\frac{\partial^2[p(x)-\sigma_n(x)]^4}{\partial x^2}=\frac{2C(x)}{\sqrt{t-\tau(x)}}+\frac{\pi H(1-\nu)}{4G}\frac{\partial[p(x)-\sigma_n(x)]}{\partial t} \tag{4.1.77}$$

在 t=0 时并未向井底注液，各个位置处的流体压力与水平最小主应力之差均为 0，即 $p(x,0)-\sigma_n(x)=0$。定排量注入必须满足任意时刻井筒处的流量为恒定值 q_0，因此可得

$$\left.\frac{\partial[p-\sigma_n(x)]^4}{\partial x}\right|_{x=0}=-\frac{256\mu G^3 q_0}{\pi H^4(1-\nu)^3} \tag{4.1.78}$$

水力裂缝尖端处需满足缝宽 $w=0$，即

$$[p-\sigma_n(x)]\big|_{x=L}=0 \tag{4.1.79}$$

由于水力裂缝不断延伸，式（4.1.79）描述的右边界在不断移动。为求得不同时刻不同位置处的流体压力，不仅要求解流体压力分布数学模型，还需求解对应时刻的水力裂缝长度。该模型求解时，裂缝缝长是按等长度增加，每次增加相同的 Δx。当前时刻裂缝长度已知，只需对流体压力进行迭代求解。

4.1.6 多相多组分系统

相是指在热力学平衡态下，其物理化学性质完全相同，成分相同的均匀物质的聚集态。例如，液相、气相、固相等。它具有热力学属性，如密度、黏度、热焓等。相之间可以相互转化，但经常会伴随热效应。

组分是指混合物中的各个成分，组分分布于每个相中，分布规律由化学势决定，同一相中的所有物质运动满足物质守恒定律。

吉布斯相律是适用于多相平衡的一种体系，说明了在特定相态下系统的自由度跟其他变量的关系。吉布斯相律公式为

$$f=\mathrm{NK}+2-\mathrm{NPH} \tag{4.1.80}$$

式中，f 为自由度；NK 为系统的组元数；NPH 为相态数目。在 NPH 相系统中，有 NPH–1 个相饱和度，则自由度为 $f+\mathrm{NPH}-1=\mathrm{NK}+1$。

任何单元体 V_n 内的质能守恒方程为

$$\frac{\mathrm{d}}{\mathrm{d}t}\int_{V_n} M^{\kappa}\mathrm{d}V = \int_{\Gamma_n} F^{\kappa}\cdot \boldsymbol{n}\mathrm{d}\Gamma + \int_{V_n} q^{\kappa}\mathrm{d}V \tag{4.1.81}$$

式中，Γ_n 为质量能量边界；V_n 为控制单元的体积；M^{κ} 为区域内每单位体积的质能累计量；F^{κ} 为质能通量，包括对流通量和扩散通量；q^{κ} 为区域内每单位体积的质源或能源；$\boldsymbol{n}$ 为内部的单位法线向量；上标 $\kappa=1,2,\cdots,N_{\kappa}$ 代表物质组分（如水、空气等），$\kappa=N_{\kappa}+1$ 代表能量成分；t 代表时间。

1. 组分质量守恒

所有组分的总质量满足质量守恒，即

$$M^{\kappa}=\sum_{\beta}\phi S_{\beta}\rho_{\beta}X_{\beta}^{\kappa},\quad \kappa=\mathrm{w,g,i} \tag{4.1.82}$$

式中，ϕ 为介质的孔隙度；S_{β} 为 β 相的饱和度；ρ_{β} 为 β 相的密度；X_{β}^{κ} 为 β 相中组分 κ 的质量分数；β 为相标识，一般有液相（w）、气相（g）及非水（i）等。

质能守恒方程中的 F^{κ} 的对流通量可以表示为

$$F^{\kappa}=\sum\nolimits_{\beta}X_{\beta}^{\kappa}F_{\beta}^{\kappa} \tag{4.1.83}$$

式中，F_{β}^{κ} 为 β 相的质能通量，可由达西定律多相流形式计算：

$$F_{\beta}^{\kappa}=\mu_{\beta}\rho_{\beta}=-k\frac{k_{\mathrm{r}\beta}\rho_{\beta}}{\mu_{\beta}}X_{\beta}^{\kappa}(\nabla p_{\beta}-\rho_{\beta}g)+J_{\beta}^{\kappa},\quad \kappa=\mathrm{w,g,i} \tag{4.1.84}$$

式中，μ_{β} 和 ρ_{β} 分别为 β 相的动力黏滞度系数和密度；k 为绝对渗透率；$k_{\mathrm{r}\beta}$ 为 β 相的相对渗透率；g 为重力加速度；p_{β} 为 β 相的压力，$p_{\beta}=p+p_{\mathrm{c}\beta}$，其中 p 为参考压力，一般为气相的压力；$p_{\mathrm{c}\beta}$ 为每个相的毛细压力，值随液相饱和度的增加而减少。

2. 体系能量守恒

整个体系热累积能量包括岩石基质和各相的贡献，由式（4.1.86）给出：

$$M^{\kappa+1}=(1-\phi)\rho_{\mathrm{R}}C_{\mathrm{R}}T+\sum_{\beta=A,G}\phi S_{\beta}\rho_{\beta}u_{\beta} \tag{4.1.85}$$

式中，ϕ 为介质孔隙度；ρ_{R} 为岩石密度；C_{R} 为干燥岩石比热容；T 为温度；S_{β} 为 β 相的饱和度；ρ_{β} 为 β 相的密度；u_{β} 为 β 相的特定内部能量。

体系热通量包括传导和对流，不考虑辐射换热时，表达式为

$$F_{\beta}^{\kappa+1}=-\lambda\nabla T+\sum_{\beta}h_{\beta}F_{\beta} \tag{4.1.86}$$

式中，∇ 为哈密顿算子；T 为温度；λ 为体系的复合导热系数；h_{β} 为 β 相的特定焓；F_{β} 为 β 相的质能通量。

3. 多相多组分求解

连续性方程运用积分有限元法将空间离散化，平均体积为

$$\int_{V_n} M \mathrm{d}V = V_n M_n \tag{4.1.87}$$

式中，M 为体积归一化广义量；M_n 为 M 在体积 V_n 上的平均值。

曲面积分近似地等效为离散平面 A_{nm} 上平均值的总和，即

$$\int_{\Gamma_n} F^{\kappa} \cdot \boldsymbol{n} \mathrm{d}\Gamma = \sum A_{nm} F_{nm} \tag{4.1.88}$$

式中，F_{nm} 为 F 的法向分量在平面 A_{nm}（V_n 和 V_m 的交界处）的平均值，积分有限差分法中使用的空间离散方法和单元几何参数的定义，如图 4.1.24 所示。

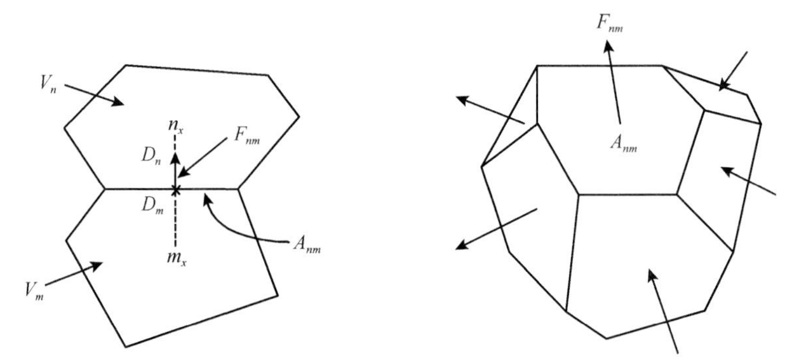

图 4.1.24　积分有限差分方法的空间离散与单元几何参数

通过用 V_n 和 V_m 单元上参数的平均值表示离散化通量，由基本达西通量方程可得

$$F_{\beta,nm} = -k_{nm} \left(\frac{k_{r\beta} \rho_\beta}{\mu_\beta} \right)_{nm} \left(\frac{p_{\beta,n} - p_{\beta,m}}{D_{nm}} - \rho_{\beta,nm} g_{nm} \right) \tag{4.1.89}$$

式中，下标 nm 为网格 n 和 m 交界面处的参数平均（插值法、谐波权重、上游加权）；$D_{nm}=D_n+D_m$ 为节点 n 和 m 的距离；g_{nm} 为重力加速度在 m 到 n 方向上的分量。

将式（4.1.89）代入式（4.1.81）得到一组一阶时间常微分方程：

$$\frac{\mathrm{d}M_n^{\kappa}}{\mathrm{d}t} = \frac{1}{V_n} \sum_m A_{nm} F_{nm}^{\kappa} + q_n^{\kappa} \tag{4.1.90}$$

时间离散为一阶有限差分，采用隐式方法，对时间离散得出下式：

$$R_n^{\kappa,k+1} = M_n^{\kappa,k+1} - M_n^{\kappa,k} - \frac{\Delta t}{V_n} \left(\sum_m A_{nm} F_{nm}^{\kappa,k+1} + V_n q_n^{\kappa,k+1} \right) = 0 \tag{4.1.91}$$

式中，$R_n^{\kappa,k+1}$ 为残差。

水力压裂需要同时耦合三种物理过程。

（1）由于流体压力和环境赋存条件引起的岩体变形。

（2）流体在岩体裂隙和孔隙中的流动。

（3）裂隙的扩展和裂隙网络的更新。

计算包括固体部分和流体部分，耦合过程可通过两个求解器相互迭代求解。

4.1.7 渗流场数值模型

利用传统连续介质方法模拟渗流问题时，很难处理大规模裂纹。为更有效地模拟复杂地层的渗流问题，Peng 等（2017）将 DVIB 模型用于复杂地层的渗流问题。如图 4.1.25 所示，岩石基质能够渗流的原因在于其内部含有大量微观孔隙和裂隙，这些微观裂隙构成了渗流网络。对一个代表单元体(REV)，这些裂隙网络的导水行为可由一个键元胞来代替。在键元胞中，每一条键可以看作是一条水流通道。由此，可将复杂三维渗流问题转化为一维管流问题。

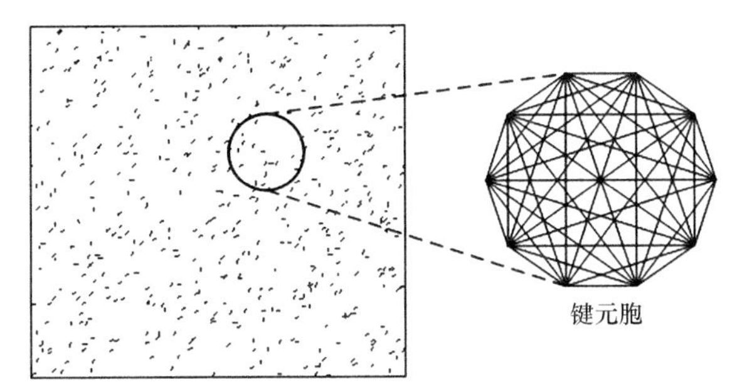

图 4.1.25 含有大量微裂隙介质的渗流行为的 DVIB 建模方法

对于复杂地层，宏观节理裂隙对储层的渗流特性具有重要影响。Peng 等（2017）在 DVIB 框架内考虑了宏观裂隙，如图 4.1.26 所示。每条键的渗流控制方程如下：

$$k_{\mathrm{b}}\frac{\partial^2 p}{\partial x^2}+Q_{\mathrm{int}}=\frac{S_{\mathrm{b}}}{\rho g}\frac{\partial p}{\partial t} \tag{4.1.92}$$

式中，k_{b} 为键的渗透率；p 为流体压力；Q_{int} 为源项；S_{b} 为键的贮水系数；ρ 为流体密度；g 为重力加速度。

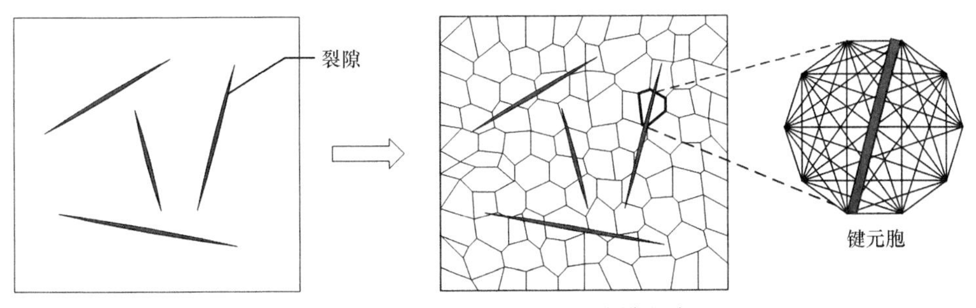

图 4.1.26 宏观裂隙的 DVIB 建模方法

对于孔隙介质，微观等效渗透率和贮水系数与宏观渗流参数间的关系如下：

$$\begin{aligned} k_{\mathrm{b}}^{\mathrm{m}}&=\frac{2k}{\mu\Omega}A \\ S_{\mathrm{b}}^{\mathrm{m}}&=S^{\mathrm{m}}V\Big/\sum_{i=1}^{\Omega}l_i \end{aligned} \tag{4.1.93}$$

式中，上标 m 表示微观；k 为孔隙介质渗透率；μ 为流体黏滞系数；Ω 为元胞内键总数；A 为渗流通过断面面积，对于三维情况 $A=V^{2/3}$，对于二维情况 $A=V^{1/2}$；V 为键元胞体积（二维情况下为元胞面积）；l_i为元胞内第 i 根键长度。

当元胞有裂纹穿过键元胞时，每条键的等效渗透率和等效储水系数分别为

$$k_{\mathrm{b}}^{\mathrm{c}}=\begin{cases}c_1\dfrac{a^3}{12\mu\Omega}\sqrt[3]{V}, & \text{三维情况下}\\ c_2\dfrac{a^3}{12\mu\Omega}, & \text{二维情况下}\end{cases}$$
$$S_{\mathrm{b}}^{\mathrm{c}}=\begin{cases}c_3S^{\mathrm{c}}aV^{2/3}, & \text{三维情况下}\\ c_4S^{\mathrm{c}}aV^{1/2}\left(\displaystyle\sum_{i=1}^{\Omega}l_i\right)^{-1}, & \text{二维情况下}\end{cases}\tag{4.1.94}$$

每条键的等效渗透率及贮水系数为

$$k_{\mathrm{b}}=k_{\mathrm{b}}^{\mathrm{m}}+k_{\mathrm{b}}^{\mathrm{c}}$$
$$S_{\mathrm{b}}=S_{\mathrm{b}}^{\mathrm{m}}+S_{\mathrm{b}}^{\mathrm{c}}\tag{4.1.95}$$

式中，上标 c 表示键元胞。

4.1.8 数值模拟流程

流固耦合模型计算过程如下。

（1）获取地层信息：根据成像测井、岩心观察、露头观察、地震数据等获取天然裂缝及孔洞在地层中的分布信息。

（2）地质建模、网格划分：根据获取的地层信息，建立地质模型，进行网格剖分，在裂缝及孔洞周围区域进行网格细化，以获得更加准确的模拟结果。

（3）施加边界条件、初始条件：加载水平最大主应力、水平最小主应力、孔隙流体压力、注入压力等边界条件、初始条件。

（4）矩阵组装：计算单元刚度矩阵、单元耦合矩阵、单元渗流矩阵、单元压缩性矩阵，对单元进行循环并组装得到系数矩阵。

（5）求解系统方程：通过耦合求解，获得应力、位移、孔压等未知场向量。

（6）裂缝扩展判断：计算裂尖的应力强度因子（$K_{\mathrm{I},i}$ 和 $K_{\mathrm{II},i}$），能量释放率（G_i）、扩展角（$\theta_{0,i}$）、延伸步长（$\mathrm{d}a_i$）等；如果采用 VIB 系列模型则不用进行裂缝扩展判断，因为 VIB 本构方程中已蕴含断裂准则，裂缝如何开裂是本构计算的自然结果。

（7）相交模式判断：计算分支裂纹的应力强度因子 K_{I} 和 K_{II}，根据相交作用准则判断水力裂缝是穿过天然裂缝还是转向沿天然裂缝延伸，若穿过，则终止旧水力裂缝延伸，并在新起裂点（距交点距离为 r_{c} 处）增加一条新的水力裂缝；若转向延伸，则终止旧水力裂缝延伸，天然裂缝自动变为新水力裂缝的一部分。

（8）更新水力裂缝形态、天然裂缝形态、孔压、位移、应力等，更新网格与裂纹的相交信息（裂缝与单元边交点坐标、裂尖坐标、拐点坐标、裂缝交点坐标等），并判断水力裂缝延伸后各单元的类型和各节点的加强类型。

（9）重复步骤（5）～（8），直到水力压裂施工结束。

（10）计算结果输出：绘制各时刻的位移图、应变图、应力图、孔隙流体压力图、裂缝内流体压力分布图、裂缝宽度分布图、水力裂缝网络延伸形态图等。

4.2 水力裂缝扩展控制因素

4.2.1 含有天然裂缝的井壁起裂扩展规律

缝洞体为目标储层中的主要储集空间，储层必定有发育天然裂缝才能成为有效储层。井壁上往往存在天然裂缝，天然裂缝改变地应力分布、岩石物理性质，从而影响裂缝起裂扩展。本节采用前面的数学模型、数值模型，模拟井壁上存在天然裂缝时裂缝起裂扩展规律。天然裂缝分两大类：一类为填充、半填充缝，即在地层应力条件下处于闭合状态，导流能力较低，井筒水压难以通过天然裂缝快速传递到裂缝尖端，但裂缝渗透率显著高于基质渗透率，没有抗张强度；另一类为张开缝，裂缝导流能力较强，井筒水压能快速传递到裂缝尖端。这两类缝对裂缝起裂扩展的影响不同，分别对这两类缝进行模拟。天然裂缝与水平最大主应力方向关系如图 4.2.1 所示。

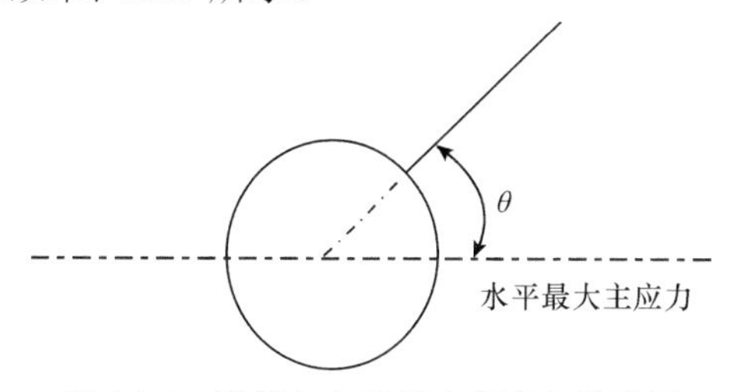

图 4.2.1 裂缝与水平最大主应力关系图

1. 有限导流天然裂缝条件下的裂缝扩展规律

地层条件下，天然裂缝是闭合的。压裂过程中，随水压升高，井筒中水压通过天然裂缝向尖端传导，传导快慢取决于裂缝导流能力。当水压高于裂缝面的正应力，裂缝张开，变为无限导流，水压易于传导到裂缝尖端，使裂缝向前扩展。模拟天然裂缝导流能力在应力相关条件下，井壁上裂缝起裂扩展规律。

模拟参数：排量为 6m^3/min，杨氏模量为 38.0GPa，泊松比为 0.2，基质渗透率为 1mD，黏度为 50cP（1cP=1mPa·s），天然裂缝长度为 50cm。模拟不同夹角、不同水平主应力下的裂缝扩展规律。

裂缝渗透率的计算式为

$$k = k_0 e^{-a\sigma_c} \tag{4.2.1}$$

式中，k_0 为有效闭合应力为零时的裂缝渗透率，取值为 100D；a 为有效闭合应力对裂缝渗透率的影响参数，取值为 0.153MPa^{-1}，裂缝最低渗透率为 100 倍基质渗透率。

影响天然裂缝有效闭合应力的因素主要有两个：水平主应力差和天然裂缝与水平最大主应力间的夹角。分析两个参数组合条件下的裂缝起裂扩展规律。

1）天然裂缝与水平最大主应力夹角为 15°

水平最小主应力 120MPa，水平最大主应力 125.0MPa 和 140MPa 的模拟结果如图 4.2.2

所示。从图 4.2.2 中可看出，小应力差（5MPa）时，水力裂纹沿天然裂缝扩展；大主应力差时，井壁开裂，然后沿最大主应力方向扩展。

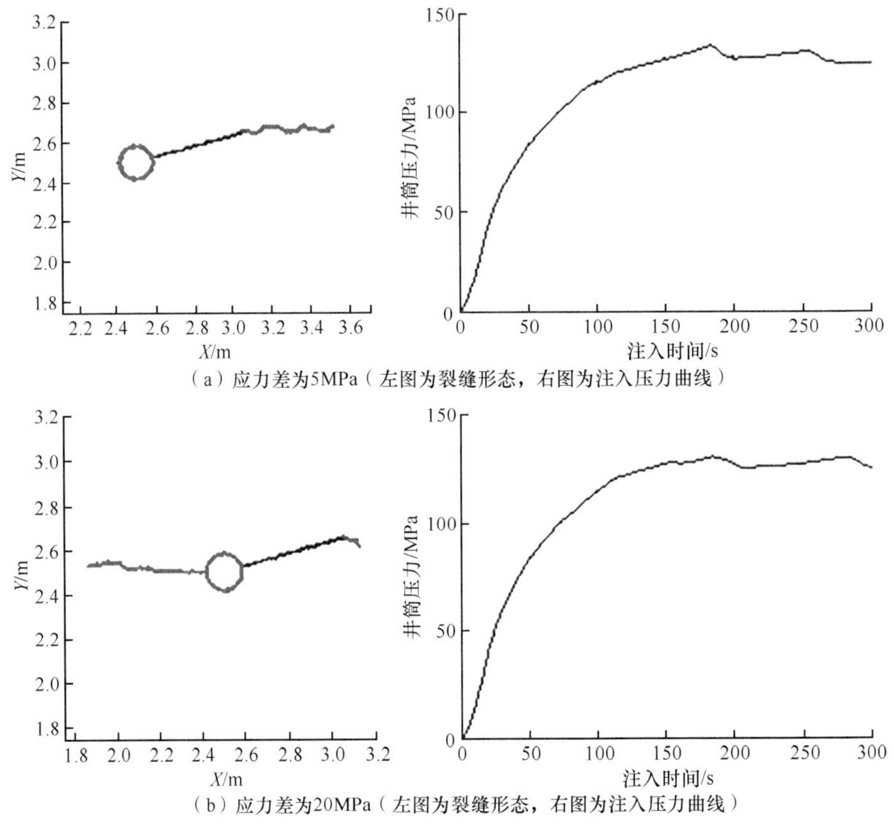

（a）应力差为5MPa（左图为裂缝形态，右图为注入压力曲线）

（b）应力差为20MPa（左图为裂缝形态，右图为注入压力曲线）

图 4.2.2　天然裂缝与水平最大主应力夹角 15°时裂缝形态及注入压力曲线

2）天然裂缝与水平最大主应力夹角 45°

水平最小主应力 120MPa，水平最大主应力为 125.0MPa 和 140MPa 的模拟结果如图 4.2.3 所示。

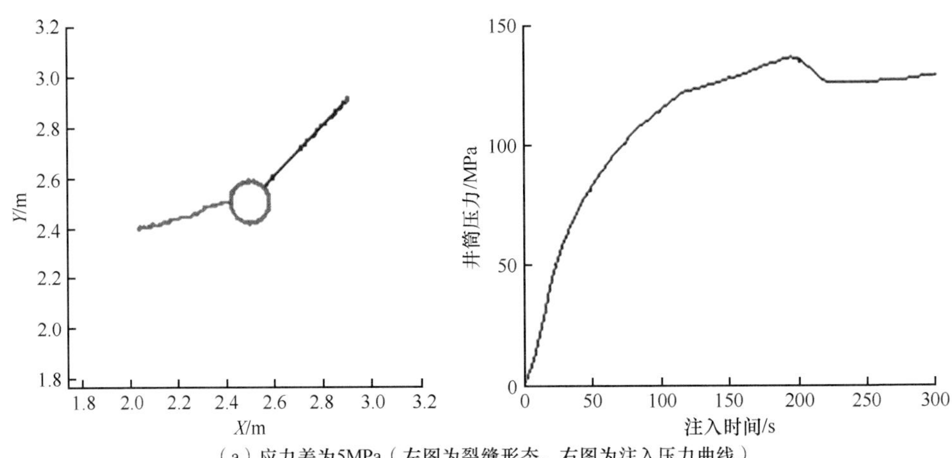

（a）应力差为5MPa（左图为裂缝形态，右图为注入压力曲线）

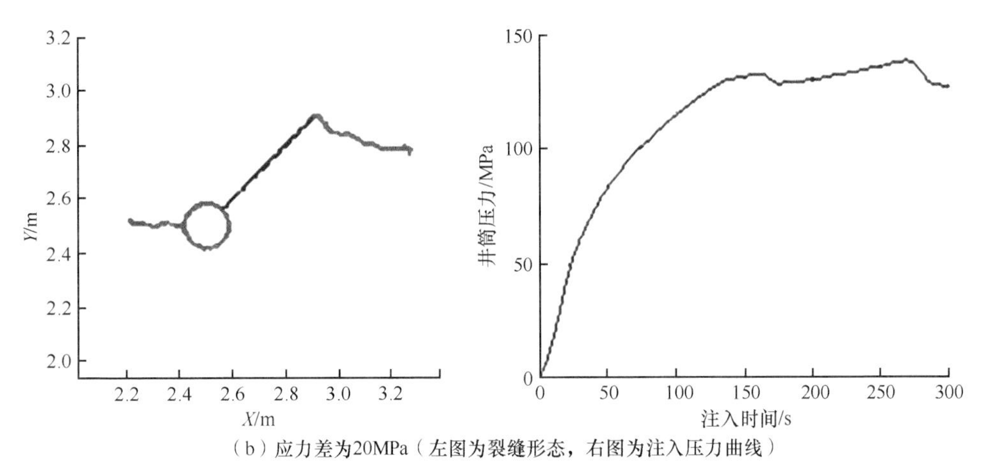

（b）应力差为20MPa（左图为裂缝形态，右图为注入压力曲线）

图 4.2.3 天然裂缝与水平最大主应力夹角 45°时裂缝形态及注入压力曲线

3）天然裂缝与水平最大主应力夹角为 75°

水平最小主应力 120MPa，水平最大主应力为 125.0MPa 和 140MPa 的模拟结果如图 4.2.4 所示。

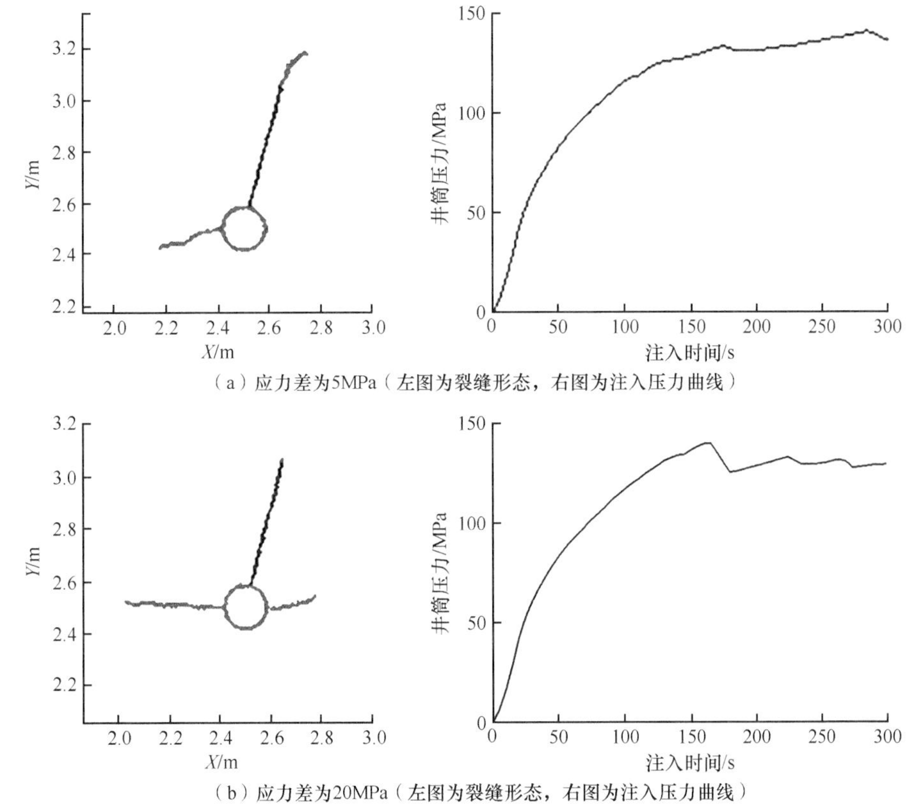

（a）应力差为5MPa（左图为裂缝形态，右图为注入压力曲线）

（b）应力差为20MPa（左图为裂缝形态，右图为注入压力曲线）

图 4.2.4 天然裂缝与水平最大主应力夹角 75°时裂缝形态及注入压力曲线

在天然裂缝有效导流能力条件下，水平主应力差、天然裂缝与水平最大主应力夹角对裂缝起裂有明显影响。这两个因素决定裂缝导流能力，导流能力决定水压传递到裂缝尖端速度，从而影响裂缝是否会从尖端起裂扩展。天然裂缝与水平最大主应力夹角越小，水平主应力差越小，裂缝越容易沿天然裂缝扩展。反之，裂缝越容易在水平最大主应力方向起裂扩展，其影响关系如图 4.2.5 所示。当夹角达到 45°以上，闭合天然裂缝很难张开并向前扩展。在 45°附近，当水平主应力差较大时，裂缝面上剪切应力较大，容易发生剪切破坏，裂缝可能剪切向前扩展。

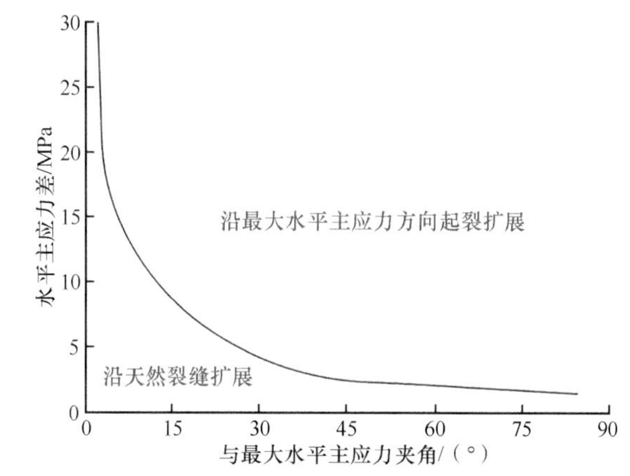

图 4.2.5　水平最大主应力差和夹角对裂缝起裂扩展的影响

2. 不同夹角、不同长度及不同水平主应力下条件下裂缝扩展规律

对压裂程序进行优化，扩大计算区域，以减弱边界的影响。模拟中仍然认为裂缝导流能力有限，且渗透率通过式（4.2.1）表征。考虑裂缝夹角、水平地应力差影响基础上，考虑裂缝长度。

模拟参数：排量为 6m^3/min，杨氏模量为 38.0GPa，泊松比为 0.2，基质渗透率为 1mD，黏度为 50cP，水平最小主应力为 120MPa，方向为 Y 方向。模拟不同夹角、不同长度及不同水平主应力条件下裂缝扩展规律，分别模拟三个参数组合条件下的裂缝起裂扩展规律。

1）不同地应力、不同方位角条件下井周存在天然裂缝情况

图 4.2.6 为应力差为 5MPa 和 10MPa，天然裂缝与水平最大主应力方向的夹角分别为 30°和 75°条件下，1000s 时刻的裂缝扩展情况。

随着压裂的进行，带角度的天然裂缝先起裂，但并不一定沿该方向延伸；当带角度天然裂缝无法继续扩展时，水平方向随后起裂，并进一步扩展。

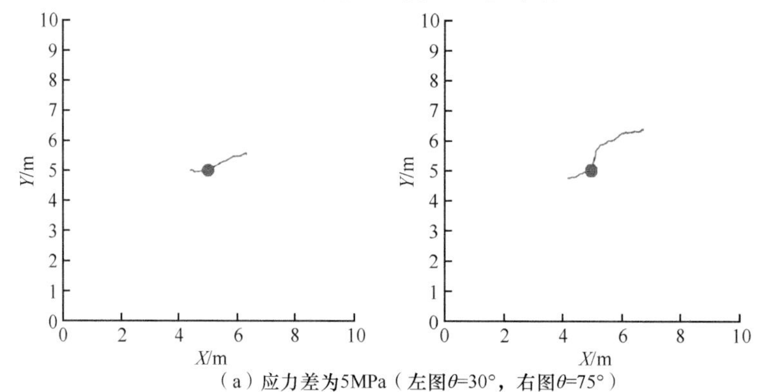

（a）应力差为5MPa（左图θ=30°，右图θ=75°）

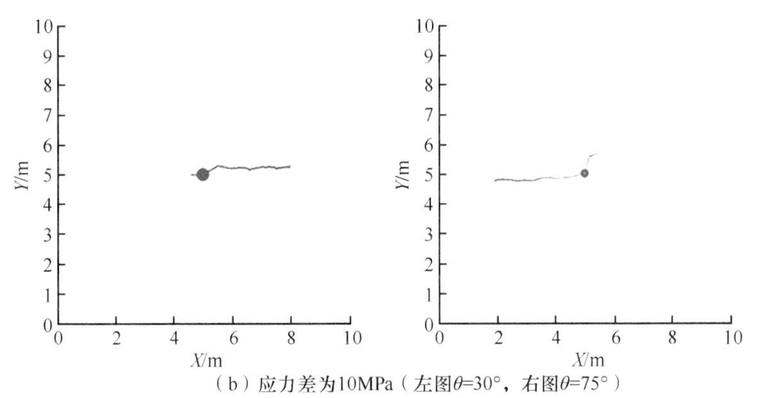

（b）应力差为10MPa（左图θ=30°，右图θ=75°）

图4.2.6 应力差为5MPa和10MPa时裂缝分布图

天然裂缝与水平最大主应力夹角越小，水平主应力差越小，裂缝越容易沿天然裂缝扩展；反之，裂缝越容易沿水平最大主应力方向起裂扩展。

当应力差较小（5MPa），带角度天然裂缝扩展之初会沿原方向扩展一段距离，而后逐渐转向水平方向（水平最大主应力方向），30°和75°尤为明显；随应力差增大到10MPa后，转向幅度减小，30°时的起裂就沿水平方向进行。

2）不同长度、不同方位角条件下井周存在天然裂缝情况

通过对比注入点压力曲线与裂缝扩展图，分析波动的原因并判断多条裂缝的起裂顺序。图4.2.7～图4.2.9所示均为500s时刻，各条件下裂缝扩展情况及对应压力曲线。

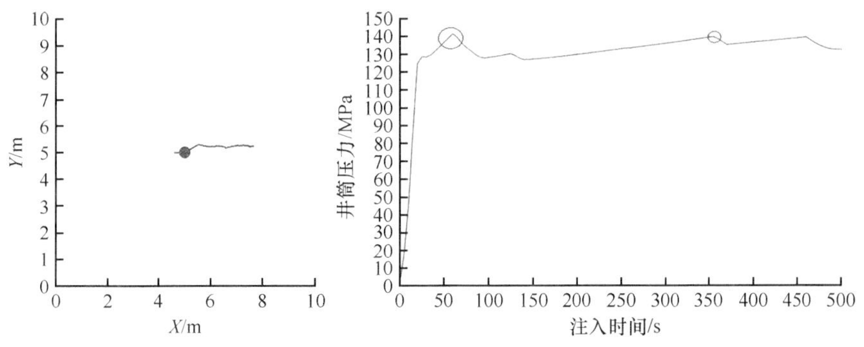

（a）L=0.5m（左图裂缝形态，右图注入压力曲线）

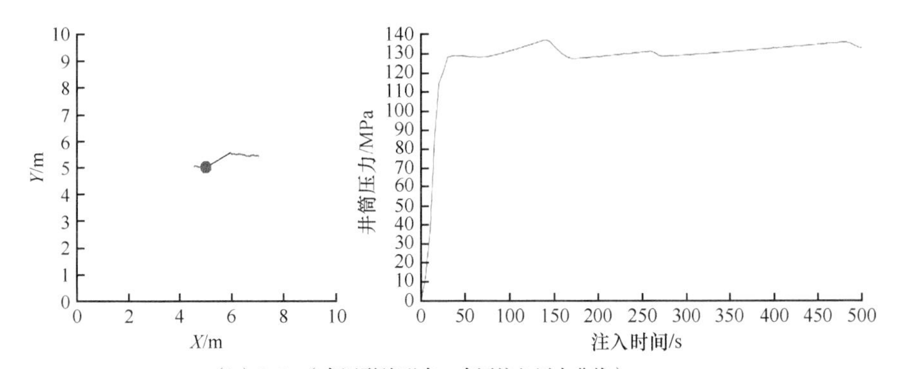

（b）L=1m（左图裂缝形态，右图注入压力曲线）

图4.2.7 天然裂缝角度30°时裂缝扩展分布图及压力曲线

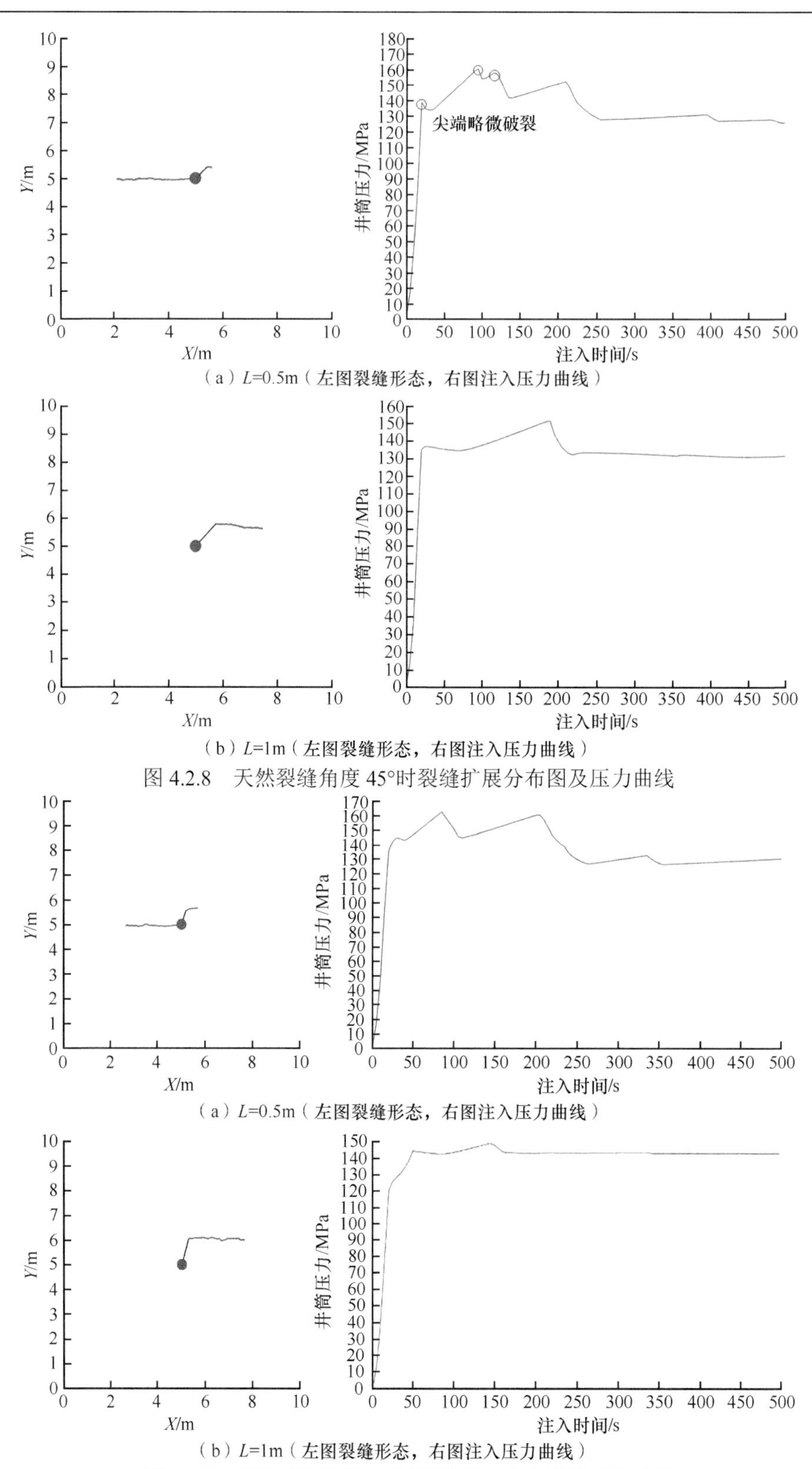

（a）L=0.5m（左图裂缝形态，右图注入压力曲线）

（b）L=1m（左图裂缝形态，右图注入压力曲线）

图 4.2.8　天然裂缝角度 45°时裂缝扩展分布图及压力曲线

（a）L=0.5m（左图裂缝形态，右图注入压力曲线）

（b）L=1m（左图裂缝形态，右图注入压力曲线）

图 4.2.9　天然裂缝角度 75°时裂缝扩展分布图及压力曲线

各组条件下的压裂结果见表4.2.1～表4.2.4。

表4.2.1 天然裂缝激活压力

L/m	不同天然裂缝角度下的压力/MPa		
	30°	45°	75°
0.5	129	139	145
1.0	129	138	145

表4.2.2 天然裂缝尖端起裂压力

L/m	不同天然裂缝角度下的压力/ MPa		
	30°	45°	75°
0.5	141	160	162
1.0	137	151	149

表4.2.3 裂缝沿水平最大主应力方向扩展压力

L/m	不同天然裂缝角度下的压力/ MPa		
	30°	45°	75°
0.5	129	139	145
1.0	129	138	145

表4.2.4 裂缝主要扩展方向

L/m	不同天然裂缝角度		
	30°	45°	75°
0.5			
1.0			

注：红色为天然裂缝，绿色为水平最大主应力方向。

图4.2.10为天然裂缝与水平最大主应力的夹角为30°，缝长为长0.2m条件下进行压裂时的压力曲线。可明显看到三个尖峰，分别在45s、60s和180s左右。通过逐秒分析，可确定三个尖峰分别对应天然裂缝激活、天然裂缝开启和水平最大主应力方向裂缝开启。

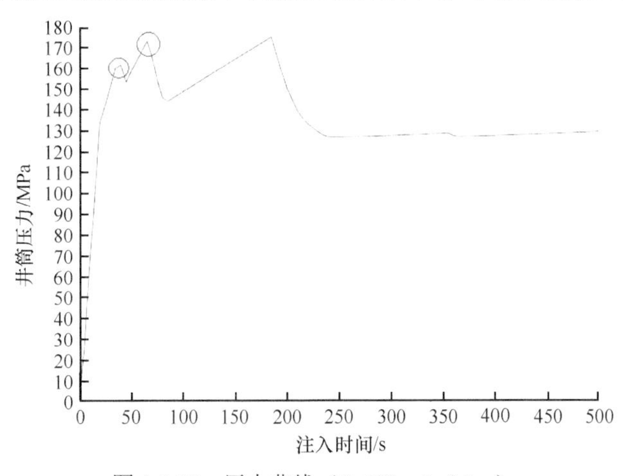

图4.2.10 压力曲线（θ=30°，L=0.2m）

对裂缝扩展图进行分析可知：

（1）先激活天然裂缝并沿其尖端起裂，但后续裂缝并不一定继续扩展；

（2）天然裂缝尖端起裂后，角度越小越容易继续扩展，角度大时会在裂缝另一侧水平方向起裂并扩展；

（3）天然裂缝尖端起裂后，天然裂缝越长越容易继续扩展。

对压力曲线图及压力数据进行分析可知：

（1）激活天然裂缝对应压力曲线中第一次压力波动的位置，天然裂缝越长，压力波动越明显；

（2）天然裂缝角度越大，激活压力越大；

（3）改变天然裂缝长度对激活压力影响不大；

（4）压力曲线上第二次压力明显波动位置对应天然裂缝尖端起裂时刻；

（5）天然裂缝尖端起裂压力随天然裂缝长度增加而减小；

（6）压力曲线上第三次压力明显波动位置对应水平方向起裂时刻；

（7）水平方向起裂压力随天然裂缝长度增加而减小。

根据压力数据预测，与井筒相连的多条天然裂缝，天然裂缝长的将优先起裂。

4.2.2　无限导流天然裂缝条件下裂缝扩展规律

当天然裂缝处于张开状态，水压易传递到裂缝尖端，从而使天然裂缝向前扩展。扩展过程中天然裂缝会发生转向，主要受水平主应力差和夹角的影响。本节模拟高导流天然裂缝与井筒相连时裂缝扩展规律，模拟结果如图 4.2.11～图 4.2.13 所示。

（1）图 4.2.11 所示，水平主应力差对裂缝转向的影响。当应力差较小时（5MPa），转向过程较为明显，但转向距离在几米内；当应力差达 15MPa，看不到转向过程。在预置裂缝尖端，裂缝直接向水平最大主应力方向延伸。当目标储层的水平主应力差大于 15MPa，不利于裂缝转向。

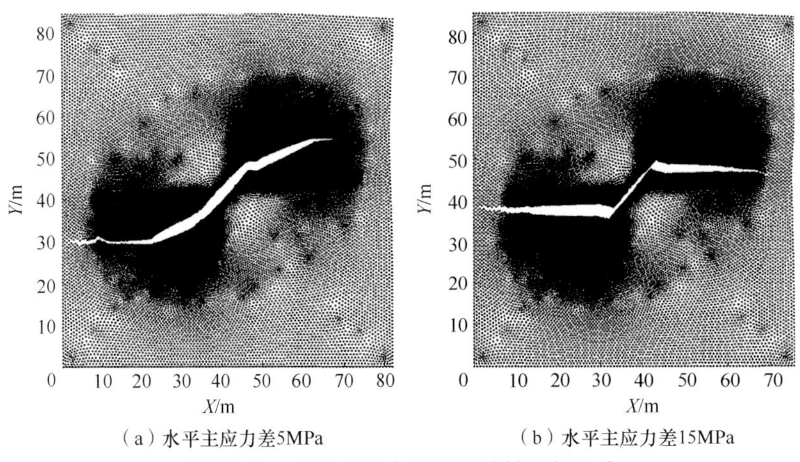

（a）水平主应力差5MPa　　（b）水平主应力差15MPa

图 4.2.11　水平主应力差对裂缝转向的影响

（2）图 4.2.12 为水平主应力差 5MPa，不同角度预置裂缝下裂缝延伸规律。裂缝有明显转向过程，但转向距离在几米范围内。预置裂缝角度对转向有影响，角度越大，转向过

程越明显，转向距离越大。

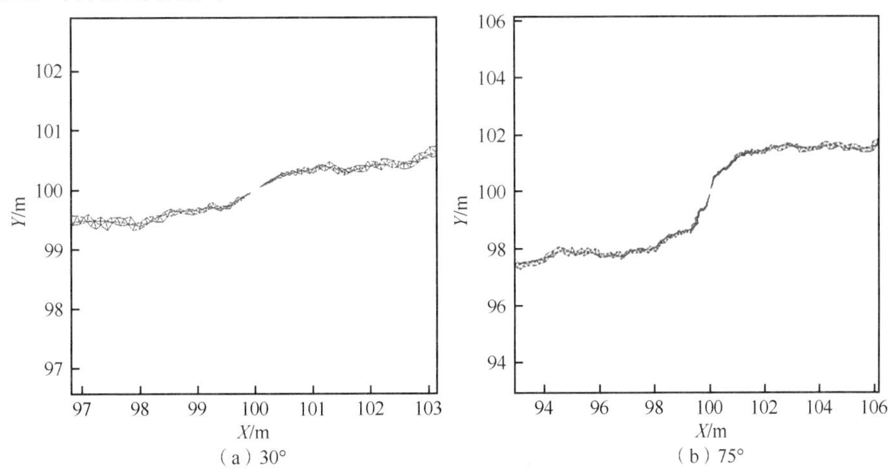

（a）30°　（b）75°

图 4.2.12　水平主应力差 5MPa 时不同角度预置裂缝下裂缝延伸

（3）图 4.2.13 为水平主应力差 10MPa，不同角度预置裂缝下裂缝延伸规律。转向过程不明显，裂缝在较短距离内转向水平最大主应力方向延伸。

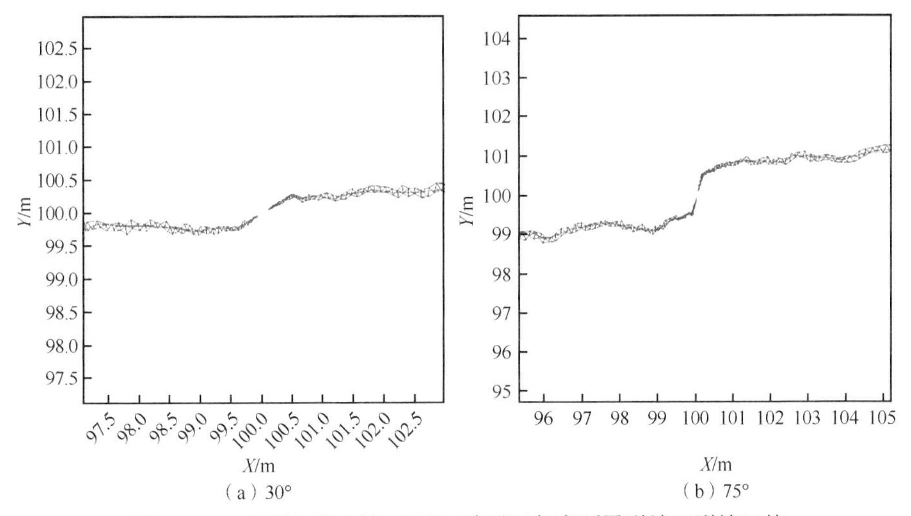

（a）30°　（b）75°

图 4.2.13　水平主应力差 10MPa 时不同角度预置裂缝下裂缝延伸

4.2.3　复杂裂缝扩展延伸影响因素数值分析

致密裂缝性储层改造过程中，由于受地质条件、地应力及天然裂缝等因素影响，改造后的裂缝异常复杂。水平应力差、逼近角、天然裂缝性质和酸液对裂缝壁面的刻蚀均会影响裂缝形态。基于裂缝扩展理论，设置模拟参数（表 4.2.5），分析影响缝网扩展延伸的主要因素。

表 4.2.5　模拟基本参数输入表

参数	参数值
施工排量 Q/（m^3/min）	4
施工时间/min	50
滤失系数/（$m/\sqrt{min}$）	0.0028

续表

参数	参数值
液体黏度/（mPa·s）	40
最大主应力/MPa	105
最小主应力/MPa	90
杨氏弹性模量/MPa	2.8×10^4
泊松比	0.2
缝高/m	20
逼近角/（°）	45
岩石抗张强度/MPa	3
内聚力/MPa	0
天然裂缝壁面间的摩擦系数	0.6

结果可知，高逼近角情况下，裂缝直接穿过天然裂缝，易形成双翼裂缝；中低逼近角下，人工裂缝遇天然裂缝，易发生转向，形成复杂缝，且在30°～60°时转向更显著，裂缝形态更复杂。天然裂缝缝宽，随逼近角的减小而增大，这是由于随逼近角的减小，沿天然裂缝延伸的水力裂缝所受缝面正应力减小而引起的，如图4.2.14所示。

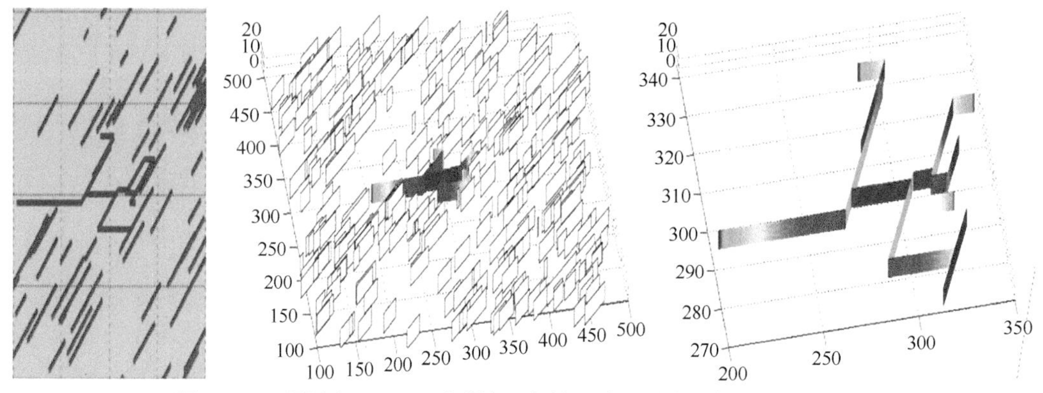

图4.2.14　逼近角（45°）对裂缝形态的影响（图中坐标轴单位：m）

在 $\sigma_H/\sigma_h=1.4$，逼近角70°条件下，由模拟结果可知：低摩擦系数下，裂缝遭遇天然裂缝，易发生转向，形成复杂缝；高摩擦系数下，裂缝遭遇天然裂缝直接穿过，形成双翼缝，如图4.2.15所示。

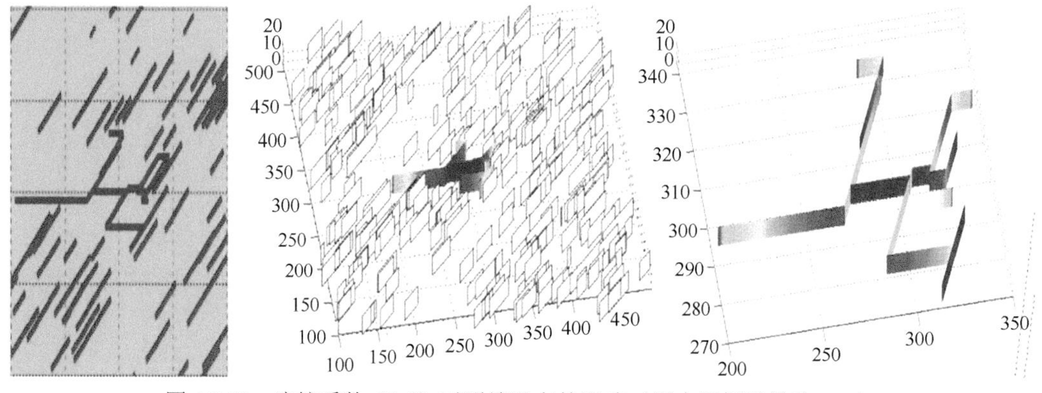

图4.2.15　摩擦系数（0.4）对裂缝形态的影响（图中坐标轴单位：m）

在逼近角45°条件下，杨氏模量对裂缝形态复杂程度无影响，仅影响裂缝的导流能力。

在摩擦系数为0.5、逼近角为45°条件下，应力差越小，裂缝遭遇天然裂缝越容易发生转向；应力差越高，裂缝遭遇天然裂缝直接穿过，形成双翼缝。如果储层中高角度裂缝较多，天然裂缝壁面的摩擦系数较低，水平应力差较低，易形成复杂缝。

随着抗张强度增大，水力裂缝遭遇天然裂缝，易发生转向；储层中岩石抗张强度越大，越易形成复杂缝。随着内聚力减小，水力裂缝遭遇天然裂缝易发生转向；如果储层中岩石内聚力较小，易形成复杂缝。

针对远井，应力差越大，转向半径越小；缝内净压力越大，转向半径越大；水平应力差一定的情况下，提高施工排量可增加净压力，增大转向半径，应尽可能提高排量，以此提高裂缝的复杂程度。

当排量为定值时，压裂液用量对缝长、缝宽的影响如图4.2.16和图4.2.17（排量为8m³/min）。

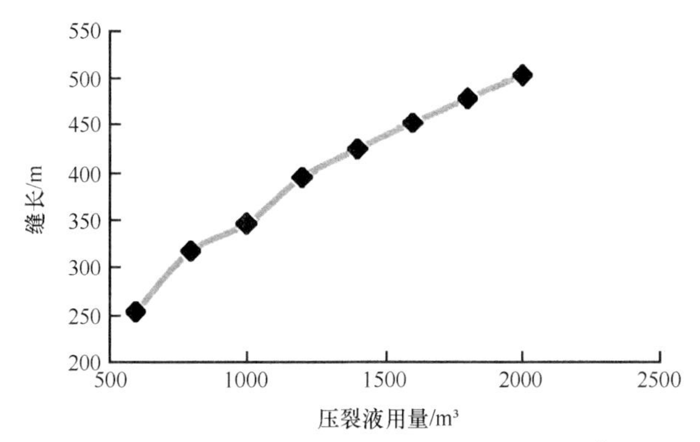

图4.2.16　压裂液用量对缝长的影响（排量为8m³/min）

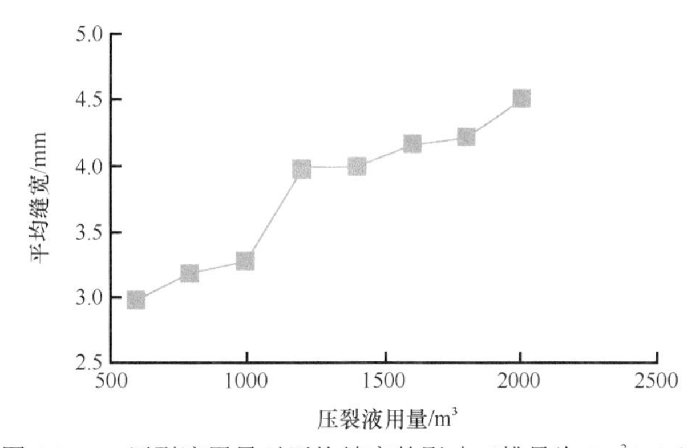

图4.2.17　压裂液用量对平均缝宽的影响（排量为8m³/min）

4.2.4　裂缝型储层裂缝扩展物理模拟分析

1. 裂缝密度的影响

裂缝密度对裂缝扩展的影响通过六组试验进行分析，结果表明，裂缝体积密度为6%～9%，裂缝倾向于形成复杂裂缝，如表4.2.6所示。

表 4.2.6　不同裂缝密度试验结果

编号	裂缝尺寸/cm	裂缝体积密度/%	水力裂缝条数	有无网状缝	形成复杂裂缝所克服的最大应力差/MPa
1	6	6	1	无	1
2	6	9	2	有	8
3	6	12	2	无	8
4	6	6	2	无	11
5	6	9	2	无	11
6	6	12	1	有	11

2. 裂缝长度的影响

试验结果表明，天然裂缝长度越短，分布密集（裂缝数量多），裂缝扩展过程穿过的天然裂缝多，压力曲线发生波动，破裂压力越高，#9、#10 和#11 试样破裂压力可达 20～30MPa；天然裂缝长度越长，对水力裂缝的干扰越明显，破裂压力呈下降趋势，#1、#2 和#3 试样的破裂压力为 15～20MPa。

天然裂缝长度越长，对水力裂缝的诱导能力越强；当水力裂缝遇到较长的天然裂缝时，易产生分支缝。网状缝的形成受天然裂缝长度和裂缝体积密度共同控制。试样中天然裂缝分布具有随机性，当密集的天然裂缝分布于某一区域，能够诱导水力裂缝产生纵横交错的复杂缝。总体上，形成复杂缝所需的天然裂缝密度随裂缝长度的增加而逐渐降低。地应力差越大，裂缝条数越单一，裂缝形态越平直。对比#1、#2、#3，#5、#6、#7，#9、#10、#11 三组试验结果，发现裂缝形态逐渐倾向于单一化和平直化，如图 4.2.18 所示。

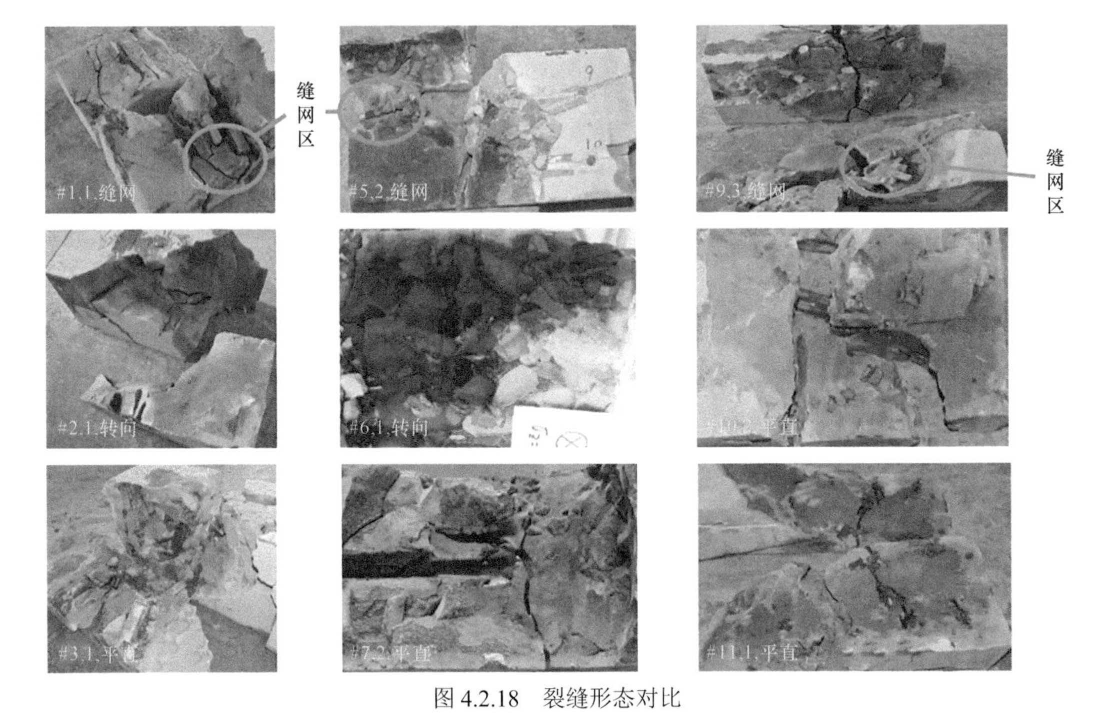

图 4.2.18　裂缝形态对比

3. 施工排量影响

根据试验方案，利用三组试验分析不同排量对裂缝的影响，结果如表4.2.7所示。

表4.2.7 不同排量条件下试验结果

编号	裂缝尺寸/cm	裂缝体积密度/%	水力裂缝条数	有无网状缝	沟通缝洞体/个	排量/（mL/min）	形成复杂缝所克服的最大应力差/MPa
1	6	9	6	有	6	1	11
2	6	9	2	无	3	10	11
3	6	9	2	无	5	20	11

排量越大，压力波动越平缓，破裂压力逐渐增大。试样#1的破裂压力为5MPa，试样#3为20MPa。排量越大，能量越容易在井口处集中，造成破裂压力增大。压裂初期，低排量有利于形成复杂缝，有利于沟通更多的天然裂缝。当排量增加，裂缝扩展速度加快，受缝洞体或天然裂缝的干扰降低。

4. 黏度影响

根据试验方案，利用三组试验分析不同黏度对裂缝扩展形态的影响，结果如表4.2.8所示。

表4.2.8 不同黏度条件下试验结果

编号	裂缝尺寸/cm	裂缝体积密度/%	水力裂缝条数	水力裂缝形态	沟通缝洞体/个	黏度/（mPa·s）	形成复杂裂缝所克服的最大应力差/MPa
1	6	9	1	平直	5	1	4
2	6	9	2	平直	3	10	11
3	6	9	1	平直	6	40	4

不同黏度对压力曲线的影响无明显规律。低黏度的压裂液有利于形成复杂裂缝，高黏压裂液作用下的裂缝形态较单一。

4.2.5 缝洞型储层裂缝扩展物理模拟分析

针对缝洞型储层裂缝扩展规律不明确的问题，设计压裂试验方案共12组，如表4.2.9所示。

表4.2.9 缝洞型储层裂缝扩展试验方案

编号	上覆应力/MPa	水平最大应力/MPa	水平最小应力/MPa	加载温度/℃	黏度/（mPa·s）	排量/（mL/min）
1	35	30	15	120	1	1
2	35	30	15	120	1	20
3	35	30	15	120	20	1
4	35	30	15	室温	1	1

续表

编号	上覆应力/MPa	水平最大应力/MPa	水平最小应力/MPa	加载温度/℃	黏度/（mPa·s）	排量/（mL/min）
5	35	30	15	室温	1	20
6	35	30	15	室温	20	1
7	35	30	30	120	1	1
8	35	30	30	120	1	20
9	35	30	30	120	20	1
10	35	30	30	室温	1	1
11	35	30	30	室温	1	20
12	35	30	30	室温	20	1

采用石英砂与水泥（1∶1）制备人工试验试样，在试样内部嵌入溶洞和天然裂缝，如图 4.2.19 所示。试样内预制八个溶洞，溶洞沿井周径向分布，径向距离为 8cm，洞直径为 3cm；天然裂缝长度分别为 9cm、3cm 和 2cm，体积密度为 9%。

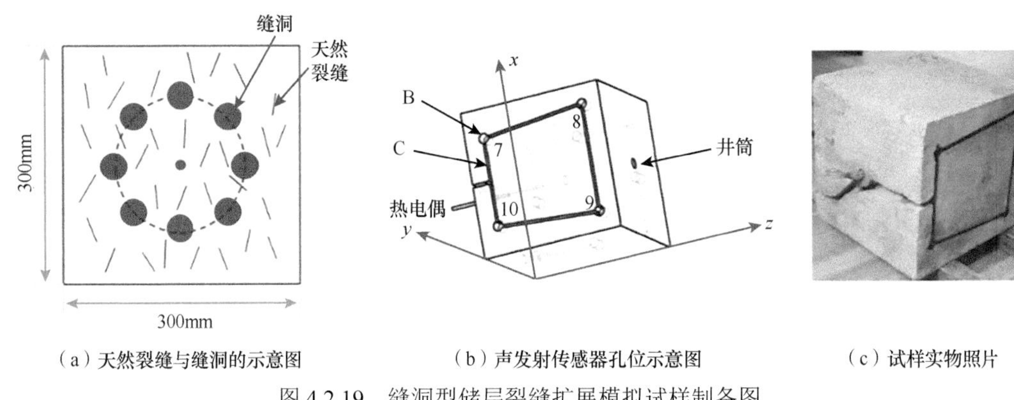

（a）天然裂缝与缝洞的示意图　（b）声发射传感器孔位示意图　（c）试样实物照片

图 4.2.19　缝洞型储层裂缝扩展模拟试样制备图

所有试样先在外置加热箱加热至目标温度，然后在高温高应力物理模拟试样平台上进行压裂试验，通过声发射监测系统监测水力裂缝扩展。试样内部预制电热偶，实时监测试样加热过程。

水力裂缝扩展受排量、压裂液黏度、温度与地应力四个因素的共同影响，其中排量与压裂液黏度为工程因素，温度与地应力为地质因素。要明确某一影响因素对岩石破裂形态的影响作用，需先确定其他三个影响因素，开展两方面的分析：①不同温度、地应力条件下，排量对岩石破裂形态的影响；②不同温度、地应力条件下，压裂液黏度对岩石破裂形态的影响。

1. 排量对岩石破裂形态的影响

（1）三向主应力为 35MPa/30MPa/15MPa 及温度为 120℃，不同排量条件下所形成的裂缝形态差异较大。如图 4.2.20 所示，低排量（1mL/min）下，水力裂缝仅沟通两条天然裂缝，波及范围有限。高排量（20mL/min）下，在垂直于最小主应力方向上形成两条分支裂缝，沟通多条天然裂缝与孔洞。表明在地应力差15MPa和温度120℃条件下，高排量下形成的水力裂缝较低排量复杂；高排量形成的水力裂缝出现分支裂缝，且沟通了多条天然裂缝及多个孔洞。

（a）排量1mL/min

（b）排量20mL/min

图4.2.20 不同排量条件下水力裂缝形态

（2）三向主应力为35MPa/30MPa/15MPa及温度为20℃，不同排量下形成的裂缝形态存在明显差异。如图4.2.21所示，低排量（1mL/min）下，水力裂缝沟通了井筒周围多条天然裂缝及多个孔洞，井筒周围形成了复杂的裂缝体系；高排量（20mL/min）下，形成一条垂直于水平最小地应力方向的主缝，而在远离井筒处形成了复杂的网状缝。

（a）排量1mL/min

（b）排量20mL/min

图4.2.21 不同排量条件下水力裂缝形态

（3）三向主应力35MPa/30MPa/30MPa和温度120℃下，低排量（1mL/min）注入的压裂液以滤失的形式沟通了井筒周围的两条天然裂缝与一个洞，水力压裂的改造范围有限；高排量（20mL/min）下，形成了相对复杂的水力裂缝，沟通了井周多条天然裂缝。结果表明，在无水平应力差及高温条件下，高排量易产生复杂裂缝。

（4）三向主应力35MPa/30MPa/30MPa与温度20℃下，低排量（1mL/min）注入的压裂液沟通了全部的天然裂缝，形成复杂裂缝；高排量（20mL/min）下，形成了垂直于水平最小主应力和最大主应力的T形主裂缝，与低排量的结果对比，沟通的缝洞数量有限。

不同围压及温度条件下，注液速率（排量）影响了水力裂缝的形态特征，如图4.2.22所示。常温下，低排量下有利于形成复杂的体积裂缝；高温下，高排量有利于形成复杂裂缝；地应力差的减小对提升高排量下水力裂缝的复杂度作用更明显。

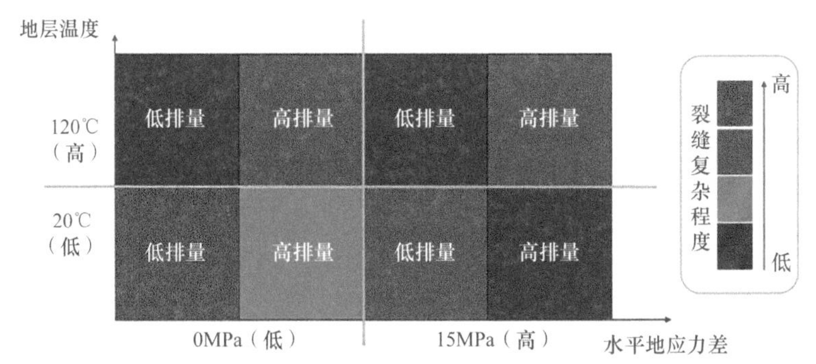

图 4.2.22　不同围压与温度条件下注液速率影响岩石水力裂缝形态特征规律图

2. 排量影响岩石破裂形态的机理及力学模型

排量对水力裂缝的形成具有重要影响。低排量注液，注入压力高于地层压力时，压裂液逐渐向周围地层滤失，有利于天然裂缝激活，提高裂缝的复杂程度，沟通更多溶洞。低排量下，因较长时间的压裂液滤失，天然裂缝周围的孔隙压力增加，降低了天然裂缝弱胶结面的有效应力，促使天然裂缝更易达到破坏条件；当压裂液接触天然裂缝，在压裂液和应力的共同作用下，天然裂缝面的胶结性逐渐弱化，导致裂缝面的黏聚力降低，加剧了天然裂缝的激活。因此，天然裂缝弱胶结面的黏聚力及周围的孔隙压力均与排量相关。

$$|\tau| = C(v_{\mathrm{p}}) + \left[\sigma - p_{\mathrm{p}}(v_{\mathrm{p}})\right]\tan\varphi \tag{4.2.2}$$

式中，τ 为剪应力；σ 为正应力；C 为黏聚力；p_{p} 为孔隙压力；φ 为内摩擦角；v_{p} 为注液速率。

排量对天然裂缝激活的影响如图 4.2.23 所示。

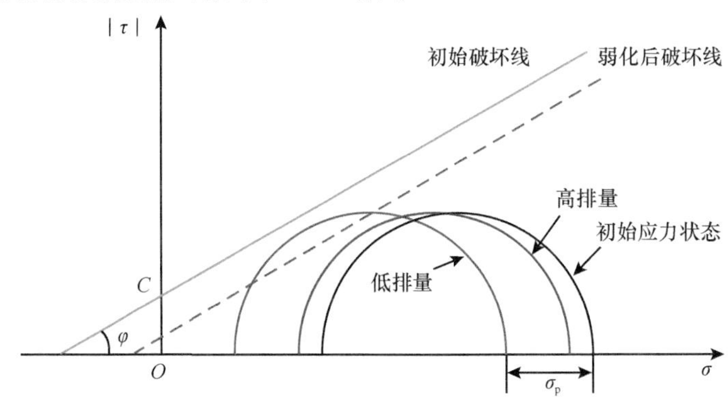

图 4.2.23　不同排量下天然裂缝活化模型

σ_{p} 为天然裂缝弱胶结面的有效应力减少值

高温下，试样未经饱和，因温度升高，压裂液极易转化为气态，低排量的注入使压裂液相态的变化更容易。缝内净压力与孔隙压力难以有效提高，造成天然裂缝不易被激活，制约了复杂裂缝的形成。常温下，低排量注入的压裂液缓慢进入天然裂缝，一方面弱化了天然裂缝弱胶结面的黏聚力，另一方面增加了天然裂缝弱胶结面周围的孔隙压力，有利于形成复杂裂缝。低地应力差下，水力裂缝的扩展方向受水平最小地应力控制的影响降低，若以低排量注入压裂液，易形成复杂裂缝；若以高排量注入压裂液，易形成分支裂缝。

3. 黏度对岩石破裂形态的影响

（1）三向主应力为35MPa/30MPa/15MPa及温度为120℃下，注入不同黏度的压裂液所形成的裂缝形态差异较大。如图4.2.24所示，低黏度压裂液（1mPa·s）下，水力裂缝仅沟通两条天然裂缝，改造范围有限。高黏度压裂液（20mPa·s）下，形成一条主缝，边界局部形成分支缝，并贯穿多条天然裂缝，沟通了多个溶洞。结果表明，高温及地应力差为15MPa条件下，注入低黏度压裂液的改造效果不佳。

（a）压裂液黏度1mPa·s

（b）压裂液黏度20mPa·s

图4.2.24 不同黏度压裂液条件下形成的水力裂缝形态

（2）三向主应力为35MPa/30MPa/15MPa及温度为20℃下，注入不同黏度压裂液所形成的裂缝形态差异较大。如图4.2.25所示，低黏度压裂液（1mPa·s）下，压裂液沟通了多条天然裂缝，井筒周围形成复杂裂缝。高黏度压裂液（20mPa·s）下，垂直于井筒的方向形成一条主缝，主缝沟通了扩展方向上的天然裂缝，并在岩样边界处形成分支缝。结果表明，常温及地应力为15MPa下，注入低黏度压裂液形成复杂裂缝，压裂改造效果较好。

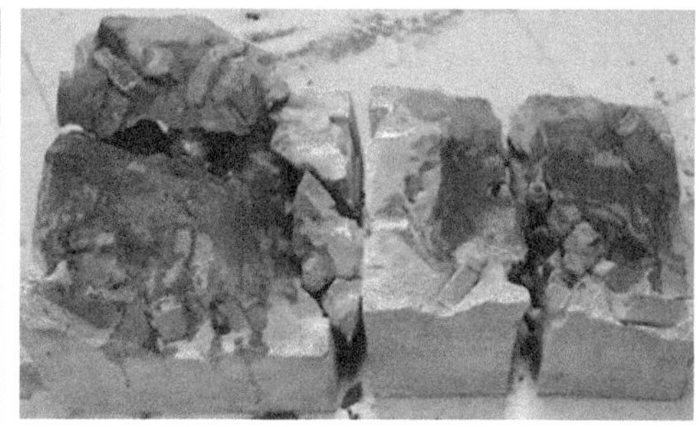

（a）压裂液黏度1mPa·s

（b）压裂液黏度20mPa·s

图4.2.25 不同黏度压裂液条件下形成的水力裂缝形态

（3）三向主应力为35MPa/30MPa/30MPa与温度为120℃下，低黏度压裂液（1mPa·s）以滤失的形式沟通两条天然裂缝及一个洞，压裂改造的范围有限。高黏度压裂液（20mPa·s）下，在井筒出液口，高黏度压裂液压穿了一条天然裂缝，并沿井筒轴向形成两条分支裂缝，在裂缝延伸方向沟通了多条天然裂缝。结果表明，高温（120℃）且地应力差为15MPa条件下，注入高黏度压裂液能形成更为复杂的裂缝，压裂改造效果明显。

（4）三向主应力为35MPa/30MPa/30MPa与温度为20℃下，低黏度压裂液（1mPa·s）沟通了全部天然裂缝，形成了复杂的体积裂缝。高黏度压裂液（20mPa·s）下，垂直于井筒方向形成一条主缝面，压裂液沟通了主缝面穿过的多条天然裂缝与溶洞。

不同围压与温度下，压裂液的黏度影响了水力裂缝的形态特征。低黏度压裂液受温度影响大，常温下有利于形成复杂裂缝，高温下储层的改造范围有限，高黏度压裂液受温度影响小，不同温度下的水力裂缝复杂程度相近，且表现为主裂缝沟通多条天然裂缝；高黏度压裂液受水平地应力差的影响更显著，地应力差的减小会影响裂缝的复杂程度，如图 4.2.26 所示。

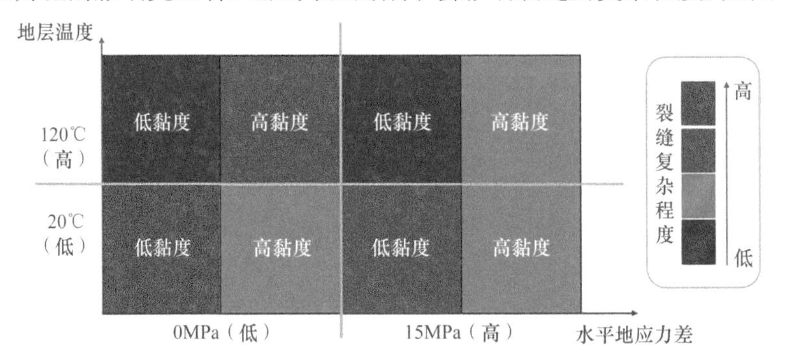

图 4.2.26　不同围压及温度条件下黏度对裂缝形态的影响

4. *压裂液黏度影响岩石破裂形态的机理及力学模型*

压裂液黏度增加，降低了压裂液滤失性，天然裂缝弱化的效果被削弱。高黏度压裂液滤失系数低，天然裂缝周围的孔隙压力增加缓慢，其有效应力由孔隙压力引起的改变量较小；高黏度压裂液难以滤失到天然裂缝的弱胶结面，天然裂缝的力学特性难以改变，只有不断提高缝内压力才能激活天然裂缝。基于此，提出了压裂液黏度影响岩石破裂形态的力学模型。模型中考虑天然裂缝周围的孔隙压力及压裂液的黏度。

$$|\tau| = C + \left[\sigma - p_{\mathrm{p}}(\gamma)\right]\tan\varphi \tag{4.2.3}$$

式中，γ 为压裂液黏度。

式（4.2.3）所述模型可通过图 4.2.27 表征。当压裂液黏度较低，压裂液向天然裂缝滤失的能力更显著。若保持相对较高的排量，低黏度压裂液的持续注入会导致天然裂缝周围的孔隙压力增加，有效应力降低；表现为图 4.2.27 中莫尔应力圆平移，加剧了天然裂缝的激活。

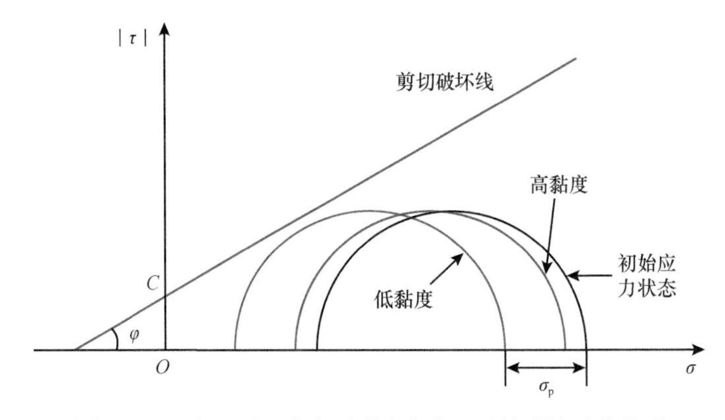

图 4.2.27　注入不同黏度压裂液条件下天然裂缝活化模型

对高黏度压裂液，高温会在一定程度改变压裂液的黏度，但不能有效提升其滤失特性，因此压裂液对孔隙压力及天然裂缝的胶结特性改变有限。注入高黏度压裂液，大量天然裂缝难以被激活，不利于形成复杂裂缝。地应力差越大，裂缝倾向垂直于水平最小地应力方向扩展，仅沟通裂缝扩展方向的天然裂缝，裂缝形态较为单一。

4.3 暂堵裂缝扩展控制因素

暂堵压裂技术是通过使用可降解暂堵材料，封堵已压开裂缝，开启新裂缝，提高储层动用程度。压裂后，暂堵材料完全降解，随井下流体返排至地面。根据施工目的，暂堵压裂技术分三类：直井纵向暂堵分层、水平井暂堵分段和缝内暂堵转向。

4.3.1 缝内暂堵裂缝扩展数值模拟

储层缝洞发育，暂堵改变水压分布及应力场，进而改变裂缝走向，但目前缺少缝洞条件下暂堵转向压裂值模拟模型，其影响因素及规律不明确，而数值模型是进行机理研究、工艺设计、参数优化的基础。大尺度复杂介质和暂堵条件下裂缝扩展模拟及规律研究可通过数值模拟方法实现。考虑复杂天然裂缝、溶洞及暂堵影响，建立相应的数学模型和数值模型，形成复杂介质条件下暂堵转向裂缝扩展模拟程序，以此开展数值模拟研究，进行工艺设计、参数优化等。利用随机建模方法生成天然裂缝分布，采用单元劈裂法（EPM）实现裂缝随机扩展，通过改变渗透性方式模拟暂堵，以此实现复杂裂缝暂堵转向模拟，明确各种条件下裂缝形态，针对各种储集体分布，设计施工工艺，优化施工参数和设计泵注程序。

1. 水力裂纹暂堵数值模拟

暂堵剂进入裂缝，改变裂缝的流动能力及压力分布，应力场分布随之变化，而应力场决定裂缝起裂扩展过程。通过设置裂缝中某处的渗透性实现裂缝暂堵转向的模拟，先计算应力场分布，然后模拟裂缝扩展过程。

基于 DVIB 渗流模型，对已扩展的水力裂缝进行暂堵的模拟计算，再现裂缝暂堵后水压升高的过程。假定四周边界水压为零，圆孔注入流量，渗流参数：渗透率 k=1.0×10^{-15}m^2，流体黏度 μ=1.0mPa·s，储水系数 S=1.8×10^{-16}m^{-1}，注入流量 f=1.0×10^{-5}m^3/min。裂缝张开度为 a=0.5mm，渗流 6min 后封堵，封堵前的水力裂缝如图 4.3.1（a）所示红色网格，现对裂缝的 a-b 区间进行封堵，如图 4.3.1（b）所示。

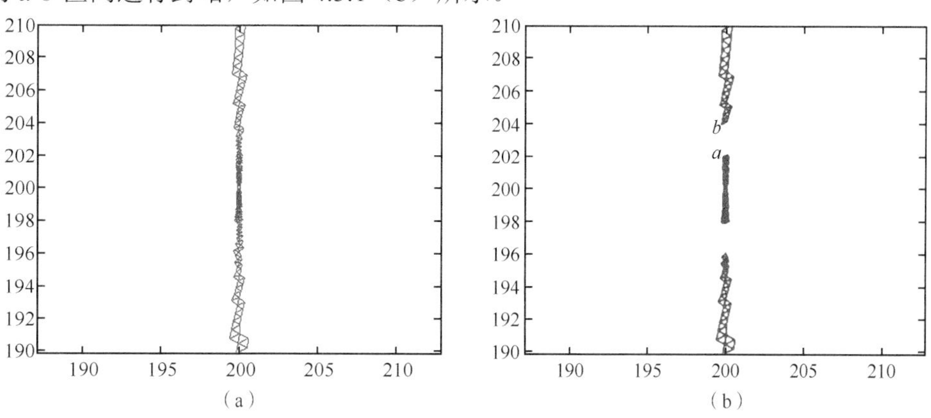

图 4.3.1 封堵前后裂缝形态（坐标轴单位：m）

如图 4.3.2 所示，对比分析显示，封堵改变了水力裂缝的水压分布。

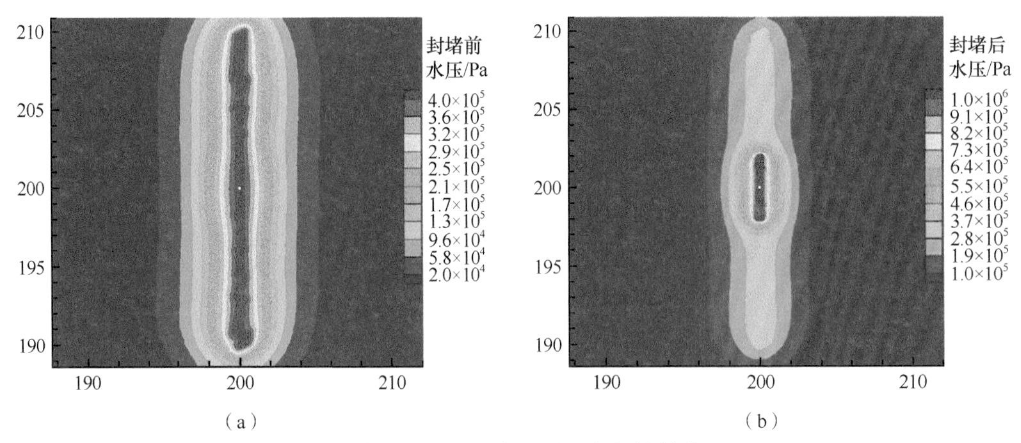

图 4.3.2　封堵前后水压分布云图（坐标轴单位：m）

2. 缝内暂堵裂纹扩展模拟

计算域为 200m×200m 方形域，水平主应力差为 5MPa，预设裂缝半长为 20m。在离井口 15m 处进行一段暂堵，暂堵处设置一条长度为 l 的小裂纹，倾角为 60°，如图 4.3.3 所示。液体黏度系数为 50cP，渗透率为 1mD，岩石杨氏模量为 40GPa，泊松比为 0.25，抗拉强度为 4.0MPa。同时，在暂堵点处增加一预置天然裂缝，对裂缝走向起引导作用。

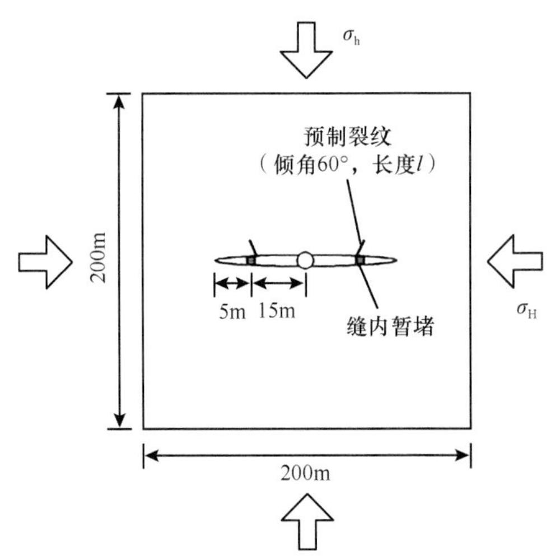

图 4.3.3　缝内暂堵裂纹扩展模拟设置

1）小裂纹长度 l=5.0m

小裂纹长度为 5.0m 时的模拟结果如图 4.3.4 所示，地应力差为 5MPa 时，显示 t=60min 时的裂缝形态及应力分布。天然裂缝影响裂缝走向，压裂时裂缝先沿天然裂缝延伸，暂堵改变了地应力分布，但暂堵后 x 方向正应力仍高于 y 方向正应力，使裂缝转向 x 方向延伸。

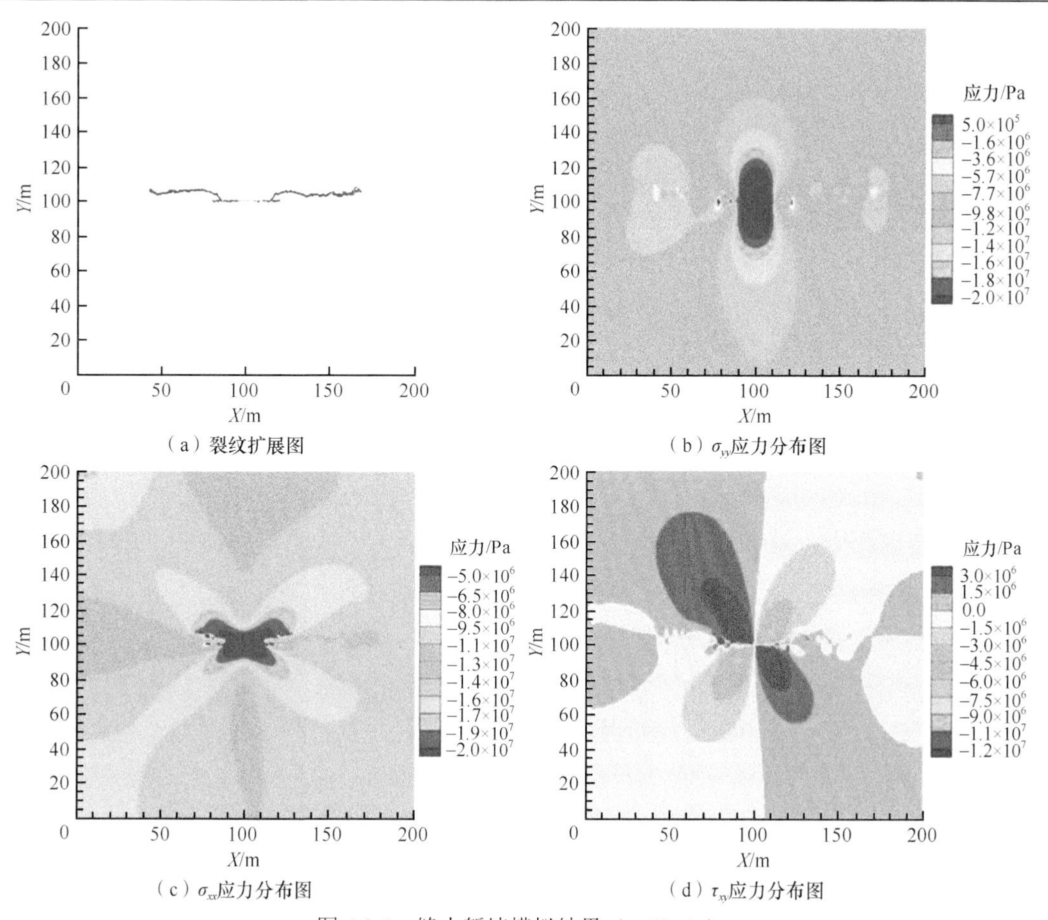

（a）裂纹扩展图　　（b）σ_{yy}应力分布图

（c）σ_{xx}应力分布图　　（d）τ_{xy}应力分布图

图 4.3.4　缝内暂堵模拟结果（t=60min）

2）小裂纹长度 l=3.0m

小裂纹长度为 3.0m 时的模拟结果如图 4.3.5 所示。天然裂缝较短（3m）时，裂缝扩展转向不明显。裂缝延伸受地应力影响，暂堵点前端为低应力区域，裂缝转向到原裂缝扩展方向。

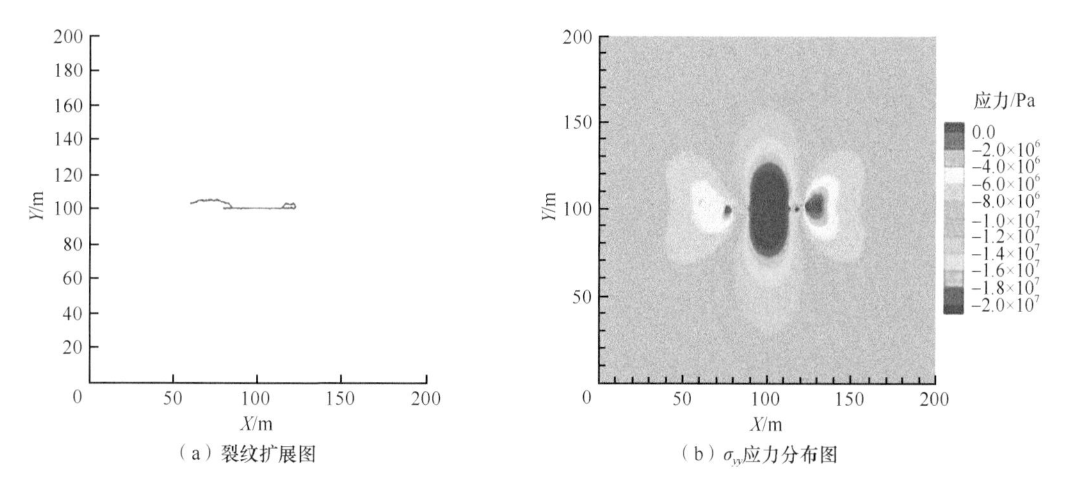

（a）裂纹扩展图　　（b）σ_{yy}应力分布图

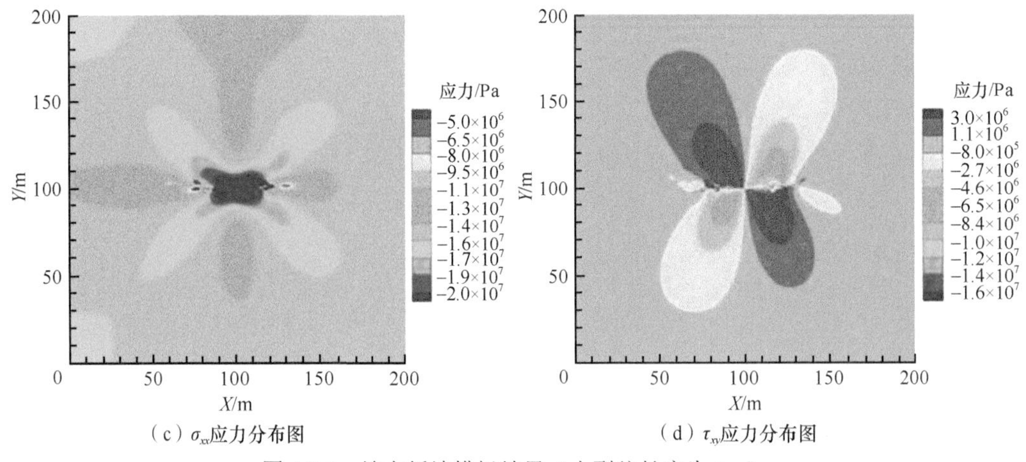

（c）σ_{xx}应力分布图　　（d）τ_{xy}应力分布图

图 4.3.5　缝内暂堵模拟结果（小裂纹长度为 3m）

3. 存在天然裂缝时的暂堵转向模拟

不考虑天然裂缝影响，暂堵转向距离较小，难以通过暂堵转向沟通非水平最大主应力方向上的储集体。而储层存在裂缝，有必要模拟存在天然裂缝的暂堵转向。模拟时，先压开地层，裂缝往前扩展一段，再进行暂堵，分析暂堵后的裂缝延伸规律。水平主应力差为5MPa，压裂液黏度为50mPa·s，杨氏模量为40GPa，泊松比为0.2，渗透率为1mD。图 4.3.6（a）为初始天然裂缝分布及暂堵前压开的水力裂缝（40m）分布图，井眼位于中心。图 4.3.6（b）为注入 83min 后的裂缝分布图，天然裂缝对水力裂缝影响明显，红色为新增裂缝，蓝色为原有裂缝。从图中可看出，水力裂缝以连通已有天然裂缝的方式向前扩展，最终形成曲折裂缝，增大裂缝覆盖范围。

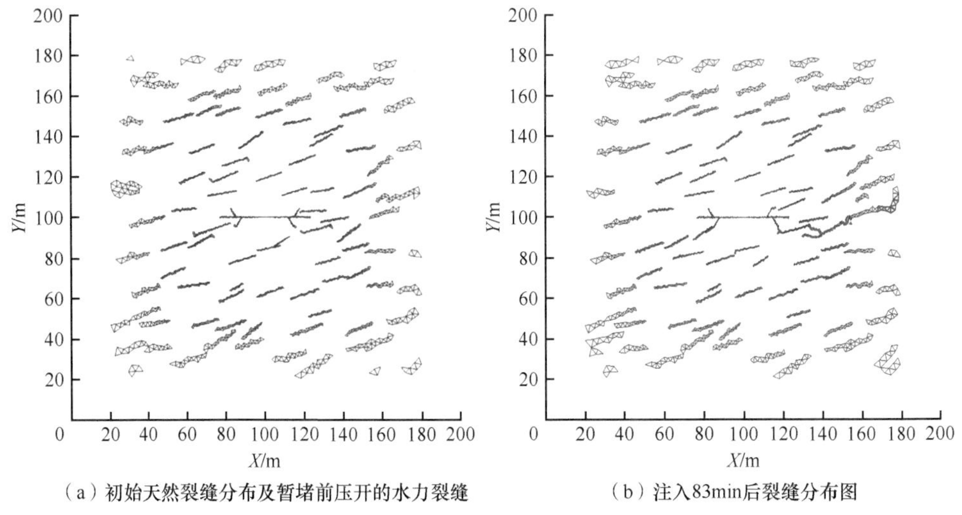

（a）初始天然裂缝分布及暂堵前压开的水力裂缝　　（b）注入83min后裂缝分布图

图 4.3.6　存在天然裂缝时的水力裂缝暂堵转向

图 4.3.7 为水压分布图，从图中可看出，水压沿井筒两边呈不对称分布，这与裂缝走向和宽度的分布有关。裂缝更容易向右扩展，且延伸较长。

图 4.3.8 为裂缝开度分布图，近井带裂缝宽度近 20mm，远端裂缝仅几毫米。

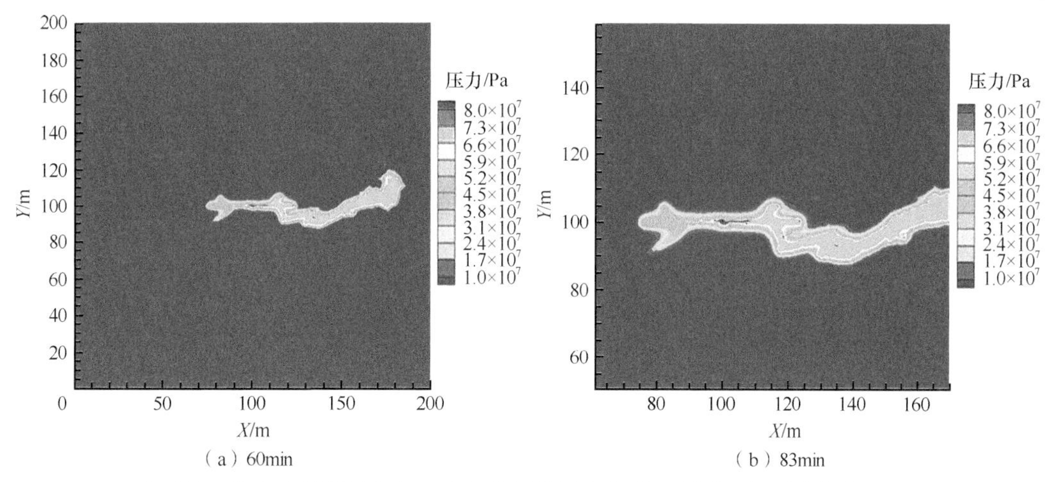

（a）60min （b）83min

图 4.3.7 存在天然裂缝时的水力裂缝暂堵转向水压分布图（坐标轴单位：m）

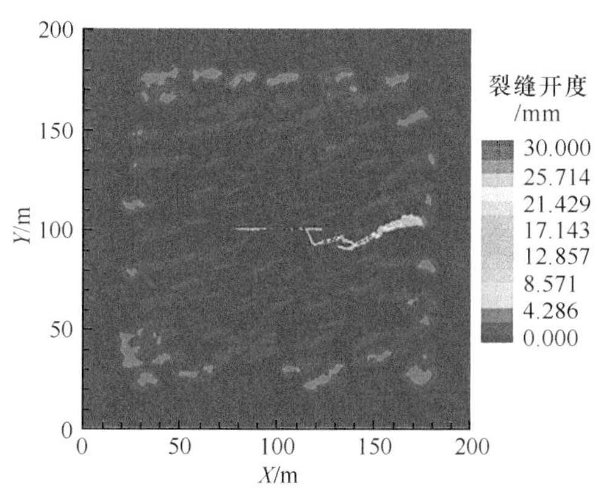

图 4.3.8 裂缝开度分布图

4. 人工裂缝与天然裂缝交会

为了模拟人工裂缝与天然裂缝相交的情况，在井口沿水平最大主应力方向上预设一条水力裂缝轨迹。此时，水力裂缝扩展过程中可能会穿过天然裂缝，继续沿原方向扩展，也可能激活天然裂缝形成转向，初始裂缝分布如图 4.3.9 所示。

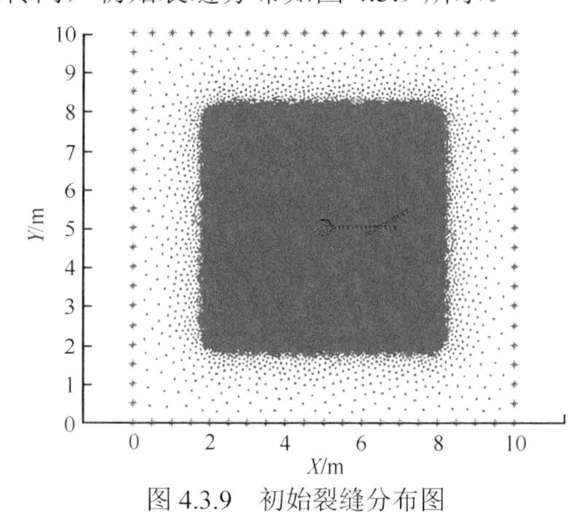

图 4.3.9 初始裂缝分布图

模拟了不同角度和应力差条件下的裂缝扩展情况，其中角度分别为 30°、45°和 70°，水平最小主应力 σ_x=120MPa，水平最大主应力 σ_y 为 125MPa、140MPa。模拟结果如图 4.3.10～图 4.3.12 所示。

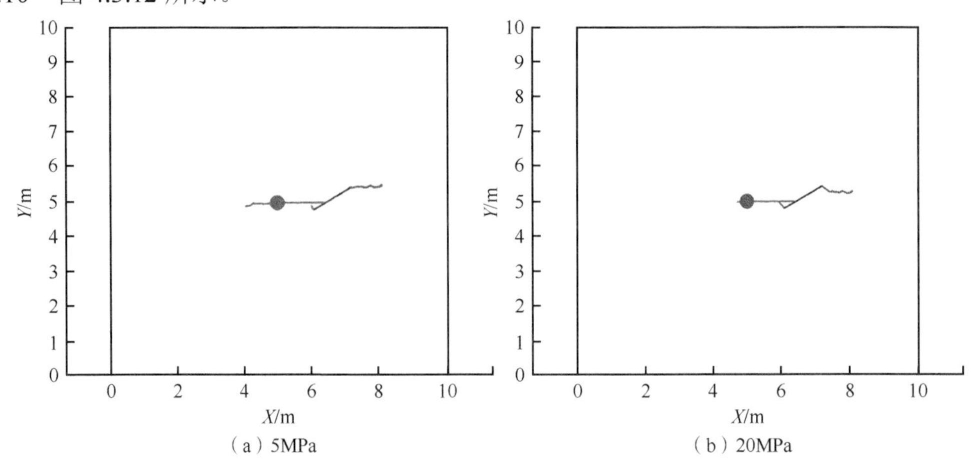

（a）5MPa　（b）20MPa

图 4.3.10　天然裂缝角度为 30°时不同地应力差条件下的人工裂缝与天然裂缝交会扩展

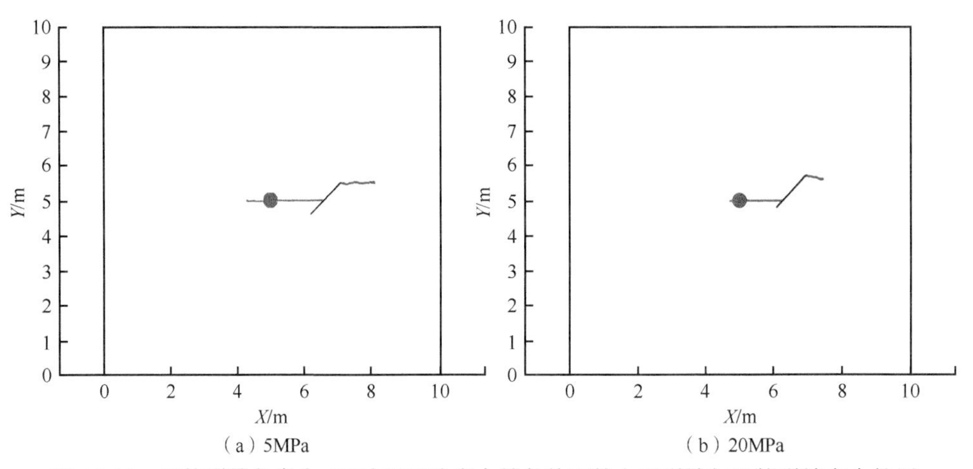

（a）5MPa　（b）20MPa

图 4.3.11　天然裂缝角度为 45°时不同地应力差条件下的人工裂缝与天然裂缝交会扩展

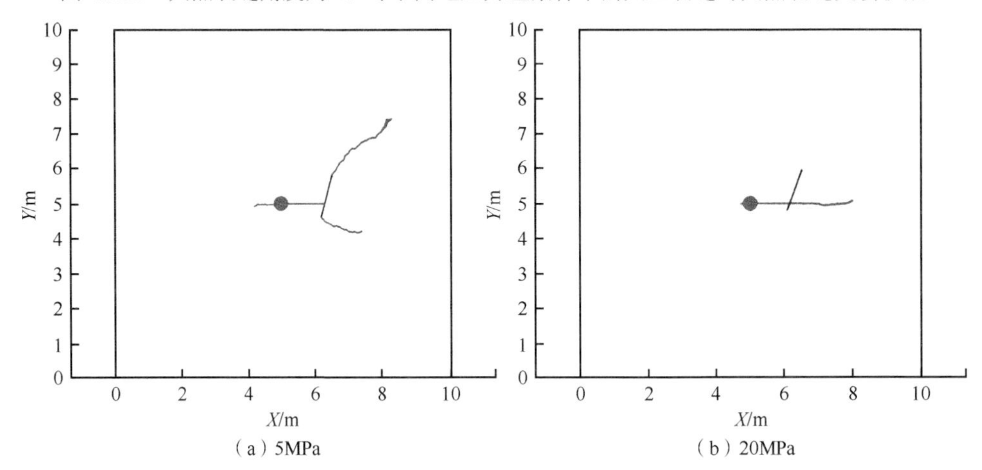

（a）5MPa　（b）20MPa

图 4.3.12　天然裂缝角度为 70°时不同地应力差条件下的人工裂缝与天然裂缝交会扩展

模拟结果表明：在应力差为20MPa、角度为70°条件下，人工裂缝穿过天然裂缝，沿预设轨迹扩展，其他情况人工裂缝激活天然裂缝并沿天然裂缝尖端方向扩展。

在地应力差为20MPa、天然裂缝角度为70°条件下进行暂堵模拟，当水力裂缝穿过天然裂缝后对进行暂堵，模拟结果如图4.3.13所示。

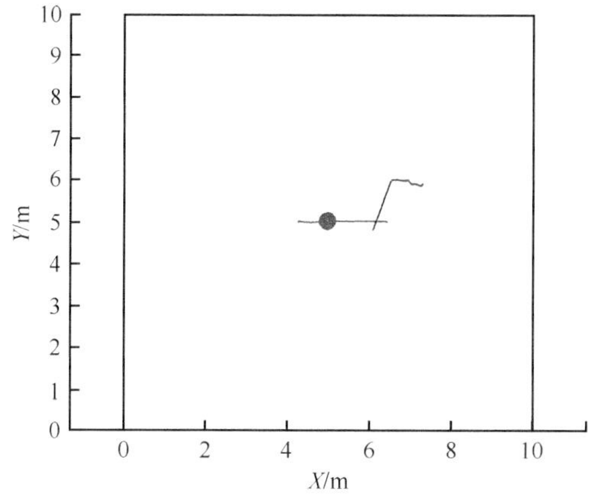

图4.3.13 暂堵转向数模结果

上述结果表明：天然裂缝角度越小，或压差越小，其越易被激活；对穿过天然裂缝的水力裂缝进行暂堵，可在后续压裂中开启天然裂缝，并沿天然裂缝起裂方向扩展。

4.3.2 暂堵裂缝扩展物理模拟

为分析不同储层和工程条件下的裂缝扩展规律，利用大尺寸露头开展真三轴水力压裂物理模拟实验。将暂堵剂通过液体带入井筒及裂缝内，进行暂堵转向试验。步骤如下。

（1）岩样制备：将岩样切成300mm×300mm×300mm的立方体（图4.3.14），在垂直于层理方向上钻2～12cm深的井眼，观察试样外部层理和天然裂缝的发育情况。

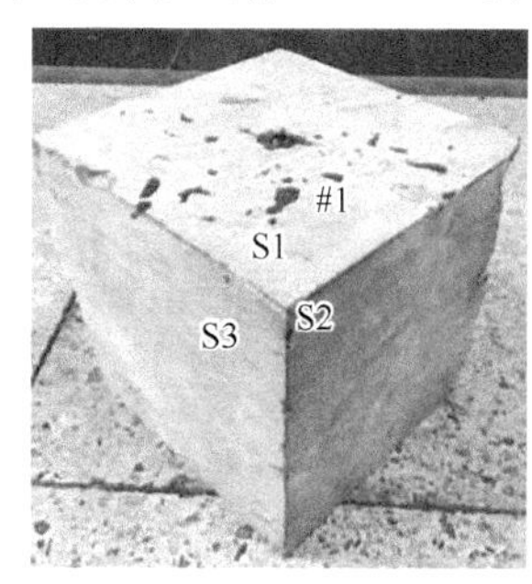

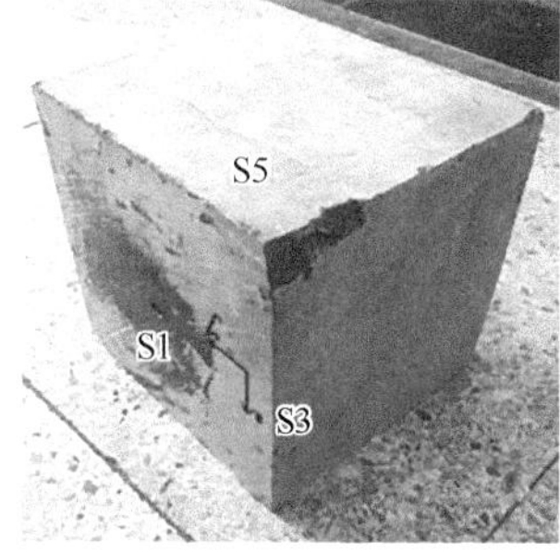

图4.3.14 暂堵裂缝扩展试验岩样

（2）暂堵剂与压裂液混合物的制备：将暂堵剂与压裂液按比例混合均匀，放入中间容器。

（3）压裂前的应力加载：根据不同井型，对岩样施加上覆岩层压力（σ_V）、水平最大应力（σ_H）和水平最小应力（σ_h）。同时，为提高试验可靠性，减少压前层理缝的开启，先施加上覆岩层压力，避免层理在压前发生剪切破裂；再平稳施加水平两向应力。

（4）裂缝扩展的动态实时监测：注入流体过程中需进行泵压数据的实时采集。

（5）压后水力裂缝形态对比和描述：根据试件表面裂缝形态，观察压开的裂缝；剖开试样，根据压裂液流动路径和暂堵剂的分布，分析暂堵对裂缝转向的影响及水力裂缝扩展路径。部分试样先利用高能工业 CT 扫描内部水力裂缝形态，后剖开试样，根据示踪剂流动路径和暂堵剂的分布，分析暂堵对裂缝走向及水力裂缝扩展路径的影响，验证声发射定位解释结果的可靠性。

该试验分三类开展：①缝内暂堵转向压裂；②缝口暂堵转向压裂；③水平井暂堵分段压裂。

1. 直井缝内暂堵压裂试验

压开裂缝后，注入暂堵剂，暂堵剂在缝内形成高阻力暂堵带，增加缝内净压力，开启其他部位裂缝，裂缝转向延伸，如图 4.3.15 所示。表 4.3.1 统计了缝内暂堵试验条件和现象，列出了几组代表性试验的详细条件、注入压力曲线和试验前后的岩样照片，并进行分析。

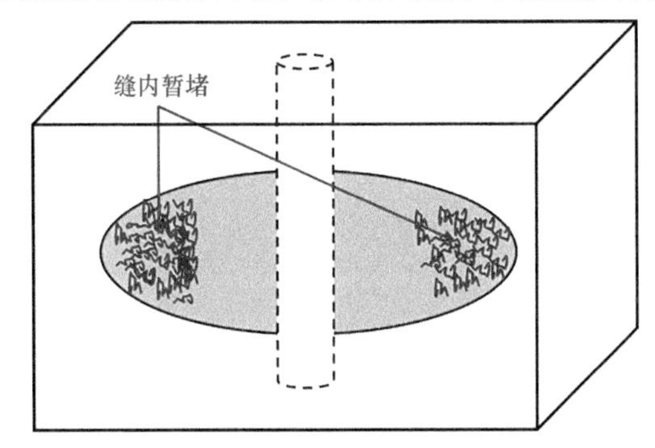

图 4.3.15　直井缝内暂堵

表 4.3.1　直井缝内暂堵试验条件与结果统计

序号	应力($\sigma_h/\sigma_H/\sigma_v$)/MPa	排量/ (mL/min)	泵注程序	暂堵剂类型	试验结果
1	5/13/15	50+50	1000mL 纯液+1000mL 暂堵液	0.4%（质量分数，下同）纤维（＜1mm）	注入压力上升较高，裂缝转向，纤维大量进入裂缝
2	5/13/15	50+50	1000mL 纯液+1000mL 暂堵液	0.7%纤维（＜1mm）	注入压力上升较高，裂缝转向，较多纤维进入裂缝
3	2/10/15	100+100	1000mL 纯液+1000mL 暂堵液	1%纤维（＜1mm）	注入压力上升较高，裂缝转向，纤维大量进入裂缝
4	2/10/15	100	1000mL 暂堵液	人造岩样预置纤维（6mm）	注入压力上升不明显，简单双翼缝
5	2/10/15	100	1000mL 暂堵液	人造岩样预置纤维（6mm）	注入压力上升不明显，简单双翼缝
6	2/10/15	100+100	1000mL 纯液+1000mL 暂堵液	1%膨胀型颗粒（＜100 目）	注入压力上升不明显，简单双翼缝，颗粒球少量进入裂缝
7	2/10/15	100	1000mL 暂堵液	2%膨胀型颗粒（＜100 目）	注入压力上升几兆帕，简单缝，开启层理缝，颗粒球大量进入裂缝
8	2/10/15	100	1000mL 暂堵液	5%膨胀型颗粒（18A-310）	注入压力上升较高，简单双翼缝，颗粒球大量进入裂缝

代表性试验（试验 1）描述如下。

三轴压力：X 轴为 15MPa（S1-S6），Y 轴为 13MPa（S3-S4），Z 轴为 5MPa（S2-S5），S2 为底。

井眼：裸眼段长 5cm，井筒长 15cm。

暂堵剂类型及用量：0.4%可降解纤维（<1mm）。

压裂液配方及用量：纯压裂液 1500mL 0.4%稠化剂+0.4%交联剂，纤维压裂液 1500mL 0.4%稠化剂+0.4%交联剂。

泵注方式：先注 1000mL 纯压裂液，后注 1000mL 纤维压裂液。

排量：50mL/min。

纯压裂液注入，岩石迅速破裂，如图 4.3.16 所示。纤维压裂液注入，压力上升较大，且波动较大。由于纤维进入裂缝，形成高阻力带，增加了净压力，压后裂缝形态如图 4.3.17 所示，形成了两条缝，第一条从左上到右边，第二条从井筒到下面。裂缝中的暂堵剂呈分散状态，因裂缝较窄，这种暂堵起到了堵塞作用，憋起压力高。第二条裂缝从井筒附近起裂，为层理面，即暂堵后层理面起裂向前扩展。

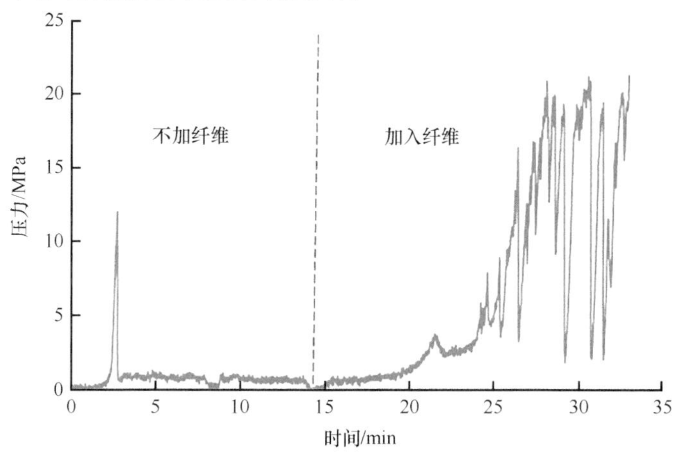

图 4.3.16　直井缝内暂堵试验压力时间曲线

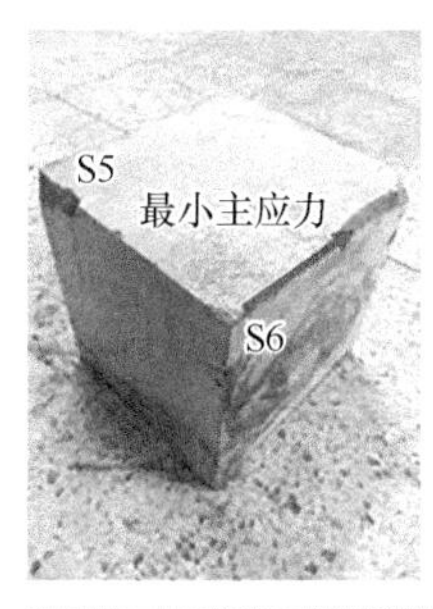

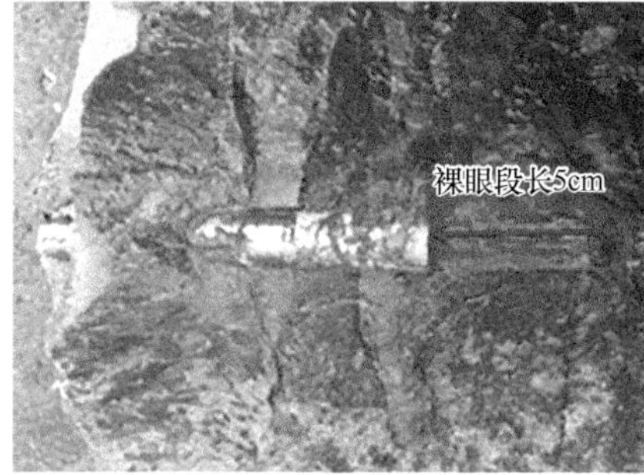

图 4.3.17　直井缝内暂堵压裂试验压后岩样

2. 直井缝口暂堵压裂试验

缝口暂堵是用暂堵剂将已压开的裂缝缝口堵塞，憋起高的压力，使其在井筒其他方位起裂扩展，将裂缝引导到非水平最大主应力方向延伸，如图 4.3.18 所示。详细的试验条件和结果如表 4.3.2 所示。

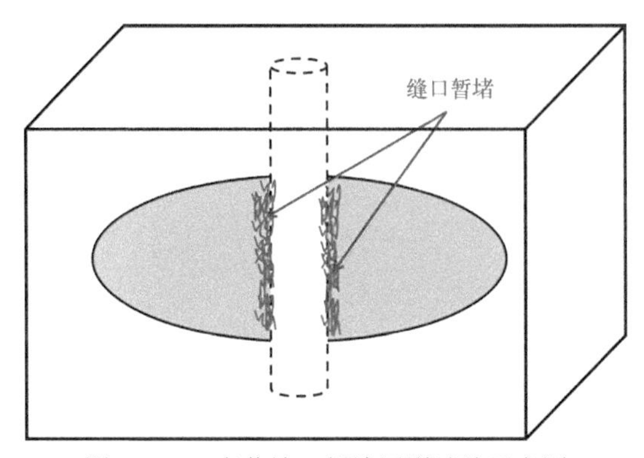

图 4.3.18　直井缝口暂堵压裂试验示意图

表 4.3.2　直井缝口暂堵转向试验条件及结果统计

序号	应力($\sigma_h/\sigma_H/\sigma_v$)/MPa	排量/（mL/min）	泵注程序	暂堵剂类型	试验结果
1	5/13/10	50	1000mL 暂堵液	0.2%纤维（3～4mm）	压力上升较高，简单双翼缝
2	5/13/10	50	1000mL 暂堵液	0.2%纤维（1.5～2mm）	压力上升较高，简单双翼缝
3	1/14/15	50+50	50mL 纯液+950mL 暂堵液	0.5%纤维（<1mm）	压力上升较高，简单双翼缝，开启层理缝
4	1/14/15	50+50	250mL 纯液+750mL 暂堵液	0.7%纤维（<1mm）	压力上升较高，简单双翼缝，开启层理缝
5	1/14/15	50+50	1000mL 纯液+1000mL 暂堵液	0.6%纤维（<1mm）	压力上升较高，开启层理缝
6	5/13/15	100+100	1000mL 纯液+1000mL 暂堵液	0.4%纤维（<1mm）	压力上升较高，开启层理缝
7	5/13/15	100	1000mL 暂堵液	0.7%纤维（<1mm）	压力上升较高，简单双翼缝，开启层理缝
8	5/13/15	100	1000mL 暂堵液	0.7%纤维（<1mm）	压力上升较高，简单双翼缝，开启层理缝
9	2/10/15	100	1000mL 暂堵液	0.7%纤维（<1mm）	压力上升较高，开启层理缝
10	1/14/15	50+50	1000mL 纯液+1000mL 暂堵液	0.5%颗粒球（0.8～1.2mm）	压力上升不明显，简单双翼缝
11	1/14/15	50+50	1000mL 纯液+1000mL 暂堵液	0.5%颗粒球（20～40 目）	压力上升不明显，简单双翼缝
12	1/14/15	50+50	50mL 纯液+950mL 暂堵液	0.7%颗粒球（20～50 目）	压力上升较高，简单双翼缝
13	1/14/15	50	1000mL 暂堵液	0.7%颗粒球（20～50 目）	压力上升较高，简单双翼缝，开启层理缝

代表性试验（试验 6）描述如下。

三轴压力：X 轴为 15MPa（S1-S6），Y 轴为 13MPa（S2-S5），Z 轴为 5MPa（S3-S4），S4 为底。

井眼：裸眼段长 10cm，井筒长 10cm。

暂堵剂类型及用量：0.4%可降解纤维（<1mm）。

压裂液配方及用量：纯压裂液 1500mL 0.4%稠化剂+0.4%交联剂，纤维压裂液 1500mL 0.4%稠化剂+0.4%交联剂。

泵注方式：先注 1000mL 纯压裂液，后注 1000mL 纤维压裂液。

排量：100mL/min。

注入压力曲线如图 4.3.19 所示。注入压裂液阶段，破裂点明显。注入纤维阶段，压力上升明显，且波动频率高，纤维未进入缝内，对缝口堵塞效果好。压裂形成了多条裂缝，如图 4.3.20 所示，第一条裂缝垂直于水平最小主应力方向，其他缝为层理缝；暂堵憋起较高压力，使层理缝开启。垂向应力最大，但水平层理仍开启。CT 扫描显示，内部裂缝形态与剖开后的裂缝形态一致，表明破开岩样未产生新的次生缝。

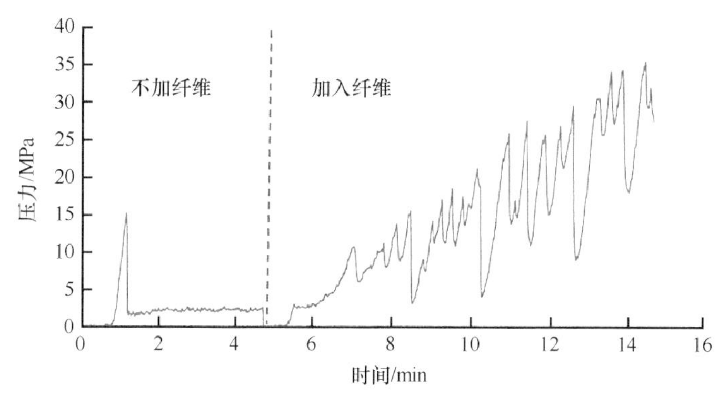

图 4.3.19 直井缝口暂堵压裂试验压力时间曲线

图 4.3.20 直井缝口暂堵压裂试验压后岩样

3. 水平井缝口暂堵分段压裂试验

水平井缝口暂堵分段压裂试验，如图 4.3.21 所示。共开展了 10 组试验，详细试验条件和结果如表 4.3.3 所示。

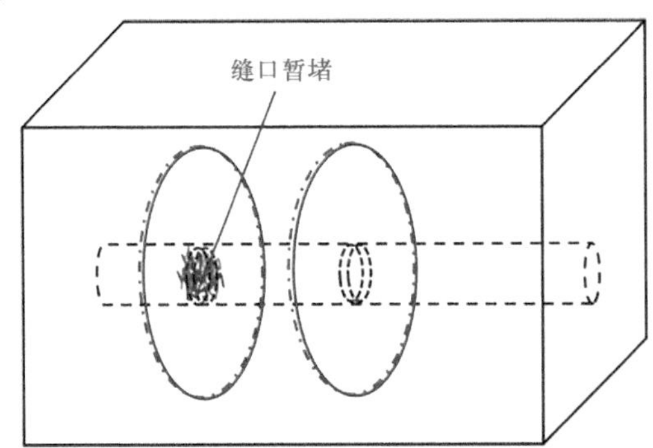

图 4.3.21 水平井缝口暂堵分段压裂试验示意图

表 4.3.3 水平井缝口暂堵分段压裂试验条件与结果统计

序号	应力($\sigma_h/\sigma_H/\sigma_v$)/MPa	排量/（mL/min）	泵注程序	暂堵剂类型	试验结果
1	13/23/25	100+100+100	1000mL 纯液+1000mL 暂堵液+	0.7%纤维（2mm）	两条裂缝，一条垂直于 σ_h，一条垂直于 σ_H
2	10/27/30	50+50+50	1000mL 纯液+200mL 暂堵液+1000mL 纯液	1%纤维（2mm）	三条裂缝，一条垂直于 σ_h，两条垂直于 σ_H
3	10/27/30	50+50+50	1000mL 纯液+200mL 暂堵液+1000mL 纯液	1%纤维（2mm）	三条裂缝，一条垂直于 σ_h，两条垂直于 σ_H
4	10/27/30	200+100+200	1000mL 纯液+200mL 暂堵液+1000mL 纯液	0.5%纤维（0.75mm、1.5mm、3mm 比例 1∶1∶1）	两条裂缝，均垂直于 σ_h，沟通天然裂缝
5	10/27/30	200+100+200	1000mL 纯液+200mL 暂堵液+1000mL 纯液	0.4%纤维（0.75mm、1.5mm、3mm 比例 1∶1∶1）	两条裂缝，均垂直于 σ_h，沟通天然裂缝
6	10/27/30	100+100+100	1000mL 纯液+200mL 暂堵液+1000mL 纯液	0.4%纤维（0.75mm、1.5mm、3mm 比例 1∶1∶1）+0.4%球（0.8～1.2mm）	两条裂缝，均垂直于 σ_h，沟通天然裂缝
7	10/27/30	200+200+200	1000mL 纯液+200mL 暂堵液+1000mL 纯液	0.4%纤维（0.75mm、1.5mm、3mm 比例 1∶1∶1）+0.4%球（0.8～1.2mm）	两条裂缝，均垂直于 σ_h，沟通天然裂缝
8	10/27/30	100+100+100	1000mL 纯液+200mL 暂堵液+1000mL 纯液	0.8%纤维(6mm)+0.8%球（0.8～1.2mm）	两条裂缝，均垂直于 σ_h，沟通天然裂缝
9	10/27/30	100+100+100	1000mL 暂堵液	0.8%纤维(6mm)+0.8%球（0.8～1.2mm）	两条裂缝，均垂直于 σ_h，沟通天然裂缝

续表

序号	应力($\sigma_h/\sigma_H/\sigma_v$)/MPa	排量/（mL/min）	泵注程序	暂堵剂类型	试验结果
10	10/27/30	100+100+100	1000mL 纯液+ 200mL 暂堵液+ 1000mL 纯液	0.8%纤维（6mm）+0.8%球（0.8～1.2mm）	两条裂缝，均垂直于σ_h，沟通天然裂缝

代表性试验（试验10）描述如下。

三轴压力：X轴为10MPa（S1-S6），Y轴为27MPa（S2-S5），Z轴为30MPa（S3-S4），S4为底。

井眼：裸眼段长10cm。

暂堵剂类型及用量：0.8%可降解纤维（6mm）、0.8%颗粒球（0.8～1.2mm）；

泵注方式：先泵注1000mL纯压裂液，接着泵注500mL纤维压裂液，再泵注1000mL纯压裂液驱替。

排量：100mL/min。

压力时间曲线如图4.3.22所示，压裂液注入初期，曲线有一峰值，岩石破裂；暂堵剂注入后压力曲线出现峰值，说明岩石第二次破裂。暂堵剂注入后，压力上升明显，波动频率高，第二段裂缝延伸压力明显高于第一段。压裂形成了两条垂直于井筒的裂缝，如图4.3.23所示，第二条裂缝伴随分叉，高压力下层理缝被开启。压后开展CT扫描获取内部裂缝形态，CT图像显示两条垂直于井筒的主裂缝，并有少许微裂缝；剖开岩样观测裂缝形态，CT扫描到的裂缝形态与观察到的基本一致，表明剖开岩样未产生次生缝。暂堵剂未进入缝内，对缝口暂堵效果好。

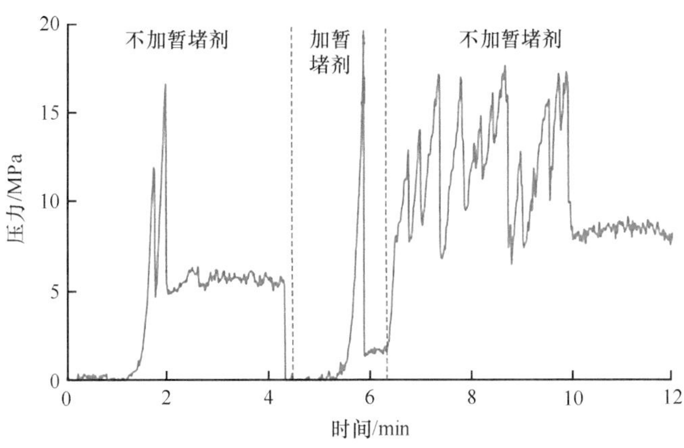

图4.3.22 水平井缝口暂堵分段压裂压力时间曲线

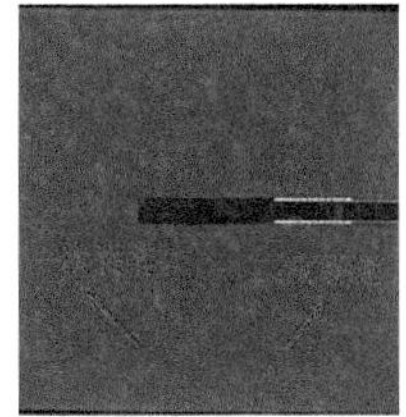
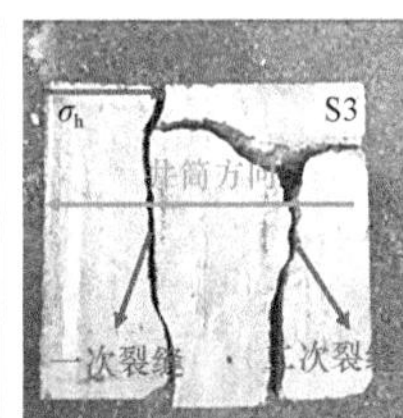

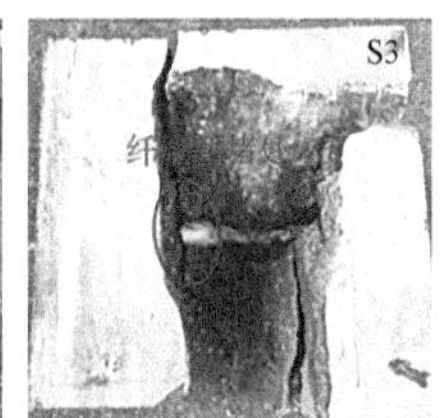

图4.3.23 水平井缝口暂堵分段压裂压后岩样

缝内暂堵，形成低渗带，增加了流动阻力。试验条件下，压力增加 15MPa 以上，且压力上升过程中波动明显。新缝从天然裂缝和层理面起裂扩展。

缝口暂堵，纤维或纤维+颗粒能形成致密暂堵层暂堵缝口，憋起较高压力，裂缝在井筒的新位置起裂，起裂位置在层理和天然裂缝的所在处。

水平井分段压裂，纤维或纤维+颗粒有效暂堵缝口，憋起更高压力，使裂缝在其他部位起裂延伸，形成多条横切缝。

天然岩样存在天然裂缝或层理，暂堵压裂时憋起较高压力，开启天然裂缝或层理，形成复杂裂缝。在较均质的人造岩样中，加入暂堵剂，憋起足够高的压力，仍形成简单缝，表明通过暂堵难以实现在岩石本体开启新缝实现转向。在实际油藏中，因微裂缝和层理存在，水力裂缝暂堵后，裂缝能在微裂缝或层理处重新起裂并转向扩展，实现转向压裂。试验验证了缝内暂堵实现裂缝转向的可行性。缝口暂堵实现井筒新位置起裂的可行性。新起裂位置基本在天然裂缝或层理处，无天然裂缝或层理，暂堵难以通过暂堵实现转向。

4.4 裂缝动态扩展控制因素

4.4.1 应力波传播理论

1. *岩石的弹性波传播*

岩石动态弹性系数包括波速和波阻抗。岩石的传播速度大小取决于岩石密度和弹性模量。一维条件下，纵波速度为

$$c_{\mathrm{p}} = \sqrt{\frac{E}{\rho}} \tag{4.4.1}$$

式中，E 为岩石弹性模量；ρ 为岩石密度。

波阻抗表示波传播方向的应力与质点运动速度的关系，对纵波有

$$\begin{aligned} \sigma &= \rho c_{\mathrm{p}} u \\ \tau &= \rho c_{\mathrm{s}} u \end{aligned} \tag{4.4.2}$$

式中，σ 为动态正应力；τ 为动态剪应力；c_{s} 为横波波速；u 为质点运动速度。

岩石动态力学参数可通过与波速的关系求得

$$\begin{aligned} E_{\mathrm{d}} &= \frac{c_{\mathrm{p}}^2 \rho (1+\mu_{\mathrm{d}})(1-2\mu_{\mathrm{d}})}{1-\mu_{\mathrm{d}}} = 2c_{\mathrm{p}}^2 \rho (1+\mu_{\mathrm{d}}) \\ \mu_{\mathrm{d}} &= \frac{c_{\mathrm{p}}^2 - 2c_{\mathrm{s}}^2}{2(c_{\mathrm{p}}^2 - c_{\mathrm{s}}^2)} \\ G_{\mathrm{d}} &= \rho c_{\mathrm{s}}^2 \\ K_{\mathrm{d}} &= \rho\left(c_{\mathrm{p}}^2 - \frac{4}{3}c_{\mathrm{s}}^2\right) \\ \lambda_{\mathrm{d}} &= \rho\left(c_{\mathrm{p}}^2 - 2c_{\mathrm{s}}^2\right) \end{aligned} \tag{4.4.3}$$

式中，E_{d} 为动态弹性模量；μ_{d} 为动态泊松比；G_{d} 为动剪切模量；K_{d} 为动体积模量；λ_{d} 为

动态拉梅常数。

2. 岩石中爆炸应力波的传播

可将爆炸源附近的岩石视为流体，传播的冲击波压力 p 随距离的衰减规律为

$$p=\sigma_r=p_2\overline{r}^{-\alpha} \tag{4.4.4}$$

式中，$\overline{r}$ 为比距离，$\overline{r}=r/r_{\mathrm{b}}$，其中 r 为距药室中心的距离，r_{b} 为药室半径；σ_r 为径向应力峰值；α 为压力衰减指数，一般取值为3。

冲击波阵面上，各状态参数满足冲击波的基本方程：

$$\begin{cases}\dfrac{D}{D-u}=\dfrac{C_{\mathrm{b0}}}{C_{\mathrm{b}}}\\ \dfrac{Du}{C_{\mathrm{b}}}=p-p_0\\ E_{\mathrm{b}}-E_{\mathrm{b0}}=\dfrac{1}{2}\left(p+p_0\right)\left(C_{\mathrm{b0}}-C\right)\end{cases} \tag{4.4.5}$$

式中，D 为冲击波速度；p、C_{b}、E_{b} 分别为压力、比热容和内能。

爆炸源附近，无法通过测试技术获取高压状态下岩石状态方程中的物理参数，一般采用岩石的 Hugoniot 曲线或式（4.4.6）代替：

$$D=a+b\dot{u} \tag{4.4.6}$$

式中，a，b 均为试验确定的常数。

在冲击波作用区域，岩石处于各向同性状态，可认为$\left(\sigma_r=\sigma_\theta\right)$，冲击波速度与传播距离的经验关系为

$$D=D_0-B\left(\overline{r}-1\right) \tag{4.4.7}$$

式中，B 为冲击波速度衰减常数；D_0 为冲击波的初始传播速度。

由式（4.4.7）可得冲击波的作用范围：

$$r=r_{\mathrm{b}}\left[1+\left(D_0-D\right)/B\right] \tag{4.4.8}$$

岩石在常规炸药爆炸载荷下的冲击波作用区域仅是装药半径的3~5倍。冲击波作用范围小，但能消耗炸药爆炸的大部分能量。在冲击波作用区域外是应力波传播，其衰减规律与冲击波的衰减规律相同，但衰减变化趋势缓慢。

岩石中柱状装药爆炸荷载下应力波区域的径向应力与切向应力关系如下:

$$\sigma_\theta=\frac{\mu}{1-\mu}\sigma_r \tag{4.4.9}$$

应力波可进一步衰减为地震波，用质点速度表示地震波的强度，其衰减规律为

$$u=e\left(\frac{Q}{r}\right)^{\alpha} \tag{4.4.10}$$

式中，e 为常数，与岩石性质相关，一般取值为30～70；α 为衰减指数，α=1～2；Q 为一

次起爆的炸药质量。

3. 碳酸盐岩爆炸试验

对方形和圆形试样进行爆炸加载试验，参数如表 4.4.1 所示：

表 4.4.1　爆炸试验参数及测试压力峰值

序号	基板厚度/mm		药量	炸高/mm	压力峰值/MPa		
	h_1	h_2			测点 1	测点 2	测点 3
S-1	29	28	单发雷管	74	—	21.88	14.02
S-2	30	29	单发雷管	74	—	—	—
C-1	39	38	单发雷管	74	53.21	24.36	11.75
C-2	41	36	单发雷管	74	56.89	20.68	5.73

注：S-方形，C-圆形。

碳酸盐岩爆炸测试试样 S-1 受到冲击荷载后，未出现整体破坏。试样 S-1 表面上具有的胶结物未受爆炸应力波影响，没有出现明显微裂缝等破坏，如图 4.4.1 所示。表明胶结物对碳酸盐岩各部分的胶结强度很高，试样 S-1 的压力与传播时间的变化趋势如图 4.4.2 所示。

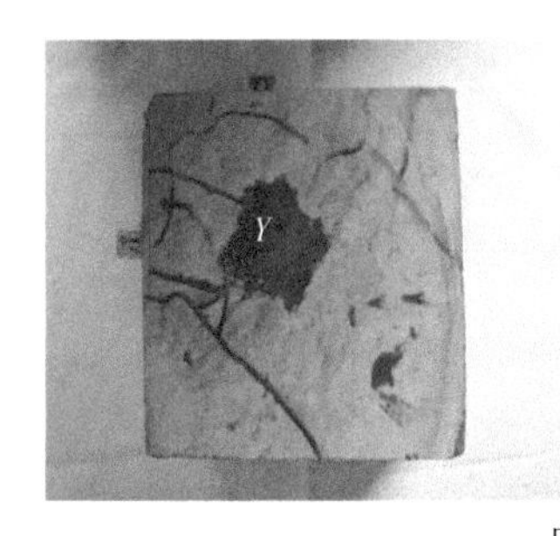

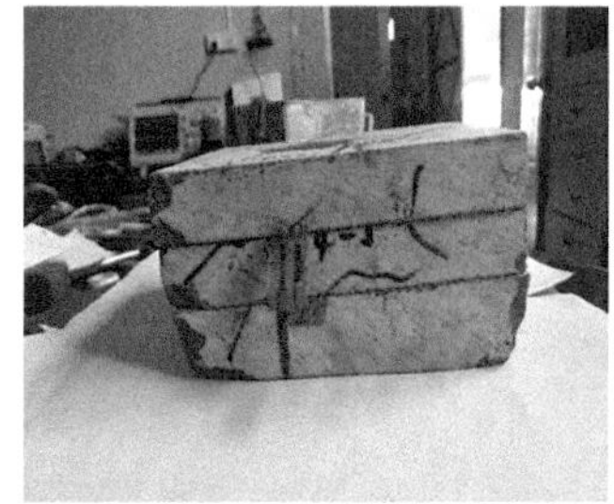

图 4.4.1　碳酸盐岩爆炸测试试样 S-1

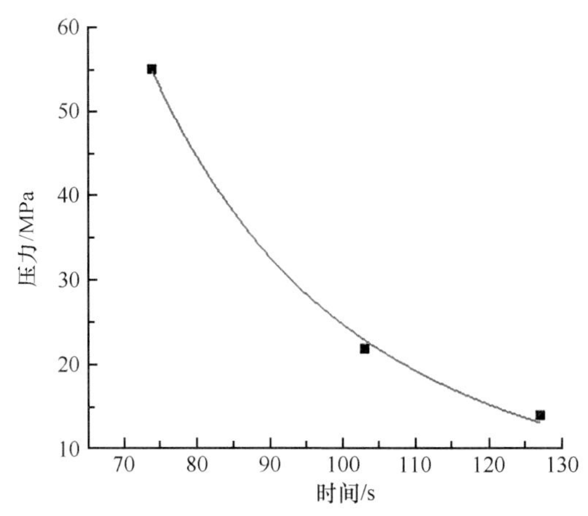

图 4.4.2　碳酸盐岩爆炸测试试样 S-1 的压力与传播时间的变化趋势

碳酸盐岩爆炸测试试样 C-1 受到爆炸荷载后，并未发生明显破坏，标注胶结物的位置处未发生明显破坏，如图 4.4.3 所示，试样 C-1 压力与传播距离的变化趋势如图 4.4.4 所示。

图 4.4.3 碳酸盐岩爆炸测试试样 C-1

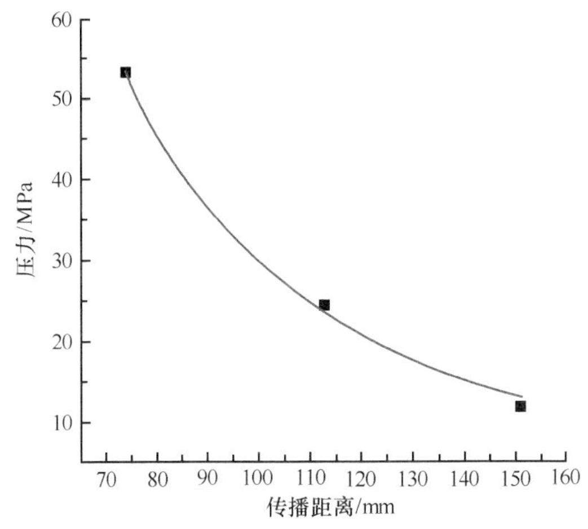

图 4.4.4 碳酸盐岩爆炸测试试样 C-1 压力与传播距离的变化趋势

4. 缝洞型碳酸盐岩爆炸试验

1）A 组试验数据

碳酸盐岩爆炸试验中，为表征缝洞对碳酸盐岩中波传播的影响，需加工出一定形状含空腔（裂缝或孔洞）的试样。由于碳酸盐岩材料限制，厚度仅为 100mm，将碳酸盐岩板材加工成 180mm×180mm×100mm 长方体试件，如图 4.4.5 所示。

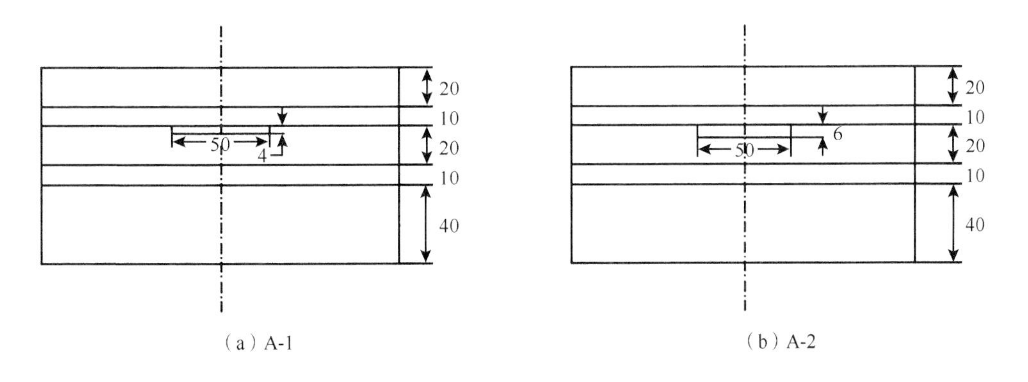

（a）A-1 （b）A-2

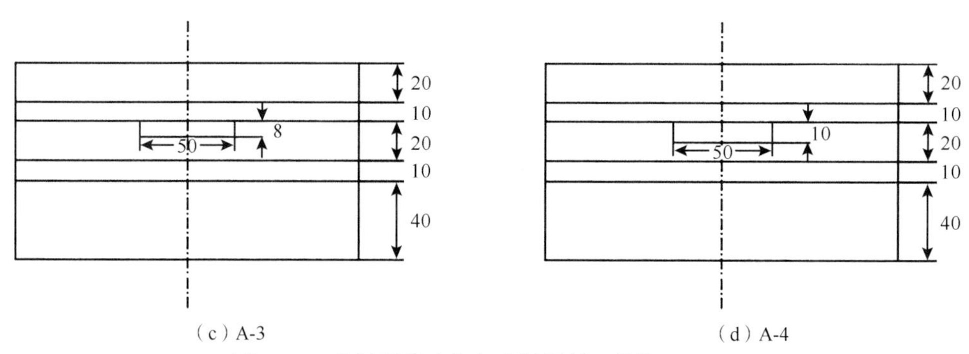

图 4.4.5　缝洞型碳酸盐岩试样预制（单位：mm）

为分析缝洞对应力波传播衰减的影响，对碳酸盐岩试样内部预制人工空腔，如图 4.4.6 所示。

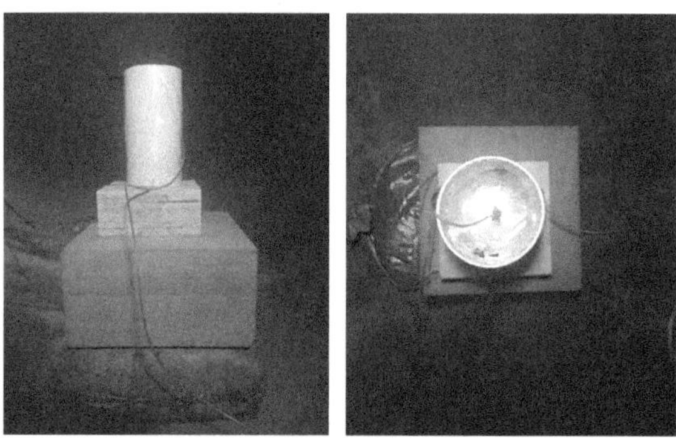

图 4.4.6　碳酸盐岩试验岩样

缝洞处存在应力波的透射、反射等，布置在此处的传感器很难测到信号，因此传感器需布置在缝洞上下较近的位置处，如图 4.4.7 所示。选取爆炸试验中监测的 A-1、A-2 试验数据，如表 4.4.2 所示（表中 A-5 试样不含缝洞，用作对比）。

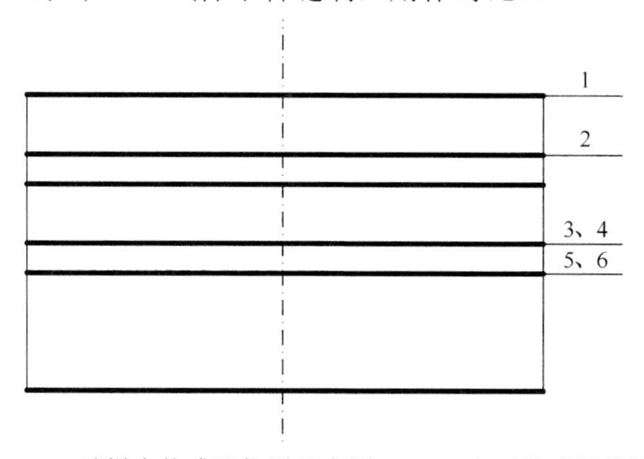

图 4.4.7　试样内传感器位置示意图（1～6 表示传感器编号）

表 4.4.2　A 组爆炸试验参数及测试压力峰值

编号	板厚/mm	爆心距/mm	压力峰值/MPa
A-1	0	64	
	21	85	12.99

续表

编号	板厚/mm	爆心距/mm	压力峰值/MPa
A-1	11	96	
	20.5	116.5	6.42
	11	127.5	9.56
A-2	0	64	8.01
	21	85	
	10.5	95.5	
	21	116.5	1.14
	11	127.5	3.41
A-5	0	64	
	22	86	19.68
	11	97	
	21	118	10.33
	11	129	6.95

从图 4.4.8 可看出，在厚度方向上，缝洞型碳酸盐岩试样 A-1 的应力波变化。传感器 2 测到的压力峰值为 12.99MPa，波形上看应力并未出现震荡，应力波向前传播。传感器 3 和传感器 4 测到的压力值，其差异性大，一般取测到的最大值 6.42MPa 为准确测得压力值。压力传感器 5 和传感器 6 测到的压力值，其上升和衰减变化趋势一致，符合常规岩石应力波的衰减规律。但在同一平面位置不同方向上测到的压力峰值差异较大，取其最大值 9.56MPa 为测得压力值。

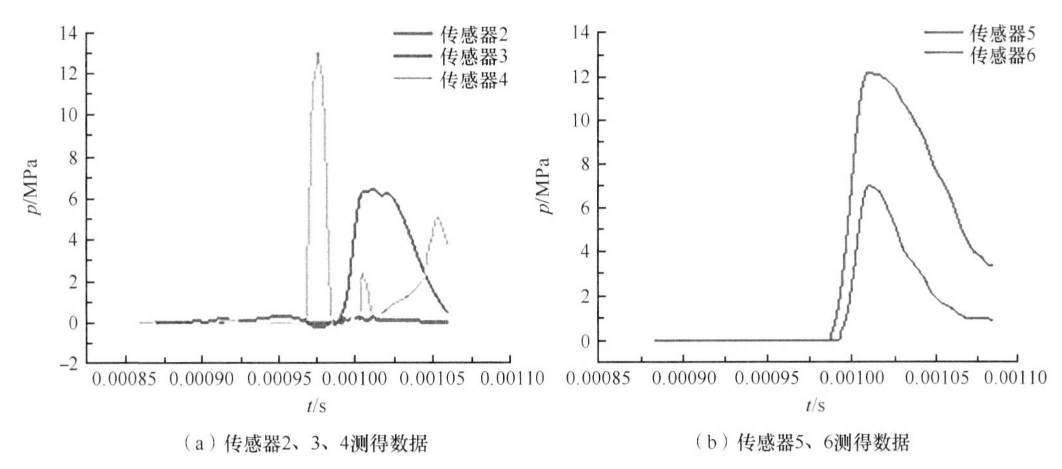

（a）传感器2、3、4测得数据 （b）传感器5、6测得数据

图 4.4.8 缝洞型碳酸盐岩试样 A-1 的压力时程曲线

缝洞型碳酸盐岩试样 A-2 入射面的加载应力波瞬间上升，达到压力峰值 8.01MPa，后快速衰减；压力衰减到 0.27MPa，压力又快速上升，达到 7.21MPa，后又快速下降。压力传感器 3 和传感器 4 测得的压力波形相近，其峰值为 1.14MPa。传感器 5 和传感器 6 测得的压力波形相同，但压力峰值不同，最大值为 3.41MPa。

将缝洞型碳酸盐岩试样 A-1、A2 和不含缝洞岩样 A-5 的应力波传播与衰减数据汇总进行分析。

从图 4.4.9 分析可知，A-2 试样测到的传播压力最小，是由于爆炸源产生的爆炸压力较小。碳酸盐岩试样 A-5 的应力幅值随传播距离增大而衰减，与碳酸盐岩爆炸试验测到的动态应力幅值衰减趋势一致。缝洞型碳酸盐岩试样 A-1 和 A-2 具有相同的动态应力幅值，随传播距离的变化趋势一致，在遇到缝洞前，其应力幅值与基质性碳酸盐岩试样 A-5 的应力幅值传播一致，呈指数下降。但应力波穿过缝洞后，靠近缝洞处的应力幅值小于稍远处的应力幅值，即应力波在缝洞型碳酸盐岩传播中，动态压力峰值随传播距离呈先下降后反转的变化趋势。填充固态水的缝洞中（传感器 3 和传感器 4），应力峰值最小，这与裂缝型岩石的衰减规律有明显不同。

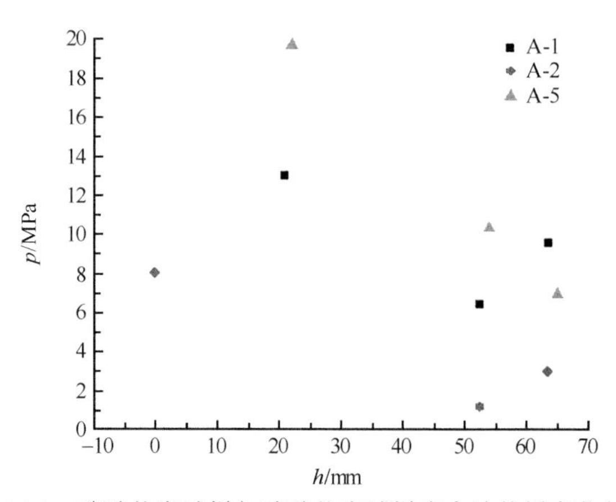

图 4.4.9　碳酸盐岩试样与碳酸盐岩试样应力波传播变化趋势

2）D 组试验数据

测试预制缝洞厚度对应力波的传播影响，如图 4.4.10 所示：

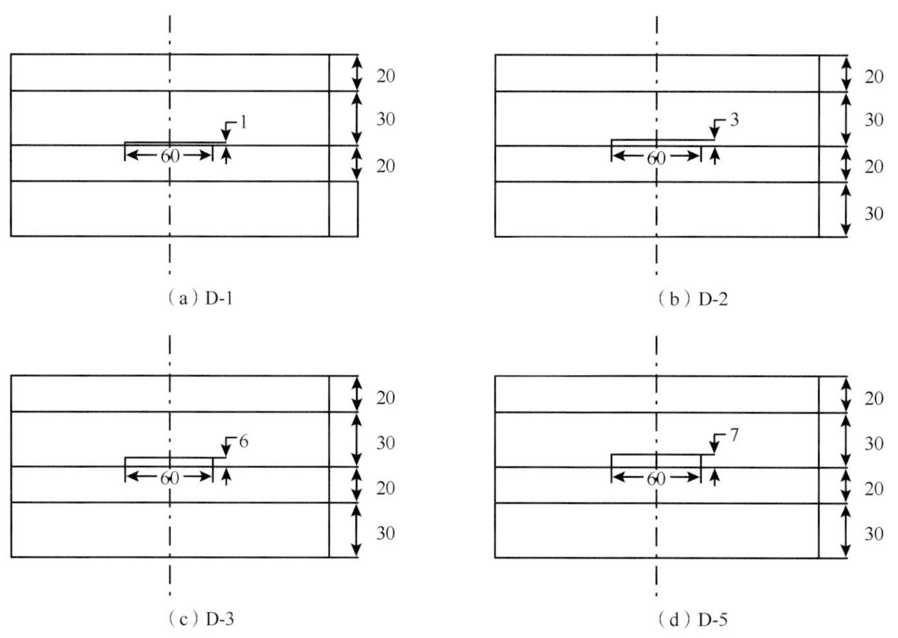

图 4.4.10　碳酸盐岩试样预制裂缝（D-1、D-2、D-3、D-5）（单位：mm）

D 组缝洞型碳酸盐岩爆炸试验，选取试样 D-1、D-2、D-3 的数据，如表 4.4.3 所示（表中 D-5 试样不含缝洞，用作对比）。

表 4.4.3 D 组爆炸试验参数及测试压力峰值

编号	板厚/mm	爆心距/mm	压力峰值/MPa
D-1		64.00	
	20.80	84.80	17.72
	21.30	106.10	2.67
	21.30	127.40	8.16
D-2	—	64.00	
	19.10	83.10	21.51
	20.40	103.50	1.53
	20.00	123.50	8.08
D-3	—	64.00	
	19.00	83.00	16.52
	20.10	103.10	0.02
	21.00	124.10	3.08
D-5	—	64.00	—
	19.90	83.90	17.74
	21.10	105.00	10.71
	20.20	125.20	3.03

分析图 4.4.11 和图 4.4.12，根据测点 2 的压力值发现，D 组试样爆炸加载强度基本一致。测点 3 处存在缝洞，压力传感器布置在缝洞中的固态水与碳酸盐岩界面处。与试样 D-5 的测点 3 处压力对比，应力压缩波作用下，存在缝洞的试样所受的压应力比无缝洞时的压力小一个数量级。分析试样 D-1、D-2 和 D-3 的数据，测点的压力值随缝洞厚度的增大而降低。总体上，D 组试样与 A 组试样的应力波变化规律一致，即应力波在缝洞型碳酸盐岩中传播，动态压力峰值随传播距离呈先下降后上升的趋势，填充固态水的缝洞中，应力峰值最小。

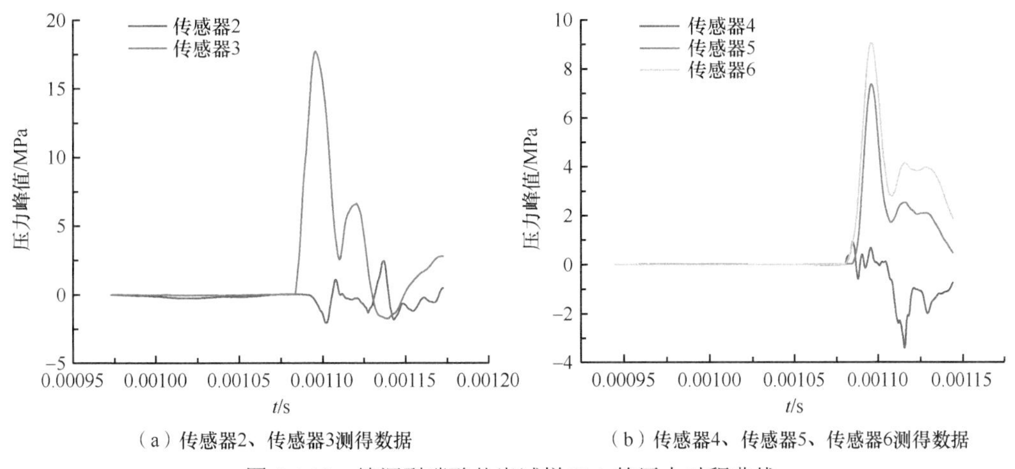

（a）传感器2、传感器3测得数据　（b）传感器4、传感器5、传感器6测得数据

图 4.4.11 缝洞型碳酸盐岩试样 D-1 的压力时程曲线

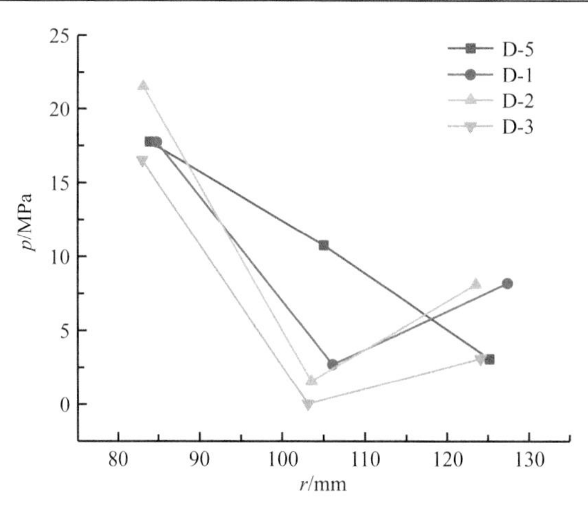

图 4.4.12　缝洞型碳酸盐岩试样 D 组的测点压力随传播距离的变化趋势

3）E 组试验数据

E 组缝洞型碳酸盐岩爆炸试验，选取试样 E-1、E-2、E-3 的数据，如表 4.4.4 所示（表中 E-5 试样不含缝洞，用作对比），数据分析如图 4.4.14 所示。

缝洞型油藏的介质处于高温高压状态，且充满流体，介质类型及状态对冲击波的传播具有一定影响，需通过预制一定长度的裂缝进行表征。整体碳酸盐岩试样尺寸与 A 组、D 组试样相同，预设裂缝宽度为 5mm，长度分别为 40mm、60mm、80mm 和 100mm，如图 4.4.13 所示。

表 4.4.4　E 组爆炸试验参数及测试压力峰值

编号	板厚/mm	爆心距/mm	压力峰值/MPa
E-1	20.2	64	128.28084
	19.8	84.2	24.79378
	10.4	104	0
	31.6	114.4	2.06224
E-2	21.2	64	—
	20.1	85.2	42.72966
	10.2	105.3	0
	30.8	115.5	0
E-3	20.4	64	133.11024
	20.4	84.4	34.98781
	10.0	104.8	0
	29.0	114.8	0
E-5	20.4	64	140.65617
	20.9	84.4	52.33596
	10.1	105.3	27.62936
	27.8	115.4	39.06543

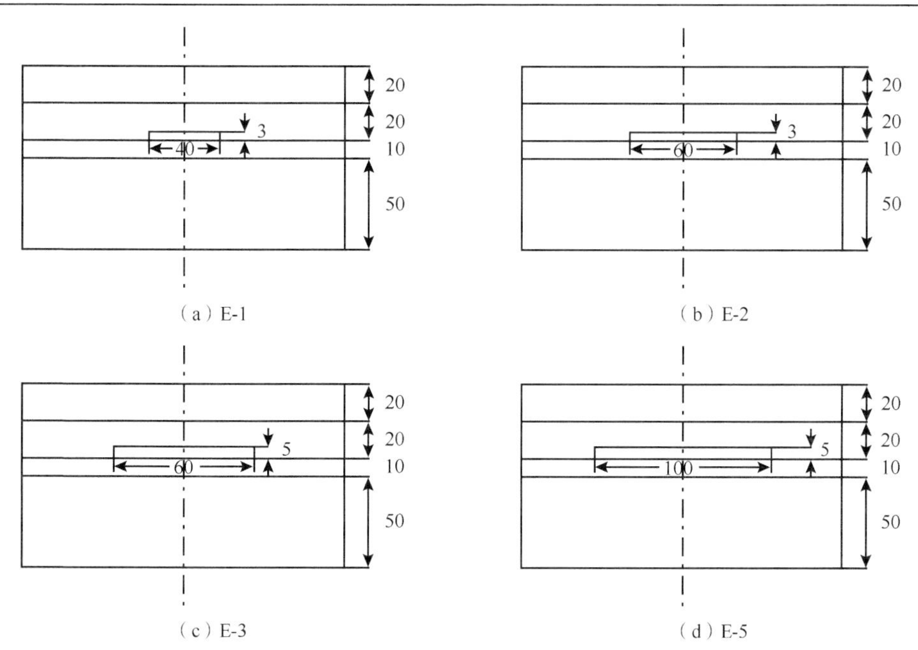

图 4.4.13　碳酸盐岩试样预制裂缝空腔（E-1、E-2、E-3、E-5）（单位：mm）

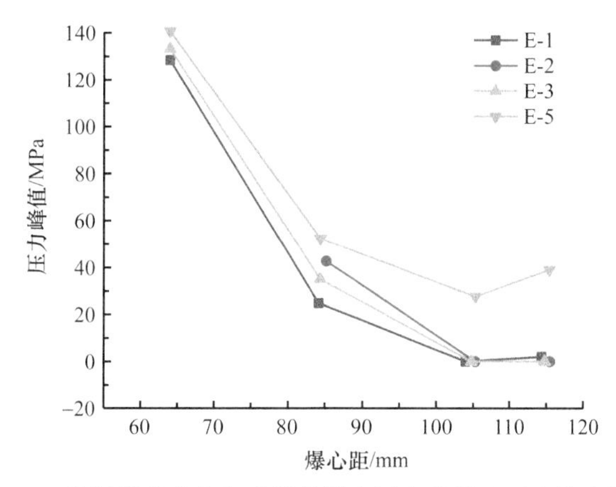

图 4.4.14　缝洞型碳酸盐岩试样的测点压力随爆心距离的变化趋势

5. 应力波峰值压力的衰减规律

采用无量纲化分析应力波在碳酸盐岩中的传播规律，冲击波入射平面到岩石的压力为

$$\overline{p}=\overline{r}^{-\alpha} \tag{4.4.11}$$

式中，$\overline{p}=p/p_0$，其中 p_0 为初始入射冲击波压力；$\overline{r}$ 为爆心距与液面和岩石界面处（p_0）的距离比值；α 为衰减系数，α=$A\rho_r v_p$+B，其中 ρ_r 为密度，v_p 为纵波速度，A、B 为常数。

对试样 C-1 和 C-2 的数据进行无量纲化曲线拟合，α 值为 2.26，即 $\overline{p}=\overline{r}^{-2.26}$ 。

压力与爆心距离无量纲化拟合与 D-5 组的试验数据比较如图 4.4.15 所示。

E-5 组试验中的压力峰值数据存在明显差异性，最远处的压力峰值出现反弹，说明受底边界条件的影响。但中点两个点的数据偏小，并结合其他试验数据预测，可能是固体水

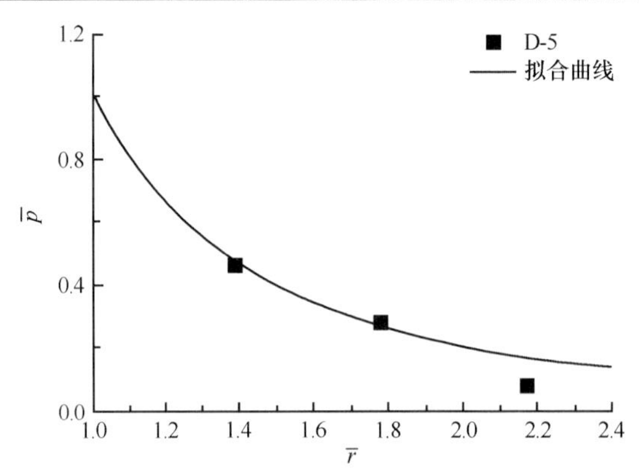

图 4.4.15　压力与爆心距离的无量纲化拟合与试验数据 D-5 的比较

放置时间过长流失，导致缝洞内的介质被空气填满，进而使试样中的连接处出现间隙，影响应力波传播，如图 4.4.16 所示。

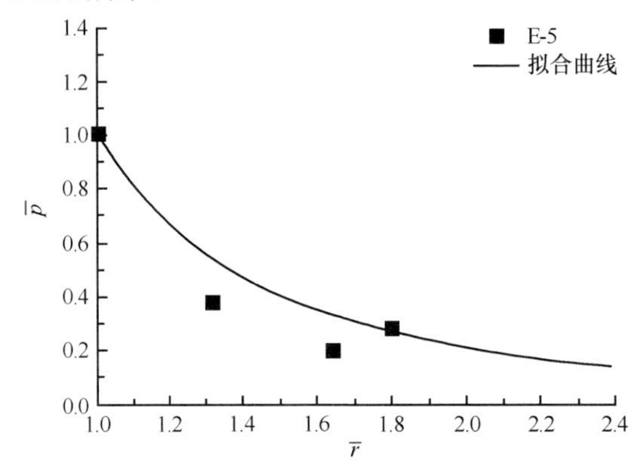

图 4.4.16　压力与爆心距离的无量纲化拟合与试验数据 E-5 的比较

式（4.4.11）能很好地表征碳酸盐岩中压力与传播距离的变化规律。缝洞型碳酸盐岩特征是含有裂缝和孔洞，将其简化为裂缝形状，用裂缝长度 l 和宽度 w 的比值 l/w 表征裂缝和孔洞的特征。当 l/w>>1 时，为裂缝，当 $l/w\to 1$ 时，为孔洞。当裂缝很小时，其对应力的传播影响很小；当裂缝较长时，应力波通过裂缝尖端传播，在较远处与无裂缝缺陷的应力波的传播规律一致。由于裂缝或孔洞内介质对应力波能量的吸收及介质与岩石壁面反射导致应力波的幅值减少。在应力波波阵面到达裂缝壁面，应力波的传播与均匀岩石内的一致。令 $\beta=l/w$，可得应力波衰减的统一公式为

$$\overline{p}=\left(1+\frac{1}{\beta^{A}}\right)\overline{r}_{\mathrm{f}}^{-\alpha} \tag{4.4.12}$$

式中，A 为常数；$\overline{r}_{\mathrm{f}}$ 为裂缝距离与爆心距之间的比值。

当裂缝宽度 $w\to 0$，$\beta\to 0$，$\left(1+\dfrac{1}{\beta^{4}}\right)\to 1$，简化为（4.4.11）。利用 D 组的试验数据进行拟合可得参数 A 的取值为 0.04。式（4.4.12）可写为

$$\overline{p}=\left(1+\frac{1}{\beta^{0.04}}\right)\overline{r_{\mathrm{f}}}^{-2.26} \tag{4.4.13}$$

随 β 增大，无量纲压力峰值 $\overline{p}$ 的变化趋势趋于平缓，β 趋向于正无穷，$\overline{p}$ 为定值，即碳酸盐岩试样无缝洞缺陷，见图 4.4.17。

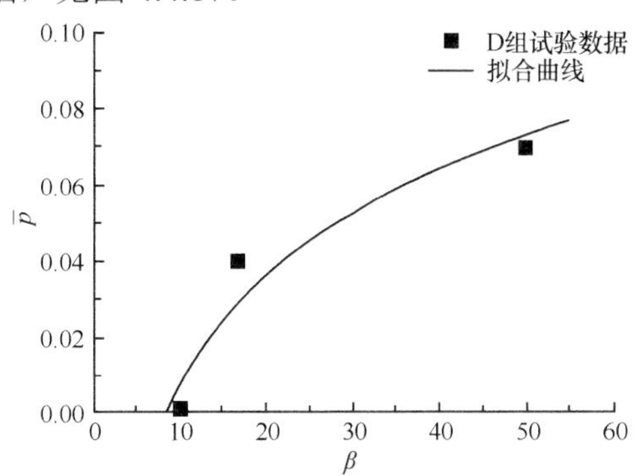

图 4.4.17　缝洞附近无量纲化压力峰值随 β 的变化规律

6. 碳酸盐岩中的动态能量衰减规律

碳酸盐岩中应力波的动态能量可表示为

$$E_{\mathrm{s}}=\frac{A}{\rho c}\int\sigma^{2}(t)\,\mathrm{d}t \tag{4.4.14}$$

式中，A 为试样的横截面积；ρ 为碳酸盐岩的密度；c 为声速，$c=\sqrt{E_{\mathrm{s}}/\rho}$；$\sigma(t)$为 t 时刻的应力；t 为时间；E_{s} 为应力波的动态能量。试验发现，碳酸盐岩中的胶结物对碳酸盐岩的动态开裂没有明显影响，根据碳酸盐岩的声速测量，c 取值 4200m/s，干燥碳酸盐岩的速度取值为 2300m/s。

单位面积上的动态冲击能量 E_{sa} 可表示为

$$E_{\mathrm{sa}}=\frac{E_{\mathrm{s}}}{A}=\frac{1}{\rho c}\int\sigma^{2}(t)\,\mathrm{d}t \tag{4.4.15}$$

分析图 4.4.18 可知，C 组中试样的应力波能量与压力峰值随爆心距的变化规律一致，

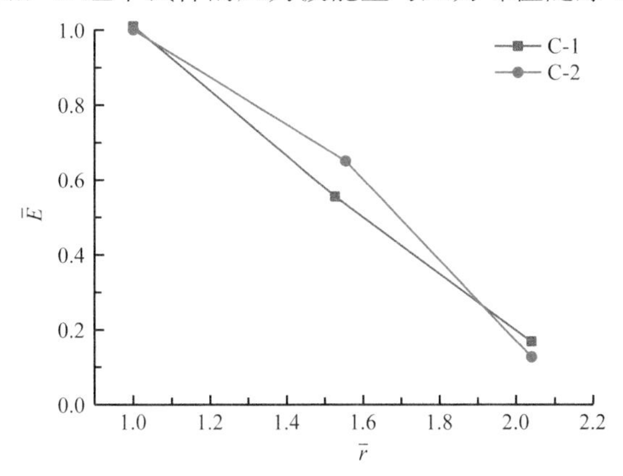

图 4.4.18　C 组试样中无量纲化应力波能量传播随爆心距的变化规律

但直线衰减变化趋势更明显。但在 C-2 的中间位置，其应力波能量偏高。

图 4.4.19 是试样 A-5 的应力波能量随传播距离变化规律，其方形试样与圆形试样中的应力波能量传播规律变化一致，主要是因为测点在轴对称中心。

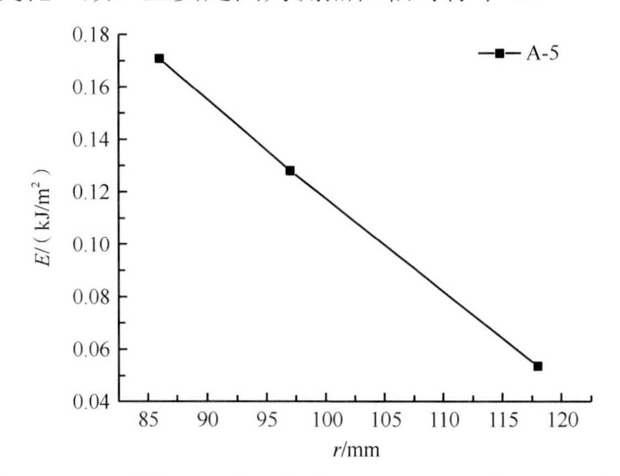

图 4.4.19　试样 A-5 中应力波能量随传播距离衰减规律

D 组试样中的应力波能量衰减规律与压力峰值衰减规律一致，见图 4.4.20。D5 试样没有缝洞，应力波的衰减近似于直线。D1～D4 试样，应力波经含有介质的缝洞，其能量衰减呈现“凹”形变化规律。随裂缝宽度增大，应力波的能量衰减幅度增大；经缝洞后，应力波的能量降低。表明随缝洞体积增大，应力波的能量衰减快。

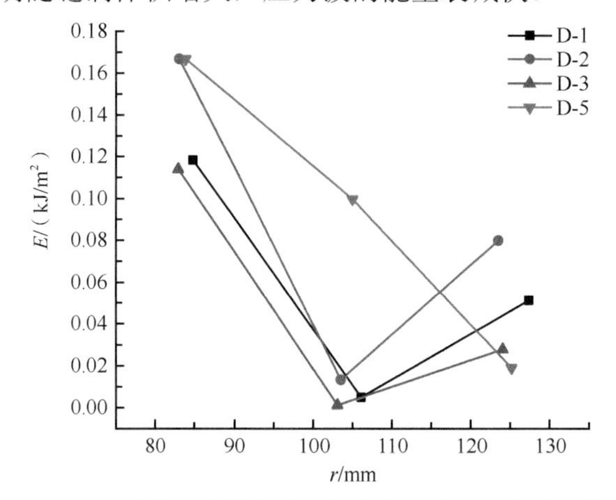

图 4.4.20　D 组试样中各测点应力波能量随爆心距衰减变化规律

试样中应力波能量衰减规律与压力峰值衰减呈近似直线或指数递减的变化趋势。应力波能量在经过裂缝和孔洞，大部分被吸收。裂缝和孔洞的结构、体积及内部介质对应力波的传播起很大作用。深部地层缝洞型碳酸盐岩的应力波传播距离短，难以对近似于无限大地层中的岩石起破坏作用。

7. 规律性认识

碳酸盐岩的压力与传播距离间的变化规律呈指数衰减。根据试验得到的无量纲化拟合公式能很好地表征碳酸盐岩的应力波衰减特征。通过 $\beta=l/w$ 表征裂缝和孔洞的特征，建立应力波幅值经裂缝处的衰减无量纲压力，能表征裂缝附近无量纲化压力峰值随β的变化规律。无裂缝和孔洞的碳酸盐岩，其动态能量随传播距离呈线性衰减。具有裂缝和孔洞的碳酸盐岩，在裂缝和孔洞处的动态应变能量与应力的变化一致。裂缝与孔洞吸收应力波的能量与其结构和体积有关，体积越大，吸收能量越大。

4.4.2 小尺度脉冲波压裂数值模拟

1. 模拟模型

为分析油藏脉冲波压裂行为，Zhang 等（2016a，2016b）对小尺度岩石试件进行脉冲压裂模拟，其中忽略岩石渗透性，假定流体不可压缩，流体压力均匀分布在裂纹面。模拟计算初期，施加地应力荷载（σ_x，σ_y），计算域及加载方案如图 4.4.21 所示。当地应力达到目标值，保持一段时间后，按照给定加压速率对井筒内边界施加水压。

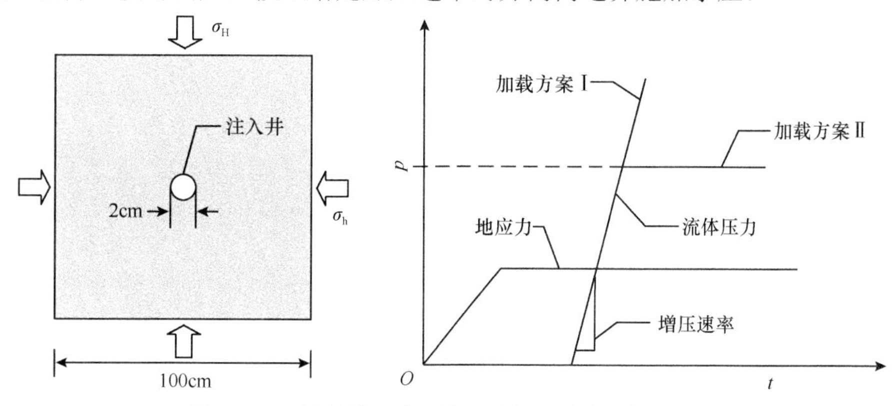

图 4.4.21 计算域尺寸、地应力与脉冲水压加压路径

模拟力学参数：杨氏模量 E=2.16GPa，单轴抗拉强度 σ_t=3.61MPa。

DVIB 模型参数：E=2.16GPa，$\varepsilon_t=3.34\times10^{-3}$。

采用 DVIB 模型，两参数势函数[式（4.1.50）]模拟了单轴拉伸试验，如图 4.4.22 所示，模拟的单轴拉伸强度为 σ_t=3.1MPa。

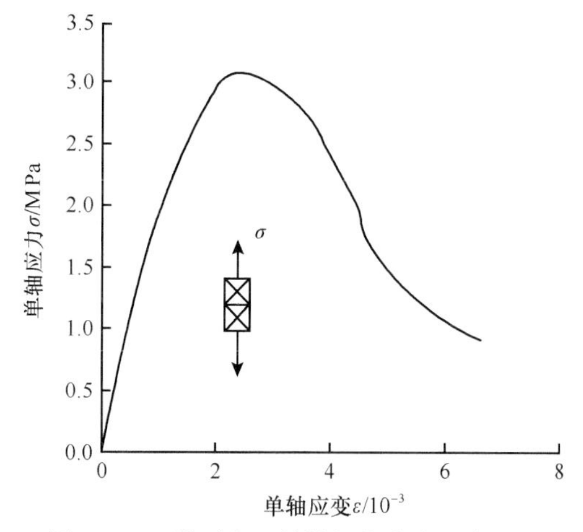

图 4.4.22 模型宏观单轴拉伸应力应变曲线

2. 加压速率的影响

采用图 4.4.21 中模式 I 的加载方案，分析加压速率对脉冲压裂的影响。选取三种加压速率，即 R_1 为 0.227MPa/ms、22.7MPa/ms、45.4MPa/ms，地应力为 σ_x=2.0MPa，σ_y=5.0MPa。模拟结果如图 4.4.23 所示，发现加压速率对裂纹分叉产生显著影响。当加压速率为 R_1=0.227MPa/ms，水力裂纹沿水平最大主应力方向扩展。裂纹扩展至模型边界，产生微小分叉[图 4.4.23（a）]。继续增加加压速率，裂纹分叉现象越明显，分叉前的裂纹扩展长度越来越短。因此，加压速率是裂纹分叉的必要条件。

加压速率对裂纹分叉的影响还取决于加压时间的长短。加压时间短，裂纹沿最大地应力方向扩展，不产生分叉；加压时间长，裂纹产生分叉（图 4.4.24）。因此，考虑加压速率的影响时，还需考虑加压时间的影响。

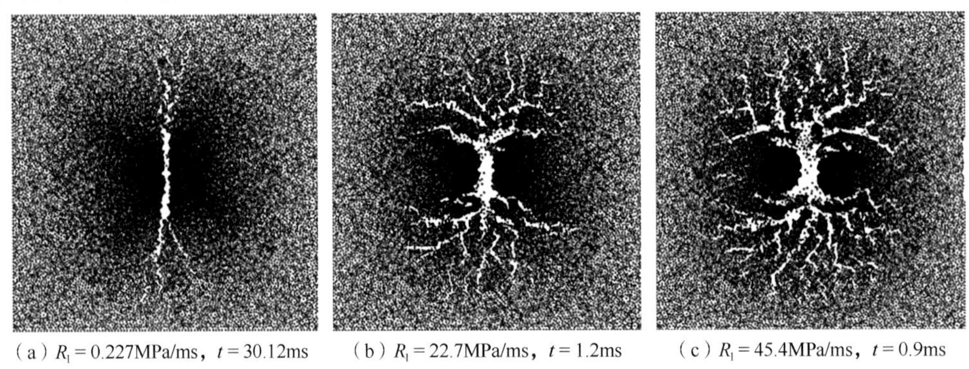

（a）R_1 = 0.227MPa/ms，t = 30.12ms　（b）R_1 = 22.7MPa/ms，t = 1.2ms　（c）R_1 = 45.4MPa/ms，t = 0.9ms

图 4.4.23　加压速率对裂纹扩展与分叉的影响（σ_x=2.0MPa，σ_y=5.0MPa）

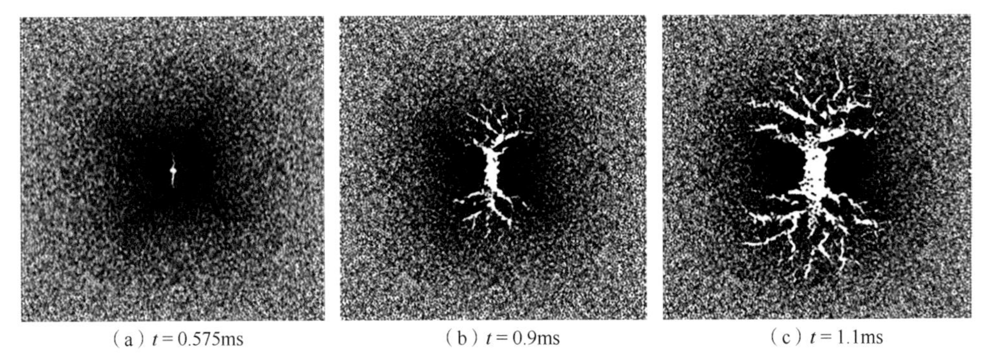

（a）t = 0.575ms　（b）t = 0.9ms　（c）t = 1.1ms

图 4.4.24　加压时长对裂纹扩展与分叉的影响（R_l=22.7MPa/ms，σ_x=2.0MPa，σ_y=5.0MPa）

3. 峰值压力的影响

为分析峰值压力对脉冲压裂裂纹的影响，对加压速率 R_1=22.7MPa/ms 和 R_1=113.5MPa/ms 分别设置的峰值压力为 p=7.0MPa 和 p=25.0MPa，地应力为 σ_x=2.0MPa，σ_y=5.0MPa。按照图 4.4.21 中模式Ⅱ的加载路径，模拟结果如图 4.4.25 所示。峰值压力水平对裂纹扩展有明显影响。高峰值压力，裂纹分叉比低峰值压力更显著。因此，脉冲加压速率对压裂裂缝的影响取决于压力峰值的大小和加压时间的长短。低加压速率下压力很难加载到一个较高的压力值，峰值压力受加压速率的影响。图 4.4.25 表明，裂纹分叉仅考虑加压速率的影响是不足的，应综合考虑加压速率和加压时间的影响。

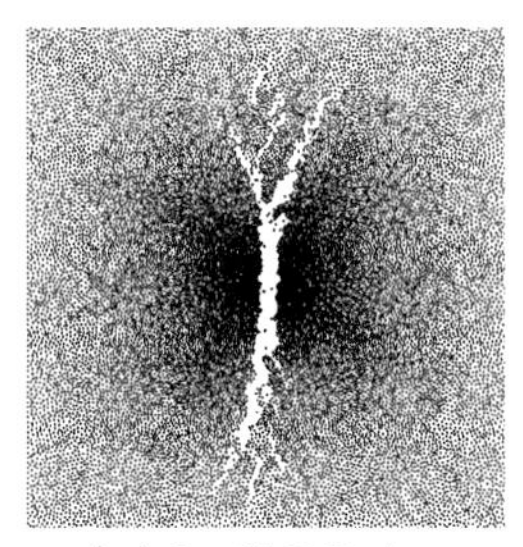 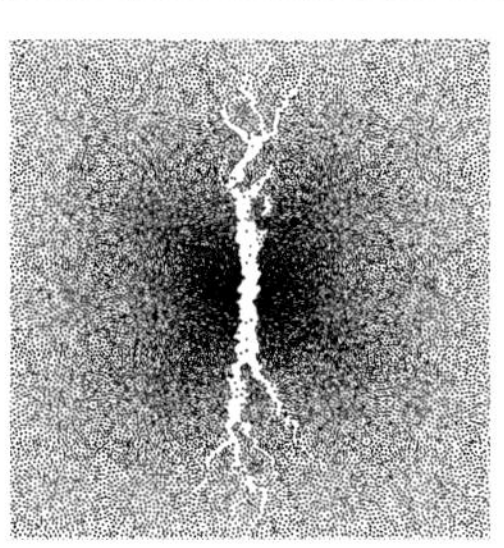 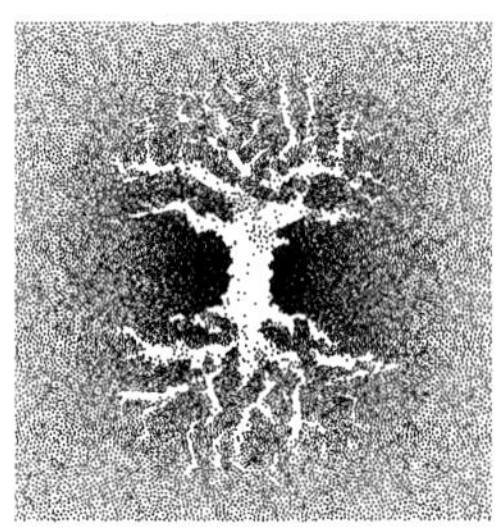 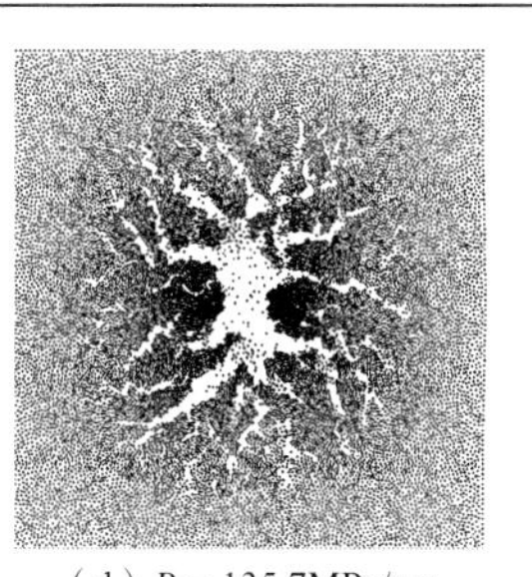

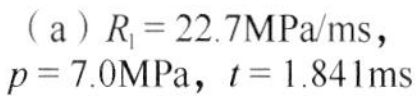

（a）R_1 = 22.7MPa/ms，p = 7.0MPa，t = 1.841ms （b）R_1 = 135.7MPa/ms，p = 7.0MPa，t = 1.7ms （c）R_1 = 22.7MPa/ms，p = 25.0MPa，t = 1.2ms （d）R_1 = 135.7MPa/ms，p = 25.0MPa，t = 0.737ms

图 4.4.25 压力水平对水力裂纹的影响（σ_x=2.0MPa，σ_y=5.0MPa）

裂纹扩展到一定长度后，发生分叉，如图 4.4.25 所示。将裂纹分叉时的扩展长度定义为临界裂纹长度。为研究临界裂纹长度与峰值压力水平间的关系，对不同峰值压力下的临界裂纹长度进行了测量，如图 4.4.26 所示。图 4.4.27 显示，临界裂纹长度与脉冲峰值压力水平间的关系。随峰值压力的增加，临界裂纹长度逐渐下降；在同一峰值压力下，随加压速率增加，临界裂纹长度越短。因此，控制压力水平可以调整多裂纹的形成位置。

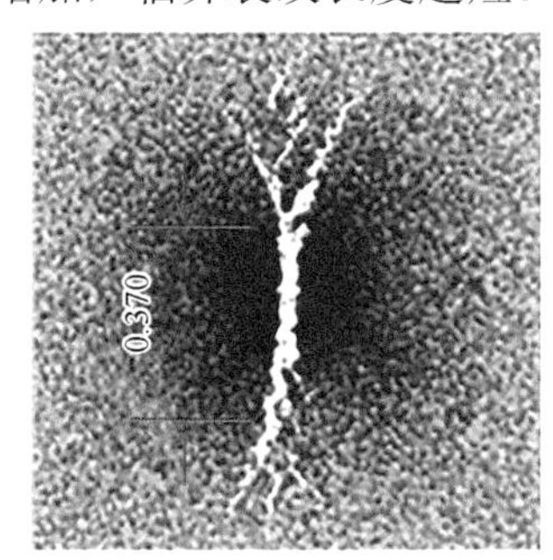

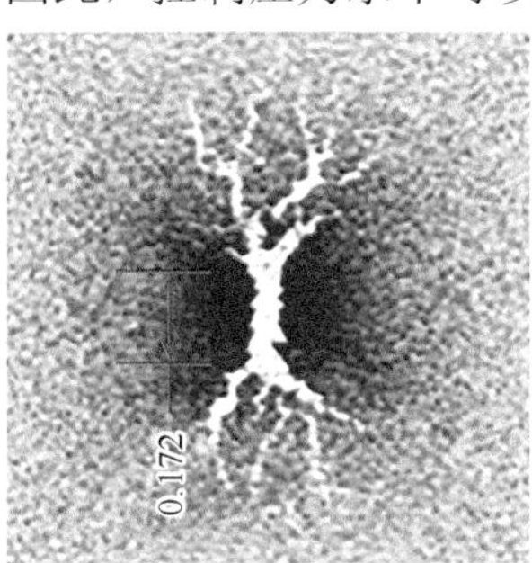

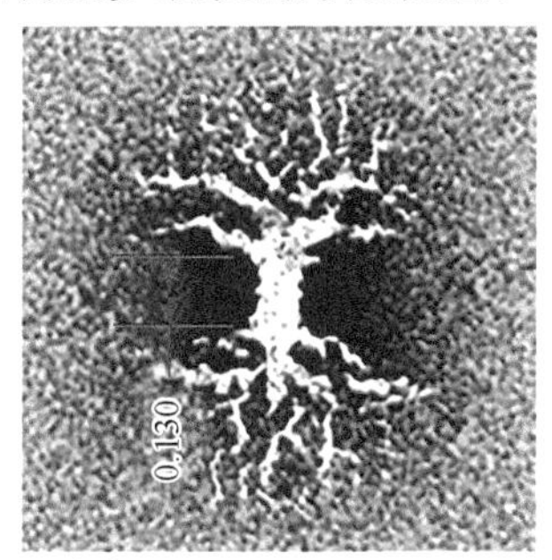

（a）p = 7.0MPa，t = 1.841ms （b）p = 11.0MPa，t = 1.398ms （c）p = 27.0MPa，t = 1.200ms

图 4.4.26 水力裂纹临界扩展长度（R_1=22.7MPa/ms，σ_x=2.0MPa，σ_y=5.0MPa）

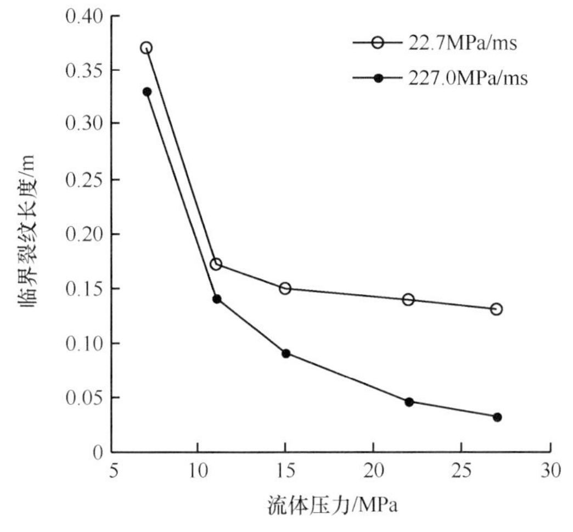

图 4.4.27 不同加压速率下裂纹临界扩展长度与压力关系曲线

4. 地应力差的影响

设置了不同地应力差，探讨地应力差对脉冲压裂裂缝形态的影响。裂纹扩展如图 4.4.28

所示。地应力差为零，裂纹向四周扩展，扩展方向均匀[图 4.4.28（a）]。随地应力差增加，裂纹扩展逐渐沿水平最大地应力方向扩展[图 4.4.28（b）和图 4.4.28（c）]。地应力差主导了裂纹扩展的方向。

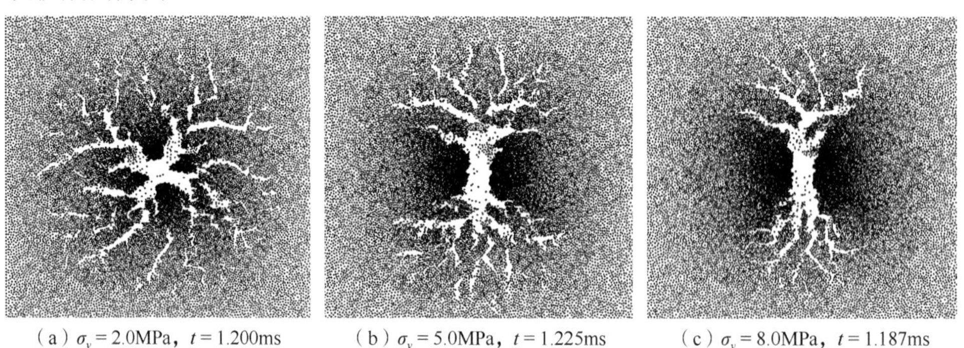

（a）$\sigma_y = 2.0\text{MPa}$，$t = 1.200\text{ms}$　（b）$\sigma_y = 5.0\text{MPa}$，$t = 1.225\text{ms}$　（c）$\sigma_y = 8.0\text{MPa}$，$t = 1.187\text{ms}$

图 4.4.28　地应力差对水力裂纹的影响（p=17.0MPa，R_1=22.7MPa/ms，σ_x=2.0MPa）

5. 卸压速率的影响

为综合研究加卸压速率对裂缝形态的影响，卸压比定义为

$$\lambda_R = R_{ul}/R_1 \tag{4.4.16}$$

式中，R_{ul} 为卸压速率。

保持加压速率不变，模拟过程中设置不同加卸压比 λ_R 为 0.1、1.0、4.0[图 4.4.29（a）]，模拟结果显示[图 4.4.29（b）]，卸压速率对裂纹形态具有明显影响。随卸压速率增大，主

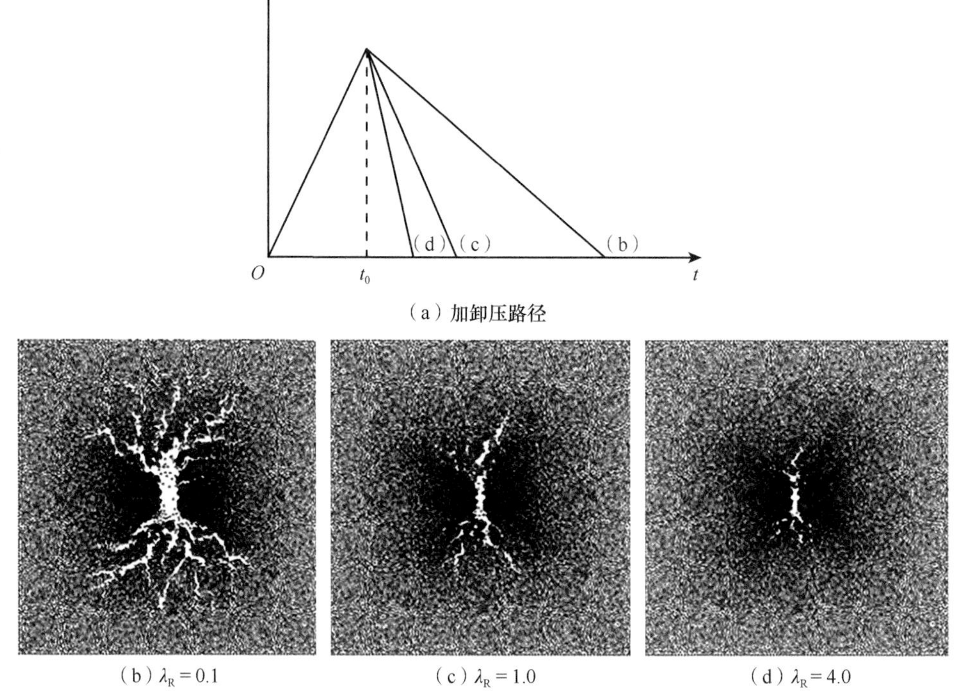

（a）加卸压路径

（b）$\lambda_R = 0.1$　（c）$\lambda_R = 1.0$　（d）$\lambda_R = 4.0$

图 4.4.29　卸压速率对裂纹网络的影响（R_1=22.7MPa/ms，t_0=0.6ms）

裂纹宽度和长度方向扩展距离均下降。同一加压速率下，卸压速率越慢，压力持续时间越长，压裂效果越好。表明仅提高加压速率不足以产生理想的复杂缝形态，还需降低卸压速率，以保证足够长的压力作用时间。

图 4.4.30 展示了压裂区域随卸压速率的增大而减小，且卸压速率越大，分叉裂纹越少，表明压裂裂缝波及范围与卸压速率有强相关性。

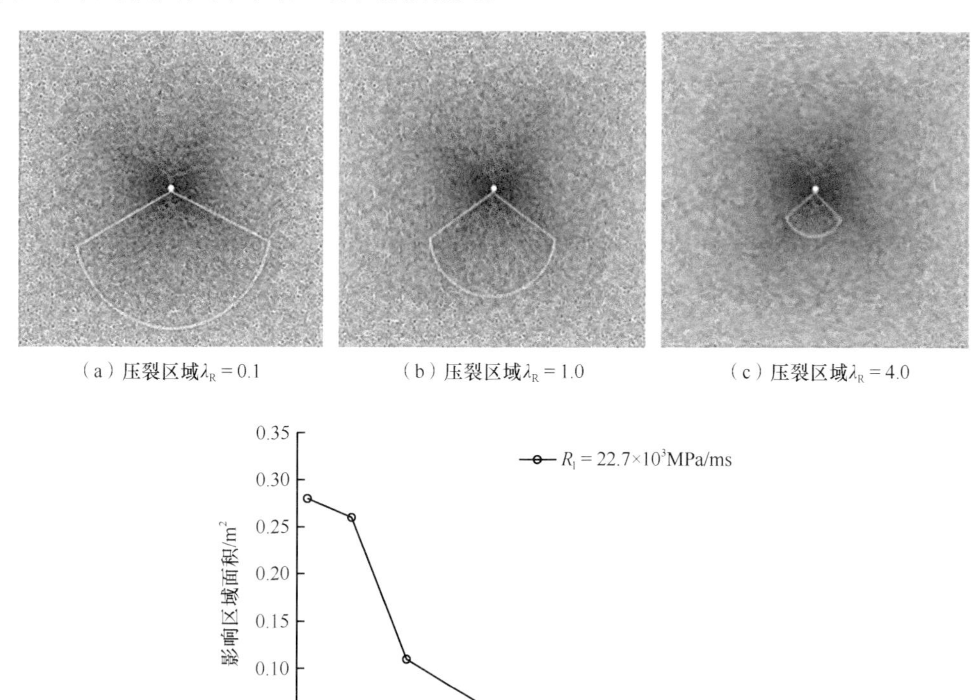

（a）压裂区域$\lambda_R=0.1$　（b）压裂区域$\lambda_R=1.0$　（c）压裂区域$\lambda_R=4.0$

（d）压裂区域与卸压速率的关系

图 4.4.30　卸压速率对压裂区域的影响（R_1=22.7MPa/ms，t_0=0.6ms）

6. 规律性认识

对小尺度岩石脉冲波压裂进行模拟，得到如下规律性认识。

（1）脉冲压裂可使裂纹分叉，提高裂缝的复杂程度，增加储层的渗透性。

（2）加压速率影响了井筒裂纹的起裂数量和裂纹扩展后的分叉程度，加压速率对裂纹分叉的影响受加压时间的控制。在加压速率和时间的共同作用下，峰值压力控制了裂纹分叉的程度。压力水平越高，裂纹分叉越密集。控制压力水平，可调整多裂纹的形成位置。

（3）裂纹分布受地应力差的控制，地应力差越大，水平最大主应力方向上的裂纹分叉越密集。裂纹主要分布于最大主应力方向，仍有部分向最小主应力方向扩展。高压力下，裂缝扩展过程中发生分叉，生成裂缝网络，大多数的分叉裂纹沿水平最大地应力方向扩展。

（4）脉冲波压裂，仅考虑加压速率不足以对压裂效果进行预测。裂缝结构的复杂程度及压裂区域大小不仅与加压速率大小有关，更与其卸压速率有关。当加压速率一定，卸压速率越小，裂缝结构越复杂，压裂区域越大。因此，评估或设计脉冲波压裂时，除了要考虑加压速率，还要考虑卸压速率。

4.4.3 大尺度脉冲波压裂数值模拟

为使模拟对象更接近于实际，Liu 等（2019）对大尺度脉冲压裂过程进行模拟，得出以下脉冲压裂规律。

1. 三角脉冲压裂

计算域为 100m×100m 的矩形，井筒直径为 0.1651m。计算域左边界和下边界法向受位移约束，上边界和右边界分别施加地应力，σ_x=124.1MPa，σ_y=93.3MPa，井筒内施加水压边界，如图 4.4.31 所示。计算参数为杨氏模量 E=35.73GPa，泊松比 ν=0.25，抗拉强度 σ_t=5.0MPa。

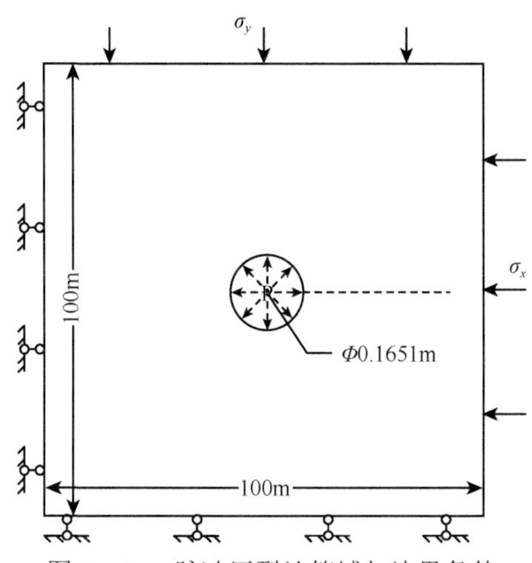

图 4.4.31 脉冲压裂计算域与边界条件

三角形脉冲加载路径如图 4.4.32（a）所示，压力峰值为 150MPa，加压速率为 6.4MPa/ms，加压时间为 12.5ms，沿两条路径卸载，路径①卸压速率为–6.4MPa/ms，路径②卸压速率为–3.2MPa/ms。不同时刻的压裂模拟结果如图 4.4.32（b）～（d）所示。

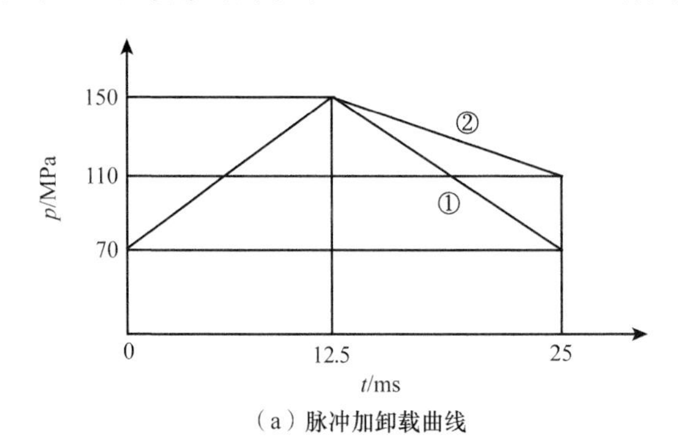

（a）脉冲加卸载曲线

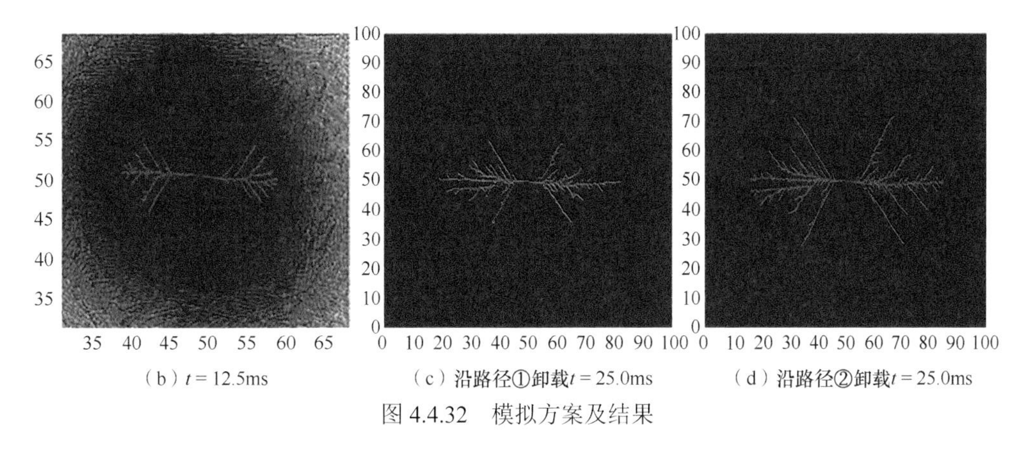

（b）t = 12.5ms （c）沿路径①卸载t = 25.0ms （d）沿路径②卸载t = 25.0ms

图 4.4.32 模拟方案及结果

脉冲波压裂裂缝形态受诸多因素影响，其中岩石模量决定应力波的传播速度，是岩石动力响应的关键因素，有必要分析模量对脉冲波压裂裂缝形态的影响。

2. *岩石模量影响*

采用图 4.4.33 所示的计算域及边界条件，计算域为 100m×100m 的矩形，井筒直径为 0.1651m。计算域左边界和下边界法向受位移约束，上边界和右边界分别施加地应力，σ_x=140.0MPa，σ_y=120.0MPa，井筒内施加水压。计算参数为杨氏模量 E 为 38.0GPa、60.0GPa、82.0GPa，泊松比 ν=0.2，岩石抗拉强度 σ_t=4.0MPa，脉冲加载时间步 Δt=2.0μs。

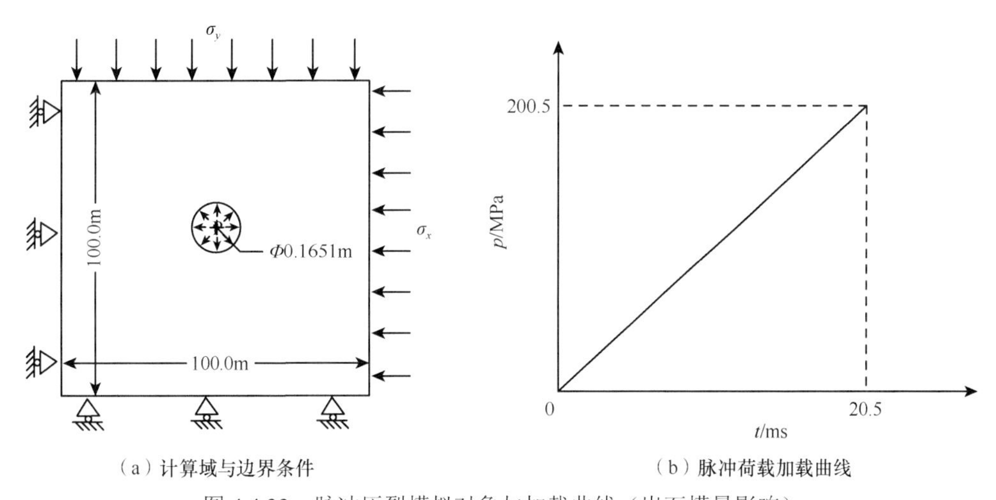

（a）计算域与边界条件 （b）脉冲荷载加载曲线

图 4.4.33 脉冲压裂模拟对象与加载曲线（岩石模量影响）

如图 4.4.34 所示，不同杨氏模量的岩石均在井口处生成了脉冲裂缝，且最终裂缝形态基本相似。E 为 38.0GPa 时，裂纹扩展长度为 1.3m；E 为 60.0GPa 时，裂纹扩展长度为 1.6m；E 为 82.0GPa 时，裂纹扩展长度为 14.5m。因此，杨氏模量越高，脉冲裂缝扩展速度越快，形成的裂缝覆盖范围越大。对比三组计算结果，E=82.0GPa 条件下右侧裂纹出现分叉的位置比 E 为 38.0GPa、60.0GPa 条件下离井口的距离更远，达 3.0m。

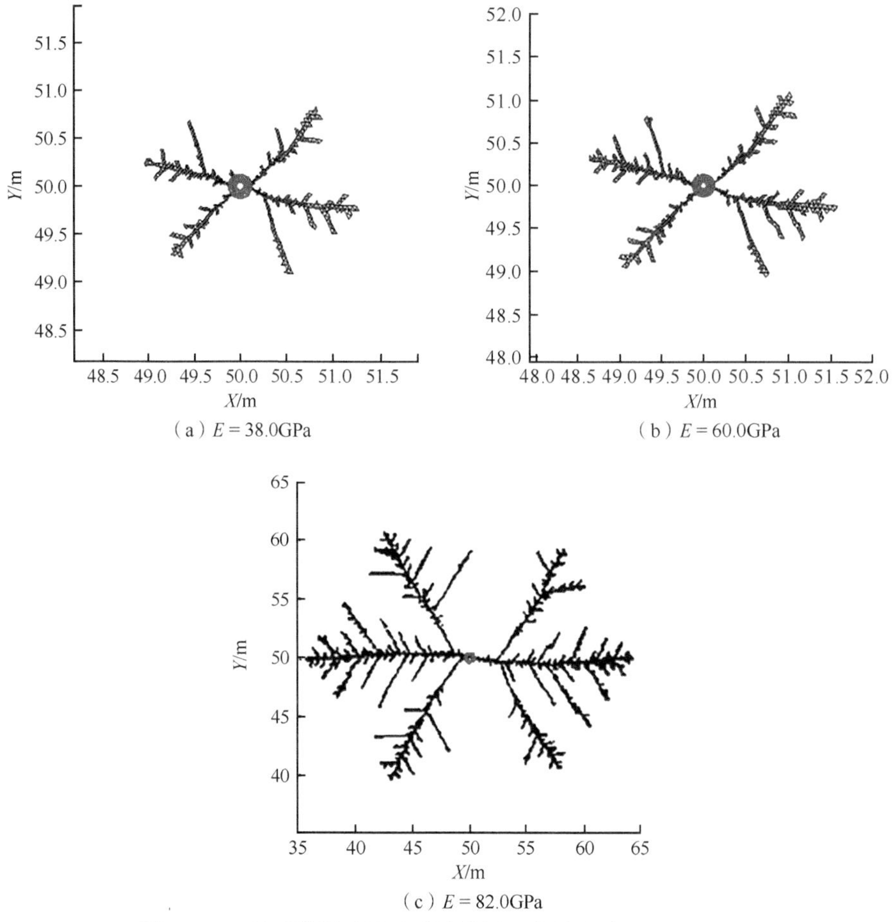

图 4.4.34　杨氏模量对脉冲裂纹扩展形态的影响（t=13.5ms）

3. 加压速率影响

分析不同脉冲压力加压速率与井筒周围裂缝间的关系。计算域及边界条件如图 4.4.35

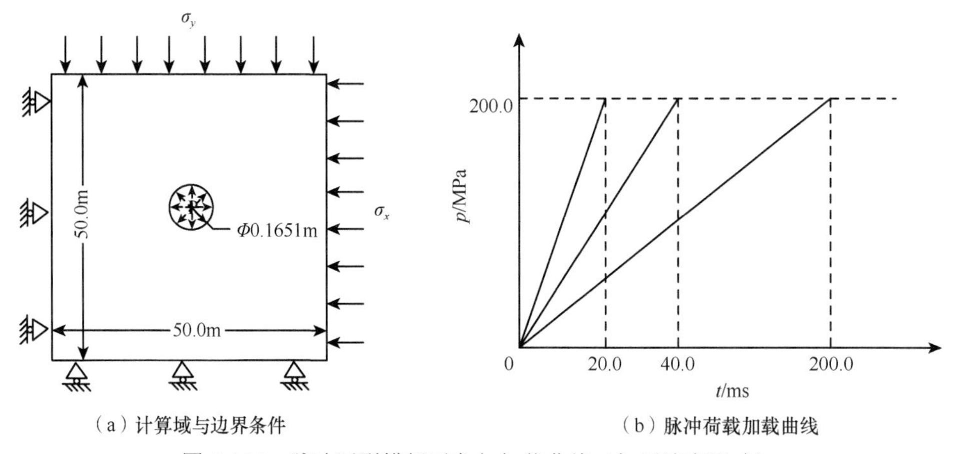

图 4.4.35　脉冲压裂模拟对象与加载曲线（加压速率影响）

所示，计算域为 50m×50m 的矩形，井筒直径为 0.1651m。计算域左边界和下边界法向受位移约束，上边界和右边界分别施加地应力，σ_x=124.1MPa，σ_y=93.3MPa，井筒内施加水压。计算参数为杨氏模量 E=38.0GPa，泊松比 ν=0.2，岩石抗拉强度 σ_t=4.0MPa，脉冲加载时间步 Δt=0.2μs。脉冲加载中，加压速率 R_1 分别取 1.0MPa/ms、5.0MPa/ms、10.0MPa/ms。

加压速率 R_1 为 1.0MPa/ms 时，井口两侧（水平最大主应力方向）生成了两簇放射状裂缝。井口左侧裂缝分叉扩展角度达 83.9°。加载速率 R_1 为 5.0MPa/ms 时，脉冲裂纹扩展模拟结果如图 4.4.36 所示，井口左右两侧（水平最大主应力方向）生成了两簇放射状裂缝，在 t=14.0ms 时，井口左侧主裂缝延伸至 1m，右侧主裂缝延伸至 1.3m，井口左侧裂缝分叉扩展角度达 95.6°。

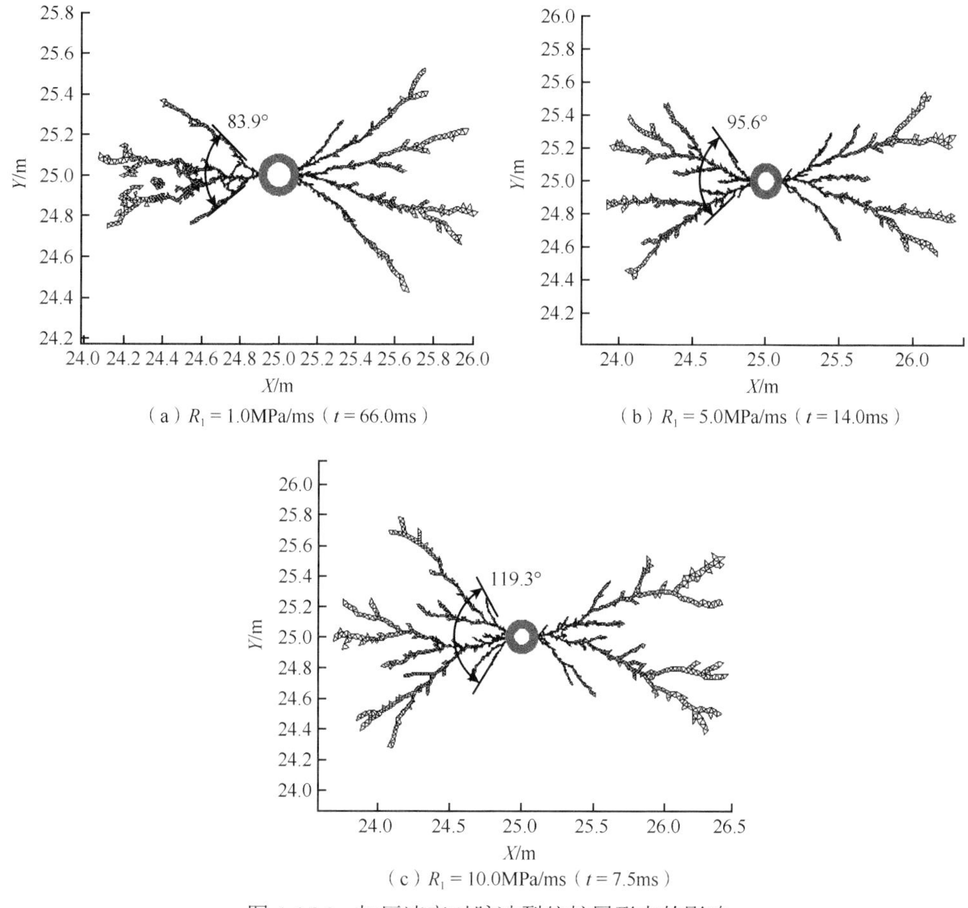

图 4.4.36 加压速率对脉冲裂纹扩展形态的影响

图 4.4.36 显示，脉冲荷载作用下，井口两侧均生成了数条主裂缝，呈放射状。加压速率由小到大，其分叉扩展的角度范围分别为 83.9°、95.6°和 119.3°。以脉冲裂纹扩展长度 1m 作参考值，三种加压速率下分别耗时约 66.0ms、14.0ms、7.5ms。结果显示，随脉冲加载速率增加，裂缝扩展速度明显加快，且裂纹分叉数量（复杂程度）及扩展角度（覆盖范围）明显提高。

4. 具有分布节理的地层脉冲压裂模拟

为了分析分布节理对脉冲压裂的影响，设定计算域及边界条件如图 4.4.37 所示，计算域为 100m×100m 的矩形，井筒直径为 0.1651m。计算域左边界和下边界法向受位移约束，上边界和右边界分别施加地应力，σ_x=140.0MPa，σ_y=120.0MPa，井筒内施加水压。计算参数为杨氏模量 E=38.0GPa，泊松比 ν=0.2，岩石抗拉强度 σ_t=4.0MPa，脉冲加载时间步 Δt=2.0μs。脉冲压裂模拟中，随机分布的节理与水平方向的夹角 θ 分别取 0°、11.6° 和 23.7°。

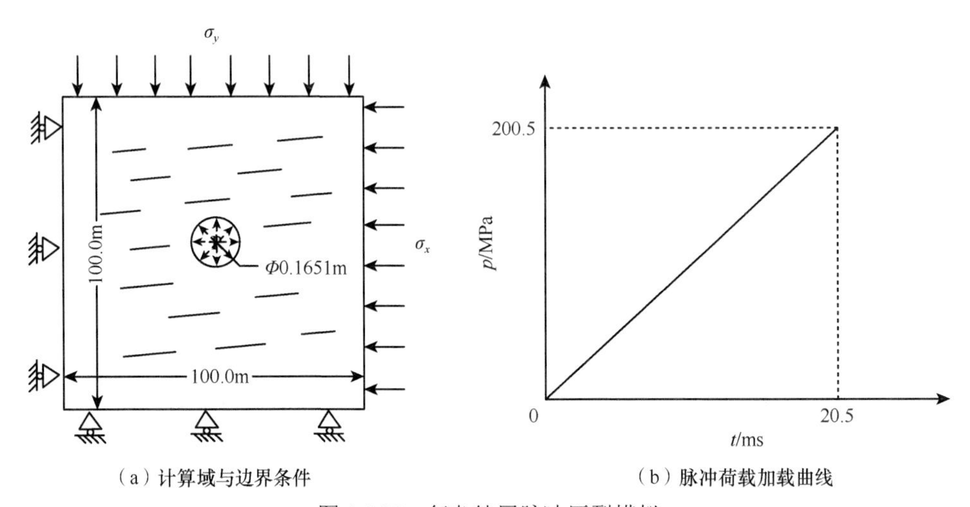

（a）计算域与边界条件　　（b）脉冲荷载加载曲线

图 4.4.37　复杂储层脉冲压裂模拟

模拟结果如图 4.4.38 所示。

（1）节理倾角为 θ=0°时，井周生成了四条主裂缝，并同左侧天然裂缝交会。t=20.5ms，裂缝扩展已基本形成复杂网络，天然裂缝充当了脉冲裂缝扩展及能量传播的通道。由于存在天然裂纹，脉冲裂纹扩展分叉受到了影响；当脉冲裂纹与天然裂纹垂直或接近于垂直相

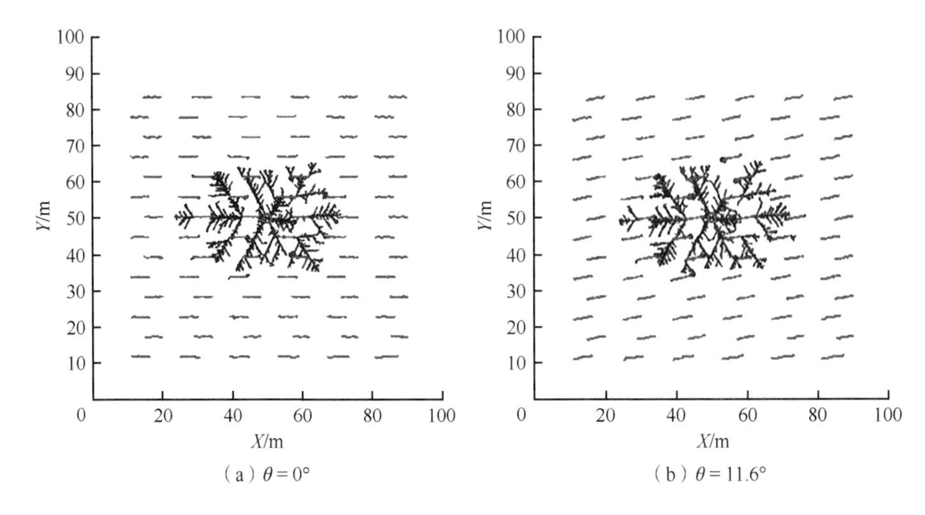

（a）θ = 0°　　（b）θ = 11.6°

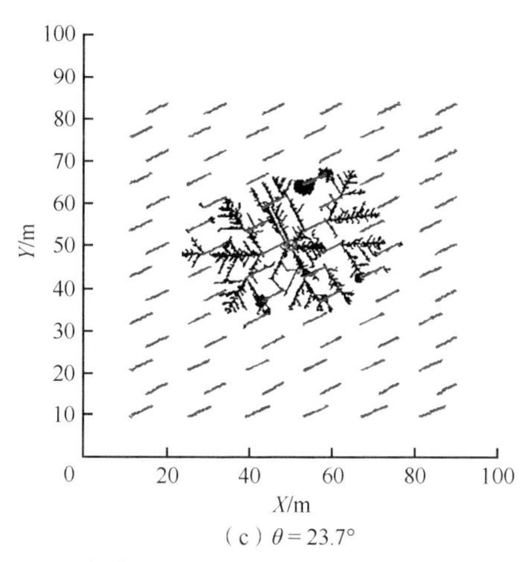

（c）$\theta = 23.7°$

图 4.4.38 节理倾角对脉冲裂纹扩展形态的影响（t=20.5ms）

交时，天然裂纹对脉冲裂纹具有抑制作用。而二者平行或接近平行时，天然裂纹对脉冲裂纹具有促进作用。

（2）当节理倾角为 θ=11.6°时，与 θ=0°相比，趋势基本相同。即脉冲裂纹与天然裂纹正交时，天然裂纹屏蔽脉冲裂纹扩展；二者平行时，天然裂纹促进脉冲裂纹扩展。

（3）当节理倾角为 θ=23.7°时，井周生成了四条主裂缝，随后与左侧天然裂缝发生会合，脉冲裂缝呈张拉破坏。脉冲裂纹与天然裂纹正交或接近正交，脉冲裂纹被截止或直接穿过天然裂纹；二者平行时，天然裂纹促进脉冲裂纹扩展，在天然裂纹尖端生成脉冲裂纹，并沿偏向于垂直天然裂纹方向扩展分叉。随天然裂纹倾角增加，裂纹剪切位移增加，有利于储层改造。整体看，裂缝网络随天然裂纹倾角增加，整体发生倾斜。

5. 具有分布缝洞的地层脉冲压裂模拟

为分析分布缝洞对地层脉冲压裂的影响，设定计算域及边界条件如图 4.4.39 所示，计

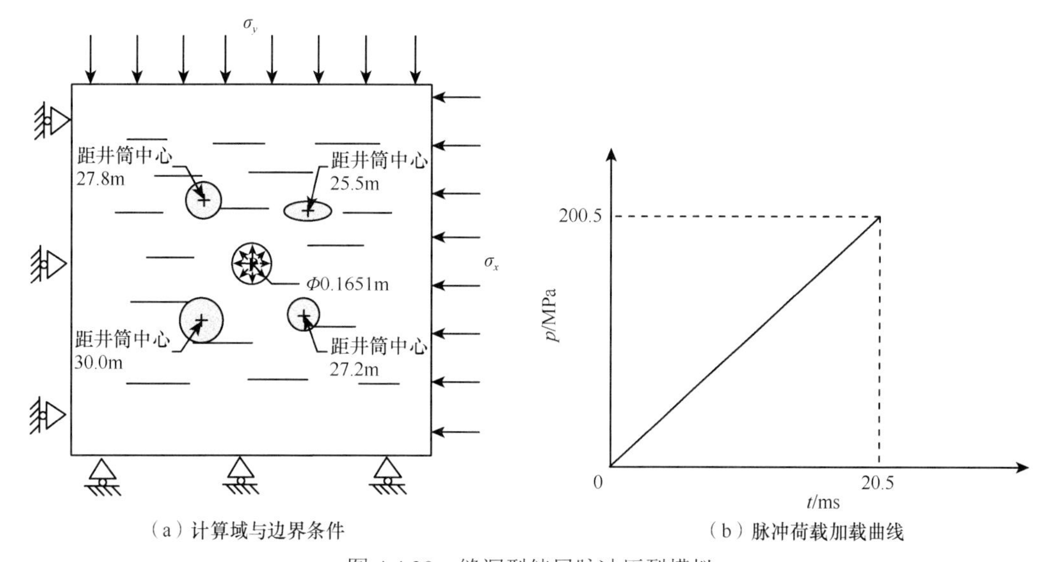

（a）计算域与边界条件 （b）脉冲荷载加载曲线

图 4.4.39 缝洞型储层脉冲压裂模拟

算域为 100m×100m 的矩形，井筒直径为 0.1651m。计算域左边界和下边界法向位移约束，上边界和右边界分别施加地应力，σ_x=124.1MPa，σ_y=93.3MPa，井筒内施加水压。计算参数为杨氏模量 E=38.0GPa，泊松比 ν=0.2，岩石抗拉强度 σ_t=4.0MPa，脉冲加载时间步 Δt=2.0μs。脉冲模拟中，节理与水平方向的夹角 θ 分别为 0°、11.6°和 23.7°。

节理倾角的平均值为 θ=23.7°时，脉冲裂纹扩展模拟结果如图 4.4.40 和图 4.4.41 所示。从 t=10.0ms 的裂缝扩展结果可知，脉冲裂缝同两侧天然裂缝发生会合并继续沿天然裂缝扩展。观察井口左右两侧的裂缝扩展形态，裂缝左右不对称。天然裂缝的存在抑制了裂纹分叉，减弱了裂缝形态的复杂性，显著改变了脉冲裂缝的扩展形态。图 4.4.41 显示 t=20.5ms 时，已基本形成了复杂裂缝网络。

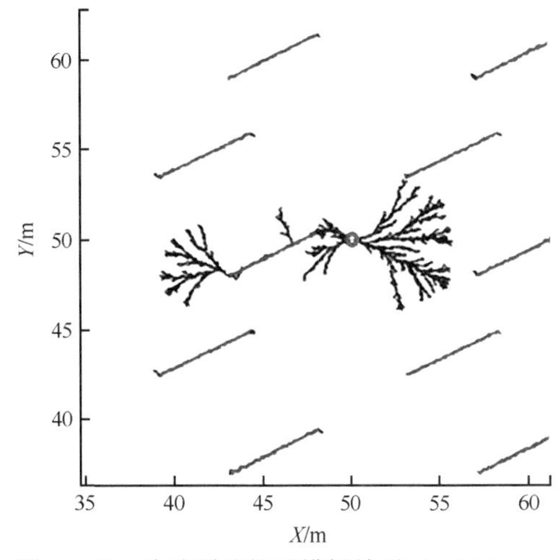

图 4.4.40 脉冲裂纹扩展模拟结果（t=10.0ms）

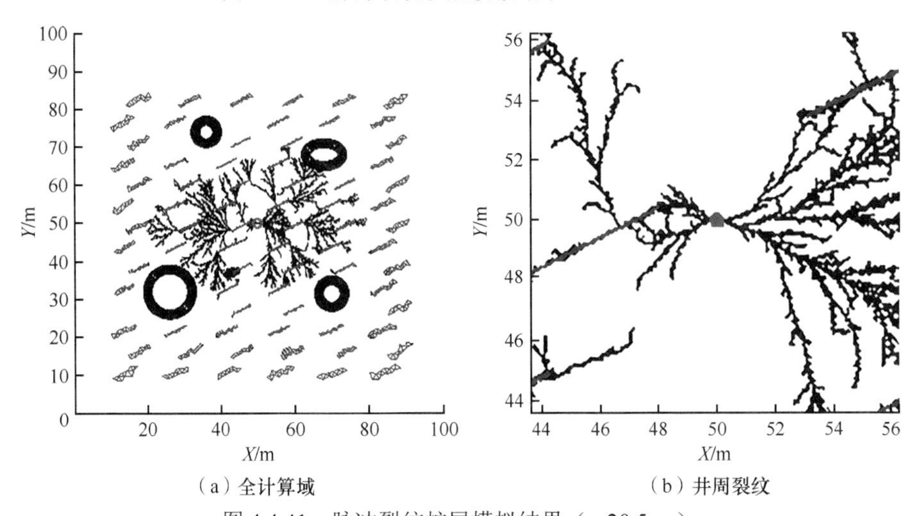

（a）全计算域 （b）井周裂纹

图 4.4.41 脉冲裂纹扩展模拟结果（t=20.5ms）

6. 规律性认识

天然裂纹会影响脉冲裂纹扩展分叉。当脉冲裂纹与天然裂纹垂直或接近于垂直相交时，天然裂纹对脉冲裂纹具有屏蔽作用，当平行于天然裂缝时，天然裂纹对脉冲裂纹具有促进作用。随天然裂纹倾角增加，裂纹剪切位移增加，这有利于储层改造。整体看，裂缝形态随天然裂纹倾角增加，整体发生倾斜。

当储层中含有洞体，脉冲裂纹扩展形态基本相似，反映的规律基本相同。与常规水力压裂的模拟结果对比，显示脉冲裂纹延伸逼近天然洞体，并与洞体相交贯通。表明脉冲裂纹有助于沟通天然洞体，达到脉冲压裂的效果。当洞体离井口较近，洞体的存在对脉冲裂纹的分叉具有一定的抑制作用。总体来看，脉冲压裂有利于人工裂纹与天然洞体的沟通。

4.4.4 三维脉冲波压裂数值模拟

本节考虑不同因素，模拟分析三维条件下脉冲波压裂规律（Wang et al.，2020a，2020b）。

1. 不同加载分隔段长度的影响

计算域尺寸为 1.0m×1.0m×1.0m，井筒半径为 0.08255m，如图 4.4.42（a）所示，施加地应力为 σ_x=130.0MPa，σ_y=120.0MPa，σ_z=115.0MPa。井筒中部设分隔段施加脉冲压力，分隔段长度分别为 0.2m 和 0.35m。脉冲波加载曲线如图 4.4.42（b）所示。计算参数为杨氏模量 E=38.0GPa，泊松比 ν=0.2，抗拉强度 σ_t=4.0MPa，脉冲加载时间步 Δt=1.0μs，采用四面体单元划分网格。

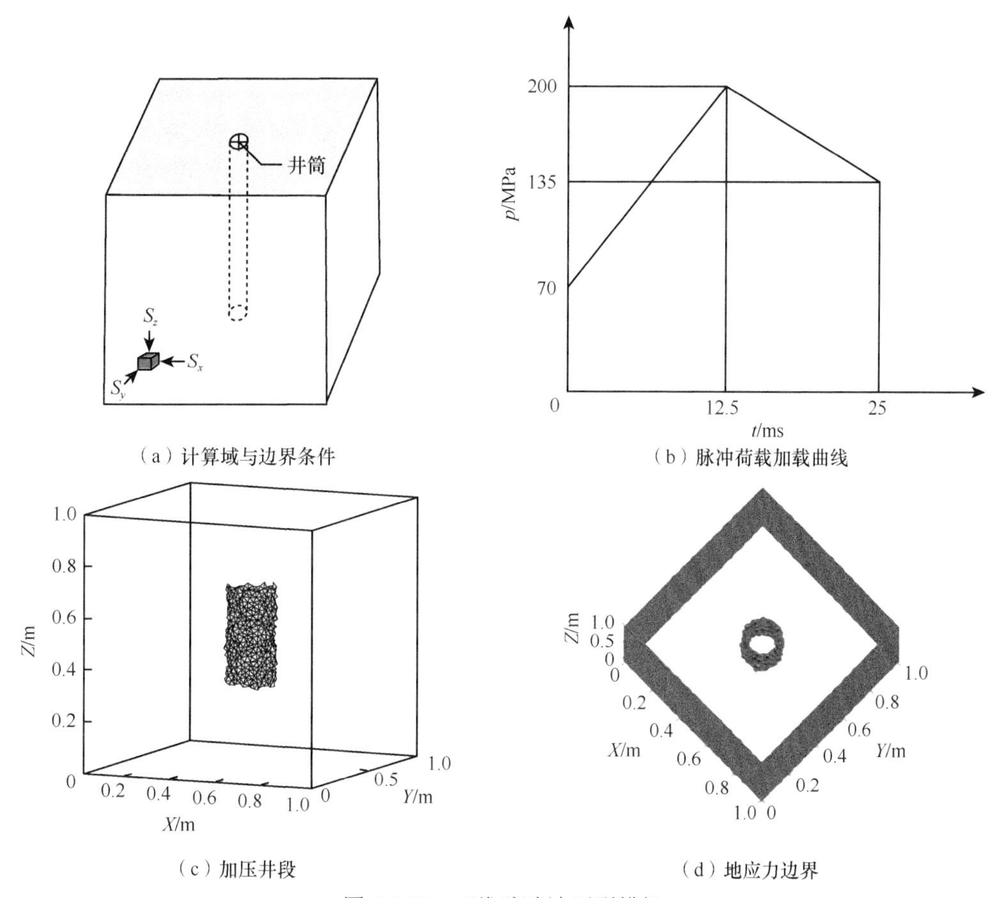

（a）计算域与边界条件　（b）脉冲荷载加载曲线

（c）加压井段　（d）地应力边界

图 4.4.42 三维脉冲波压裂模拟

加载段长度为 0.2m 时，根据加载步数与荷载的对应关系，孔隙压力增大至 193.24MPa，裂纹开始起裂、扩展。随压力增加，裂纹不断扩展。地应力对脉冲裂纹扩展方向具有重要影响，裂纹先沿水平最大主应力方向起裂，随裂纹不断扩展和分叉，分叉裂纹向最小主应力方向扩展。裂纹面呈三部分，沿井孔轴向的主裂纹面及由主裂纹衍生出的两个双曲面形的内凹型裂纹。

加载段长度为 0.35m 时，压力增大到 181.28MPa，井壁开始开裂，相比加载段长度为 0.2m 时的情况开裂压力有所减小。随压力增大，岩石破坏区域沿水平最大主应力方向以圆饼状扩展。随裂纹向前扩展和分叉，分叉后的裂纹向最小主应力方向扩展。裂纹面呈三部分，沿井孔轴向的主裂纹面及由主裂纹衍生出的两个双曲面形的内凹型裂纹。

加载段长度为 0.5m 时，压力增大到 176.704MPa，岩体破坏由井孔加载段的两端开始，在 $X<0.5$m 一侧，破坏区域呈半圆环形，随压力增大，半圆环不断变大。压力增大到 177.64MPa，在 $X>0.5$m 一侧，破坏也开始发生。裂纹面呈三部分，沿井孔轴向的主裂纹面及由主裂纹衍生出的两个双曲面形的内凹型裂纹面。裂缝先沿最大主应力方向扩展，然后分叉裂纹向最小主应力方向扩展。典型裂纹扩展形态如图 4.4.43 及图 4.4.44 所示。

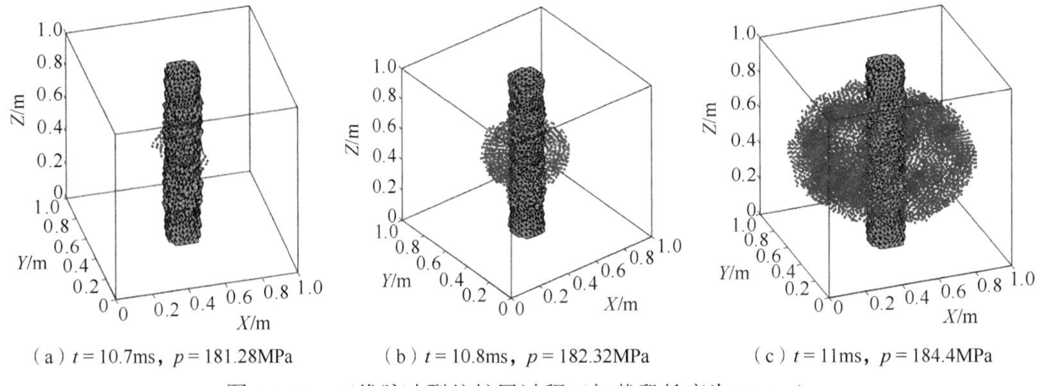

（a）$t=10.7$ms，$p=181.28$MPa　（b）$t=10.8$ms，$p=182.32$MPa　（c）$t=11$ms，$p=184.4$MPa

图 4.4.43　三维脉冲裂纹扩展过程（加载段长度为 0.35m）

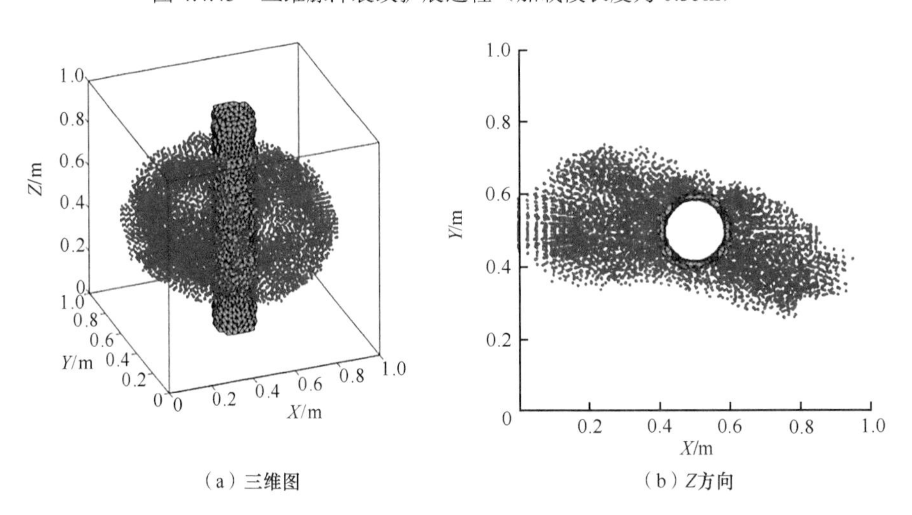

（a）三维图　（b）Z方向

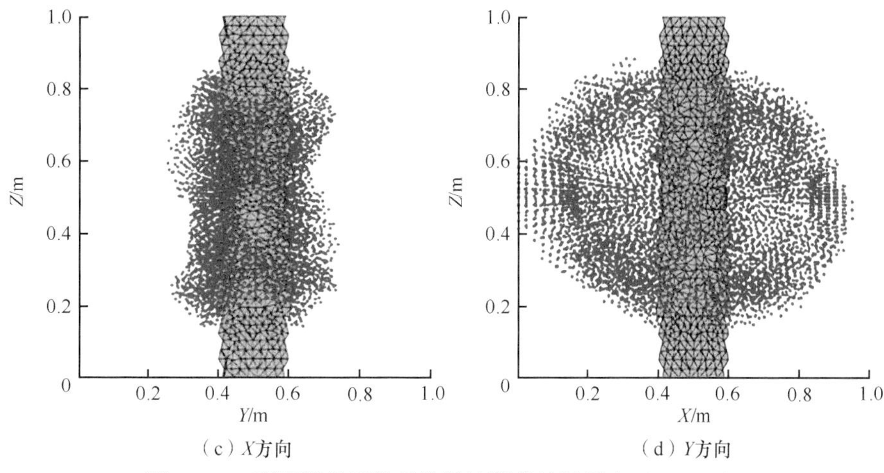

（c）X方向 （d）Y方向

图 4.4.44 不同视角下的最终脉冲裂纹扩展形态（t=11ms）

每个加载步破裂单元数的增量与时间步的关系曲线如图 4.4.45 所示。加压过程中，一段时间内没破裂单元产生；压力增大到某个值，短时间内破裂单元数量骤增。加载段长度为 0.5m 时，有破裂单元产生的时刻为 10.26ms，对应的压力为 176.704MPa；加载段长度为 0.35m 时，有破裂单元产生的时刻为 10.78ms，对应的压力为 182.112MPa；加载段长度为 0.2m 时，有破裂单元产生的时刻为 11.75ms，对应的压力为 192.2MPa。分析三条曲线，虽然三种情况下的起裂压力和起裂时间略有不同，但一旦扩展后新生裂纹面扩展的速率基本相同。

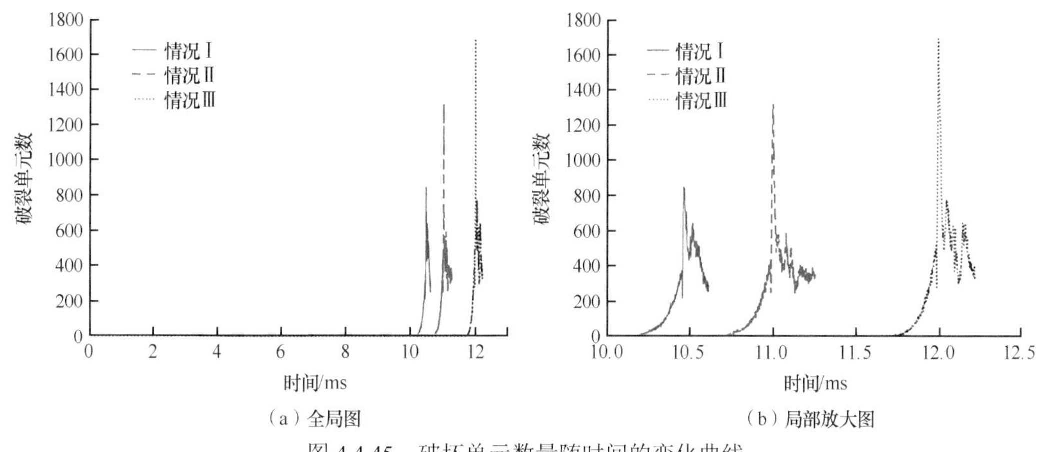

（a）全局图 （b）局部放大图

图 4.4.45 破坏单元数量随时间的变化曲线

2. 不同岩性对脉冲压裂结果的影响

计算域如图 4.4.46 所示，施加地应力为 σ_x=130.0MPa，σ_y=120.0MPa，σ_z=115.0MPa。计算域尺寸为 1.0m×1.0m×1.0m，井筒半径为 0.08255m，井筒中部设分隔段施加脉冲压力，分隔段长度为 0.35m。计算参数为杨氏模量 E 取 40.0GPa、80.0GPa，泊松比 ν=0.2，岩石抗拉强度 σ_t=4.0MPa，脉冲加载时间步 Δt=1.0μs。

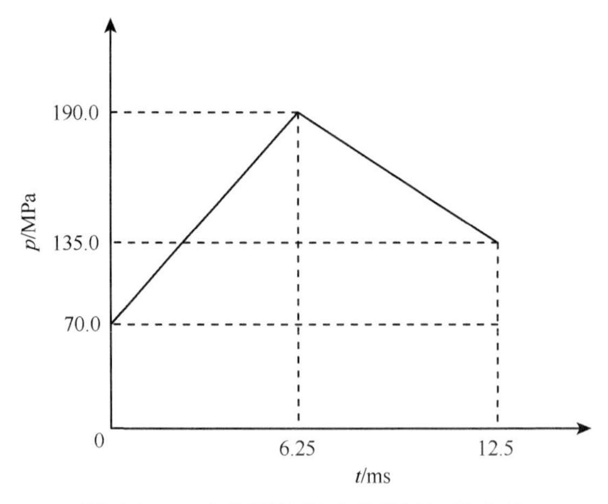

图 4.4.46　分析岩性影响的脉冲加载曲线

对比分析不同杨氏模量的计算结果，如图 4.4.47 所示。发现不同杨氏模量下的裂纹扩展形态基本一致，起裂时间点基本一致，起裂压力约为 181.5MPa。随杨氏模量增加，相同时间内，裂缝延伸范围增大，即裂缝起裂后的扩展速度加快。脉冲压裂模拟结果表明，脉冲压力有利于形成多条裂缝，利于提高地层的渗流能力。

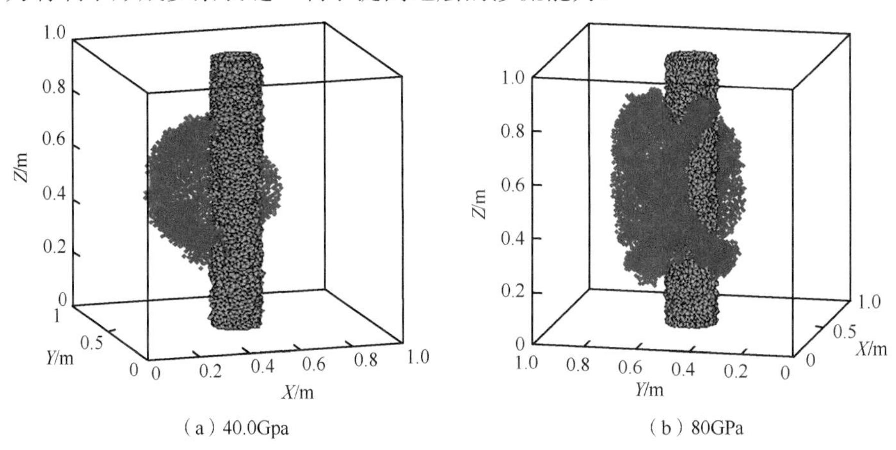

（a）40.0Gpa　　（b）80GPa

图 4.4.47　不同杨氏模量条件下的脉冲压裂裂缝形态（t=5.96ms）

3. 地应力的影响

按图 4.4.48 施加地应力 σ_x、σ_y、σ_z。计算域尺寸为 1.0m×1.0m×1.0m，井筒半径为 0.08255m，井筒中部设分隔段施加水压，分隔段长度为 0.35m。计算参数为杨氏模量 E=40.0GPa，泊松比 ν=0.2，抗拉强度 σ_t=4.0MPa，脉冲加载时间步 Δt=1.0μs。

结果表明（图 4.4.49），脉冲裂缝沿水平最大主应力方向扩展，但分叉裂纹向水平最小主应力方向扩展，不同于传统水力压裂形成的裂纹。脉冲压力下井筒周围形成“耳状”分叉裂缝面，有利于形成多条压裂缝，提高地层渗流能力。水平地应力差为 5.0MPa 时，裂缝起裂时间为 t=5.48ms，起裂压力为 184.0MPa；水平地应力差为 10.0MPa 时，裂缝起裂时间为 t=5.36ms，起裂压力为 181.5MPa；水平地应力差为 15.0MPa 时，裂缝起裂时间为 t=5.20ms，起裂压力为 178.2MPa。水平地应力差越大，起裂压力越低。

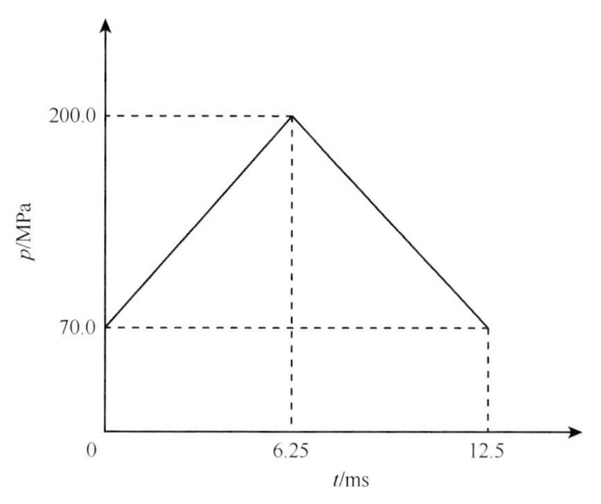

图 4.4.48　分析地应力影响的脉冲加载曲线

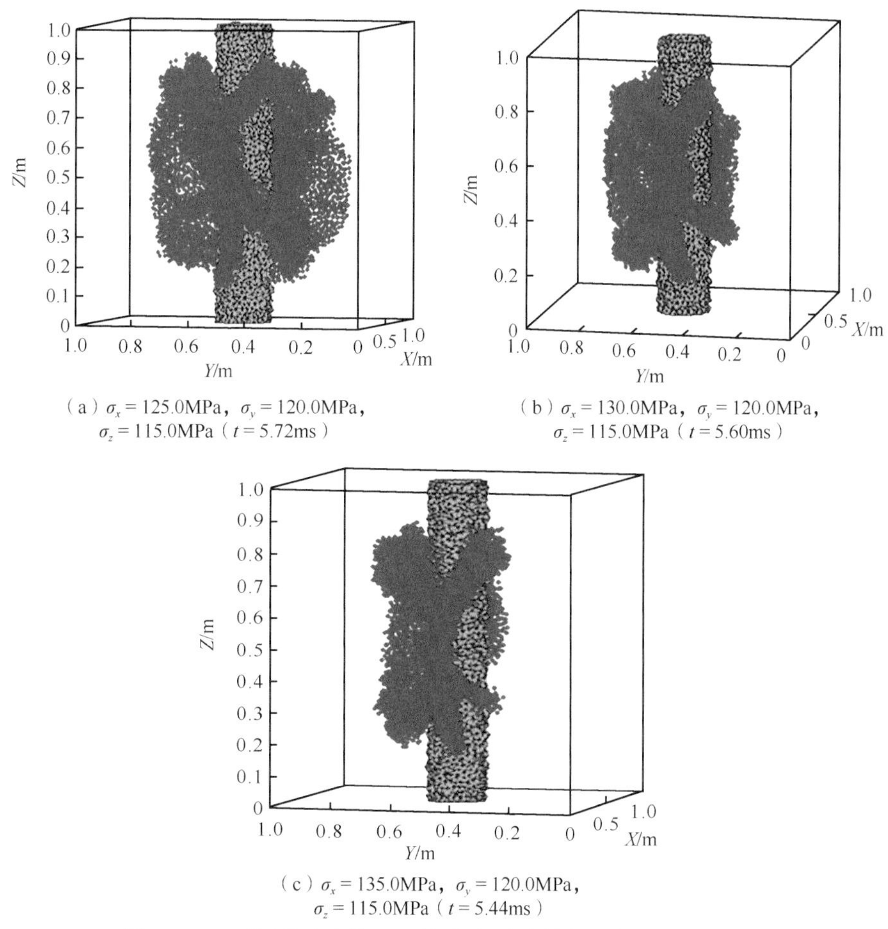

（a）$\sigma_x=125.0\text{MPa}$，$\sigma_y=120.0\text{MPa}$，$\sigma_z=115.0\text{MPa}$（$t=5.72\text{ms}$）

（b）$\sigma_x=130.0\text{MPa}$，$\sigma_y=120.0\text{MPa}$，$\sigma_z=115.0\text{MPa}$（$t=5.60\text{ms}$）

（c）$\sigma_x=135.0\text{MPa}$，$\sigma_y=120.0\text{MPa}$，$\sigma_z=115.0\text{MPa}$（$t=5.44\text{ms}$）

图 4.4.49　不同地应力情况下的脉冲压裂裂缝形态　（t=5.44ms）

4. 天然洞体对脉冲波压裂裂缝扩展的影响

Wang 等（2020a，2020b）模拟分析了天然洞体对脉冲压裂的影响，计算域如图 4.4.50

所示。施加地应力为 σ_x=130.0MPa，σ_y=120.0MPa，σ_z=115.0MPa。井筒直径为 0.08255m，内设分隔段施加水压，分隔段长度为 0.35。井筒周围分布两个天然洞体，直径均为 0.1m。计算参数为杨氏模量 E=38.0GPa，泊松比 ν=0.2，岩石抗拉强度 σ_t=4.0MPa。脉冲加载时间步 Δt=1.0μs。

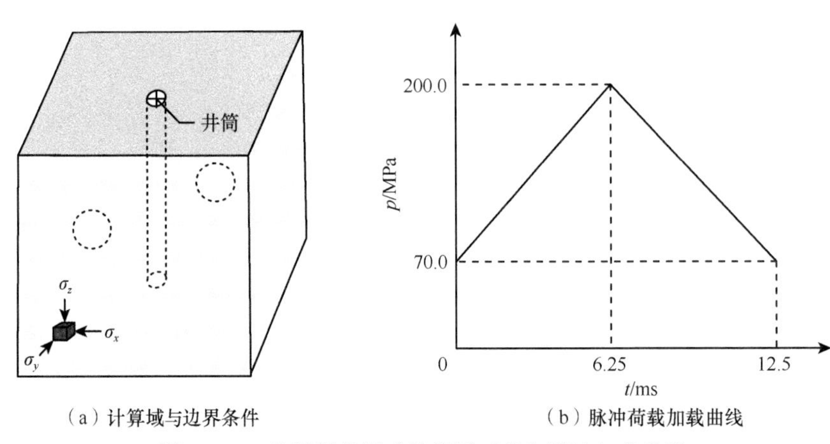

（a）计算域与边界条件　　（b）脉冲荷载加载曲线

图 4.4.50　分析洞体影响的模拟对象和脉冲加载曲线

1）天然洞体关于井筒对称分布

如图 4.4.51 所示，t=5.72 ms 时，井筒左侧裂缝偏离天然洞体沿两分叉方向继续延伸，右侧裂缝出现“耳状”分叉，总体上趋近于右侧天然洞体。t=5.76ms 时，井筒左右两侧裂缝继续延伸，X 方向总体扩展范围为 0.7m，Y 方向总体扩展范围为 0.4m。可见，脉冲裂缝受水平最大主应力控制，沿 X 方向（平行于最大主应力方向）延伸。天然洞体的存在，对脉冲裂缝有一定的干扰作用，使脉冲裂缝偏离最大主应力方向扩展。

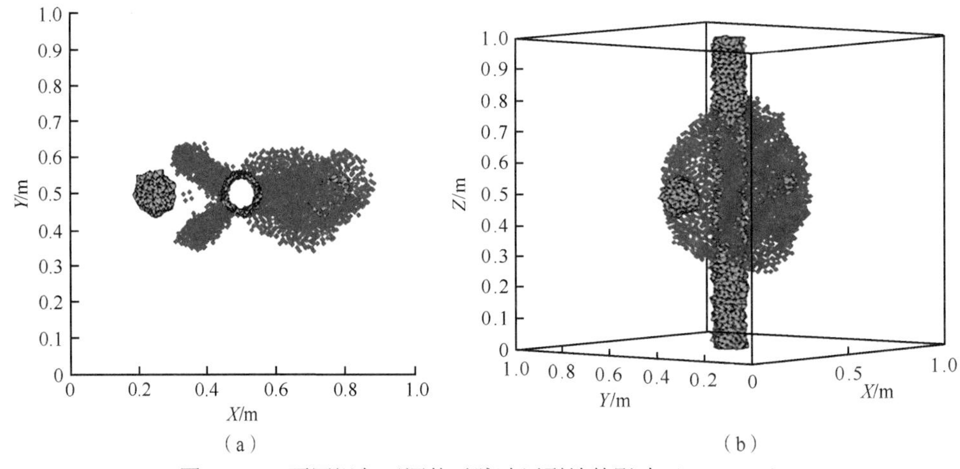

（a）　　（b）

图 4.4.51　不同视角下洞体对脉冲压裂缝的影响（t=5.72ms）

2）天然洞体关于井筒中心对称分布

模拟结果显示，t=5.48ms 时，井筒分隔段右侧压裂缝沿 X 方向起裂，起裂压力 184.0MPa。脉冲压裂缝受水平最大主应力控制，沿水平最大主应力方向更容易起裂。t=5.52ms 时，井筒左侧沿 X 负方向，压裂缝起裂，右侧裂缝扩展长度为 0.14m。t=5.56ms

时，井筒左右两侧压裂缝分别沿 X 方向继续延伸，左侧扩展长度为 0.1m，右侧扩展长度为 0.16m，且两侧压裂缝均偏离天然洞体所在方位扩展。t=5.60ms 时，井筒左侧压裂缝偏离天然洞体方向继续延伸，右侧压裂缝出现“耳状”分叉。如图 4.4.52 所示，t=5.64ms 时，井筒左右两侧压裂缝继续延伸，X 方向总体扩展范围为 0.55m，Y 方向总体扩展范围为 0.35m。总之，脉冲压裂缝受水平最大主应力控制，沿 X 方向（平行于水平最大主应力方向）延伸。

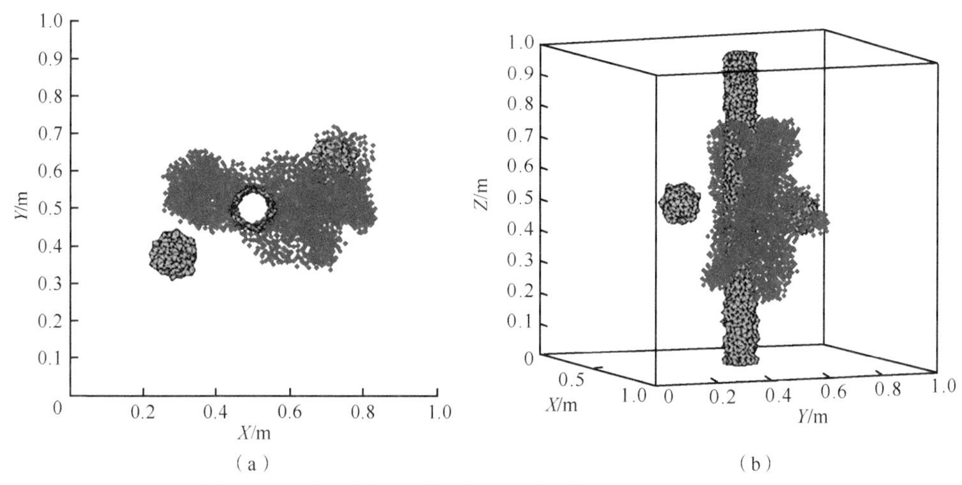

图 4.4.52 不同视角下的脉冲压裂裂缝形态（t=5.64ms）

天然洞体的存在对脉冲压裂缝有一定的排斥作用，但脉冲压裂纹能突破洞体的排斥作用与洞体相交。因此，脉冲压裂纹可以克服洞周高压应力区，实现与洞体沟通。

5. 规律性认识

对三维脉冲压裂进行数值模拟分析，发现裂纹面呈三部分，沿井孔轴向的主裂纹面及由主裂纹衍生出的两个双曲面形的内凹型裂纹面。裂纹先沿水平最大主应力方向扩展，后分叉裂纹向水平最小主应力方向扩展。加载段长度对裂纹起裂压力和起裂时间有影响，但一旦扩展后新生裂纹面的扩展速率基本相同。脉冲压裂模拟结果表明，脉冲压力下井筒周围形成“耳状”分叉裂缝面，有利于形成多条压裂缝，从而提高地层渗流能力。不同脉冲加压速率条件下计算表明，裂缝起裂时间点不同，加压速率越大，裂缝起裂时间越早，但最终裂缝形态相似。

对不同杨氏模量的岩石进行脉冲波压裂模拟，发现不同杨氏模量下的裂纹扩展形态基本一致，随杨氏模量增加，相同时间内，裂缝延伸范围增大，即裂缝起裂后的扩展速度加快。脉冲压力有利于形成多条压裂缝，提高地层渗流能力。地应力差对脉冲压裂的起裂压力有较大影响，水平地应力差越大，起裂压力越低。天然溶洞对裂纹扩展具有一定的排斥作用，但脉冲裂纹能突破裂纹的排斥作用与洞体相交，表明脉冲压裂纹有助于缝洞储集体的沟通，这是传统水力压裂方法较难实现的。

对不同尺度的储层进行模拟发现，不同尺寸下裂缝起裂时间点接近，随裂缝出现分叉，裂缝扩展速度逐步提高。裂缝扩展稳定后，扩展速度基本趋于平稳，脉冲压裂裂缝基本特征一致，包括裂缝起裂、分叉及最终裂缝形态等。

总体上，三维脉冲压裂有助于水平最小主应力方向上的储集体沟通，有利于洞体沟通，具有常规水力压裂较难达到的效果，是一种具有潜力的储层改造方法。

主要参考文献

黄恺, 张振南. 2010. 三维单元劈裂法与压剪裂纹数值模拟. 工程力学, 27(12): 51-58.

王毓杰, 张振南, 牟建业, 等. 2019. 缝洞型碳酸盐岩油藏洞体与水力裂缝相互作用研究. 地下空间与工程学报, 15(S1):175-181.

杨帆, 张振南. 2012. 包含莫尔-库仑准则的单元劈裂法模拟围压下节理扩展, 上海大学学报, 18(1):104-110.

张振南, 陈永泉. 2009. 一种模拟节理岩体破坏的新方法：单元劈裂法. 岩土工程学报, 31 (12): 1858-1865.

张振南, 郑宏, 葛修润. 2013. 考虑裂尖点的三角单元劈裂法.中国科学 E 辑:技术科学, 43(10):1136-1143.

张振南, 王毓杰, 牟建业, 等. 2019. 基于单元劈裂法的全耦合水力压裂数值模拟. 中国科学: 技术科学, 49(6)：716-724.

Barton N, Bandis S C. 1982. Effects of block size on the shear behaviour of jointed rocks. Proceedings of the 23rd U.S. Symposium On Rock Mechanics. Rotterdam: A. A. Balkema: 739-760.

Belystchko T, Black T. 1999. Elastic crack growth in finite elements with mineral remeshing. International Journal for Numberical Methods in Engineering, 45: 601-620.

Buehler M J, Gao H. 2006. Dynamical fracture instabilities due to local hyperelasticity at crack tips. Nature, 439(7074): 307-310.

Gao H, Klein P. 1998. Numerical simulation of crack growth in an isotropic solid with randomized internal cohesive bond. Journal of Physics and Chemistry of Solids, 46:187-218.

Ghanizadeh A, Gasparik M, Amann-Hildenbrand A, et al. 2014. Experimental study of fluid transport processes in the matrix system of the European organic-rich shales: I. Scandinavian Alum Shale. Marine and Petroleum Geology, 51: 79-99.

Heller R, Vermylen J, Zoback M. 2014. Experimental investigation of matrix permeability of gas shales. AAPG Bulletin, 98(5): 975-995.

Hoek E, Brown E T. 1997. Practical estimates of rock mass strength. International Journal of Rock Mechanics and Mining, 34(8): 1165-1186.

Hoek E, Carranza T C. 2002. Hoek-Brown failure criterion-2002 Edition. Proceedings of the Fifth North American Rock Mechanics Symposium, 1: 18-22.

Ismail M I A, Zoback M D. 2016. Effects of rock mineralogy and pore structure on stress-dependent permeability of shale samples. Philosophical Transactions of the Royal Society A, 374: 20150428.

Lee H S, Cho T F. 2002. Hydraulic characteristics of rough fractures in linear flow under normal and shear load. Rock and Mechanics and Rock Engineering, 35(4): 299-318.

Liao C L, Chang T P, Young D H, et al. 1997. Stress-strain relationship for granular materials based on the hypothesis of best fit. International Journal of Solids & Structures, 34(31-32): 4087-4100.

Liu S, Liu Z, Zhang Z. 2022. Numerical study on hydraulic fracture-cavity interaction in fractured-vuggy carbonate reservoir. Journal of Petroleum Science and Engineering, 213: 110426.

Liu Z, Peng S, Zhao H, et al. 2019. Numerical simulation of pulsed fracture in reservoir by using discretized virtual internal bond. Journal of Petroleum Science and Engineering, 181:106197.

Milstein F. 1980. Review: Theoretical elastic behavior at large strains. Journal of Materials Science, 15: 1071-1084.

Peng S, Zhang Z, Li C, et al. 2017. Simulation of water flow in fractured porous medium by using discretized virtual internal bond. Journal of Hydrology, 555: 851-868.

Rice J R. 1968. A path independent integral and the approximate analysis of strain concentration by notches and cracks. Journal of Applied Mechanics, 35:379-386.

Sih G C. 1974. Strain-energy-density factor applied to mixed mode crack problems. International Journal of Fracture, 10: 305-321.

Sih G C, Cha B C K. 1974. A fracture criterion for three-dimensional crack problems. Engineering Fracture Mechanics, 6: 699-723.

Sih G C, Macdonald B. 1974. Fracture mechanics applied to engineering problems-strain energy density fracture criterion. Engineering Fracture Mechanics, 6: 361-386.

Tadmor E B, Ortiz M, Phillips R. 1996. Quasicontinuum analysis of defects in solids. Philosophical Magazine A, 73(6): 1529-1593.

Wang Y, Zhang Z. 2020. Fully hydromechanical coupled hydraulic fracture simulation considering state transition of natural fracture. Journal of Petroleum Science and Engineering, 190:107072.

Wang Y, Zhao B, He X, et al. 2020a. 3D Pulsed fracture initiation and propagation around wellbore: A numerical study. Computers and Geotechnics, 119:103374.

Wang Y, Li X, Zhao B, et al. 2020b. 3D numerical simulation of pulsed fracture in complex fracture-cavitied reservoir. Computers and Geotechnics, 125: 103665.

Xu T, Ranjith P G, Au A S K, et al. 2015. Numerical and experimental investigation of hydraulic fracturing in Kaolin clay. Journal of Petroleum Science and Engineering, 134(3): 223-236.

Xu X P, Needleman A. 1994. Numerical simulations of fast crack growth in brittle solids. Journal of the Mechanics and Physics of Solids, 42(9): 1397-1434.

Zhang Z. 2013. Discretized virtual internal bond model for nonlinear elasticity. International Journal of Solids and Structures, 50: 3618-3625.

Zhang Z, Chen Y. 2009. Simulation of fracture propagation subjected to compressive and shear stress field using virtual multidimensional internal bonds. International Journal of Rock Mechanics and Mining Sciences, 46(6):1010-1022.

Zhang Z, Gao H. 2012. Simulating fracture propagation in rock and concrete by an augmented virtual internal bond method. International Journal for Numerical and Analytical Methods in Geomechanics, 36(4): 459-482.

Zhang Z, Wang D, Ge X. 2013. A novel triangular finite element partition method for fracture simulation without enrichment of interpolation. International Journal of Computational Methods, 10(4):1350015.

Zhang Z, Wang D, Ge X, et al. 2016a. Three dimensional element partition method for fracture simulation. International Journal of Geomechanics, 16(3): 04015074.

Zhang Z, Peng S, Ghassemi A, et al. 2016b. Simulation of complex hydraulic fracture generation in reservoir stimulation. Journal of Petroleum Science and Engineering, 146: 272-285.

第5章 缝洞沟通机理及模式

本章采用第4章的基本理论和方法对缝洞沟通机理进行数值模拟计算。

5.1 井周缝洞沟通机理

5.1.1 二维单溶洞沟通机理

1. 无围压差

如图5.1.1所示，设置二维溶洞模型，模型尺寸为100m×100m×1m，溶洞直径为5m，中心坐标为（50，50），初始裂缝位置（37.5，57.5）～（42.5，57.5）。水平最大和最小地应力均为120MPa，溶洞内流体压力为0MPa、75MPa、105MPa、120MPa、135MPa、150MPa（其中洞内流体压力值大于地应力值的情形在实际储层条件下一般不存在，这里仅用于分析规律用）。

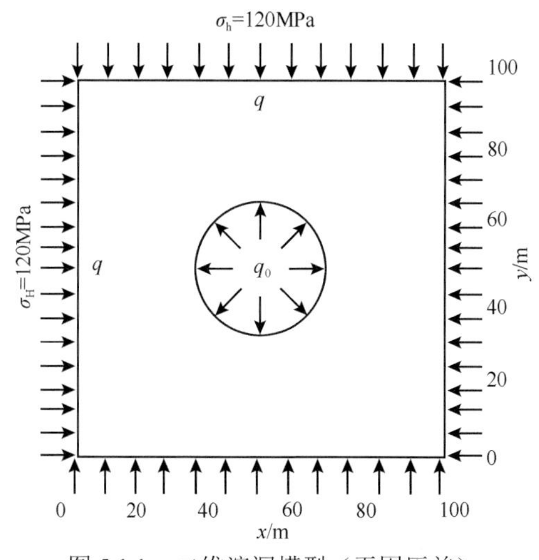

图5.1.1 二维溶洞模型（无围压差）

图5.1.2（a）～（c）结果显示裂缝扩展偏离溶洞，围压在溶洞处形成的应力集中对裂缝扩展路径的影响大于溶洞内压的影响；图5.1.2（d）溶洞内压与围压相等，围压与溶洞相互作用，溶洞处基本没有应力集中现象，理论上裂缝应沿直线扩展，模拟结果也近似直线扩展；图5.1.2（e）、（f）裂缝扩展受溶洞吸引，围压在溶洞处导致的应力集中对裂缝路径的影响小于溶洞内压对裂缝扩展路径的影响。不同溶洞内压条件下裂缝扩展路径的数据结果如图5.1.3所示。

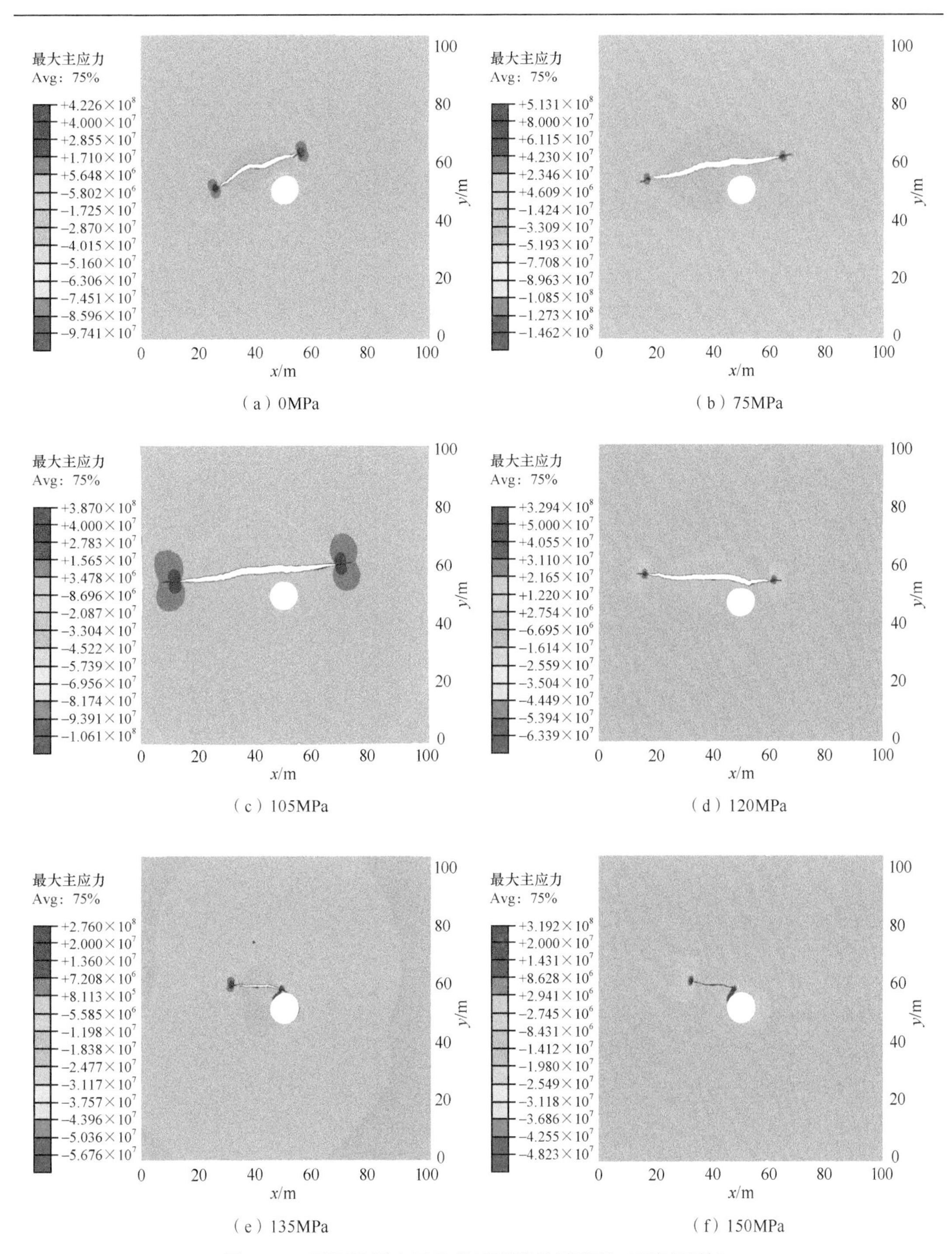

图 5.1.2　不同溶洞内压条件下裂缝扩展路径（无围压差）

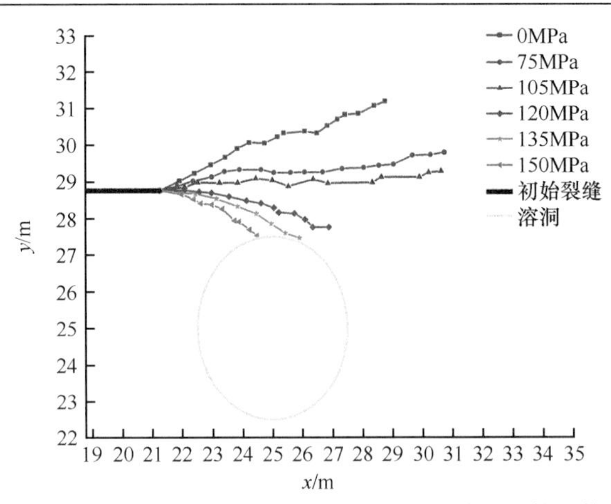

图 5.1.3　不同溶洞内压条件下溶洞对裂缝轨迹的干扰

2. 存在围压差

模型尺寸为 100m×100m×1m，溶洞直径 R=5m，中心坐标为（50，50），初始裂缝长 5m，裂缝右侧尖端距溶洞边缘 1.41R（图 5.1.4），模拟参数如表 5.1.1 所示。

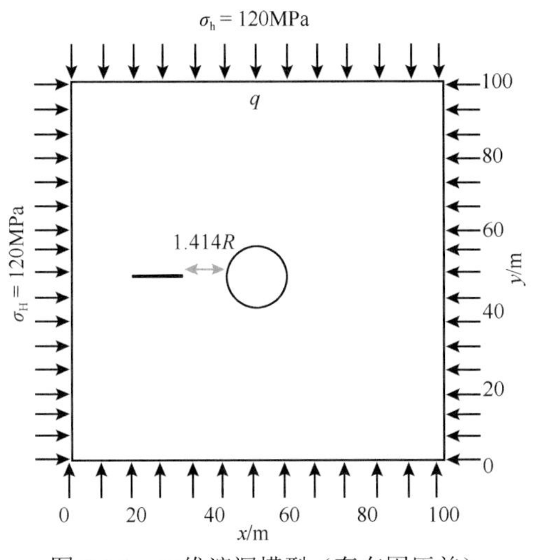

图 5.1.4　二维溶洞模型（存在围压差）

裂缝扩展路径如图 5.1.5 所示，随着初始裂缝角度的变化，图 5.1.5（a）和（b）压裂裂缝与溶洞连通，图 5.1.5（c）和（d）裂缝未与溶洞连通。总体上，裂缝扩展由初始位置逐渐偏转到水平最大地应力方向，然在裂缝扩展过程中，溶洞有排斥裂缝的特性。图 5.1.5（e）～（h）相同裂缝位置随着溶洞内压的增加，溶洞排斥裂缝的作用减少，逐渐表现为吸引。

表 5.1.1　二维溶洞沟通模拟参数（存在围压差）

对应图 5.1.5 的小图号	地应力/MPa	溶洞内压/MPa	与 σ_x 的夹角/（°）
（a）	σ_x=140MPa σ_y=120MPa	0	0
（b）		0	30

续表

对应图 5.1.5 的小图号	地应力/MPa	溶洞内压/MPa	与 σ_x 的夹角/（°）
（c）	σ_x=140MPa σ_y=120MPa	0	45
（d）		0	60
（e）		75	60
（f）		105	60
（g）		120	60
（h）		135	60

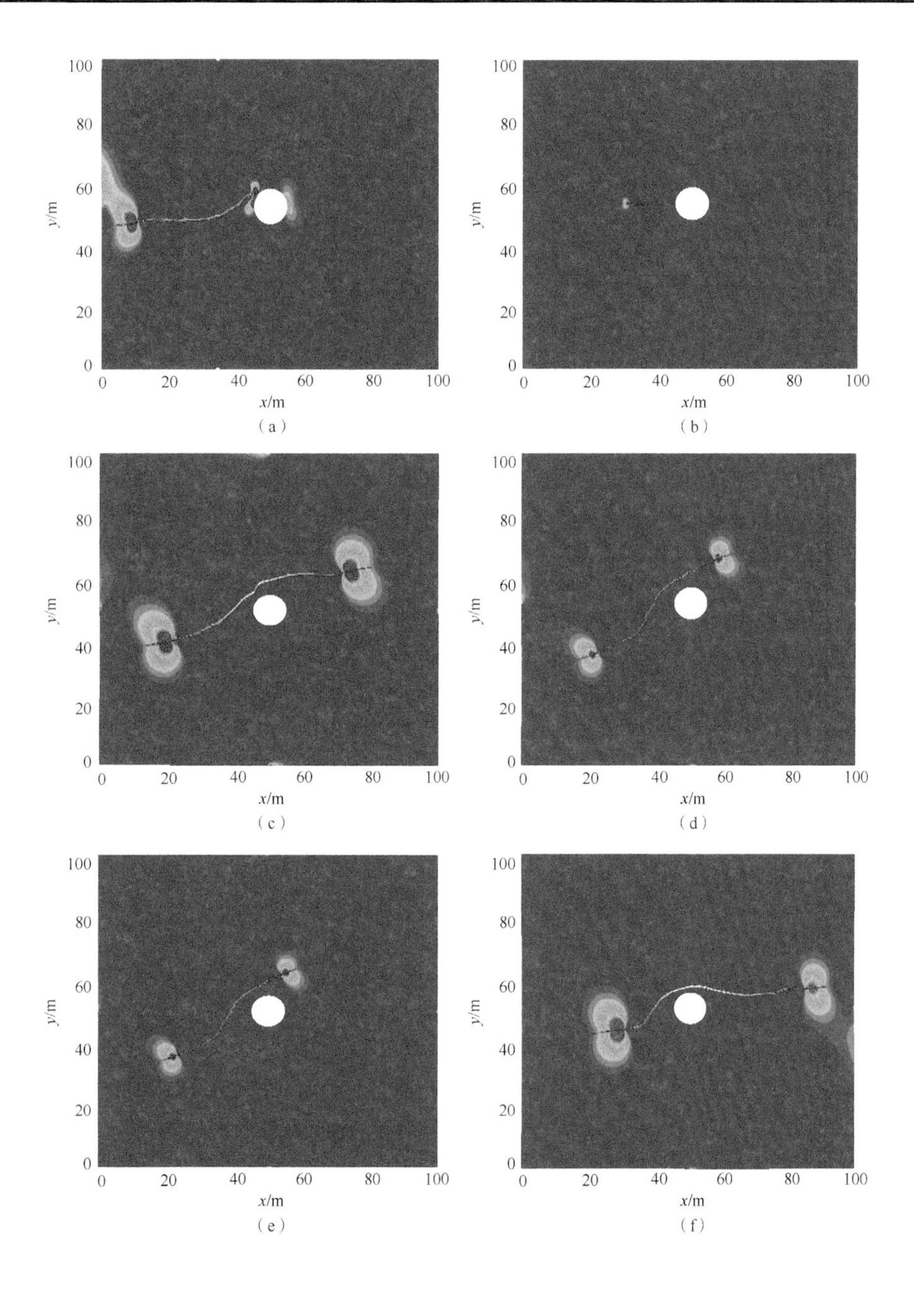

（a）（b）（c）（d）（e）（f）

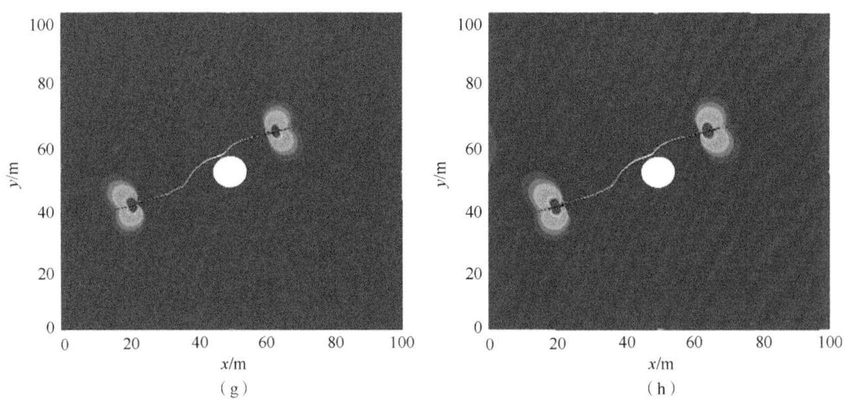

图 5.1.5　不同溶洞内压条件下裂缝扩展路径（存在围压差）

5.1.2　二维单缝洞沟通机理

溶洞周围存在天然裂缝的情况下，模拟计算天然裂缝对压裂裂缝沟通溶洞的影响，模拟参数如表 5.1.2 所示。

表 5.1.2　二维单缝洞沟通模拟参数设置

对应图 5.1.6 的小图号	地应力/MPa	溶洞弹性模量 E/kPa	天然裂缝角度/（°）	溶洞内压/MPa
（a）	σ_x=120，σ_y=120	30	90	0
（b）	σ_x=120，σ_y=120	30	45	0
（c）	σ_x=120，σ_y=120	30	–45	0
（d）	σ_x=140，σ_y=120	30	–45	0
（e）	σ_x=120，σ_y=140	30	–45	0
（f）	σ_x=120，σ_y=120	30	–45	135

注：天然裂缝角度中正值表示天然裂缝与“+x”轴方向夹角；负值表示天然裂缝与“–x”轴方向夹角。

如图 5.1.6（a）所示，溶洞周围存在一条指向溶洞的天然裂缝，与 x 轴夹角为 90°，压裂裂缝向前扩展与天然裂缝相交后，激活天然裂缝并沟通溶洞；图 5.1.6（a）～（c）显示，溶洞周围天然裂缝的分布角度对溶洞沟通有较大影响，即压裂裂缝激活指向溶洞的天然裂缝时，天然裂缝对溶洞沟通有引导作用，反之，则不利于沟通溶洞；图 5.1.6（c）～（e）表明，在地应力的影响方面，当地应力差较小时，其对压裂裂缝扩展路径的影响程度有限；存在天然裂缝时改变溶洞内压[图 5.1.6（c）、（f）]，即当溶洞内压为 135MPa 时，溶洞对裂缝扩展路径的影响较大，裂缝扩展路径明显偏向溶洞，利于缝洞连通，此时溶洞内压对压裂裂缝的扩展路径起主导作用。

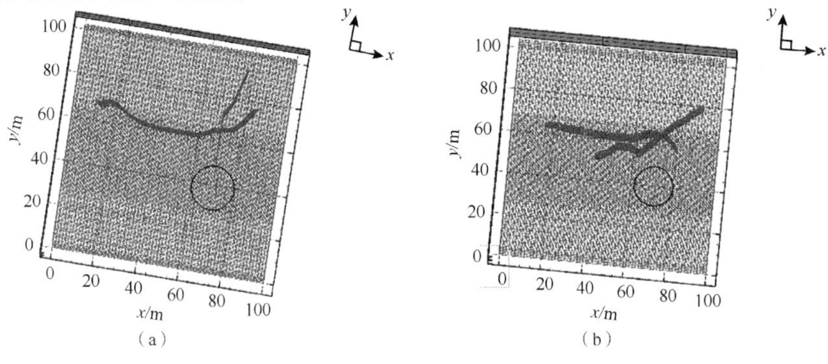

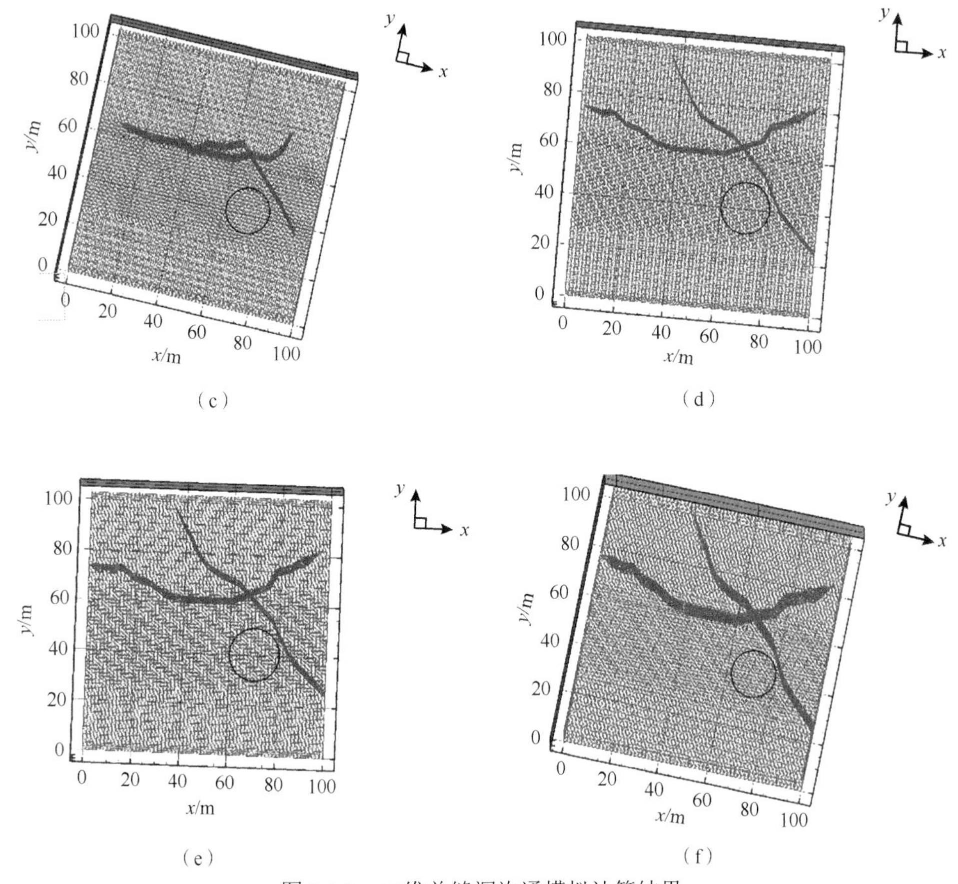

图 5.1.6 二维单缝洞沟通模拟计算结果

5.1.3 二维缝洞网络沟通机理

1. 井周缝洞模型

井周缝洞模型如图 5.1.7（a）所示，模型参数：计算域尺寸为 100m×100m，井筒位于模型几何中心，半径为 0.08255m，井筒两侧预置天然裂缝的长度为 0.42m，在井周均布 8 个天然洞体，r_1=2.5m，r_2=3.75m，洞壁上的径向天然裂缝长度为 5.0～7.5m，洞体中心与井筒中心的距离为 30.0m。边界条件：水平最大地应力 σ_H=140.0MPa，水平最小地应力 σ_h=120.0MPa，井口注入排量为 q=0.12m^3/min（按 1m 储层厚度计算），模型 4 个边界均为透水边界。材料参数：基质弹性模量 E_m=40.0GPa，泊松比 $\nu=0.2$，单轴抗拉强度 σ_t=4.0MPa，流体黏度 μ=0.05Pa · s，基质渗透率 K_m=1.0×10^{-15}m^2。

采用线性三角单元进行网格划分，如图 5.1.7（b）所示。模拟的主要目的是分析水力裂缝与井周不同方位缝洞体的沟通机理，为提高计算效率，在计算域中心 40m 的正方形区域内进行网格加密，最终网格单元数为 744083，节点数为 372645。在网格加密区域内分布有随机天然裂缝，其长度分布为 1～5m，如图 5.1.7（c）所示。

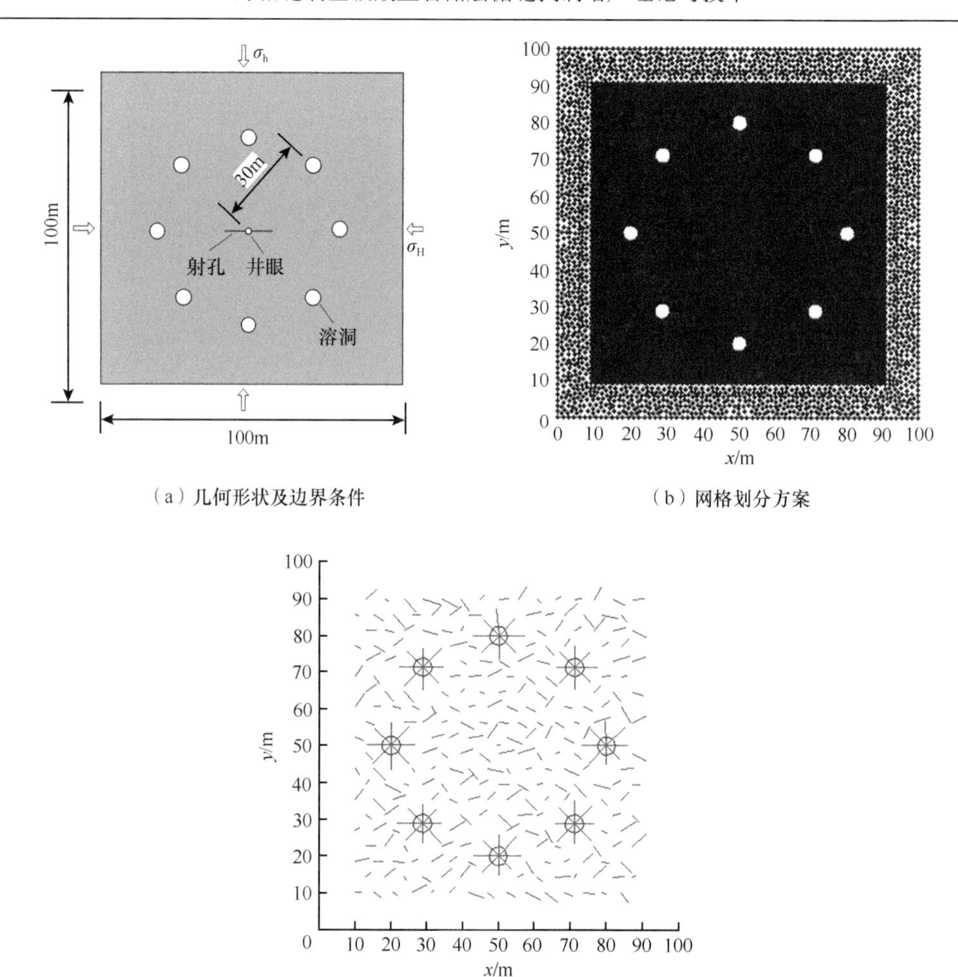

（a）几何形状及边界条件　　（b）网格划分方案

（c）天然裂缝的分布

图 5.1.7　井周缝洞模型

2. 天然裂缝分布密度的影响

为探索不同裂缝分布密度对水力裂缝与天然洞体沟通的影响，模拟两种裂缝分布密度，天然裂缝参数如表 5.1.3 所示，模拟结果如图 5.1.8 所示。从图可看出，随着压裂液的注入，水力裂缝由井壁预置天然裂缝的末端起裂扩展。当水力裂缝与储层天然裂缝交会后，激活天然裂缝，水力裂缝从天然裂缝末端又重新起裂和扩展。

表 5.1.3　井周缝洞天然裂缝参数

对应图 5.1.8 的小图号	裂缝分布区面积/m^2	裂缝长度/m	裂缝走向/(°)	裂缝数目/条	裂缝分布密度/%
(a)	6400	1.0～5.0	–60.0～60.0	359	5.61
(b)	6400	1.0～5.0	–60.0～60.0	414	6.47

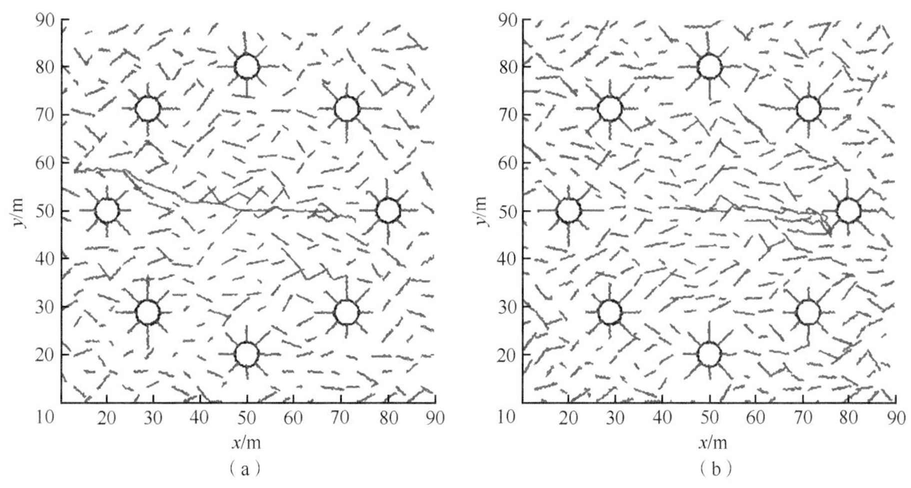

图 5.1.8　不同天然裂缝分布密度条件下的水力裂缝扩展路径

压裂初期，水力裂缝基本沿水平最大地应力方向扩展，并趋向与水平最大地应力方向洞体沟通。对于低密度裂缝，水力裂缝至洞体附近时发生了一定角度的偏转。由于洞体周围存在一些天然裂缝，虽然水力裂缝没有直接和洞体沟通，但通过洞壁上径向分布的天然裂缝与洞体间接沟通。对于高密度裂缝，水力裂缝并没有绕洞扩展，而是与洞体相连，如图 5.1.8（b）所示。当水力裂缝与洞壁径向分布的天然裂缝会合时，水力裂缝又从洞体的另一条径向裂缝末端起裂、扩展，说明天然裂缝密度增加有利于水力裂缝与天然溶洞的沟通。

3. 地层压力的影响

为探究地层压力对水力裂缝与天然洞体沟通的影响，对表 5.1.3 中所列算例均施加 50MPa 的地层压力，结果如图 5.1.9 所示。对比图 5.1.9 与图 5.1.8，可发现考虑地层压力后，水力裂缝更容易趋近于洞体或与洞体沟通。这是因为在地层压力作用下，洞体内壁受到向外的压力，减弱了地应力导致的洞周应力集中效应，使水力裂缝更容易与洞体沟通。

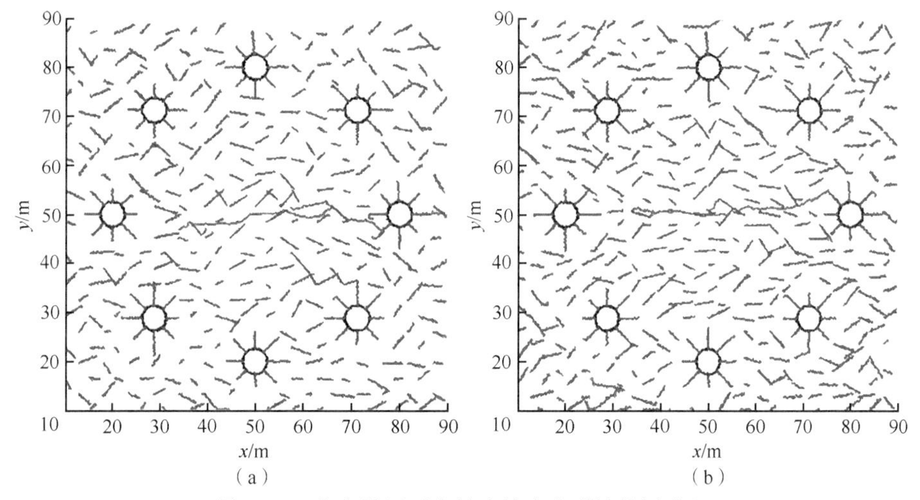

图 5.1.9　考虑地层压力效应的水力裂缝扩展路径

4. 流体黏度与排量的影响

为探究流体黏性与排量对水力裂缝与天然洞体沟通的影响，设置不同的黏度与排量，选取表 5.1.3 中的算例（b）的天然裂缝参数进行模拟，参数如表 5.1.4 所示，模拟结果如图 5.1.10 所示。

表 5.1.4　不同算例的黏度及排量参数设置

参数	对应图 5.1.10 的小图号			
	（a）	（b）	（c）	（d）
黏度 μ/（Pa · s）	0.05	0.05	0.01	0.01
排量 q/（m^3/min）	0.01	0.03	0.01	0.03

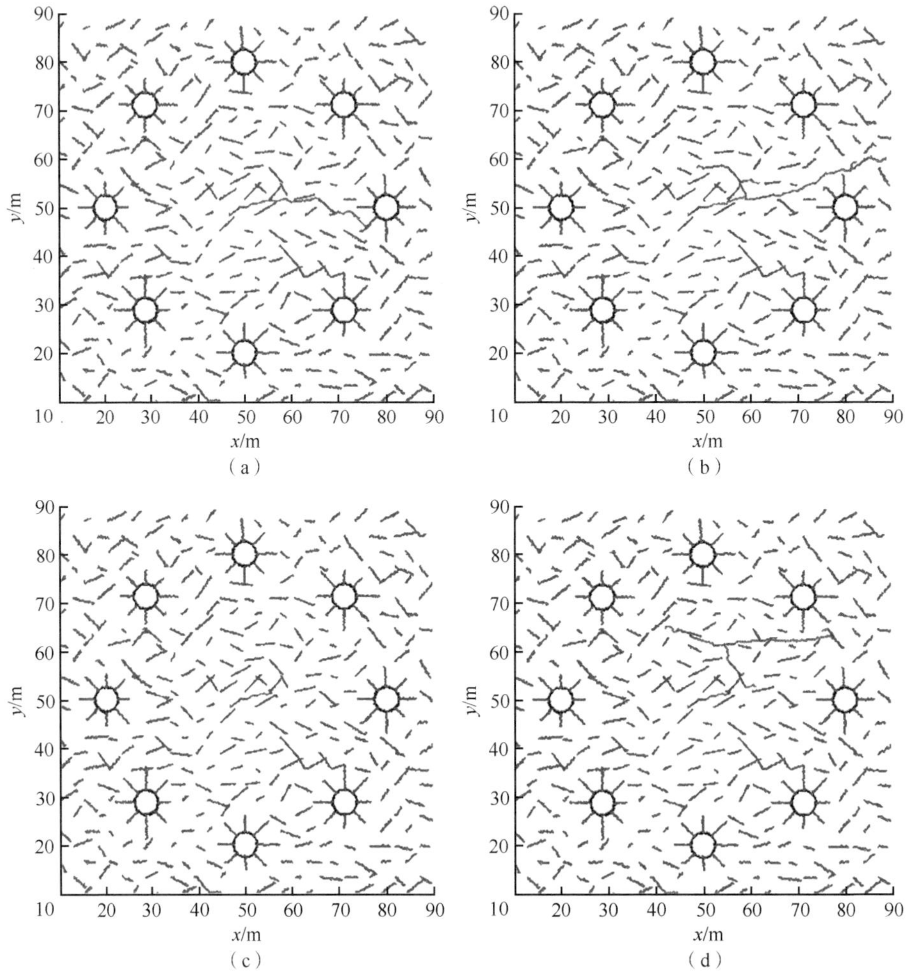

图 5.1.10　不同排量和黏度条件下的水力裂缝扩展路径

图 5.1.10（a）与（b）为高黏度（μ=0.05Pa · s）及不同排量下的水力裂缝扩展路径。对比发现，低排量条件下（q=0.01m^3/min）的裂缝扩展比较慢[图 5.1.10（a）]，而高排量

（q=0.03m^3/min）的裂缝扩展比较快[图 5.1.10（b）]。低排量情况下的水力裂缝最终与右侧天然洞体沟通，而高排量情况下的水力裂缝没有沟通溶洞。

图 5.1.10（c）和（d）为低黏度（μ=0.01Pa·s）及不同排量情况下的裂缝扩展路径。对比发现，低排量条件下（q=0.01m^3/min）的裂缝扩展一小段后就停止扩展[图 5.1.10（c）]，而高排量（q=0.03m^3/min）的裂缝扩展比较复杂[图 5.1.10（d）]，受天然裂缝引导形成明显的分支。由此可知，在不同的黏度和排量条件下，水力裂缝与天然洞体的沟通路径不同。对于黏度 μ=0.05Pa·s，当排量为 0.01m^3/min 时，水力裂缝基本沿水平最大地应力方向扩展，而当排量为 q=0.03m^3/min 时，水力裂缝形成了具有一定偏转角度的分支。当黏度 μ=0.01Pa·s，排量 q=0.03m^3/min 时，这种裂缝分叉特征更加明显，说明该黏度和排量的组合更有利于在储层中形成复杂的裂缝网络，使水力裂缝与不同方位的天然洞体沟通。当黏度 μ=0.01Pa·s，排量 q=0.01m^3/min 时，水力裂缝扩展的长度很短，在压裂后期裂缝基本不再扩展。因而，不同黏度和排量组合条件下，裂缝扩展路径具有很大差异，在同样地质条件下，良好的工程参数组合有利于形成复杂的裂缝网络。

5. 变黏度与排量的影响

在实际压裂施工过程中，在不同时段会注入不同的流体，注入排量及流体的黏度将发生变化。为分析在同一压裂过程中，排量变化对压裂效果的影响，本节模拟分析 4 个算例，参数如表 5.1.5 所示，排量与压裂时间的关系如图 5.1.11 所示。模拟计算的水力裂缝扩展路径如图 5.1.12 所示。

表 5.1.5　不同算例的黏度及排量随时间变化的幅值

参数	对应图 5.1.12 的小图号			
	（a）	（b）	（c）	（d）
黏度（μ）/（Pa · s）	0.05	0.05	0.01	0.01
排量（q_1/q_2）/（m^3/min）	0.03/0.01	0.12/0.03	0.03/0.01	0.12/0.03

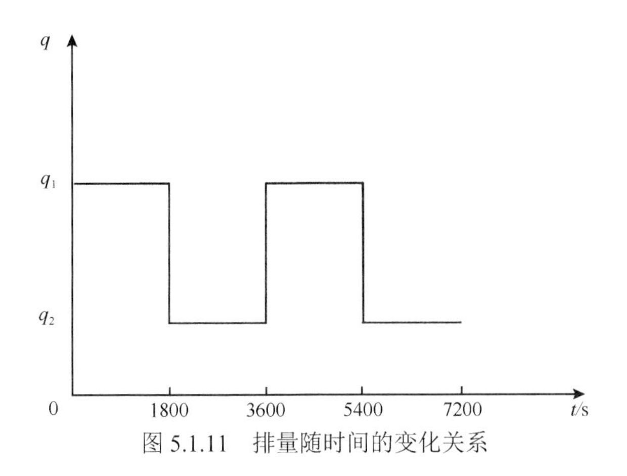

图 5.1.11　排量随时间的变化关系

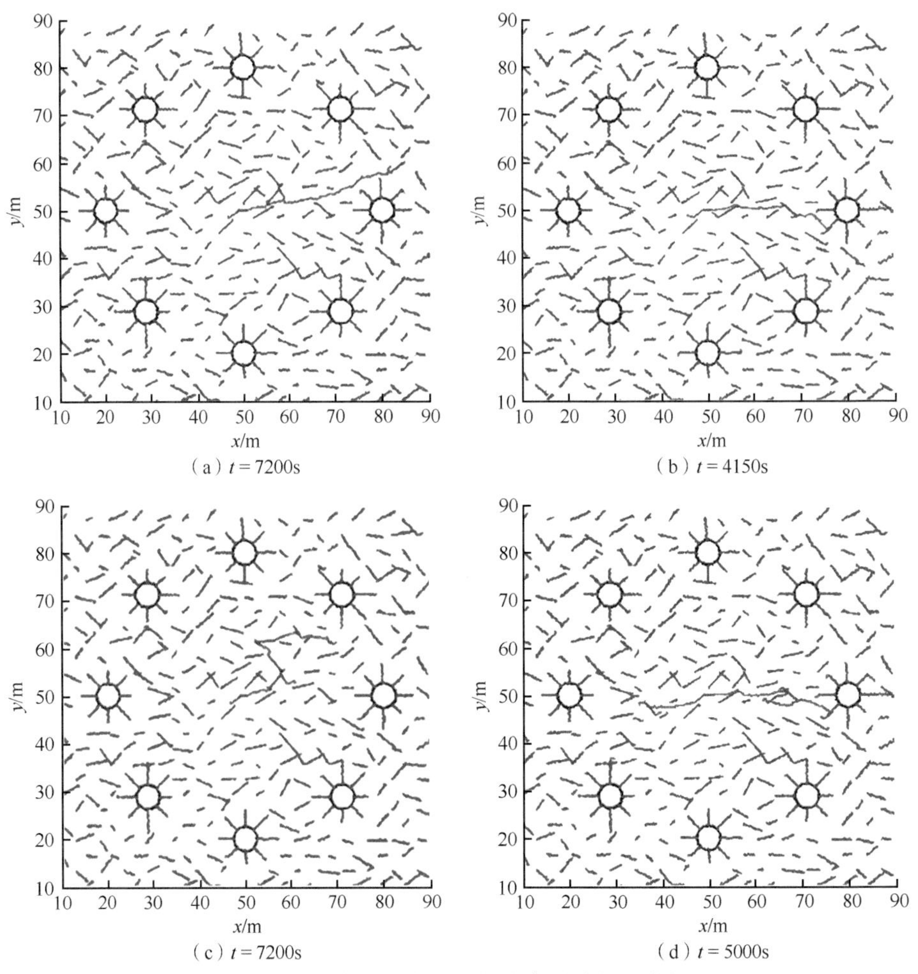

图 5.1.12　变排量条件下的水力裂缝扩展路径

图 5.1.12（a）模拟结果显示，水力裂缝总体沿水平最大地应力方向扩展，偏转角度不大。图 5.1.12（b）模拟结果显示，由于在 t=0～1800s 时排量较大，水力裂缝快速扩展，在 t=1800s 时通过洞壁上的天然裂缝与洞体沟通，随后水力裂缝不再扩展。图 5.1.12（c）模拟结果显示，在 t=1800s 时水力裂缝向右扩展并与天然裂缝相交，后从天然裂缝的另一端重新起裂。水力裂缝在 t=1800～3600s 没有明显的扩展，在 t=3600～5400s 通过天然裂缝引导向左上方扩展并与一条走向较小的天然裂缝相交，后在该天然裂缝末端重新起裂并沿水平最大地应力方向扩展至右上方洞体的下方附近，在 t=5400～7200s 时没有明显的扩展，水力裂缝最终没有与天然洞体沟通，但是经天然裂缝引导形成了较大的偏转角度。图 5.1.12（d）模拟结果显示，由于在 t=0～1800s 时注入的排量较大，水力裂缝快速扩展，在 t=1800s 时与右侧天然洞体沟通，随后不再扩展。

由上述分析可知，当排量随时间变化时，在不同的黏度和排量条件下，水力裂缝与天然洞体的沟通路径不同。当黏度 μ=0.05Pa · s 时，水力裂缝主要在排量注入的第一阶段扩展，偏转角度很小，主要沟通水平最大地应力方向的天然洞体。当黏度 μ=0.01Pa · s 时，若第一阶段排量为 0.03m^3/min，水力裂缝主要在第一阶段和第三阶段扩展，在天然裂缝引导下形成较大的偏转角度。因此，该黏度和排量组合有利于水力裂缝与非水平最大地应力方向的天然洞体沟通。而当第一阶段排量为 0.12m^3/min，水力裂缝主要在第一阶段沿水平最大地应力方向扩展，并与右侧洞体沟通。

6. 地应力差和天然裂缝走向的影响

通过模拟分析地应力差和天然裂缝走向对水力裂缝与缝洞沟通的影响，模拟分析 4 组算例，每组 4 个，各组算例的水平最小地应力 σ_h 均为 120.0MPa，水平最大地应力 σ_H 及天然裂缝走向 θ 如表 5.1.6 所示，排量为 0.03m^3/min，压裂时长为 7200s。模拟结果如图 5.1.13 所示。

表 5.1.6　水平最大地应力及天然裂缝走向参数

θ/（°）	σ_H/MPa			
	125	130	135	140
55～65	（a-1）	（b-1）	（c-1）	（d-1）
65～75	（a-2）	（b-2）	（c-2）	（d-2）
75～85	（a-3）	（b-3）	（c-3）	（d-3）
85～95	（a-4）	（b-4）	（c-4）	（d-4）

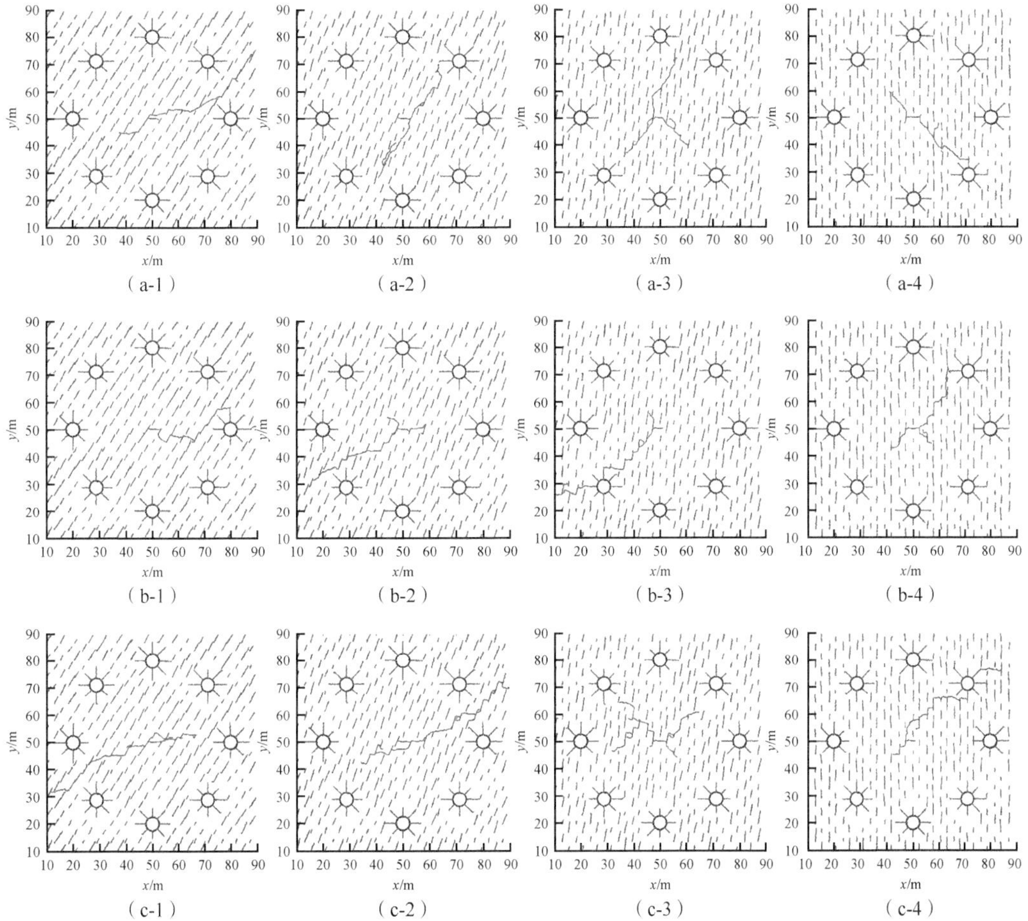

（a-1）　（a-2）　（a-3）　（a-4）

（b-1）　（b-2）　（b-3）　（b-4）

（c-1）　（c-2）　（c-3）　（c-4）

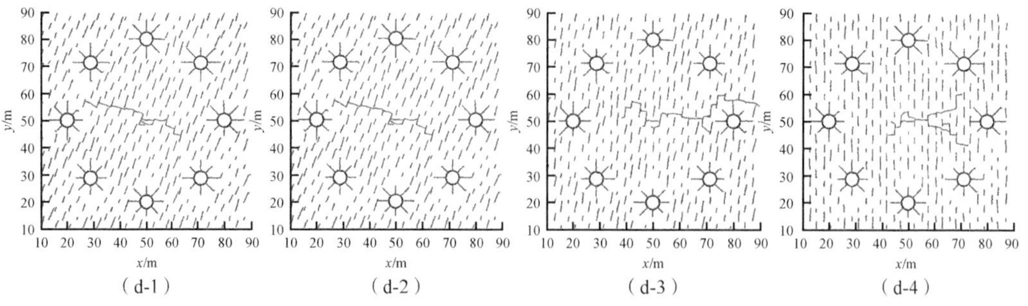

图 5.1.13　不同地应力差和天然裂缝走向条件下的水力裂缝路径（t=7200s）

第 1 组算例，除算例（a-1）的水力裂缝偏转角度不大以外，其他 3 个算例的水力裂缝都具有较大的偏转角度，都有与水平最小地应力方向的天然洞体沟通的趋势。第 2 组算例，算例（b-1）的水力裂缝偏转角度较小，最终与水平最大地应力方向的天然洞体沟通；算例（b-2）中水力裂缝的偏转角度较大，但没有使水力裂缝与左下方洞体沟通；算例（b-3）、算例（b-4）的水力裂缝都有较大的偏转角度，均与非水平最大地应力方向上的天然洞体沟通。第 3 组算例，算例（c-1）与算例（c-2）的水力裂缝偏转角度不大，算例（c-3）、算例（c-4）的水力裂缝偏转角度较大，值得注意的是，算例（c-3）形成了比较复杂的水力裂缝网络，具备同时沟通不同方位天然洞体的能力。第 4 组算例，由于地应力差较大，4 个算例的水力裂缝偏转角度都不大，主要倾向于与水平最大地应力方向的天然洞体沟通，难以与其他方向的天然洞体沟通。

天然裂缝的导向性与地应力差和裂缝走向有关。总体上，当地应力差一定时，天然裂缝走向越大，水力裂缝的转向距离就越大；当天然裂缝走向一定时，地应力差越小时，水力裂缝的转向距离就越大，越容易沟通更大范围内的溶洞。

综合以上分析可知，地应力差为 5.0MPa 的储层，当天然裂缝走向为 55°～65°时，水力裂缝的偏转角度很小，接近沟通水平最大地应力方向的洞体；当天然裂缝走向为 65°～95°时，水力裂缝沟通 45°方向的洞体。地应力差为 10.0MPa 的储层，当天然裂缝走向为 55°～65°时，水力裂缝沟通水平最大地应力方向的洞体；当天然裂缝走向为 65°～75°时，水力裂缝接近沟通 45°方向的洞体；当天然裂缝走向为 75°～95°时，水力裂缝沟通 45°方向的洞体。地应力差为 15.0MPa 的储层，当天然裂缝走向为 55°～75°时，水力裂缝沟通水平最大地应力方向的洞体；当天然裂缝走向为 75°～85°时，水力裂缝接近沟通 45°方向的洞体；当天然裂缝走向为 85°～95°时，水力裂缝沟通 45°方向的洞体。地应力差为 20.0MPa 的储层，当天然裂缝走向为 55°～85°时，水力裂缝沟通水平最大地应力方向的洞体；当天然裂缝走向为 85°～95°时，水力裂缝扩展至水平最大地应力方向洞体和 45°方向的洞体之间。

7. 考虑井周裂缝效应的缝洞沟通机理

实际储层中井眼周围存在大量的天然裂缝，为反映这一情形，在井筒周围设置多个长度随机分布的天然裂缝，探究压裂裂缝起裂方位在井周天然裂缝的诱导下与井周不同方位天然洞体的沟通机理。

1）低地应力差储层中不同排量工况下的沟通机理

模拟条件为地应力 σ_x=125.0MPa，σ_y=120.0MPa，地层压力为 75MPa，天然裂缝的走向为−60°～60°，模拟两个算例，排量分别为 0.03m^3/min、0.12m^3/min，压裂时长分别为 7200s、900s。模拟的流体压力分布、水平最大地应力分布和水力裂缝扩展路径如图 5.1.14 所示。

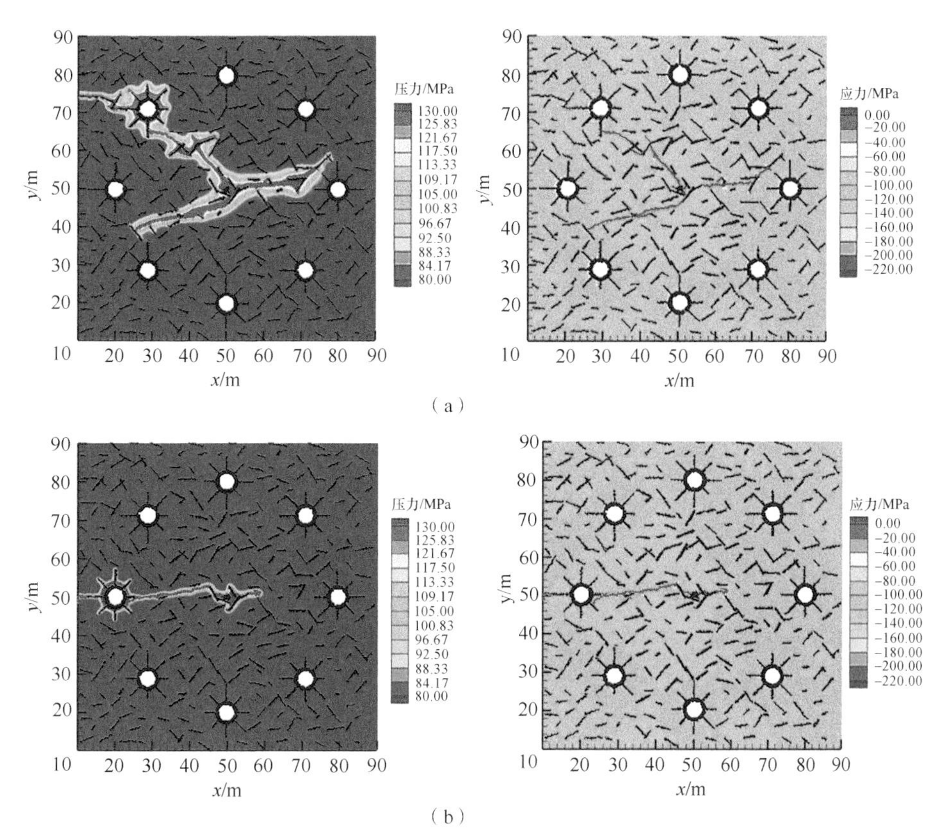

图 5.1.14　不同排量工况下的流体压力分布及水平最大地应力分布和水力裂缝扩展路径（低地应力差储层）

图 5.1.14（a）模拟结果显示，水力裂缝由井周不同方位的三条天然裂缝处起裂，后沿不同的方向扩展，在扩展过程中水力裂缝与部分天然裂缝相交。由流体压力分布图可知，在水力裂缝与天然裂缝相交后流体进入天然裂缝，使天然裂缝内的流体压力升高，并形成三个主要分支，分别向右侧洞体、左上方洞体和左下方洞体扩展，最终与左上方洞体沟通。随后水力裂缝又从被沟通洞体壁面上的天然裂缝末端起裂。由流体压力分布图可知，流体由水力裂缝进入沟通的洞体，导致洞内的水压升高，由于洞体填充区渗透系数较高，因此整个填充区的水压都处于一个较大值。由水平最大地应力分布图可知，整个计算区域主要承受压应力作用，在水力裂缝及天然裂缝末端应力梯度很大，存在明显的应力集中现象。

图 5.1.14（b）模拟结果显示，水力裂缝从井壁左右两侧及右下方天然裂缝处起裂，在井筒左侧沿水平最大地应力方向扩展并与左侧天然洞体沟通，在井筒右侧沿水平最大地应力方向扩展较短距离后止裂。

综合以上分析可知，对于低地应力差（5.0MPa）储层，在低排量（0.03m^3/min）工况下，流体有足够的时间渗透到更远的区域，从而水力裂缝可产生偏转角度大的分支，这种工况下的水力裂缝可以同时沟通不同方向的天然洞体。在高排量（$0.12m^3/min$）工况下，流体来不及渗透，水力裂缝不易发生转向（偏离水平最大地应力方向），这种工况下的水力裂缝主要沟通水平最大地应力方向上的天然洞体。

2）高地应力差储层中低排量工况下的沟通机理

探究高地应力差储层中，低排量工况下水力裂缝与不同方位天然洞体的沟通机理，将图 5.1.14（a）和（b）的水平最大地应力 σ_x 增加至 135.0MPa 进行模拟计算。模拟的流体压力分布、水平最大地应力分布和水力裂缝扩展路径如图 5.1.15 所示。

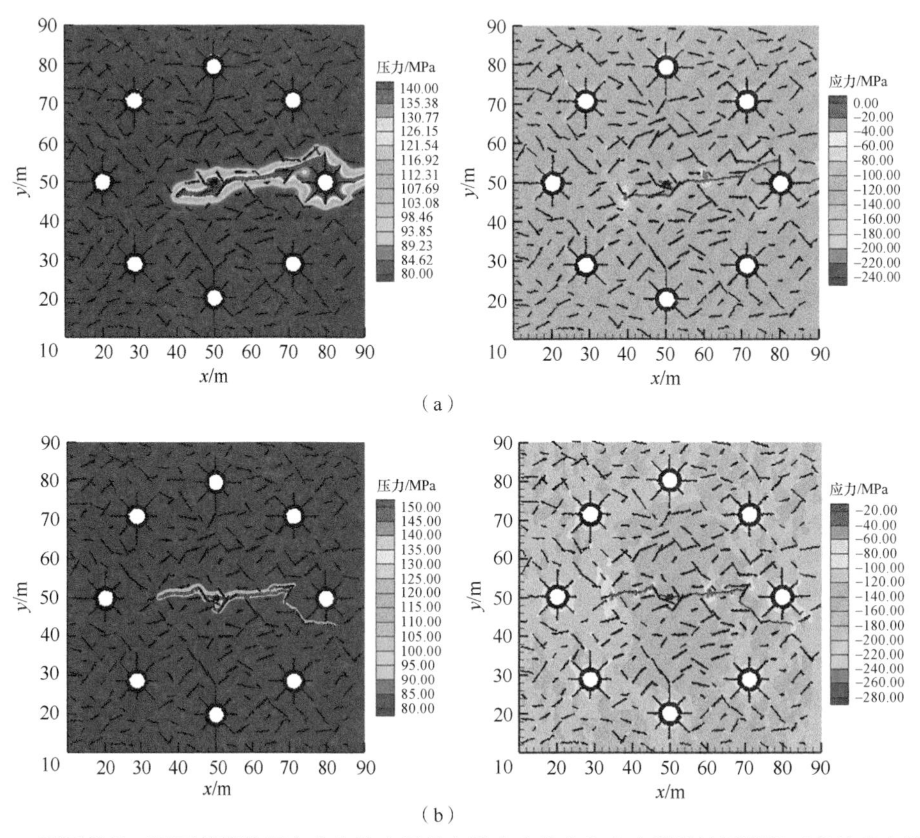

图 5.1.15　不同排量工况下的流体压力分布及水平最大地应力分布和水力裂缝扩展路径（高地应力差储层）

图 5.1.15（a）模拟结果显示，水力裂缝与天然裂缝相交并偏转到水平最大地应力方向，与右侧洞体沟通。图 5.1.15（b）模拟结果显示，水力裂缝从井壁左右两侧的天然裂缝末端起裂，与井壁外的天然裂缝相交后继续扩展。水力裂缝在井筒左侧扩展一段距离后止裂，在井筒右侧沿着水平最大地应力方向扩展，最终到达右侧洞体的下方。

以上分析可知，对于高地应力差（15.0MPa）储层，水力裂缝在低排量（$0.03m^3/min$）和高排量（$0.12m^3/min$）的工况下皆不易发生转向，主要沟通水平最大地应力方向上的洞体。

5.1.4　三维单溶洞沟通机理

模拟分析三维空间条件下，单缝和单溶洞相互干扰的作用机制，模型尺寸为 50m×50m×80m，溶洞坐标为（25，25，47.5）、直径为 5m，初始压裂缝长 5m，人工裂缝中心坐标为（0，25，40）。岩石基质密度为 2.64×10^3kg/m^3、弹性模量为 40GPa、泊松比为 0.2，溶洞填充材料泊松比为 0.25，模型如图 5.1.16 所示，模型其他设置参数如表 5.1.7 所示。

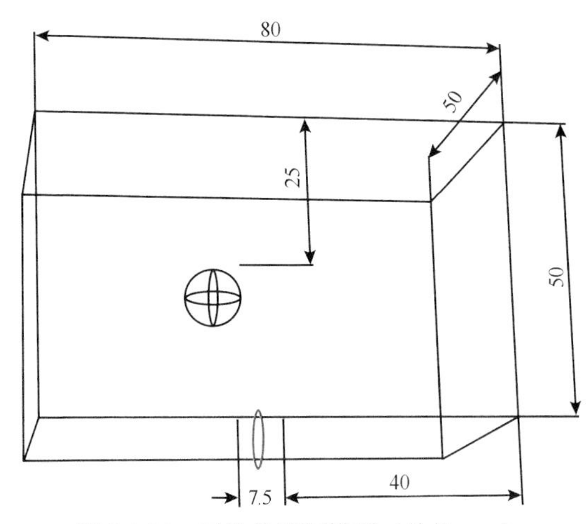

图 5.1.16　三维单溶洞模型（单位：m）

表 5.1.7　三维单溶洞沟通模拟参数

对应图 5.17 中的小图号	地应力/MPa	溶洞材料 E/kPa	溶洞内压/MPa	注入压力/MPa
（a）	σ_x=140MPa， σ_y=170MPa， σ_z=120MPa	30	75	由 75MPa 上升到 140MPa
（b）			105	
（c）			120	
（d）			135	
（e）			150	

图 5.1.16（a）和（b）溶洞内压分别为 75MPa、105MPa，裂缝扩展明显向溶洞偏转但没有沟通溶洞；图 5.1.17（c）～（e）溶洞内压分别为 120MPa、135MPa、150MPa，裂缝扩展逐渐向溶洞偏转并沟通溶洞。说明溶洞内压对裂缝扩展的路径有较大的影响，即一般情况下地应力导致溶洞周围存在应力集中现象，不利于压裂裂缝与溶洞的沟通，然而随着溶洞内流压力的增加，裂缝逐渐趋向于溶洞方向扩展，并沟通溶洞，溶洞内流体压力有利于缝-缝沟通。

三维地应力场形成的围压高于溶洞内部初始的流体压力，在溶洞周围形成压应力区，排斥裂缝向溶洞扩展，但当改变溶洞周围的流体压力分布，使溶洞周围的局部应力环境发生改变，形成拉应力区，则压裂裂缝受溶洞吸引并向溶洞扩展。另外，碳酸盐岩储层一般为天然裂缝与溶洞伴生发育，即溶洞周围存在大量发育的天然裂缝，弱化溶洞区域的应力场，形成应力释放，同时利用天然裂缝的引导作用，实现压裂裂缝与溶洞的沟通。

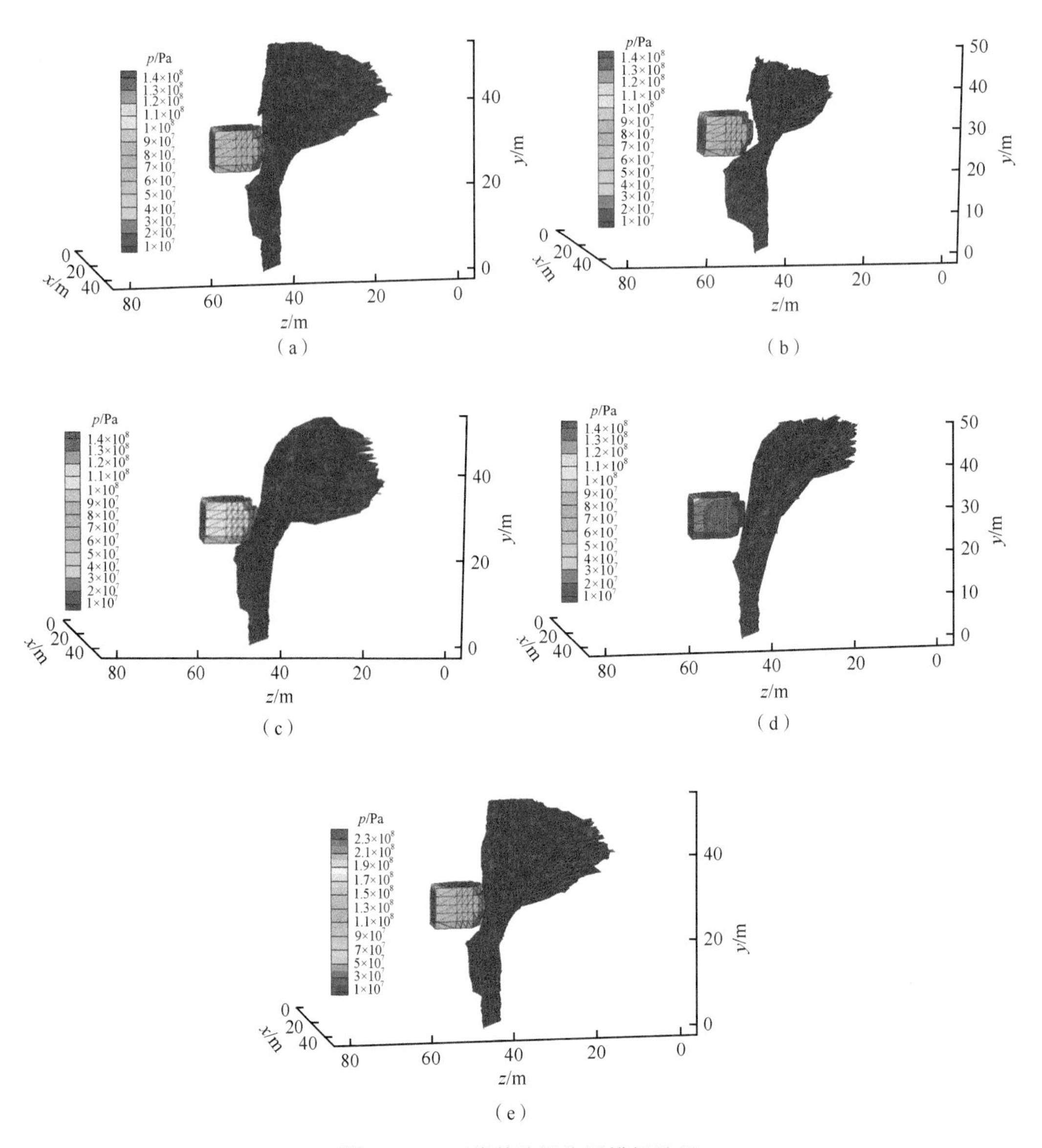

图 5.1.17　三维单溶洞沟通模拟结果

5.1.5　三维双溶洞沟通机理

计算模型尺寸为 50m×50m×80m，溶洞坐标分别为（25,25,47.5），（25,25,32.5），直径均为 5m，初始压裂缝长 5m，人工裂缝中心坐标为(0,25,40)。岩石密度为 2.64×10^3kg/m^3、弹性模量为 40GPa、泊松比为 0.2，溶洞填充材料泊松比为 0.25，模型如图 5.1.18 所示，模型其他设置参数如表 5.1.8 所示。

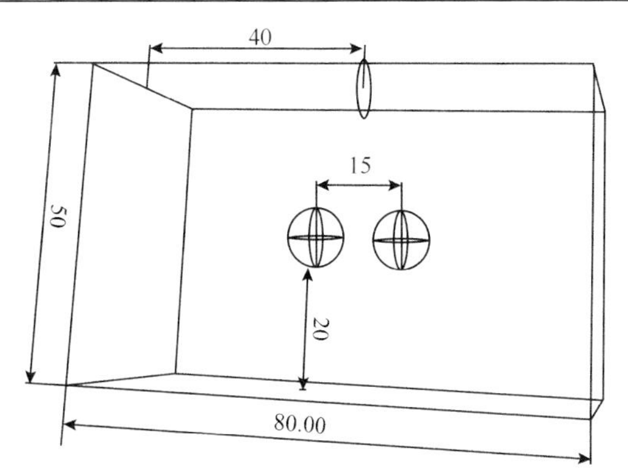

图 5.1.18　三维双溶洞模型（单位：m）

表 5.1.8　三维双溶洞沟通模拟参数

对应图 5.1.19 的小图号	地应力	溶洞材料 E/kPa	溶洞 1 内压/MPa	溶洞 2 内压/MPa	注入压力
（a）	σ_x=140MPa，σ_y=170MPa，σ_z=120MPa	30	75	75	由 75MPa 上升到 140MPa
（b）				120	
（c）				135	

图 5.1.19（a）显示两个溶洞内压均为 75MPa，裂缝扩展没有发生偏转；图 5.1.19（b）左溶洞内压为 75MPa，右溶洞内压为 120MPa，裂缝扩展明显向内压较大的溶洞扩展，表明溶洞内压对裂缝偏转起到了引导作用；图 5.1.19（c）左溶洞内压为 75MPa，右溶洞内压为 135MPa，裂缝偏转的幅度比图 5.1.19（b）大，表明溶洞内压的大小对裂缝的偏转方向影响比较大。双溶洞情况下，溶洞内压的相对大小对裂缝偏转起决定性作用。

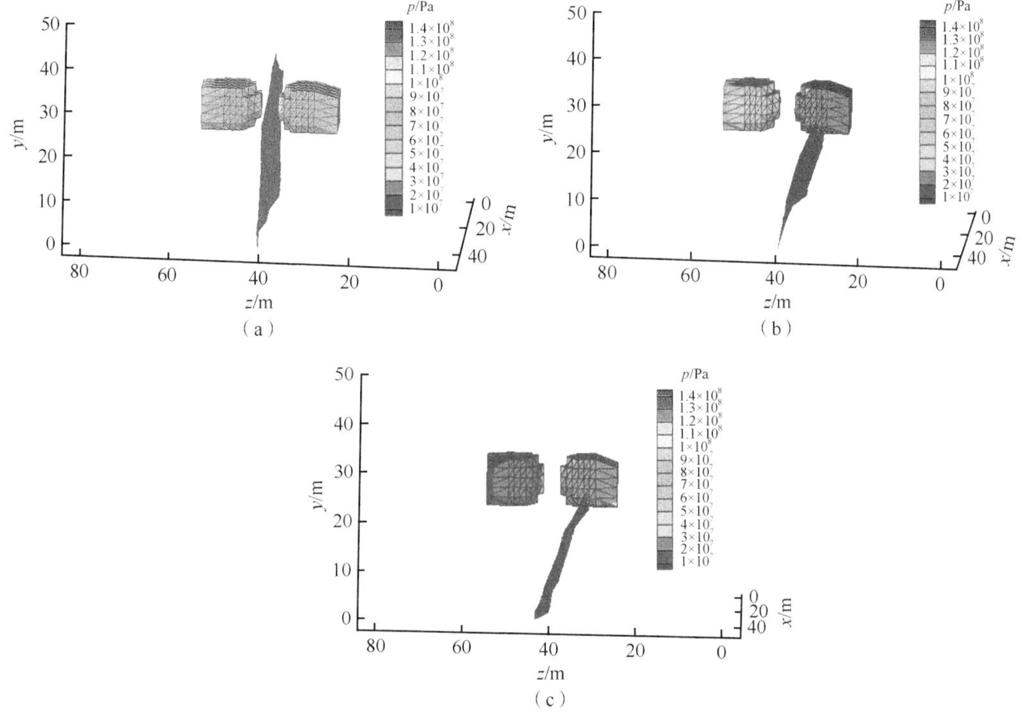

图 5.1.19　三维双溶洞沟通模拟结果

5.1.6　三维多溶洞沟通机理

计算模型尺寸为 50m×50m×80m，溶洞中心坐标（20，20，20）、（40，20，30）、（35，35，50），溶洞直径分别为 6m、5m、5m，初始压裂缝长为 5m，岩石密度为 2.64×10^3kg/m^3、弹性模量为 40GPa、泊松比为 0.2，溶洞填充材料泊松比为 0.25，模型如图 5.1.20 所示，模型其他设置参数如表 5.1.9 所示。

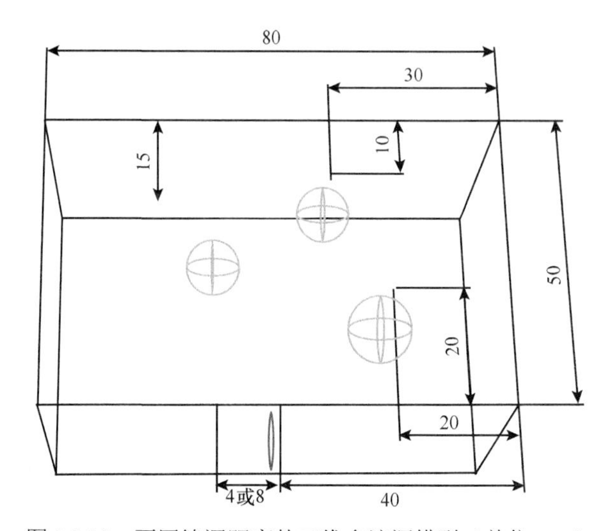

图 5.1.20　不同缝洞距离的三维多溶洞模型（单位：m）

表 5.1.9　不同溶洞内压条件下三维多溶洞沟通模拟参数

对应图 5.1.21 中的小图号	地应力	溶洞材料 E/kPa	溶洞内压/MPa	注入压力
（a）	σ_x=140MPa， σ_y=170MPa， σ_z=120MPa	30	75	由 75MPa 上升到 140MPa
（b）			150	
（c）			150	

图 5.1.21（a）三个溶洞内压为 75MPa 时，溶洞压力较小，压裂裂缝沿直线扩展，受溶洞的扰动小；图 5.1.21（b）和（c）三个溶洞内压为 150MPa 时，裂缝扩展受到溶洞的干扰和吸引，偏向溶洞扩展并与溶洞连通。

为探索溶洞与初始压裂缝的距离对溶洞沟通影响，进行如图 5.1.21（b）和（c）所示的模拟分析。图 5.1.21（b）左边第一个溶洞与裂缝间距 4m（距离较小），裂缝先偏向下面第一个溶洞，与左边第一个溶洞连通；图 5.1.21（c）左边第一个溶洞与裂缝间距 8m（距离较大），左边第一个洞无法与裂缝连通，裂缝向前扩展，沟通其他方位的溶洞。当存在多个溶洞时，多溶洞之间会相互影响，在施工过程中，应考虑井眼与溶洞储集体的距离，并设计合理的靶点位置。

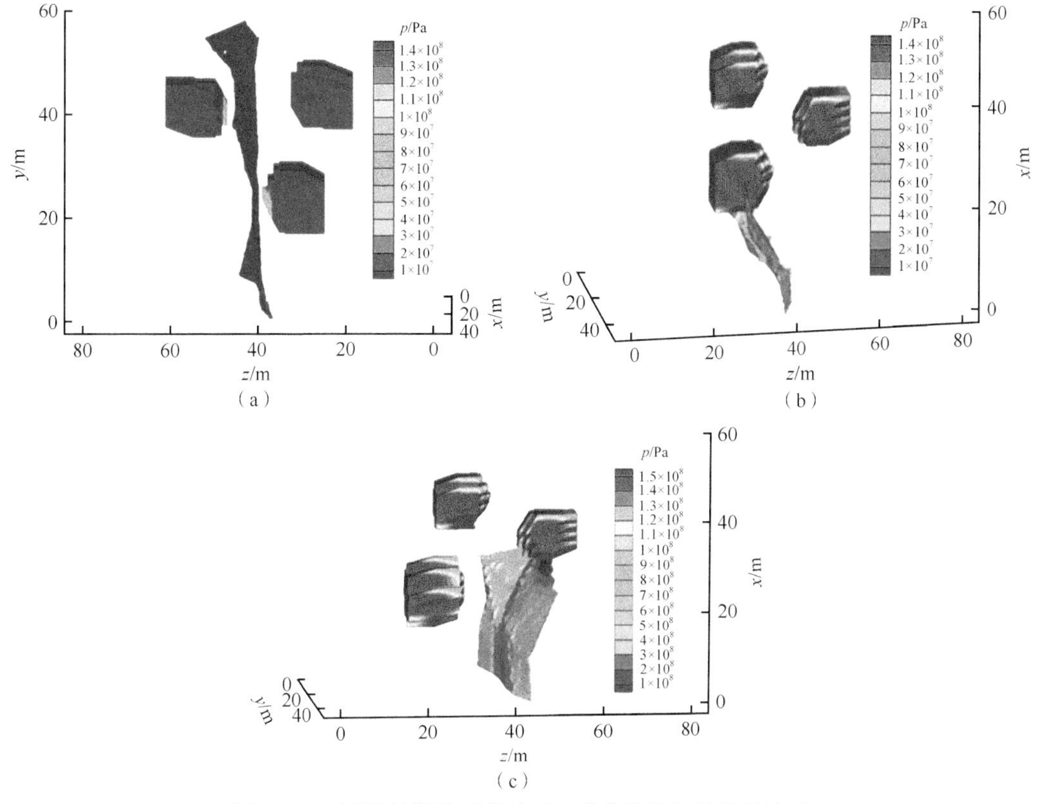

图 5.1.21　不同溶洞内压条件下三维多溶洞沟通模拟结果

5.1.7　井周不同区域缝洞储集体多洞沟通机理

1. 三维井周不同区域储集体多洞沟通工艺的影响分析

计算模型尺寸为 50m×50m×80m，溶洞直径均为 5m，初始压裂缝长为 5m，人工裂缝中心坐标为（0，25，40）。岩石密度为 2.64×10^3kg/m^3、弹性模量为 40GPa、泊松比为 0.2，溶洞填充材料泊松比为 0.25。模型如图 5.1.22 所示，模型其他设置参数如表 5.1.10 所示。

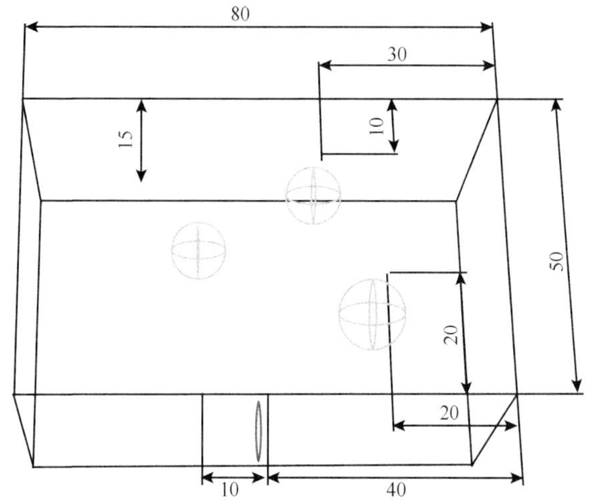

图 5.1.22　同一缝洞距离的三维多溶洞模型（单位：m）

表 5.1.10　不同注入压力条件下三维多溶洞沟通模拟参数

对应图 5.1.23 中的小图号	地应力	溶洞材料 E/kPa	溶洞内压/MPa	注入压/MPa
（a）	σ_x=140MPa， σ_y=170MPa， σ_z=120MPa	30	75	120
（b）				130
（c）				140
（d）				150

模拟结果表明，溶洞内压为 75MPa，当注入压力为 110MPa 时，在溶洞内压和地应力的综合作用下，裂缝没有起裂。增加压裂压力，当注入压力为 120MPa、130MPa 时，在溶洞内压和地应力的综合作用下，裂缝起裂并向左偏转沟通溶洞，分别如图 5.1.23（a）和（b）所示；当注入压力为 140MPa 时，压裂裂缝向左侧偏转连通溶洞，但当注入压力为 150MPa 时，压裂裂缝直线扩展并未沟通溶洞，分别如图 5.1.23（c）和（d）所示。

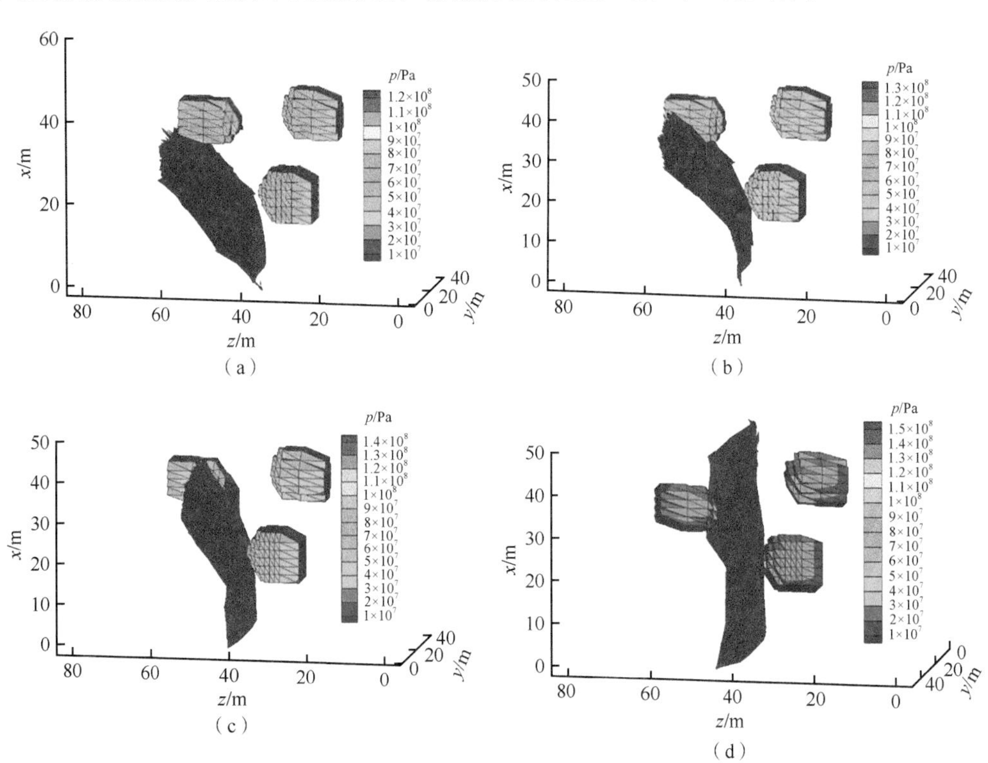

图 5.1.23　不同注入压力条件下三维多溶洞沟通模拟结果

2. 多裂缝单溶洞模型

模型设置如图 5.1.24 所示，模型尺寸 50m×50m×4m，溶洞坐标为（15，20），溶洞直径为 5m，初始压裂缝长为 5m，人工裂缝坐标位置（30，34.5）～（35，34.5），岩石密度为 2.64×10^3kg/m^3、弹性模量为 40GPa、泊松比为 0.2，溶洞填充材料泊松比为 0.25。图 5.1.24（a）：x 方向地应力为 170MPa，y 方向地应力为 140MPa，压裂裂缝走向与 x 方向夹角为 30°～60°；图 5.1.24（b）：x 方向地应力为 0MPa，y 方向地应力为 140MPa，压裂裂

缝走向与 x 方向夹角为 120°～150°。

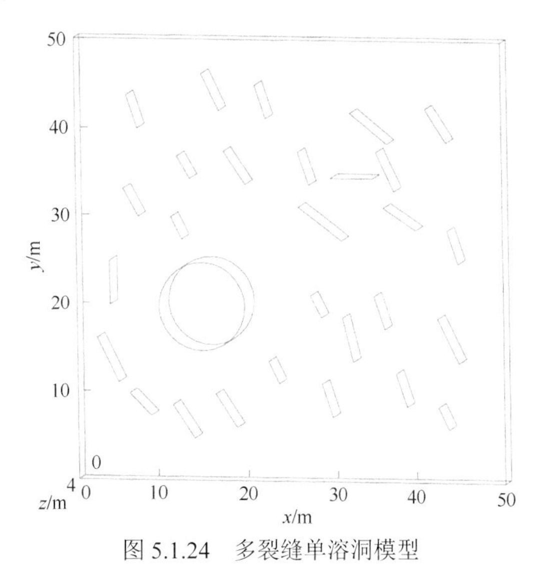

图 5.1.24　多裂缝单溶洞模型

图 5.1.25 模拟结果表明，天然裂缝的走向对水力裂缝沟通溶洞影响很大。当水力裂缝扩展激活偏向溶洞的天然裂缝时，更有利于溶洞沟通。

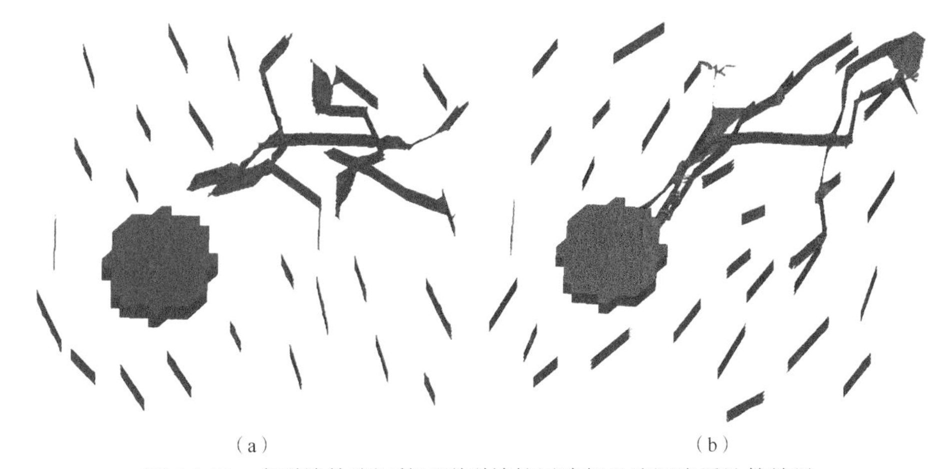

图 5.1.25　多裂缝单溶洞的压裂裂缝扩展路径及溶洞沟通计算结果

3. 多溶洞多裂缝模型

模型设置如图 5.1.26 所示，模型尺寸 50m×50m×4m，溶洞中心坐标为（10，30）、（20，40）、（30，40）、（40，30）、（10，20）、（20，10）、（30，10）、（40，20），溶洞半径为 2.5m，初始压裂缝长为 5m，人工裂缝坐标位置为（23.2，23.7）～（23.2，23.7）。岩石密度为 2.64×10^3kg/m^3、弹性模量为 40GPa、泊松比为 0.2，溶洞填充材料泊松比为 0.25。图 5.1.27（a）：x 方向地应力 170MPa，y 方向地应力 0MPa；图 5.1.27（b）：x 方向地应力 0MPa，y 方向地应力 140MPa；图 5.1.27（c）：x 方向地应力 170MPa，y 方向地应力 140MPa。裂缝走向与 x 方向夹角 60°～90°，低排量控制注入压力略大于地层孔隙压力。

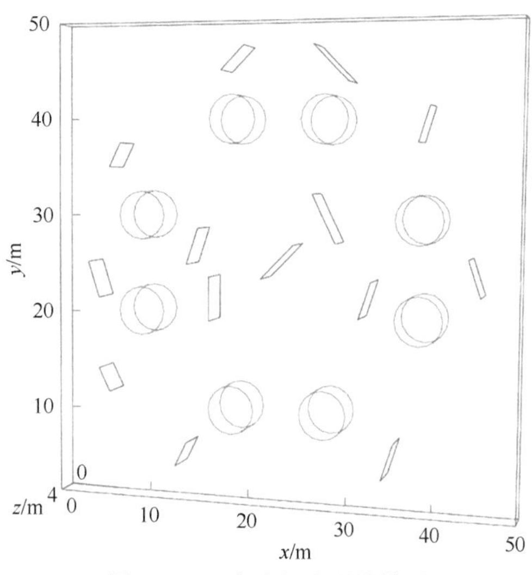

图 5.1.26　多溶洞多裂缝模型

图 5.1.27（a）显示压裂裂缝沿 x 方向扩展并激活与其相交的天然裂缝，沟通不同方向上的多个溶洞；图 5.1.27（b）压裂裂缝沿 y 方向扩展，裂缝在扩展方向上没有天然裂缝分布，压裂过程中未沟通溶洞；图 5.1.27（c）在地应力差较小时，裂缝开始直线扩展，而后偏向最大地应力方向；连通自然裂缝之后，人工裂缝竖直扩展并连通溶洞。

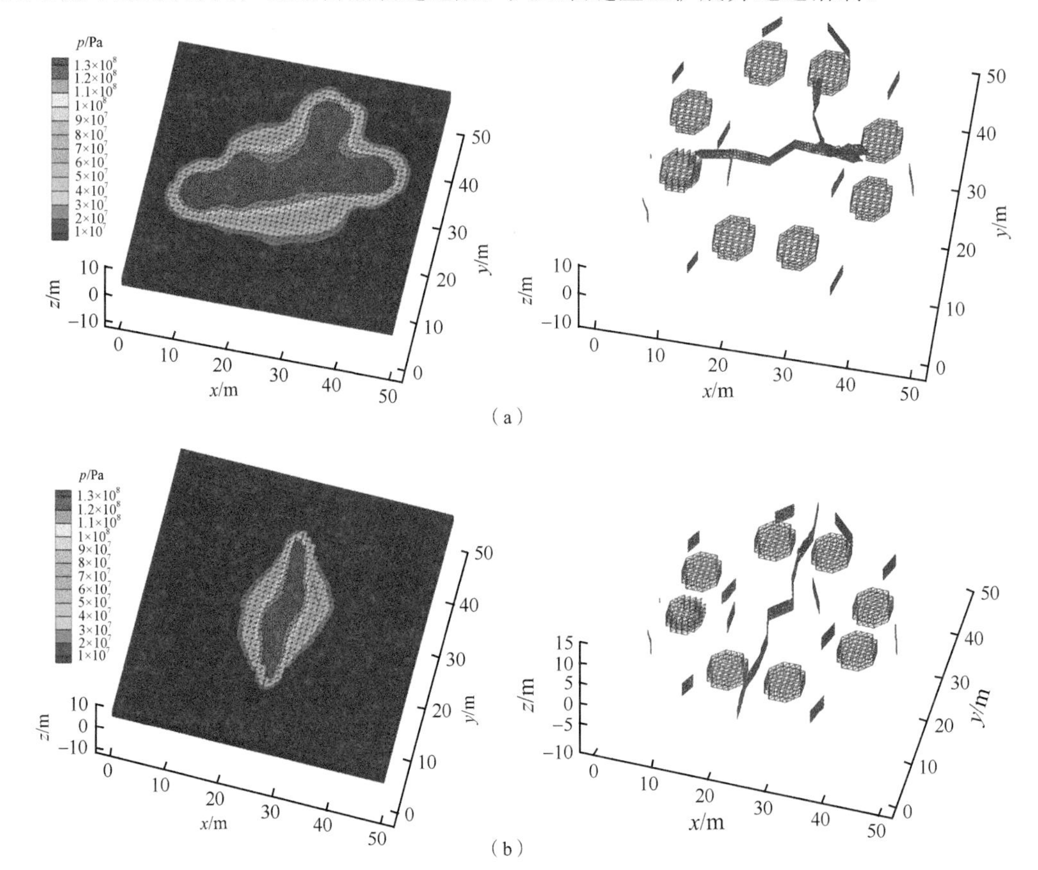

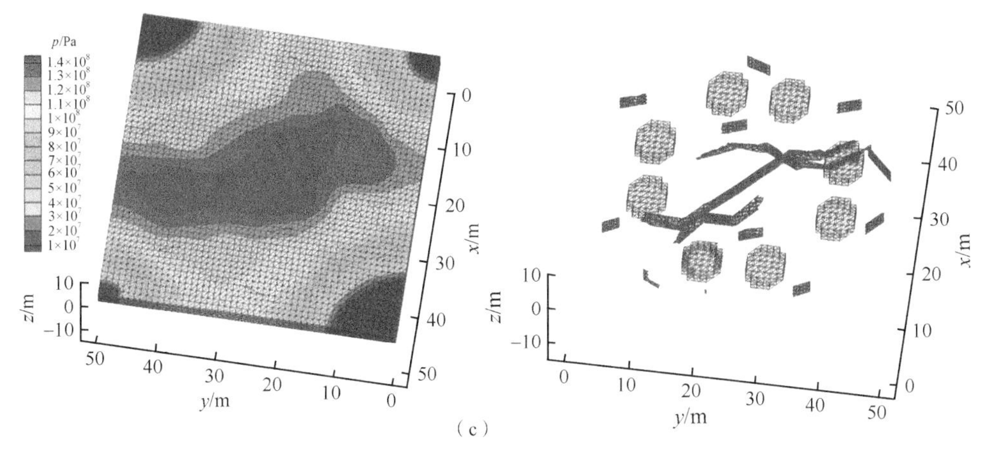

图5.1.27　多溶洞多裂缝模拟计算结果（左图为流体压力分布，右图为裂缝扩展及溶洞沟通）

5.2　近井缝洞沟通模式

5.2.1　近井缝洞数值模型

近井缝洞计算模型如图5.2.1（a）所示，计算域尺寸为160.0m×160.0m，井筒位于模型中心，半径为0.08255m，井筒右侧预置天然裂缝的长度为0.92m，走向为45°，在井筒右上方设有三个天然洞体，内半径为r_1=2.5m，外半径为r_2=1.5r_1，洞体中心与井筒中心的距离为50.0m，洞壁上天然裂缝的长度为2r_1～3r_1，水平最大地应力σ_x=130.0MPa、最小地应力σ_y=120.0MPa，地层压力为75MPa，井口注入排量为q=0.12m^3/min（按1m储层厚度计算），四个边界均透水。材料参数为基质弹性模量E_m=40.0GPa，泊松比ν=0.2，单轴抗拉强度σ_t=4.0MPa，流体黏度μ=0.05Pa·s，基质渗透率k_m=1.0×10^{-15}m^2。

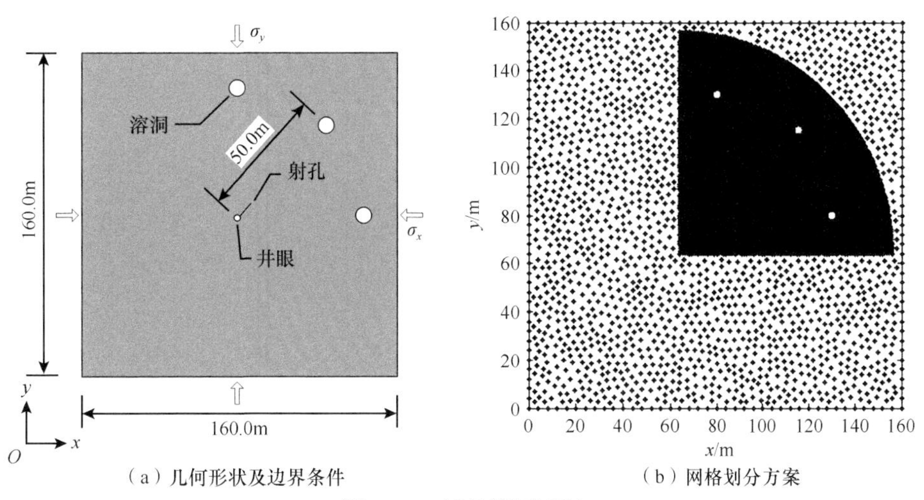

（a）几何形状及边界条件　（b）网格划分方案

图5.2.1　近井缝洞模型

采用三角形单元进行网格划分，如图5.2.1（b）所示。为提高计算效率，取四分之一圆[圆心坐标为（65.0，65.0），半径为90.0m]区域进行网格局部加密，最终网格单元数为

810489，节点数为 405524。在网格加密区内有随机分布的天然裂缝，其长度分布区间为 1～5m，走向随机均匀分布。

5.2.2　近井沟通模式计算与分析

1. 天然裂缝走向的影响

为探究天然裂缝走向对水力裂缝与近井天然洞体沟通模式的影响，建立四个不同裂缝走向的数值模型并开展计算，各算例中天然裂缝走向：算例 1 为 40.0°～50.0°；算例 2 为 –10.0°～10.0°；算例 3 为 55.0°～65.0°；算例 4 为–60.0°～60.0°。压裂时长为 1800.0s。模拟的裂缝扩展路径如图 5.2.2 所示。

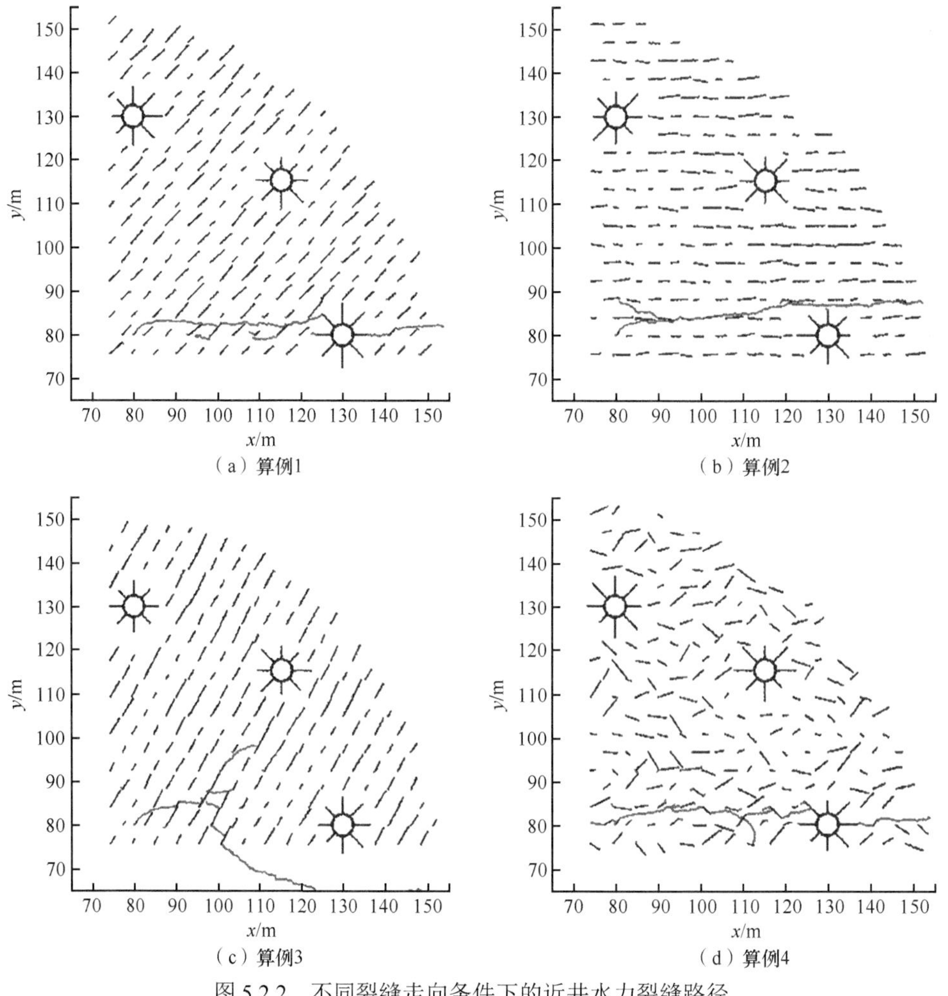

图 5.2.2　不同裂缝走向条件下的近井水力裂缝路径

算例 1[图 5.2.2（a）]，水力裂缝主要沿水平最大地应力方向扩展，天然裂缝没有发挥明显的引导作用。算例 2[图 5.2.2（b）]，水力裂缝基本沿水平最大地应力方向扩展。算例 3[图 5.2.2（c）]，由于天然裂缝的走向较大，水力裂缝在扩展后期出现较大的偏转并产生分叉现象。算例 4[图 5.2.2（d）]，天然裂缝的走向在–60.0°～60.0°均匀分布，天然裂缝对水力裂缝没有明显的引导作用，水力裂缝主要沿着水平最大地应力方向扩展，沟通右侧天然洞体。

以上分析可知，当天然裂缝的走向为 40.0°～50.0°、–10.0°～10.0°和–60.0°～60.0°时，水力裂缝沟通水平最大地应力方向的天然洞体；当天然裂缝走向为 55.0°～65.0°时，水力裂缝形成较大的偏转并出现分叉现象，可沟通 45.0°方向的洞体。

2. 地应力差的影响

为探究地应力差对水力裂缝与近井天然洞体沟通模式的影响，以本小节第 1 部分算例 1 作为参照，模拟了两种不同地应力差的情形，各算例的地应力差：算例 1 为 5.0MPa；算例 2 为 15.0MPa。压裂时长为 1800.0s。模拟水力裂缝路径如图 5.2.3 所示。

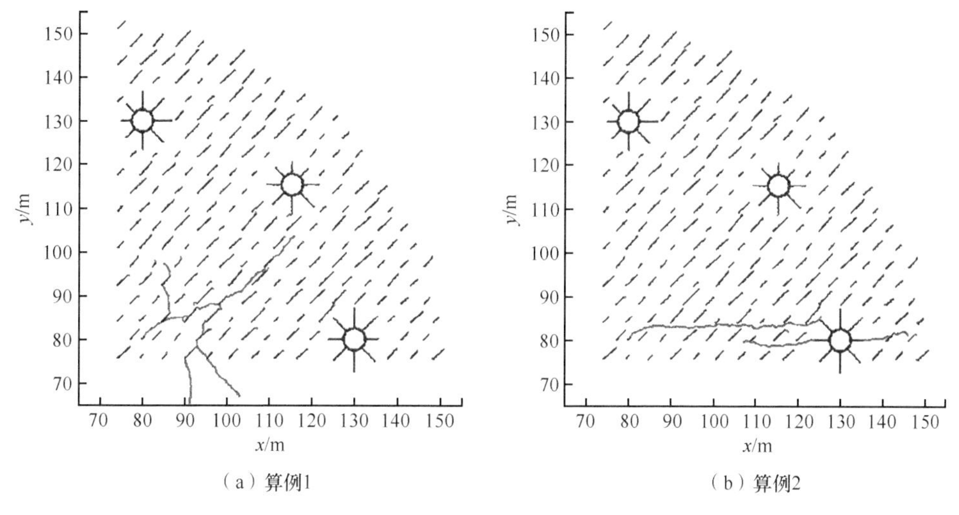

图 5.2.3　不同地应力差条件下的近井水力裂缝路径

算例 1[图 5.2.3（a）]，地应力差较小，天然裂缝对水力裂缝具有明显的引导作用，水力裂缝出现了较大的偏转。算例 2[图 5.2.3（b）]，地应力差较大，水力裂缝基本沿水平最大地应力方向扩展。由模拟结果可知，当地应力差为 5.0MPa 时，水力裂缝出现较大的偏转并产生分叉现象；当地应力差超过 10.0MPa 时，水力裂缝基本沿水平最大地应力方向扩展，沟通该方向的上洞体。

3. 起裂方向的影响

为探究初始压裂缝起裂方向对水力裂缝与近井天然洞体沟通模式的影响，以本小节第 1 部分中算例 1 作为参照，模拟了两个不同的起裂方向算例，各算例的初始起裂方向：算例 1 为 0.0°；算例 2 为 67.5°。压裂时长为 1800.0s。模拟水力裂缝路径如图 5.2.4 所示。

算例 1[图 5.2.4（a）]，初始起裂方向沿水平最大地应力方向，水力裂缝沿该方向扩展并与右侧洞体沟通。算例 2[图 5.2.4（b）]，初始裂缝起裂角较大，水力裂缝在起裂后角度呈现一定的偏转，在扩展过程中由于天然裂缝的引导作用产生了较大的偏转。以上分析可知，当裂缝起裂角不超过 45.0°时，起裂压力不高，水力裂缝的偏转角度很小，主要沟通

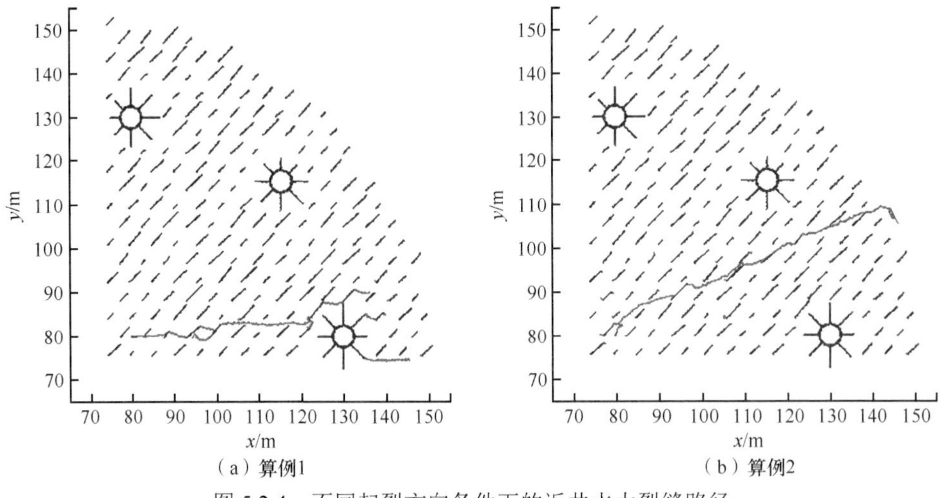

图 5.2.4　不同起裂方向条件下的近井水力裂缝路径

水平最大地应力方向的洞体。当起裂角为 67.5°时，起裂压力较大，水力裂缝的偏转角度较大，接近沟通 45.0°方向的洞体。

4. 排量的影响

为探究排量对水力裂缝与近井天然洞体沟通模式的影响，以本小节第 1 部分中算例 1 作为参照，模拟两个不同排量的算例，各算例的排量：算例 1 为 0.06m^3/min；算例 2 为 0.15m^3/min。各算例压裂时长分别为 2000.0s、1800.0s。模拟水力裂缝路径如图 5.2.5 所示。

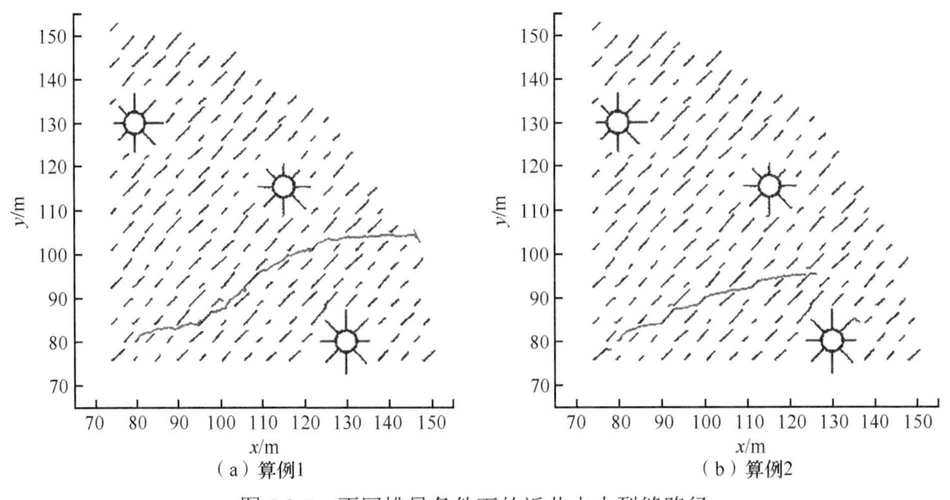

图 5.2.5　不同排量条件下的近井水力裂缝路径

算例 1[图 5.2.5（a）]，由于排量小，流体有相对足够的时间渗透到岩层内，水力裂缝在扩展过程中角度产生了非常明显的偏转。算例 2[图 5.2.5（b）]，由于排量较大，流体没有足够的时间扩散，水力裂缝的偏转角度不大。以上分析可知，当井口排量为 0.06m^3/min 时，水力裂缝的偏转角度较大，接近沟通 45.0°方向的洞体，当排量为 0.15m^3/min 时，水力裂缝的偏转角度小，以沟通水平最大地应力方向的洞体为主。

5. 填充区外径的影响

为探究填充区外径对水力裂缝与近井天然洞体沟通模式的影响，以本小节第 1 部分中算例 1 作为参照，模拟两个不同填充区外径的算例，各算例的填充区外径 r_2：算例 1 为 $2.0r_1$，算例 2 为 $2.5r_1$，压裂时长为 1800.0s。模拟水力裂缝路径如图 5.2.6 所示，结果显示洞体越大，对水力裂缝路径的排斥效应也越大。

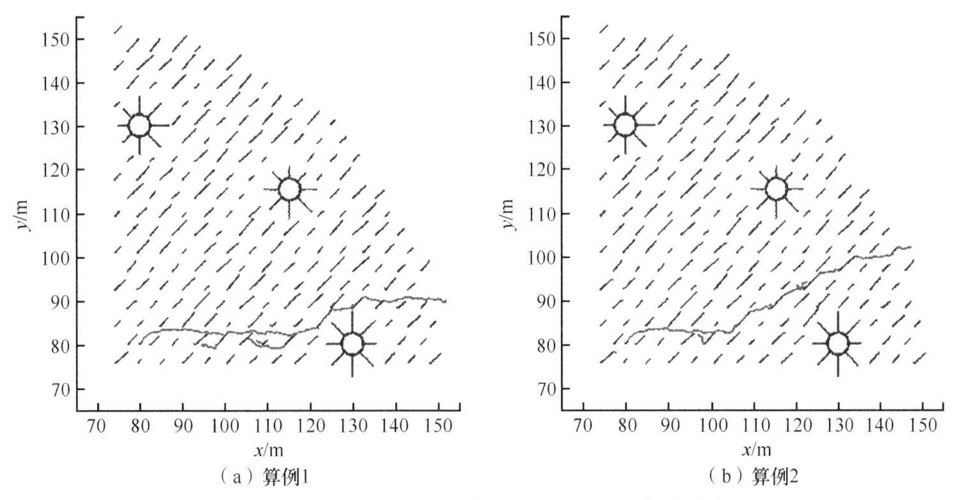

（a）算例1　（b）算例2

图 5.2.6　填充区不同外径条件下的近井水力裂缝路径

6. 填充区内径的影响

为探究填充区内径对水力裂缝与近井天然洞体沟通模式的影响，以本小节第 1 部分中算例 1 作为参照，模拟两个不同溶洞内径的算例，各算例的填充区内径 r_1：算例 1 为 3.0m，算例 2 为 5.0m，压裂时长为 1800.0s。模拟水力裂缝路径如图 5.2.7 所示，结果表明洞体内径越大，对水力裂缝的排斥效应越强。

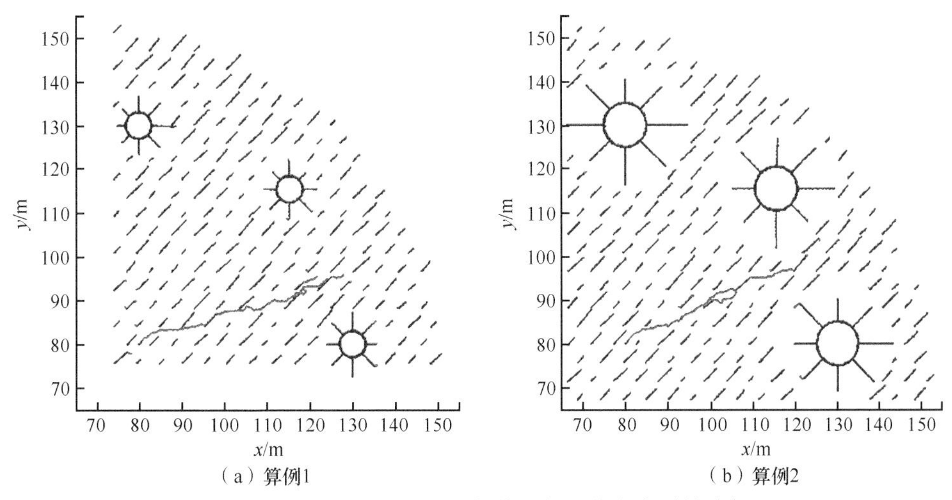

（a）算例1　（b）算例2

图 5.2.7　填充区不同内径条件下的近井水力裂缝路径

7. 井洞距离的影响

为探究井洞距离对水力裂缝与近井天然洞体沟通模式的影响，以本小节第 1 部分中算例 1 作为参照，模拟两个不同井洞距离的算例，各算例的井洞距离：算例 1 为 45.0m，算例 2 为 60.0m，压裂时长分别为 1800.0s、2700.0s。模拟水力裂缝路径如图 5.2.8 所示，结果表明，井洞距离越大，天然裂缝对水力裂缝的引导作用发挥得越充分，在扩展过程中能够形成明显的偏转角度。

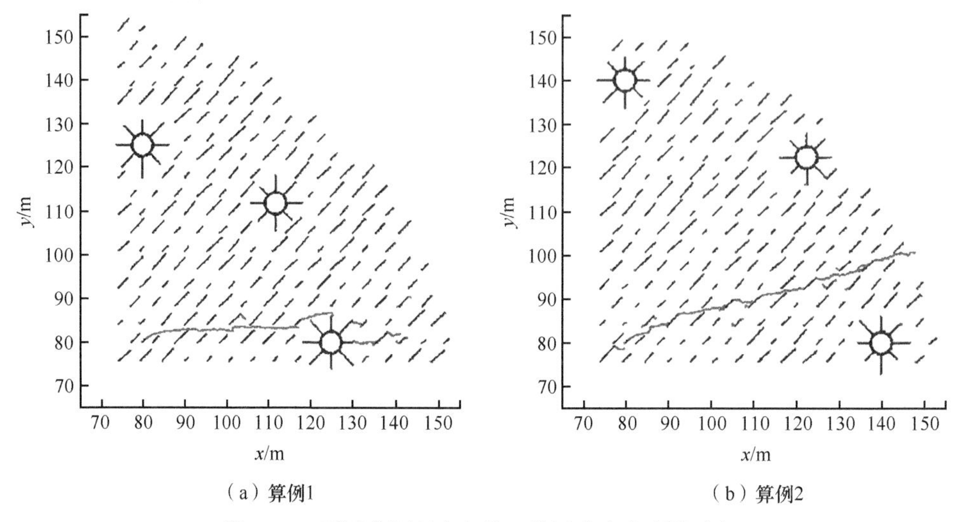

图 5.2.8　不同井洞距离条件下的近井水力裂缝路径

5.3　远井缝洞沟通模式

5.3.1　远井缝洞数值模型

远井缝洞模型如图 5.3.1（a）所示，计算域尺寸为 240.0m×240.0m，井筒位于模型中心，半径为 0.08255m，井筒右侧预置天然裂缝的长度为 0.92m，走向为 45°，在井筒右上方设置三个天然洞体，内半径 r_1=2.5m，外半径 r_2=1.5r_1，洞体中心与井筒中心的距离为 90.0m，洞壁上天然裂缝的长度为 2r_1～3r_1，水平最大地应力 σ_x=130.0MPa、水平最小地应力 σ_y=120.0MPa，地层压力 75MPa，井口注入排量为 q=0.12m^3/min，四个边界均透水。基质弹性模量 E_{m}=40.0GPa，泊松比 $\nu = 0.2$，单轴抗拉强度 σ_{t}=4.0MPa，流体黏度 μ=0.05Pa · s，基质渗透率 k_{m}=1.0×10^{-5}m^2。

采用线性三角形单元进行网格划分，如图 5.3.1（b）所示。为提高计算效率，取四分之一圆[圆心坐标为（105.0，105.0），半径为 130.0m]区域进行网格局部加密，最终生成的网格单元数为 1180960，节点数为 590763。在网格加密区内分布有天然裂缝，长度范围为 1～5m。

5.3.2　远井沟通模式计算与分析

1. 天然裂缝走向的影响

为探究天然裂缝走向对水力裂缝与远井天然洞体沟通模式的影响，建立了不同裂缝走

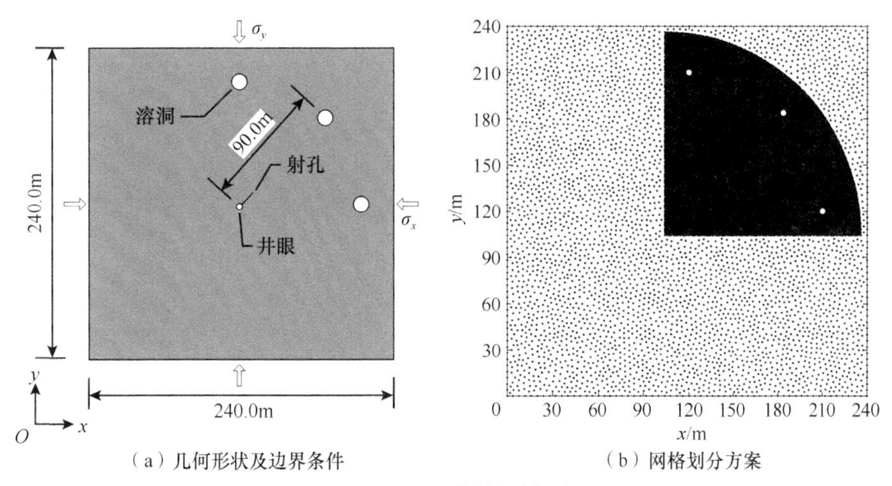

（a）几何形状及边界条件　（b）网格划分方案

图 5.3.1　远井缝洞模型

向的数值模型并开展计算，各算例中天然裂缝走向：算例 1 为 55.0°～65.0°，算例 2 为 −10.0°～10.0°，算例 3 为−60.0°～60.0，压裂时长为 3600.0s。模拟水力裂缝扩展路径如图 5.3.2 所示。

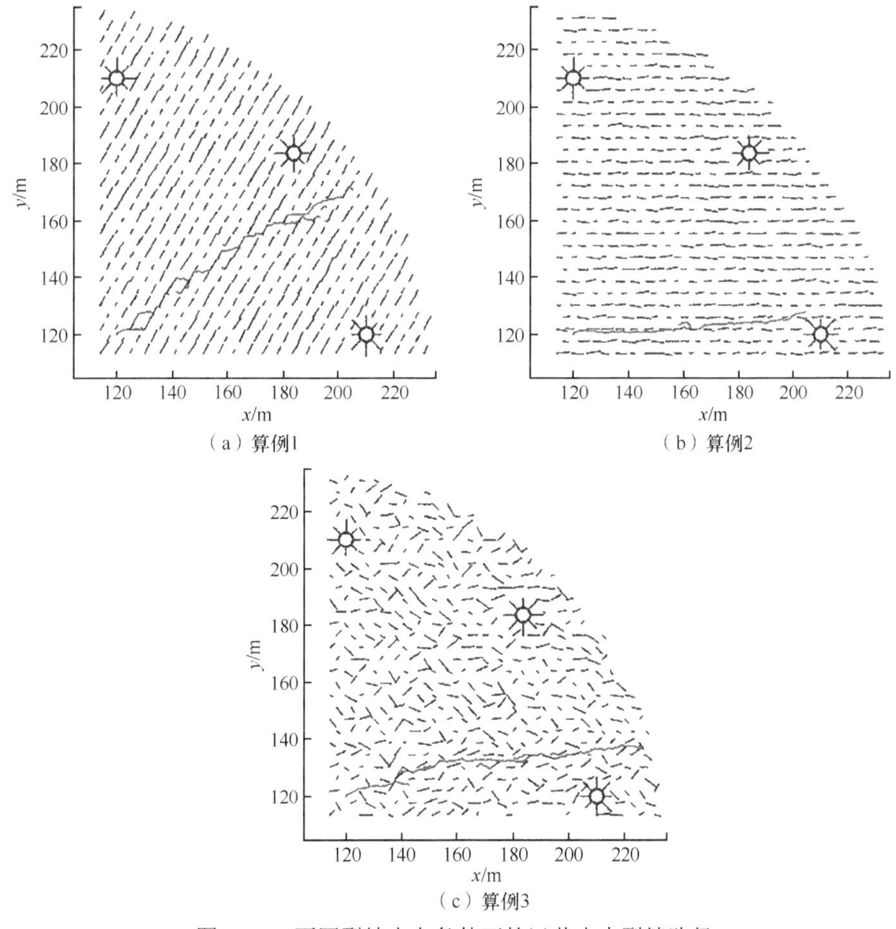

（a）算例1　（b）算例2　（c）算例3

图 5.3.2　不同裂缝走向条件下的远井水力裂缝路径

算例 1[图 5.3.2（a）]，水力裂缝在扩展过程中发生偏转，近似沿 45°方向扩展。算例 2[图 5.3.2（b）]，水力裂缝基本沿水平最大地应力方向扩展，沟通该方向上的洞体。算例 3[图 5.3.2（c）]，天然裂缝走向在−60.0°～60.0°均匀分布，对水力裂缝没有明显的引导作用，水力裂缝主要沿水平最大地应力方向扩展。以上分析可知，在远井区域，天然裂缝对水力裂缝扩展方向的引导作用更强一些，但方向随机均匀分布的天然裂缝对水力裂缝扩展方向没有明显引导作用。

2. 地应力差的影响

为探究地应力差对水力裂缝与远井天然洞体沟通模式的影响，以本小节第 1 部分中算例 1 作为参照，模拟两个不同地应力差算例，地应力差：算例 1 为 5.0MPa，算例 2 为 20.0MPa。模拟水力裂缝扩展路径如图 5.3.3 所示。

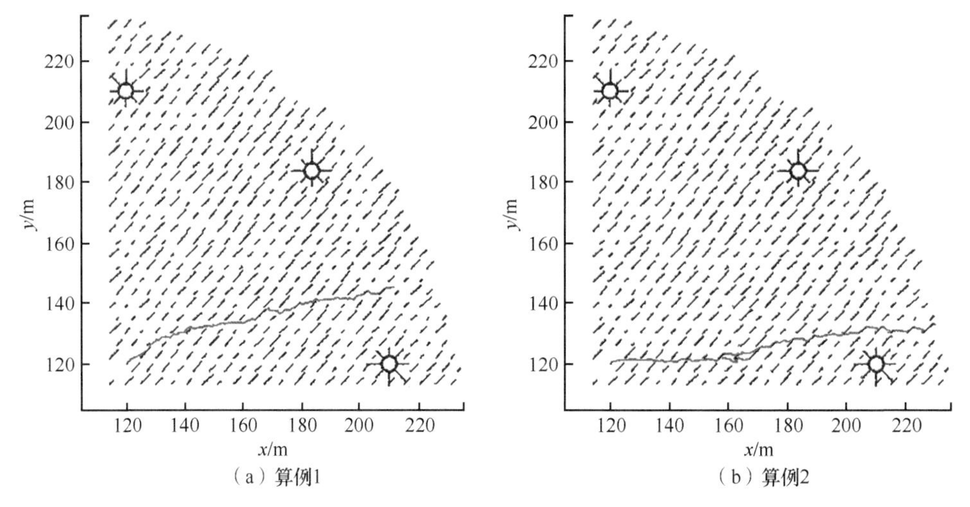

图 5.3.3　不同地应力差条件下的远井水力裂缝路径

算例 1[图 5.3.3（a）]，地应力差较小，天然裂缝对水力裂缝的引导作用明显，水力裂缝在扩展过程中出现了较大的偏转角度。算例 2[图 5.3.3（b）]，地应力差较大，水力裂缝偏转角度小，以沟通水平最大地应力方向上的天然洞体为主。地应力差对天然裂缝扩展方向具有关键的影响作用。

3. 排量的影响

为探究排量对水力裂缝与远井天然洞体沟通模式的影响，以本小节第 1 部分中算例 1 作为参照，模拟两个不同排量的算例，各算例的排量：算例 1 为 $0.09\text{m}^3/\text{min}$，算例 2 为 $0.15\text{m}^3/\text{min}$，压裂时长分别为 5400.0s 和 2700.0s。模拟水力裂缝扩展路径如图 5.3.4 所示，结果显示，高排量所产生的水力裂缝偏转角度小，而小排量所产生的水力裂缝偏转角度大，利于增大裂缝的波及范围。

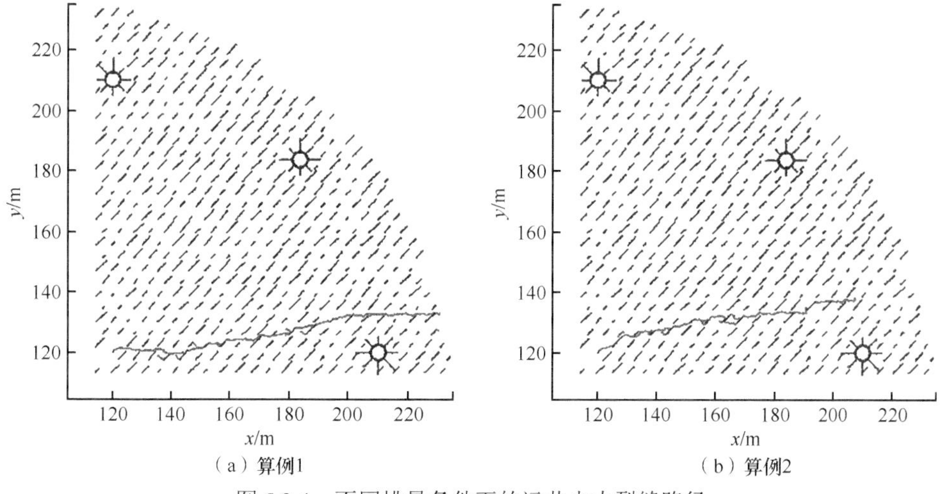

（a）算例1　（b）算例2

图 5.3.4　不同排量条件下的远井水力裂缝路径

4. 井洞距离的影响

为探究井洞距离对水力裂缝与远井天然洞体沟通模式的影响，以本小节第 1 部分中算例 1 作为参照，模拟两个不同井洞距离的算例，各算例的井洞距离：算例 1 为 85.0m，算例 2 为 95.0m，压裂时长为 3600.0s。模拟水力裂缝扩展路径如图 5.3.5 所示，结果显示，井洞距离越大，天然裂缝引导作用发挥得越充分，即对于天然裂缝走向与水平最大地应力夹角偏大的储层，利用天然裂缝可沟通角度范围更广的洞体。

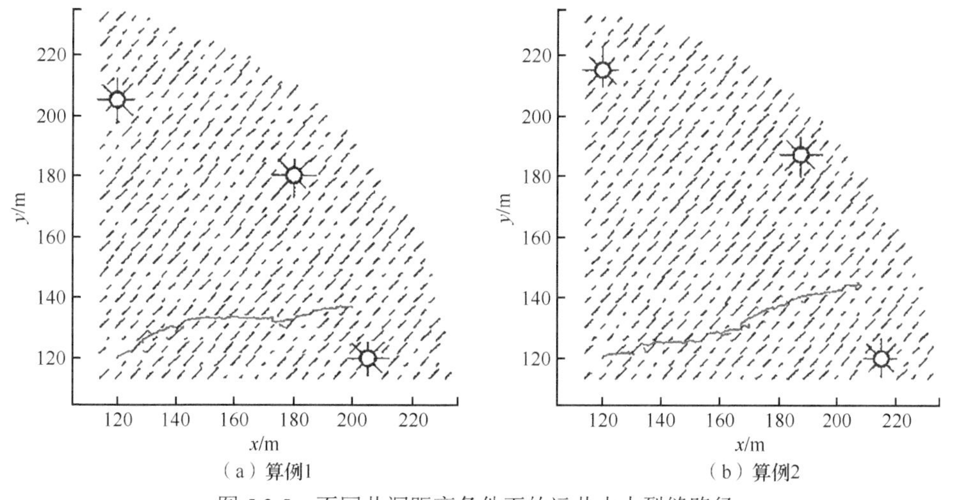

（a）算例1　（b）算例2

图 5.3.5　不同井洞距离条件下的远井水力裂缝路径

通过对井周、近井和远井缝洞沟通规律分析，形成如下认识。

（1）天然裂缝密度对缝洞沟通具有重要影响，当天然裂缝密度高时，有利于水力裂缝与洞体相连。地层压力越高，水力裂缝更容易与洞体沟通，同时使破裂压力降低。地应力差越小，天然裂缝越能发挥裂缝导向作用。在不同的黏度和排量条件下，水力裂缝与天然洞体的沟通模式不同，黏度和排量的合理组合可使水力裂缝与不同方位的天然洞体沟通。

（2）近井缝洞沟通规律：天然裂缝的走向较小时，水力裂缝沟通水平最大地应力方向的天然洞体；天然裂缝走向较大时，水力裂缝形成较大的偏转角度并出现分叉现象，能够沟通较大角度范围内的洞体。地应力差较小时，水力裂缝出现较大的偏转角度并产生分叉现象，可沟通非水平最大地应力方向的洞体；地应力差较高时，水力裂缝基本沿水平最大地应力方向扩展，沟通该方向上的洞体。排量较小时，水力裂缝的偏转角度较大；排量变大时，水力裂缝的偏转角度小，更易沟通水平最大地应力方向的洞体。

（3）远井缝洞沟通规律：天然裂缝走向较小时，水力裂缝主要沟通水平最大地应力方向的洞体；天然裂缝走向较大时，水力裂缝转向角度增大，可沟通更大范围内的洞体；在远井区域，天然裂缝对水力裂缝扩展方向的引导性更强一些。地应力差对天然裂缝的引导效应具有重要影响，地应力差越小，天然裂缝的引导效应越强；对于远井区域，需要较大的排量才能使水力裂缝扩展至洞体附近；井洞距离越远，天然裂缝引导作用发挥越充分。

无论是近井还是远井情况，缝洞能否沟通在很大程度上取决于局部范围内缝-洞相互作用机制。地应力的绝对值对缝洞沟通具有重要影响，当地应力差一定时，地应力绝对值越大，洞体对水力裂缝的排斥效应就越强。当地应力绝对值一定时，地应力差越大，水力裂缝越易突破洞周高应力集中区，与洞体沟通。洞体越大，洞体对水力裂缝的排斥效应也越强。

5.4　缝洞储集体沟通模式

5.4.1　第一类缝洞储集体

为探索水力裂缝与缝洞储集体的沟通模式，建立第一类缝洞储集体模型（图 5.4.1）进行模拟分析，计算域尺寸为 200.0m×200.0m，井筒位于模型中心，中心坐标为（0.0，0.0），半径为 0.08255m，井筒两侧的初始压裂缝长度为 0.42m，走向为 0.0°，计算域内随机分布天然裂缝，裂缝长度范围为 1～5m，走向为 0°～60°，条数为 2448。在距离井筒中心 80.0m 范围内随机分布 8 个缝洞储集体，每个储集体内随机分布大小不等的天然洞体，部分洞体

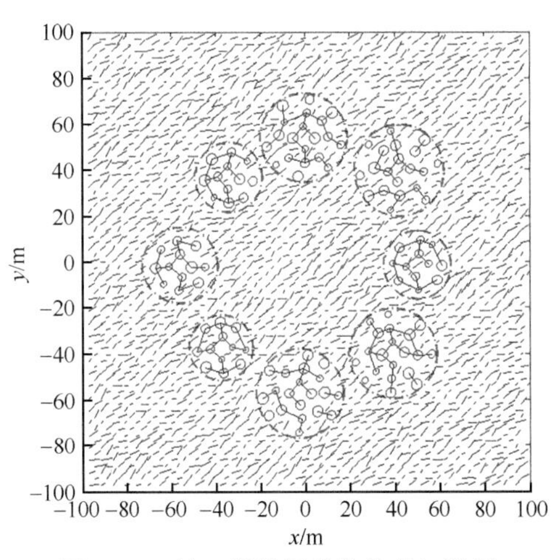

图 5.4.1　第一类缝洞储集体几何模型

间有天然裂缝相连，部分为孤洞。天然洞体参数为 r_1=1.25～2.5m，r_2=1.5r_1。边界条件为水平最大地应力 σ_x=140.0MPa，水平最小地应力 σ_y=120.0MPa，地层压力 75.0MPa，井口注入排量 q=0.12m^3/min（按 1m 储层厚度计算），四个边界均可透水。材料参数为基质弹性模量 E_m=40.0GPa，泊松比 $\nu = 0.2$，单轴抗拉强度 σ_t=4.0MPa，流体黏度 μ=0.05Pa · s，基质渗透率 k_m=1.0×10^{-15}m^2。

图 5.4.2 模拟结果显示，水力裂缝沿水平最大地应力方向扩展，在 t=2000.0s 时，水力裂缝向上偏转至右侧储集体上方，在 4000.0s 扩展至坐标（50.0，15.0）附近，没有形成新的扩展裂缝。可知，当储层的地应力为 σ_x=140.0MPa，σ_y=120.0MPa，地层压力为 75.0MPa 时，水力裂缝在遇到缝洞储集体时会发生偏转，但最终通过天然裂缝与储集体沟通。

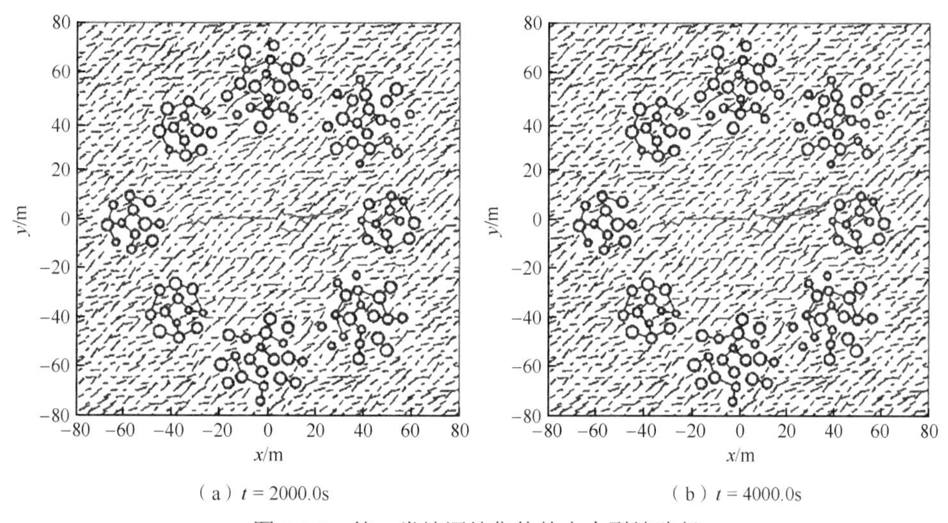

（a）t = 2000.0s　（b）t = 4000.0s

图 5.4.2　第一类缝洞储集体的水力裂缝路径

5.4.2　第二类缝洞储集体

在第二类缝洞储集模型中，将储集体内部溶洞减少，同时地应力降低，几何模型如图 5.4.3 所示。计算域尺寸为 200.0m×200.0m，井筒位于模型中心，坐标为（0.0，0.0），半径为 0.08255m，井筒两侧的初始压裂缝长度为 0.42m，走向为 0.0°，计算域内随机分布天然裂缝，裂缝长度为 1.0～5.0m，走向为 0°～60°，条数为 2671 条。在距离井筒中心 80.0m 范围内随机分布八个缝洞储集体，每个储集体内随机分布大小不等的天然洞体，部分洞体间有天然裂缝相连，部分为孤洞。天然洞体参数：r_1=1.25～2.5m，r_2=1.5r_1。边界条件为水平最大地应力 σ_x=100.0MPa、水平最小地应力 σ_y=80.0MPa，地层压力为 75.0MPa，井口排量 q=0.12m^3/min（按 1m 储层厚度计算），四个边界均为透水边界。材料参数为基质弹性模量 E_m=40.0GPa，泊松比 ν =0.2，单轴抗拉强度 σ_t=4.0MPa，流体黏度 μ=0.05Pa · s，基质渗透率 k_m=1.0×10^{-15}m^2。

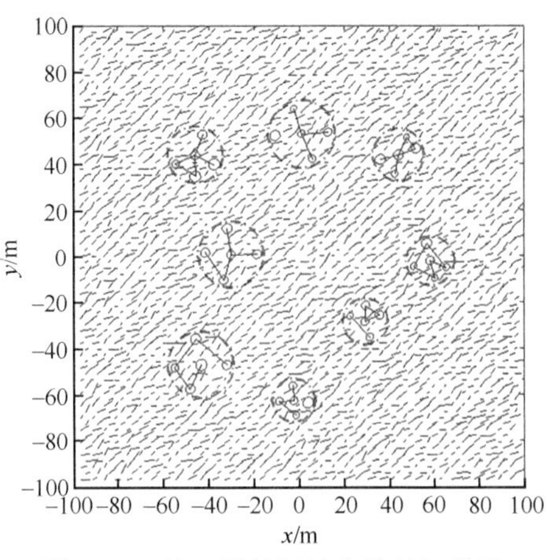

图 5.4.3　第二类缝洞储集体几何模型

图 5.4.4 模拟结果显示，当 t=500.0s 时，水力裂缝在井筒左侧以较小的偏转角度扩展，而在井筒右侧沿水平最大地应力方向扩展较短距离后与天然裂缝相交止裂。由于地层压力与水平最小地应力相近，部分天然裂缝激活后产生了剪切破坏。当 t=1000.0s 时，水力裂缝与左侧缝洞储集体沟通，随后水力裂缝从储集体扩展出来。综上可知，当储层的地应力条件为 σ_x=100.0MPa，σ_y=80.0MPa，地层压力为 75.0MPa 时，水力裂缝可与缝洞储集体沟通，并从储集体中扩展出来。

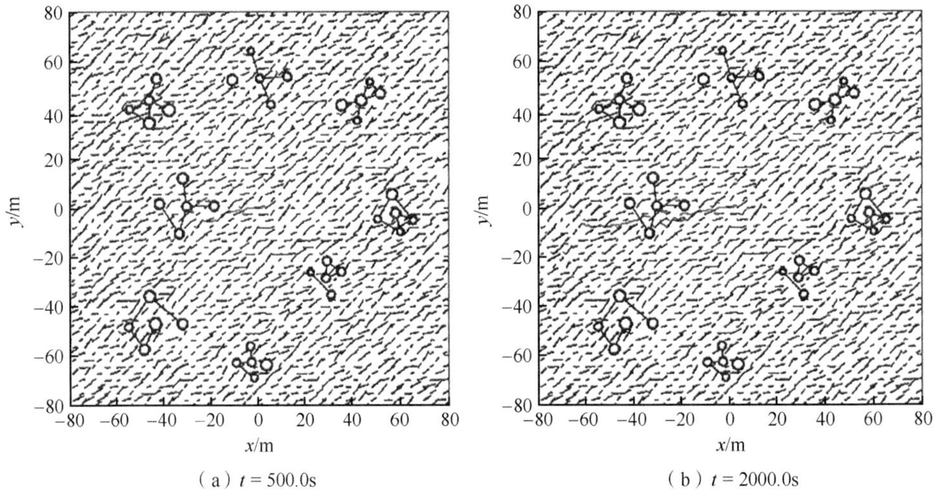

图 5.4.4　第二类缝洞储集体的水力裂缝路径

5.4.3　考虑井周径向裂缝的第二类储集体

为反映井周存在径向天然裂缝的情形，本节在图 5.4.3 所示的第二类模型的井壁上设置多条长度均匀分布的径向裂缝，在此基础上，探究多井周径向裂缝条件下水力裂缝与缝洞储集体的沟通模式。

1. 恒定小排量工况下的沟通模式

模拟储层地应力 σ_x=81.0MPa，σ_y=80.0MPa，地层压力为 75.0MPa，排量为 0.03m^3/min，

压裂时长为 3600s。图 5.4.5 模拟结果显示，随着流体的注入，水力裂缝从井筒周围的多条径向天然裂缝处开始扩展，在 t=1800s 时，井筒附近区域形成了复杂的裂缝路径，水力主裂缝的优势扩展方向为 45°，在 t=3600s 时，水力裂缝继续沿优势方向扩展至右上方储集体。

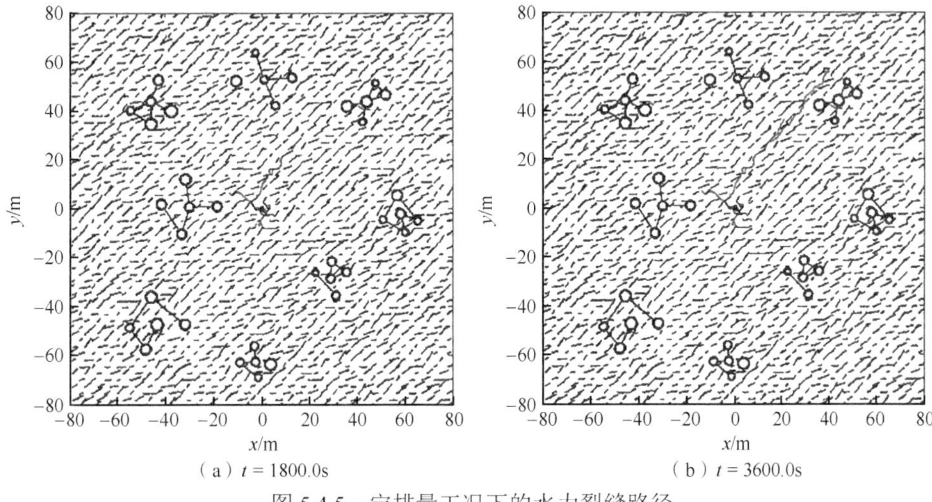

（a）t = 1800.0s　（b）t = 3600.0s

图 5.4.5　定排量工况下的水力裂缝路径

2. 变排量工况下的沟通模式

为探究变排量工况下水力裂缝与缝洞储集体的沟通模式，在本小节第 1 部分定排量工况算例的基础上，设置井口排量随水力裂缝扩展情况自动调节。模拟三个算例，压裂时长均为 1600s，排量初始值均为 0.03m^3/min，压裂 500s 之后开始自动调节排量。

（1）算例 1：每一步判断一次，若无裂缝扩展，将排量增加 1%。

（2）算例 2：每一步判断一次，若无裂缝扩展，将排量增加 0.5%。

（3）算例 3：每五步判断一次，若无裂缝扩展，将排量增加 1%。

图 5.4.6～图 5.4.8 模拟结果显示，算例 1（图 5.4.6），在 t=800.0s 时，靠近井筒附近区域形成了复杂的裂缝路径，在 t=1600.0s 时，水力裂缝同时沟通了左侧和右上方的两个储集体，并向下扩展了 25m。算例 2（图 5.4.7），水力裂缝扩展路径与定排量工况下的水力裂缝路径基本一致，但其扩展速度比后者快很多。算例 3（图 5.4.8），由于排量低，在注入一定时间后排量与滤失量平衡，水力裂缝扩展速度慢，在 t=1600.0s 时水力裂缝扩展的距离仍然较短。由此可知，排量的不同改变方式对水力裂缝与储集体的沟通模式有较大影响，在排量合理的改变方式下，可以形成复杂的裂缝网络，使水力裂缝与不同方位的储集体沟通。

通过对缝洞储集体的沟通模式分析发现，在恒定排量情况下，地应力越低，水力裂缝更易与缝洞储集体沟通，后由储集体周边伴生的天然裂缝处继续向前扩展。为进一步明确复杂裂缝的生成条件，将初始排量设为 0.03m^3/min，当没有新裂缝扩展时增加排量（按 1%排量递增），这种条件下会形成复杂的裂缝，水力裂缝与不同方位的溶洞储集体沟通，但井口压力会越来越高；当排量递增变小时（按 0.05%递增），水力裂缝复杂程度随之降低。从模拟结果看，通过递增排量是形成复杂缝网，实现水力裂缝与不同方位储集体沟通的有效措施。

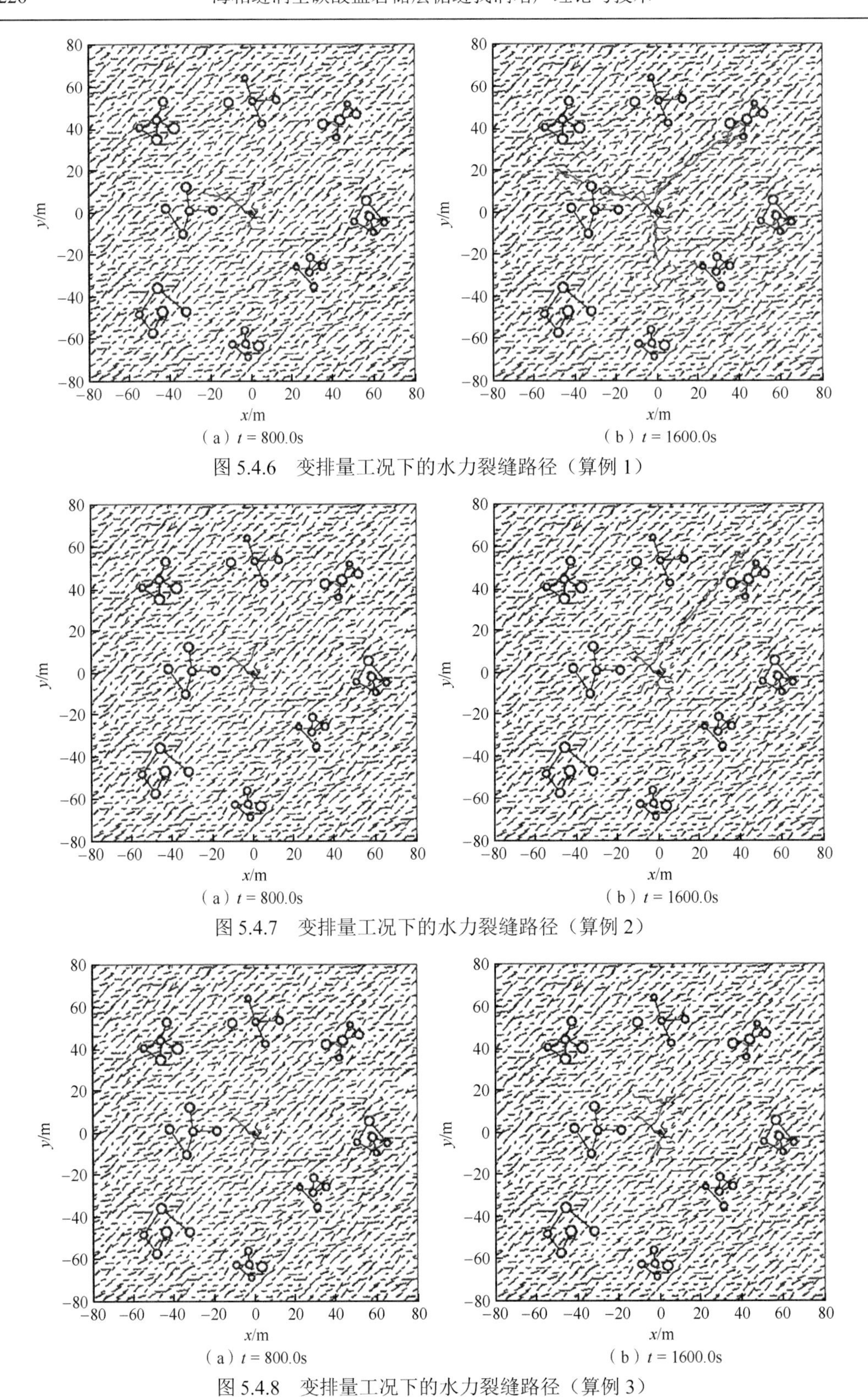

图 5.4.6　变排量工况下的水力裂缝路径（算例 1）

图 5.4.7　变排量工况下的水力裂缝路径（算例 2）

图 5.4.8　变排量工况下的水力裂缝路径（算例 3）

第 6 章　不同井型的缝洞体沟通

油气藏开发过程中，根据工程需求采用直井、斜井、水平井等，如何实现不同井洞关系条件下溶洞储集体的高效沟通是一个非常重要的问题。为了明确不同井型情况下多洞沟通规律，本章在第 4 章理论基础上对不同井型多洞沟通进行数值模拟分析和阐述。

6.1　直井缝洞体沟通

6.1.1　直井多洞横向展布

模型尺寸为 300m×300m×300m，井眼平行于 z 轴方向，垂直于 xy 平面。平面内包含 36 个溶洞，其中离井眼径向距离 30m 处等角度分布 8 个溶洞、80m 处分布 12 个溶洞、130m 处分布 16 个溶洞，溶洞半径均为 6m，预置初始压裂缝半长为 6m，与溶洞处于同一平面上。岩石密度为 2.64×10^3kg/m^3、弹性模量为 40GPa、泊松比为 0.2，溶洞填充材料泊松比为 0.25。分析同一井深处不同方向多个溶洞的压裂沟通问题，模型及网格划分如图 6.1.1 所示。

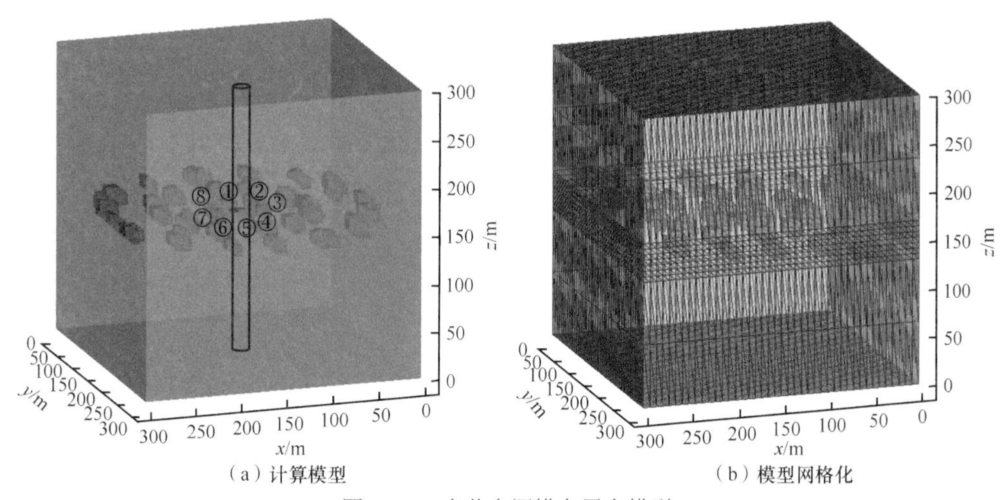

（a）计算模型　（b）模型网格化

图 6.1.1　直井多洞横向展布模型

模型中应力条件设置为 x 方向地应力 140MPa，y 方向地应力 120MPa，z 方向地应力 170MPa，溶洞内流体压力 75MPa。为分析泵注压力的影响，设置三组模型。

（1）压裂过程中泵注压力由 75MPa 上升到 140MPa，模拟计算的压力分布及裂缝扩展如图 6.1.2 和图 6.1.3 所示。水力裂缝在压力作用下先沿 xy 平面扩展，随后向 z 方向偏转，偏转角度较大。

（2）压裂过程中泵注压力由 75MPa 上升到 170MPa，模拟计算的压力分布及裂缝扩展如图 6.1.4 和图 6.1.5 所示。水力裂缝同样在压力作用下沿 xy 平面扩展，由于泵注压力增大，裂缝向 z 轴的偏转角度减小。

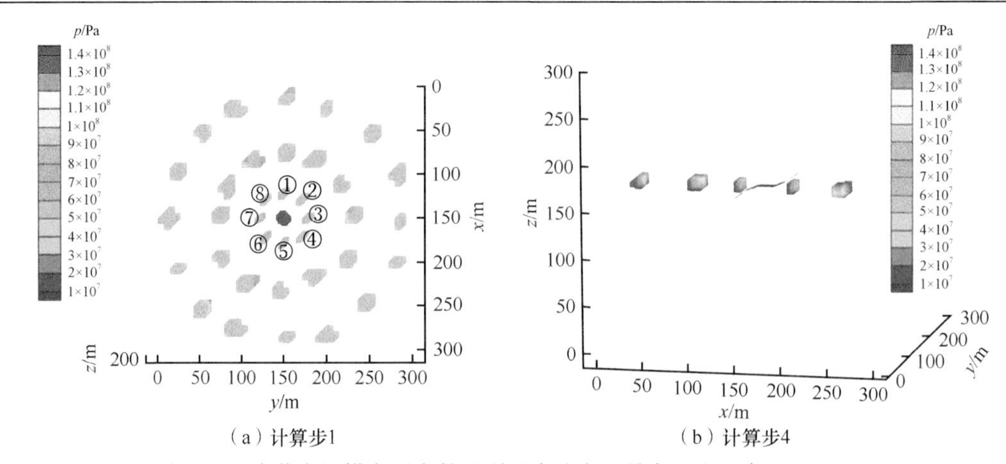

（a）计算步1　　（b）计算步4

图 6.1.2　直井多洞横向展布的压裂压力分布（最大泵注压力 140MPa）

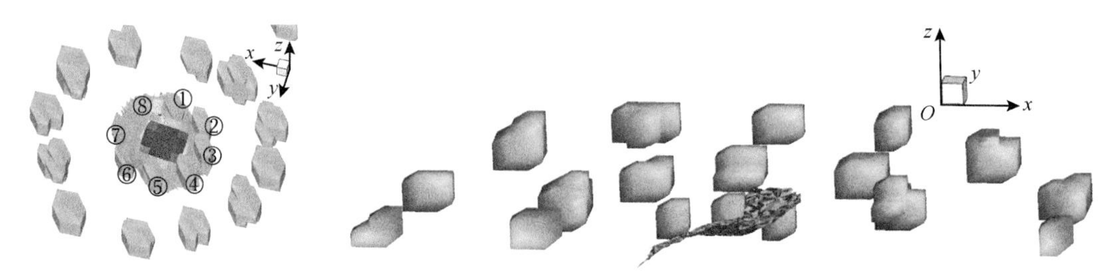

图 6.1.3　直井多洞横向展布的压裂裂缝扩展（最大泵注压力 140MPa）

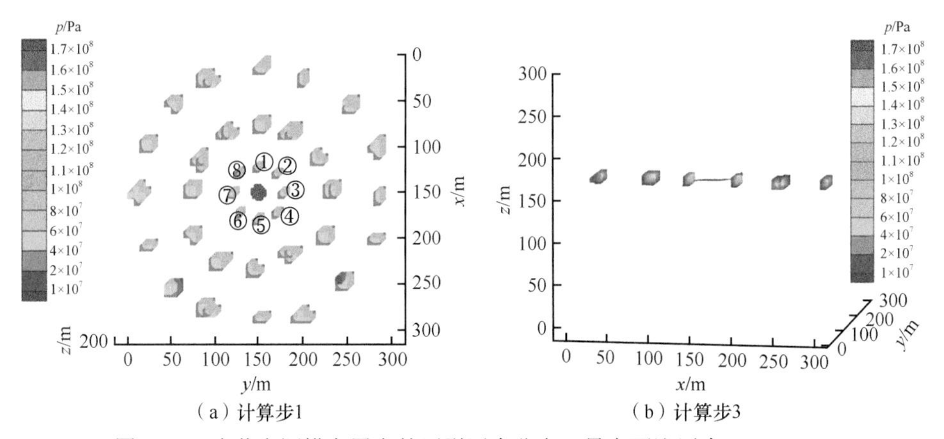

（a）计算步1　　（b）计算步3

图 6.1.4　直井多洞横向展布的压裂压力分布（最大泵注压力 170MPa）

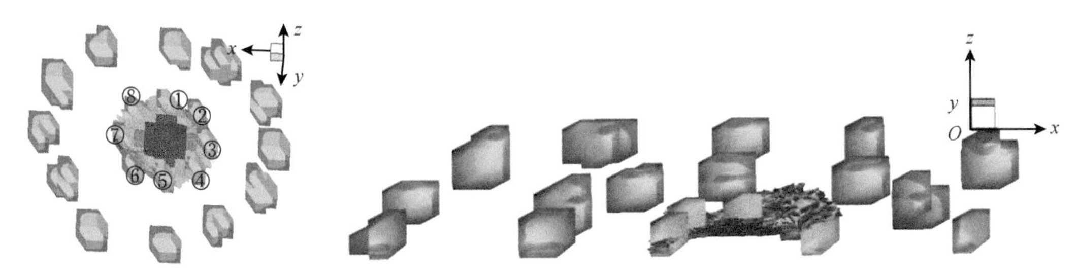

图 6.1.5　直井多洞横向展布的压裂裂缝扩展（最大泵注压力 170MPa）

（3）压裂过程中泵注压力最大为 200MPa，模拟计算的压力分布及裂缝扩展如图 6.1.6 和图 6.1.7 所示。由于超高压泵注，水力裂缝向 z 轴的偏转可以忽略，在压力作用下裂缝沿 xy 平面扩展。

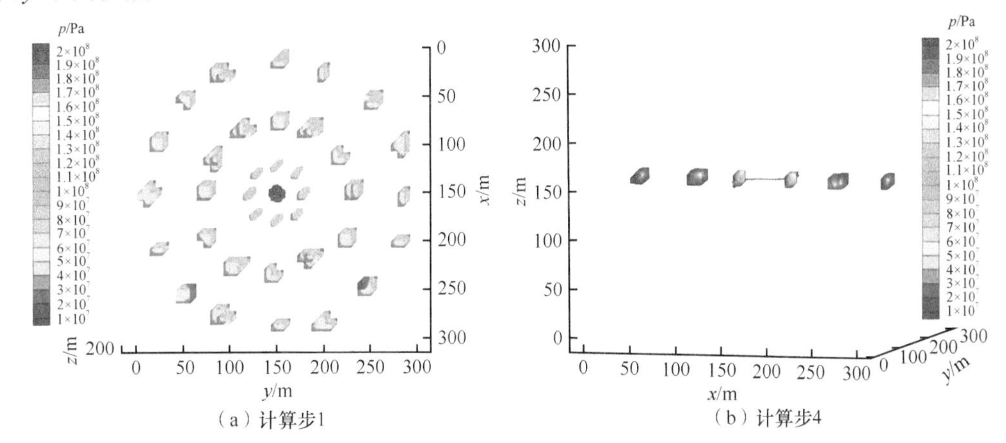

图 6.1.6　直井多洞横向展布的压裂压力分布（最大泵注压力 200MPa）

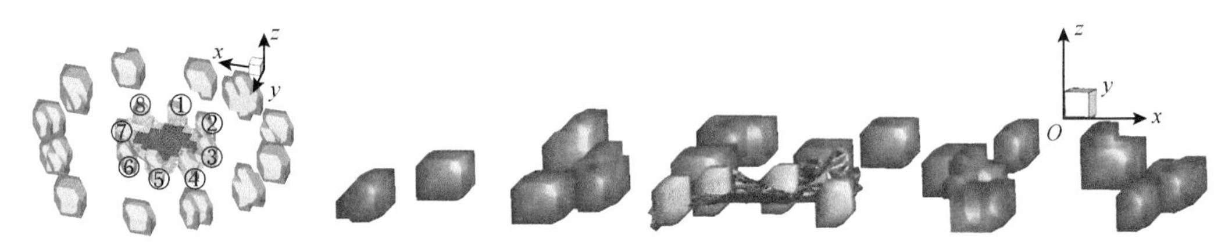

图 6.1.7　直井多洞横向展布的压裂裂缝扩展（最大泵注压力 200MPa）

结果表明，在原场地应力条件不变的情况下，随着泵注压力增加，最大主应力方向（z 轴方向）对裂缝扩展轨迹的影响减小，裂缝倾向于沿初始起裂方向延伸，扩展的非曲面程度降低，压裂裂缝的控制范围减少，仅能沟通裂缝延伸方向上的溶洞。

6.1.2　直井多洞纵向展布

模型尺寸为 300m×300m×300m，井眼平行于 z 轴方向，垂直于 xy 平面。溶洞沿井眼纵向的 yz 平面内展布，与井眼距离平均为 30m，溶洞中心坐标分别为（150，115，195）、（150，125，195）、（150，180，195）、（150，120，165）、（150，175，165）、（150，185，165）、（150，115，135）、（150，125，135）、（150，180，135）、（150，120，105）、（150，175，105）、（150，185，105），溶洞半径均为 6m，预置初始压裂缝半长为 6m，与溶洞处于同一平面上。岩石密度为 2.64×10^3kg/m^3、弹性模量为 40GPa、泊松比为 0.2，溶洞填充材料泊松比为 0.25。分析不同井深处井周多溶洞的压裂沟通问题，模型及网格划分如图 6.1.8 所示。

模型中应力条件设置为 x 方向地应力为 140MPa，y 方向地应力为 120MPa，z 方向地应力为 170MPa，溶洞内流体压力为 75MPa。为分析泵注压力的影响，设置三组模型。

（1）压裂过程中泵注压力由 75MPa 上升到 140MPa，模拟计算的压力分布及裂缝扩展如图 6.1.9 和图 6.1.10 所示。水力裂缝在压力作用下沿初始起裂方向扩展，裂缝面与 yz 面平行，三条水力裂缝扩展后在纵向上连通，形成沿井轴方向的纵向裂缝面，受地应力影响，裂缝面不完全平行于 yz 面，与 y 轴呈一定的夹角。

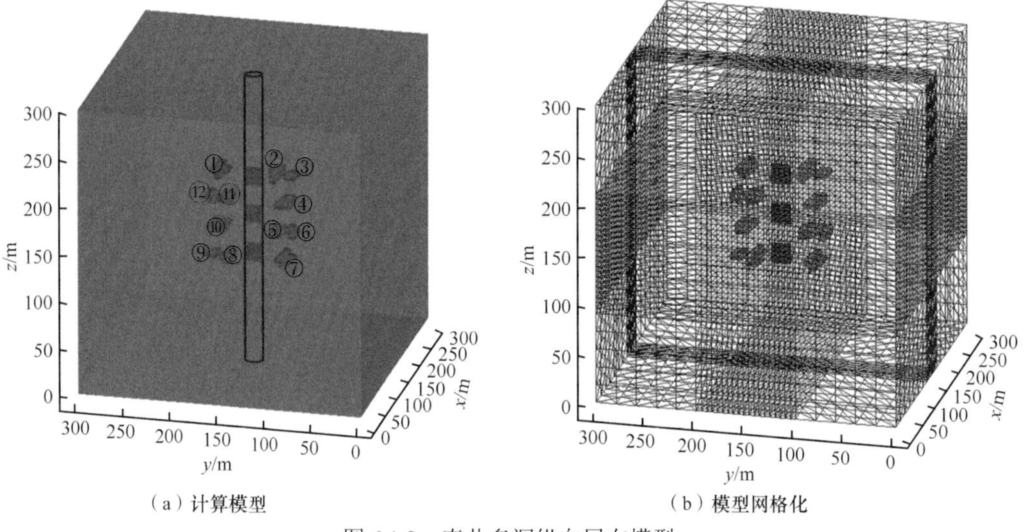

（a）计算模型　　（b）模型网格化

图 6.1.8　直井多洞纵向展布模型

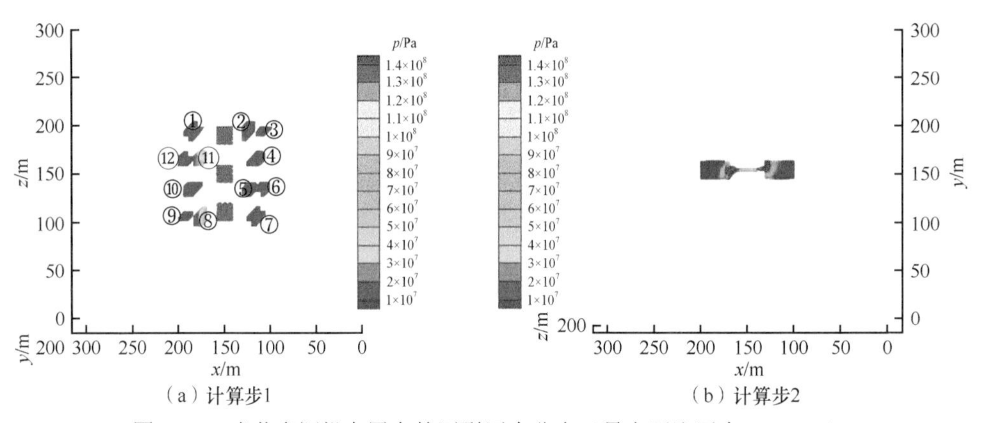

（a）计算步1　　（b）计算步2

图 6.1.9　直井多洞纵向展布的压裂压力分布（最大泵注压力 140MPa）

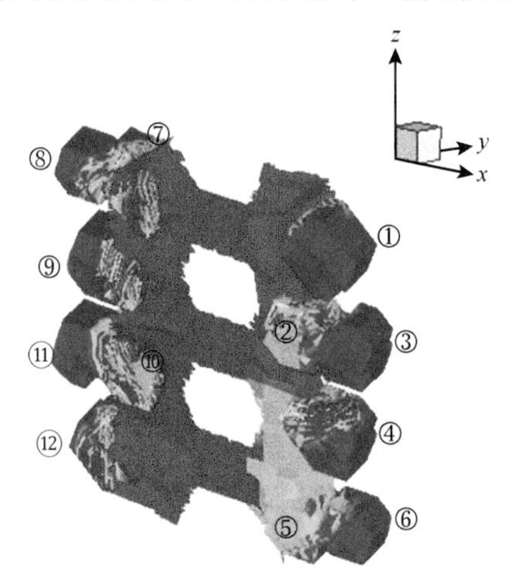

图 6.1.10　直井多洞纵向展布的压裂裂缝扩展（最大泵注压力 140MPa）

（2）压裂过程中泵注压力由 75MPa 上升到 170MPa，模拟计算的压力分布及裂缝扩展如图 6.1.11 和图 6.1.12 所示。水力裂缝在压力作用下沿初始起裂方向扩展，三条水力裂缝纵向连通后，形成沿 *yz* 面的纵向裂缝，裂缝面与 *y* 轴所呈的夹角较小。

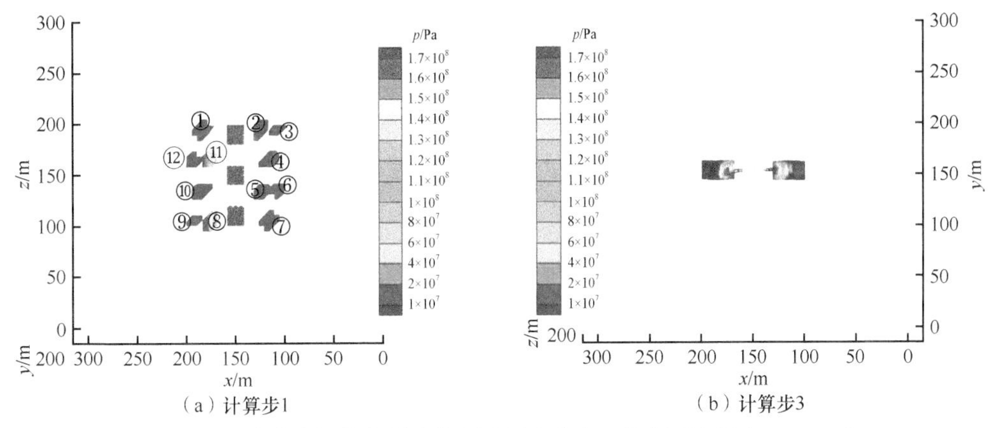

图 6.1.11　直井多洞纵向展布的压裂压力分布（最大泵注压力 170MPa）

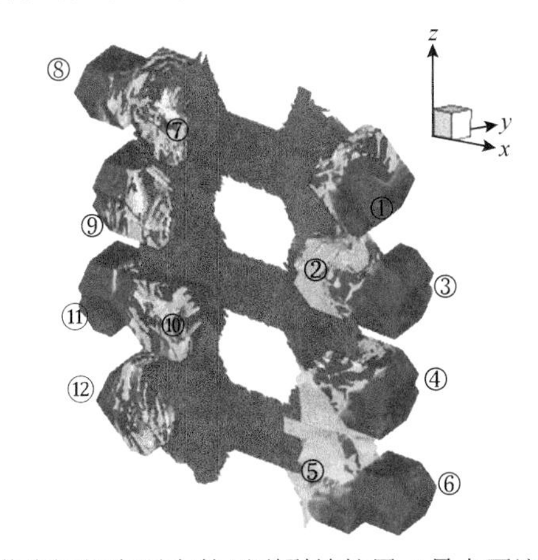

图 6.1.12　直井多洞纵向展布的压裂裂缝扩展（最大泵注压力 170MPa）

（3）压裂过程中泵注压力最大为 200MPa，模拟计算的压力分布及裂缝扩展如图 6.1.13 和图 6.1.14 所示。在高泵注压力作用下，形成平行于 *y* 轴的纵向裂缝面。

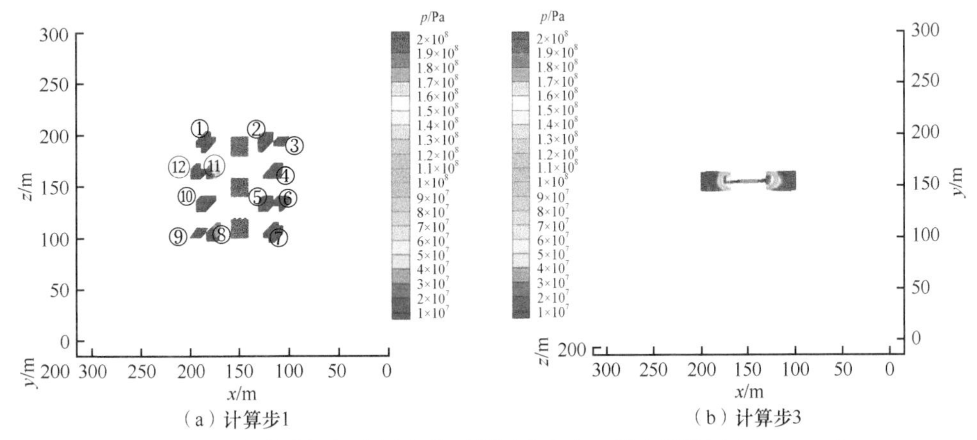

图 6.1.13　直井多洞纵向展布的压裂压力分布（最大泵注压力 200MPa）

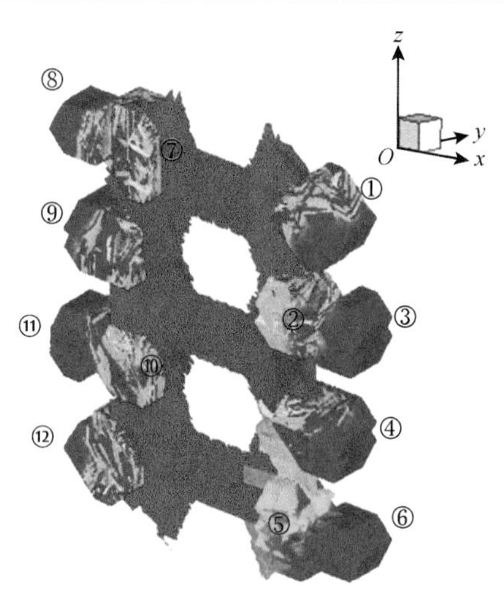

图 6.1.14　直井多洞纵向展布的压裂裂缝扩展（最大泵注压力 200MPa）

结果表明，水力裂缝在压力作用下，由初始起裂方向沿 yz 面扩展，三条裂缝连通后，受地应力场的影响，当泵注压力较小时，裂缝与 y 轴呈一定的夹角扩展，随着泵注压力提升，裂缝纵向缝高增加，形成沿 yz 面展布的单一缝，以沟通裂缝延伸方向上的溶洞为主。

6.1.3　直井多洞立体展布

模型尺寸为 300m×300m×300m，井轴平行于 z 轴方向，垂直于 xy 平面，井周立体空间上分布两层共 16 个溶洞，溶洞中心坐标分别为（150，120，135）、（150，180，135）、（180，150，135）、（120，150，135）、（172，172，135）、（172，128，135）、（128，172，135）、（128，128，135）、（150，120，165）、（150，180，165）、（180，150，165）、（120，150，165）、（172，172，165）、（172，128，165）、（128，172，165）、（128，128，165），溶洞半径均为 6m，预置初始压裂缝半长为 6m。岩石密度为 2.64×10^3kg/m^3、弹性模量为 40GPa、泊松比为 0.2，溶洞填充材料泊松比为 0.25。分析不同井深、不同方向多溶洞的压裂沟通问题，模型及网格划分如图 6.1.15 所示。

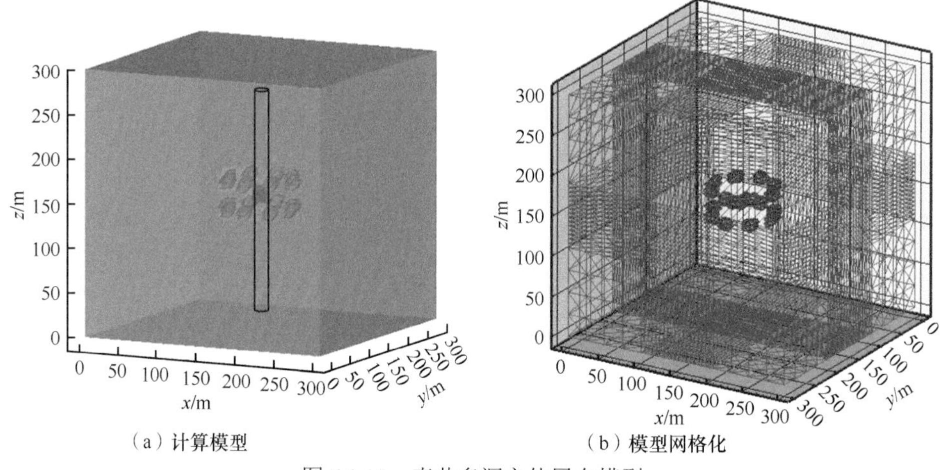

图 6.1.15　直井多洞立体展布模型

模型中应力条件设置为 x 方向地应力为 140MPa，y 方向地应力为 120MPa，z 方向地应力为 170MPa，溶洞内流体压力为 75MPa。为分析泵注压力的影响，设置三组模型。

（1）压裂过程中泵注压力由 75MPa 上升到 140MPa，模拟计算的压力分布及裂缝扩展如图 6.1.16 和图 6.1.17 所示。水力裂缝在压力作用下沿 xz 面扩展，受水平地应力的影响，裂缝发生偏转，与 x 轴呈一定夹角。

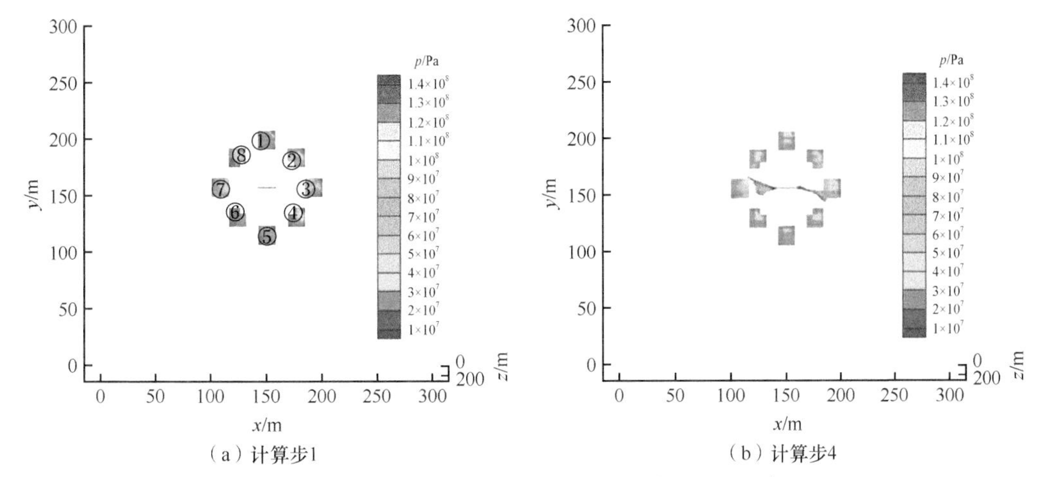

图 6.1.16　直井多洞立体展布的压裂压力分布（最大泵注压力 140MPa）

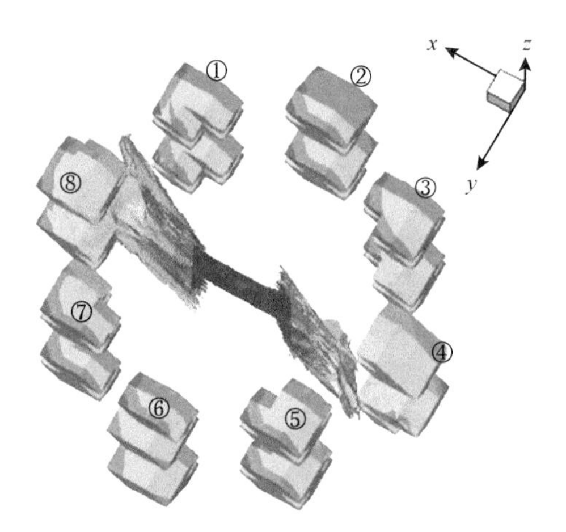

图 6.1.17　直井多洞立体展布的压裂裂缝扩展（最大泵注压力 140MPa）

（2）压裂过程中泵注压力由 75MPa 上升到 170MPa，模拟计算的压力分布及裂缝扩展如图 6.1.18 和图 6.1.19 所示。水力裂缝在水压作用下沿 xz 面扩展，增大泵注压力，裂缝面的偏转程度减小，裂缝轨迹近于平行 x 轴。

（3）压裂过程中泵注压力最大为 200MPa，模拟计算的压力分布及裂缝扩展如图 6.1.20 和图 6.1.21 所示。水力裂缝在高压作用下沿 xz 面的初始裂缝方向扩展，裂缝轨迹平行于 x 轴。

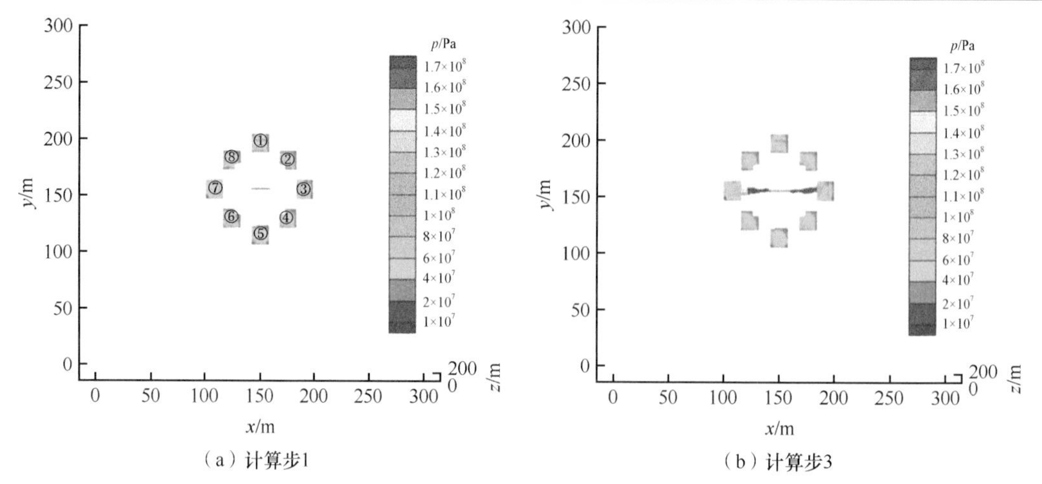

图 6.1.18　直井多洞立体展布的压裂压力分布（最大泵注压力 170MPa）

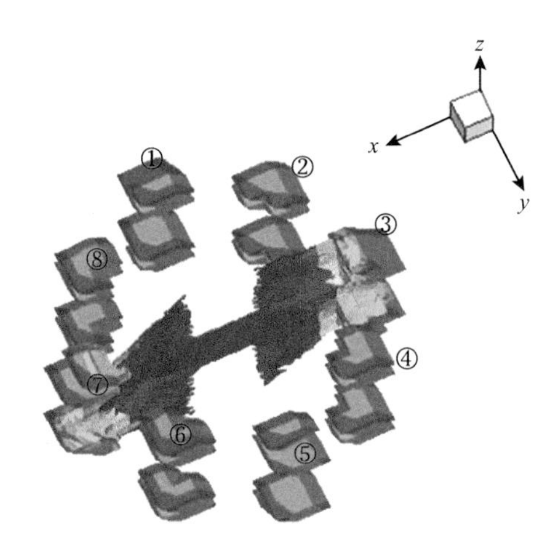

图 6.1.19　直井多洞立体展布的压裂裂缝扩展（最大泵注压力 170MPa）

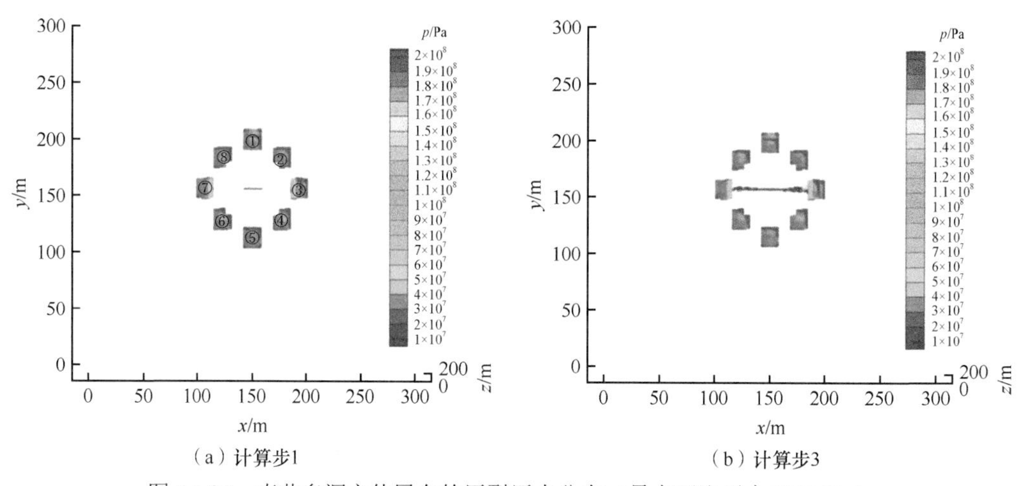

图 6.1.20　直井多洞立体展布的压裂压力分布（最大泵注压力 200MPa）

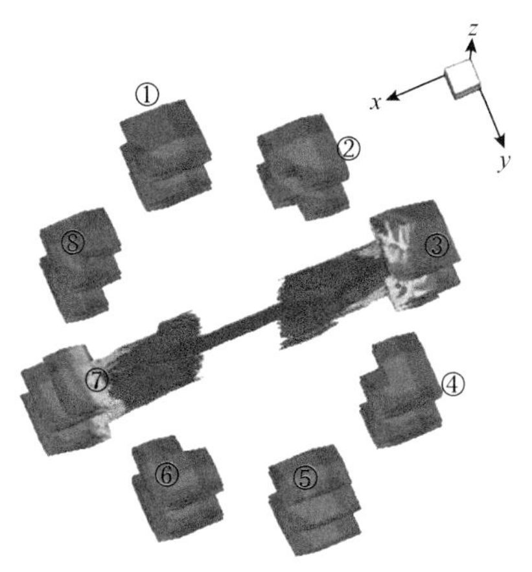

图 6.1.21　直井多洞立体展布的压裂裂缝扩展（最大泵注压力 200MPa）

结果表明，裂缝在压力作用下，由初始起裂缝沿 xz 面扩展，泵注压力越低，受地应力场的影响越大，即裂缝扩展轨迹与 x 轴的夹角越大，主裂缝的曲面程度越大，控制范围越广，有利于井周不同深度、不同方向上溶洞的沟通。泵注压力增大，易形成平行于 xz 面的平面裂缝，与 x 轴夹角减小。

6.2　斜井缝洞体沟通

6.2.1　斜井多洞沿井眼展布

模型尺寸为300m×300m×300m，井眼与 xy 面呈45°夹角，位于 yz 平面上。在 yz 平面上沿井眼分布 10 个溶洞，溶洞中心坐标分别为（150，100，260）、（150，160，240）、（150，180，180）、（150，240，160）、（150，260，100）、（150，200，40）、（150，140，60）、（150，120，120）、（150，60，140）、（150，40，200），最小半径为6m，预置初始压裂缝半长为6m，中间水力裂缝中心坐标为（150，150，150），裂缝间距为50m，与溶洞处于同一平面上。岩石密度为 2.64×10^3kg/m^3、弹性模量为40GPa、泊松比为0.2，溶洞填充材料泊松比为0.25。分析沿井眼轨迹方向井周多溶洞的压裂沟通问题，模型及网格划分如图 6.2.1 所示。

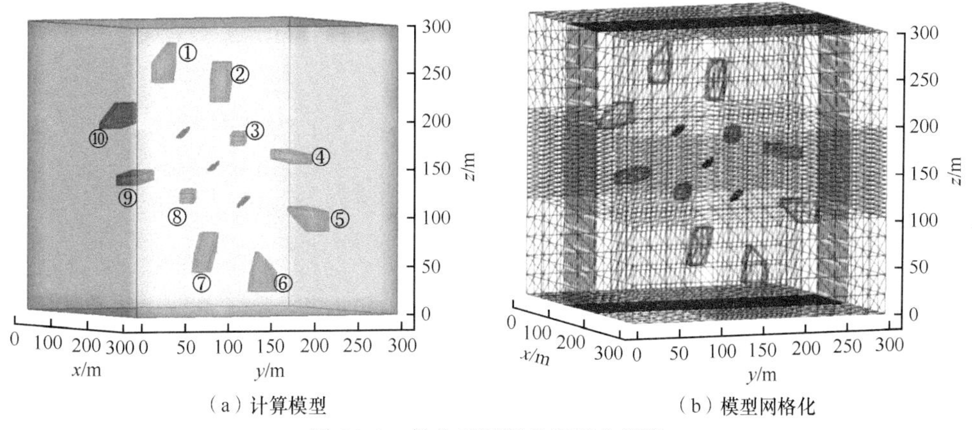

图 6.2.1　斜井多洞沿井眼展布模型

模型中应力条件设置为 x 方向地应力 140MPa，y 方向地应力 120MPa，z 方向地应力 170MPa，溶洞内流体压力 75MPa。为分析泵注压力的影响，设置三组模型。

（1）压裂过程中泵注压力由 75MPa 上升到 140MPa，模拟计算的压力分布及裂缝扩展如图 6.2.2 和图 6.2.3 所示。裂缝 I 上端向最大应力方向 z 偏转，扩展至①号、②号溶洞之间的区域，下端向⑨号溶洞区方向偏转并沟通溶洞；裂缝 II 沿初始压裂缝方向扩展，偏转幅度较小，沟通③号、⑧号溶洞；裂缝III上端向溶洞方向延伸，沟通④号溶洞，下端向最大应力方向 z 偏转，到达⑥号、⑦号溶洞之间的区域。

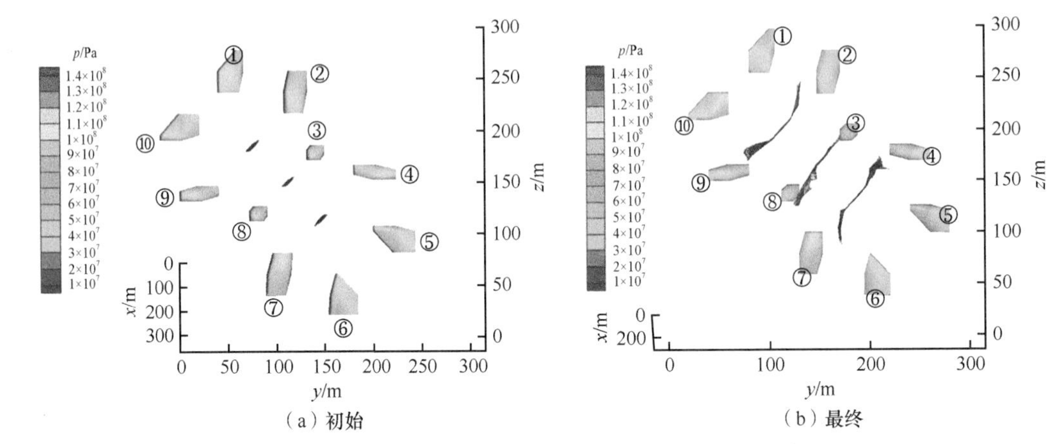

图 6.2.2　斜井多洞沿井眼展布的压裂压力分布（最大泵注压力 140MPa）

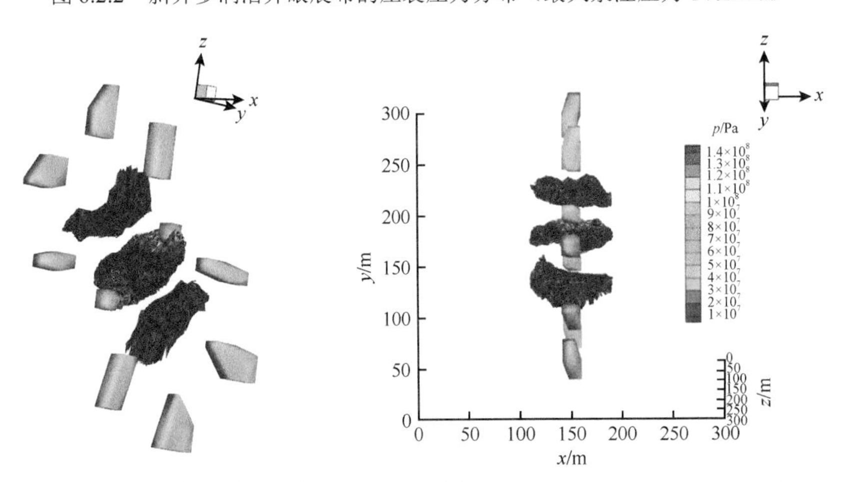

图 6.2.3　斜井多洞沿井眼展布的压裂裂缝扩展（最大泵注压力 140MPa）

（2）压裂过程中泵注压力由 75MPa 上升到 170MPa，模拟计算的压力分布及裂缝扩展如图 6.2.4 和图 6.2.5 所示。裂缝 I 上端向最大应力方向 z 偏转，下端向溶洞方向偏转，分别扩展至①号、②号溶洞和⑨号、⑩号溶洞之间的区域；裂缝 II 上端沿初始压裂缝方向扩展，沟通③号溶洞，下端向最大应力方向 z 偏转，到达⑦号、⑧号溶洞之间区域；裂缝III上端偏向溶洞方向，沟通④号溶洞，下端向最大应力方向 z 转向，到达⑥号、⑦号溶洞之间区域。

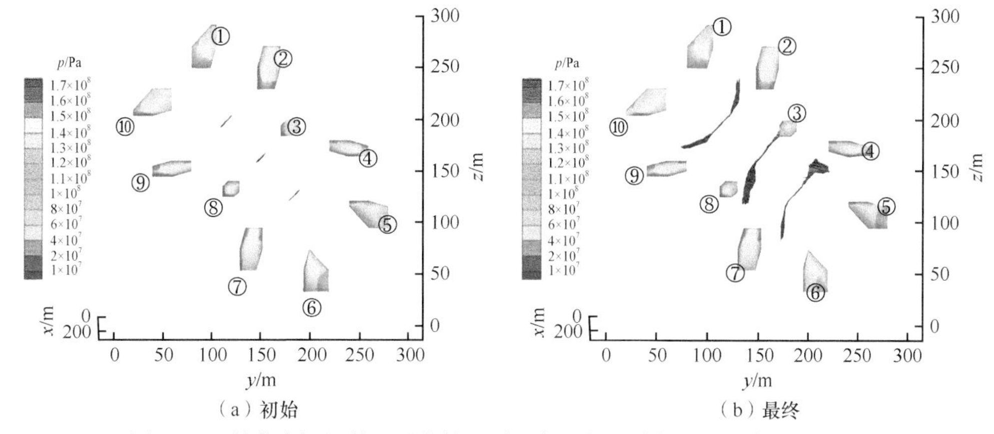

图 6.2.4　斜井多洞沿井眼展布的压裂压力分布（最大泵注压力 170MPa）

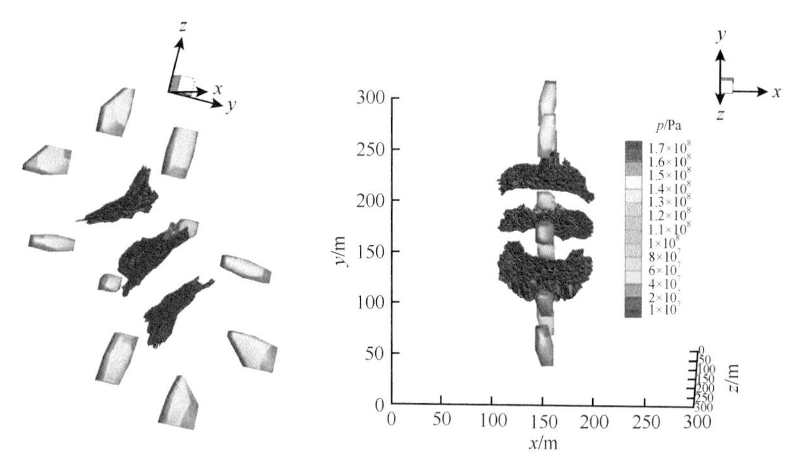

图 6.2.5　斜井多洞沿井眼展布的压裂裂缝扩展（最大泵注压力 170MPa）

（3）压裂过程中泵注压力最大为 200MPa，模拟计算的压力分布及裂缝扩展如图 6.2.6 和图 6.2.7 所示。裂缝 I 上端向最大应力方向 z 偏转，相对泵注压力较低情况[图 6.2.6（a）、（b）]，该偏转幅度较小，扩展至①号、②号溶洞之间的区域，下端向溶洞方向偏转，扩

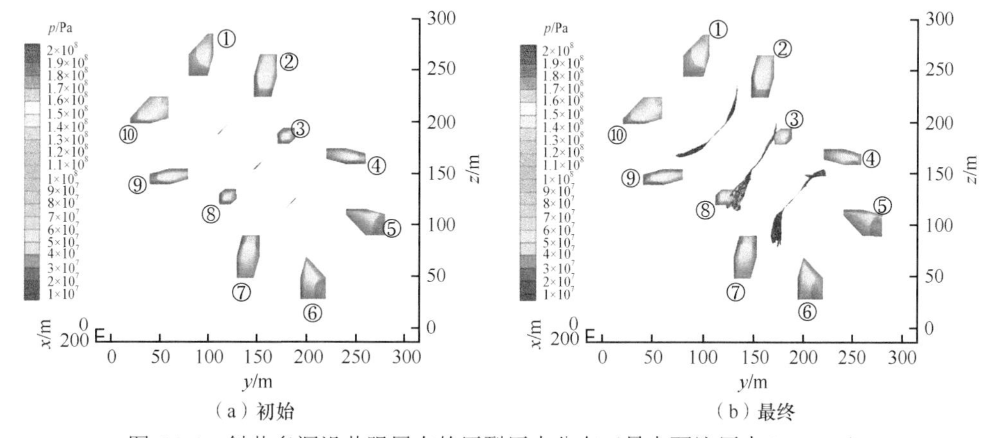

图 6.2.6　斜井多洞沿井眼展布的压裂压力分布（最大泵注压力 200MPa）

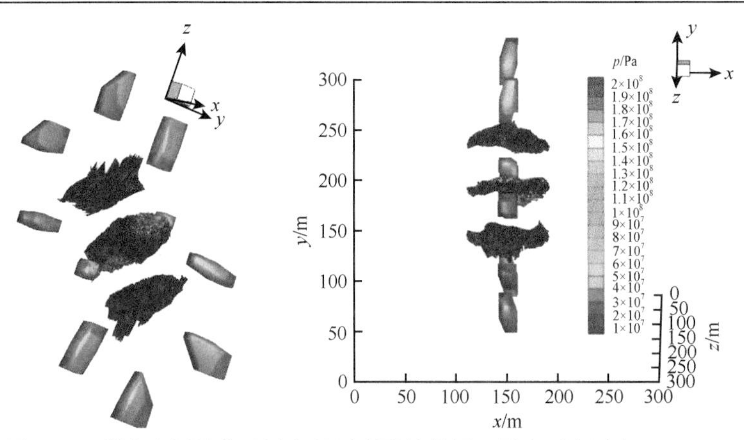

图 6.2.7　斜井多洞沿井眼展布的压裂裂缝扩展（最大泵注压力 200MPa）

展至⑨号、⑩号溶洞之间的区域；裂缝Ⅱ沿初始压裂缝方向扩展，沟通③号和⑧号溶洞；裂缝Ⅲ上端偏向 y 方向扩展，沟通④号溶洞，下端向最大应力方向 z 转向，到达⑥号、⑦号溶洞之间区域。

不同泵注压力情况下的Ⅰ、Ⅲ号裂缝的扩展形态类似，Ⅰ号裂缝上端、Ⅲ号裂缝下端明显偏向最大应力方向（z 方向），Ⅱ号裂缝受泵注压力影响明显，在图 6.2.2（b）的算例和图 6.2.4（b）的算例中沿初始起裂方向扩展，较好地沟通与其在同一方向上的溶洞，图 6.2.6（b）的算例中Ⅱ号裂缝上端沿初始起裂方向扩展，下端偏向最大应力方向。

6.2.2　斜井多洞纵向展布

模型尺寸为 300m×300m×300m，井眼与 xy 面呈 45°夹角，位于 yz 平面上。在 yz 平面上沿井周分布 10 个溶洞，溶洞中心坐标分别为（150，180，260）、（150，165，220）、（150，180，180）、（150，225，140）、（150，180，70）、（150，120，40）、（150，135，80）、（150，120，120）、（150，175，160）、（150，120，230），最小半径为 6m，预置初始压裂缝半长为 6m，中间水力裂缝中心坐标为（150，150，150），裂缝间距为 50m，与溶洞处于同一平面上。岩石密度为 2.64×10^3kg/m^3、弹性模量为 40GPa、泊松比为 0.2，溶洞填充材料泊松比为 0.25。分析沿井眼轨迹方向井周纵向多溶洞的压裂沟通问题，模型及网格划分如图 6.2.8 所示。

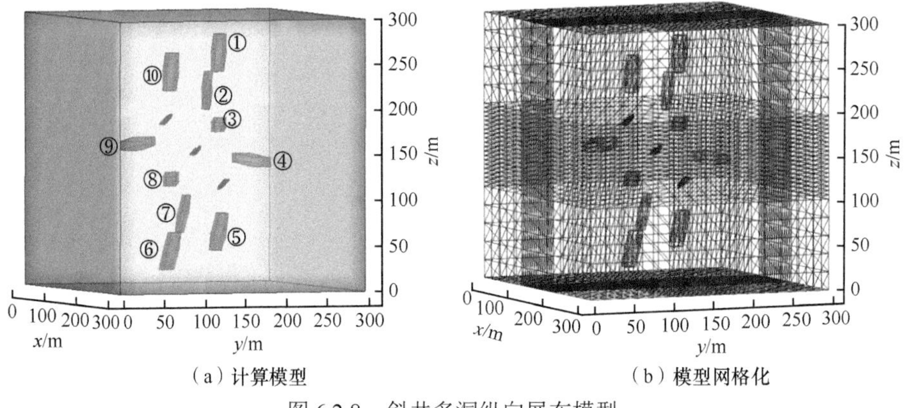

（a）计算模型　　（b）模型网格化

图 6.2.8　斜井多洞纵向展布模型

模型中应力条件设置为 x 方向地应力 140MPa，y 方向地应力 120MPa，z 方向地应力 170MPa，溶洞内流体压力 75MPa。为分析泵注压力的影响，设置三组模型。

（1）压裂过程中泵注压力由 75MPa 上升到 140MPa，模拟计算的压力分布及裂缝扩展如图 6.2.9 所示。裂缝 I 上端向最大应力方向 z 偏转，沟通⑩号溶洞，下端初始压裂缝方向扩展，沟通⑨号溶洞；裂缝 II 沿初始压裂缝方向扩展，沟通③号和⑧号溶洞；裂缝III上端沿初始压裂缝方向扩展，沟通④号溶洞，下端向最大应力方向 Z 转向，到达⑤号、⑥号溶洞之间区域。

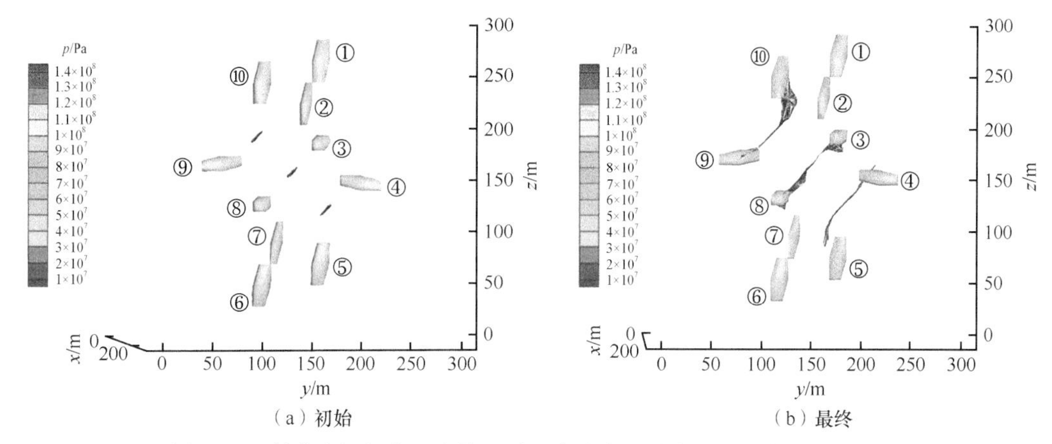

图 6.2.9　斜井多洞纵向展布的压裂压力分布（最大泵注压力 140MPa）

（2）压裂过程中泵注压力由 75MPa 上升到 170MPa，模拟计算的压力分布及裂缝扩展如图 6.2.10 所示。裂缝 I 上端向最大应力方向 z 偏转，沟通⑩号溶洞，下端偏向溶洞方向扩展，切向沟通⑨号溶洞；裂缝 II 上端向最大应力方向 z 偏转，但偏转幅度较小，到达③号溶洞边缘，切向沟通，下端沿初始压裂缝方向扩展，沟通⑧号溶洞；裂缝III上端沿初始压裂缝方向扩展，沟通④号溶洞，下端向最大应力方向 z 转向，到达⑤、⑥号溶洞之间区域。

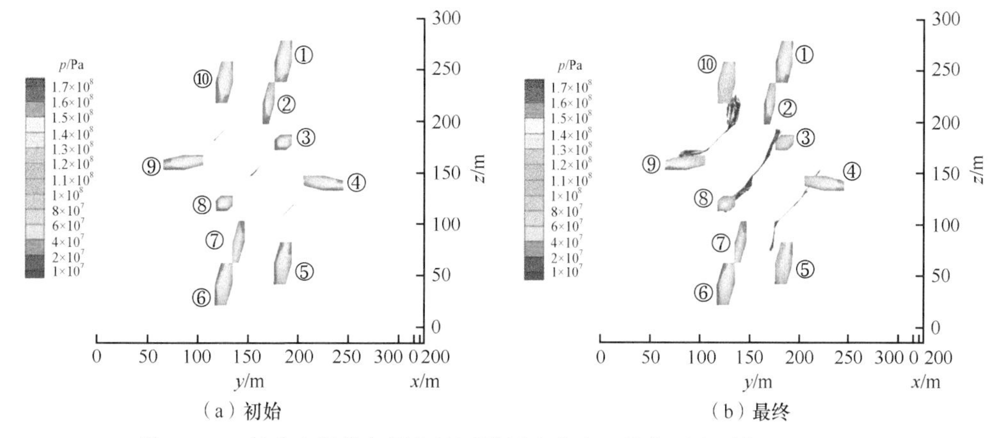

图 6.2.10　斜井多洞纵向展布的压裂压力分布（最大泵注压力 170MPa）

（3）压裂过程中泵注压力最大为200MPa，模拟计算的压力分布及裂缝扩展如图6.2.11所示。裂缝Ⅰ上端向最大应力方向 z 偏转，相对泵注压力较低情况[图6.2.11（a）、（b）]，未能沟通⑩号溶洞，下端偏向溶洞方向扩展，切向沟通⑨号溶洞；裂缝Ⅱ沿初始压裂缝方向扩展，沟通③号、⑧号溶洞；裂缝Ⅲ上端沿初始压裂缝方向扩展，沟通④号溶洞，下端向最大应力方向 z 转向，到达⑤、⑥号溶洞之间区域。

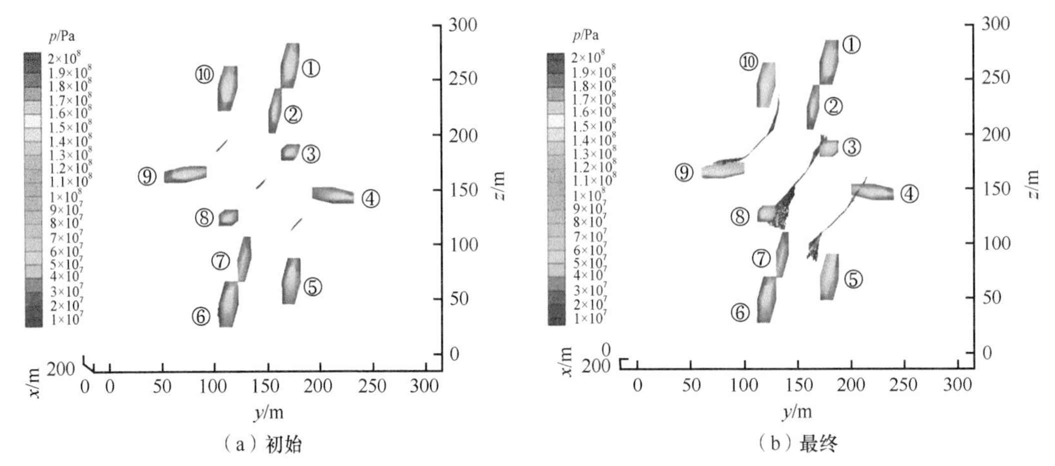

（a）初始　　（b）最终

图6.2.11　斜井多洞纵向展布的压裂压力分布（最大泵注压力200MPa）

结果表明，不同泵注压力下Ⅱ号裂缝扩展形态类似，沿初始起裂方向扩展，沟通与其在同一方向上的溶洞，Ⅰ号裂缝上端与Ⅲ号裂缝下端偏向最大应力方向（z 方向），Ⅲ号裂缝的上端沿初始起裂方向扩展沟通④号溶洞。

6.2.3　斜井多洞立体展布

模型尺寸为300m×300m×300m，井眼与 xy 面呈45°夹角。沿井周分布24个溶洞，溶洞中心坐标分别为（150，150，180）、（128.8，150，171.2）、（110，150，150）、（128.8，150，128.8）、（150，150，120）、（171.2，150，128.8）、（190，150，150）、（171.2，150，171.2）、（150，150，210）、（107.6，150，192.4）、（70，150，150）、（107.6，150，107.6）、（150，150，90）、（192.4，150，107.6）、（230，150，150）、（192.4，150，192.4）、（150，150，260）、（72.3，150，227.7）、（20，150，150）、（72.3，150，72.3）、（150，150，40）、（227.7，150，72.3）、（280，150，150）、（227.7，150，227.7），最小半径为6m，预置初始压裂缝半长为6m，中间水力裂缝中心坐标为（150，150，150），裂缝间距为50m。岩石密度为 2.64×10^3kg/m^3、弹性模量为40GPa、泊松比为0.2，溶洞填充材料泊松比为0.25。分析斜井井周不同方位、不同距离多溶洞的压裂沟通问题，模型及网格划分如图6.2.12所示。

模型中应力条件设置为 x 方向地应力140MPa，y 方向地应力120MPa，z 方向地应力170MPa，溶洞内流体压力75MPa。为分析泵注压力的影响，设置三组模型。

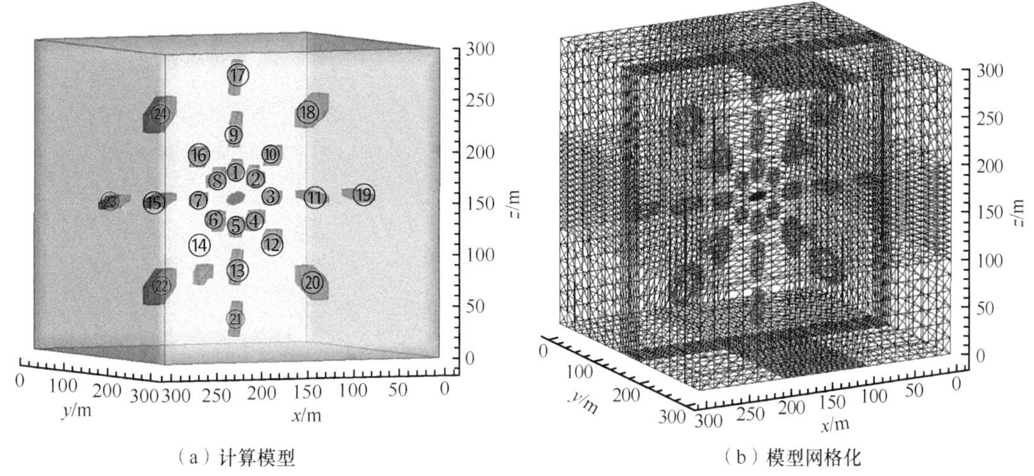

（a）计算模型　（b）模型网格化

图 6.2.12　斜井多洞立体展布模型

（1）压裂过程中泵注压力由 75MPa 上升到 140MPa，模拟计算的压力分布及裂缝扩展如图 6.2.13 和图 6.2.14 所示。在地应力及泵注压力的作用下，裂缝向四周扩展，沟通②～④、⑥～⑧号溶洞。

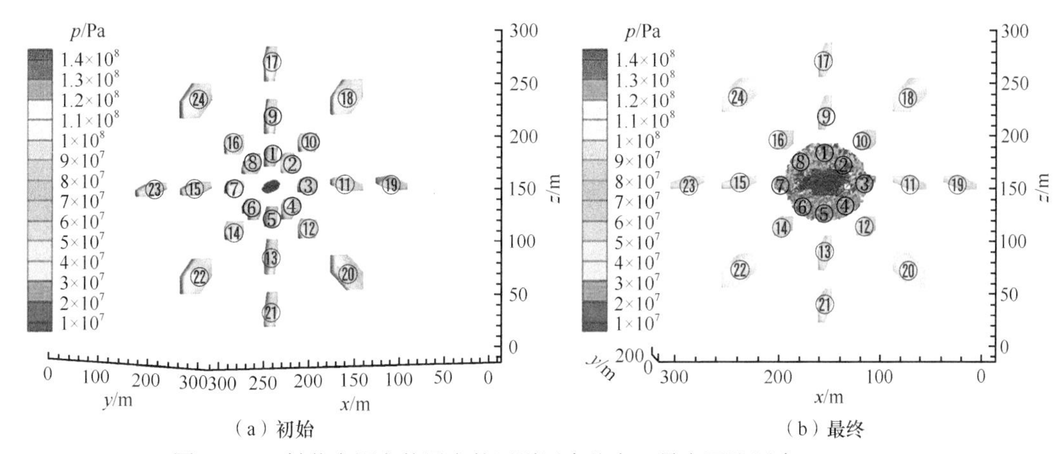

（a）初始　（b）最终

图 6.2.13　斜井多洞立体展布的压裂压力分布（最大泵注压力 140MPa）

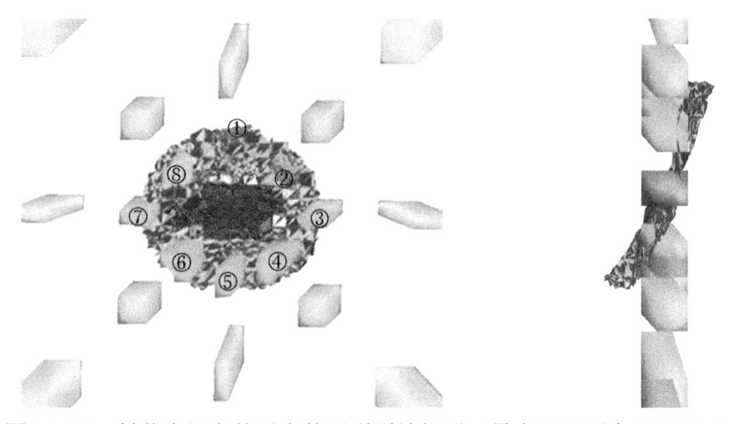

图 6.2.14　斜井多洞立体展布的压裂裂缝扩展（最大泵注压力 140MPa）

（2）压裂过程中泵注压力由 75MPa 上升到 170MPa，模拟计算的压力分布及裂缝扩展如图 6.2.15 和图 6.2.16 所示。在地应力及泵注压力作用下，裂缝向四周扩展，相比于算例（a）[图 6.2.13（b）]，算例（b）[图 6.2.15（b）]中裂缝倾向于沿初始起裂方向扩展，沟通②～④号、⑥～⑧号溶洞。

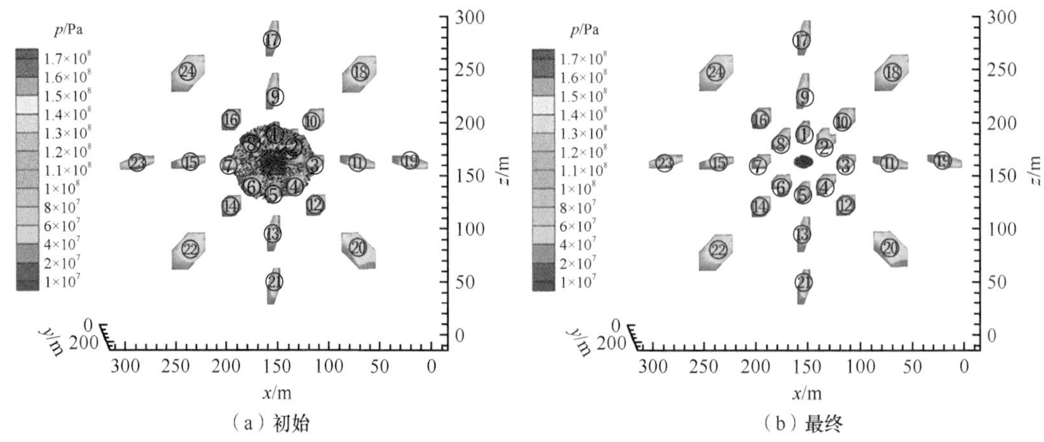

（a）初始　　（b）最终

图 6.2.15 斜井多洞立体展布的压裂压力分布（最大泵注压力 170MPa）

图 6.2.16 斜井多洞立体展布的压裂裂缝扩展（最大泵注压力 170MPa）

（3）压裂过程中泵注压力最大为 200MPa，模拟计算的压力分布及裂缝扩展如图 6.2.17

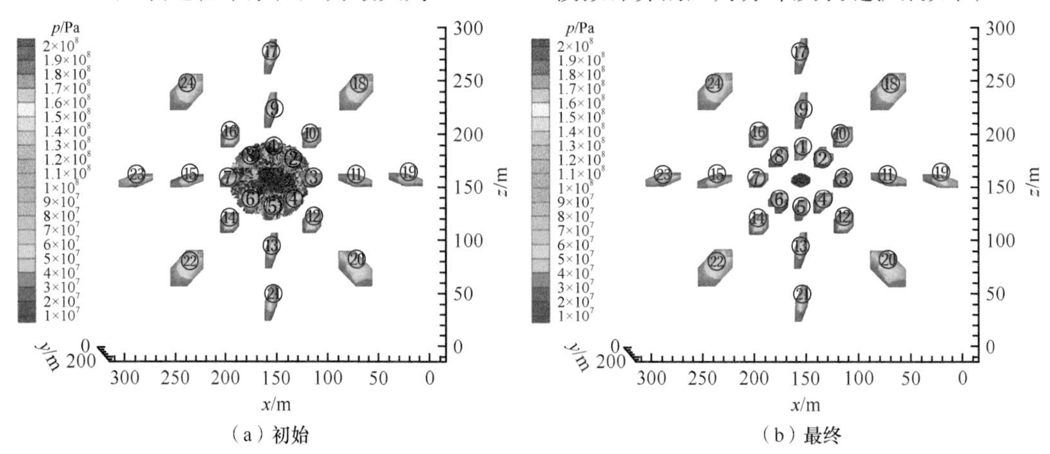

（a）初始　　（b）最终

图 6.2.17 斜井多洞立体展布的压裂压力分布（最大泵注压力 200MPa）

和图 6.2.18 所示。在地应力及泵注压力作用下，裂缝向四周扩展，裂缝形态同图 6.2.17（a）、（b）类似，沟通②～④号、⑥～⑧号溶洞。

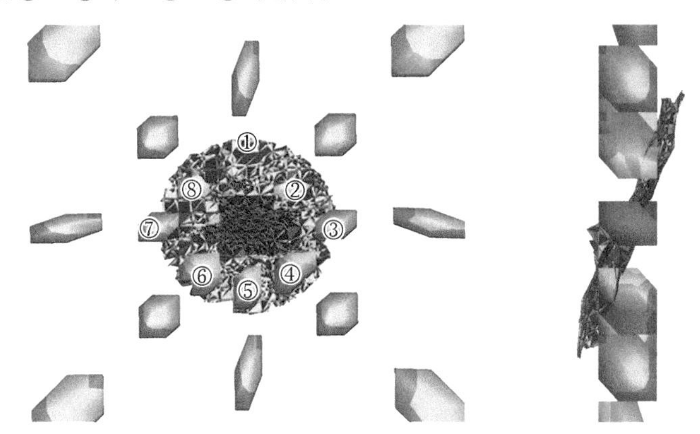

图 6.2.18　斜井多洞立体展布的压裂裂缝扩展（最大泵注压力 200MPa）

结果表明，基于地应力与泵注压力的作用，裂缝起裂后向外扩展，随着泵注压力的增加，裂缝倾向于沿初始压裂缝方向扩展，沟通②～④号、⑥～⑧号溶洞。

6.3　水平井缝洞体沟通

6.3.1　水平井多洞横向展布

模型尺寸为 300m×300m×300m，井眼沿 y 轴方向，垂直于 xz 平面。xy 平面内包含 12 个横向展布的溶洞，溶洞中心坐标分别为（100，100，150）、（200，100，150）、（30，100，150）、（270，100，150）、（120，150，150）、（180，150，150）、（50，150，150）、（250，150，150）、（100，200，150）、（200，200，150）、（30，200，150）、（270，200，150），溶洞与井眼的距离为 30～120m，溶洞半径均为 6m，预置初始压裂缝半长为 6m，与溶洞处于同一平面上，岩石密度为 2.64×10^3kg/m^3、弹性模量为 40GPa、泊松比为 0.2，溶洞填充材料泊松比为 0.25。分析沿井眼轨迹方向井周多溶洞的压裂沟通问题，模型及网格划分如图 6.3.1 所示。

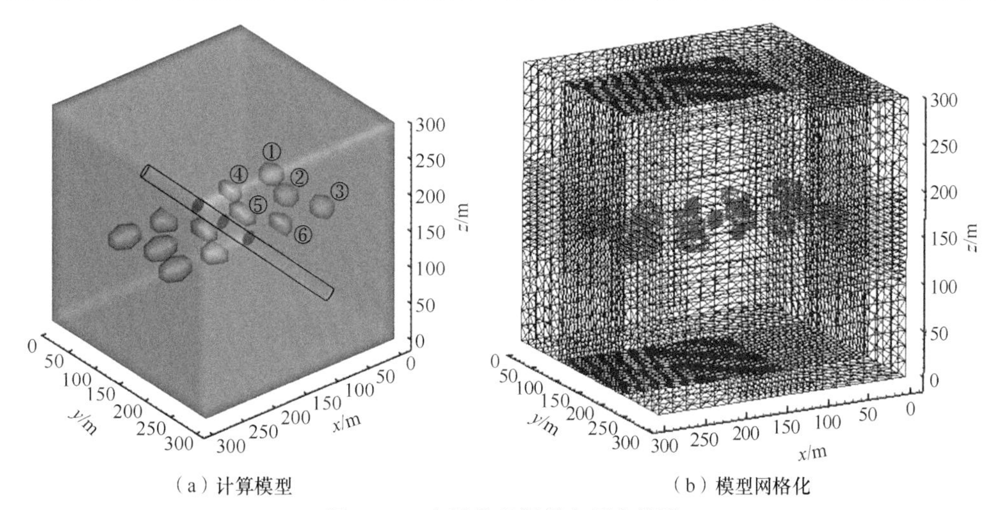

（a）计算模型　　（b）模型网格化

图 6.3.1　水平井多洞横向展布模型

模型中应力条件设置为 x 方向地应力 140MPa，y 方向地应力 120MPa，z 方向地应力 170MPa，溶洞内流体压力为 75MPa。为分析泵注压力的影响，设置三组模型。

（1）压裂过程中泵注压力由 75MPa 上升到 140MPa，模拟计算的压力分布及裂缝扩展如图 6.3.2 和图 6.3.3 所示。水力裂缝在压力作用下沿 xz 面扩展，形成沿 xz 面的纵向裂缝面，受水平地应力影响，裂缝发生偏转，沟通④～⑥号溶洞及与其对应的三个溶洞，后产生大角度转向，沿 z 方向扩展。

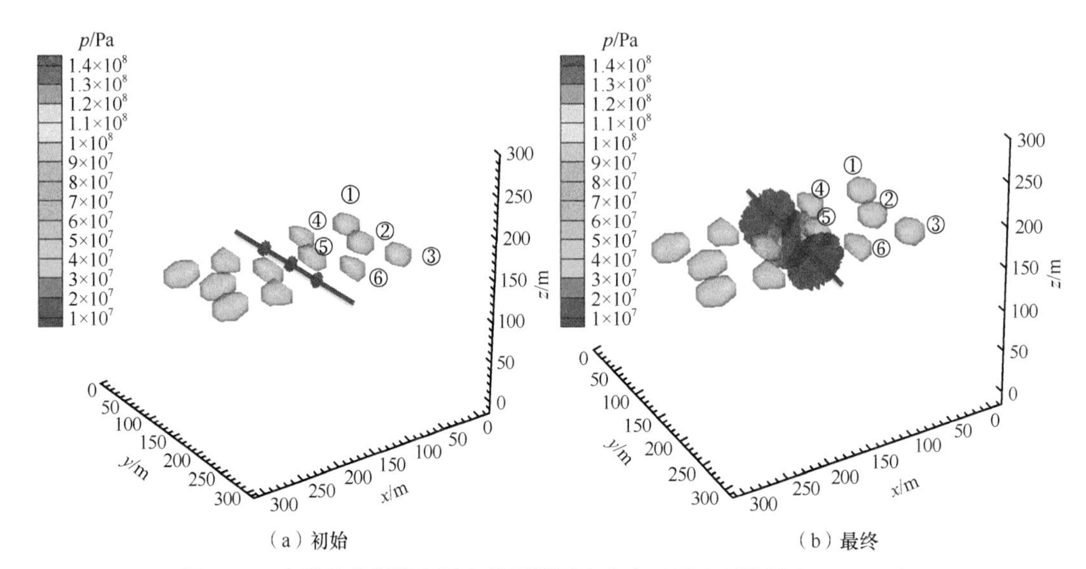

（a）初始　　（b）最终

图 6.3.2　水平井多洞横向展布的压裂压力分布（最大泵注压力 140MPa）

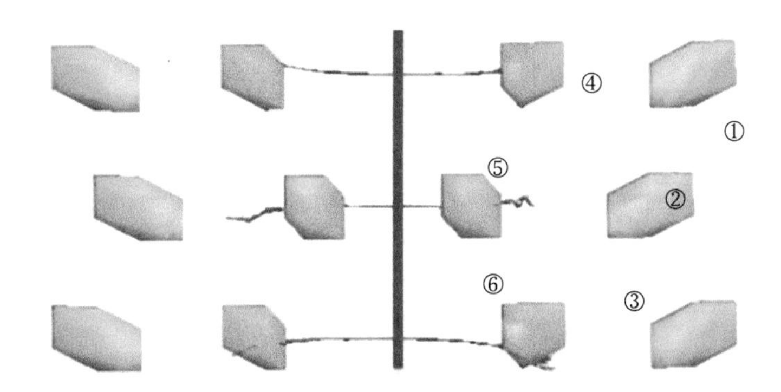

图 6.3.3　水平井多洞横向展布的压裂裂缝扩展（最大泵注压力 140MPa）

（2）压裂过程中泵注压力由 75MPa 上升到 170MPa，模拟计算的压力分布及裂缝扩展如图 6.3.4 和图 6.3.5 所示。水力裂缝在压力作用下沿 xz 面扩展，增大注入压力，裂缝在 xy 面上的偏转程度减小，扩展轨迹近于平行于 xz 面，沟通④～⑥号溶洞及与其对应的三个溶洞，后沿 z 方向转向扩展的幅度减小。

（3）压裂过程中泵注压力最大为 200MPa，模拟计算的压力分布及裂缝扩展如图 6.3.6 和图 6.3.7 所示。水力裂缝在高压作用下沿 xz 面初始起裂方向扩展，裂缝在 xy 面上的偏转程度及沿 z 方向的扩展转向角度进一步减小，裂缝扩展轨迹平行于 x 轴。

结果表明，裂缝在压力作用下沿 yz 面纵向扩展，水平方向上在 xy 面上有偏转，沟通④～⑥号溶洞及与其对应的三个溶洞。在原场地应力条件不变的情况下，随着泵注压力的增加，最大应力方向（z 方向）对裂缝扩展轨迹的影响逐渐减小，裂缝倾向于沿初始起裂方向延伸，形成平行于 x 轴的平面缝。

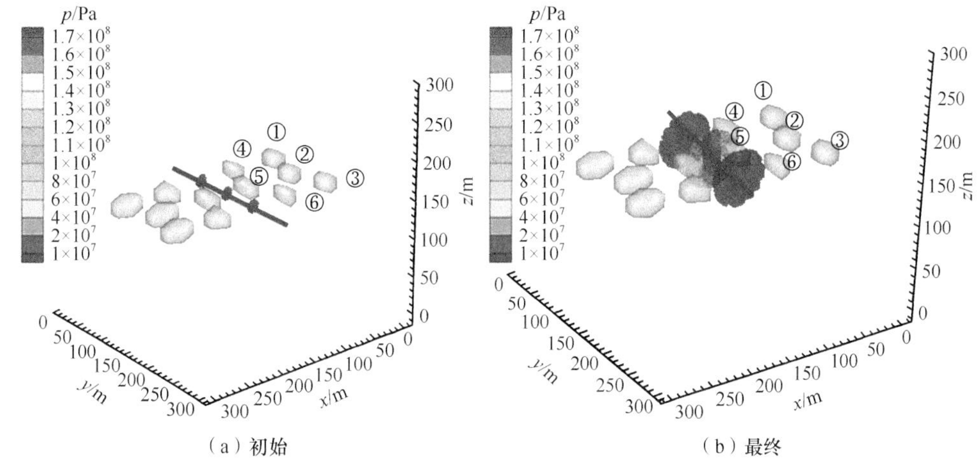

（a）初始　（b）最终

图 6.3.4　水平井多洞横向展布的压裂压力分布（最大泵注压力 170MPa）

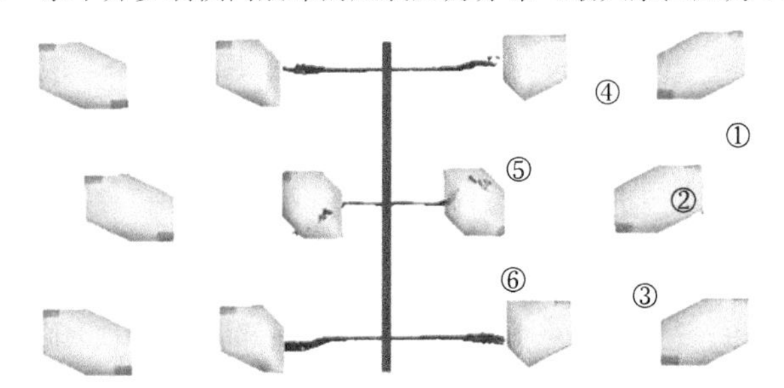

图 6.3.5　水平井多洞横向展布的压裂裂缝扩展（最大泵注压力 170MPa）

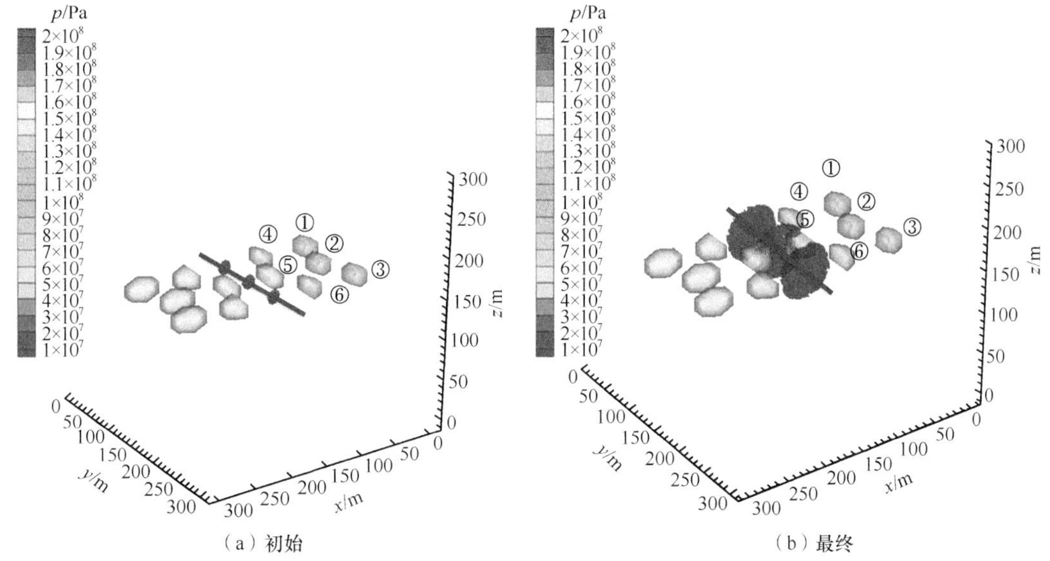

（a）初始　（b）最终

图 6.3.6　水平井多洞横向展布的压裂压力分布（最大泵注压力 200MPa）

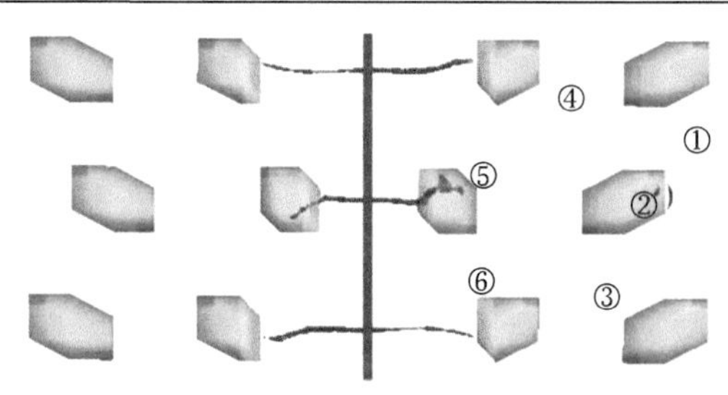

图 6.3.7　水平井多洞横向展布的压裂裂缝扩展（最大泵注压力 200MPa）

6.3.2　水平井多洞纵向展布

模型尺寸为 300m×300m×300m，井眼沿 y 轴方向，垂直于 xz 平面。xz 平面内包含 12 个纵向展布的溶洞，溶洞中心坐标分别为（150，100，100）、（150，100，200）、（150，100，30）、（150，100，270）、（150，200，100）、（150，200，200）、（150，200，30）、（150，200，270）、（150，150，120）、（150，150，180）、（150，150，50）、（150，150，250），溶洞与井眼的距离为 30～120m，溶洞半径均为 6m，预置初始压裂缝半长为 6m，与溶洞处于同一平面上，岩石密度为 2.64×10^3kg/m^3、弹性模量为 40GPa、泊松比为 0.2，溶洞填充材料泊松比为 0.25。分析沿井眼轨迹方向井周纵向多溶洞的压裂沟通问题，模型及网格划分如图 6.3.8 所示。

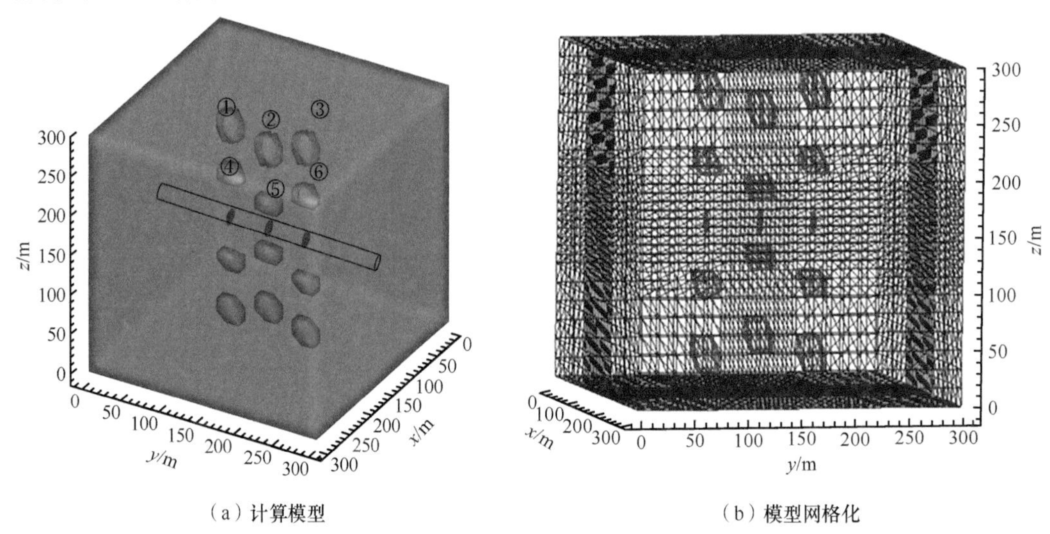

图 6.3.8　水平井多洞纵向展布模型

模型中应力条件设置为 x 方向地应力 140MPa，y 方向地应力 120MPa，z 方向地应力 170MPa，溶洞内流体压力为 75MPa。为分析泵注压力的影响，设置三组模型。

（1）压裂过程中泵注压力由 75MPa 上升到 140MPa，模拟计算的压力分布及裂缝扩展如图 6.3.9 和图 6.3.10 所示。水力裂缝在压力作用下沿 xz 平面扩展，受水平地应力的影响，裂缝有 yz 面上发生偏转，沟通④～⑥号溶洞及与其对应的三个溶洞。由于注入压力较小，裂缝向 y 方向的偏转效应较为明显。

（2）压裂过程中泵注压力由 75MPa 上升到 170MPa，模拟计算的压力分布及裂缝扩展如图 6.3.11 和图 6.3.12 所示。水力裂缝在压力作用下沿 xz 平面扩展，注入压力增大，裂缝向 y 轴的偏转角度减小，形成偏转弧度极小的曲面缝。

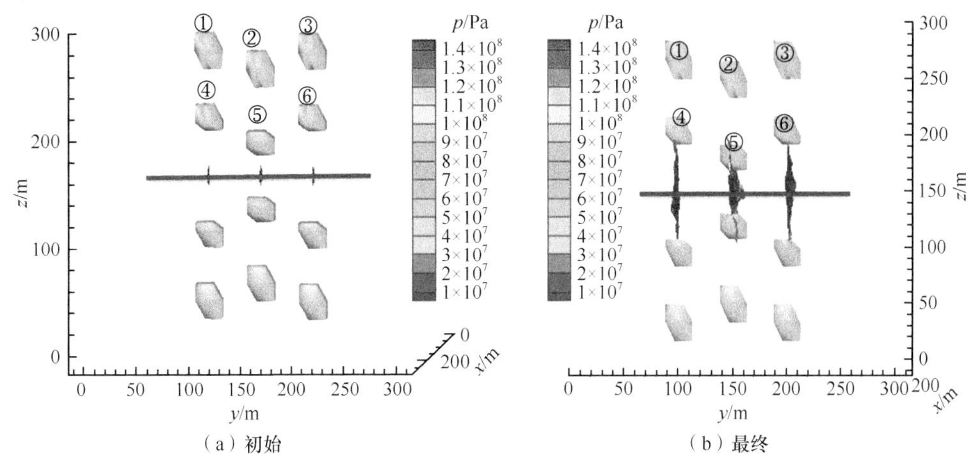

（a）初始　　　　（b）最终

图 6.3.9　水平井多洞纵向展布的压裂压力分布（最大泵注压力 140MPa）

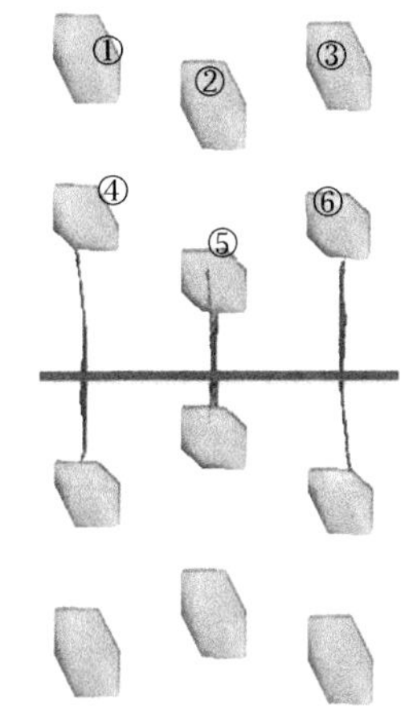

图 6.3.10　水平井多洞横向展布的压裂裂缝扩展（最大泵注压力 140MPa）

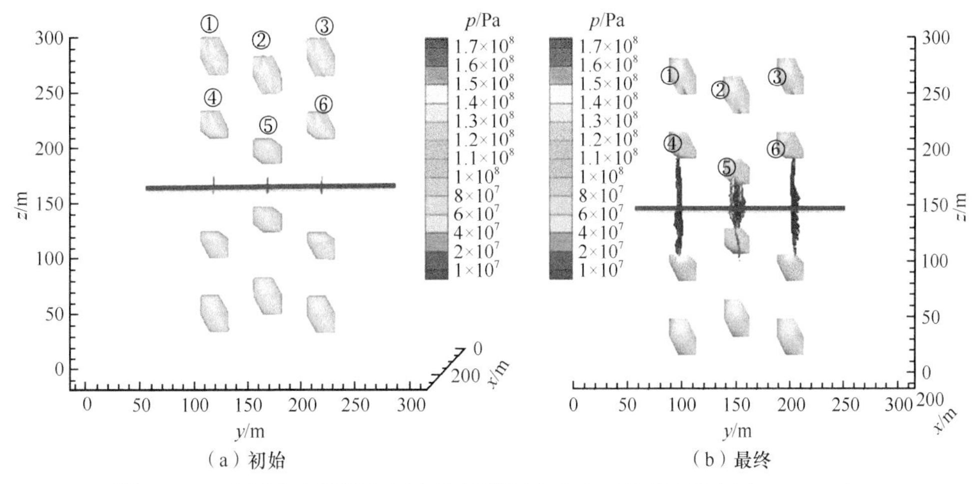

（a）初始　　　　（b）最终

图 6.3.11　水平井多洞纵向展布的压裂压力分布（最大泵注压力 170MPa）

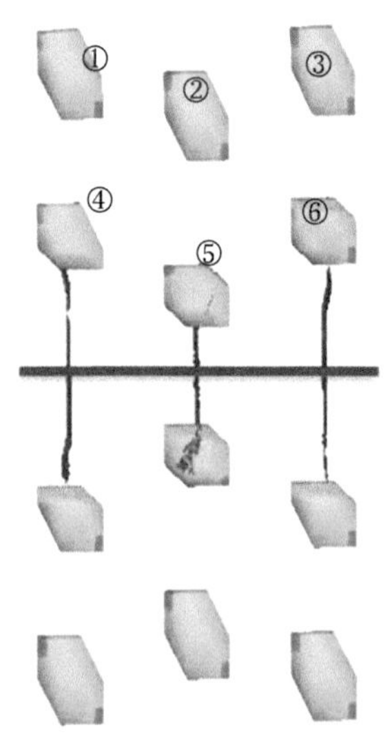

图 6.3.12　水平井多洞横向展布的压裂裂缝扩展（最大泵注压力 170MPa）

（3）压裂过程中泵注压力最大为 200MPa，模拟计算的压力分布及裂缝扩展如图 6.3.13 和图 6.3.14 所示。高压作用下，水平地应力的影响进一步减小，y 轴方向几乎没有偏转，形成平行于 z 轴的纵向裂缝面，沟通④～⑥号溶洞及与其对应的三个溶洞。

结果表明，裂缝在压力作用下沿 xz 面纵向扩展，受水平地应力的影响，水平方向上呈现沿 y 方向偏转的趋势，沟通④～⑥号溶洞及与其对应的三个溶洞。另外，水平地应力（y 方向）对裂缝扩展轨迹的影响逐渐减小，随着泵注压力增加，裂缝更倾向于沿初始起裂方向延伸，裂缝均近于纵向扩展。

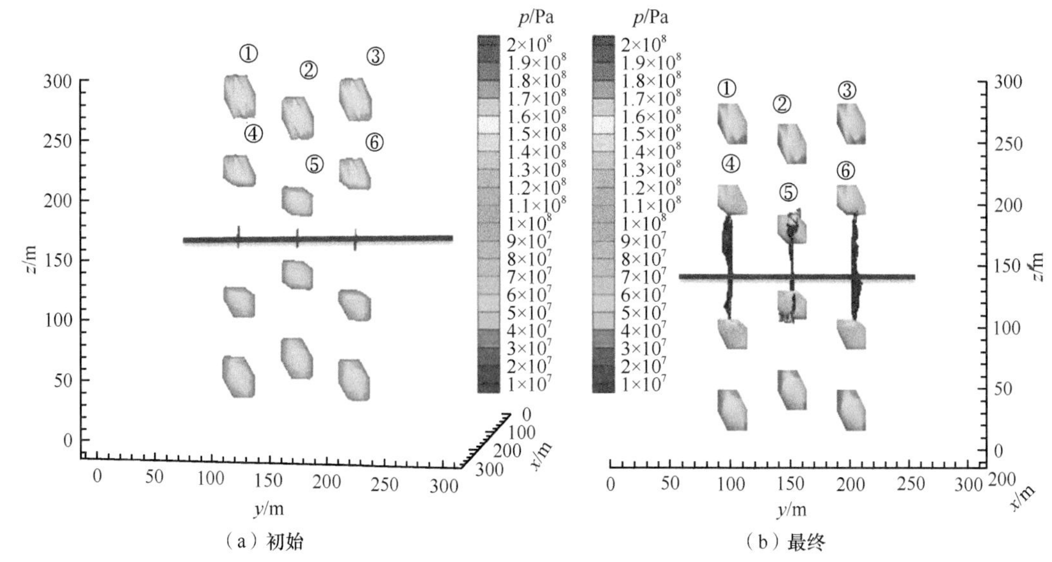

（a）初始　　（b）最终

图 6.3.13　水平井多洞纵向展布的压裂压力分布（最大泵注压力 200MPa）

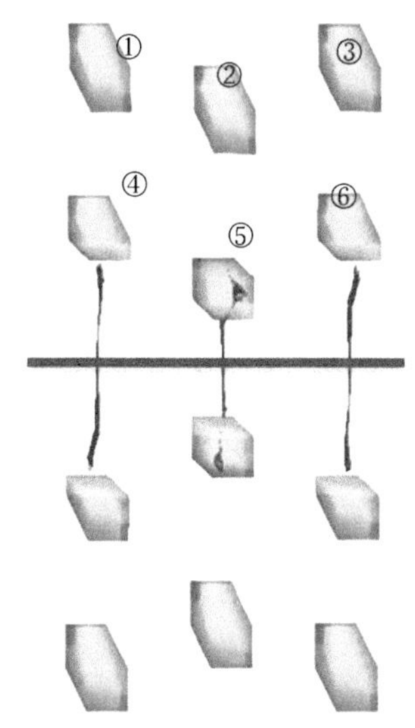

图 6.3.14　水平井多洞横向展布的压裂裂缝扩展（最大泵注压力 200MPa）

6.3.3　水平井多洞立体展布

模型尺寸为 300m×300m×300m，井眼沿 y 轴方向，垂直于 xz 平面。沿井周在立体空间上分布 24 个溶洞，溶洞中心坐标分别为（150，150，180）、（128.8，150，171.2）、（110，150，150）、（128.8，150，128.8）、（150，150，120）、（171.2，150，128.8）、（190，150，150）、（171.2，150，171.2）、（150，150，210）、（107.6，150，192.4）、（70，150，150）、（107.6，150，107.6）、（150，150，90）、（192.4，150，107.6）、（230，150，150）、（192.4，150，192.4）、（150，150，260）、（72.3，150，227.7）、（20，150，150）、（72.3，150，72.3）、（150，150，40）、（227.7，150，72.3）、（280，150，150）、（227.7，150，227.7），溶洞半径均为 6m，预置初始压裂缝半长为 6m，岩石密度为 2.64×10^3kg/m^3，弹性模量为 40GPa，泊松比为 0.2，溶洞填充材料泊松比为 0.25。分析井周不同方位、不同距离多溶洞的压裂沟通问题，模型及网格划分如图 6.3.15 所示。

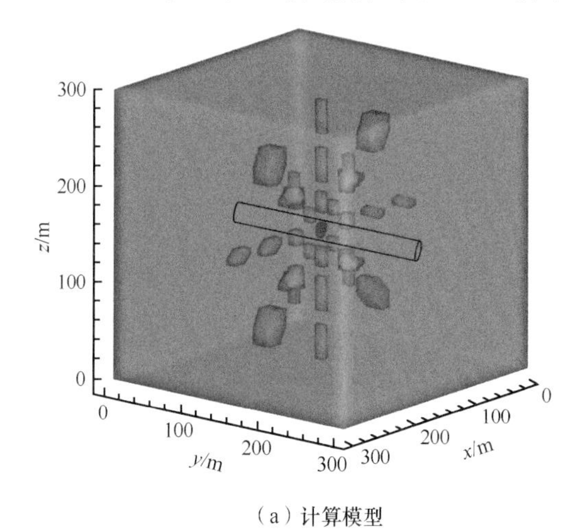

（a）计算模型

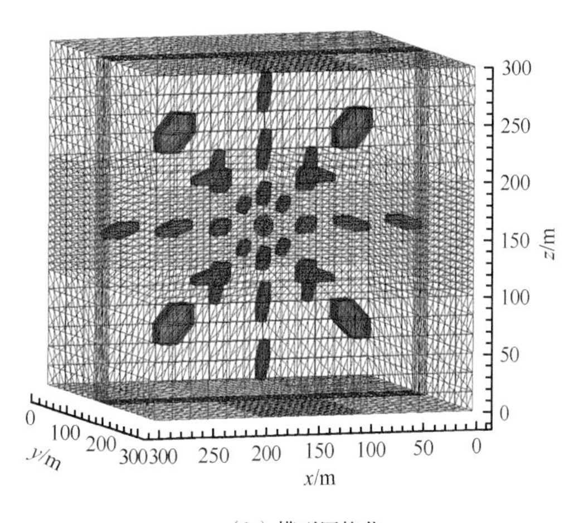

（b）模型网格化

图 6.3.15　水平井多洞立体展布模型

模型中应力条件设置为 x 方向地应力 140MPa，y 方向地应力 120MPa，z 方向地应力 170MPa，溶洞内流体压力为 75MPa。为分析泵注压力的影响，设置三组模型。

（1）压裂过程中泵注压力由 75MPa 上升到 140MPa，模拟计算的压力分布及裂缝扩展如图 6.3.16 和图 6.3.17 所示。水力裂缝在压力作用下沿 xz 平面扩展，受水平地应力的影响，裂缝沿 y 轴方向偏转，且偏转幅度较大，非平面裂缝沟通①号、②号、⑧号溶洞及④号、⑤号、⑥号溶洞。

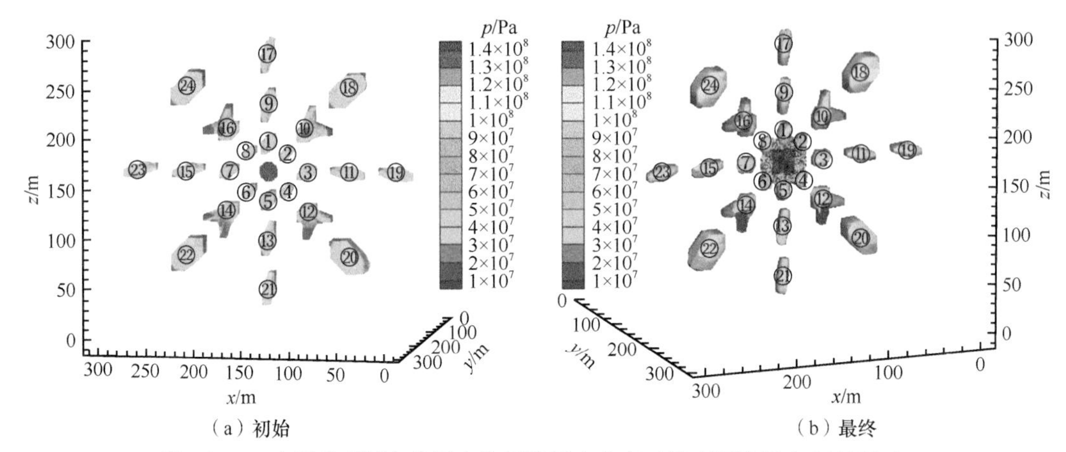

（a）初始　　（b）最终

图 6.3.16　水平井多洞立体展布的压裂压力分布（最大泵注压力 140MPa）

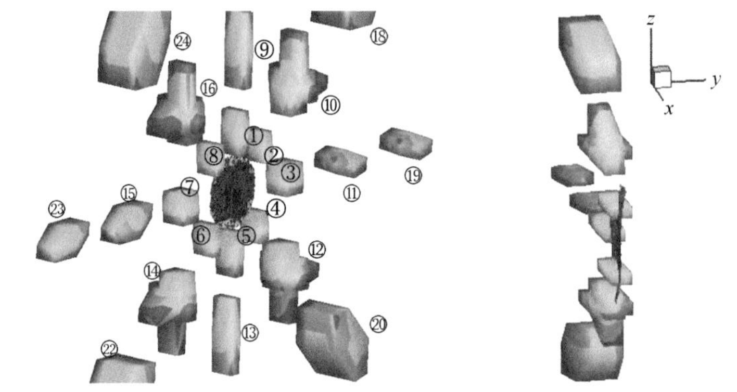

图 6.3.17　水平井多洞立体展布的压裂裂缝扩展（最大泵注压力 140MPa）

（2）压裂过程中泵注压力由 75MPa 上升到 170MPa，模拟计算的压力分布及裂缝扩展如图 6.3.18 和图 6.3.19 所示。水力裂缝在压力作用下沿 xz 平面扩展，由于注入压力的增大，水平地应力对裂缝扩展的影响降低，裂缝向 y 轴的偏转角度减小，沟通①号、②号、⑧号溶洞及④号、⑤号、⑥号溶洞。

（3）压裂过程中泵注压力最大为 200MPa，模拟计算的压力分布及裂缝扩展如图 6.3.20 和图 6.3.21 所示。高压作用下，裂缝在 y 轴方向几乎没有偏转，裂缝先沿 z 方向扩展沟通④～⑥号溶洞及其对应的溶洞，后沿 x 方向扩展沟通③、⑦号溶洞。可知，裂缝仅沿初始起裂方向即 xz 面方向扩展，形成平行于 xz 平面的纵向裂缝面，沟通①～⑧号溶洞。

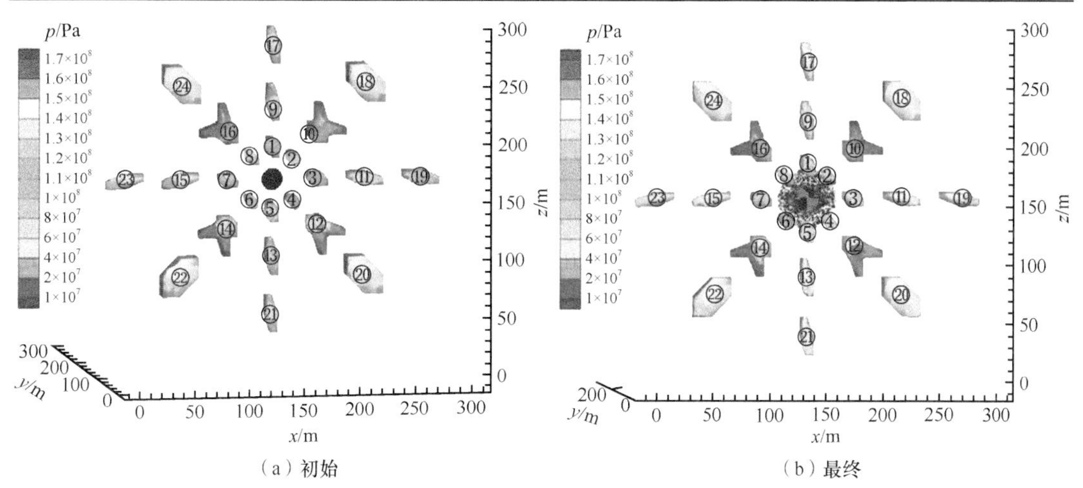

图 6.3.18　水平井多洞立体展布的压裂压力分布（最大泵注压力 170MPa）

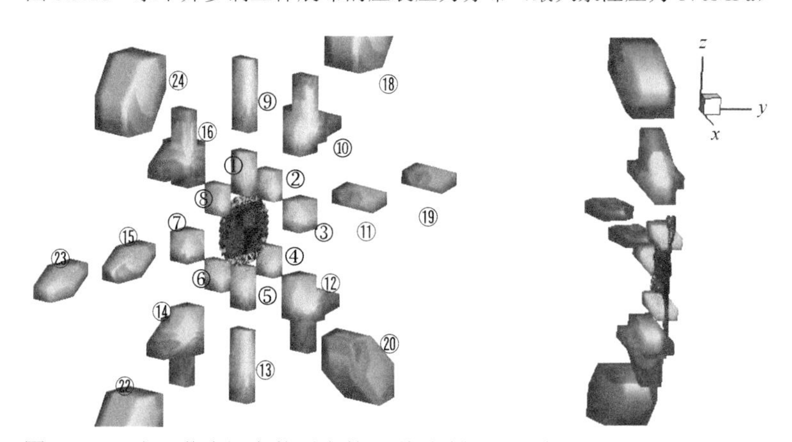

图 6.3.19　水平井多洞立体展布的压裂裂缝扩展（最大泵注压力 170MPa）

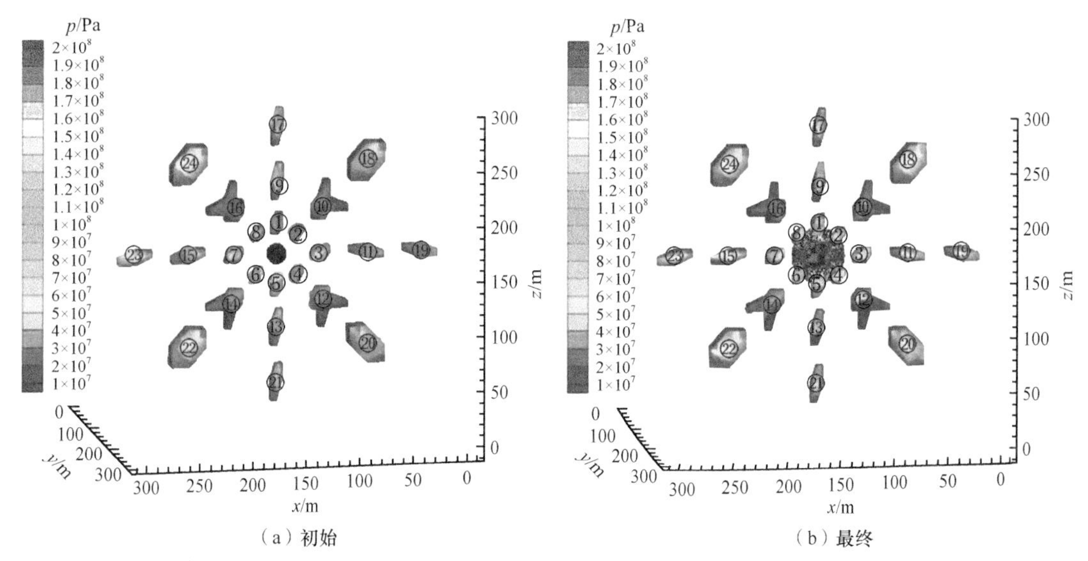

图 6.3.20　水平井多洞立体展布的压裂压力分布（最大泵注压力 200MPa）

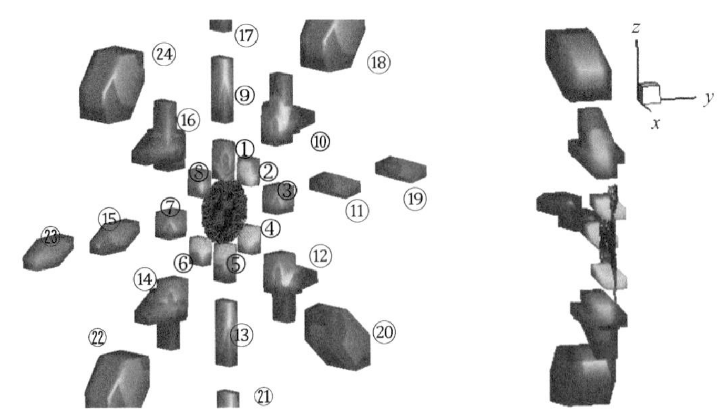

图 6.3.21　水平井多洞立体展布的压裂裂缝扩展（最大泵注压力 200MPa）

结果表明，裂缝在压力作用下沿初始 xz 面纵向扩展，受水平地应力的影响，水平方向上呈现沿 y 方向偏转的趋势，以非平面缝沟通溶洞。随着泵注压力增加，水平地应力（y 方向）对裂缝扩展轨迹的影响逐渐减小，裂缝更倾向于沿初始起裂方向延伸，沿 z 方向沟通纵向溶洞后，沿 x 方向沟通水平方向溶洞，形成平行于 xz 平面的裂缝面。

含天然裂缝的三维多洞沟通模拟结果如图 6.3.22 所示，天然裂缝是实现井周不同方向溶洞沟通的重要因素。

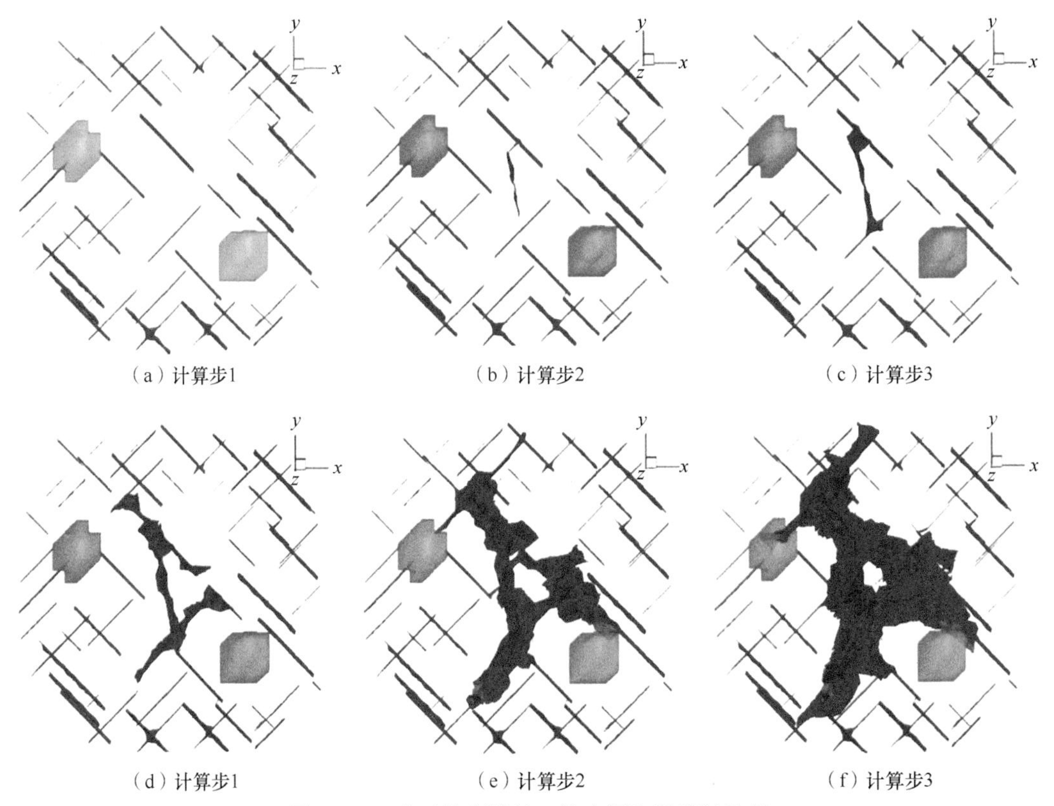

（a）计算步1　（b）计算步2　（c）计算步3

（d）计算步1　（e）计算步2　（f）计算步3

图 6.3.22　含天然裂缝的三维多洞沟通模拟结果

第7章 复杂缝酸压技术

缝洞型碳酸盐岩储层，常规酸压裂缝为双翼线形缝，沿水平最大地应力方向展布，沟通缝洞储集体数量少，沟通率低（约 50%）。在近井缝洞储集体准确方位不确定时，为增大沟通率，扩大沟通方位，沟通缝洞储集体的方式由常规的线性沟通转变为裂缝体系沟通，即采用复杂缝酸压技术。通过泵注渗透能力强的酸液，激活井周及储集区大量分布的天然裂缝，实现井眼与不同方位缝洞储集体的连通，并保持较好的导流能力：①激活井周天然裂缝为井周不同方向主裂缝的起裂和扩展创造条件；②激活储集区的天然裂缝为实现人工主裂缝与储集区内的溶洞相连，增大井-洞沟通概率。

7.1 复合渗透酸

酸压裂缝的有效形态和导流能力是影响酸压效果的两个主要因素。对深层高温碳酸盐岩储层进行酸压存在以下技术难点：①温度高，酸岩反应速度快，不同方向的酸蚀裂缝累计长度有限；②储层天然缝洞发育，滤失量大；③埋藏深、闭合压力高，导致酸压后裂缝易闭合。针对深层高温碳酸盐岩储层，常用的酸液体系有胶凝酸、降滤失酸、泡沫酸和乳化酸，其适应性如表 7.1.1 所示。

表 7.1.1 不同酸液体系适应性对比

特点	胶凝酸	降滤失酸	泡沫酸	乳化酸
适应性	适用于天然裂缝发育，连通性好的储层，以沟通近井地带缝洞体为主	适用于孔渗较好及缝洞发育的储层段	适用于低渗、连通性差的储层，不易引起黏土膨胀	在低渗、低压储层中使用难度大。其特点为油为外相，对水敏性储层的酸压施工较其他酸液体系好
优点	缓速、降滤、增稠后的酸液，压开的裂缝宽度大，有效距离长	黏度高易于造缝，可减缓酸岩反应速度，对裂缝的有效酸蚀距离长，易返排，储层伤害低	密度低，黏度高，滤失低，摩阻小，返排速度快，携带酸不溶物的能力强，缓速效果好	降低酸岩反应速率及施工过程中液体平均滤失量，酸液易进入地层深部，形成不均匀刻蚀的裂缝壁面
缺点	返排困难	黏度高，摩擦阻力大，导致泵注压力高，注入排量受限	用量较大时，需配套的设备多，成本高；泵注压力高，注入排量受限，对设备要求高	摩擦阻力高，注入排量受限，形成稳定结构的乳化液困难，耐高温性差，破乳困难

除上述四种酸液体系外，还有以下几种酸液体系。

（1）转向酸，可均匀改造非均质储层。将黏弹性表面活性剂加入酸液中，增加酸液体系的黏度，使酸液在储层中的流动方向发生改变，达到转向的目的。

（2）自生酸，在地层中发生化学反应后原地生酸。与其他酸液相比，其在地面的酸性较弱，能有效降低管柱腐蚀。自生酸是逐步发生的，酸岩反应速度较慢，不会出现快速失活的现象，适用于高温地层。

（3）固体酸，是一种用于高温深井酸压改造的粉末状酸液体系。将常规酸固化成颗粒，将其输送到裂缝中的预定位置，注入释放液，使固体颗粒释放出酸，实现对裂缝壁面的刻蚀。可缓解常规酸液有效酸蚀距离短的问题，其在释放前呈惰性，便于运输和保存，不会对设备造成腐蚀。

酸压过程中一般会采用大排量提高液体的造缝能力和酸液的酸蚀距离，施工排量大会相应导致液体在管柱内流动的摩擦阻力大、压力高，对压裂管柱的损伤大，安全风险高。因此，需要摩擦阻力小、渗透性能好的酸液体系。同时，对储层深及含水层段，需耐温、抗盐、耐剪切型降阻剂。

7.1.1　稠化剂合成

1. 引发剂含量对聚合物特性黏数的影响

不同引发剂含量条件下合成共聚物配方的参数如表 7.1.2 所示，引发剂含量对聚合物黏数的影响如图 7.1.1 所示。实验结果表明，随引发剂浓度增大，聚合物的特性黏数先增加后减小，最佳加量为 0.3%，此时聚合物的特性黏数最大，聚合物分子量最高，溶液黏度最大。

表 7.1.2　不同引发剂含量条件下合成共聚物配方的参数

固含量（质量分数，下同）/%	反应温度/℃	充氮时间/min	反应时间/h	EDTA 加量（质量分数，下同）/%	尿素加量/%	pH
35	40	60	8	0.50	0.50	7

注：EDTA 为乙二胺四乙酸。

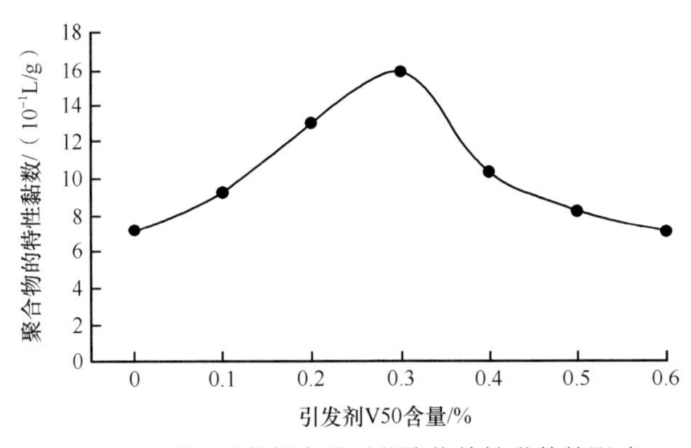

图 7.1.1　不同引发剂含量对共聚物特性黏数的影响

2. 温度对聚合物特性黏数的影响

不同引发温度下合成共聚物配方的参数如表 7.1.3 所示，测出不同温度对聚合物特性黏数的影响，如图 7.1.2 所示。实验结果表明，引发温度低，共聚物难以聚合，温度增加引发速度加快，但随温度进一步增加，特性黏数反而变低，即相对分子量较低。可能原因是，低温下分子活化能低，难以发生聚合或聚合后产率不高；温度过高，引发剂产生较多自由基，致使链转移和链终止反应的概率增大，产物分子量不高。引发温度为 40℃时，聚合物特性黏数最高。

表 7.1.3　不同引发温度下合成共聚物配方的参数

引发剂	V50 占单体质量分数/%	固含量/%	充氮时间/min	反应时间/h	EDTA 加量/%	尿素加量/%	pH
V50	0.3	35	60	8	0.50	0.50	7

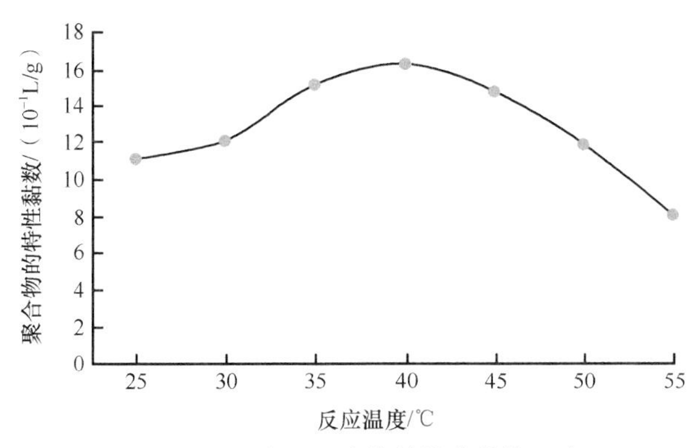

图 7.1.2　温度对共聚物特性黏数的影响

3. 反应时间对聚合物特性黏数的影响

不同反应时间合成共聚物配方的参数如表 7.1.4 所示，实验结果如图 7.1.3 所示。聚合物的特性黏数随反应时间的延长而逐渐上升，到 8h 时聚合物黏度上升缓慢，因此反应时间以 8h 为宜。

表 7.1.4　不同反应时间合成共聚物配方的参数

引发剂	V50 占单体质量分数/%	固含量%	反应温度/℃	充氮时间/min	EDTA 加量/%	尿素加量/%	pH
V50	0.3	35	40	60	0.50	0.50	7

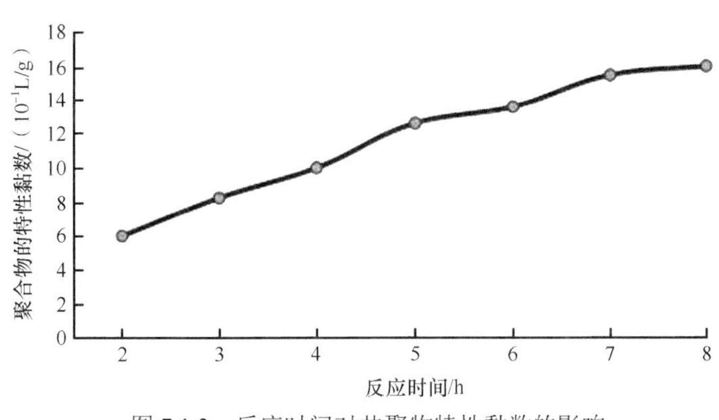

图 7.1.3　反应时间对共聚物特性黏数的影响

4. pH 对聚合物特性黏数的影响

介质 pH 是影响聚合反应条件的重要因素，其对聚合物的反应动力学参数影响较大，同时影响高分子的结构。利用表 7.1.5 所示的配方，测定不同 pH 对聚合物特性黏数的影响如图 7.1.4 所示。

表 7.1.5　不同 pH 合成共聚物配方

引发剂	V50 占单体质量分数/%	固含量%	反应温度/℃	充氮时间/min	反应时间/h	EDTA 加量/%	尿素加量/%
V50	0.3	35	40	60	8	0.50	0.50

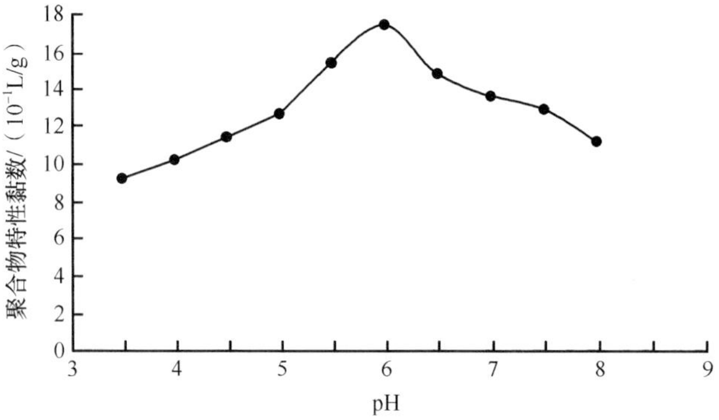

图 7.1.4　pH 对共聚物特性黏数的影响

7.1.2　降阻性能

采用式（7.1.1）计算抗温耐盐基液的降阻率。将清水装入多功能流动回路仪，测定清水通过管路时的稳定压差，后选取剪切速率为 7000～8000s^{-1} 的基液，测定流经内径为 62mm 管路时的稳定压差。

$$\eta = \frac{\Delta p_1 - \Delta p_2}{\Delta p_1} \times 100\% \tag{7.1.1}$$

式中，η 为基液相对于清水的降阻率；Δp_1 为清水流经管路时的稳定压差；Δp_2 为基液流经管路时的稳定压差。

将稠化剂样品编号，即 1～3 号、4 号（0.08%）、5 号（0.05%、0.1%、0.2%）、FY-01（0.1%）和 JQ-01（0.1%），分别进行降阻率测试实验。测试水温为 30℃，测定不同排量下压裂液的降阻率，如图 7.1.5 所示。

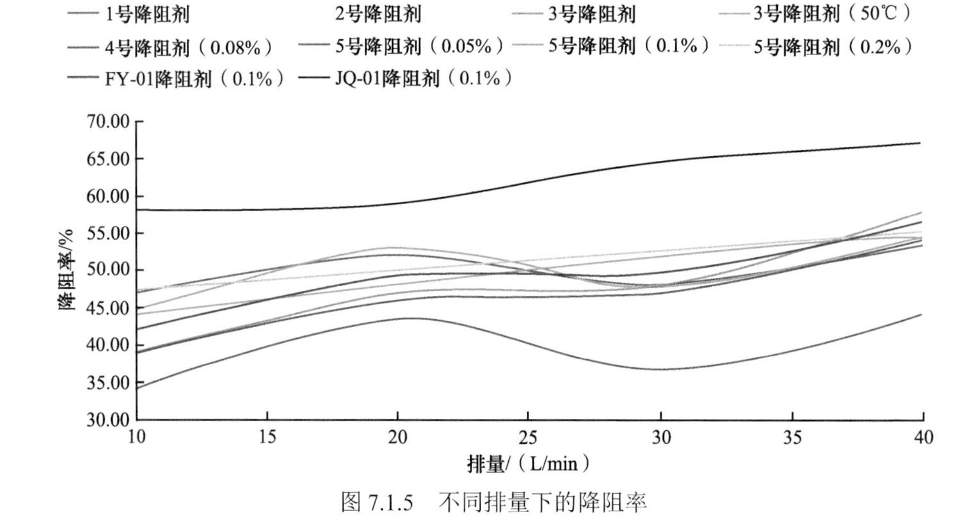

图 7.1.5　不同排量下的降阻率

增加 JQ-01（0.15%）的浓度，在水温 30℃条件下，测定不同流量下的降阻率，如图 7.1.6 所示，流量为 50～65L/min 时降阻率达 70%以上。

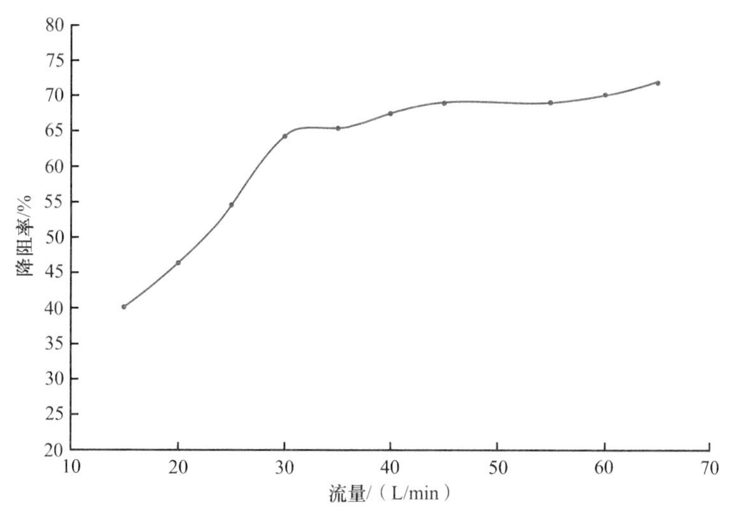

图 7.1.6　JQ-01（0.15%）不同排量下的降阻率

降阻剂降阻的基本原理如下。

（1）降阻剂的降阻性能受流体流态的影响。在流体处于层流状态时降阻效果不佳；流体速度增加，达到湍流状态时，降阻效果最佳；随流体流速的进一步增加，降阻剂可减少流体流动过程中漩涡或涡流的形成，以抑制紊流，降低流体摩阻。

（2）高分子聚合物的降阻能力与分子量的分布有关。剪切作用下，大分子聚合物的分子链被打断，分子量减小，降阻率降低。在合成降阻剂中引入一定数量有较好柔韧性的长直链，增强降阻剂的抗剪切性能，降阻率可稳定在 70%左右。

（3）合成聚合物中，水溶性大分子链丙烯酰胺作主链，阳离子单体作分子侧链。阳离子单体依靠其自身的黏弹性，其分子长链沿流体流动方向自然拉伸，伸长微元部分直接影响其所在微元区域的流体运动，流体微元的径向力作用在降阻剂的伸长微元部分，使其发生扭曲，旋转变形，其反过来改变流体微元的作用力大小和方向，以减少摩阻。

直链结构影响分子的抗剪切性，侧链结构影响分子的黏弹性及其在溶剂中的溶解度，直链和侧链的合适配比能提升降阻剂的降阻效果。

7.1.3　缓蚀剂优选

按照《酸化用缓蚀剂性能试验方法及评价指标：SY/T 5405—2019》对两种不同缓蚀剂进行缓蚀性能评价，筛选耐 140℃高温的缓蚀剂。常压下，试片材料为 N80 钢级的钢片，丙酮中清洗去油污，测量钢片尺寸，在无水乙醇中浸泡后取出风干，放入干燥器内待干称重。在质量分数为 20%的盐酸中加入不同种类、不同浓度的缓蚀剂，将已称重的钢片放入其中，在温度 140℃下反应 2h，依次用水、丙酮、乙醇清洗钢片，干燥后称重。依次测定腐蚀速率及缓释率。

腐蚀速率的计算公式为

$$v = \frac{10^6 \Delta m}{A \Delta t} \tag{7.1.2}$$

式中，v 为单片腐蚀速率；Δt 为反应时间；Δm 为试片腐蚀质量；A 为试片表面积。

缓释率的计算公式为

$$\eta = \left(v_0 - v_1\right) / v_0 \tag{7.1.3}$$

式中，η 为缓释率；v_0 为未加缓蚀剂的总平均腐蚀速率；v_1 为加缓蚀剂的总平均腐蚀速率。

表 7.1.6 为腐蚀速率、缓释率随缓蚀剂浓度及种类的变化情况。结果表明，不同缓蚀剂随其浓度的增加，腐蚀速率减小，符合金属腐蚀速率随缓蚀剂浓度增加而递减的规律，但整体减小的幅度不大，且腐蚀速率均小于 40g/（$m^2 \cdot h$）。

表 7.1.6　缓蚀剂性能测试结果

序号	浓度/缓蚀剂种类	腐蚀速率/[g/（$m^2 \cdot h$）]	缓释率/%
1	3.0% CQH-1	18.06	78.60
2	4.0% CQH-1	16.68	80.23
3	3.0% CQH-2	34.46	61.74
4	4.0% CQH-2	16.45	81.72

注：试验条件为腐蚀时间为 2h，温度为 140℃，N80 钢片，20%盐酸。

7.1.4　缓速性能

复合渗透酸主要是针对缝洞型碳酸盐岩储层天然裂缝的激活问题，需具备优良的渗透性能及良好的酸岩反应缓速性能，同时兼顾成本。酸压过程中利用酸液的渗透性，提高储层天然裂缝的沟通能力，进而促进复杂人工裂缝体系的形成。

酸液与碳酸盐岩表面的润湿能力是衡量渗透能力的重要指标。碳酸盐岩表面为油润湿，由于贾敏效应，酸液不能有效进入微裂缝，接触面积小，也不能形成有效铺展，扩大酸蚀范围，会滞留于近井和高渗透层段而难以有效改造储层。

酸岩反应速率计算公式为

$$v_a = \frac{1000 \Delta m}{A \Delta t} \tag{7.1.4}$$

缓速率的计算公式为

$$\eta_a = \frac{\overline{v}_0 - \overline{v}_a}{\overline{v}_0} \times 100\% \tag{7.1.5}$$

式中，η_a 为缓速率；$\overline{v}_0$ 为空白酸液的平均酸岩反应速率；$\overline{v}_a$ 为全配方酸液的平均酸岩反应速率。

结果如表 7.1.7 所示，测试条件下复合渗透酸酸液缓速剂的酸岩反应缓速能力优于胶凝酸、高温交联酸，具有较好的缓速性能。

表 7.1.7　缓速率

编号	试剂	反应速率/[mg/（cm^2·s）]	缓速率/%
1	20%盐酸	1.70	
2	140℃胶凝酸（1.0%稠化剂）	0.165	90.3
3	160℃高温交联酸（1.0%稠化剂）	0.072	95.8
4	复合渗透酸缓速剂	0.063	96.3

7.1.5　破乳剂优选

按照中国石化胜利石油管理局企业标准《砂岩酸化性能评价方法：Q/SH1020 1693—2005》进行复合渗透酸破乳剂优选。通过实验分析几种不同破乳剂的破乳性能。将破乳剂加入乳液中，放入恒温水浴锅中静置，记录不同时间下分离出的水层体积（$V_{水}$），破乳率=（$V_{水}$/95）×100%，如表 7.1.8 所示。

表 7.1.8　不同类型破乳剂破乳效果

破乳剂类型	加入量/%	不同时间下的破乳率/%			油水界面状态
		3h	5h	7h	
WLD1	0.25	36	79	87	有乳化层
	0.50	39	83	91	
	0.75	37	81	89	
WLD2	0.25	39	81	89	模糊，有花边
	0.50	43	87	95	
	0.75	41	86	93	
WLD3	0.25	43	86	93	清晰
	0.50	45	91	98	
	0.75	41	88	95	

由表 7.1.8 可知，WLD3 的破乳效果优于其他两种破乳剂。0.25%～0.50%加量范围内，随加量增加破乳率提高，0.50%加量、7h 时，破乳率达 98%；0.50%～0.75%加量范围内，随加量增加破乳率变化不大，且略有下降，优选破乳率 WLD3。

7.1.6　铁离子稳定剂优选

按照行业标准《酸化用铁离子稳定剂性能评价方法：SY/T 6571—2012》测定铁离子稳定剂控铁能力。表 7.1.9～表 7.1.11 分别为三种铁离子稳定剂的控铁能力实验数据。

表 7.1.9　BA1-2 控铁能力

反应温度/℃	加入量/%	反应时间/h	吸光度 *A*	控铁能力/（mg/L）
140	1	4	0.628	3465
	2		0.847	4758
	3		0.601	3284

注：吸光度 A=lg（I0/I1），其中 I0 和 I1 分别为入射光强度和透射光强度。

表 7.1.10 CQFW-3 控铁能力

反应温度/℃	加入量/%	反应时间/h	吸光度 *A*	控铁能力/（mg/L）
140	1	4	1.062	6032
	2		1.080	6778
	3		1.085	6287

表 7.1.11 WD-8 控铁能力

反应温度/℃	加入量/%	反应时间/h	吸光度 *A*	控铁能力/（mg/L）
140	1	4	0.910	5179
	2		0.988	5648
	3		0.920	5239

相同铁离子稳定剂加量条件下，控铁能力依次为 CQFW-3＞WD-8＞BA1-2。总体而言，在 140℃、反应 4h 条件下，三种铁离子稳定剂的控铁能力均较好，控铁能力均在 2000mg/L 以上，表明 BA1-2、CQFW-3 和 WD-8 可长时间处于高温地层，并保持较好的稳铁效果。优选加量 2%，该加量能达到工程要求。

7.1.7 助排剂优选

助排剂是一种能将酸化压裂等工艺中的工作残液快速从地层排出，消除水锁效应，提高液体返排率的主要添加剂。助排剂使液体的界面张力降低，增大接触角，降低毛细管阻力，有助于压裂液的返排。压裂用助排剂由表面活性剂复配而成，以某种表面活性剂为主，与另外的表面活性剂进行复配，可添加醇醚等溶剂增加油水互溶性，提高表面活性剂的利用率。助排剂可将液体的返排率从 30%提高到 60%～93%，缩短排液时间及气举作业次数。

加入助排剂后，毛细管阻力减小值为

$$\Delta p = \sigma\left(\frac{1}{R_1}+\frac{1}{R_2}\right) \tag{7.1.6}$$

式中，σ 为表面张力；R_1、R_2 为任意曲面的两个主曲率半径；Δp 为毛细管压力减小值。

对常用的五种助排剂与 7.1.2 节中合成的降阻剂进行配伍，测试表/界面张力，如表 7.1.12 所示。同样浓度下，BFC-1 表面张力值最低且配伍性较好。

表 7.1.12 不同助排剂表面张力、界面张力与配伍性

助排剂名称	表面张力/（mN/m）	界面张力/（mN/m）	配伍性
BFC-1	22.6	0.8	无沉淀、无絮凝
WD-1L	25.6	1.2	无沉淀、无絮凝
FC-1	24.3	0.9	有白色沉淀
AMD-1	26.1	2.0	无沉淀、无絮凝
SD-2A	27.5	3.1	有白色沉淀

对助排剂 BFC-1 的性能进行系统评价，浓度为 1.0%时表面张力达到 22.6mN/m，满足小于 32mN/m 的标准值，符合工程要求，如表 7.1.13 所示。助排剂浓度不能过低，否则会

降低液体的返排效果，现场一般优选助排剂的浓度为 1.0%（质量分数）。

表 7.1.13　BFC-1 助排剂性能

单剂水溶液浓度（质量分数）/%	表面张力/（mN/m）
1	22.6
1.5	21.9
2	21.5
2.5	21.1
3	21.0

7.1.8　流变性能

在高温高压旋转黏度计中倒入抗温、耐盐基液，基液为 0.1%稠化剂+清水，稠化剂采用 7.1.1 节合成的产品，初始温度为 25℃，后逐渐升高至 140℃，测定基液黏度值。当温度 140℃时，黏度大于 3.0mPa · s 且保持稳定，表明耐温耐剪切效果好。黏度值低于常用的稠化剂。

酸液的表观黏度决定了酸液在地面管线及井筒中流动时的摩阻，减小酸液体系在管路流动中的摩阻，有助于提高泵注排量，降低施工风险。图 7.1.7 为复合渗透酸稠化剂流变分析实验结果，即在 $170s^{-1}$、60min、140℃条件下，酸液黏度为 8.0mPa · s 左右。

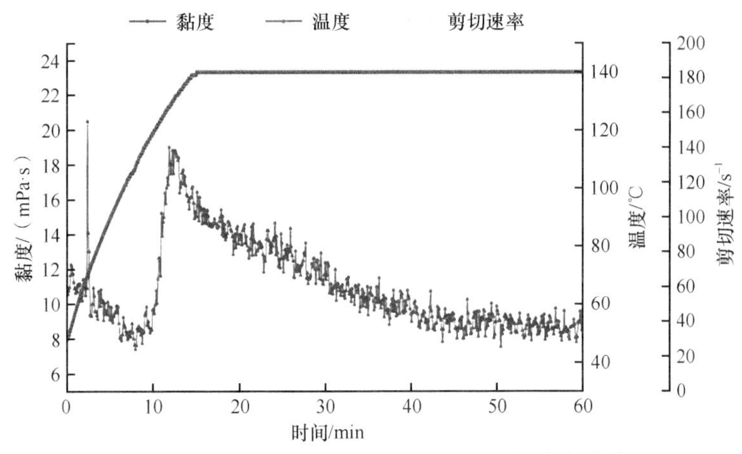

图 7.1.7　140℃、0.2%复合渗透酸稠化剂流变曲线

7.1.9　酸岩反应动力学评价

利用酸岩反应旋转岩盘仪分别测定复合渗透酸缓速剂的酸岩反应动力学参数。

反应速率利用式（7.1.7）计算，之后对式（7.1.8）两边同时取对数，得到式（7.1.9），将式（7.1.7）的计算结果和酸液浓度 C 代入式（7.1.9）进行线性拟合，得到反应速率常数 K 和反应级数 m。

$$J = \frac{C_2 - C_1}{\Delta t}\frac{V}{S} \tag{7.1.7}$$

$$J = KC^m \tag{7.1.8}$$

$$\lg J = \lg K + m \lg C \tag{7.1.9}$$

式（7.1.7）～式（7.1.9）中，J 为反应速率；C_1 为反应前酸液浓度；C_2 为反应后酸液浓度；C 为 t 时刻的酸液内部酸浓度；Δt 为反应时间；V 为参加反应的酸液体积；S 为圆盘反应表面积；K 为反应速率常数；m 为反应级数。

实验条件：温度为 140℃，压力为 9MPa，转速为 100r/min，岩心直径为 2.5cm，圆盘反应表面积 S 为 22.19cm^2。酸岩反应动力学实验结果如表 7.1.14 所示，线性回归为 y=0.262x – 5.3666，即 lg$K$=–5.3666，m=0.262。

表 7.1.14 酸岩反应动力学实验结果

浓度 C/（mol/L）	实验时间 t/s	反应速率 J/[mol/（cm^2·s）]	lg$C$	lg$J$
1.248	300	4.5634×10^{-6}	0.09604	–5.3407
1.214	300	4.5253×10^{-6}	0.08429	–5.3454
1.211	300	4.5215×10^{-6}	0.08311	–5.3447
1.191	300	4.4985×10^{-6}	0.07599	–5.3469
1.109	300	4.4003×10^{-6}	0.04509	–5.3545

7.1.10 裂缝中的渗透能力

1. 加入渗透剂的酸液在裂缝中的渗透能力评价

根据石油天然气行业标准《岩心常规分析方法》（SY/T 5336—1996）岩心常规分析方法，分别对 6 块岩心的渗透性进行测定（图 7.1.8），试验参数及渗透性测定结果如表 7.1.15 和表 7.1.16 所示。

图 7.1.8 典型岩心图片

表 7.1.15 岩心前端压力和流体体积增量测定结果（未加渗透剂的酸）

岩心	驱替液	直径 Φ/cm	长度 L/cm	排量 Q/（mL/min）	时间 t/s	压力 p/MPa	体积 V/mL	压力增量 $p_{增量}$/%	体积增量 $V_{增量}$/%	压力增量 $p_{增量}$ 平均值/%	体积增量 $V_{增量}$ 平均值/%
1 号	饱和盐水	2.51	4.20	20	600	8.13	141.2	–12.05	13.48	–12.54	13.87
	未加渗透剂酸					7.15	160.9				
2 号	饱和盐水	2.49	4.40	20	600	7.93	147.8	–12.86	14.22		
	未加渗透剂酸					6.91	172.3				
3 号	饱和盐水	2.53	4.00	20	600	8.11	143.3	–12.70	13.90		
	未加渗透剂酸					7.08	163.5				

表 7.1.16　岩心前端压力和流体体积增量测定结果（加渗透剂的酸）

岩心	驱替液	直径 Φ/cm	长度 L/cm	流量 Q/（mL/min）	时间 t/s	压力 p/MPa	体积 V/mL	压力增量 $p_{增量}$/%	体积增量 $V_{增量}$/%	压力增量 $p_{增量}$平均值/%	体积增量 $V_{增量}$平均值/%
4 号	饱和盐水	2.52	4.30	20	600	8.10	142.8	–37.90	38.73	–37.28	38.35
	加入渗透剂酸					5.03	197.4				
5 号	饱和盐水	2.55	4.10	20	600	7.83	137.5	–36.94	37.90		
	加入渗透剂酸					4.94	189.7				
6 号	饱和盐水	2.51	4.30	20	600	8.21	141.3	–37.01	38.43		
	加入渗透剂酸					5.17	195.6				

试验中为消除不同岩心渗透率对前端压力 p 和流体流出体积 V 的影响，均做增量对比，结果如表 7.1.15 和表 7.1.16 所示。未加渗透剂时，$p_{增量}$平均值为–12.54%，$V_{增量}$平均值为 13.87%；加入渗透剂后，$p_{增量}$平均值为–37.28%，$V_{增量}$平均值为 38.35%。对比流体流出的体积 V，加入渗透剂的酸液，$V_{增量}$比未加渗透剂的多 24.48%；对比前端压力 p，加入渗透剂的酸液，$p_{增量}$比未加渗透剂的少 24.74%，可知，加入渗透剂的酸液更易进入缝隙，渗透效果较好。

2. 岩石渗透性能分析

加入渗透剂能有效改变水溶液对碳酸盐岩裂缝面的润湿性，形成有效铺展，增强流体在裂缝中的渗透能力。

渗透率计算式为

$$k = \frac{Q\mu L}{\Delta p A} \tag{7.1.10}$$

式中，k 为岩心渗透率；Q 为流动介质的体积流量；μ 为流动介质的黏度；L 为岩心轴向长度；Δp 为岩心进出口压差；A 为岩心横截面积。

测定酸液在两种饱和介质中的岩心渗透率，即盐水饱和、煤油饱和。试验参数及渗透率测定结果如表 7.1.17 所示。

表 7.1.17　试验参数及渗透率测定结果

饱和介质	酸液类型	直径/cm	环压 $p_{环}$/MPa	测试压力 $p_{测}$/MPa	流量 Q/（cm^3/s）	渗透率 k/（$10^{-3}\mu m^2$）
盐水	0.3%渗透剂的酸液	2.48	4.5	2.1	0.214	79.08
	未加渗透剂的酸液	2.50	4.9	2.1	0.069	52.54
煤油	0.3%渗透剂的酸液	2.48	4.8	1.6	0.168	68.10
	未加渗透剂的酸液	2.52	4.6	1.6	0.054	44.64

结果表明，对不同的饱和介质，加入浓度为 0.3%的渗透剂后，酸液的流动速度分别为 0.214cm^3/s 和 0.168cm^3/s，渗透率分别为 $79.08\times10^{-3}\mu m^2$ 和 $68.10\times10^{-3}\mu m^2$，相比未加渗透剂的酸液，渗透率显著提高。表明加入渗透剂后，酸液体系的渗透性增强，可提升酸化能力，同时增大岩心的孔隙度，进而提高岩心渗透率。

3. 岩心的突破压力测试

室内进行突破压力试验，步骤如下。

（1）岩心抽真空，饱和地层水。

（2）正向测饱和盐水后的岩心渗透率 k_1。

（3）沿岩心轴向将岩心劈开，造一条人工裂缝（试验的岩心缝宽大约为0.40cm），测定裂缝渗透率 k_2。

（4）将酸溶性暂堵剂反向驱入岩心，40℃下放置12h，正向驱替测岩心突破压力及突破压力梯度，如表7.1.18所示。

表 7.1.18　突破压力试验数据

<table>
<tr><th>酸液体系</th><th colspan="2">突破压力/MPa</th><th colspan="2">突破压力梯度/（MPa/m）</th></tr>
<tr><td rowspan="3">加入0.3%渗透剂的酸液（测试3次）</td><td>0.32</td><td rowspan="3">平均值 0.316</td><td>6.2</td><td rowspan="3">平均值 6.067</td></tr>
<tr><td>0.31</td><td>6.0</td></tr>
<tr><td>0.32</td><td>6.0</td></tr>
<tr><td rowspan="3">未加渗透剂的酸液（测试3次）</td><td>0.64</td><td rowspan="3">平均值 0.650</td><td>12.8</td><td rowspan="3">平均值 12.533</td></tr>
<tr><td>0.67</td><td>12.9</td></tr>
<tr><td>0.64</td><td>11.9</td></tr>
</table>

结果表明，加入浓度为0.3%的渗透剂后，酸液对岩心的突破压力为0.316MPa，突破压力梯度为6.067MPa/m；未加渗透剂的酸液，其对岩心突破压力为0.650mPa，突破压力梯度12.533MPa/m。加入渗透剂后，酸液对岩心的突破能力增强。

为对比渗透剂在不同缝宽条件下的渗透能力，以突破压力测试为基础，用酸溶性暂堵剂控制缝宽，测试加入渗透剂后，酸液对不同宽度裂缝的渗透效果，如表7.1.19所示。

表 7.1.19　不同宽度裂缝的渗透效果

序号	缝宽/cm	突破压力/MPa	突破压力梯度/（MPa/m）
1	0.20	0.50	9.39
2	0.25	0.46	9.23
3	0.30	0.41	8.22
4	0.35	0.39	7.81
5	0.40	0.32	6.06

结果表明，岩心缝宽从0.20cm增加到0.40cm，酸液对岩心的突破压力从0.50MPa下降到0.32MPa，突破压力梯度从9.39MPa/m降到6.06MPa/m。渗透剂具有良好的渗透性，随着缝宽加大，加入渗透剂的酸液进入酸溶性暂堵剂的面积增加，突破能力增强，突破压力和突破压力梯度均下降。

7.1.11　储层伤害分析

酸液对储层的固相伤害包括外来固相伤害，如酸液体系中自身具有的固相粒子（如残渣、添加剂杂质等）含量大小及其性质状态对储层的伤害，以及酸液中液相引起的次生伤害，包括化学剂吸附、黏土矿物水敏伤害等。固相颗粒随流体迁移，在孔隙裂缝中不断沉积，使孔隙或裂缝空间变窄，造成储层渗透率降低。固相颗粒对储层的伤害程度与固相颗粒的性质和储层孔隙喉道大小及分布规律有关。固相伤害分吸附沉积型和堵塞喉道型，如图 7.1.9 所示。

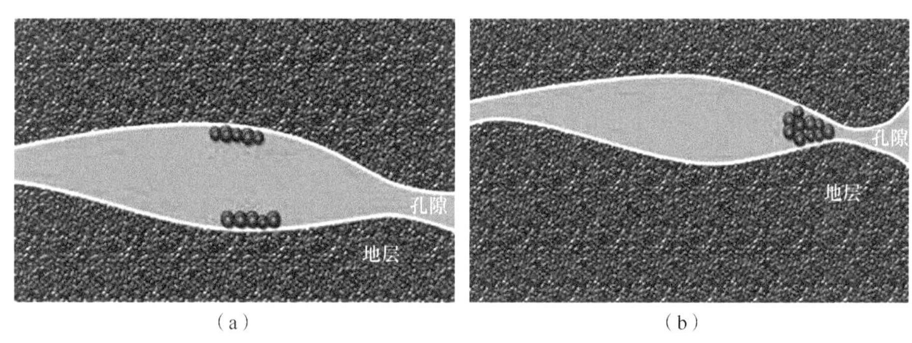

（a）　（b）

图 7.1.9　细小微粒吸附沉积型（a）和聚集微粒堵塞喉道型（b）

碳酸盐岩储层具有微孔和微裂缝，孔隙喉道较小。外来流体中如果水不溶物含量过高，将堵塞油气渗流通道，造成地层伤害。因此，要求酸液体系中添加剂杂质含量低，不溶物颗粒的尺寸小。为分析固相对储层渗透率的影响，采用多功能扫描探针显微镜（AFM）观察复合渗透酸、胶凝酸的微观结构，如图 7.1.10 所示。

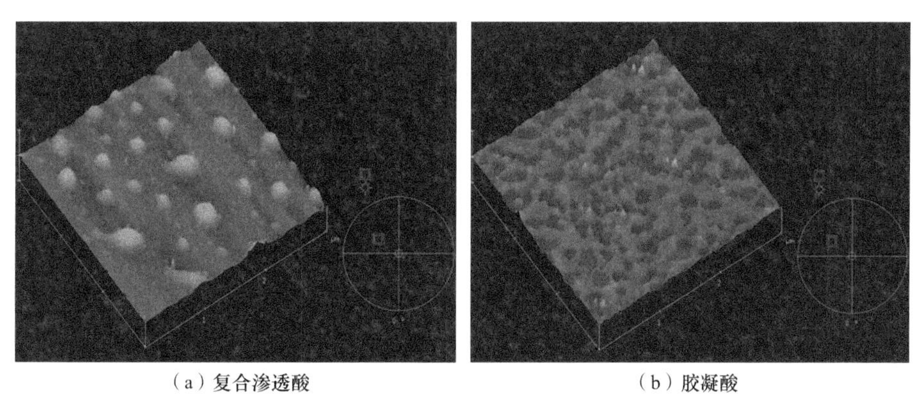

（a）**复合渗透酸**　（b）**胶凝酸**

图 7.1.10　复合渗透酸和胶凝酸的微观结构三维图

从 AFM 图中均可见固相颗粒，复合渗透酸仅有部分纳米级分散状微颗粒，未见链状结构，颗粒间无聚结，且颗粒尺寸远小于普通地层孔喉直径。侵入地层量较少情况下，几乎不会堵塞储层孔喉，对储层渗透率影响小。胶凝酸存在致密网状结构，说明聚合物链短而散，经储层基质滤失后，膜状结构仍存在，将地层流体和杂质联结在一起阻塞储层，对渗透率有较大影响。

为了更直观反映液体体系对地层的伤害程度，将同一地层物性相近的岩心预处理后浸泡在液体中 24h，100℃±5℃下烘干 2h，用环境扫描电镜观察岩心的微观结构，如图 7.1.11 所示。

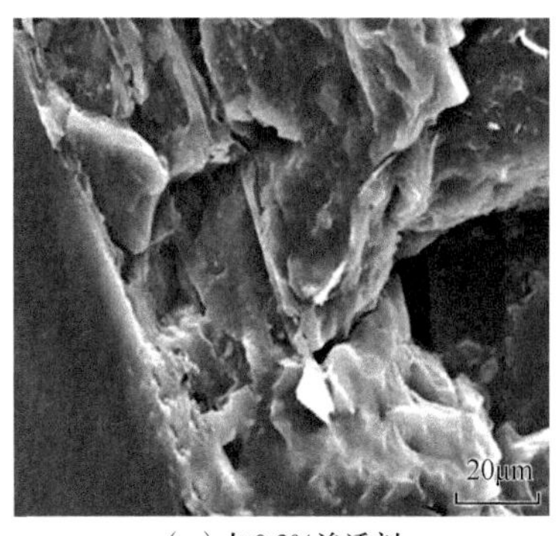

（a）加0.3%渗透剂

（b）未加渗透剂

图 7.1.11　伤害后的岩心断面

由图 7.1.11 可见，未加渗透剂的液体损害后岩心断面附着大量白色丝状物，孔洞堵塞明显，表明滤液中聚合物残胶和固相颗粒对储层渗透率的影响不容忽视。加入 0.3%渗透剂的液体中未形成明显的网状结构，且固相颗粒吸附不明显，对岩心渗透率的损害较小，表明加入渗透剂的液体体系对储层的伤害小。

综上，酸液体系对储层的固相伤害由颗粒大小和颗粒间聚结程度决定。对储层孔喉尺寸的准确分析是选择添加剂的重要依据，根据孔喉尺寸，选择合适粒径的添加剂能从根本上避免大颗粒形成的堵塞和伤害。同时加入渗透剂可增加固相颗粒间的斥力，避免形成大颗粒和滤饼堵塞。

7.2　可控反应酸

7.2.1　稠化剂合成

由季铵盐单体、磺酸盐单体及丙烯酸聚合而成的两性离子聚合物。将 1g 聚合物粉剂加入到 100g（质量分数为 15%）盐酸溶液中，30min 左右完全溶解，表明该聚合物在酸溶液中溶解性良好，可直接用作交联酸稠化剂。

在 250mL 烧杯中加入 10%盐酸溶液 100mL，放入磁子，用恒温磁力搅拌器搅拌，缓慢加入 1g 稠化剂继续搅拌，用六速旋转黏度计每隔 5min 测定酸液黏度。随酸溶时间延长，该稠化剂在 5min 内明显增黏，10min 后迅速增黏，达到一定程度后趋于稳定，有利于酸化作业现场配液施工。

7.2.2　交联剂合成

在一定条件下，由氧氯化锆、乳酸和木糖醇制备的有机锆交联剂。该交联剂交联后挑挂性良好，延迟交联达 2～5min，与缓蚀剂、铁离子稳定剂等添加剂的配伍性良好。

以选出的交联酸稠化剂为基础，分析稠化剂浓度对交联酸体系交联时间的影响。随着稠化剂浓度增加，交联时间缩短。稠化剂浓度增加到 1.0%后，交联时间的降低速率变缓，稠化剂浓度增加到 1.2%，交联时间仍保持在 2min 左右，表明交联剂的延缓交联性能较好，可以满足在较高稠化剂浓度下达到所要求的交联时间。

7.2.3　缓蚀剂合成

以多乙烯多胺为核心的曼尼希碱缓蚀剂具有良好的性能。曼尼希碱在酸液中具有优良的缓释效果，多乙烯多胺合成的曼尼希碱中的 N、O 原子及苯环中的大 π 键均能和金属络合，形成致密的吸附膜，合成路线如图 7.2.1 所示。

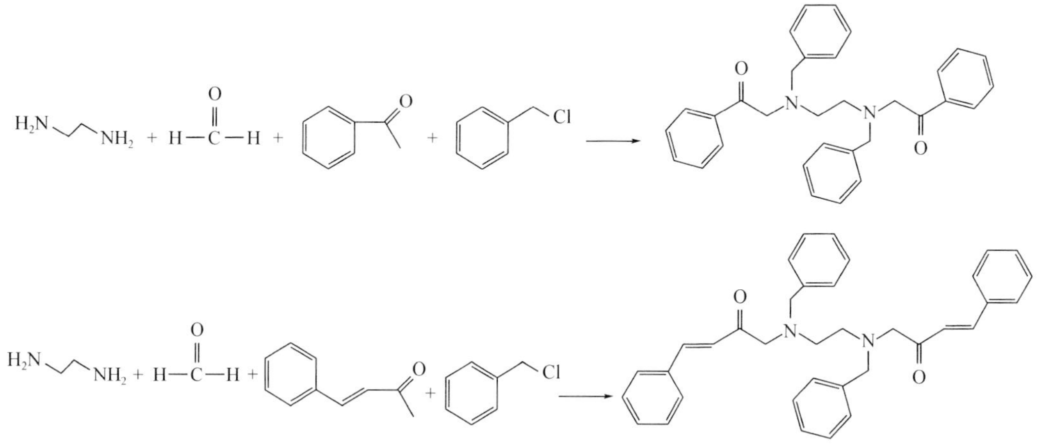

图 7.2.1　曼尼希碱缓蚀剂的合成路线

将一定量的胺和无水乙醇放入配有回流冷凝器、温度计、电热套和搅拌装置的三口烧瓶中，搅拌并滴加 20%的盐酸，按一定比例加入甲醛和有机酮加热，一定温度后回流。冷却至 60℃左右，加入一定量分散剂，搅拌冷却至室温，即得到曼尼希碱母体缓蚀剂。

缓蚀剂效果评价：温度 160℃，盐酸质量分数 20%，缓蚀剂质量分数 1%，腐蚀时间 4h，在高温高压反应釜中进行。缓蚀剂效果如表 7.2.1 所示。

表 7.2.1　缓蚀剂效果对比

缓蚀剂	腐蚀速率/[g/（$m^2 \cdot h$）]	缓释率/%
盐酸	15.596	
CIA01（自制）	2.824	81.89
CIA02（自制）	2.632	83.12
CIA03（自制）	3.573	77.09
CIA04（自制）	3.691	76.34
CIA05（自制）	2.382	84.72
CIA06（自制）	2.298	85.26

结果表明，静态实验中六种合成的缓蚀剂均能达到一级标准，具有很好的抗温性能和防点蚀性能。CIA05、CIA06 两种缓蚀剂性能优于前四种缓蚀剂，原因是增效剂能更好地填补缓蚀剂没有覆盖的区域。

7.2.4　高温流变性能

采用开发的稠化剂（VAP-1）、酸液交联剂（VAC-1）和激活剂，在常温条件下进行酸液交联，酸液逐渐加温到 80℃，交联程度增强，且具有延迟交联的特性。配置 140℃和 160℃两种温度条件下的交联酸。

1. 140℃下的配方

140℃下的配方为 1%稠化剂+0.8%～1.2%交联剂+3%缓蚀剂+0.5%柠檬酸或钠盐（铁离子稳定剂）+20%HCl。

对交联酸抗剪切性能进行实验分析，交联时间为 27min，连续剪切 140min 后液体的黏度为 125mPa · s，如图 7.2.2 所示。抗温曲线中不存在二次交联。刚加入交联剂后，体系温度较低，交联剂与聚合物未发生交联，随剪切的进行和温度的升高，黏度下降。当温度升至某一值，交联剂释放出锆离子，锆离子与 VAP-1 上的顺式羟基发生交联，体系黏度增加。锆离子释放完后，温度持续增加，高温使分子链降解，液体黏度随温度的升高而降低。温度恒定后，交联剂中的锆离子完全释放，黏度逐渐趋于稳定。

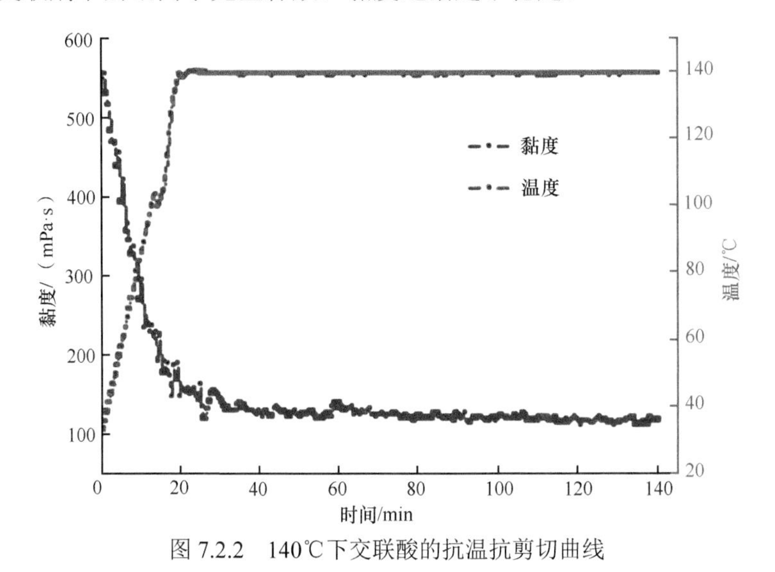

图 7.2.2　140℃下交联酸的抗温抗剪切曲线

2. 160℃下的配方

160℃下的配方为 1.2%稠化剂+0.8%～1.2%交联剂+4%缓蚀剂+0.5%柠檬酸或钠盐（铁离子稳定剂）+20%HCl。

对交联酸抗剪切性能进行实验分析，交联时间为 19min，连续剪切 100min 后，液体黏度为 140mPa · s，如图 7.2.3 所示。抗温曲线中存在二次交联。刚加入交联剂，体系温度较低，交联剂与聚合物未发生交联，随剪切的进行和温度的升高，黏度（稠化剂基液的黏度）逐渐下降。温度升至某一值，交联剂逐渐释放出锆离子，锆离子与 VAP-1 上的顺式羟基发生交联，体系黏度增加。第一轮锆离子释放完，温度持续增加，高温使分子链降解，液体黏度随温度升高而降低；温度恒定后，随着剪切作用的进行，交联剂再次释放出锆离子，因交联剂中不同的配体螯合能力不同，螯合能力强的释放锆离子的速度更慢，会出现二次交联、三次交联等现象。交联剂中的锆离子完全释放后，黏度逐渐趋于稳定。

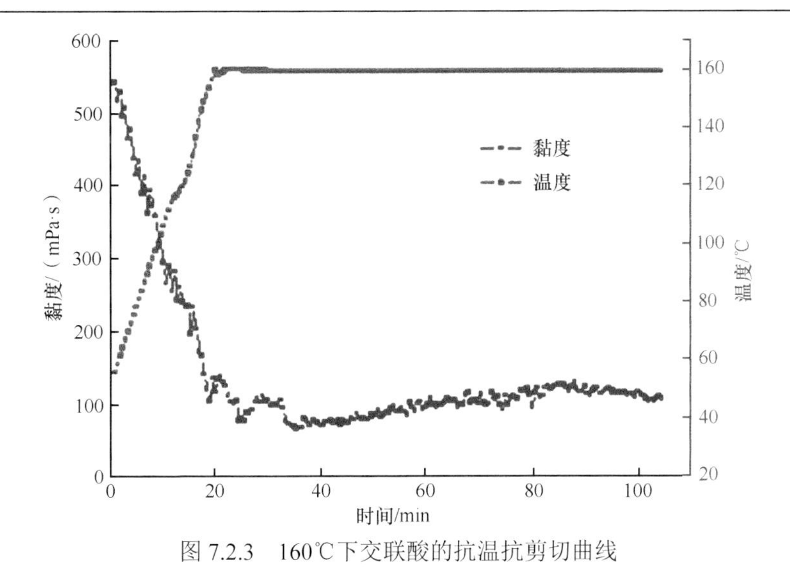

图 7.2.3　160℃下交联酸的抗温抗剪切曲线

7.2.5　缓速效果

交联酸缓速效果评价采用塔里木盆地奥陶系碳酸盐岩露头及 160℃条件下配方交联酸。显示交联酸具有很强的缓速效果，4h 内碳酸盐岩溶蚀率的上升速度远低于稠化酸的上升速度，10h 后碳酸盐岩溶蚀率仅为 60%，表明高温下 160℃条件下配方的交联酸能在极大程度上控制酸岩反应速度，如图 7.2.4 所示。

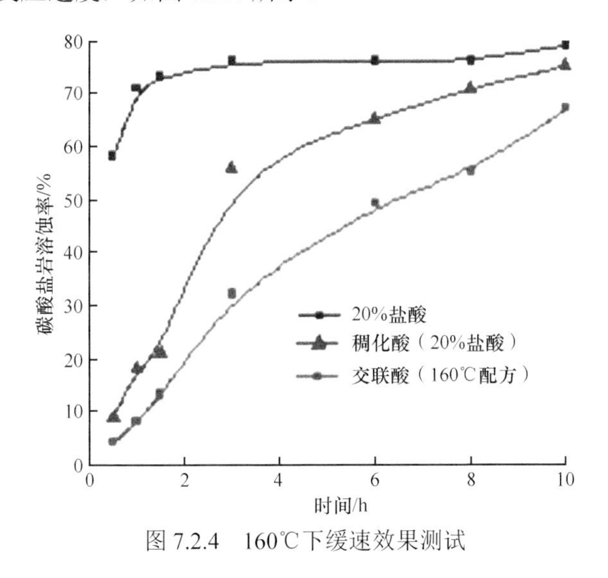

图 7.2.4　160℃下缓速效果测试

7.2.6　降阻率

利用摩阻设备测试不同剪切速率下，140℃、160℃条件下的配方交联酸基液的降阻率。结果表明（图 7.2.5），140℃和 160℃两个交联酸配方的基液，当剪切速率小于 3000s^{-1}时，随剪切速率的上升，降阻率逐渐上升；当剪切速率大于 3000s^{-1} 时，降阻率增速放缓。高剪切速率下两个配方具有良好的降阻效果，能满足现场施工高排量泵注的要求。

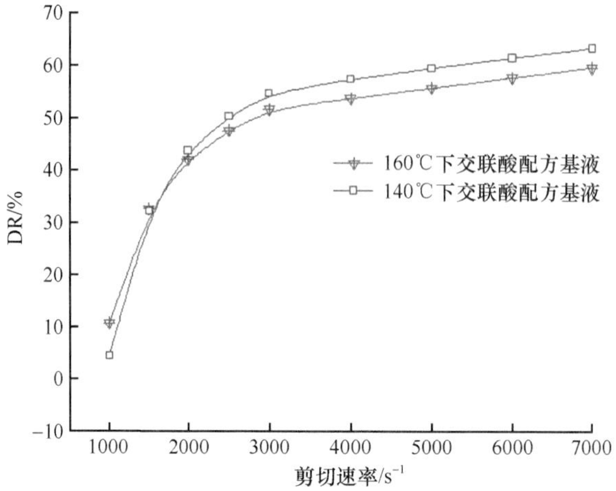

图 7.2.5　140℃和 160℃下交联酸配方基液的降阻率

7.2.7　破胶性能

90℃下进行交联酸的破胶性能测试，对交联酸的黏度及残渣含量进行计算。实验结果如表 7.2.2 所示，表明与常规破胶剂相比，胶囊破胶剂具有良好的破胶性能。乙二胺四乙酸（EDTA）与胶囊破胶剂复配可得更佳的破胶效果，进一步降低残渣含量。

表 7.2.2　破胶测试数据

交联酸类型	不同时间下的黏度/（mPa · s）						残渣含量/（mg/L）
	0min	10min	40min	60min	90min	120min	
0.2%过硫酸铵	597	501	478	462	328	302	5789
0.4%过硫酸铵	536	487	457	428	301	279	4129
0.1%胶囊破胶剂	601	521	483	121	43	18	412
0.1%胶囊破胶剂+0.1% EDTA	589	513	471	65	11	5	387

7.3　复杂缝酸压技术方案

7.3.1　复杂缝酸压技术方法

1. 复杂缝酸压流程

缝洞型碳酸盐岩储层复杂缝酸压方案流程如图 7.3.1 所示。

（1）对目标井区的地质、工程数据进行分析，明确需改造储层的孔、缝、洞发育情况，油气储集体的分布情况，储层的温度、压力、岩石力学参数数据，单井地应力剖面，储层部分层段的实测三向地应力大小、方向等，确定酸压模拟的实体地质模型。

（2）以地质模型为基础，反演计算区域及缝洞结构局部的三维地应力场分布，明确三向地应力的大小、方向及其变化范围，水平地应力差的大小及其变化范围；基于地质模型及三维地应力场分布，模拟计算沟通目标储集体的酸压裂缝形态，明确酸压改造思路。

（3）以井眼与不同方位缝洞储集体间的长期有效导流能力构建为目标，进行压裂液体系、酸液体系、工艺参数的优选，制定酸压泵注程序。

（4）按照设计方案进行现场施工，结合现场施工数据，进行压后效果评估。

（5）迭代优化酸压工程方案，制定标准与规范，规模推广与应用。

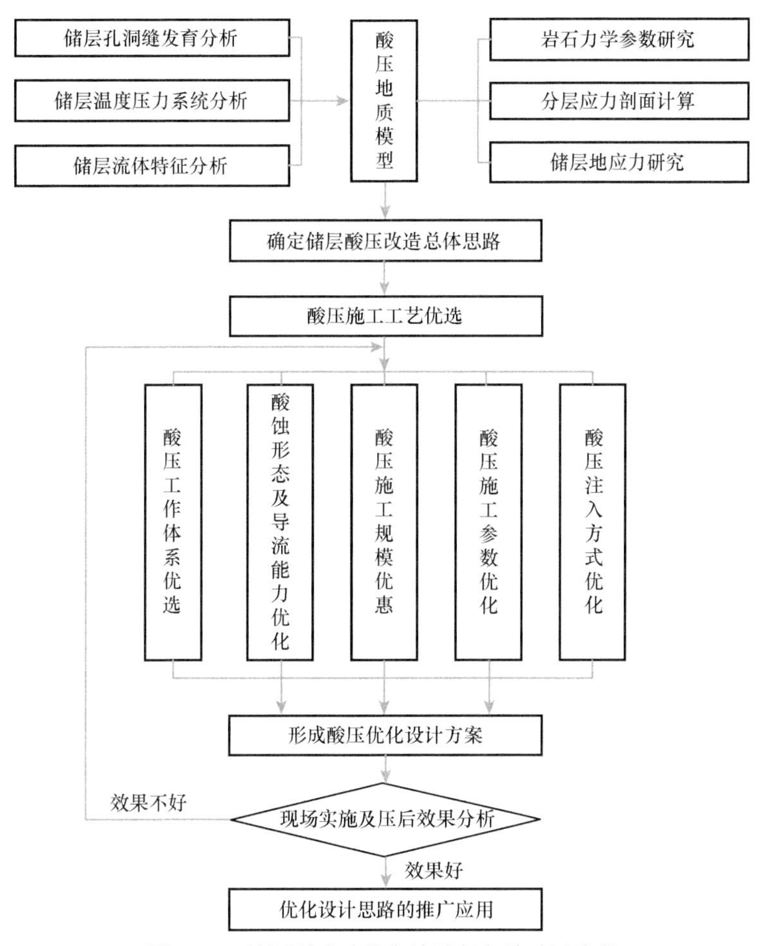

图 7.3.1　缝洞型碳酸盐岩储层复杂缝酸压流程

2. 复杂缝酸压思路

缝洞型碳酸盐岩复杂缝酸压的总体思路如图 7.3.2 所示。

（1）前置液注滑溜水或酸液，激活、刻蚀井周天然裂缝，在井周不同方向形成扩展通道，为形成分支主裂缝提供条件。

（2）注压裂液，造分支主裂缝，提升改造距离。

（3）高、低排量交替注酸，激活、刻蚀主裂缝远端的天然裂缝，为形成新的分支主裂缝提供条件。

（4）交替注入压裂液、酸液，形成分支主裂缝，有利于连通不同方向的缝洞储集体。

（5）注入酸液，进一步溶蚀裂缝岩石壁面，提高裂缝导流能力。

（6）注入滑溜水，将酸液顶替到地层深部。

复杂缝酸压沟通不同方向缝洞储集体的基本条件为储层中缝-洞伴生发育，即溶洞周围发育有大量的天然裂缝。根据第 4.2 节阐述内容，为增加酸压裂缝的复杂程度，可采取如下工程措施。

（1）激活井周天然裂缝时采用低排量注入低黏度液体（≤$3.0m^3$/min，≤10mPa · s），张开天然裂缝和造主裂缝时采用大排量注入高黏度液体（≥$6.0m^3$/min，≥50mPa · s）。

（2）为增加分支裂缝的数量及酸压裂缝的波及范围，在井眼或主裂缝远端可适量泵入暂堵材料（见第 8 章）、粉陶支撑剂等。

（3）粉陶支撑剂可采用压裂液携带或常规交联酸携带，如采用常规交联酸携带，作用：注入交联酸和支撑剂的混合体，将支撑剂输送到裂缝中，交联酸在破胶剂和地层温度的作用下破胶并刻蚀裂缝壁面，形成溶蚀沟槽，支撑剂支撑裂缝；交联酸完全破胶，与裂缝壁面岩石发生复相反应，形成相对均匀的网状点蚀，破胶后交联酸携砂能力减弱，支撑剂逐渐沉降，一部分沉降在压开的裂缝壁面上，起支撑裂缝的作用；另一部分进入微裂缝、微细孔及较大孔缝内，减少酸液滤失，以提高裂缝的导流能力。交联酸携砂酸压可同步实现压裂造缝与破胶后酸化提高导流能力的作用。

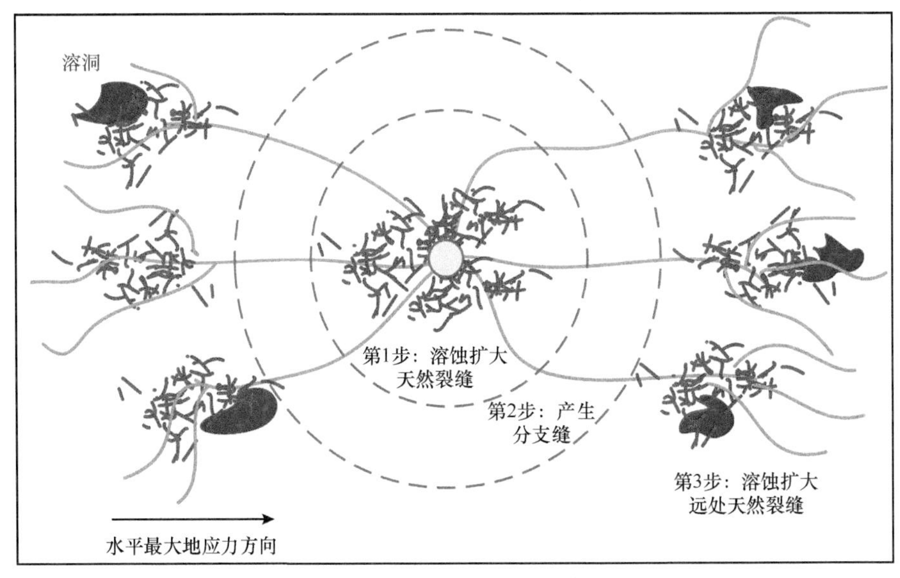

图 7.3.2　复杂缝酸压思路

7.3.2　复杂缝酸压液体优化

1. 压裂液体系优化

根据深层碳酸盐岩储层复杂缝酸压特点，采用配套的含降阻水体系和胶液体系的压裂液。该压裂液由高效降阻剂、高效助排剂、低分子稠化剂、流变助剂、黏度调节剂、高温稳定剂等多种化学材料按一定比例配制形成，具有低摩阻、低膨胀、低伤害、易返排、性能稳定和溶胀速度快等特性，同时具备清洁压裂液的特点，易于在线配制、适用性强。

1）压裂液体系配方

降阻水体系：0.2%高效减阻剂 DBFR-1+0.3%高效助排剂 DBSR-2+清水，为低黏体系。

胶液体系：0.4%低分子稠化剂 DBFR-CH3+0.3%流变助剂 DBLB-2+0.3%高效助排剂 DBSR-2+0.05%黏度调节剂 DBVC-2+0.2%高温稳定剂 DBTS-3H+清水。

2）压裂液体系性能

降阻水体系特点：降阻性能及高温稳定性参数，如图 7.3.3 所示，150℃高温加热后，降阻水体系的降阻率仍保持在 70%。另外，该体系伤害率小于 10%，黏度可调，液体配制方便，能满足现场在线混配需求。

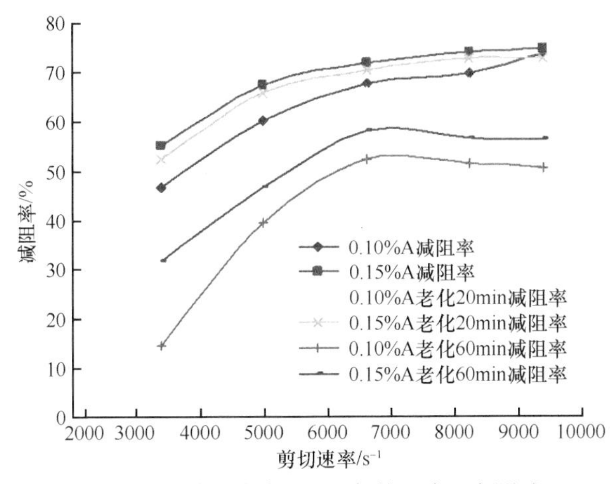

图 7.3.3　降阻水在 150℃条件下降阻率测试

A 为减阻水

胶液体系特点：活性胶液水化性好，返排效果好，主要特性表现如下。

（1）残渣含量：将胶液放入 80℃水浴锅中，按比例加入破胶剂后搅拌均匀，在 4h 内液体完全破胶，破胶液残渣含量仅为 12mg/L。

（2）悬砂性能：常温常压下，将砂比 20%的支撑剂加入 500mL 胶液中，搅拌均匀，放置观察 22h，悬砂均匀、无明显沉降。

（3）降阻性能：在管径 0.31cm、管长 3.241m、温度 80℃条件下进行胶液摩阻测试，随剪切速率增加，活性胶液的管路摩阻不断增加，较高的剪切状态下，沿程摩阻增加的幅度显著提高。

（4）黏弹性能：随扫描频率的逐步增加，胶液的储能模量和复合模量增加，而损耗模量几乎不变，试验中弹性明显大于黏性。储能模量又称弹性模量，是指材料在发生形变时，由于弹性（可逆）形变而储存能量的大小，反映材料弹性大小。损耗模量又称黏性模量，是指材料在发生形变时，由于黏性形变（不可逆）而损耗的能量大小，反映材料黏性大小。

（5）流变性能和高温稳定性能：在 $170s^{-1}$、150℃剪切 120min 条件下，胶液体系的黏度仍保持 80mPa · s 以上，流动性好，未出现黏度下降和流动性变差的现象。

降阻水、胶液与地层水和凝析油的配伍性：测试过程中未出现反凝析现象，表明降阻水、胶液与地层水及凝析油具有良好的配伍性。

2. 酸液体系优化

深层缝洞型碳酸盐岩储层复杂缝酸压改造的酸液体系需满足以下条件。

（1）储层深，需良好的降阻性能，降阻率达 65%以上。

（2）储层温度高，需耐温 120℃以上，抗剪切能力强，剪切后黏度 10mPa · s 以上。

（3）高温下酸岩反应速度快，需采用缓速性能好的酸液体系，缓速率大于 90%。

（4）储层天然缝洞体发育，酸液滤失量大，对于远端酸蚀需降滤性能好。

1）变黏酸体系

变黏酸体系的主要配方成分包括稠化剂、交联剂等，在 20%HCl 或 25%HCl 中可有效交联。变黏酸体系利用储层高温引发增稠剂聚合，增加黏度，特点如下。

（1）减少滤失，有利于高温储层在深部区域的酸蚀。

（2）可封堵已经改造的储层段（高渗层），同时提高缝内局部净压力，对未改造的层段进行改造，实现非均质储层长裸眼井段的均匀改造。

（3）高矿化度残酸盐溶液中，变黏凝胶体系的结构被破坏而降解，无需外加任何破胶剂，可用于温度 120℃的储层。

（4）变黏酸体系黏度低于 30mPa · s，摩阻小于清水的 30%，易泵注；进入储层后，聚合反应使黏度升高至 220mPa · s 以上，降解后的酸液黏度低于 10mPa · s，易于返排。主要性能及技术指标如表 7.3.1 和表 7.3.2 所示。

表 7.3.1　变黏酸液体性能

稠度系数	反应级数	反应活化能/（J/mol）	流态指数	反应速度常数/[（mol/L）$^{-m}$/（cm^2 · s）]	H^+有效传质系数/（cm^2/s）
0.48	0.853	18976	0.63	1.025×10^{-6}	1.5478×10^{-6}

表 7.3.2　变黏酸体系主要技术指标

项目	外观	固含量	粒度	溶解性
稠化剂 DBFS-2	白色或类白色粉末	≥88%	≤0.3mm	在水、酸中易分散溶解
交联剂 DBJL-2	无色液体	≤5%		

（5）通过三组酸液体系的实验对比显示，相同条件下常规酸的反应速度远大于胶凝酸和变黏酸。90℃时胶凝酸的反应速度与变黏酸差别不大，常规酸的反应速度是胶凝酸和变黏酸的 4 倍以上；120℃时变黏酸的反应速度明显低于胶凝酸，变黏酸缓速性能更好，如表 7.3.3 所示。

常规酸：20%HCl+3%缓蚀剂+1%铁离子稳定剂+1%助排剂。

胶凝酸：20%HCl+0.8%胶凝剂+3%铁离子稳定剂+1%缓蚀剂+1%助排剂。

变黏酸：20%HCl+0.8%稠化剂+0.6%交联剂+2%铁离子稳定剂+1%缓蚀剂+1%助排剂。

表 7.3.3　变黏酸体系酸岩反应测定

温度/℃	活酸浓度/（mol/L）	反应时间/s	反应后浓度/（mol/L）	岩心直径/cm	酸液体积/mL	转速/（r/min）	反应速度/[10^{-5}mol/(cm^2·s)]
90	5.508	180	5.4746	2.52	517.5	500	6.06
	5.02543	180	4.9936	2.524	523	500	5.80
	3.011	180	2.9804	2.524	514	500	5.48
	1.9742	180	1.9467	2.522	519.5	500	4.99
120	5.5174	180	5.4059	2.522	523.5	500	6.49
	4.9679	180	4.8612	2.52	527	500	6.27
	3.911	180	3.8124	2.522	512.5	500	5.62
	2.0235	180	1.9287	2.522	520.5	500	5.49
	1.0342	180	0.9486	2.52	513.5	500	4.89

（6）动态黏弹性测试表明（图 7.3.4），所有频率范围内，变黏后的酸液其流体的储能模量远高于耗能模量，酸液具有较强的固体弹性特征和一定的屈服应力，携砂能力较强。

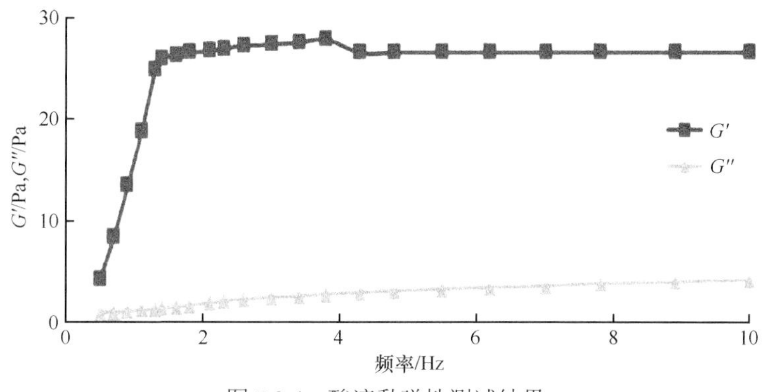

图 7.3.4　酸液黏弹性测试结果

（7）普通胶凝酸的屈服应力仅为 3Pa，而变黏酸的屈服应力达 80Pa，变黏酸具有较强的暂堵分流转向的能力。与绝大多数缓蚀剂、破乳剂、铁离子稳定剂、防膨剂等配伍良好，且易与水或酸相溶。

（8）综合以上特点，有利于形成有效的高导流裂缝通道。

2）有机酸体系

高温有机酸体系性能指标如表 7.3.4 所示，特点如下。

（1）有机酸体系是一种螯合剂，能控制溶液中的铁离子，防止沉淀，稳定铁离子的能力强。

（2）能在较宽的温度范围内使用，180℃高温下保留率为 88%。

（3）有机酸体系对钢片的腐蚀率远小于盐酸等酸液体系。盐酸易造成表面溶解，有机酸体系反应后，在二维 CT 扫描下观察入口切面，无表面溶解现象。

（4）有机酸的酸岩反应速率远低于常规盐酸，约为盐酸的 10%，有利提高酸蚀缝长。

表 7.3.4　高温有机酸体系主要性能指标

有效成分	外观	pH	有效含量/%	液体密度/（g/cm^3）	$170s^{-1}$下黏度/（mPa · s）	凝固点/℃	水溶性	酸溶性
多元有机酸	棕色液体	1.0～3.0	20.0～30.0	1.083	5～10	<-10	任意比例可溶	任意比例可溶

（5）根据残酸性能测试实验，残酸的表面张力为 24.82mN/m，界面张力为 1.2mN/m，黏度为 3.0mPa · s。残酸黏度低、表面张力和界面张力低，有利于流动、返排，返排液近乎呈中性，易生物降解（图 7.3.5）。

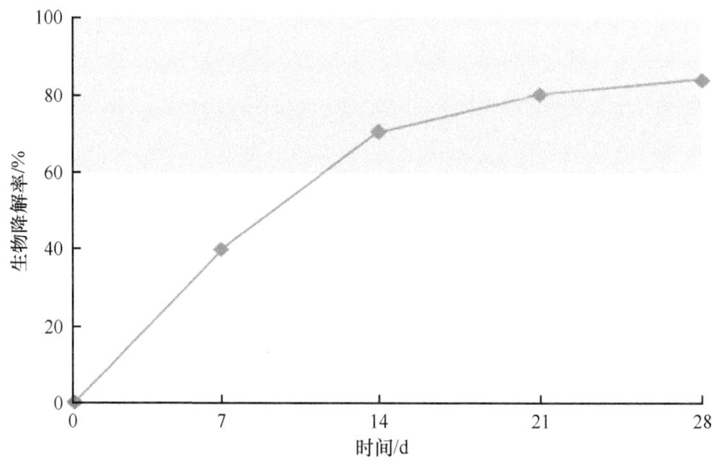

图 7.3.5　有机酸体系酸压后返排液生物降解率与时间的关系

（6）常温、清水下，测试不同闭合压力时酸蚀岩板的裂缝导流能力，如表 7.3.5 所示。结果表明，酸蚀裂缝具有较好的导流能力，总体上随闭合压力增加，导流能力逐渐减小。

表 7.3.5　常温有机酸体系主要性能指标

闭合压力/MPa	酸蚀裂缝导流能力/（D · cm）
8.66	132.78
19.86	97.50
29.85	46.18
42.87	20.57
50.40	10.93

3. 支撑剂体系优化

以裂缝性为主的碳酸盐岩储层，在酸压过程中加入 100 目中强度陶粒支撑剂，如图 7.3.6 所示，在长度为 5cm 的岩心中，以恒定排量泵入粉陶，粉陶随酸液进入裂缝后，在表面形成蚓孔状酸蚀裂缝，蚓孔较弯曲，表明粉陶具备转向分流作用。

如图 7.3.7 所示，驱替过程中在 40min 的时间内保持 3MPa 的压差，保持压力较没有添加粉陶的情况高，表明粉陶具有明显提高缝内压力的作用。

图 7.3.6　酸携粉陶前后酸蚀裂缝表面形态

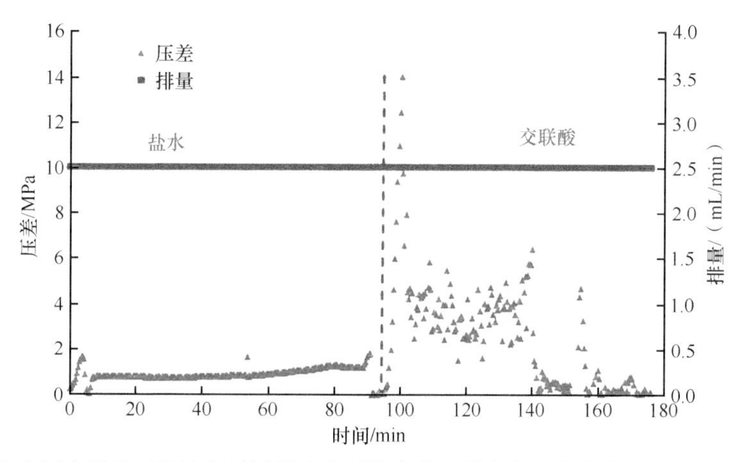

图 7.3.7　岩心在恒定排量下注液驱替过程中的压差变化（图左部分为盐水，图右部分为酸+粉陶）

图 7.3.8 为在闭合压力 100MPa 下不同支撑剂的导流能力，优选 40/70 目超低密度高强度的陶粒支撑剂，使用温度为 150～170℃，承压为 86.0MPa，密度为 1.054g/cm^3，有利于复杂缝酸压有效通道的构建。

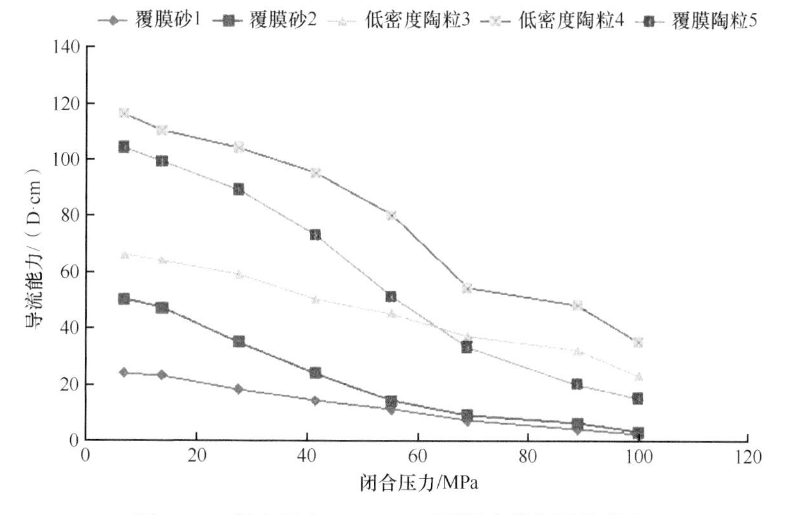

图 7.3.8　闭合压力 100MPa 下不同支撑剂导流能力

7.4　复杂缝酸压参数设计

7.4.1　不同注液程序的渗透率

实验过程中采用碳酸盐岩岩心，人工造缝后放入岩心夹持器，控制围压 1MPa，温度 90℃，注入一定量的水，测定酸化前岩石导流能力；注入酸液（胶凝酸体系或变黏酸体系），再用基液驱替，测定人工裂缝酸化后的导流能力，试验过程中酸蚀裂缝的导流能力计算：

$$w_{\mathrm{kf}}=\frac{Q\mu L}{h\Delta p} \tag{7.4.1}$$

式中，w_{kf} 为酸蚀裂缝的导流能力；h 为模拟酸蚀裂缝的高度；Q 为液体流量；μ 为液体黏度；Δp 为压差；L 为模拟酸蚀裂缝的长度。

1. 注入胶凝酸

注入胶凝酸的试验结果如图 7.4.1 所示，胶凝酸酸蚀前后，岩心相对渗透率的提升幅度为 20%～60%，除注入速率为 0.895mL/min 外，其他注入速率下相对渗透率提升后保持

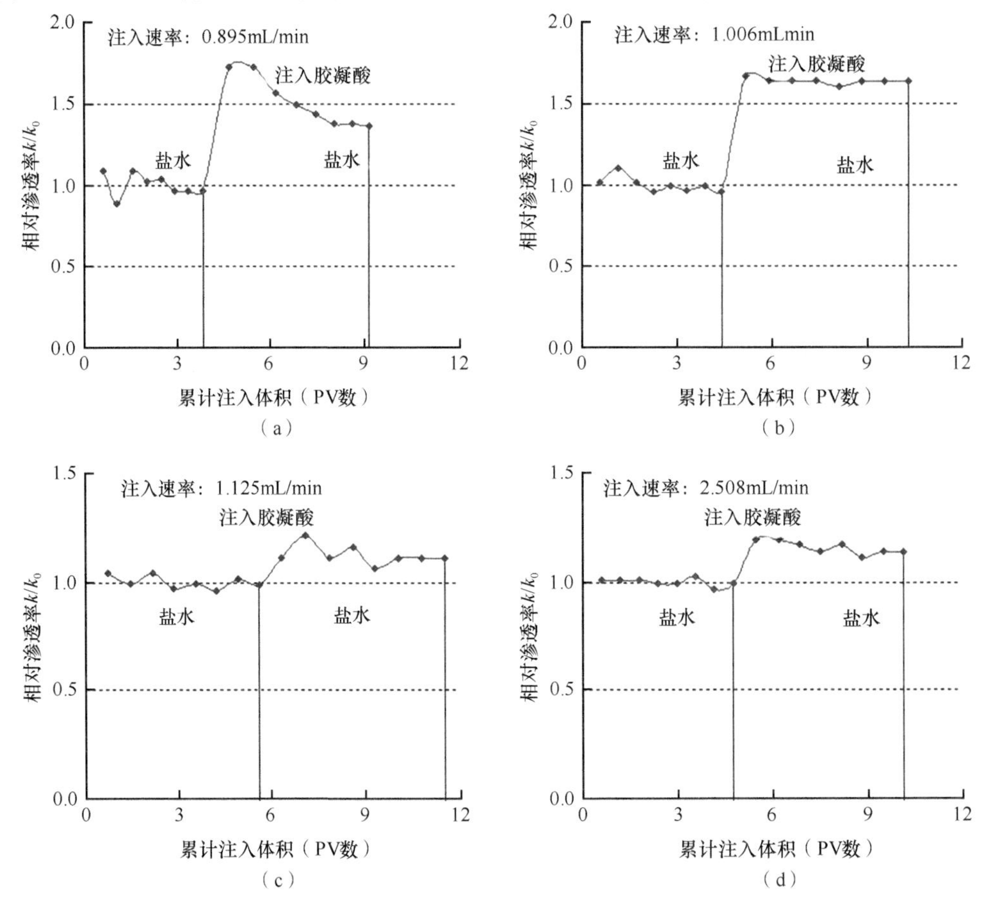

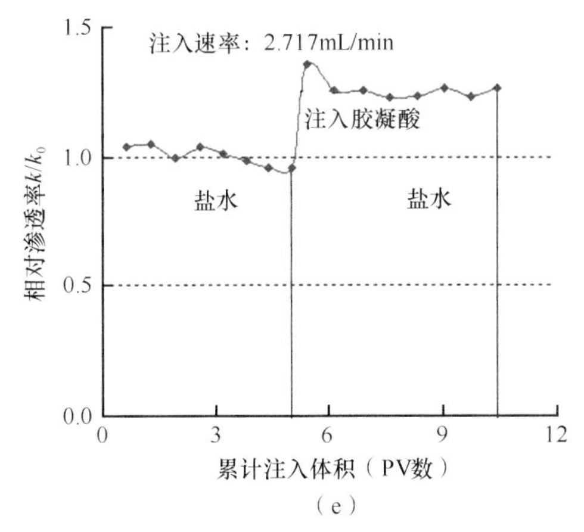

（e）

图 7.4.1　不同注入速率下胶凝酸酸蚀前后相对渗透率变化

在一稳定的值域区间内。随着注入速率的增加，整体呈现下降趋势，形成大量的孔洞和微裂缝，酸液流动沟通了岩石晶体间的纹理，未形成大裂缝，表明酸压改造过程中需采用合适的注酸量。

2. 注入变黏酸

注入变黏酸的试验结果如图 7.4.2 所示，相对胶凝酸体系，酸蚀前后变黏酸体系的岩心相对渗透率变化较小，酸蚀后岩心相对渗透率较酸蚀前提升 10%。

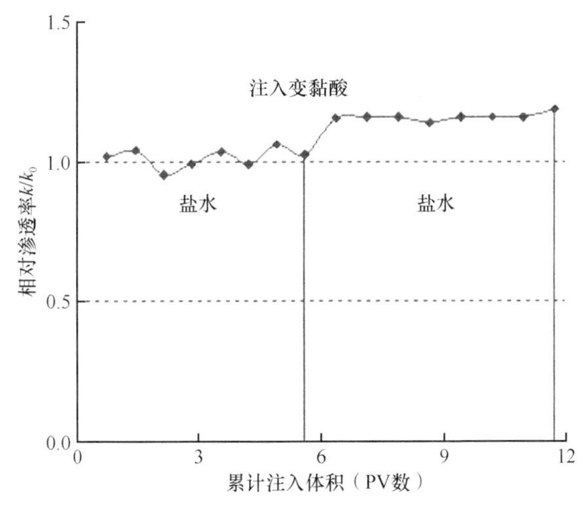

图 7.4.2　注入速率 1.146mL/min 条件下变黏酸体系酸蚀前后相对渗透率变化

3. 不同注入程序

前置酸压：注入 0.3PV 前置液，后注入 1PV 胶凝酸酸液，再用基液驱替，测定人工裂缝酸化后的导流能力。

多级交替注入酸压：注入胶凝酸酸液，后注入基液，再注入酸液，交替进行，最后用基液驱替，测定人工裂缝酸化后的导流能力。其中胶凝酸酸液总量控制在 1PV。

胶凝酸+变黏酸交替注入酸压：注入 1PV 胶凝酸酸液，后注入 0.3PV 变黏酸液，再用基液驱替，测定人工裂缝酸化后的导流能力。

试验结果如图 7.4.3 所示，前置酸压注入工艺，岩心渗透率提高 40%～50%；多级交替注入工艺（5 级胶凝酸酸压），岩心渗透率提高 50%～60%；胶凝酸+变黏酸交替注入工艺，岩心渗透率提高 30%～40%。表明多级交替注入工艺能更好地改善岩心的渗透率。

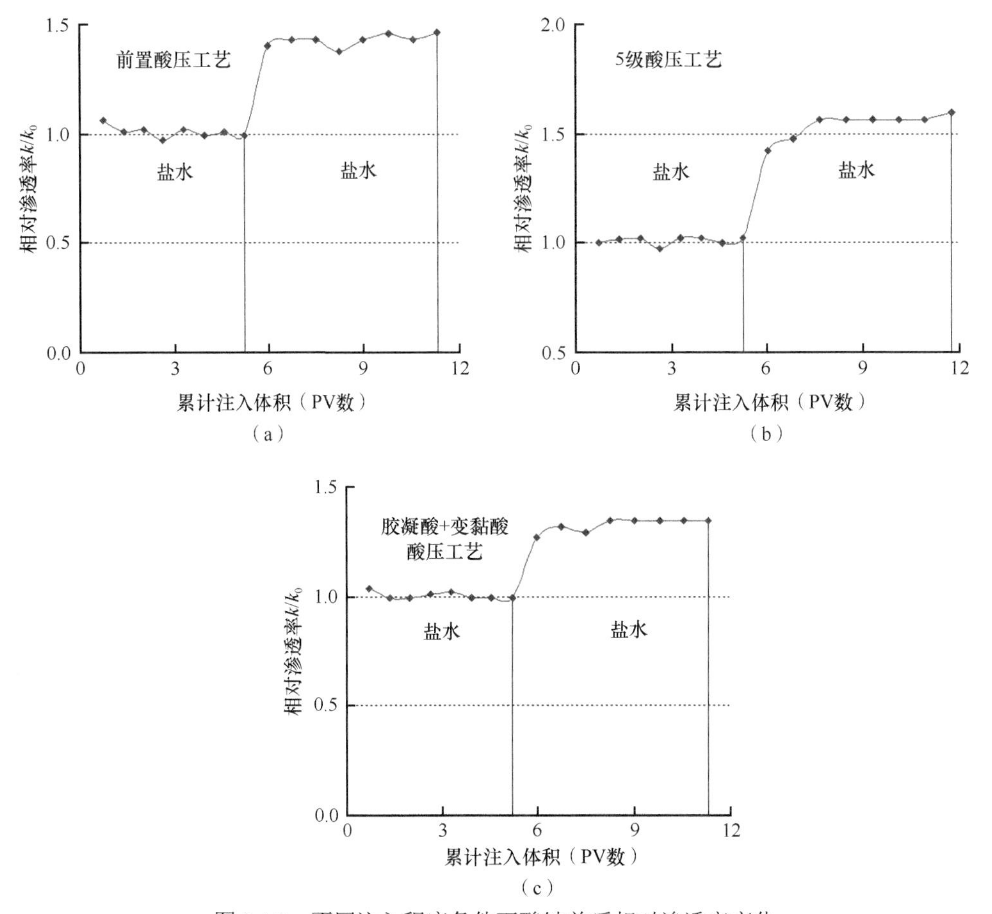

图 7.4.3 不同注入程序条件下酸蚀前后相对渗透率变化

7.4.2 不同注液程序的导流能力

1. 不同注入程序

如图 7.4.4 所示，不同注入程序条件下酸蚀前后的导流能力存在较大差异。前置酸压注入工艺，岩心导流能力提高 40%；多级交替注入工艺（5 级胶凝酸酸压），岩心导流能力提高 60%；胶凝酸+变黏酸交替注入工艺，岩心导流能力提高 30%。表明多级交替注入工艺能更好地提升岩心的导流能力值。

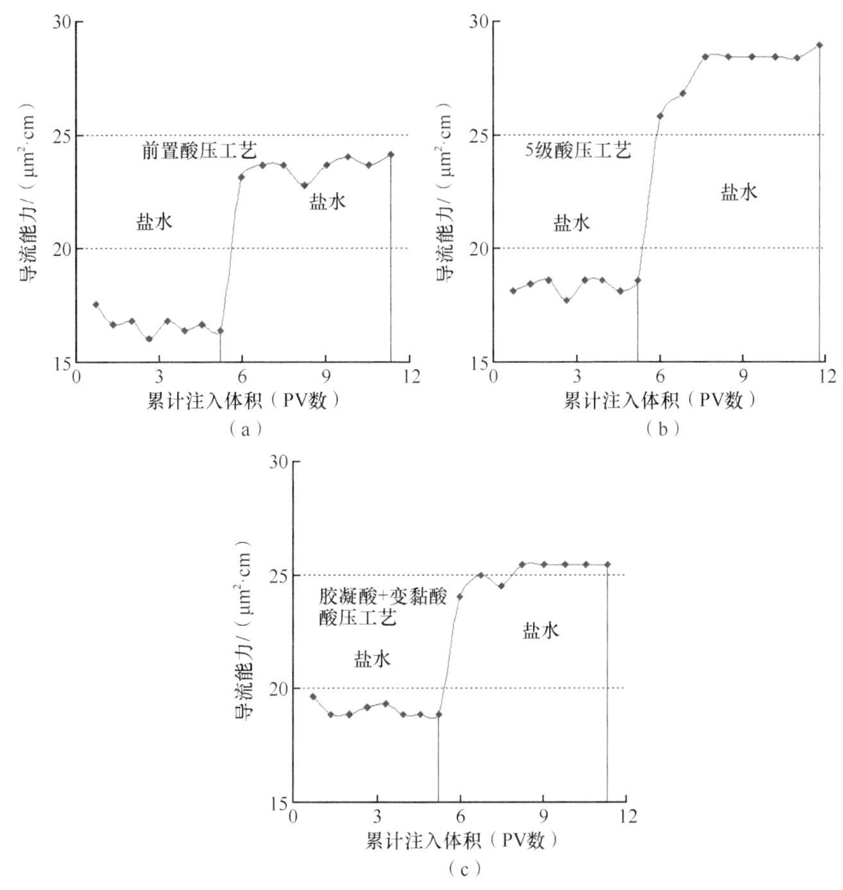

图7.4.4　不同注入程序条件下酸蚀前后导流能力变化

不同注入程序条件下，酸蚀后岩心的电镜扫描结果显示（图7.4.5）：前置酸压注入工艺，前置液的黏度较大，堵塞人造裂缝后形成部分新裂缝；多级交替注入工艺（5级胶凝酸酸压），未形成新裂缝，但岩心晶粒间的纹理沟通更完善；胶凝酸+变黏酸交替注入工艺，岩石晶粒间纹理沟通不完善，且较大的微裂缝间存在聚合物堵塞。

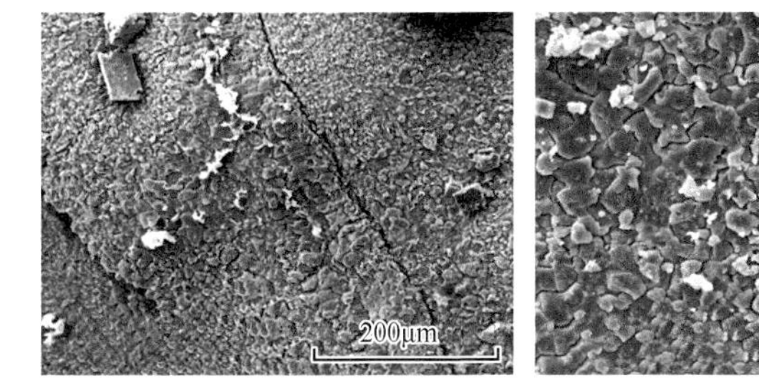
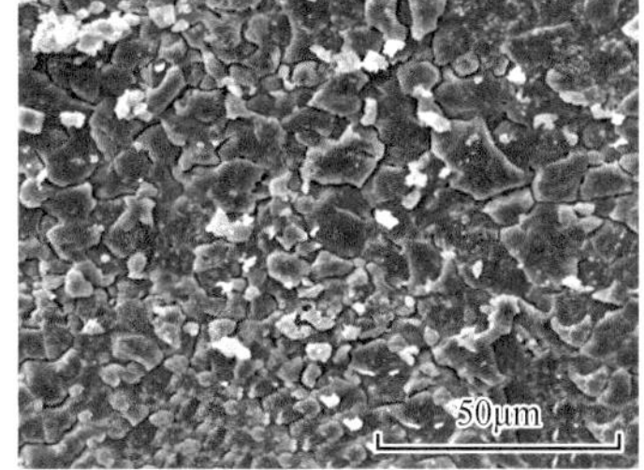
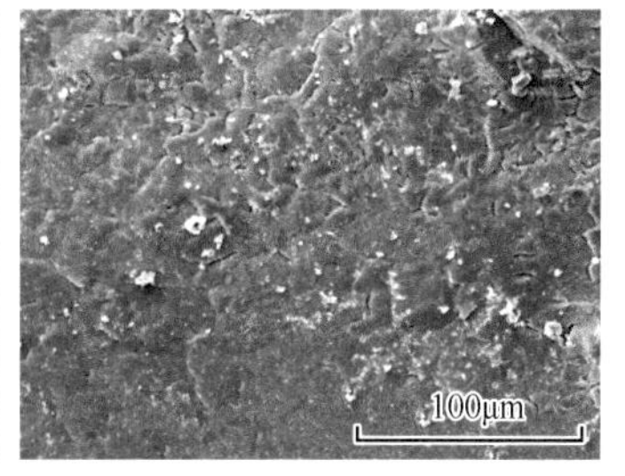

（a）前置酸压注入工艺　（b）多级交替注入工艺（五级胶凝酸酸压）　（c）胶凝酸+变黏酸交替注入工艺

图7.4.5　不同注入程序条件下酸蚀岩心电镜扫描

2. 酸蚀裂缝与支撑裂缝导流能力的差异

碳酸盐岩的酸蚀裂缝导流能力和支撑裂缝导流能力对比发现，低砂比条件下，两者导流能力基本相当；高砂比条件下，支撑裂缝导流能力明显高于酸蚀裂缝导流能力。对非均质缝洞型储层，其闭合应力较高，在工程条件满足的条件下，可采用加砂酸压，提高裂缝长期导流能力，如图 7.4.6 所示。

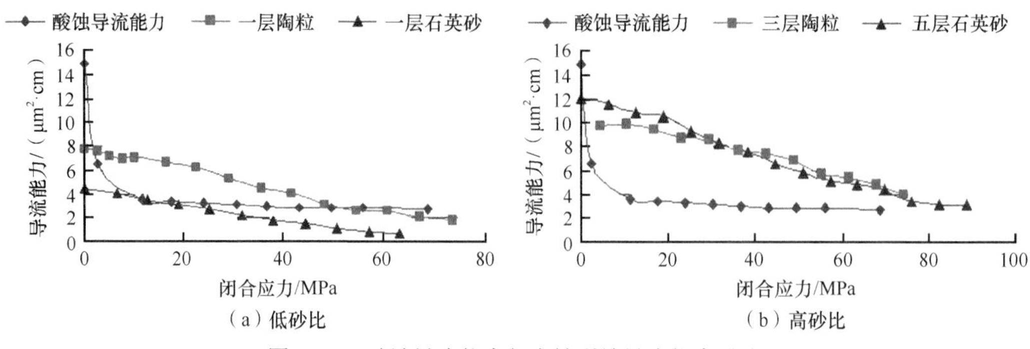

图 7.4.6　酸蚀导流能力与支撑裂缝导流能力对比

7.4.3　泵注工艺参数优化

1. 酸液用量优化

现场施工过程中增加前置液黏度，可提高造缝效率，裂缝长度增加的同时缝高也增加。在注入量较大时，缝高增长更为明显，缝高过大将降低酸液在裂缝长度方向的作用距离，即应综合考虑裂缝形态的各参量变化，优化前置液黏度。另外，由于同时存在酸岩反应和滤失，酸蚀缝长不会随注酸量的增加无限增长，因此，酸液总注入量存在一合理的范围值。

根据目标缝洞储集体与井眼的距离，确定酸压裂缝的有效缝长，优化交联酸用量为 500m^3，如图 7.4.7 所示，大于该值可进一步增加酸蚀裂缝导流能力，但酸蚀缝长增加不明显。

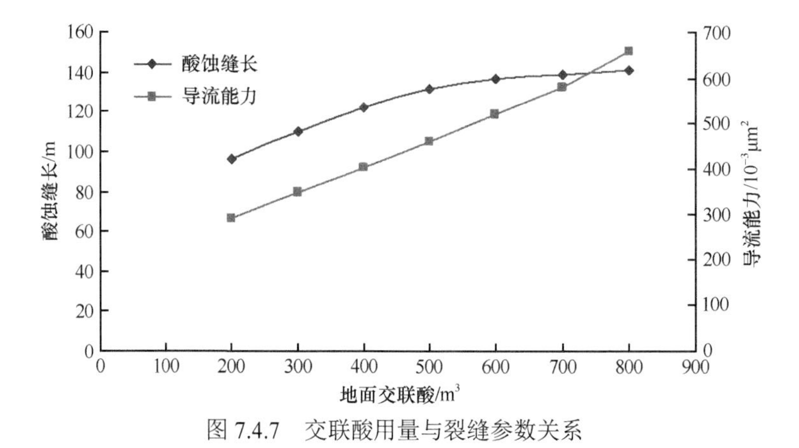

图 7.4.7　交联酸用量与裂缝参数关系

2. 注液排量的优化

有效酸蚀缝长随排量的变化规律如图 7.4.8 所示，当施工排量较低时，大部分酸液消耗在井底附近，酸蚀裂缝较短；当排量增加，有效酸蚀缝长增加。当排量大于 7m^3/min 时，酸蚀缝长增加变缓；当排量大于 10m^3/min 时，随缝长进一步增加，存在裂缝导流能力较低的情况，同时排量过高，对施工设备、井口、管柱及管线要求较高。针对塔河油田工区的酸压改造，一般采用排量为 5～8m³/min。

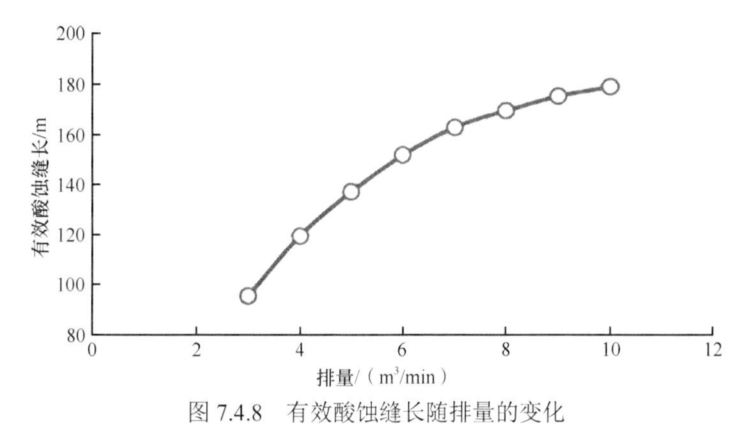

图 7.4.8　有效酸蚀缝长随排量的变化

3. 交替注入级数

不同液体组合下，酸蚀裂缝的长期导流能力如图 7.4.9 所示，胶凝酸+压裂液组合注入方式的导流能力稍高，对于近井改造一般采用胶凝酸+压裂液的注入方式。

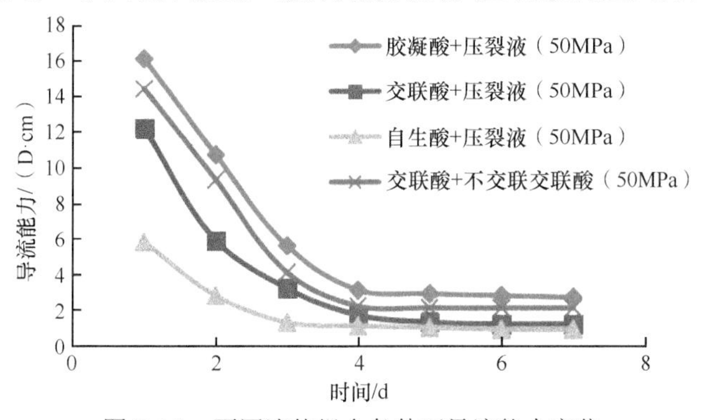

图 7.4.9　不同液体组合条件下导流能力变化

针对不同注入级数的酸蚀裂缝导流能力，采用室内实验进行测试分析，结果如图 7.4.10 所示，推荐注入级数为 3～4 级。

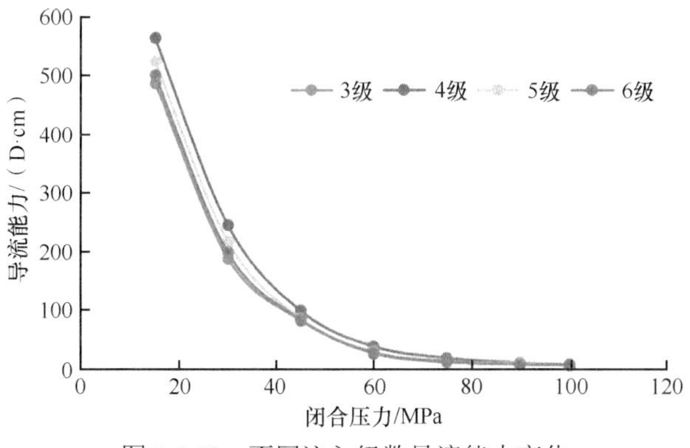

图 7.4.10　不同注入级数导流能力变化

4. 泵注参数

基于试验结果，采用流速相同、酸岩接触时间相同的原则，计算现场施工参数，并进行实例计算和现场施工参数推荐，如表 7.4.1 及表 7.4.2 所示。

$$Q_2 = \frac{Q_1 H_2}{2H_1} \gamma \times 10^6 \tag{7.4.2}$$

式中，Q_1 为现场排量；Q_2 为室内排量；H_1 为现场缝高；H_2 为室内缝高；γ 为转换系数，$\gamma=J_T/\eta$ 为转换系数，其中 J_T 为现场缝内温度与试验温度下酸岩反应速率比，η 为现场施工液体效率。

表 7.4.1　试验参数转化为现场施工参数

酸液类型	γ	缝宽/m	流速/（m/min）	室内缝高/m	现场缝高/m	室内排量/（mL/min）	现场排量/（m^3/min）	最佳时间/min	现场规模/m^3
胶凝酸	1.56	0.005	0.8	0.1	40	400	5.5	30	160
交联酸	2.68	0.005	0.6	0.1	40	300	4.0	60	240
转向酸	1.45	0.005	1	0.1	40	500	6.5	10	60

表 7.4.2　酸压施工参数推荐

液体组合		酸液浓度/%	施工排量/（m^3/min）	液量/m^3
一种酸液	胶凝酸	20	5.5	160
	交联酸		4	240
	转向酸		6.5	60
两种酸液组合	胶凝酸+转向酸		胶凝酸 5.5，转向酸 6.5	胶凝酸 160，转向酸 60
	交联酸+转向酸		交联酸 4，转向酸 6.5	交联酸 240，转向酸 60
	胶凝酸+交联酸		胶凝酸 5.5，交联酸 4	胶凝酸 160，交联酸 240
两种酸液+压裂液组合	胶凝酸+交联压裂液+转向酸		胶凝酸 5.5，转向酸 6.5	胶凝酸 160，转向酸 60
	交联酸+交联压裂液+转向酸		交联酸 4，转向酸 6.5	交联酸 240，转向酸 60

7.5 应用井例

1. 储层特征

TH 102108 井位于主干断裂东侧，呈串珠状特征，为洞穴类型储层，处于井周附近 50m 内，形态结构为独立椭球洞穴，动态储量为 28960.09t。根据测井判断，1 层 I 类储层，厚 3.5m；3 层 II 类储层，厚 31m；2 层III类储层，厚 43m。

钻至井深 5802.74m，出口流量由 40%降至 24%，立压由 18.5mPa 降至 17.7MPa，发生井漏。钻进至 5802.92m 放空，放空瞬间出口流量很小，放空井段 5802.92～5803.52m。由漏失、放空情况，推测近井存在小型溶洞（图 7.5.1），溶洞与外部储层以天然裂缝连通。区域储层以裂缝和裂缝溶孔为主，该断裂带上的其他邻井在生产过程中存在供液不足的问题。

2. 技术实施

TH 102108 测井解释 I 类储层部位钻井期间存在漏失，结合部署目的，该漏失部位是改造的重点。储层区域主要生产矛盾为供液能力不足。采用复杂缝酸压，主要目的是为提高人工裂缝波及范围和导流能力，增加单井储量动用程度。对该井 5724.10～5842.00m 井段进行复杂缝酸压改造，思路如下。

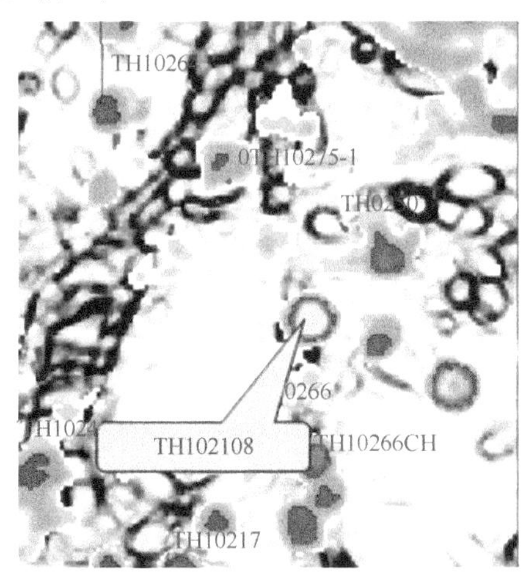

图 7.5.1　井的震幅平均变化率图

（1）施工初期采用低黏滑溜水开启近井微裂缝。

（2）高黏压裂液造分支主裂缝。

（3）低黏酸液开启分支微裂缝。

（4）低黏滑溜水扩展远端微裂缝。

（5）高、低黏酸液交替注入刻蚀，形成高导流通道。

施工期间累计注入液体 1280m^3（滑溜水 580m^3，压裂液 300m^3，地面交联酸 200m^3，胶凝酸 200m^3），最高排量 7.0m^3，如图 7.5.2 所示。压裂后初期，日产液 43.8t，日产油 43.6t，含水率为 0.46%。

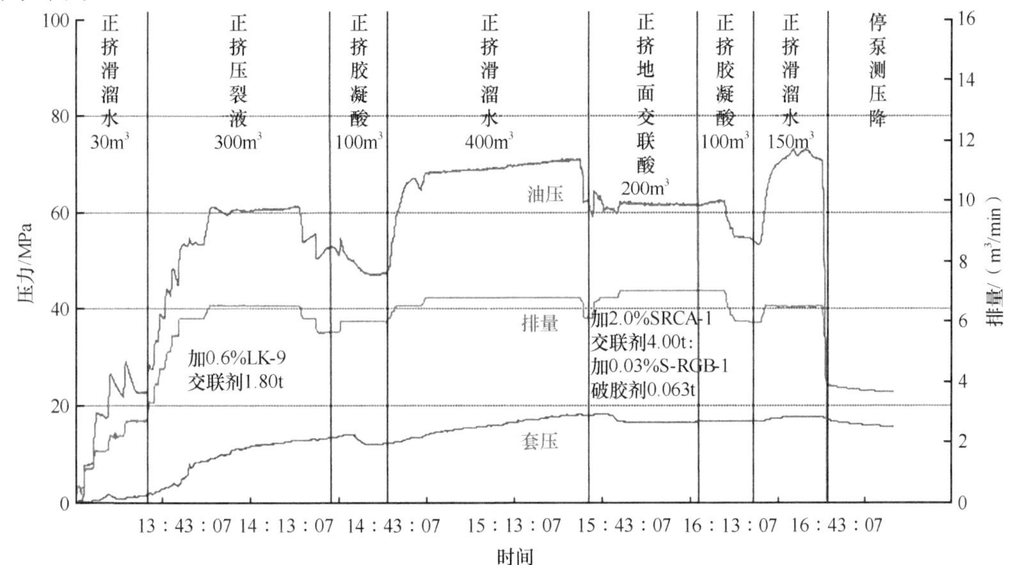

图 7.5.2　复杂缝酸压施工曲线

主要参考文献

王明元. 2016. 高温碳酸盐岩储层深穿透酸压工艺研究. 成都: 西南石油大学.
闫钰. 2016. 大港潜山高温油气藏酸压工艺研究与应用. 成都: 西南石油大学.

第 8 章　暂堵酸压技术

缝洞型碳酸盐岩储层埋藏深、温度高、非均质性强，自然投产率低，酸压成为该类储层增产的重要措施。暂堵酸压技术作为酸压的方式之一，其目标是分段改造实现多点动用，或沟通位于非水平最大地应力方向上的缝洞储集体，提高储层的采收程度，主要通过泵注可降解的材料，一般包括颗粒类、纤维类及泡沫类等暂堵剂，提高暂堵区域的流动阻力，提升局部净压力，达到开启新的转向裂缝的目的，一般包含两种工况：①井底封堵已压开的主裂缝缝口，在其他方向开启并形成新的主裂缝；②封堵原主裂缝的远端，在主裂缝侧翼开启新的支缝。施工结束后，材料可完全降解，并随井下流体返排至地面。

8.1　高强度暂堵材料

暂堵剂也称转向剂，是一种具有暂时封堵作用的化学剂，由调剖堵水剂发展而来。在暂堵酸压技术中，暂堵剂的作用是在设计区域形成高强度的桥堵，迫使局部净压力上升，在高应力区形成新裂缝，要求对暂堵剂的承压能力高，同时应满足如下性能要求。

（1）悬浮分散性能好，油管中易泵送。

（2）施工期间在强酸、高温条件下溶解率小，持续暂堵性能强。

（3）暂堵时间可控。

（4）施工后完全降解，不伤害储层，提供有效的油气流动通道。

8.1.1　暂堵剂膨胀性能

通过淀粉接枝聚丙烯酰胺与有机锆交联剂交联，合成暂堵剂。采用室内实验对暂堵剂颗粒样品进行膨胀性能测试。

1. 暂堵剂膨胀性能实验

1）实验方法与步骤

实验分析暂堵剂颗粒在常温水中、常温瓜尔胶中、常温盐酸及高温水中的初始粒径大小及膨胀过程中的粒径变化。

（1）将暂堵剂放在常温水中，前 30min 每隔 5min 取出部分颗粒，对其中三个颗粒用游标卡尺测量粒径，求取平均值，并与初始粒径进行比较。

（2）30min 后，采用同样的方法每 10min 测量一次，直至粒径稳定不膨胀，得到粒径膨胀倍比。

（3）将暂堵剂放入常温瓜尔胶携带液中，重复步骤（1）～（2）。

（4）将暂堵剂放入浓度为 20%的常温盐酸中，重复步骤（1）～（2）。

（5）将暂堵剂与水混合，并放入高温高压反应釜中，置于设置温度为 140℃恒温烘箱内，前 1h 每隔 10min 取出部分颗粒，对其中三个颗粒用游标卡尺测量粒径，求取平均值，并与初始粒径进行比较。

（6）1h 后，采用同样的方法每小时测量一次，直至粒径稳定不膨胀，得到粒径膨胀倍比。

2）在常温水中的膨胀性能

将实验中不同时刻测量得到的粒径进行记录。结果显示，暂堵剂颗粒的初始粒径为 2～2.5mm。在初始的 30min 内粒径膨胀较快，50min 后粒径膨胀变缓且趋于稳定，最后稳定在 8.5mm 左右，粒径膨胀倍数约为 3.9，如表 8.1.1 所示。

表 8.1.1　暂堵剂在常温水中的粒径变化

时间/min	粒径 1/mm	粒径 2/mm	粒径 3/mm	平均粒径/mm	粒径膨胀倍数
0	2.12	2.02	2.42	2.19	1
5	3.53	3.23	4.03	3.6	1.64
10	4.82	4.52	5.51	4.95	2.26
15	6.48	5.96	7	6.48	2.96
20	7.07	6.55	7.76	7.13	3.26
25	7.44	6.92	8.13	7.5	3.42
30	7.62	7.1	8.31	7.68	3.51
35	7.73	7.21	8.23	7.72	3.53
40	7.93	7.41	8.43	7.92	3.62
50	8.02	7.85	8.52	8.13	3.71
60	8.21	8.04	8.71	8.32	3.8
90	8.34	8.16	8.84	8.45	3.86
120	8.41	8.21	8.91	8.51	3.89

3）在常温瓜尔胶中的膨胀性能

将实验中不同时刻测得的粒径进行记录。结果显示，暂堵剂颗粒初始粒径为 2～2.6mm。在初始的 30min 内粒径膨胀较快，50min 后粒径膨胀变缓且趋于稳定，最后稳定在 9.5mm 左右，粒径膨胀倍比约为 4.1，如表 8.1.2 所示。

表 8.1.2　暂堵剂在常温瓜尔胶中的粒径变化

时间/min	粒径 1/mm	粒径 2/mm	粒径 3/mm	平均粒径/mm	粒径膨胀倍数
0	2.25	2.56	2.07	2.29	1
5	3.51	3.71	3.11	3.44	1.5
10	4.34	4.74	3.84	4.31	1.88
15	6.24	6.54	6.04	6.27	2.73
20	7.48	7.98	7.08	7.51	3.27
25	8.12	8.52	7.62	8.09	3.53
30	8.62	9.12	8.22	8.65	3.77
35	8.97	9.27	8.57	8.94	3.9
40	9.13	9.33	8.83	9.1	3.97
50	9.31	9.71	8.91	9.31	4.06
60	9.39	9.69	8.99	9.36	4.08
90	9.46	9.86	9.06	9.46	4.13
120	9.49	9.79	9.09	9.46	4.13

4）在常温盐酸中的膨胀性能

将实验中不同时刻测得的粒径进行记录。结果显示，暂堵剂颗粒的初始粒径为 2～2.7mm。在初始的 30min 内粒径膨胀较快，90min 后粒径膨胀变缓且趋于稳定，最后稳定在 8.8mm 左右，粒径膨胀倍数约为 3.6，如表 8.1.3 所示。

表 8.1.3　暂堵剂在常温盐酸中的粒径变化

时间/min	粒径 1/mm	粒径 2/mm	粒径 3/mm	平均粒径/mm	粒径膨胀倍数
0	2.37	2.13	2.62	2.37	1
5	3.54	3.34	3.74	3.54	1.44
10	4.43	4.33	4.63	4.46	1.82
15	5.44	5.14	5.94	5.51	2.25
20	6.27	5.87	6.57	6.24	2.55
25	6.96	6.76	7.26	6.99	2.85
30	7.45	7.35	7.75	7.52	3.07
35	7.73	7.43	7.93	7.7	3.14
40	8.09	7.99	8.39	8.16	3.33
50	8.26	7.96	8.76	8.33	3.4
60	8.43	8.03	8.83	8.43	3.44
90	8.59	8.29	8.99	8.62	3.52
120	8.7	8.5	9.1	8.77	3.58

5）在 140℃水中的膨胀性能

将实验中不同时刻测得的粒径进行记录。结果显示，暂堵剂颗粒的初始粒径为 2～2.6mm。在初始的 30min 内粒径膨胀较快，50min 后粒径膨胀变缓且趋于稳定，最后稳定在 10.1mm 左右，粒径膨胀倍数约为 4.0，如表 8.1.4 所示。

表 8.1.4　暂堵剂在 140℃水中的粒径变化

时间/min	粒径 1/mm	粒径 2/mm	粒径 3/mm	平均粒径/mm	粒径膨胀倍数
0	2.54	2.32	2.14	2.33	1
10	4.85	4.77	4.45	4.69	1.87
20	6.52	6.93	6.52	6.66	2.66
30	7.93	8.53	7.73	8.06	3.22
40	8.81	9.34	9.01	9.05	3.61
50	9.45	9.98	9.05	9.49	3.79
60	9.83	10.36	9.43	9.87	3.94
120	10.1	10.4	9.7	10.07	4.02

通过实验数据对比，如图 8.1.1 所示，暂堵剂在不同条件下的膨胀趋势基本一致，在瓜尔胶携带液中膨胀倍比最大，其次为高温水、常温水中，酸液中膨胀倍比最小。总体膨胀倍数介于 3.5～4.0。

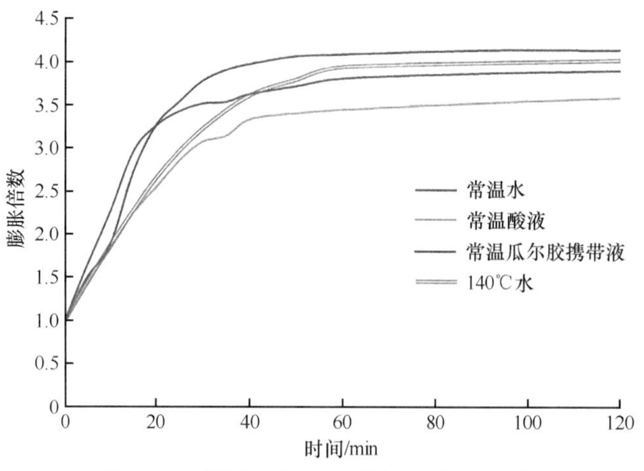

图 8.1.1　暂堵剂在不同条件下的膨胀倍数

2. 包裹石蜡的暂堵剂膨胀性能实验

1）实验方法与步骤

将固体石蜡放入烧杯中，放置在 100℃的烘箱内熔化。将暂堵剂颗粒放入熔化后的液体石蜡中形成包裹颗粒，冷却至常温。将包裹石蜡的暂堵剂颗粒分别放入预热至 50℃、70℃、90℃、110℃及 140℃等不同温度的水中，置于烘箱内（其中 110℃及 140℃的水置于高温高压反应釜内），每隔 5min 取出暂堵剂颗粒，测量其粒径，与初始未膨胀的颗粒粒径进行对比，得到包裹石蜡后暂堵剂粒径的变化值及其膨胀倍比。

2）在不同温度下的膨胀性

石蜡的熔点为 49～51℃，初始时刻常温下包裹石蜡的暂堵剂颗粒在水中几乎不膨胀，25min 后由于颗粒表面部分区域包裹不均匀，暂堵剂略微膨胀；50℃条件下，初始时刻石蜡没有熔化，颗粒缓慢膨胀，20min 后石蜡逐渐熔化，颗粒膨胀加快，30min 时粒径为 5.5mm、膨胀倍数为 2 倍；110℃和 140℃条件下，石蜡快速熔化，膨胀较快，30min 后粒径为 10mm、膨胀倍数达 4 倍（图 8.1.2、图 8.1.3）。

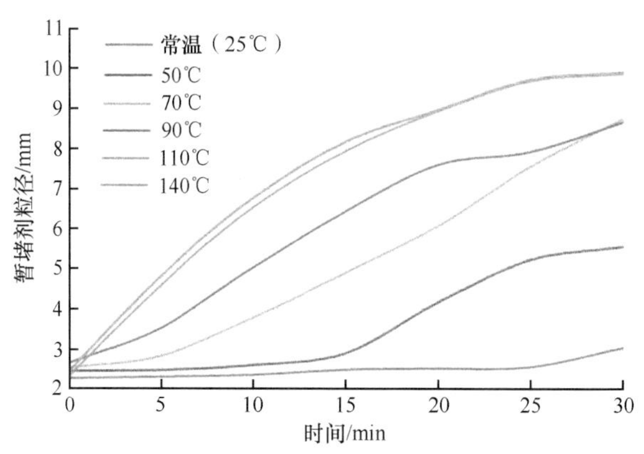

图 8.1.2　包裹石蜡的暂堵剂在不同温度下的粒径变化

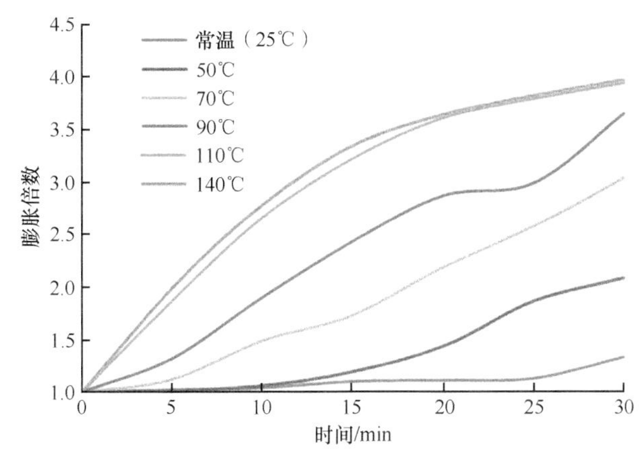

图 8.1.3　包裹石蜡的暂堵剂在不同温度下的粒径膨胀倍数

8.1.2　暂堵剂溶解性能

1. 暂堵剂溶解性能实验

1）实验方案与步骤

分别测定暂堵剂颗粒在 20%的盐酸、水、地层水溶液中的溶解率和残渣率。

（1）称取一定量的暂堵剂颗粒与浓度 20%的盐酸混合，放入高温高压反应釜中，置于设定温度的恒温烘箱中，分别在 0.5h、1h、2h、3h、4h 取出烘干，测定溶解率，放置 20h 后测量残渣率。

（2）称取一定量的暂堵剂颗粒与水混合，放入高温高压反应釜中，置于设定温度的恒温烘箱中，分别在 0.5h、1h、2h、3h、4h 取出烘干，测定溶解率，放置 20h 后测量残渣率。

（3）称取 32.19g 氯化钙、10.36g 六水合氯化镁、0.3909g 硫酸钠、0.2001g 碳酸氢钠、0.0097g 碘化钾、0.374g 溴化钾、0.9958g 氯化钾和 176.71g 氯化钠，溶于 1L 蒸馏水中，配置地层水溶液。

（4）再称取一定量的暂堵剂颗粒与配置好的地层水混合，放入高温高压反应釜中，置于设定温度的恒温烘箱中，分别在 0.5h、1h、2h、3h、4h 取出烘干，测定溶解率，放置 20h 后测量残渣率。

2）在不同温度及液体中的溶解性能

暂堵剂在 140℃、120℃、100℃不同温度、不同液体中的溶解性，分别如表 8.1.5～表 8.1.7 所示。

表 8.1.5　暂堵剂在 140℃条件下不同液体中的溶解率

实验条件	不同时间下的溶解率/%					
	0.5h	1h	2h	3h	4h	20h
140℃，20%盐酸	8	13	17.5	26	28	95.5
140℃，水	13	17	23	25	29	98
140℃，地层水	17	22	28	35	38	99

表 8.1.6　暂堵剂在 120℃条件下不同液体中的溶解率

实验条件	不同时间下的溶解率/%					
	0.5h	1h	2h	3h	4h	20h
120℃，20%盐酸	6	11	14.7	22	24	95.2
120℃，水	9	16	21	25	26	97
120℃，地层水	11	20	26	34	36	98

表 8.1.7　暂堵剂在 100℃条件下不同液体中的溶解率

实验条件	不同时间下的溶解率/%					
	0.5h	1h	2h	3h	4h	20h
100℃，20%盐酸	4.5	6	13	17	21	94.4
100℃，水	5	9	19	23	25	97
100℃，地层水	7	13	25	32	35	98

2. 水溶性暂堵剂溶解性能实验

将一定量的暂堵剂分别与清水、盐水、20%盐酸、压裂液混合，混合后浓度均为 10%，放入封闭钢筒中，后置于加热到 90℃的滚子炉中进行实验，每隔一定时间取出过滤，烘干后称取剩余样品质量，得到不同时间在不同溶解介质中的溶解率，如表 8.1.8 所示。

表 8.1.8　水溶性暂堵剂在不同溶解介质中的溶解率

溶解时间/h	不同溶解介质下的溶解率/%			
	清水	盐水	20%盐酸	压裂液
0.5	37.7	53.2	43.3	17.5
1	59.4	66.8	80.6	20.2
1.67	67.1	74.8	82	39.6
3	73.3	78.2	83.3	54
5.3	83.7	81.3	85.2	68.6

结果显示，水溶性暂堵剂耐温性较差，90℃时在清水、盐水、20%盐酸中 0.5h 溶解率达到 38%～53%，不满足施工过程中持续暂堵的要求（施工时间一般大于 2h）。

3. 耐酸耐温纤维暂堵剂溶解性能实验

为进一步提高暂堵材料的耐酸、耐温性能，采用聚乙醇酸、聚乳酸等预聚体提升耐酸性，通过预聚体间缩聚反应，提高聚合物分子量，提升材料耐温性，形成耐酸、耐温 140℃聚酯类暂堵材料。

取 2g 耐酸、耐温的纤维分别加入 100g 清水、20%盐酸中，放入封闭的钢筒中，后置于加热到 140℃的滚子炉中进行实验，每隔一定时间取出过滤，烘干后称取剩余样品的质量，得到样品在不同时间、不同溶解介质中的溶解率。

结果显示，在 140℃、2h 条件下，在清水中溶解率仅 1.1%，在 20%盐酸中溶解率 16.70%，但最终溶解率均达到 100%，基本满足酸化压裂对持续暂堵的要求，如图 8.1.4 所示。

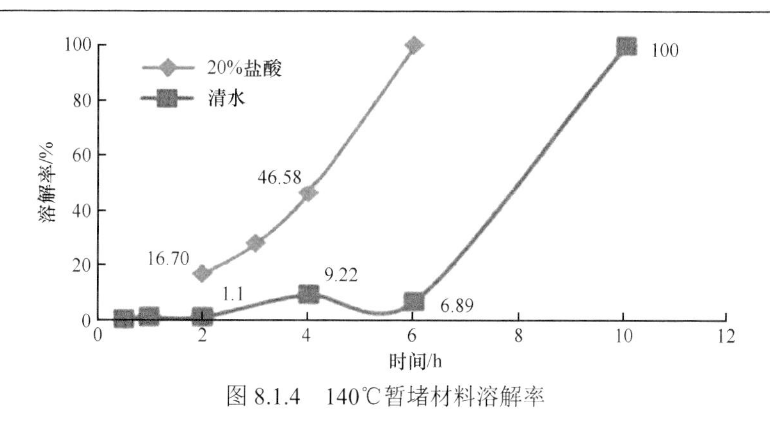

图 8.1.4　140℃暂堵材料溶解率

8.1.3　暂堵剂降解性能

1. 纤维降解性能实验

按施工工程条件，设计 2.5%盐酸和 5.0%盐酸两种残酸浓度条件下纤维的降解速率，实验温度为 90℃水浴，配液分两种：①2.5%盐酸+1%纤维+自来水；②5%盐酸+1%纤维+自来水。

实验步骤：在玻璃瓶中按照实验浓度将 30%盐酸稀释，配置 100mL 的溶液，加入 1g 纤维，设置水浴温度为 90℃，将玻璃瓶编号，置于水浴锅中，在不同的时间取出玻璃瓶中的液体，用滤纸过滤，烘干后称重，计算降解率。

记录不同时间点时上述两组实验的降解数据，如图 8.1.5 所示。纤维材料的降解曲线呈“S”形，实验开始时，纤维的降解速率较低，由于纤维材料降解后产生酸性产物，因此，随着降解的进行，降解速率逐渐加快，在纤维降解率达到 10%左右时，降解速率显著提高，35h 时降解达 70%。当纤维降解率达 90%时，材料的降解速率逐渐下降，直至完全降解。总体来看，5% 盐酸残酸浓度条件下，纤维的降解速率比 2.5%盐酸快，完全降解时间缩短 16h，降解速提升 23%。

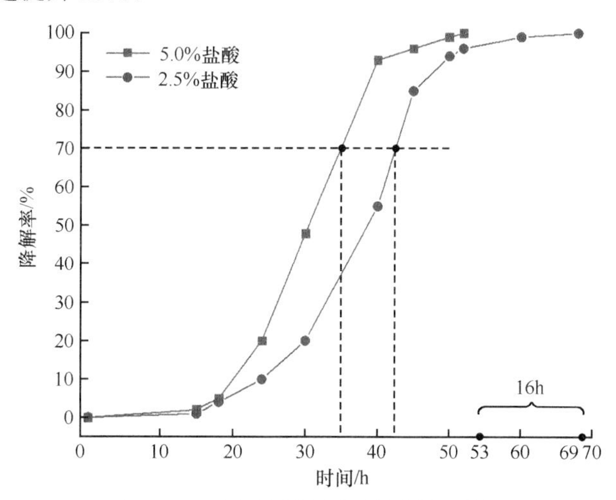

图 8.1.5　不同残酸浓度下纤维降解率

2. 颗粒降解性能实验

暂堵材料的降解不仅受环境 pH 的影响，还受环境温度的控制。通过实验对比三种高温暂堵颗粒在温度 100℃、120℃、140℃条件下的降解速率，在玻璃瓶中配置 100mL 液体，加入 2g 暂堵颗粒，置于老化釜中，加压 5MPa，将老化釜放入油浴锅中加热，一定时间后取出玻璃瓶中的液体，用滤纸过滤，在烘箱中烘干后称重，计算暂堵颗粒的降解率。

依此获得三种实验温度下暂堵颗粒的降解率曲线。高温暂堵颗粒在 100℃条件下降解速率十分缓慢，65h 内几乎不降解；当温度升高到 120℃时，经 21h 完全降解；在 140℃条件下，6h 内降解率达 100%，如图 8.1.6 所示。暂堵颗粒的降解速率主要受温度控制，温度越高降解速率越快，当温度低于临界降解温度时，几乎不降解。

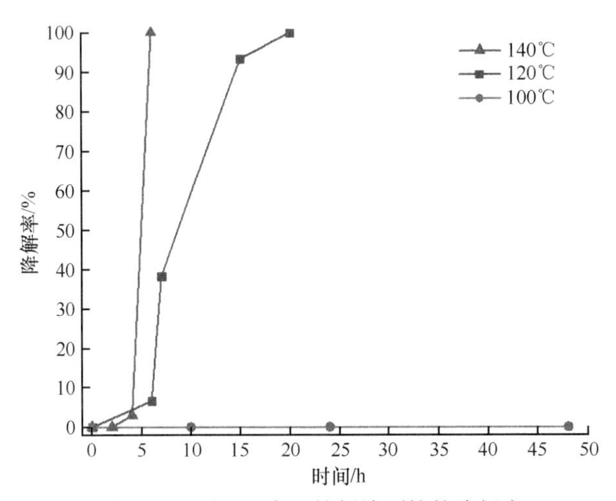

图 8.1.6　不同温度下的暂堵颗粒的降解率

8.1.4　暂堵剂封堵缝宽

深层碳酸盐岩改造过程中，裂缝远端开度一般为 1～2mm，常见可用的暂堵材料包括以下几种类型：粉末、纤维、1mm 颗粒和 2mm 颗粒。通过试验测试暂堵材料及其不同组合条件下，封堵裂缝的宽度。

1. 试验装置

试验采用楔形裂缝，以模拟实际裂缝由缝口向缝端其缝宽逐渐减小的情形，注入过程待暂堵材料在楔形缝内形成有效封堵后，测量暂堵材料封堵段前缘位置处的缝宽，具体参数如表 8.1.9 所示，模拟装置如图 8.1.7 所示。

表 8.1.9　暂堵剂封堵缝宽的裂缝参数设置

缝长/mm	缝口/mm	缝端/mm	斜率	缝面特征
175	7	1	0.034	光滑

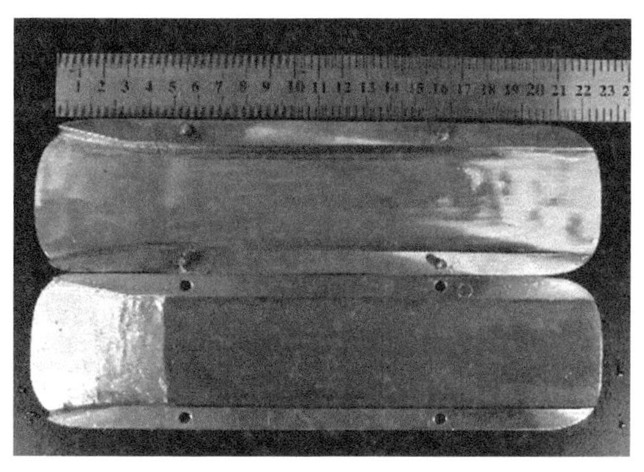

图 8.1.7　模拟裂缝试验

2. 粉末封堵缝宽

采用200目的粉末进行试验，阐述不同浓度下的粉末进入裂缝远端的能力，试验浓度及配液量如表8.1.10所示。

表 8.1.10　粉末封堵缝宽的粉末配置参数

试验编号	粉末浓度/%	配液量/mL
a	1.0	4000
b	1.5	4000
c	2.0	4000

粉末自身粒径较小，试验采用了最小的裂缝末端缝宽，即1mm，测得的注入压力曲线如图8.1.8所示。粉末浓度从1.0%上升到2.0%，注入压力均没有明显变化，最高注入压力仅0.32MPa，小幅的压力波动反映注液过程中的摩阻变化，说明粉末未能进入1mm的裂缝远端形成有效封堵。

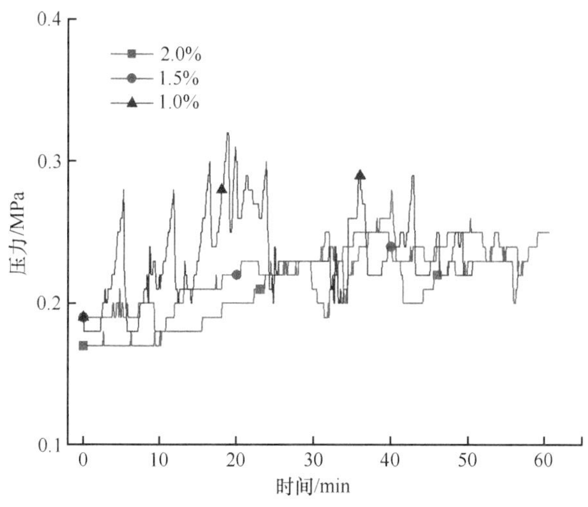

图 8.1.8　粉末沿裂缝注入过程中的压力变化

3. 纤维封堵缝宽

采用可降解暂堵纤维，长度为 6mm，裂缝出口端缝宽为 1mm，阐述纤维的封堵缝宽与浓度之间的关系，试验所用纤维浓度及结果如表 8.1.11 所示。

表 8.1.11　纤维注入浓度及结果

编号	纤维浓度/%	最高承压/MPa	封堵处缝宽/mm
a	0.5	0	＜1
b	0.8	0	＜1
c	1.1	0	＜1
d	1.4	0	＜1
e	1.7	7	1
f	2.0	15.8	1

注入压力曲线如图 8.1.9 所示，纤维浓度为 0.5%、0.8%、1.1%和 1.4%时，注入压力为零，说明纤维浓度较低时，不足以在宽度为 1mm 的远端裂缝形成有效封堵。在实际条件下，纤维进入裂缝后不能在 1mm 宽度处形成封堵，将进入缝宽更窄的远端位置。纤维浓度继续增大，达到 1.7%时，注入压力开始出现明显的波动，在 28min 时，注入压力上升到 1.7MPa，随后压力瞬间降至初始压力，说明纤维已经出现堆积，但当形成一定封堵后，随着注入压力升高，纤维团被高压差突破；在 65min 时，注入压力再一次上升，达到 7MPa，后又瞬间降为初始压力，说明对宽度为 1mm 的裂缝远端有一定的封堵作用。纤维浓度进一步增大至 2.0%时，在注液过程中，注入压力出现三次较明显的波动，说明纤维在管线或裂缝内的运移过程中发生多次堆积，在 49min 时，注入压力快速上升至 15.7MPa，随后瞬间发生突破；试验过程中观察到裂缝出口端有纤维和液体喷出，说明 2.0%的纤维能有效封堵宽度为 1mm 的裂缝，且承压能力大于 15MPa。

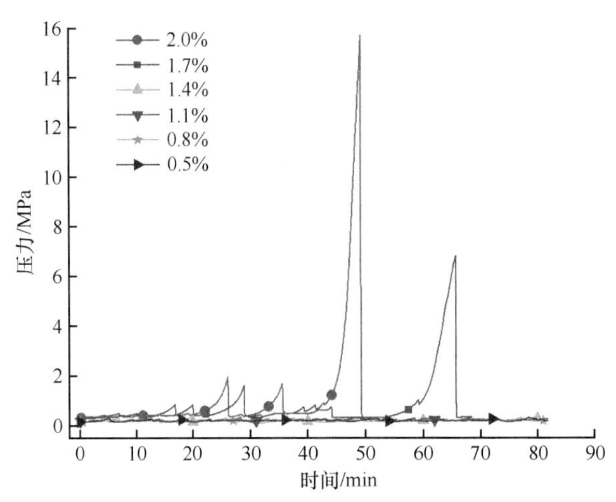

图 8.1.9　纤维沿裂缝注入过程中压力

综上，纤维能封堵裂缝的宽度与其浓度密切相关，对于宽度为 1mm 的裂缝，浓度小于 1.4%时不能对其形成有效封堵，浓度达到 2.0%时能形成有效封堵。

4. 颗粒封堵缝宽

1）1mm 颗粒

对于颗粒，其能进入的缝宽不低于材料的自身尺寸，阐述两种颗粒尺寸下的注入压力：缝端宽度为 1mm，颗粒浓度为 0.3%～2.0%；缝端宽度为 2mm，颗粒浓度为 1.0%～2.0%，试验参数如表 8.1.12 所示。

表 8.1.12　1mm 颗粒封堵测试参数

试验编号	1mm 颗粒浓度/%	缝端宽度/mm	封堵缝宽/mm
a	0.3	1	1
b	0.6	1	1
c	0.9	1	1
d	1.2	1	1
e	1.5	1	1.2
f	2.0	1	1.6
g	1.0	2	<2
h	1.5	2	<2
i	2.0	2	<2

如图 8.1.10 所示，1mm 颗粒在缝端宽度为 1mm 的裂缝内封堵结果如下。

（1）颗粒浓度较低时（0.3%），未能形成明显的憋压特征，主要是因为颗粒的浓度太低，整个注液过程中能够聚集在裂缝出口端的颗粒量较少，难以形成封堵。

（2）当颗粒浓度提高至 0.6%时，在 50min 之前注入压力没有明显的波动，50min 后注入压力经历了三次快速的起伏，反映了颗粒在运移过程中产生了小幅的聚集，由于其量少且结构不稳定，随后发生局部突破，压力下降，之后注入压力逐渐上升，在 76min 时注完试验容器内的液体，注入压力上升到 1.5MPa。

（3）当颗粒浓度提高到 0.9%时，注入压力的变化趋势与颗粒浓度为 0.6%时相似，在 53min 前注入压力较为平缓，而后压力开始逐步上升，最高达 2.0MPa。

（4）当颗粒浓度增大到 1.2%时，其起压时间相对较早，在 35min 时注入压力开始缓慢上升，最高压力上升至 1.8MPa。

（5）当颗粒浓度为 1.5%时，颗粒的聚集过程相对很平缓，试验过程中注入压力未发生剧烈波动，稳步缓慢上升至 4.0MPa，测量封堵段前缘处于缝宽为 1.2mm 位置处。

（6）当颗粒浓度达到 2.0%时，在 20min 时压力发生波动，主要是因为颗粒浓度较高，在缝内发生聚集的时间缩短，在 50min 时压力达到最高值 1.7MPa，试验结束后观察到在裂缝内形成了一段堆积的颗粒，但其结构不稳定，易破碎，封堵结构的前缘位置在缝宽 1.6mm 处。

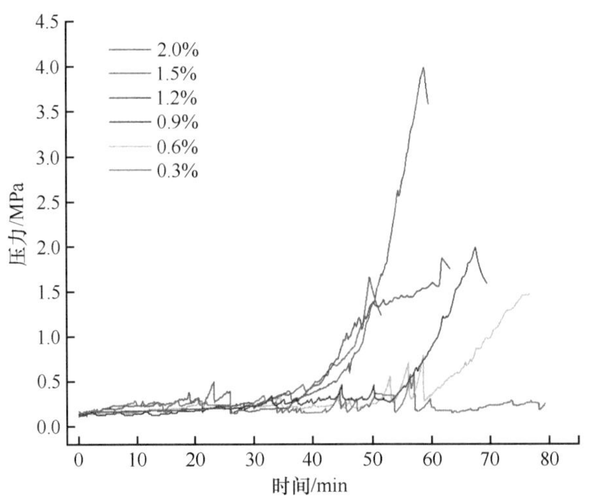

图 8.1.10　1mm 颗粒在缝端宽度为 1mm 的裂缝内封堵压力

上述试验发现，前期起压阶段，1.2%、1.5%和 2.0%三组试验的压力曲线形态相似，颗粒浓度越高，形成封堵的时间越早。1mm 颗粒浓度大于 1.5%时，难以进入缝宽为 1mm 的裂缝远端进行封堵，即增加颗粒浓度时，其能封堵的缝宽更大，为进一步验证，分别对浓度为 1.0%、1.5%和 2.0%的 1mm 的颗粒进行试验，如图 8.1.11 所示。

1mm 颗粒的浓度为 1.0%和 1.5%情况下，颗粒直接从缝端流出，未能形成封堵，但当颗粒浓度增大到 2.0%时，在注入过程中压力发生两次大的波动，分别是 32min 和 57min 时，注入压力增加到 1.0MPa 发生突破，而后压力瞬间降到初始注液压力水平，说明颗粒在运移过程中在缝端形成一定的封堵，因此当 1mm 颗粒浓度小于 2.0%时，其能进入缝宽为 2mm 的裂缝远端进行封堵，但强度低，且稳定性差。

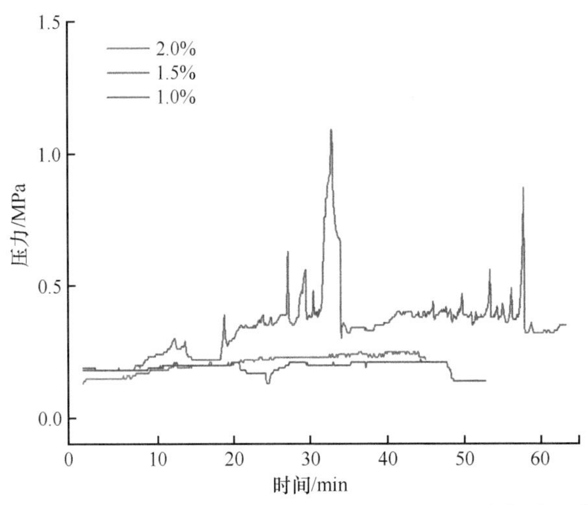

图 8.1.11　1mm 颗粒在缝端宽度为 2mm 的裂缝内封堵压力

2）2mm 颗粒

对 2mm 颗粒分别采用出口缝宽为 2mm 和 2.5mm 进行测试。当 2mm 颗粒浓度小于 1%时，采用缝端出口宽度 2mm；颗粒浓度大于 1%时，采用缝端出口宽度 2.5mm，试验参数如表 8.1.13 所示。

表 8.1.13 2mm 颗粒封堵测试参数

试验编号	2mm 颗粒浓度/%	封端宽度/mm	封堵缝宽/mm
a	0.3	2	2
b	0.4	2	2
c	0.5	2	2
d	1.2	2.5	<2.5
e	1.5	2.5	<2.5
f	2.0	2.5	2.5

如图 8.1.12 所示，2mm 颗粒浓度分别为 0.3%、0.4%和 0.5%时，注入压力曲线波动频繁，且最大注入压力比较接近，达 1.6MPa。说明采用 2mm 颗粒进行远端暂堵时，颗粒能在 2mm 的缝宽处形成封堵，但仅靠 2mm 颗粒不能完全封堵流动通道，因为颗粒之间由于架桥形成了孔隙，同时由于颗粒浓度低，堆积的颗粒量较少，结构稳定性差，在注入压力下易产生反复突破现象。

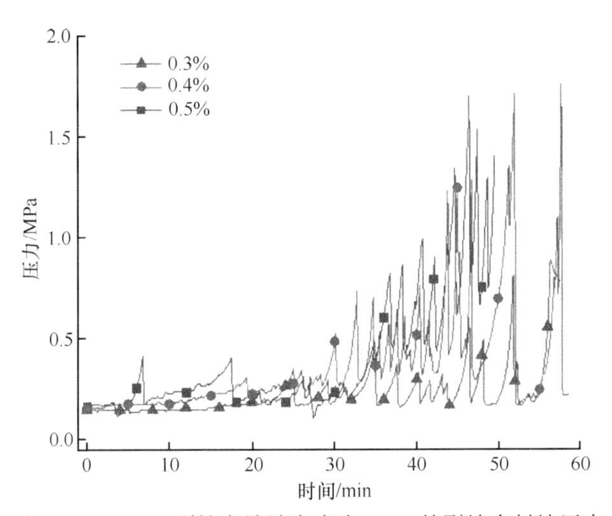

图 8.1.12 2mm 颗粒在缝端宽度为 2mm 的裂缝内封堵压力

图 8.1.12 表明，增大 2mm 颗粒的浓度，其能封堵的缝宽应增加，为此进一步将裂缝出口端的宽度设置为 2.5mm，分别对比 1.2%、1.5%和 2.0%三种颗粒浓度下的封堵情况，如图 8.1.13 所示。

对比发现，当 2mm 颗粒的浓度较低时，即使出口缝宽较窄，在相同液量条件下也难以形成有效的封堵，当增大颗粒的浓度至足够大时，即使扩大裂缝出口缝宽，颗粒也能在缝内形成架桥封堵。通过 1.2%、1.5%和 2.0%三组浓度的注入压力曲线可知，随着颗粒浓度的增大，形成封堵的时间逐渐缩短，且最大封堵压力逐渐升高。这是因为颗粒的浓度越大，在缝口处聚集的量就越多，同时多颗粒间的架桥概率增大，导致形成封堵的时间缩短。

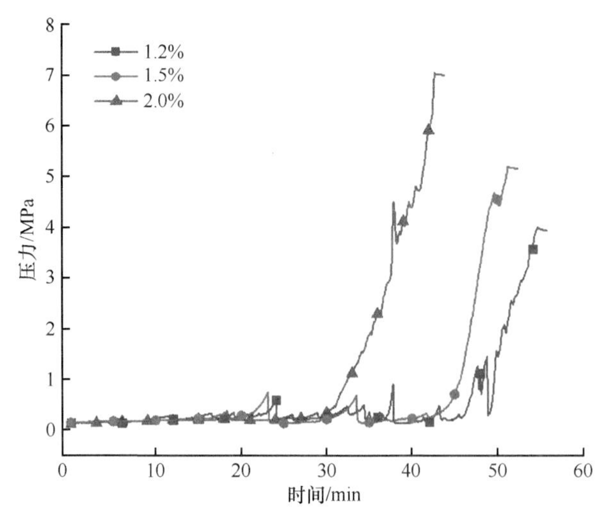

图 8.1.13 2mm 颗粒在缝端宽度为 2.5mm 的裂缝内封堵压力

在相同的注液量条件下，颗粒浓度越大，在缝内形成的封堵段就越长，对液体的流动阻力也越大，最大注入压力越高。值得注意的是，对于浓度为 2.0%条件下的封堵段可以确定其从缝口开始就形成了较密集的封堵结构，其封堵缝宽可以认为是 2.5mm，而在 1.2%和 1.5%条件下的封堵缝宽都介于 2～2.5mm。

8.1.5 暂堵剂承压能力

暂堵材料的承压能力是能否通过暂堵形成新分支裂缝的关键。承压能力不仅要考虑暂堵材料本身的抗压强度，同时还要考虑颗粒与纤维组合形成封堵带的承压能力。

1. 试验装置

暂堵材料的承压能力测试，采用岩心流动装置进行试验，主体部分是一个圆柱形的空心钢棒，将其装入岩心流动装置中固定，并提供液流通道，如图 8.1.14 所示，钢棒长 78mm，内部沿轴向有一个贯穿的锥形孔，A 端孔径为 10mm，B 端孔径为 3mm，直径介于 3～10mm 的小球都能在孔内某一个部位卡住，形成封堵。小球卡在孔内之后将钢棒安装在岩心夹持器上，然后从 A 端泵液加压，由此得到小球在模拟封堵条件下的承压能力。试验不仅可测试球形暂堵颗粒的承压能力，还可测试经暂堵压实后封堵材料的承压能力。

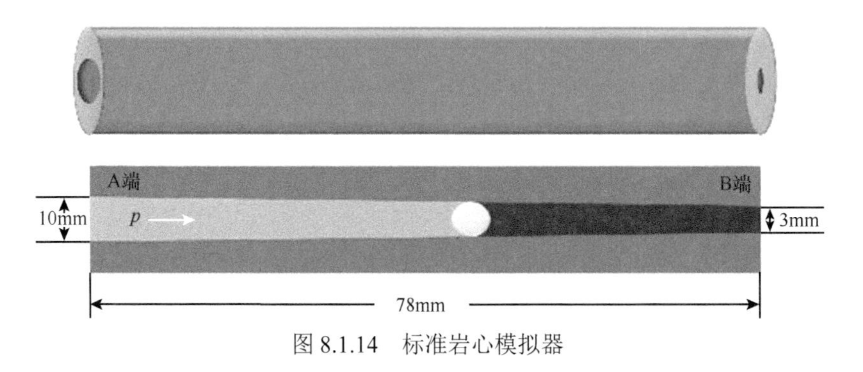

图 8.1.14 标准岩心模拟器

2. 单一暂堵材料的承压能力

分别测试纤维和颗粒的承压能力。采用纤维进行试验时，分别称取质量为 1g、2g、3g 和 3.6g 的纤维进行试验，试验曲线如图 8.1.15 所示。结果表明，随着纤维质量的增加，即纤维段塞长度的增加，封堵材料的承压能力逐渐增强。

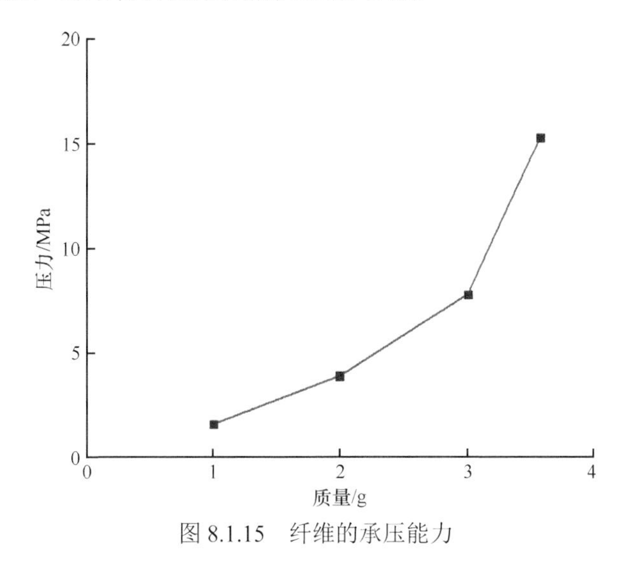

图 8.1.15　纤维的承压能力

采用不同粒径的暂堵球颗粒进行试验时，选取四种粒径的暂堵球，分别为 4mm、5mm、6mm 和 7mm，承压能力结果如图 8.1.16 所示。不同粒径暂堵球的承压能力变化不大，但均超过 30MPa。

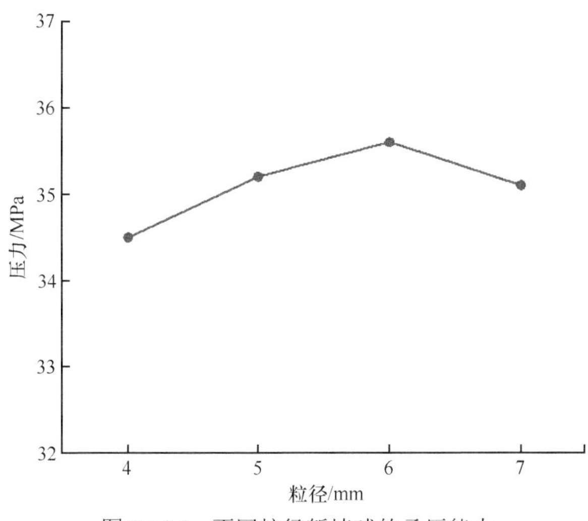

图 8.1.16　不同粒径暂堵球的承压能力

分析认为，暂堵球颗粒自身具有较高的强度，即承压力能力一般高于纤维。暂堵纤维的承压程度主要受其与壁面间的摩擦力影响，纤维量越大其与壁面接触面积越大，承压能力也随之增强。

3. 组合暂堵材料的承压能力

对于裂缝远端的暂堵，常用采用组合材料的暂堵方式，即纤维与 1mm 颗粒混合。在室内暂堵试验过程中不同浓度比的颗粒和纤维的承压能力之间存在较大差异。因此，有必要对纤维和 1mm 颗粒混合的材料进行承压能力分析。

选取两组浓度进行对比：①试验 1 浓度为 0.8%的纤维+浓度为 0.6%的 1mm 颗粒[图 8.1.17（a）]；②试验 2 浓度为 0.7%的纤维+浓度为 0.7%的 1mm 颗粒[图 8.1.17（b）]。首先，通过室内暂堵试验装置对上述两种组合进行试验，待暂堵材料在缝内形成有效封堵后，结束试验，取出暂堵材料的压实段；其次，通过人工填塞的方式将其塞入空心钢棒内。图 8.1.17 为两组试验所用的纤维与 1mm 颗粒混合的压实段。

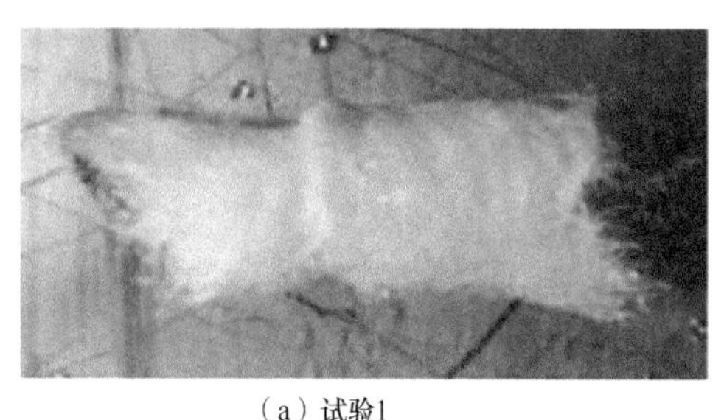

（a）试验1

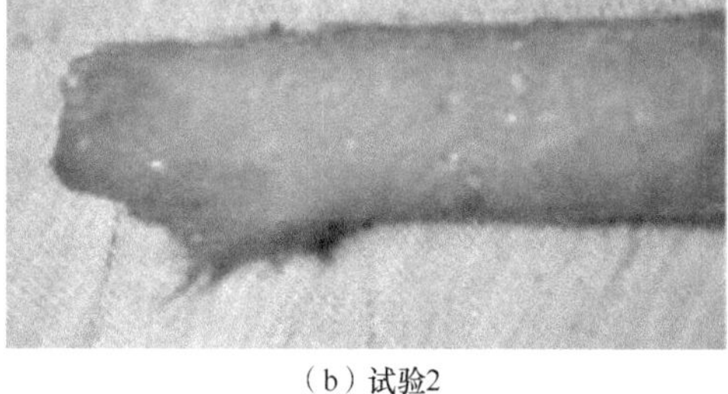

（b）试验2

图 8.1.17 暂堵材料段塞

两种组合材料的承压能力如图 8.1.18 所示。

试验 1 随着注液时间增加，注入端的压力逐渐增大，压力呈缓慢上升趋势，直至 11.6MPa 时发生突破，注入压力快速降低到 1MPa 以下，说明该组合条件下形成的暂堵段塞承压能力有限，未达到某区块现场施工承压 15MPa 的要求。

试验 2 相较于试验 1 组实验，开始阶段的注入压力上升速度明显加快，这也反映了该组合条件下暂堵材料内部更为紧密，注入压力在 20min 后上升到 35MPa，接近试验设置的门限压力，后续改为恒压驱替，暂堵材料组合段塞保持稳定，未发生破裂。

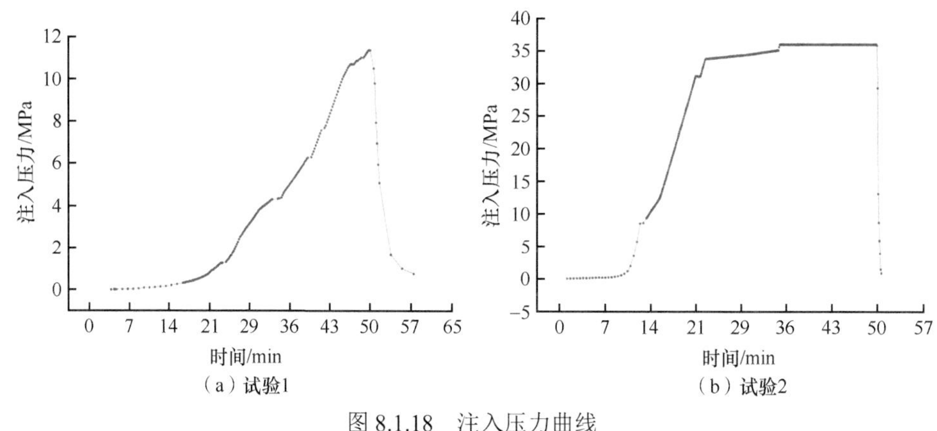

（a）试验1 （b）试验2

图 8.1.18 注入压力曲线

通过上述两组试验对比可知，一定程度上，浓度为 0.7%纤维+浓度为 0.7%的 1mm 颗粒比浓度为 0.8%纤维+浓度为 0.6%的 1mm 颗粒具有更好的结构稳定性，强度大，满足一般储层分段酸压改造对承压能力的要求。

4. 暂堵剂驱替试验

试验仪器：量筒，烧杯，天平，搅拌器，岩板，导流室，夹板，驱替泵，围压泵，连接管线。

试验药品：瓜尔胶（质量分数为 0.3%），柠檬酸（浓度为 0.02%），调节剂（浓度为 0.15%），交联剂（浓度为 0.3%），颗粒暂堵剂（浓度为 2%），纤维暂堵剂（浓度为 1%）。

1）试验步骤

用量筒量取一定量的水倒入烧杯中，将烧杯置于搅拌器下搅拌，用天平称量出所需质量的药品，往烧杯中心匀速缓慢加入瓜尔胶，2min 后加入柠檬酸，30min 后加入颗粒暂堵剂，随后靠烧杯外侧加入调节剂，2min 后加入交联剂。上下移动搅拌器，将混合液搅拌成胶，要求不沉降。然后进行驱替试验。

2）试验结果

浓度为 2%的颗粒暂堵剂：试验结束后拆下岩板观察，暂堵剂膨胀后在岩板内分布如图 8.1.19 所示，暂堵剂在缝口分布较多，中间段较少，整体没有达到封堵要求。如图 8.1.20 和图 8.1.21 所示，出液后压力稳定在 0.1～0.2MPa，最高为 0.28MPa，不能封堵 4mm 的岩板裂缝，65min 后结束出液，试验结束。表明该水膨型暂堵剂在封堵 4mm 裂缝的试验中，颗粒暂堵剂浓度为 2%时，突破压力为 0.2MPa，低于工程要求，需要进一步调整暂堵剂的浓度及加量。

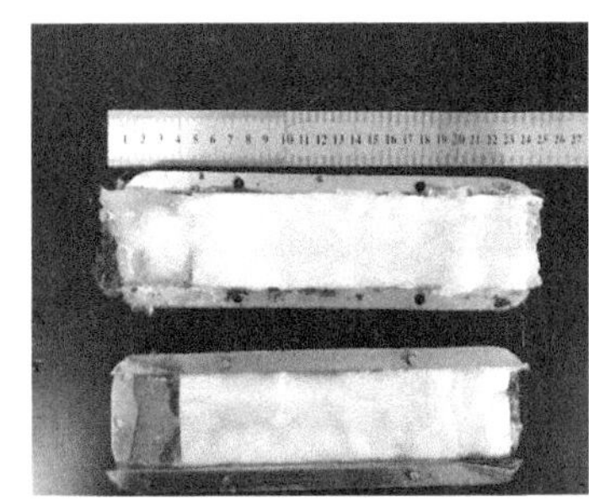
（a）长度方向分布度量

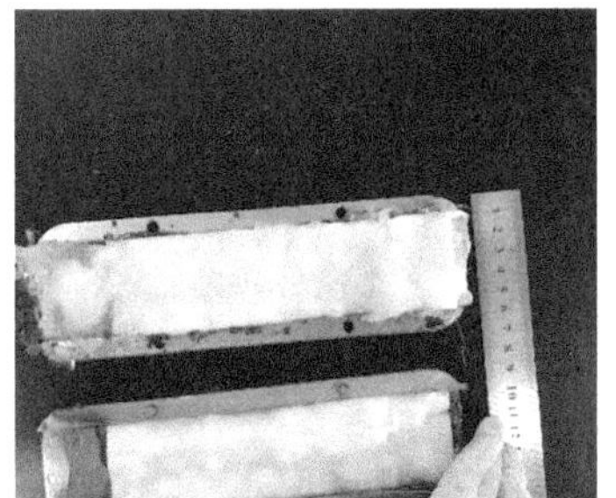
（b）宽度方向分布度量

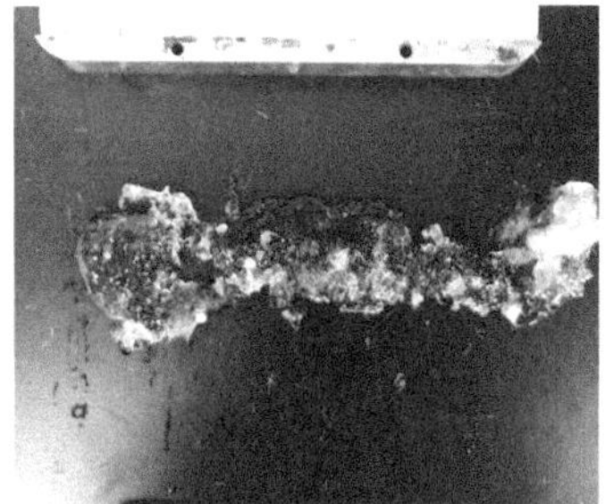
（c）暂堵剂从岩板内剥离

图 8.1.19　封堵试验后岩板中暂堵剂分布（加 2%的颗粒暂堵剂）

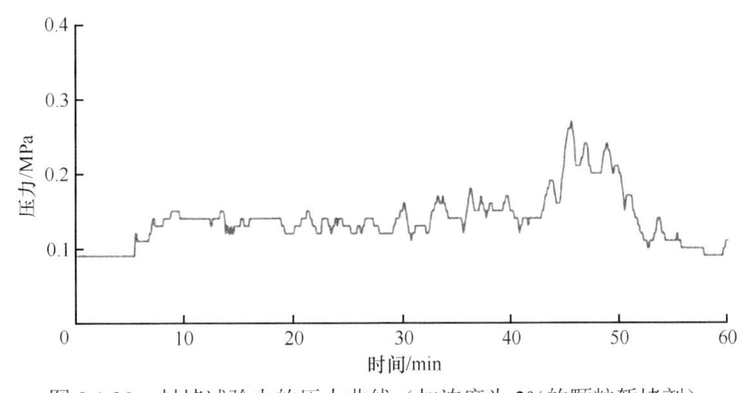

图 8.1.20　封堵试验中的压力曲线（加浓度为 2%的颗粒暂堵剂）

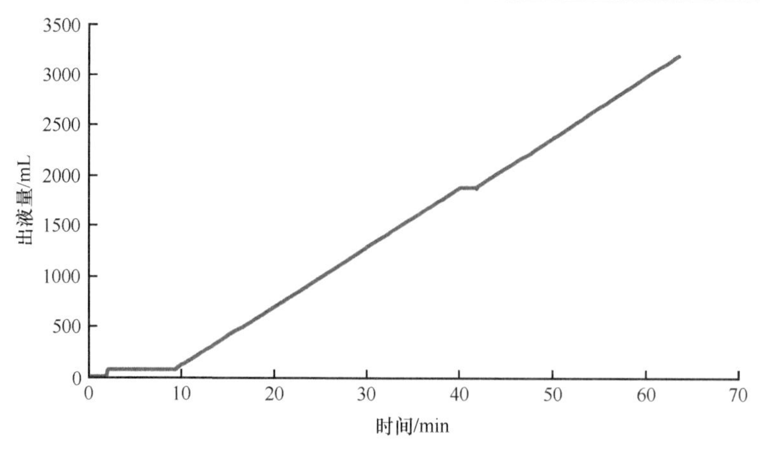

图 8.1.21　封堵试验中的出液量曲线（加浓度为 2%的颗粒暂堵剂）

浓度为 2%的颗粒暂堵剂+浓度为 1%的纤维暂堵剂：试验结束后拆下岩板观察，暂堵剂膨胀后在岩板内分布如图 8.1.22 所示，颗粒及纤维在缝口分布较多，中间段较少，缝端也较少，封堵效果不理想。如图 8.1.23 和图 8.1.24 所示，出液后压力稳定在 0.2～0.3MPa，不能封堵 4mm 的岩板裂缝，58min 后结束出液，试验结束。表明该水膨型暂堵剂在封堵 4mm 裂缝的试验中难以达到封堵要求，需要进一步调整。

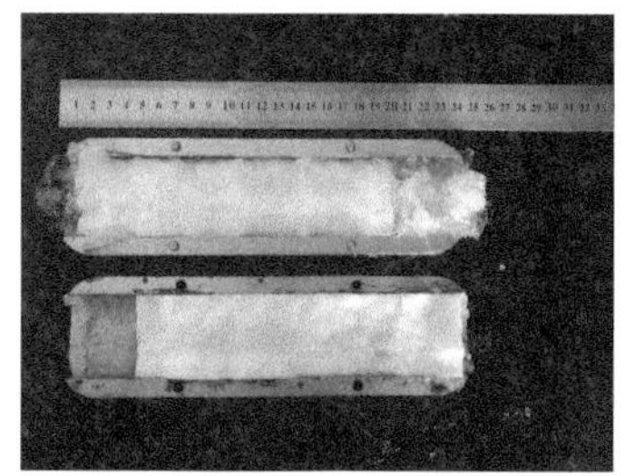

（a）长度方向分布度量

（b）宽度方向分布度量

（c）暂堵剂从岩板内剥离

图 8.1.22　封堵试验后岩板中暂堵剂分布（加浓度为 2%的颗粒暂堵剂+1%的纤维）

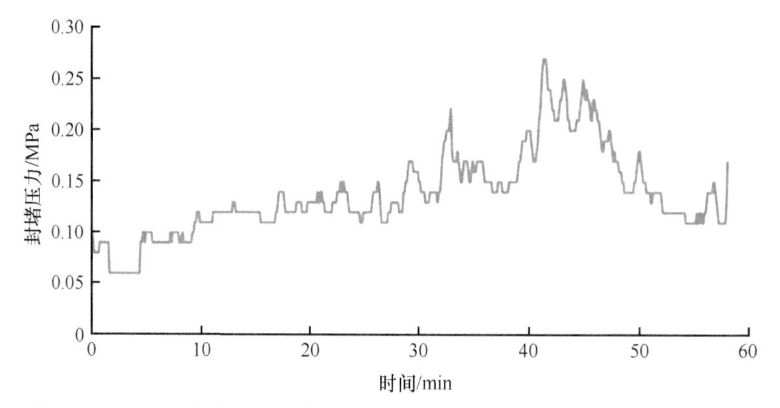

图 8.1.23　封堵试验中的压力（加浓度为 2%的颗粒暂堵剂+1%的纤维）

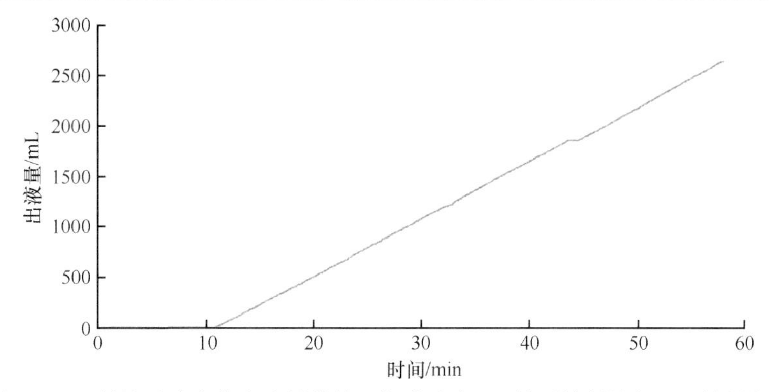

图 8.1.24　封堵试验中的出液量曲线（加浓度为 2%的颗粒暂堵剂+1%的纤维）

8.1.6　暂堵材料优选

根据深层缝洞碳酸盐岩储层特点，暂堵强度是暂堵分段酸压的关键指标，此外还需满足以下基本性能要求：①耐酸，避免与酸接触后快速溶解失去暂堵能力；②耐温 120℃，避免在高温下快速溶解失去暂堵能力；③2h 溶解率小于 40%，确保施工时间范围内有足够的暂堵能力；④可完全降解，避免伤害储层。

根据耐酸、耐温及可降解的相关要求进行材料的初步优选，方法：①将配置好的水和 20%HCl 的溶液，放入蒸压釜中；②将纤维或颗粒烘干后，分别按照纤维 2%（质量分数）、暂堵球 0.5%（质量分数）的比例，加入蒸压釜的溶液中，加热至 120℃，恒温；③在一定时间（1h、2h、4h、8h 和 12h）取出，过滤（滤纸下面抽真空，加速过滤）；④烘干并称重，计算溶解率。

通过初步优选可得到纤维材料和颗粒分别在 120℃清水、120℃浓度为 20%盐酸条件下的降解率，以下为对可降解暂堵纤维 FD-A 和可降解暂堵球 FD-B 的试验数据。

1. 纤维和颗粒耐温试验

暂堵纤维材料 FD-A 在 120℃清水中不同时间的降解率实验结果如表 8.1.14 所示。暂堵纤维材料 FD-A 在 120℃清水中 4h 内的降解率仅为 4.55%，显然 2h 的降解率在要求的 40%内，且经过 16h 后完全降解，不会对储层造成伤害。

表 8.1.14　暂堵纤维材料 FD-A 在 120℃清水中不同时间下的降解率

降解温度/℃	液体环境	降解时间/h	降解率/%	现象
120	清水	4	4.55	纤维状
		6	30.93	纤维状
		8	50.04	纤维状
		12	96.68	基本降解完
		16	100.00	完全降解

暂堵球 FD-B 在 120℃清水中不同时间的降解率实验结果如表 8.1.15 所示。可降解暂堵球 FD-B 在 120℃清水中 4h 内的降解率仅为 2.60%，满足 2h 内降解率小于 40%的要求，

且最终降解率为100%，不会对储层造成伤害。

表 8.1.15　可降解暂堵球 FD-B 在 120℃清水中不同时间下的降解率

降解温度	液体环境	降解时间/h	降解率%	现象
120℃	清水	4	2.60	纤维状
		8	50.30	纤维状
		12	91.66	基本降解完
		24	100.00	完全降解

2. 纤维和颗粒耐酸试验

暂堵纤维材料FD-A在120℃浓度为20%的盐酸溶液中不同时间的降解率实验结果如表8.1.16所示。暂堵纤维材料FD-A在120℃的20%盐酸溶液中2h内的降解率仅为3.30%，满足2h内降解率小于40%的要求，且最终降解率为100%，不会对储层造成伤害。

表 8.1.16　暂堵纤维材料 FD-A 在 120℃的 20%盐酸溶液中不同时间下的降解率

降解温度/℃	降解条件	降解时间/h	降解率/%	现象
120℃	20%盐酸	2	3.30	纤维状
		4	12.52	纤维状
		6	43.51	纤维状
		8	100.00	完全降解

降解暂堵球FD-B在120℃的20%盐酸溶液中不同时间的降解率实验结果如表8.1.17所示。可降解暂堵球FD-B在120℃的20%盐酸溶液中4h内的降解率仅为8.36%，满足2h内降解率小于40%的要求，且最终降解率为100%，不会对储层造成伤害。

表 8.1.17　可降解暂堵球 FD-B 在 120℃的 20%盐酸溶液中不同时间下的降解率

降解温度	降解条件	降解时间/h	降解率/%	现象
120℃	20%盐酸	1	1.34	纤维状
		4	8.36	纤维状
		8	67.19	纤维状
		12	100.00	完全降解

通过实验优选出的暂堵材料：可降解暂堵纤维FD-A和可降解暂堵球FD-B，具体指标如表8.1.18所示。

表 8.1.18　可降解暂堵剂技术指标要求及达到的指标

指标项	指标要求	降解暂堵纤维 FD-A	暂堵球 FD-B
120℃（20%盐酸）降解率	2h 时降解率小于 40%	2h 时降解率为 3.30%	4h 时降解率为 8.36%
120℃（20%盐酸）完全降解时间	最终可完全降解	8h 时降解率为 100%	12h 时降解率为 100%
120℃（清水）降解率	2h 时降解率小于 40%	4h 时降解率为 4.55%	4h 时降解率为 2.60%
120℃（清水）完全降解时间	最终可完全降解	16h 时降解率为 100%	24h 时降解率为 100%

8.1.7 暂堵剂制备

膨胀性暂堵剂的合成主要由有机锆交联剂与淀粉接枝聚丙烯酰胺交联合成，淀粉接枝聚丙烯酰胺具有良好的黏弹性、吸水性、膨胀性及可降解性，有机锆交联剂具有很好的耐温抗盐性、封堵效果好等优点，通过有机锆交联剂与淀粉接枝聚丙烯酰胺交联，合成暂堵剂，可使暂堵剂在耐温抗盐的同时，保持良好的吸水性能以及降解性能。制备过程中的关键问题如下。

（1）在淀粉接枝过程中，如何优化合成方法使淀粉羟基基团活化，将淀粉均匀地接枝在聚丙烯酰胺聚合物分子上。

（2）在淀粉接枝过程中，如何控制淀粉的糊化程度，以便更好地接枝入聚丙烯酰胺高分子聚合物。

（3）在交联剂制备过程中，选择哪种过渡金属，以适应高温、高矿化度的地层。

（4）在暂堵剂制备过程中，使用水解度多少的聚丙烯酰胺作为反应底物，对暂堵剂的性能优化最好。

（5）在暂堵剂制备过程中，利用扫描电子显微镜、岩心驱替实验等手段检测暂堵剂是否均匀合成，并检验暂堵剂的性能是否达标。

以上问题，对于开发一种新型耐温抗盐类水溶性暂堵剂的制备至关重要，在理论上也是一种有益的探讨，同时可为复合暂堵剂的设计，反应底物的改进，以及暂堵剂制备方法和处理条件的选择，提供有价值的参考。

1. 淀粉接枝聚丙烯酰胺的制备及表征

淀粉机械活化，在研磨筒加入研磨介质 300mL（堆体积），调节好转速和恒温水浴的温度，放入原淀粉 6g，达到规定活化时间后取出，将磨球与淀粉分离，样品密封保存，并及时分析。

将活化后的淀粉在 50℃下糊化成乳白色溶液后，称取 2.4g 的 AM 和 3.6g 的 AA（用 NaOH 中和）。这三种溶液混合后加 87g 水溶解，通氮气 10min，再加入引发剂过硫酸铵 0.2g、脲 0.3g，搅拌均匀后加氨水调节 pH 至 8.5，保持恒温 60℃在水浴锅中反应 3h，分析反应温度、反应物质量比、引发剂浓度、时间等对产物表观黏度的影响。生成的乳白色产物经水解、提浓、干燥、粉碎得到实验样品。

采用聚丙烯酰胺（实验室合成水解度 30%、50%、70%）作为反应底物，然后在高分子聚合物的基础上增加改性基团，为了使暂堵剂具有很好的可降解性能及吸水膨胀性能，在高分子上进行淀粉接枝。通过分析淀粉机械活化程度对接枝率的影响，可知淀粉在活化 30min 时，转化率、接枝率、接枝效率最大，分别为 96%、56.4%和 84.4%，如图 8.1.25 所示。

通过分析反应温度对聚合反应、接枝率的影响，发现聚合反应随着温度的升高，速率逐渐增大，因为温度升高可以加快过硫酸铵的分解速率，促使淀粉分子自由基增多，同时能使链引发和链增长反应加快，综合来看 60℃下聚合反应效果最好。

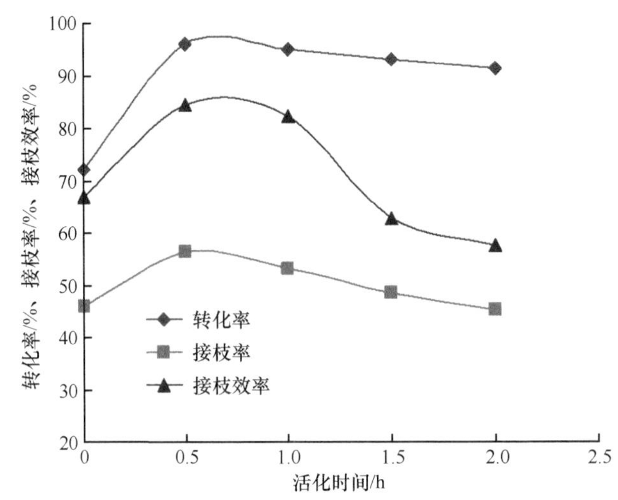

图 8.1.25　机械活化时间对转化率、接枝率和接枝效率的影响

采用红外表征谱图分析，得如下数据：—OH 的伸缩振动吸收峰为 3483cm^{-1}，葡萄糖单元中的饱和 C—H 键的伸缩振动吸收峰为 2934cm^{-1}，C═O 键的伸缩振动吸收峰为 1642cm^{-1}（羧酸形成盐后，两个碳氧键平均化，使其基团的峰分布在 1624cm^{-1}），淀粉接枝聚丙烯酰胺碳链的伸缩振动吸收峰为 613cm^{-1}，综合表明产物中淀粉接枝成功。

2. 有机锆交联剂的制备与表征

在交联剂合成过程中，须考虑反应温度、物料配比及配体的种类对交联剂性能的影响。不同类型的配位体的螯合能力不同，合成交联剂的交联性也不同。实验常采用三类配体：①链烷醇胺类，包括二乙醇胺、异丙醇胺、三乙醇胺等；②多元醇类，包括乙二醇、1,2-丙三醇、丙三醇、季戊四醇、甘露醇等；③多羟基羧酸盐，包括柠檬酸、乳酸、葡萄糖酸、酒石酸等。

在探索实验中，以氧氯化锆为主体，以柠檬酸①、乳酸②、丙三醇③、葡萄糖酸④、酒石酸⑤、甘露醇⑥、1,2-丙二醇⑦、季戊四醇⑧、三乙醇胺⑨、乙二胺四乙酸⑩中的一种或两种物质作为配体，水为反应介质，用 5mol/L NaOH 溶液调节体系的 pH，在一定水浴温度下，搅拌反应一定时间得到不同配体种类的有机锆。然后将其按 50∶1 的交联比加入到浓度为 1%的淀粉接枝聚丙烯酰胺基液中进行交联，观察并记录交联现象，结果如表 8.1.19 所示。

表 8.1.19　交联剂制备结果

组号	配体组合	氧氯化锆∶配体∶水（质量比）	总物料质量/g	反应温度/℃	反应时间/h	pH	交联剂状态	交联现象
1	①	1∶2∶20	115	80	5.0	1.0	清液	不交联
2	①	3∶10∶100	113	90	5.0	6.0	清液	不交联
3	②	2∶3∶3	40	60	5.0	1.0	分层	弱交联
4	③	2∶6∶7	75	60	5.0	1.0	清液	弱交联不配伍
5	①+③	4∶5∶20∶20	70	70	5.0	2.0	分层	不交联

续表

组号	配体组合	氧氯化锆：配体：水（质量比）	总物料质量/g	反应温度/℃	反应时间/h	pH	交联剂状态	交联现象
6	③+④	4∶20∶5∶20	98	70	5.0	1.0	分层	弱交联不配伍
7	②+⑧	2∶3∶4∶12	105	50	5.0	1.0	分层	不交联
8	③+⑧	2∶6∶1∶7	80	60	5.0	2.0	分层	弱交联不配伍
9	③+⑤	4∶28∶7∶20	118	70	5.0	2.0	分层	弱交联
10	④+⑥	4∶5∶25∶20	98	70	5.0	2.0	分层	不交联
11	④+⑧	4∶5∶20∶20	98	70	5.0	5.0	分层	不交联
12	①+⑨	4∶3∶8∶50	65	80	5.0	1.0	分层	不交联
13	③+⑦	2∶6∶1∶7	80	60	5.0	1.0	清液	弱交联不配伍
14	②+⑦	2∶2∶2∶3	45	60	5.0	1.0	分层	弱交联
15	②+⑦	3∶3∶4∶6	40	60	5.0	1.0	分层	弱交联
16	②+⑨	10∶5∶11∶25	51	60	5.0	5.0	清液	交联
17	②+⑨	2∶1∶2∶3	40	50	5.0	5.0	分层	弱交联
18	④+⑨	3∶1∶5∶50	118	80	5.0	7.0	分层	不交联
19	②+③	20∶15∶12∶20	33	60	5.0	4.5	清液	交联
20	②+③	10∶7∶10∶15	42	70	5.0	4.5	清液	弱交联
21	②+③	20∶15∶12∶20	33	60	4.5	4.5	清液	交联且黏度大
22	②+③	20∶15∶12∶20	33	60	4	4.5	清液	交联
23	②+③	20∶15∶12∶20	33	60	4	4	清液	弱交联
24	②+③	20∶15∶12∶20	33	60	4	5	分层	弱交联

由表 8.1.19 可知，交联剂产品的状态及性能与配体组合、温度等诸多因素相关，根据实验分析如下。

（1）当配体中有柠檬酸和乙二胺四乙酸时，所合成的有机锆产品均不能与聚合物交联，主要由于柠檬酸和乙二胺四乙酸的螯合能力强，导致锆离子难以释放，所以将柠檬酸和乙二胺四乙酸排除。

（2）当配体中含有甘露醇或季戊四醇时，所合成有机锆产品均分层，原因是甘露醇、季戊四醇的溶解性能较差，螯合能力比较弱，所以将甘露醇和季戊四醇排除。

（3）当配体中含有乳酸或丙三醇时，若配比和温度合适，所合成的有机锆产品可以与聚合物进行交联，并且交联不分层。

综上所述，选取丙三醇以及乳酸作为配体合成有机锆交联剂，较优配体组合合成有机锆体系的最佳比例是（组号 19）氧氯化锆∶乳酸∶丙三醇∶水为 20∶15∶12∶20，最佳反应温度为 60℃，最佳反应时间为 5.0h，最佳反应 pH 为 4.5。有机锆交联剂合成过程：设置恒温加热磁力搅拌器的温度为 60℃，称取 10.0g 氧氯化锆和 10.0g 水，加入到广口瓶中；将广口瓶置于搅拌器水浴中，在搅拌器升温过程中使氧氯化锆充分溶解。当搅拌器温度达到设定温度后，分别称取 7.5g 多羟基羧酸配位体乳酸和 6.0g 多元醇配位体丙三醇，依次加入到广口瓶中；用 5mol/L NaOH 溶液调节体系 pH 至 4.5，以便锆以有效的螯合物形式存在，搅拌反应 5.0h，即可得乳酸/丙三醇有机锆。对合成产品进行红外谱图测试分析，证实存在羧基 C═O，如图 8.1.26 所示。

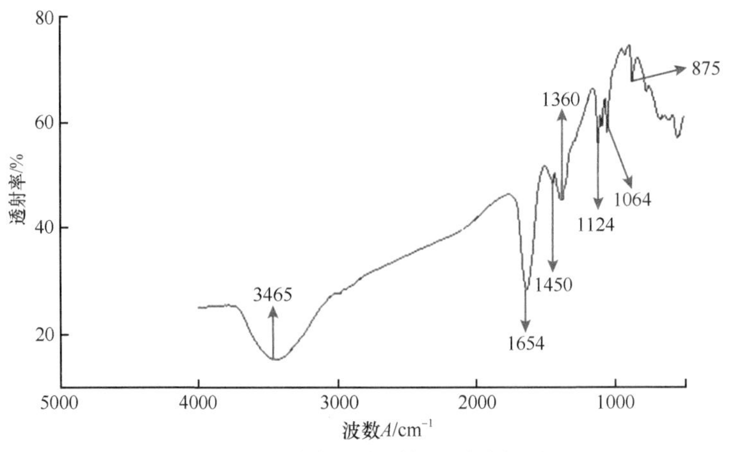

图 8.1.26　有机锆交联剂红外表征图

图 8.1.27 中 $3465cm^{-1}$ 为氢键缔合—OH 的 O—H 伸缩振动峰，$1654cm^{-1}$ 为 C═O 伸缩振动吸收峰，$1450cm^{-1}$ 为—CH_2—的 C—H 弯曲振动吸收峰，$1064cm^{-1}$ 为 C—O—Zr 的伸缩振动吸收峰。可知该交联剂含有 O—Zr、C═O、O—H 等特征官能团，证实合成出如图 8.1.27 所示的有机锆交联剂。

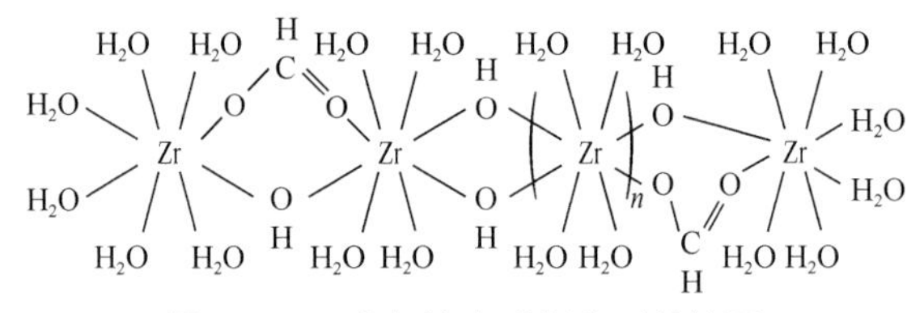

图 8.1.27　有机锆交联剂分子结构图

3. 实验制备

将合成的有机锆交联剂与淀粉接枝的聚丙烯酰胺反应，通过锆离子带正电的多核羟桥络离子与聚丙烯酰胺带负电的羧基结合成配位键和极性键，制得凝胶暂堵剂。经如下实验步骤进行交联。

（1）在水中加入淀粉接枝聚丙烯酰胺，然后加入有机锆交联剂。

（2）在 60℃恒温下反应，并不断搅拌，当反应至冻胶状态时停止反应，通过黏度计测试黏度的方法确定冻胶状态。

（3）将产物用乙醇洗涤，得到絮状的树脂暂堵剂。

（4）将暂堵剂烘干并加工成颗粒性暂堵剂。

4. 配方优化与评价

（1）水溶性能测试：水溶性是暂堵剂的基本性能，测试的目的主要是考察暂堵剂在一定温度及一定时间下的溶解效果，以反映其解堵性能。实验后，通过溶解率计算公式，溶解率=（原始质量—剩余质量）/原始质量，计算其在 140℃下的水溶性能。

测试分别分析丙烯酰胺（a）、30%水解聚丙烯酰胺（b）、50%水解聚丙烯酰胺（c）、

70%水解聚丙烯酰胺（d）为主体的淀粉接枝产物与交联剂交联形成暂堵剂。溶解性能如表 8.1.20 所示，不同单体的选择对溶解率影响不大，因为丙烯酰胺及聚丙烯酰胺都是溶解性能较好的单体，四种暂堵剂溶解性能均在 90%以上，满足解堵要求，不会对地层造成永久性伤害。

表 8.1.20　不同聚合物单体对暂堵剂水溶性能的影响

不同聚合单体的暂堵剂	初始质量/g	剩余质量/g	溶解率/%
（a）	5.00	0.2	96
（b）	5.00	0.19	96.2
（c）	5.00	0.21	95.8
（d）	2.00	0.24	95.2

（2）膨胀性能测试：称取一定量的样品，用游标卡尺抽样测量其粒径，然后放入装有水的烧杯中，每隔一段时间抽样测量一次粒径，求取平均值，粒径代表了膨胀性能的好坏，粒径越大膨胀性能越好，但同时强度会降低。即在保证强度的同时，选择膨胀性能最好的样品。不同单体暂堵剂膨胀后的粒径如表 8.1.21 所示，膨胀性能最好的是（a）样品，2h 粒径可达到 3.01 倍，（c）号样品膨胀性能最差，但膨胀倍比依然达到 2.66 倍，说明丙烯酰胺类暂堵剂的吸水膨胀效果很好。

表 8.1.21　不同聚合单体对膨胀性能的影响

不同聚合单体的暂堵剂	不同时间下的粒径/mm							
	0min	10min	20min	30min	40min	50min	60min	120min
（a）	2.46	3.77	4.93	5.69	6.19	6.61	6.97	7.41
（b）	2.25	3.43	4.27	5.27	5.71	6.15	6.34	6.69
（c）	2.59	3.89	4.75	5.51	6.52	6.86	6.86	6.9
（d）	2.3	3.67	4.52	5.28	6.28	6.37	6.42	6.67

在 a 样品的基础上，通过控制变量法进一步探讨通过改变淀粉与丙烯酰胺物料比、引发剂浓度、反应时间制备暂堵剂，然后对所得样品进行膨胀性实验，结果如表 8.1.22 所示。

表 8.1.22　不同样品的膨胀性能

样品号	物料比（淀粉：聚合物）	引发剂浓度/%	反应时间/h	不同时间下的膨胀程度（粒径/mm）							
				0min	10min	20min	30min	40min	50min	60min	120min
①	2∶1	0.5	3	2.46	3.77	4.93	5.69	6.19	6.61	6.97	7.41
②	1∶1	0.5	3	2.4	3.89	5.03	6.15	6.74	7.12	7.38	7.61
③	1∶2	0.5	3	2.37	3.96	5.15	6.57	6.87	7.3	7.64	7.81
④	1∶3	0.5	3	2.41	3.82	4.99	6.02	6.4	6.94	7.26	7.5
⑤	1∶2	0.7	3	2.35	4.16	5.19	6.84	7.27	7.6	7.9	8.06
⑥	1∶2	1	3	2.36	4.29	5.27	7.22	7.63	7.94	8.13	8.36
⑦	1∶2	1.2	3	2.38	4.1	5	6.58	6.9	7.41	7.65	7.89
⑧	1∶2	1	4	2.4	4.65	5.64	7.55	8.15	8.35	8.71	8.86
⑨	1∶2	1	5	2.33	4.89	6.09	8.14	8.54	8.73	9.15	9.41
⑩	1∶2	1	6	2.34	4.85	5.9	8.03	8.35	8.53	8.9	9.11

由①～④号样品的数据分析，当淀粉与聚合物的物料比为 1∶2 时所得暂堵剂的产品吸水倍率最高。这是由于淀粉和聚合物用料能直接改变吸水树脂的网络结构，丙烯酰胺和丙烯酸用量过少，淀粉不会完全被接枝，交联度变小，随着单体用量增加，聚合物结构中的亲水基羧基、酰胺基增加，能一定程度提高聚合物的吸水倍率，但是单体用量过大则会引起共聚物交联密度增加及介质黏度增加，阻碍自由基与单体分子的相对运动，进而导致暂堵剂吸水倍率降低。

由③、⑤、⑥、⑦四个样品可知，当引发剂浓度为 1%时吸水倍率最大。这是因为引发剂用量少，引发反应困难，未反应单体较多，使暂堵剂交联度减小，造成产物的吸水率较低；而随着引发剂用量增多，接枝聚合反应活性点增多，速度快，有利于提高聚合产率和接枝率，但由自由基聚合原理可知，若引发剂用量再进一步增加，链终止反应增多，产物分子量下降，水溶性的低聚物增多。另外，引发剂用量过大时，引发速度过快，会导致反应物黏度迅速增加变得黏稠，生成的大分子链在反应液中移动变得困难，导致交联反应不均，局部交联密度增加，使产物的吸水倍率减少，因此引发剂浓度为 1%时产物吸水率最好。

由⑥、⑧、⑨、⑩四个样品可知，当反应时间为 5h，合成的暂堵剂吸水倍率最高。反应时间过短或延长都会使暂堵剂的吸水效果减小，反应时间过短，聚合反应不充分，导致交联度不足，从而吸水量减少；反应时间过长，则引起交联度过大，不利于吸水。

综合来看，最佳的反应条件是反应温度为 60℃时，物料比为 1∶2，引发剂浓度为 1%，反应时间为 5h。在该条件下，形成⑨号样品，膨胀倍率为 3～4 倍。

5. 生产制备

工艺流程设计是车间工艺设计中的关键步骤，根据暂堵剂的室内合成工艺流程，即配料、聚合、造粒、干燥四个工艺，分别在这四个过程设计产品的工艺流程，得到一定粒度大小的暂堵剂颗粒。

以实验室合成过程为基础，通过对中试装置设备的选用及操作方式的设计，制订暂堵剂中试生产方案，具体操作步骤如下。

（1）配料：称取一定量的淀粉载入研磨机，调节转速活化 30min，然后将淀粉取出，用水配成悬浮液，装入净化釜中，在 50℃下糊化 30min，然后称取定量的丙烯酰胺、丙烯酸及各种助剂（碱液），配置成水溶液，保证原料完全溶解后装入净化釜中。

（2）聚合：往净化釜中通入氮气，除去釜中氧气，每个净化釜中通氮气 15min，之后将净化好的物料溶液转入到聚合反应器中，继续通氮气 15min，混合均匀后加入引发剂过硫酸钾和亚硫酸氢钠，代物料开始升温 5min 后停止通氮气，当温度达到 60℃后将聚合反应器转移到 60℃恒温水浴槽中稳定 5h。

（3）造粒：通过胶块剪碎机将聚合物胶块剪碎成小块，然后在双螺杆造粒机的作用下将胶体小块挤压造粒成 2.5mm 左右粒径的颗粒，所用分散剂为 OP-10 水溶液。

（4）干燥：将造粒好的颗粒装入烘干盘，放入热风循环箱式干燥器中进行变温干燥，干燥介质为热空气，采用热风炉进行加热，在进口温度为 100℃左右下干燥 3h，然后将温度降低到 80℃下干燥 3h，再降温至 60℃继续干燥 3h，自然冷却后完成干燥。

（5）包装：筛选合适颗粒的产品密封包装，保存。

（6）其他粒径颗粒可通过改变过程（3）改变粒径。

根据生产工艺过程，对各操作单元所涉及设备进行设计与选型，具体如下。

（1）制备氮气：制氮系统采用变压吸附制氮成套装置，主要制备高纯氮气，氮气浓度为 99%，制氮量为 $10m^3/h$。

（2）聚合反应：在净化聚合工艺过程中，脱氧净化器的作用是使聚合混合液脱除溶解氧。氧是自由基聚合反应的阻聚剂，因此在聚合反应前应尽量脱除溶液中的溶解氧。施工设计中脱氧净化器采用聚酯玻璃钢材以避免聚合液受铁离子、氯离子阻聚影响。脱氧净化器出口设计为 60°锥形封头，氮气进口管直达锥底，由净化釜底部向上逸出，与向下装入的反应液体系逆向充分接触，以利于氮气在净化器内均匀分布。脱氧净化系统采用三级逆流操作，以利于充分利用氮气，减少氮气用量。在系统中采用气体流量计控制用氮量和进行充氮调节，设计有通氮显示屏。聚合反应器是聚合反应发生的场所，经过脱氧净化器预净化的水溶液通入到该设备内，往聚合反应器内滴加引发剂（氧化剂和还原剂），使反应器中的反应液聚合成为胶状物产品，即完成暂堵剂的制备工艺。

聚合反应器设计：自由基聚合反应在聚丙烯（PP）聚合袋内发生，聚合袋作为聚合反应器内套容器，具有良好的传热效果，耐温性能好且洁净。因此，胶体产品拆卸更加方便，也无须因产物黏连而清洗设备。聚合反应器为敞开式结构，先后分别浸入聚合水浴槽和稳定水浴槽中，在提供良好的传热条件下完成聚合反应及稳定化，克服传热不良的影响。聚合反应器通氮形式采用多管进气集汇结构，便于提高通氮除氧效率，且对加入的引发剂（氧化剂和还原剂）有很好的分散作用，使反应液快速达到均匀化，尽量避免局部反应发生。为了保证产品质量，全部采用 304 不锈钢。

（3）产品胶体块剪碎造粒：聚合反应完成后，得到 600mm×300mm×100mm 呈透明的胶体块，外装 PP 聚合袋。剪碎造粒单元的主要任务：①人工破袋；②滴加表面活性剂以起到分散作用；③通过剪碎机粗碎，造粒机造粒，将造粒后的物料进行装盘装车，运至干燥单元。剪碎造粒系统设计有表面活性剂添加装置，表面活性剂采用 OP-10 和一定矿化度的水配制成的均匀溶液。

（4）产品干燥：暂堵剂产品进入干燥系统前为胶体小颗粒，物料黏度特别大，且中试生产量较小，干燥工艺选择了热风循环箱式干燥器，箱式干燥器采用 4 门 8 车结构，共 160 个带孔不锈钢干燥盘装满物料颗粒进行干燥。干燥箱热源是由生物质秸秆颗粒在热风炉中燃烧供给，生物质秸秆是洁净能源，减少大气污染，保障生产环境；干燥介质采用循环式热风，提高热能利用率；该工艺还可以设计将热水器对生物质热风炉产生的烟气的热量进行充分利用，被烟气加热的水经由管道泵送至恒温水浴槽供聚合产物稳定化所用。

8.2　暂堵酸压技术方案

8.2.1　暂堵酸压设计方法

工程实施前，需进行暂堵分段酸压的选井，分段数优化、施工规模、暂堵段塞等参数优化，确保分段成功，实现碳酸盐岩多套缝洞储集体的沟通，充分动用长裸眼段油气潜力。

选井要求：①选择岩溶“甜点”区、断溶体破碎区的井；②目标井段钻进过程无放空、无严重漏失；③全井段“甜点”数大于 1；④目标井段长 200～500m，有利于暂堵分段酸压实施；⑤对于水平井，井眼轨迹与水平最大地应力方向夹角大于 60°，避免裂缝沿井轴方向延伸；⑥各“甜点”间的起裂应力差小于暂堵剂的暂堵压力。

分段数：计算井眼应力剖面，寻找低应力点，结合井眼方位确定工程分段数，根据目标井段井筒周围油气显示及储层测录井情况综合优选“甜点”，从地质工程一体化的角度确定分段数。

施工规模：单段施工规模根据“甜点”储集体与井筒的距离，拟合不同施工规模下的有效缝长，当缝长超过储集体距离时的最小规模即为各段施工规模。

暂堵段塞：为加强暂堵效果，采用三层暂堵段塞模式，即转向酸初步填充暂堵、纤维+颗粒形成主暂堵层、最后用高浓度纤维形成低渗层加强封堵。

①注入转向酸，与岩石反应形成凝胶，充填裂缝进行预暂堵，转向酸暂堵压力比常规酸液高 2MPa，转向酸用量根据现场经验，一般为 50～60m^3。

②注入主暂堵层，在缝口架桥形成高强度暂堵层，主暂堵层采用纤维或纤维+颗粒复合，具体根据分段储层应力差大小选择，该阶段液量根据现场经验，一般为 30～50m^3。

③采用高浓度纤维（1.5%～2%）在缝口压实形成致密遮挡层，不仅能起到一定的暂堵作用，还能防止主暂堵层中的颗粒返吐，阶段液量一般为 30m^3 左右。

根据室内试验的岩板尺寸、特定缝宽条件下暂堵剂的使用量（表 8.2.1），利用相似准则确定现场用量，推荐单段暂堵剂加量为 1～1.2t，对以下情况可适当调整。

天然裂缝欠发育的储层，考虑适当降低暂堵剂用量，原因如下：①形成的裂缝形态相对单一，易于封堵，较少暂堵剂即能满足需求；②过度封堵导致井底压力增加，使缝高失控，不利于远井端储层的沟通，易于沟通底水；③降低成本。

对于裂缝发育、层厚度大的储层，考虑适当增加暂堵剂用量，原因如下：①滤失点多，封堵较难；②储层天然裂缝、溶蚀洞发育，在一定程度上消耗暂堵剂。

表 8.2.1 室内暂堵剂用量优选

暂堵剂及其浓度	纤维用量/g	暂堵球用量/g
纤维 1%+暂堵球 1.5%	3.00	0.75
纤维 2%+暂堵球 0.5%	2.32	0.58
纤维 1.5%+暂堵球 1%	2.64	0.66

8.2.2 暂堵酸压优化方法

根据测井数据和岩石力学数据，计算地应力剖面，结合天然裂缝参数和岩石强度参数确定综合破裂压力剖面，确定起裂位置，从而确定所需的封堵强度；结合具体井三维有限元模型，模拟得到人工裂缝三维尺寸，再根据室内试验和现场经验，综合确定暂堵剂组合、加量，具体流程如图 8.2.1 所示。

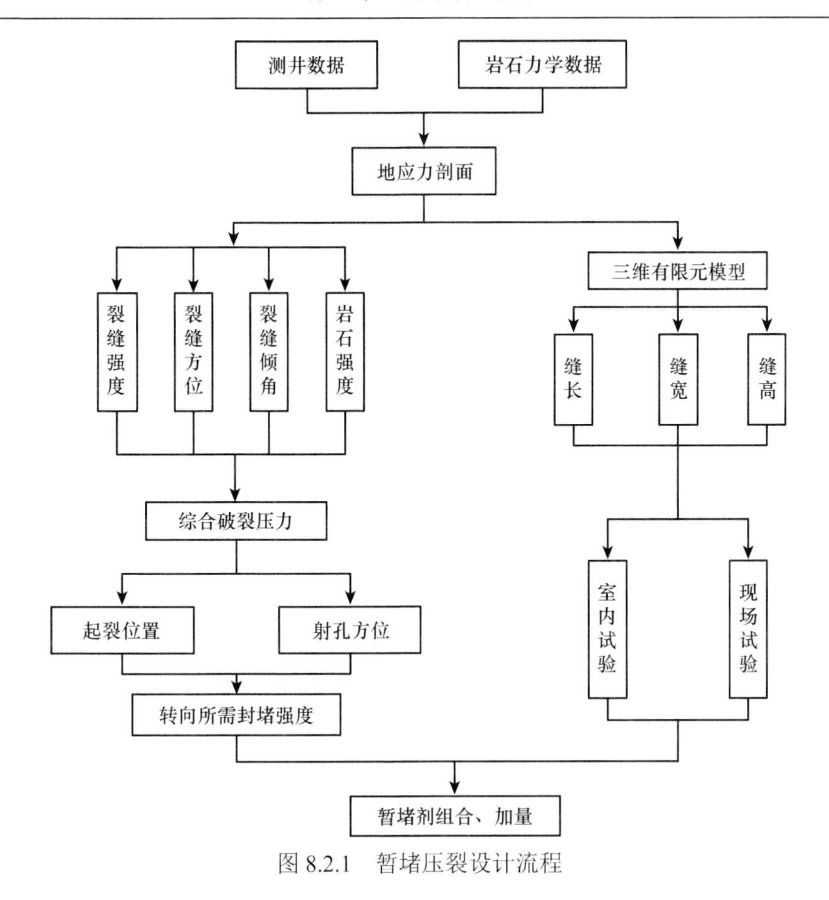

图 8.2.1　暂堵压裂设计流程

图 8.2.2 和图 8.2.3 分别为缝口暂堵分段压裂、缝内暂堵转向酸压暂堵剂加量计算方法。

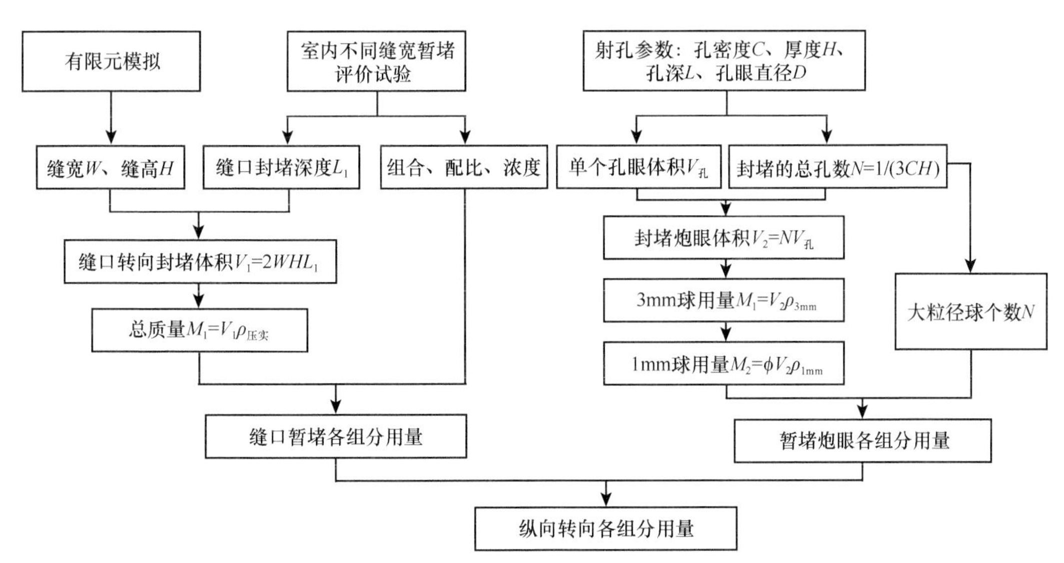

图 8.2.2　缝口暂堵分段压裂暂堵剂用量计算方法

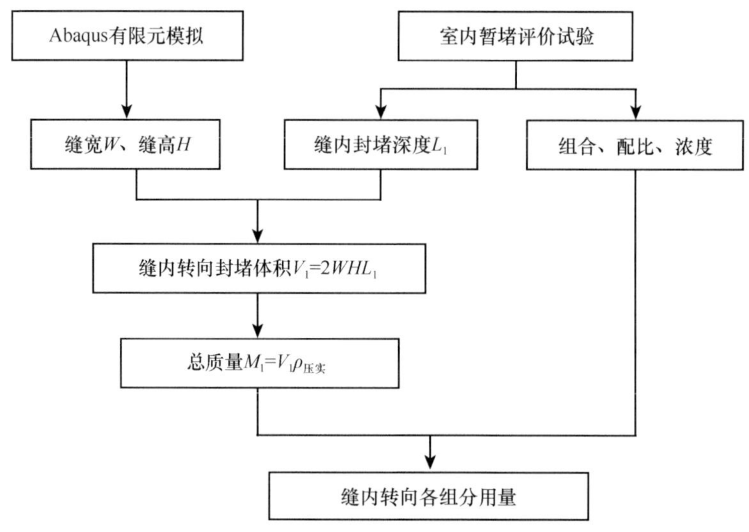

图 8.2.3　缝内暂堵转向酸压暂堵剂用量计算

8.3　暂堵剂泵注参数设计

8.3.1　泵注参数与暂堵压力的关系

采用纤维进行封堵时，由于缺少颗粒作为架桥支撑，封堵需要的纤维浓度及液量显著增加。采用颗粒进行封堵时，由于颗粒间的架桥存在大量孔隙，难以封堵整个流动通道，不能快速形成有效的封堵。纤维和颗粒组合的封堵方式是较为合理的一种选择。

1. 缝端暂堵材料组合优化

无论裂缝的入口宽度为 2mm、4mm 或 6mm，其裂缝远端的宽度均介于 1～2mm，以下着重对缝宽为 1mm 和 2mm 的裂缝远端位置进行暂堵参数优化，优选用于缝端暂堵的材料组合。

1）缝宽 1mm 的裂缝远端暂堵

对于宽度为 1mm 的远端裂缝，优选暂堵材料组合为纤维和 1mm 颗粒，改变二者的浓度比，优选最优浓度组合，实验参数如表 8.3.1 所示，试验结果如图 8.3.1 所示。

表 8.3.1　缝宽为 1mm 的缝端封堵优选试验

试验编号	纤维浓度/%	1mm 颗粒浓度/%	缝端宽度/mm
a	0.3	0.9	1
b	0.4	0.9	
c	0.5	0.9	
d	0.6	0.8	
e	0.7	0.7	
f	0.8	0.6	

试验 a～c，1mm 颗粒的浓度都是 0.9%，纤维浓度为 0.3%时，在 45min 左右注入压力才开始缓慢上升，是所有组合中压力上升最慢的一组，纤维浓度为 0.4%和 0.5%时，试验

结果较为接近，对比起压时间，纤维浓度为 0.4%快于浓度为 0.5%的情况，但后续压力的上升速率，浓度为 0.5%快于浓度为 0.4%的情况，且最高注入压力也高于浓度为 0.4%的情况。因此，在保持 1mm 颗粒浓度不变时，适当地增大纤维浓度可加快封堵速度。

试验 c～f，暂堵材料的总浓度均为 1.4%，即纤维浓度增大则 1mm 颗粒的浓度减小，试验 c 和 d、e 和 f 的注入压力曲线显示，暂堵起压后，其压力值较为接近。整体来看，总浓度一定时，纤维比例的提高有助于暂堵材料在缝内形成快速封堵，这是因为对于 1mm 裂缝出口端，1mm 颗粒本身就容易在此堆积架桥，颗粒自身之间的孔隙能够提供流动通道，颗粒的多少并不是形成高压的关键；反之，增大纤维浓度，可封堵颗粒之间的孔隙，形成快速封堵。

值得注意的是试验 f，此时纤维浓度为 0.8%，1mm 颗粒浓度为 0.6%，在注入时间 18min 时，注入压力开始快速上升，27min 时达到 11MPa，之后瞬间发生突破，压力降为 2.5MPa。可能的原因是试验纤维浓度高，较快地形成了缝内封堵，但此时架桥的结构不稳定，在压力迅速上升过程中暂堵段前后压差增大，产生局部破坏。但随之被后续的暂堵材料填补空位，最终压力上升到 17MPa。

综上所述，对于 1mm 的远端裂缝，采用纤维和 1mm 颗粒组合能够实现有效封堵。在保持颗粒浓度一定时，增大纤维的浓度，有助于快速封堵孔隙，形成稳定的封堵。推荐最优暂堵材料组合为 0.7%纤维+0.7% 1mm 颗粒。

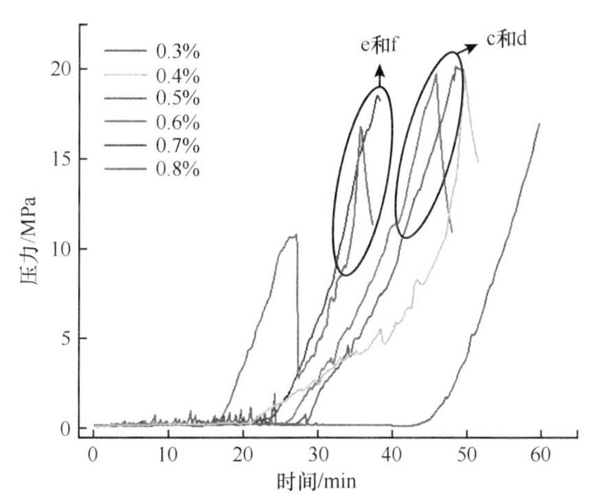

图 8.3.1　缝宽为 1mm 的缝端暂堵材料组合优化试验压力曲线（不同颜色代表纤维浓度）

2）缝宽 2mm 的裂缝远端暂堵

对于宽度为 2mm 的远端裂缝，采用纤维和 2mm 颗粒的组合，由于 2mm 颗粒的尺寸相对较大，在低浓度条件下即可在缝端形成架桥，因此试验所用的 2mm 颗粒浓度较低，试验参数如表 8.3.2 所示，试验结果如图 8.3.2 所示。

表 8.3.2　缝宽为 2mm 的缝端封堵优选试验

试验编号	纤维浓度/%	2mm 颗粒浓度/%	缝端宽度/mm
①	0.6	0.4	2
②	0.8	0.4	

续表

试验编号	纤维浓度/%	2mm 颗粒浓度/%	缝端宽度/mm
③	1.0	0.4	2
④	0.6	0.8	
⑤	0.7	0.7	
⑥	0.8	0.6	

试验①～③，2mm 颗粒浓度均为 0.4%，依次增大纤维浓度为 0.6%、0.8%和 1.0%。通过试验确定纤维浓度对裂缝远端暂堵的影响。结果显示，在保持颗粒浓度不变时，增大纤维的浓度能够明显缩短封堵时间。

试验③～⑥，纤维和 2mm 颗粒的总浓度均为 1.4%，即纤维浓度增大则 2mm 颗粒的浓度相应减小。对比封堵压力达 16MPa 时所用的时间，试验⑤明显快于其余三组，此时 2mm 颗粒和纤维的浓度比为 1∶1，而其余三组试验结果比较接近。其原因为：2mm 颗粒自身能够封堵宽度为 2mm 的远端裂缝，主要问题是颗粒之间存在较大的孔隙，难以形成高压差。通过试验结果可以确定 2mm 颗粒和纤维浓度比为 1∶1 时，有利于封堵。

需要注意的是，针对封堵宽度为 2mm 远端裂缝的目标，整体上提高纤维和颗粒的总浓度可能造成暂堵材料在缝宽大于 2mm 处提前形成封堵，因此应控制暂堵材料的总浓度，不易过高。

一般情况下，缝口宽度为 2～6mm 时，裂缝末端的宽度为 1～2mm，且纤维和颗粒的总浓度越高，其能够封堵的缝宽就越大，对于裂缝远端暂堵，总浓度一般不超过 1.5%。

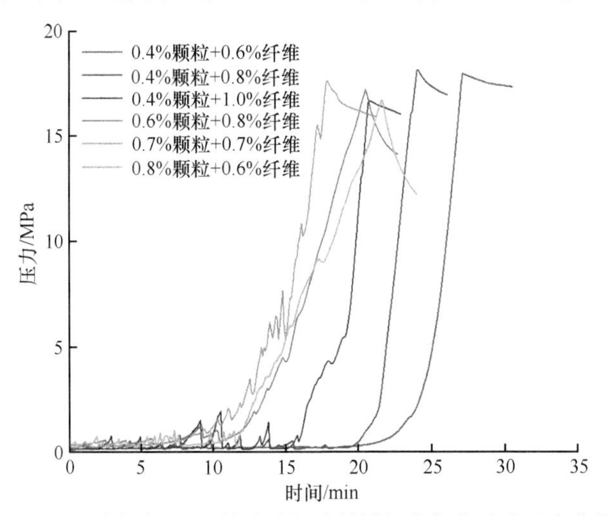

图 8.3.2　缝宽为 2mm 的缝端暂堵材料组合优化试验压力曲线

2. 缝端暂堵排量的影响

对于暂堵酸压，除了暂堵材料的组合浓度优选之外，还需对泵送排量进行优化。增大排量理论上加大了暂堵材料在缝内的运移速率，使材料能够更快地在缝内形成堆积封堵。但在实际作业过程中，增大排量会造成动态缝宽变大，使当前所用的暂堵材料组合不适用，增加了缝内暂堵的不确定性。

针对 8.3.1 节中两组缝宽条件下优选的两组浓度，通过室内试验对比三种排量 40mL/min、50mL/min 和 60mL/min 的泵送暂堵情况，试验参数如表 8.3.3 所示，表明排量变化没有造成封堵失效，甚至增大排量可以减少暂堵用液量，节约暂堵材料，试验结果如图 8.3.3 和图 8.3.4 所示。

表 8.3.3　排量参数优化试验数据

编号	材料组合	排量/（mL/min）	缝端宽度/mm	封堵压力/MPa	注液量/mL
a		40		15	4032
b	纤维 0.7%+1mm 颗粒 0.7%	50	1	15	2715
c		60		15	2268
d		40		15	2708
e	纤维 0.7%+2mm 颗粒 0.7%	50	2	15	2025
f		60		15	996

如图 8.3.3 和图 8.3.4 所示，在缝宽一定的条件下，排量越高暂堵材料在缝内的架桥堆积速率越快，随之注液量、暂堵材料用量降低。

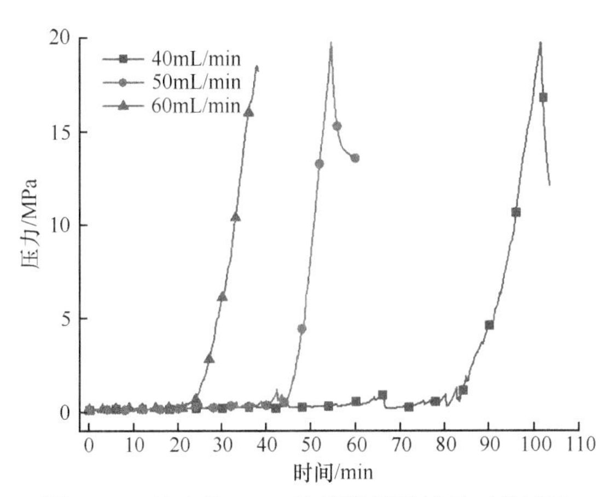

图 8.3.3　缝宽为 1mm 的缝端暂堵排量对比试验

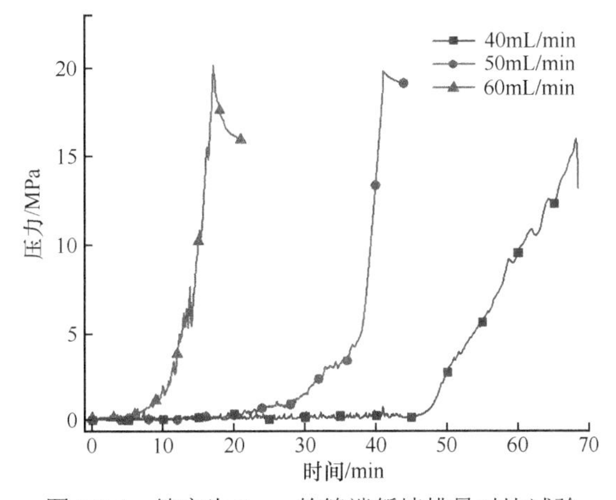

图 8.3.4　缝宽为 2mm 的缝端暂堵排量对比试验

8.3.2　泵注参数与裂缝形态的关系

1. 清水压裂

在试验岩心的中心表面制作一条缝宽为 1mm、长度为 15mm、深为 5mm 的裂缝，且裂缝平行于水平最大地应力方向，采用清水作为压裂液进行真三轴条件下的压裂试验，三向围压为 σ_v=12MPa、σ_H=10MPa、σ_h=5MPa，排量为 9mL/min。

岩样被压裂为两部分，形成的裂缝由预置裂缝尖端向岩样边缘扩展，如图 8.3.5 所示，破裂压力为 11.25MPa，如图 8.3.6 所示。

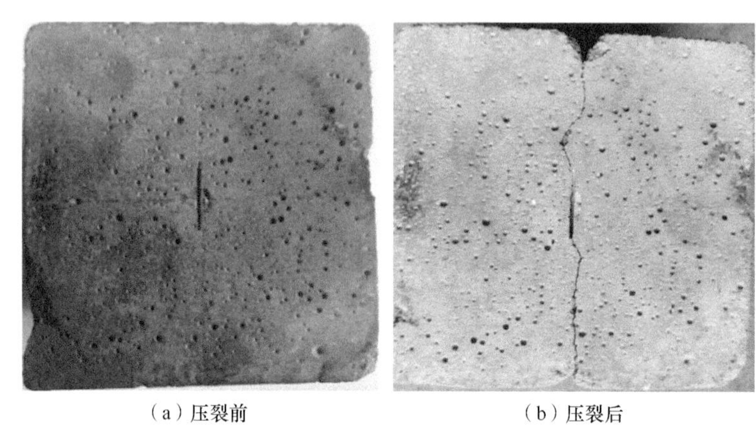

（a）压裂前　　（b）压裂后

图 8.3.5　清水压裂前后裂缝对比

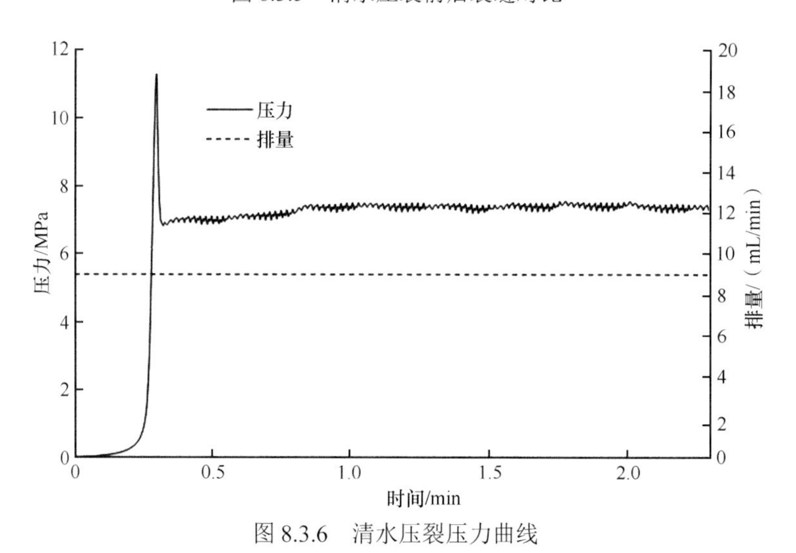

图 8.3.6　清水压裂压力曲线

2. 交联剂压裂

在试验岩心的中心表面制作一条裂缝，且裂缝平行于水平最大地应力方向，三向围压为 σ_v=12MPa、σ_H=10MPa、σ_h=5MPa，采用压裂液进行压裂，压裂液为 0.6%的瓜尔胶+ 0.4%的交联剂混合液，注入排量为 9mL/min，注入压力上限设定为 40MPa。

由图 8.3.7 可知，压裂后出现明显的主裂缝，破裂压力为 11.93MPa（图 8.3.8），高于清水压裂的破裂压力 11.25mPa。

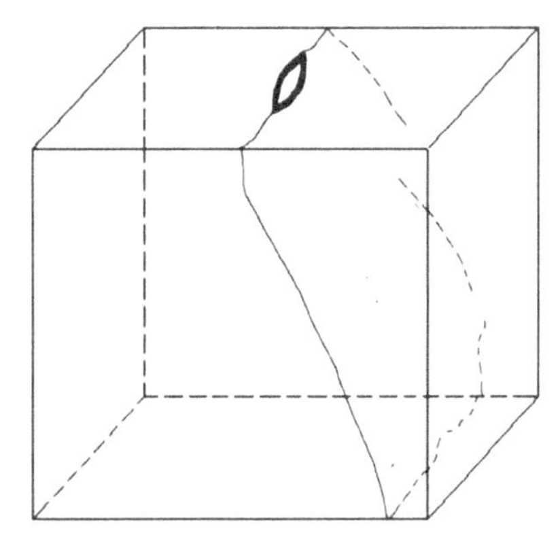

图 8.3.7　交联剂压裂裂缝形态

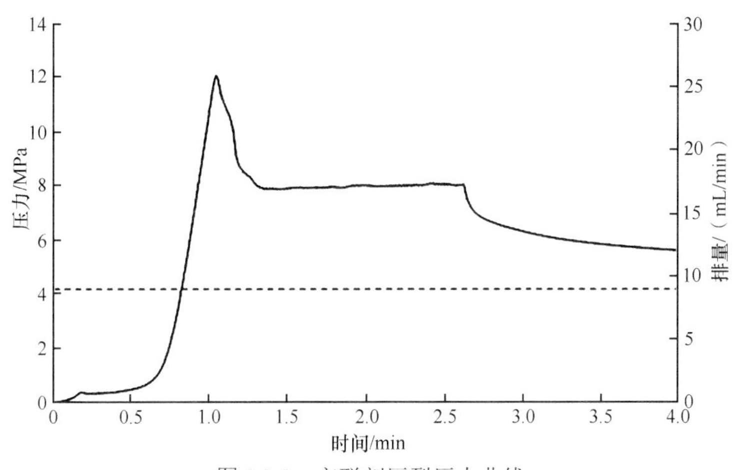

图 8.3.8　交联剂压裂压力曲线

3. 缝口暂堵压裂

在清水压裂岩样产生的主裂缝两侧切割形成两条预置裂缝，与原压裂形成的主裂缝平行，放入试验架上加载三向围压 σ_v=12MPa、σ_H=10MPa、σ_h=5MPa，压裂液为 0.6%的瓜尔胶+0.4%的交联剂混合液，期间注入的暂堵剂为 2%的纤维+0.5%的颗粒，注入排量为 9mL/min，结果如图 8.3.9 所示。

在暂堵剂的作用下，原主裂缝在切缝处被完全填充，新裂缝扩展处被少量填充，形成如图 8.3.9 所示的裂缝，即当压力达到 12.35MPa 时产生第一条裂缝，达到 17.89MPa 时产生第二条裂缝，达到 22.5MPa 时产生第三条裂缝，裂缝沿水平最大地应力方向扩展，如图 8.3.10 所示。

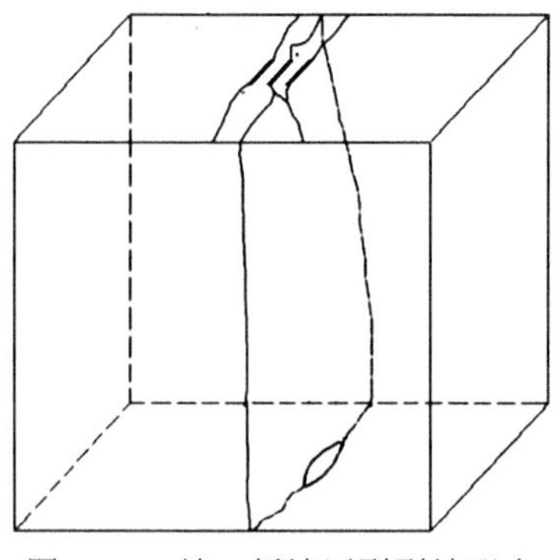
图 8.3.9　缝口暂堵压裂裂缝形态

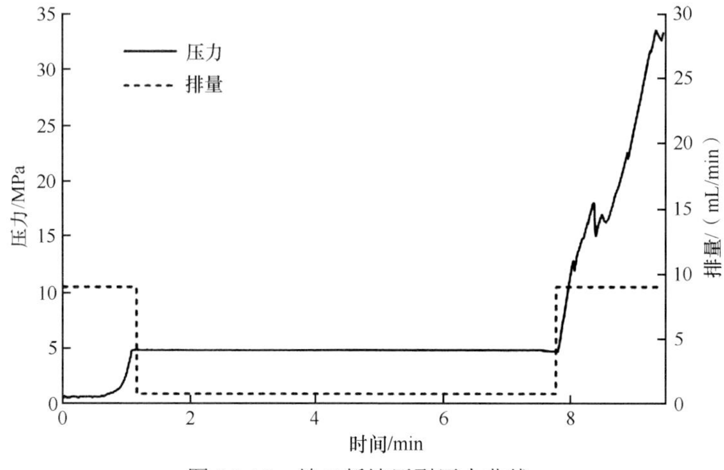

图 8.3.10　缝口暂堵压裂压力曲线

4. 缝口多方向暂堵压裂

在岩样表面切割形成三条预置裂缝，裂缝与水平最大地应力方向夹角分别为 30°、45°、60°，如图 8.3.11 所示，三向围压为 σ_v=12MPa、σ_H=10MPa、σ_h=5MPa，注入压裂液为 0.6%的瓜尔胶+0.4%的交联剂，暂堵剂为 2%的纤维+0.5%的颗粒组成，注入排量为 6mL/min。

图 8.3.11　缝口多方向暂堵试验岩样

压裂形成了两条裂缝，裂缝扩展方向逐渐转向水平最大地应力方向，如图 8.3.12 所示。由于暂堵剂作用及初始裂缝的起裂方向与水平最大地应力方向存在较大夹角（30°～60°），岩样的破裂压力较高，第一条裂缝的破裂压力达 19.9MPa，第二条裂缝的破裂压力达 22.8MPa，如图 8.3.13 所示。

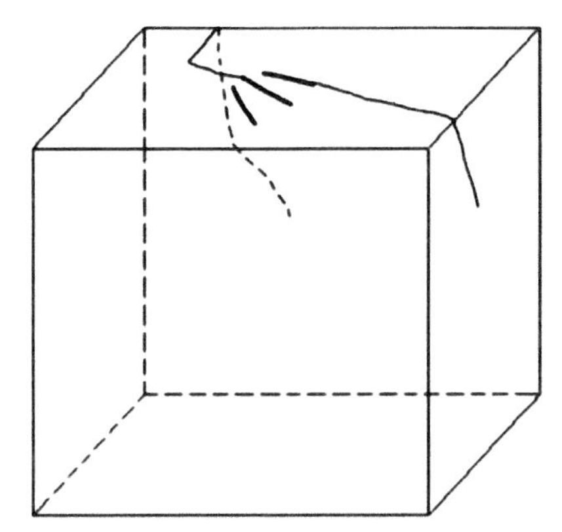

图 8.3.12　缝口多方向暂堵压裂裂缝形态

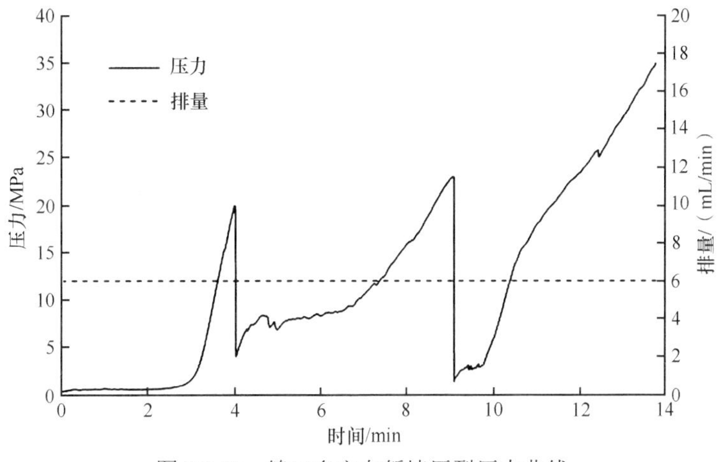

图 8.3.13　缝口多方向暂堵压裂压力曲线

5. 缝内暂堵压裂（大排量）

将岩样沿长度方向剖开分为两部分，在剖面中间切割形成缝宽 1mm 的预置贯通缝，加载三向围压为 σ_v=12MPa、σ_H=10MPa、σ_h=5MPa，注入压裂液为 0.6%的瓜尔胶+0.4%的交联剂，暂堵剂为 2%的纤维+ 0.5%的颗粒组成，注入排量为 9mL/min。

图 8.3.14 结果显示，暂堵材料直达裂缝尖端，将裂缝尖端充分填充。在 9mL/min 恒定排量作用下，压裂形成第一条裂缝的破裂压力为 13.97MPa，形成第二条裂缝的破裂压力为 27MPa，如图 8.3.15 所示，裂缝开裂形态如图 8.3.16 所示。

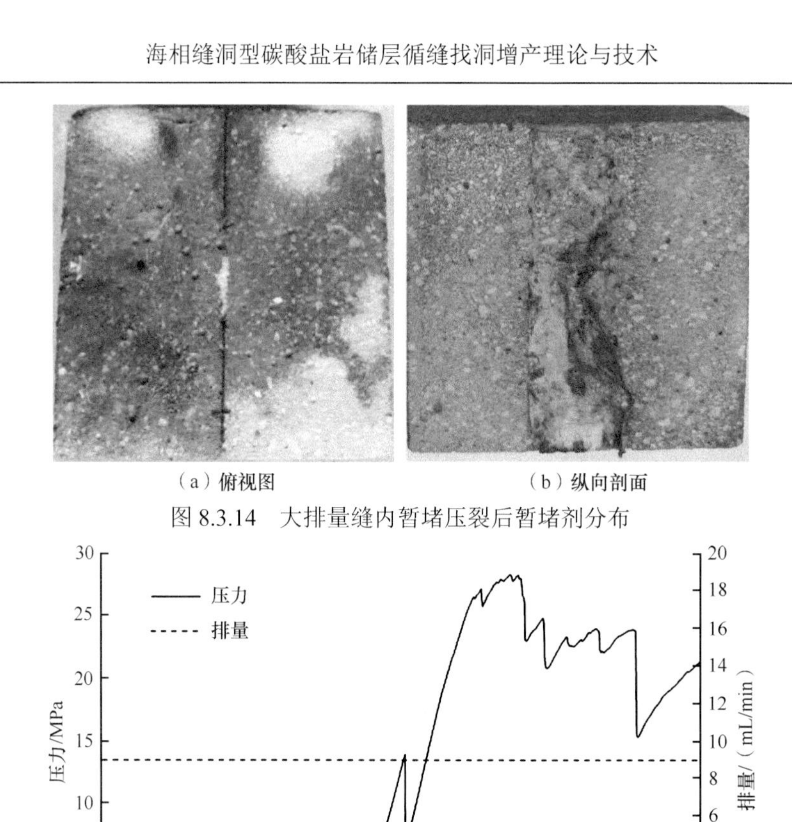

（a）俯视图　　（b）纵向剖面

图 8.3.14　大排量缝内暂堵压裂后暂堵剂分布

图 8.3.15　大排量缝内暂堵压裂压力曲线

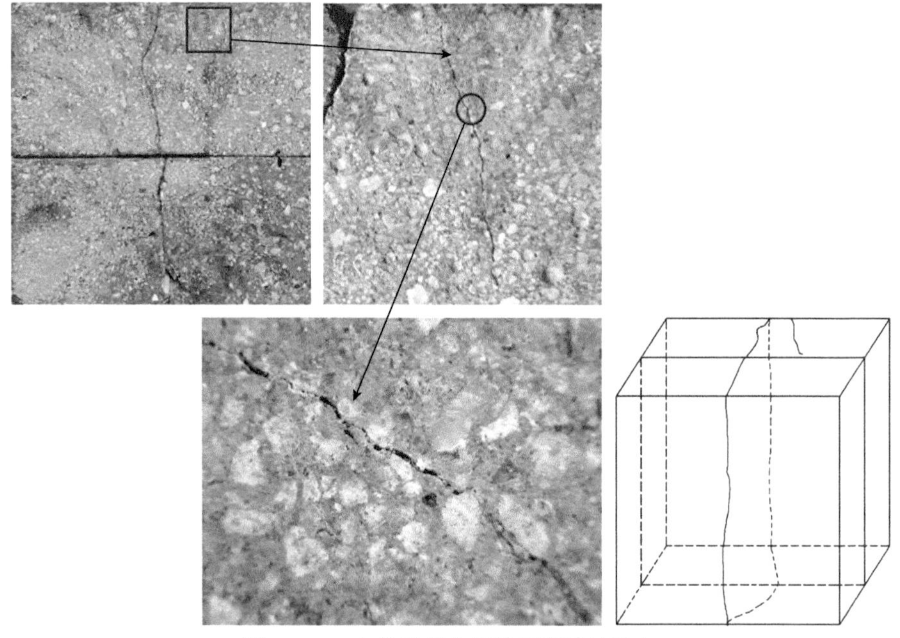

图 8.3.16　大排量缝内暂堵压裂裂缝形态

6. 缝内暂堵压裂（小排量）

除上小节“缝内暂堵压裂（大排量）”中缝内的暂堵材料，进行第二次压裂试验，为便于区分重新编号，加载三向围压 σ_V=12MPa、σ_H=10MPa、σ_h=5MPa，注入压裂液为0.6%的瓜尔胶+0.4%的交联剂，暂堵剂为2%的纤维+0.5%的颗粒组成，注入排量为3mL/min。

试验结果如图8.3.17所示，压裂形成新的裂缝，在小排量作用下暂堵材料在缝口聚集，并未填充裂缝内部，破裂压力为23.4MPa（图8.3.18）。

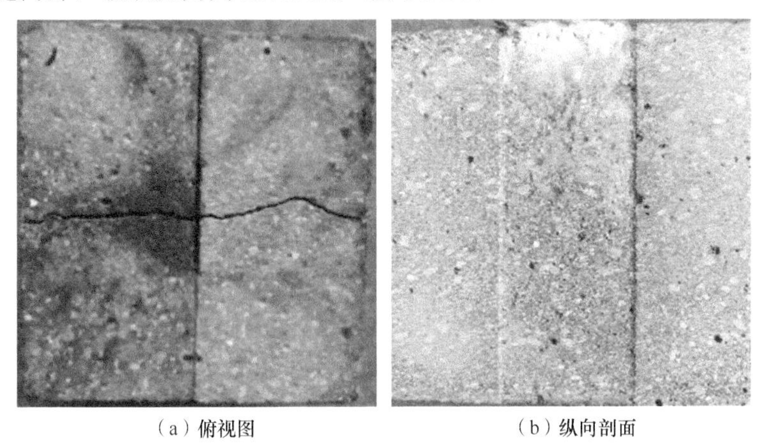

（a）俯视图　（b）纵向剖面

图8.3.17　小排量缝内暂堵压裂裂缝形态

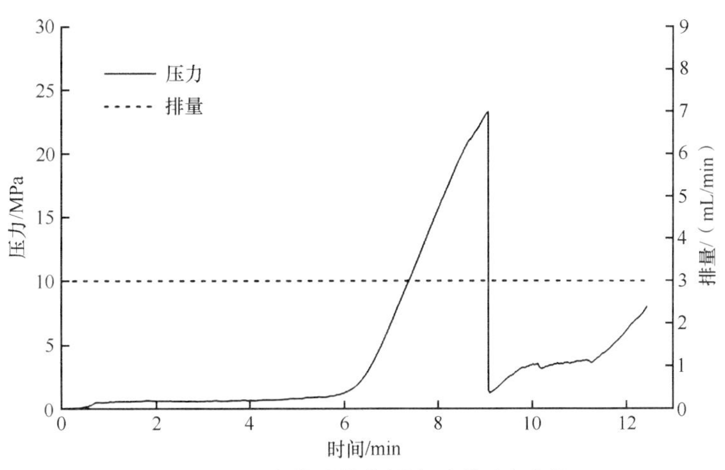

图8.3.18　小排量缝内暂堵压裂压力曲线

7. 缝内暂堵压裂（大排量、中浓度）

将试验岩样沿长度方向剖分为两部分，在其中一部分的中间切割形成深度为30mm的预置斜缝、缝长60mm、缝宽3mm，沿长度方向，宽度逐渐递减到零。在两部分剖面的中心位置分别设置一条倾角为45°的缝，如图8.3.19所示。加载三向围压 σ_V=12MPa、σ_H=10MPa、σ_h=5MPa，注入压裂液为0.6%的瓜尔胶+0.4%的交联剂，暂堵剂为2%的纤维+0.5%的颗粒组成，排量为9mL/min。暂堵压裂过程中出现第一条裂缝的破裂压力为22.2MPa（图8.3.20），之后形成多条裂缝。

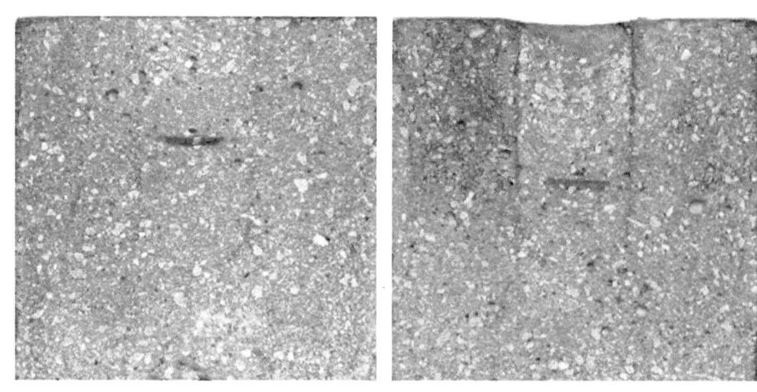

图 8.3.19　大排量、中浓度缝内暂堵压裂岩样

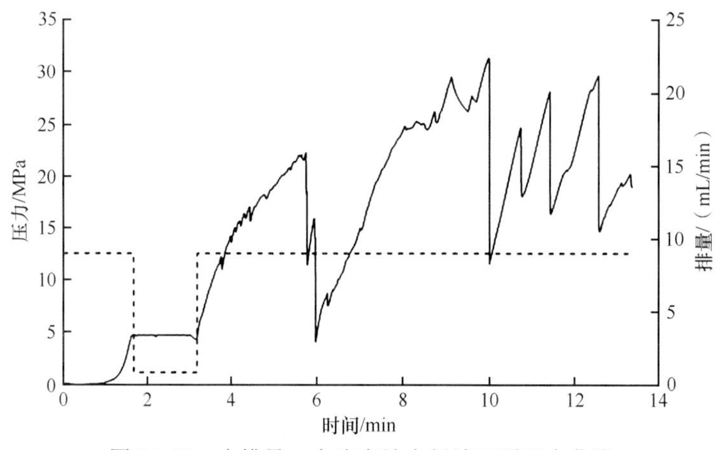

图 8.3.20　大排量、中浓度缝内暂堵压裂压力曲线

8. 缝内暂堵压裂（中排量、低浓度）

为进一步验证“缝内转向”，在岩心内预制椭圆形缝的两侧以 45°倾斜角，各切割一条小缝。加载三向围压 σ_V=12MPa、σ_H=10MPa、σ_h=5MPa，注入压裂液为 0.6%的瓜尔胶+ 0.4%的交联剂，改变暂堵材料浓度，即采用 1%的纤维+0.5%的颗粒，排量为 5mL/min。压裂裂缝如图 8.3.21 所示，岩样出现多条裂缝，同时压力曲线表征形成了多裂缝（图 8.3.22）。

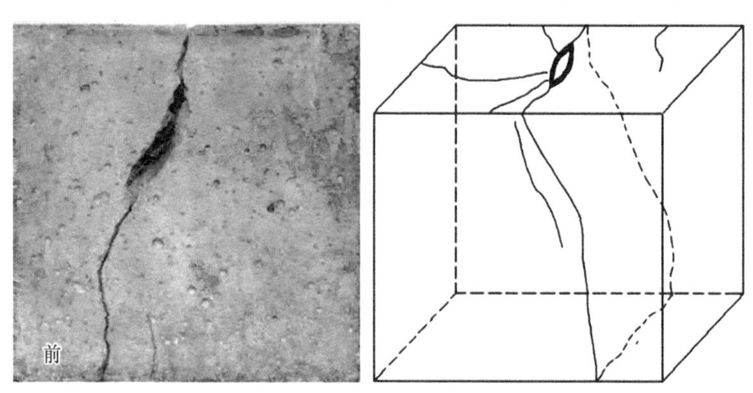

图 8.3.21　中排量、低浓度缝内暂堵压裂裂缝形态

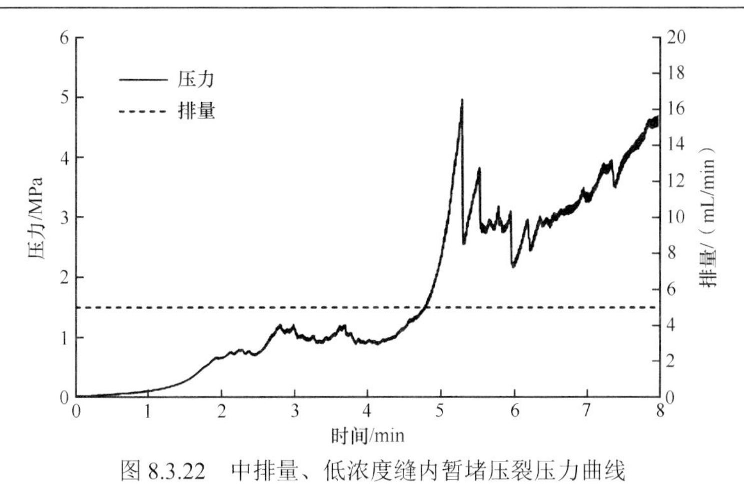

图 8.3.22　中排量、低浓度缝内暂堵压裂压力曲线

9. 缝内暂堵压裂（大排量、低浓度）

在岩心内预制椭圆形缝的两侧以 45°倾斜角各切割一条小缝。加载三向围压 σ_v=12MPa、σ_H=10MPa、σ_h=5MPa，压裂液为 0.6%的瓜尔胶+0.4%的交联剂，暂堵剂为 1%的纤维+ 0.5%的颗粒，采用最高排量为 9mL/min 的变排量压裂方式。如图 8.3.23 所示，形成多条明显的裂缝，压裂压力曲线如图 8.3.24 所示。

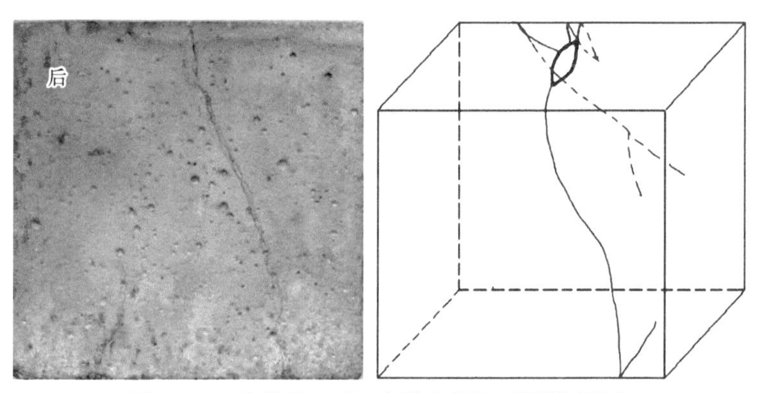

图 8.3.23　大排量、低浓度缝内暂堵压裂裂缝形态

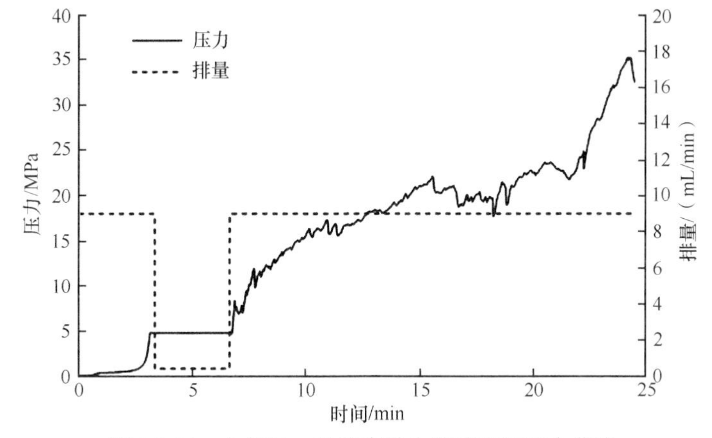

图 8.3.24　大排量、低浓度缝内暂堵压裂压力曲线

10. 先暂堵后压裂

采用暂堵材料为1%的纤维+0.5%的颗粒，压裂液为0.6%的瓜尔胶+0.4%的交联剂。试验时先通过50mL压裂液驱替暂堵材料，填充岩样中的原裂缝，再泵入压裂液产生新裂缝。初始压力上限为5MPa，随着液体注入量的增加，逐步提升压力上限；试验78min时，压力上限为18MPa，排量为6mL/min，注入量为50mL，暂堵材料全部由压裂液驱替、填充到岩样的原裂缝中，此后增加排量到9mL/min，压力上限设为40MPa，继续压裂直至试验结束。

由图8.3.25可知，暂堵阶段，随着不断调整压力上限，压力曲线随时间的增加呈阶梯状上升（图8.3.26），直至注入量达到50mL，此后进入压裂阶段，压力迅速增大至18.8MPa，形成第一条新支缝，压力为18.2MPa时产生第二条，随后有多条裂缝产生。

试验表明，形成了明显的暂堵压裂缝，且暂堵材料填充完好，同时压力曲线反映新裂缝开启过程中形成了明显压力上升。

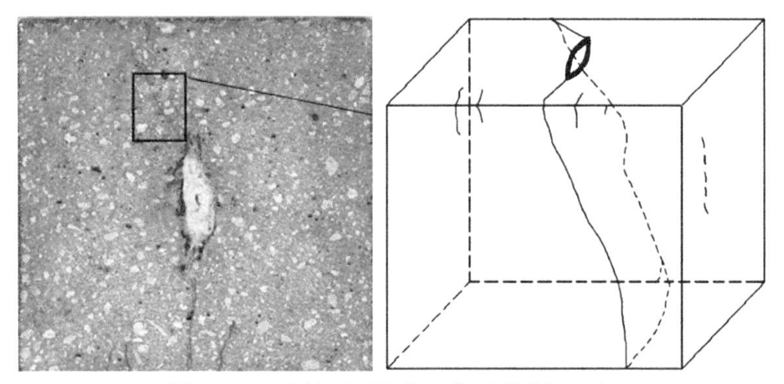

图8.3.25　先堵后压条件下的压裂裂缝形态

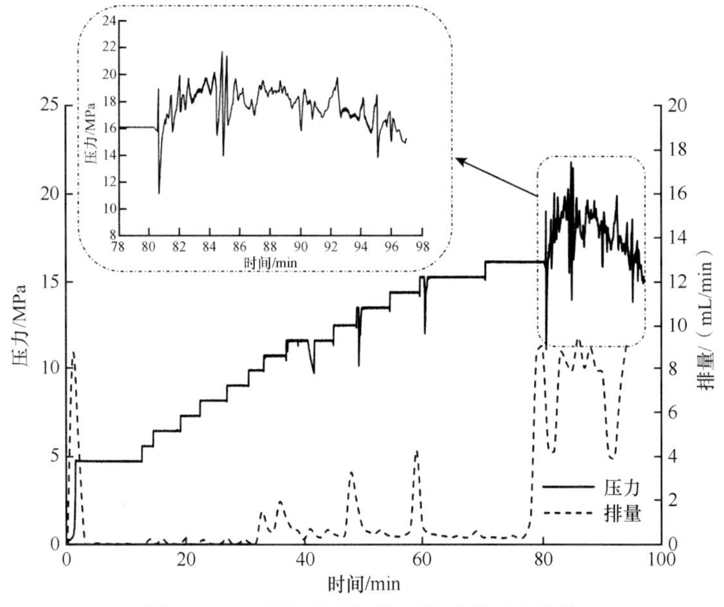

图8.3.26　先堵后压条件下的压裂压力曲线

上述试验发现，交联剂压裂破裂压力为 11.93MPa，高于清水压裂 11.25MPa，二者均形成一条人工裂缝，开裂方向与水平最大地应力一致。在暂堵压裂条件下，无论是缝口暂堵还是缝内暂堵，均能形成多裂缝。暂堵压裂形成初始裂缝的破裂压力大于等于交联剂压裂和清水压裂，二次裂缝及其他多裂缝的破裂压力高于交联剂压裂和清水压裂，最高达 20MPa 以上。当裂缝与水平最大地应力方向具有一定夹角时，无论是缝口暂堵还是缝内暂堵，其新裂缝的破裂压力要高于同等条件下无夹角的裂缝，裂缝的破裂压力、转向曲率与夹角大小有关，最终裂缝转向水平最大地应力方向扩展。

室内试验认识结合现场试验，可得出以下结论。

（1）缝口暂堵、压开新缝，采用小排量、中高浓度暂堵剂，适当增加暂堵球所占比例，便于暂堵剂在缝口桥接、堆积，形成暂堵，减少暂堵剂用量，提升暂堵效果。以此可使暂堵剂在缝口形成暂堵，裂缝尖端没有暂堵剂。

加注参数：$2m^3/min$ 的排量泵注 0.3%的滑溜水+2%的纤维+0.5%的颗粒。

（2）缝内暂堵、形成转向新支缝，采用大排量、中低浓度暂堵剂，便于暂堵剂到达裂缝尖端，充分填充，使裂缝钝化，同时减少裂缝尖端滤失，避免暂堵剂在缝口桥接、堆积。

加注参数：$4m^3/min$ 的排量泵注 0.3%的滑溜水+0.5%～1%的纤维。

目前纤维的最大加注浓度为 6%。现场井深 5500～8500m 的碳酸盐岩储层应用 14 口井次，表明泵注纤维后压力平均上涨 13.7MPa。

8.4 应用井例

8.4.1 缝口暂堵分段酸压应用

应用井位于构造斜坡部位，周围北东向断裂发育。酸压层段为奥陶系一间房组的 6980.00～7335.00m 深度段，钻井过程无放空、漏失，岩性为石灰岩，测井解释Ⅱ类储层 3 层共 7.5m，Ⅲ类储层 15 层共 202.5m，地震时间偏移剖面显示，T_7^4 地震反射波下具有杂乱弱反射特征，T_7^4 以下 0～20ms 范围内平均振幅变化率大。全水平井段呈杂乱弱反射，钻遇断裂破碎溶蚀带较长，断溶破碎带与井筒直线最近距离小于 20m，井轨迹与水平最大地应力直交 90°，分布三个储层“甜点”，深度为 7003.00～7010.00m、7104.00～7113.00m、7198.00～7206.00m，破裂应力差介于 6～7MPa，避水高度为 65m，水体不活跃，储层发育及油气显示一般。笼统酸压改造无法实现 355m 长裸眼井段多点改造动用，采用两次暂堵转向对储层分三段进行酸压，提高储层动用程度，如图 8.4.1 所示。

采用缝口分段酸压工艺，应用 1%～2%的纤维+0.5%的颗粒球，室内试验测试其暂堵压力可达 9～10MPa，满足要求。施工步骤如下。

（1）第一级压裂造缝，正挤压裂液压开地层，注酸酸蚀裂缝，正挤滑溜水作为隔离液，正挤滑溜水携带暂堵剂泵入主缝口，其中纤维 690kg、1mm 暂堵颗粒 200kg。

（2）第二级压裂造缝，正挤压裂液压开地层，注酸酸蚀裂缝，正挤滑溜水作为隔离液，再次正挤滑溜水携带暂堵剂泵入主缝口，其中纤维 510kg、1mm 暂堵颗粒 150kg。

（3）第三级压裂造缝，正挤压裂液压开地层，注酸酸蚀裂缝，正挤滑溜水顶替酸液入地层。

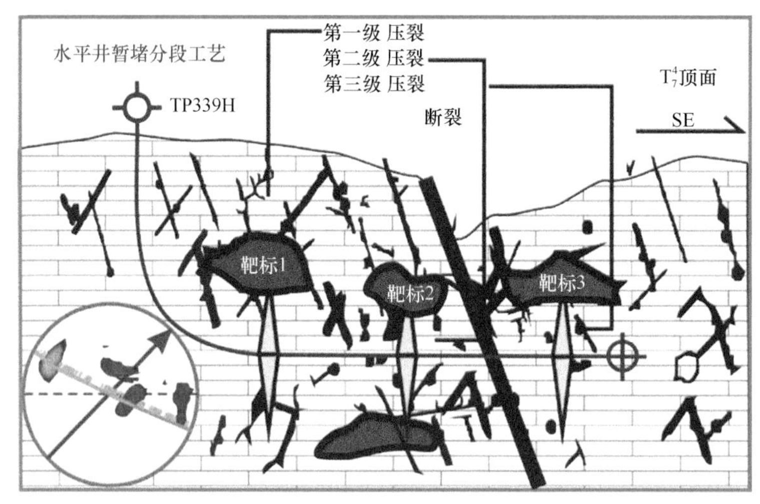

图 8.4.1 缝口分段酸压沟通储集体模型

注入地层总液量 1735m³（其中压裂液 890m³、高温胶凝酸 625m³、转向酸 110m³），最高泵压 87.1MPa，最大排量 7.4m³/min，施工曲线如图 8.4.2 所示。结果显示，暂堵剂到位后，地面压力上升显著，第一次暂堵剂到位后压力上升 6.6MPa，第二次暂堵剂到位后压力上升 7.0MPa。三段酸压破裂压力存在明显差异，第一段破裂压力梯度为 1.56MPa/100m，第二段破裂压力梯度为 1.33MPa/100m，第三段破裂压力梯度为 1.44MPa/100m。三段酸压沟通缝洞体的特征不同，第一段沟通后压力缓慢下降 19.4MPa，第二段沟通后压力快速下降 10MPa，第三段沟通后压力缓慢下降 2MPa。

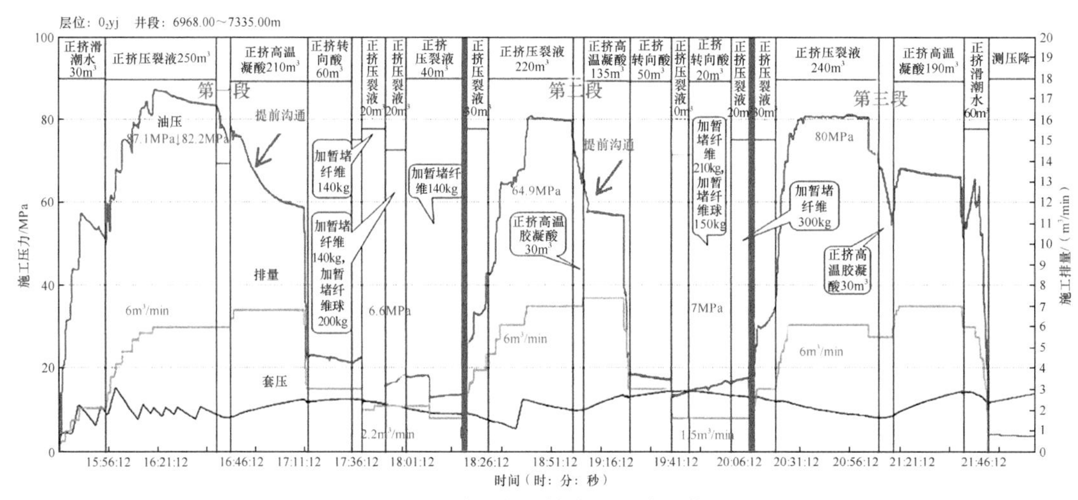

图 8.4.2 缝口暂堵转向酸压施工曲线

酸压后测试定产：日产油 102.4t/d，相较邻井产量 61t/d，提高 67%。

8.4.2 缝内暂堵转向酸压应用

井位于斜坡部位，断裂发育，储层类型为暗河类型、洞穴类型，鹰山组 4 层Ⅲ类储层总厚 81.5m，1 层Ⅱ类储层厚 20m，与井筒的直线最近距离为 32m，储集体与水平最大地应力高角度斜交 75°，如图 8.4.3 所示，平面分布 5～40m，厚度 23m，储量 9987.79t，形态结构为独立椭球洞穴，井型为直井，井深 5561m，避水高度 68m，水体不活跃。钻、录、测显示发育两套储层（表层风化壳+浅层暗河）。采用缝内暂堵转向酸压工艺。

（1）正挤压裂液 280m^3 压开地层造缝，注入地面交联酸 340m^3 酸蚀裂缝，正挤滑溜水顶替酸液入地层，封堵过程中先使用转向酸预暂堵，后采用 3～4mm 颗粒架桥、1mm 颗粒+高浓度纤维高强度封堵。

（2）正挤压裂液 400m^3 压开地层造缝，注入地面交联酸 360m^3 酸蚀裂缝，正挤滑溜水顶替酸液入地层。

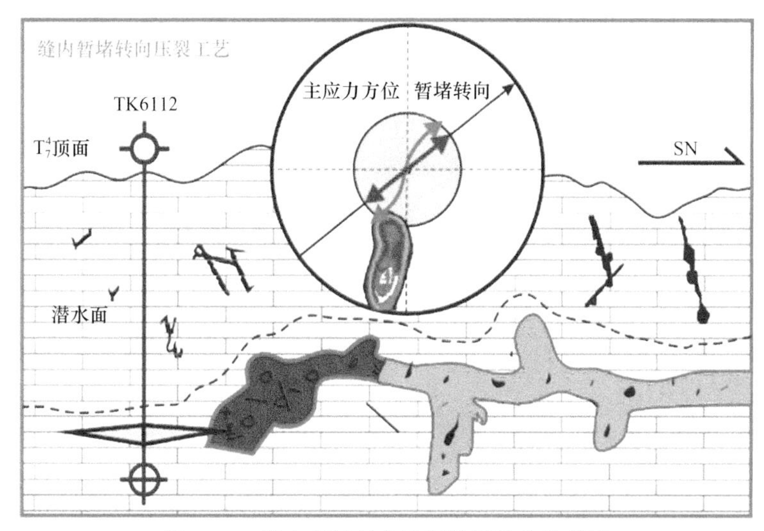

图 8.4.3　缝内暂堵转向酸压沟通储集体模型

酸压完成后投产：油压 11.9MPa，日产液 12.7t，日产油 8.7t，含水率 31.5%。

8.4.3　实践小结与认识

对现场试验井的统计发现，发生漏失的井主暂堵剂用量分别为 550kg、800kg、1300kg，暂堵压力上升分别为 0MPa、2MPa、6MPa，而发生漏失但井段较短的井暂堵剂用量 900kg，暂堵压力上升 22MPa。即暂堵剂用量和组合需重点考虑长井段储层发育情况，若储层发育差，暂堵剂用量需适当减少，若储层发育程度好且厚度大，暂堵剂用量可适度增加。

（1）储层发育差，降低暂堵剂用量主要原因：①人工裂缝缝宽小，易于封堵，较少暂堵剂即能满足封堵需求；②储层间应力差一般较小，过量暂堵剂可能在封堵最优储层后又对次优储层造成封堵，导致较差储层被改造，次优储层不能得到有效改造；③过度封堵导致井底压力增加，使缝高失控，不利于远端储层的沟通，且易沟通底水；④降低成本。

（2）储层发育好，增加暂堵剂用量主要原因：①人工裂缝缝宽大，封堵较难，暂堵剂需求量大；②储层天然裂缝、溶蚀洞发育，在一定程度上对暂堵剂造成消耗。

对于不同的储层类型及井筒条件，采用如下暂堵组合方式。

（1）对于裂缝型储层，采用纤维或纤维+1mm 颗粒组合进行暂堵，暂堵剂总浓度控制在 2.5%以内，即 2%～2.5%的纤维或 2%的纤维+ 0.5%的 1mm 颗粒。

（2）对于缝洞型储层，采用纤维+1mm 颗粒+3～4mm 颗粒的组合模式，并可尝试增加 6～8mm 球或片状暂堵剂以增加封堵效率，暂堵剂总浓度控制在 3%以内，即 2%的纤维+0.5%的 1mm 颗粒+ 0.1%～0.2%的 3～4mm 颗粒。

（3）对于采用打孔筛管或滑套孔眼的井，大粒径颗粒通过小孔眼能力差，存在暂堵剂封堵孔眼在管柱内形成堆积的风险，采用降低 3～4mm 颗粒用量（或不使用 3～4mm 颗粒），适当降低暂堵剂总浓度，以保证暂堵剂通过孔眼，同时适当增加暂堵剂用量，提高封堵效果。

第 9 章　脉冲波压裂技术

层内脉冲波压裂采用水力或酸化压裂方式在油气层中形成具有一定长度、高度和宽度的人工裂缝，后将液体药剂泵送至人工裂缝中，或对于裂隙较发育的储层直接泵送至储层空隙内，再引燃。在冲击载荷作用下，形成多条径向裂缝，裂缝方向受地应力约束较小，以此达到沟通远处不同方位储集体的目的。冲击过程中，在储层非均质性及地应力共同作用下，裂缝面产生剪切错位，形成具有较高渗透率的导流裂缝。同时岩石在超过屈服极限的高应力作用下，裂缝在卸载后仍保持一定的残余缝宽，结合冲击产生的岩石碎屑，对裂缝起到一定程度的支撑作用。

脉冲波压裂主要涉及药剂、泵送、点火和返排四个方面。该技术的主要作用机制如下。

（1）应力波对岩石产生变形和破裂，同时可引起油层固体和液体介质的非同相振动，从而破坏、剥落附面层，使黏附的堵塞颗粒脱落，提高原油流动速度，有利于提高采收率。

（2）高温气体进入裂缝，熔化地层中的石蜡等沉积物，破坏堵塞物，降低原油黏度。

（3）产生的酸性气体遇水形成酸液，对碳酸盐岩具有腐蚀作用，可对储层进行酸洗。

耐高温液体药的研发突破，给层内脉冲波压裂的实现提供了基础条件，但仍存在一些难题，需满足：①液体药具有足够的钝性，在施工过程中不发生爆炸，能量的释放方式、时间及峰值可控，不同储层条件下的传爆能力强，且不会对油管、套管、井眼造成损坏；②泵送过程中过泵时不爆炸，在管柱输送过程中不挂管壁，黏度可控，能挤入不同条件的储层，挤入地层后，点火前不返吐，与所接触物质的配伍性好；③不同点火方式下的耐高温点火药；④燃烧后产物易返排，对于残留药剂易处理，不造成储层伤害，不影响后期炼化安全。

9.1　药 剂 体 系

脉冲波压裂药剂应具有适当的黏度、流变性好、滤失性低、耐温性好（＞170℃）、耐压性高、机械感度低、摩擦感度低、静电感度低等特性。另外，药剂还要满足传爆直径小（＜4mm）、可在细小的裂缝中稳定传爆；在油层环境中易于燃烧和爆燃，不易爆轰；中低爆速，确保开裂的同时减少对储层的压实作用，延长裂隙区；价格便宜，运输方便，符合油田技术安全要求。

9.1.1　液体药体系

层内脉冲波压裂液体药体系，对深度大于 4000m、温度超过 150℃的油气井研究较少。本节主要阐述较为完善的层内液体药体系的性能及适用性。

1. 原油+高氯酸钾或黑索金

1）原油+高氯酸钾

原油对储层的适应性强，能充当燃烧剂，也可用机油代替原油（机油易获取、性能稳定，与原油性质相似）；采用高氯酸钾做氧化剂。试验证实，原油与高氯酸钾可在圆管点火试验装置中点火。

为降低成本和减少操作风险，可选择硝酸铵替代高氯酸钾，硝酸铵钝感强，临界传爆尺度大。考虑原油+硝酸铵不易点燃，对试验装置进行改进，在圆管点火试验装置中加入传火管，增大点火药与药剂的接触面积；传火管直径为 4～5mm，内装点火药。利用改进后的圆管点火装置对原油+硝酸铵+高氯酸钾进行试验，结果证实能使原油与硝酸铵稳定点火的高氯酸钾最低含量为 15%。

2）原油+黑索金

黑索金（RDX）的临界传爆尺度小，耐温性好，且成本低。将黑索金与原油（或机油）放入圆管点火装置中，能稳定点火。试验证实，黑索金的比例为 33%～71%时可使体系稳定点火。

利用爆轰试验装置对原油+黑索金体系进行爆轰测试，可知原油+黑索金体系发生爆轰所需的最低黑索金含量为 60%。该体系易分层，应选取适当的凝油剂使黑索金均匀悬浮在油中。

利用小尺度模拟装置（图 9.1.1）模拟原油+硝酸铵+高氯酸钾、原油+黑索金的燃烧爆轰试验。试验时，将药剂注入垂直传火孔；压挤药剂，使其经一个水平狭缝流到模拟岩缝；将药剂铺在模拟岩样上，安装传火管、点火具和其他零部件，结果如表 9.1.1 所示。

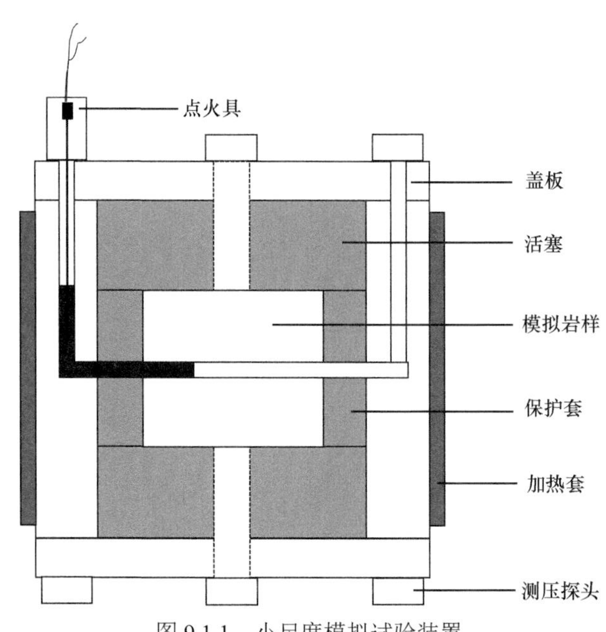

图 9.1.1　小尺度模拟试验装置

表 9.1.1　原油+硝酸铵+高氯酸钾、原油+黑索金燃烧爆轰试验结果

序号	岩样直径/mm	点火药/g	原油+硝酸铵+高氯酸钾/g	原油+黑索金/g	结果
1	130	3.7	28	29	药剂少量燃烧，模拟岩样未见破裂
2	130	3.7	28	28	药剂大部燃烧，泄气声较长，模拟岩样未见破裂
3	130	3.8	25	38	传火药和药剂均部分燃烧，模拟岩样未见破裂
4	130	3.7	24	36	药剂部分燃烧，余药 7g，模拟岩样未见破裂
5	159	3.9	29	47	药剂全部燃烧，峰压 42.75MPa，模拟岩样破裂
6	159	4.1	28	47	药剂全部燃烧，峰压 65.75MPa，模拟岩样破裂

前四组试验，装置内有缓冲保护套，对试验装置起保护作用，使得装置内 10g 药剂反应产生的压力不能达到岩石破裂强度。后两组试验，去掉保护套，采用加大的模拟岩样占据保护套空间，药剂全部燃烧，峰值压力分别为 42.75MPa（图 9.1.2）、65.75MPa，超过岩石的破裂强度，模拟岩样破裂。压力的大小和边界约束对药剂的持续燃烧至关重要，压力高则药品能完全燃烧。

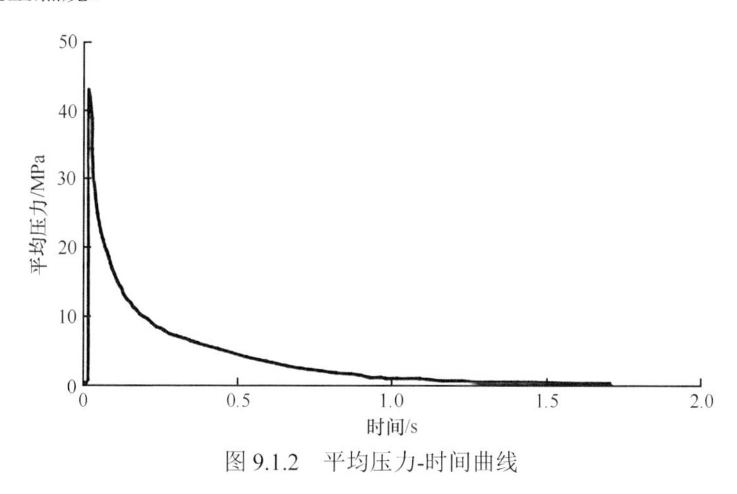

图 9.1.2　平均压力-时间曲线

利用加热套加热小尺度模拟试验装置，模拟油层温度下的燃烧爆轰，结果如表 9.1.2 所示，表明高温条件下，药品反应更剧烈，峰值压力可达 119.6MPa。

表 9.1.2　高温条件下的燃烧爆轰试验

序号	温度/℃	点火药/g	火药（原油∶硝酸铵∶高氯酸钾）/g	炸药（原油∶黑索金）/g	结果
1	80	3.3	28.9（20∶45∶35）	53.5（60∶40）	声音较大，药剂完全燃烧，水泥块被压为层状
2	80	5.2	28.4（20∶45∶35）	23.6（60∶40）	声音较大，药品完全燃烧，压力峰值达 119.6MPa
3	80	4.8	23（20∶45∶35）	17.2（60∶40）	声音较大，药品部分燃烧，压力峰值为 41MPa

通过室内试验，对火药和炸药的点火性能及破裂岩石的过程进行了分析，结果如表 9.1.3 所示。火药[原油+硝酸铵+高氯酸钾（＞15%）]、炸药[原油+黑索金（＞60%）]均能实现

点火，但其耐温、耐压、临界传爆直径、爆轰性能等有待进一步探究。

表 9.1.3　试验结果对比

类别	配方	结果
火药	原油+高氯酸钾	顺利点燃，实现层内压裂过程，但成本高
	原油+硝酸铵	点火困难
	原油+硝酸铵干燥粉末（＜65 目，含水率＜0.3%）	可点燃
	原油+硝酸铵+高氯酸钾（＞15%）	完全燃烧
炸药	原油+黑索金（＞60%）	发生爆轰，可实现层内压裂过程

2. 甘油+硝酸铵

利用内能法理论求解体系配方的能量示性数，考虑水含量、燃烧剂与氧化剂的比例对能量的影响，筛选较为合理的配方组分，并对其进行点火性能改进，选定了甘油+硝酸铵体系如表 9.1.4 所示，体系密度为 1.296g/cm^3。

表 9.1.4　甘油+硝酸铵体系配方

名称	甘油	硝酸铵	水	硝酸钾	性能调节剂
含量/%	10	55	30	5	＜1

燃烧机理：①在溶剂水不沸腾的条件下，点火药产生的热量，使液体药达到燃烧剂与氧化剂的分解点温度；②燃烧剂和氧化剂分解，结合成 CO、CO_2、H_2O 等化合物，放出热量；③燃烧剂和氧化剂分解是吸热反应，其能量由点火药燃烧提供，燃烧剂和氧化剂分解后再合成 CO、CO_2、H_2O、NO 等化合物是放热反应，产生大量热量，并形成大量气体。对该体系进行燃速-压力测试（点火药量为 4g 硝化棉粉和 4g 双基药），测试结果如图 9.1.3 所示。

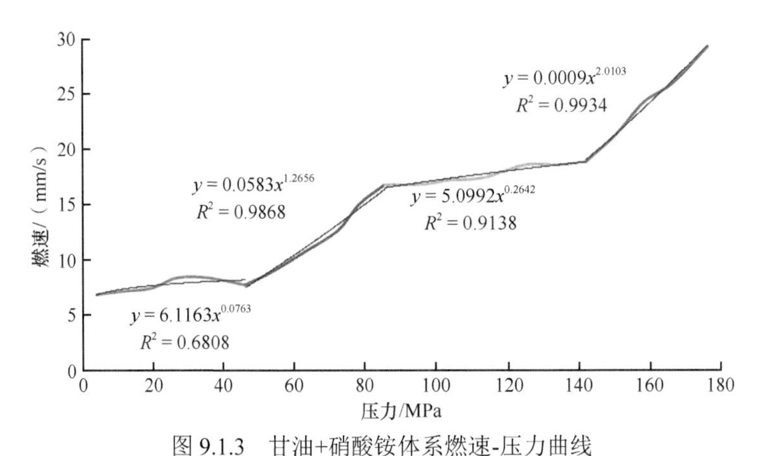

图 9.1.3　甘油+硝酸铵体系燃速-压力曲线

燃速随压力增大而增大，分为四个阶段。

第一阶段，压力小于 50MPa，体系处于平台燃烧阶段，燃速上升缓慢，压力指数小

（0.0763），药剂燃烧稳定。相对固体火药，该体系引燃较难，但安全性优于固体火药。

第二阶段，压力为50～90MPa，燃速随压力增大较快增长，由8mm/s增大到16mm/s。

第三阶段，压力为90MPa～150MPa，该压力区间内体系燃烧平稳，压力指数仅0.2642，燃速变化较小。

第四阶段，压力大于150MPa，燃速急剧增大，压力指数增大到2.0103，液体药燃烧剧烈。

综合分析，该体系燃速较低，在储层压力60～70MPa条件下，由燃速方程可得其燃速为10.37～12.61mm/s。

在密闭爆发器内进行压力-时间测试（点火药量为4g硝化棉粉和4g双基药），如图9.1.4所示。结果显示，该体系峰值压力为123.4MPa，易破碎岩石；加载速率约为0.55MPa/ms，不利于岩石多裂缝起裂；燃烧速率慢，压力作用时间长，利于裂缝延伸。

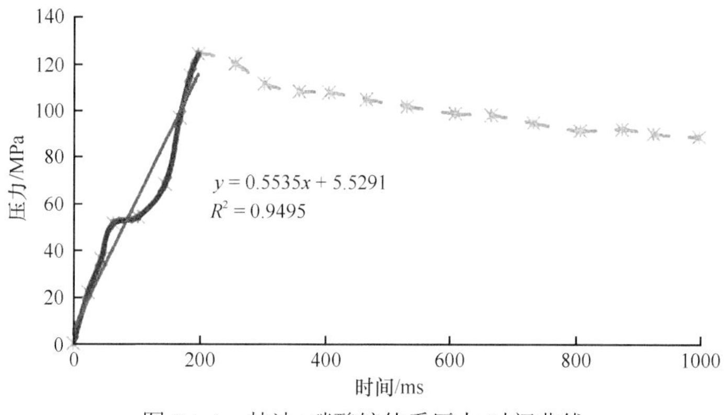

图9.1.4 甘油+硝酸铵体系压力-时间曲线

点火性能：该体系形成稳定燃烧的点火药量是液体药量的20%，即100g液体药点火药需20g，液体药形成稳定燃烧的点火能量为1kg液体药670kJ，液体药的点火压力为32MPa以上。根据密闭爆发器与现场施工经验，使用两段无壳弹（约10kg）可点燃井下的液体火药。

敏感性能：该体系安全性能从其对压力、摩擦、冲击（撞击）和温度四个参数指标进行评价。

（1）体系耐压性达100MPa，低于该压力值时，对压力不敏感。

（2）摩擦感度试验及冲击感度试验表明体系对摩擦、冲击不敏感。

（3）耐温感度试验，采用差热分析（DTA）法进行测试，如图9.1.5所示。结果显示，在低于120℃的升温过程中，体系液体药无明显的放热或吸热现象；在高于120℃的升温过程中，121.6℃开始分解，170℃以后剧烈放热，于204.6℃时达到放热顶峰。因此，低于121.6℃的温度下，甘油+硝酸铵体系稳定安全。

综上，甘油+硝酸铵体系对摩擦、冲击均不敏感，耐温可达120℃，压力达100MPa以上时开始分解冒烟。其燃烧速率低、加载速率小，有利于裂缝扩展，但不利于破岩产生多裂缝，同时具有成本低、应用广、适应性强等特点。在现场泵送下井时，需遵守上述安全极限。

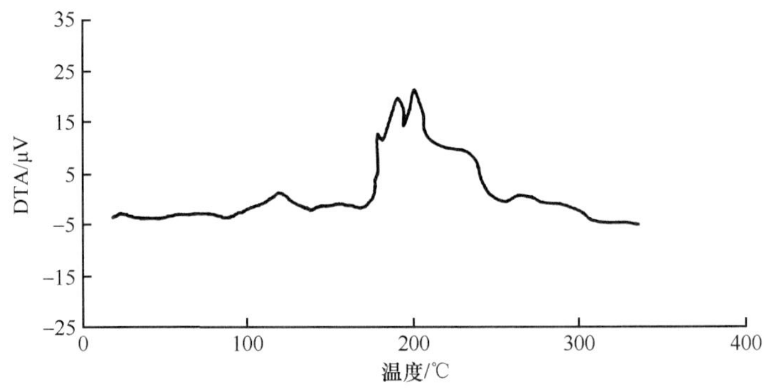

图 9.1.5　甘油+硝酸铵体系的 DTA 曲线

3. 甘油+硝酸铵+黑索金

1）配方

在甘油+硝酸铵体系基础上加入敏化剂进行性能改良，改良体系如下所示。

溶剂（水）：燃烧剂（甘油）：氧化剂（硝酸铵）：奥克托今（黑索金）=（20%～35%）：（8%～12%）：（40%～75%）：（15%～30%）。

按配比称取溶剂、燃烧剂和氧化剂进行搅拌，加入 0.4%古尔胶搅拌均匀，升温至 50～60℃，加入采用表面活性剂（十二烷基磺酸钠）浸润后的奥克托今（黑索金）充分搅拌至均匀状态，即得到所需体系。在保证体系具有较好流动性的前提下，根据液体火药中加入的黑索金比例，设计三个配方，如表 9.1.5 所示。

表 9.1.5　液体火药配方

配方编号	水/%	古尔胶/%	黑索金/%	60℃下流动性
1	34.6	0.4	7.4	好
2	28.7	0.4	13.3	好
3	25	0.4	17	较好

2）性能测试

60℃下进行起爆性能测试，将搅拌均匀的浆状物用注射针管吸入后，注入长 300mm、直径 4mm 的塑料管和直径 3mm 的胶管中，一端封口，一端与直径 5.2mm 的雷管对接，可实现稳定传爆。

在稳定爆炸的临界尺寸测试中，采用 5mm×1.5mm 及 5mm×1.0mm 的四向铝芯柱装悬浮药，在一定温度和压力下，观察传爆情况，分析该体系稳定燃烧爆炸的临界尺寸。体系装药量为 32～50g，试验分三组，即 5mm×1.5mm 四向铝芯传爆试验，5mm×1.0mm 传爆试验，在两次成功传爆的基础上，进行 5mm×1.5mm 重复试验。结果显示，该体系能传爆的最小截面积为 5mm^2，截面积越大，传爆越可靠，如表 9.1.6 所示。

表 9.1.6　甘油+硝酸铵+黑索金体系的主要性能

pH	密度/（g/cm^3）	临界传爆面积/mm^2	爆容/（L/kg）	爆热/（kJ/kg）	爆速/（m/s）
7.9	1.30～1.36	5.0	950～1050	2000～3500	1850～2300

对体系的安全性从压力、摩擦、冲击（撞击）和温度四个参数指标进行分析。

（1）试验配方为水：甘油：硝酸铵：黑索金=20：10：55：15。

（2）压力感度试验表明，体系耐压可达 80MPa，在该压力值下对压力不敏感。

（3）摩擦感度试验表明，体系对摩擦不敏感。

（4）在冲击感度试验中，取一滴药剂放在冲击装置的两击柱间，使用锤重为 2kg 的冲击锤，在落高为 79.4cm 的条件下进行测试。25 发样品没有一发爆炸或燃烧，冲击感度为 0%，表明体系对冲击不敏感。

（5）耐温感度试验，采用差热分析（DTA）法对药剂的耐温感度进行测试，如图 9.1.6 所示。结果显示，在低于 119℃的升温过程中，体系液体药没有明显的放热或吸热现象；在温度超过 119℃时，从 119.5℃开始分解，172℃以后剧烈放热，于 198.2℃时达到放热顶峰。因此，低于 119℃的温度下，液体药稳定且安全。

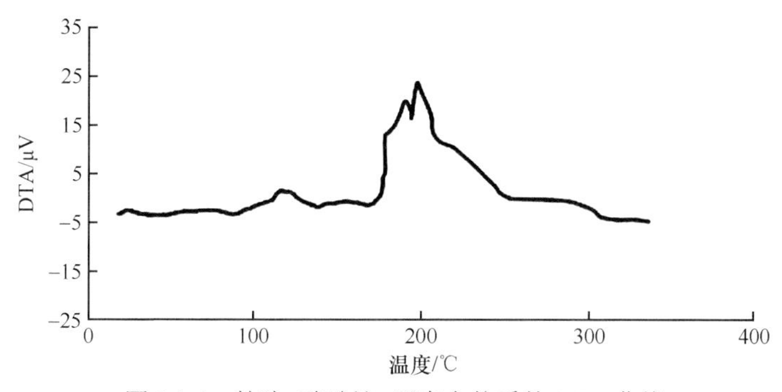

图 9.1.6　甘油+硝酸铵+黑索金体系的 DTA 曲线

考虑油井温度与压力双重因素的影响，用高温高压釜模拟井下特殊环境状态，测试药剂在井下施工条件下的安全稳定性。在试验构件中装药剂的胶木环内加入 30～40g 25%的黑索金药剂进行升温升压测试，在温度 110℃、压力 10～25MPa 下保持 12h 不燃不爆，表明温度 110℃、压力 10～25MPa 条件下体系稳定性较好。

综上，该体系化学性质稳定，对摩擦和冲击均不敏感，耐温达 119℃，耐压达 80MPa。液体药在现场泵送下井时，须遵守上述安全极限。

4. 硝基甲烷改性液体炸药

1）配方

硝基甲烷是一种低感度的液体炸药，单独使用时雷管不能将其完全引爆，爆速 6320m/s（ρ=1.13g/cm^3），爆热 4544kJ/kg，易挥发。为满足层内脉冲波压裂技术要求，需进行以下改进：①向硝基甲烷中添加乙二胺以提高起爆和传爆的可靠性；②添加凝胶剂增加液体炸药的悬浮性，降低体系的挥发性；③添加金属粉降低液体炸药的爆速、爆热。

（1）起爆传爆性。

该配方摒弃了以往添加高能炸药的敏化方式，不仅降低成本，提高本质安全性，且有利于爆速的控制，防止岩石形成压实粉碎区。根据敏化机理，液体炸药用的敏化剂可分如下几类：①可与液体炸药组分形成敏感性物质；②本身较敏感的固体炸药；③液体炸药中形成“热点”的固体物。

选用乙酸、乙二胺、黑索金、太安和铝粉等几种典型敏化物质作硝基甲烷的敏化剂，对各种混合炸药进行雷管感度测试，发现乙二胺对硝基甲烷的敏化效果最佳。

对不同乙二胺含量的硝基甲烷液体炸药的机械感度和临界传爆直径进行测试，表明加入质量分数为0.25%的乙二胺，硝基甲烷具有雷管感度，传爆临界直径由21.0～26.0mm降至10.0～12.0mm；随乙二胺质量分数增加，临界直径降低；乙二胺质量分数为5.00%时，临界直径降至2.5mm以下，且硝基甲烷-乙二胺液体炸药机械感度仍为0。

（2）触变性、黏度和挥发性。

选气相二氧化硅和醋酸纤维素作凝胶剂，对其触变性、黏度和挥发性进行测试，结果表明，醋酸纤维素凝胶的触变指数大于气相二氧化硅凝胶的触变指数，呈现良好的剪切稀化性，利于炸药的输送；停止剪切后，黏度迅速恢复，利于不溶组分的悬浮，提高体系的均一性。因此，醋酸纤维素凝胶相对于气相二氧化硅凝胶，触变性能更优。

室温下，对不同含量凝胶剂的气相二氧化硅凝胶和醋酸纤维素凝胶进行黏度测试，如图9.1.7所示。随凝胶剂质量分数的增加，凝胶的黏度增加。当凝胶剂质量分数为0%～3%时，凝胶的黏度增加幅度较小；当凝胶剂质量分数超过3%时，凝胶的黏度增速加剧，且气相二氧化硅系列凝胶黏度的增加速率大于醋酸纤维素系列凝胶的增加速率。液体炸药黏度的提高有利于体系的悬浮稳定性，但过高的黏度导致泵送困难，黏度宜控制在1500mPa · s以内。因此，气相二氧化硅凝胶的质量分数控制在4.5%以下，醋酸纤维素凝胶的质量分数控制在6.0%以下。

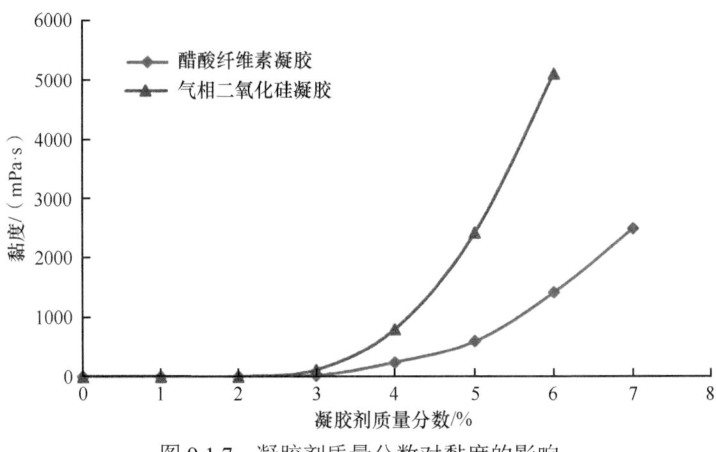

图9.1.7　凝胶剂质量分数对黏度的影响

硝基甲烷具有挥发性，空气中浓度过高，会对人体造成伤害。凝胶剂可降低硝基甲烷的挥发性。室温下，制备不同凝胶剂含量的气相二氧化硅凝胶和醋酸纤维素凝胶，将预配置的凝胶置于30mm×50mm的称量瓶中，敞口置于30℃恒温水浴中，恒温3h后称其质量。根据质量变化计算挥发率，如图9.1.8所示。结果显示，30℃时纯硝基甲烷的挥发率为23.8%。加入凝胶剂后，挥发率下降，且醋酸纤维素降低挥发率的效果优于气相二氧化硅。醋酸纤维素的加入质量分数为5%，挥发率下降25%。

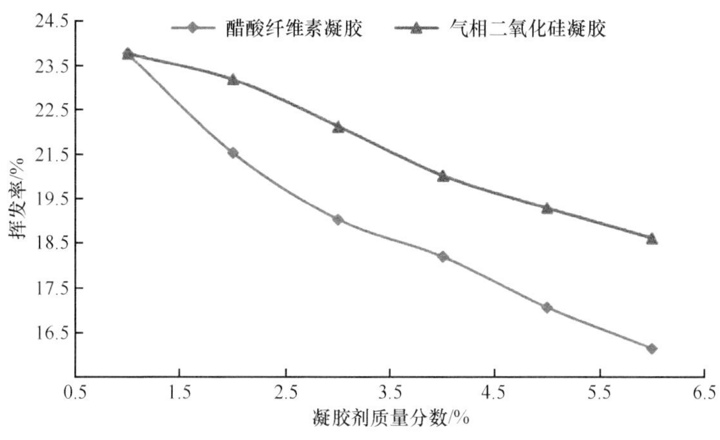

图 9.1.8　凝胶剂质量分数对挥发率的影响

从触变性、黏度和挥发性可知，醋酸纤维素更适合于该体系。选择醋酸纤维素作该体系的凝胶剂，添加质量分数为 5%左右。

（3）爆速。

选择添加片状铝粉以降低炸药的爆速，提高爆热。铝粉有沉降倾向，需加入凝胶剂提高体系的悬浮性。通常铝粉加入质量分数为 8%～15%，醋酸纤维素质量分数为 5%时，铝粉的悬浮性较好。

将质量分数 5%的醋酸纤维素、质量分数 5%的乙二胺、不同含量铝粉和硝基甲烷的混合液体炸药装于内径 14mm、壁厚 2mm 的 PVC 管中进行爆速测试，结果如图 9.1.9 所示。液体炸药的爆速需在确保不破坏井筒的前提下压裂地层，达到增产目的。爆速过高，对岩石产生强烈的压缩破坏而形成压实的粉碎区，反而降低储层渗透性。为有效压裂储层和减少粉碎区，控制爆速在 4000m/s 左右的中等爆速为宜。随着铝粉含量增加，炸药的爆速先略微增加，后急剧降低。当铝粉质量分数为 14%时，爆速降低至 4200m/s；增加铝粉含量，爆速值继续降低，但传爆直径会大幅升高。因此，铝粉添加质量分数为 14%。

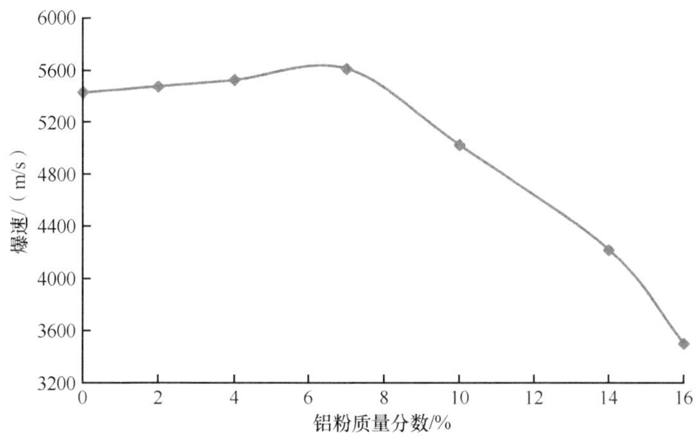

图 9.1.9　铝粉质量分数对爆速的影响

2）性能测试

硝基甲烷改性液体混合炸药的最终配方：硝基甲烷∶乙二胺：醋酸纤维素∶铝粉=76∶5∶5∶14（质量比），对该配方液体炸药进行主要性能测试，结果如表 9.1.7 所示。

表 9.1.7 硝基甲烷改性液体混合炸药的主要性能

黏度/（mPa · s）	pH	挥发率/%	撞击感度/%	摩擦感度/%	相容性/mL	临界传爆直径/mm	爆容/（L/kg）	爆热/（kJ/kg）	爆速/（m/s）	猛度/mm	做功能力/mL
1342	8.0	2.0	0	0	0.74（相容）	2.5～3.0	662	5749	4233	23.1	357

硝基甲烷改性液体炸药黏度较高、机械感度低、挥发性小，适用于长距离泵送，安全性好。确保井筒完好的条件下，中等强度爆速利于形成裂缝，提高储层渗透率；较高的爆容、爆热和做功能力，能有效压裂储层，并解除裂缝中的堵塞物；低临界传爆直径能确保液体炸药在微裂缝中稳定传爆，但该体系缺乏耐温、耐压性测试，在油气井内的安全性与适用性需进一步探究。

5. 液体药体系的完善方向

根据深层碳酸盐岩储层特点，需对上述液体药体系进行改良，提升耐温、耐压（>170℃、>110MPa）和静电感度等性能，或研发新的液体药体系。

9.1.2 点火药体系

层内脉冲波压裂，将液体药注入地层后，需采用点火药引燃缝内的液体药。常用点火药体系为硝酸酯增塑聚醚（NEPE）推进剂、HTPB 推进剂和聚氨酯推进剂，可根据矿场实际选择合适的药剂进行组合装药。

1. NEPE 推进剂

1）配方

根据室内试验筛选和分析，选定 NEPE 推进剂组分如表 9.1.8 所示。

表 9.1.8 NEPE 推进剂各组分质量分数 （单位：%）

聚乙二醇	硝化甘油	1，2，4-丁三醇三硝酸酯	高氯酸铵	黑索金	奥克托今	铝粉	2-硝基二苯胺	异氰酸酯	三苯基铋	酒石酸铋
8.5	10	13	10	33	10	8	2.5	1.5	1.5	2

2）燃速

该体系从低压到高压的燃速和压力变化如图 9.1.10 所示。从图 9.1.10 中可以看出，NEPE 推进剂燃速-压力曲线呈四个阶段。

第一阶段，压力为 0～15MPa，压力指数为 0.6549，燃速随压力增大而较快增长。

第二阶段，压力为 15～45MPa，压力指数为 0.984，燃速随压力变化幅度加大，燃烧不稳定程度增加。

第三阶段，压力为 45～120MPa，压力指数为 0.1963，燃速随压力增大变化缓慢，燃烧平稳，达到“平台燃烧”。

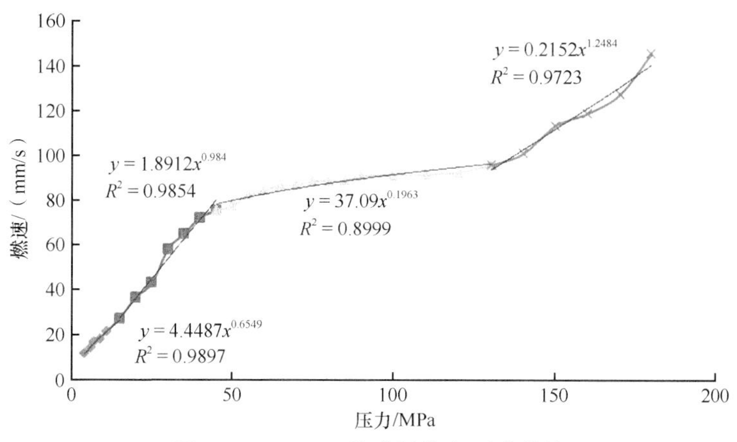

图 9.1.10　NEPE 推进剂燃速-压力曲线

第四阶段，压力大于 120MPa，压力指数为 1.2484，燃速随压力增加急剧增大，压力达到 180MPa，燃速高达 145.76mm/s。

NEPE 推进剂体系燃速较高，在储层压力为 60～70MPa 条件下，由燃速方程知，NEPE 推进剂的燃速为 82.85～85.40mm/s。

NEPE 推进剂在密闭爆发器内进行压力-时间测试，结果如图 9.1.11 所示，峰值压力为 212.3MPa，易于破碎岩石，加载速率高达 30.97MPa/ms，利于岩石多裂缝起裂。

3）撞击感度

NEPE 推进剂进行撞击感度测试，爆炸概率为 36.7%，三硝基甲苯（TNT）是目前公认的钝感炸药，同等条件下 TNT 测得的爆炸概率为 4%～8%，特屈儿为 50%～60%，黑索金为 75%～80%。因此，该体系撞击感度较低，运输和使用安全。

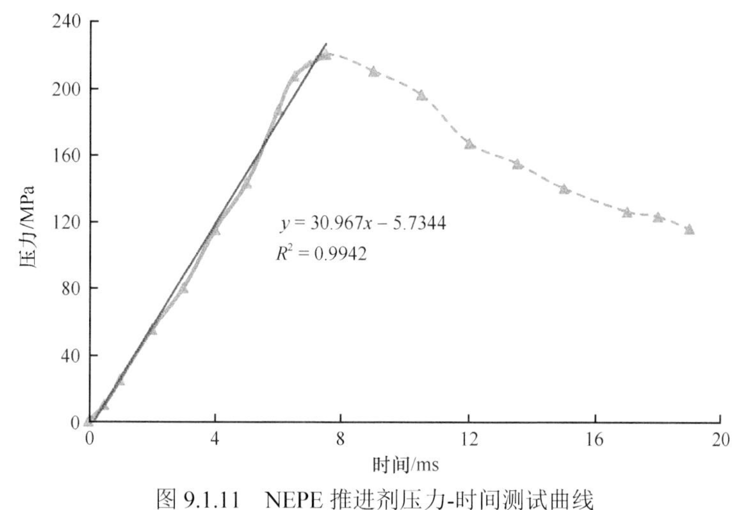

图 9.1.11　NEPE 推进剂压力-时间测试曲线

4）摩擦感度

NEPE 推进剂进行摩擦感度测试，爆炸概率 28.6%，同等条件下 TNT 的爆炸概率为 2%，特屈儿为 16%，黑索金为 76%，NEPE 推进剂摩擦感度高于 TNT，和特屈儿感度相近，且远低于黑索金，若非遇到近于撞击的较大摩擦作用，正常运输和使用安全性能良好。

5）耐温性能

NEPE 推进剂进行耐温性测试，在低于 150℃的升温过程中，NEPE 推进剂没有明显的放热或吸热现象，但在高于 150℃的升温过程中，NEPE 推进剂从 151.29℃开始分解，250℃以后开始急剧放热，于 249.78℃达到放热顶峰。因此，NEPE 推进剂的耐热温度可达 151.29℃。

2. HTPB 推进剂

1）配方

根据室内试验筛选和分析，对 HTPB 的典型配方添加降速剂，降低燃速和压力指数，选定的 HTPB 组分如表 9.1.9 所示。

表 9.1.9 HTPB 推进剂各组分质量分数 （单位：%）

丁羟黏合剂	高氯酸铵	铝粉	癸二酸二异辛酯	季铵盐	$SrCO_3$	其他
8.7	67.5	16.5	3.4	0.3	2.7	0.9

2）燃速

该体系从低压到高压的燃速和压力变化如图 9.1.12 所示。从中可以看出，HTPB 燃速-压力曲线分四个阶段，每个阶段的燃烧系数和压力指数均不相同。在储层压力为 60～70MPa 条件下，由燃速方程知，HTPB 推进剂的燃速为 38.16～39.48mm/s。

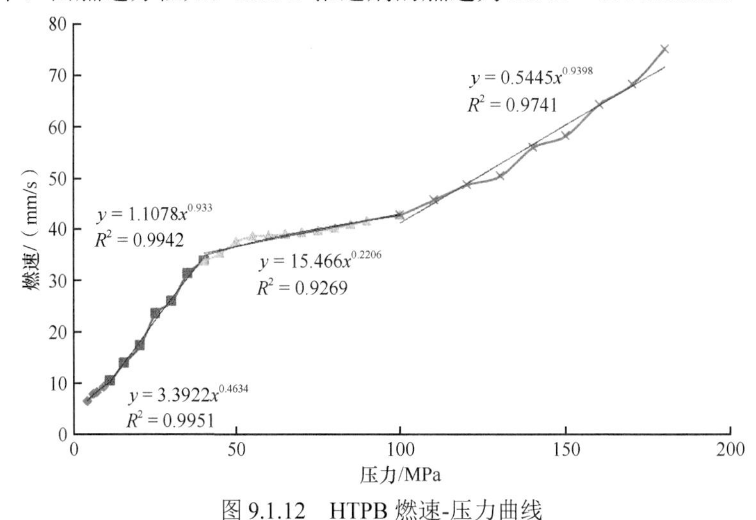

图 9.1.12 HTPB 燃速-压力曲线

对 HTPB 推进剂进行压力-时间测试，结果如图 9.1.13 所示。峰值压力为 187.4MPa，易于破碎岩石，加载速率为 6.4MPa/ms，不利于岩石多裂缝起裂。但燃速相对较小，压力作用时间较长，利于裂缝延伸。

3）撞击感度

HTPB 推进剂进行撞击感度测试，爆炸概率为 31.5%，体系撞击感度较低，运输和使用安全。

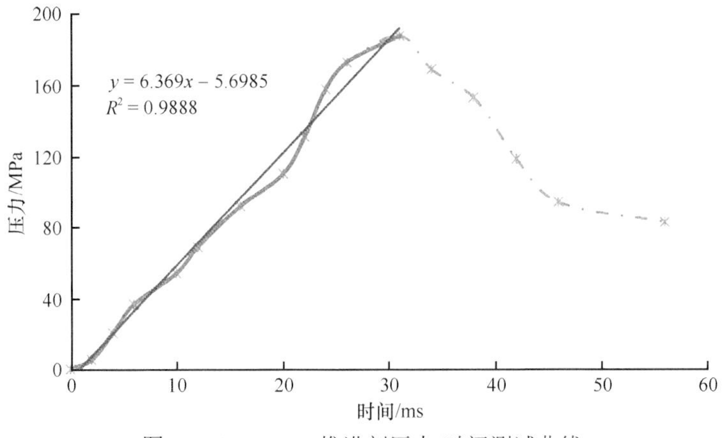

图 9.1.13　HTPB 推进剂压力-时间测试曲线

4）摩擦感度

HTPB 推进剂进行摩擦感度测试，爆炸概率为 24.7%，正常运输和使用安全性能良好。

5）耐温性能

HTPB 推进剂进行耐温性测试，在低于 190℃的升温过程中，HTPB 推进剂没有出现放热或吸热，在高于 190℃的升温过程中，197.84℃时 HTPB 推进剂开始分解，250℃以后短时间内剧烈放热，267.19℃时达到放热峰值。因此，HTPB 推进剂的耐热温度可达 197.84℃。

3. 聚氨酯推进剂

1）配方

聚氨酯推进剂低速燃烧效果较好，在原配方基础上通过改变组分的组成及含量、添加降速剂等降低其燃速，最终选定的配方如表 9.1.10 所示。

表 9.1.10　聚氨酯推进剂各组分质量分数　（单位：%）

高氯酸铵（12μm）	聚氨基甲酸酯	硫酸铵（525μm）	铝粉（100μm）	铝粉（120μm）	增塑剂	二异氰酸甲苯	单蓖麻油甘油酸酯	磷钨酸
56.5	15	11	—	10	3	1.25	1.25	2

2）燃速

聚氨酯推进剂从低压到高压的燃速和压力变化如图 9.1.14 所示。从中可以看出，聚氨酯推进剂的燃速-压力曲线为四个阶段。

第一阶段，压力为 0～20MPa，低压燃速缓慢上升区。

第二阶段，压力为 20～65MPa，燃速迅速增大区。

第三阶段，压力为 65～110MPa，高压燃速稳定区。

第四阶段，压力高于 110MPa，燃速再次快速增大区。

该体系燃速较低，在储层压力为 60～70MPa 条件下，由燃速方程知，聚氨酯推进剂的燃速为 21.47～22.68mm/s。

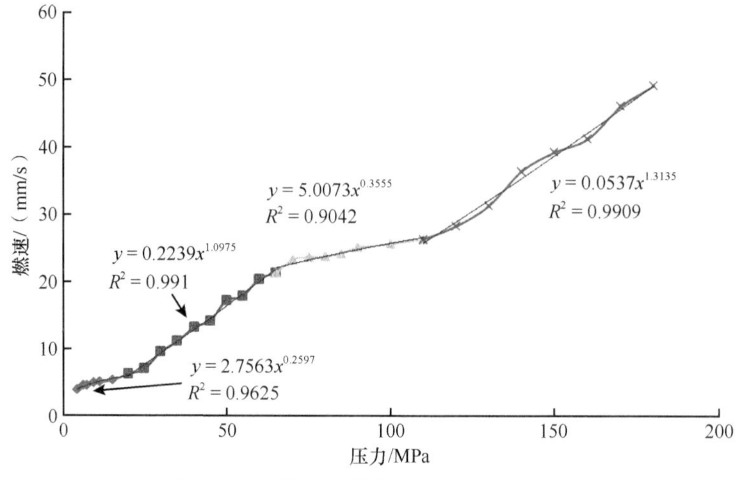

图 9.1.14　聚氨酯推进剂燃速-压力曲线

在密闭爆发器内开展聚氨酯推进剂的压力-时间测试，结果如图 9.1.15 所示。峰值压力为 165.9MPa，易于破碎岩石，加载速率为 3.8MPa/ms，不利于岩石多裂缝起裂，但燃烧速率小，压力作用时间长，利于裂缝延伸。

3）撞击感度

聚氨酯推进剂进行撞击感度测试，爆炸概率为 25.4%，体系撞击感度较低，运输和使用安全。

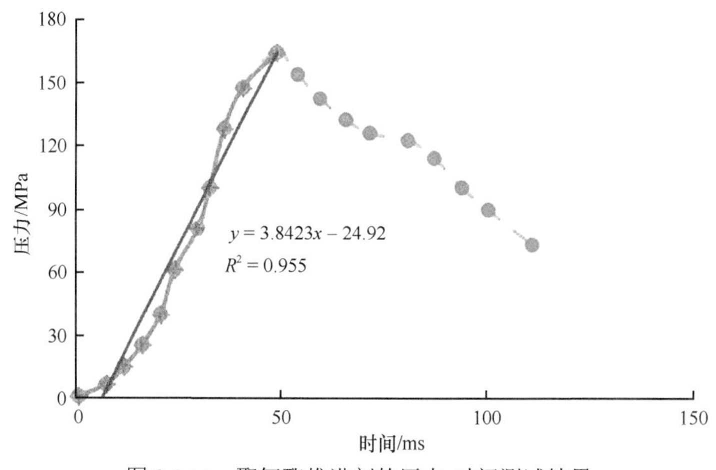

图 9.1.15　聚氨酯推进剂的压力-时间测试结果

4）摩擦感度

聚氨酯推进剂进行摩擦感度测试，爆炸概率为 15.4%，正常运输和使用下安全性能良好。

5）耐温性能

耐温感度试验中，聚氨酯推进剂在低于 200℃的升温过程中，没有出现放热或吸热现象，温度低于 200℃下聚氨酯推进剂性能稳定，温度达到 205.48℃时，聚氨酯推进剂开始分解，温度高于 270℃时，开始剧烈放热，温度为 277.78℃时达到放热顶峰。由此，聚氨酯推进剂的耐热温度可达 205.48℃。

4. 点火药体系的完善方向

常用固体点火药体系包括 NEPE 推进剂、HTPB 推进剂和聚氨酯推进剂，三者之间的性能对比如表 9.1.11 所示。HTPB 推进剂与聚氨酯推进剂的撞击感度、摩擦感度、使用温度（>170℃）等性能满足深层脉波压裂点火药体系的性能要求，但其加载速率较低，不能与缝内液体药加载相平衡，且缺乏爆轰参数测试。需对 HTPB 推进剂或聚氨酯推进剂进行性能改良，添加加速剂（MnO_2、Ni_2O_3、CrO_3、铬酸盐、亚铬酸铜等），提高体系燃速，并进行爆轰性能测试，使其具有中低爆速和高爆温的性能。

表 9.1.11 固体点火药性能对比

	NEPE 推进剂	HTPB 推进剂	聚氨酯推进剂
峰值压力/MPa	212.3	187.4	165.9
加载速率/（MPa/ms）	30.97	6.4	3.8
60～70MPa 条件下的燃速/（mm/s）	82.85～85.40	38.16～39.48	21.47～22.68
撞击感度/%	36.7	31.5	25.4
摩擦感度/%	28.6	24.7	15.4
使用温度/℃	151	197	205

根据现场应用要求，除药剂体系外，需加强完善高压泵送工艺，减少加压推送过程中的风险，提升药剂泵送的安全性。

9.1.3 药剂配制

根据优选的液体药体系配方，按配方比例称取溶剂、燃烧剂、氧化剂、性能改良剂等原料，在地面配液罐内先加入溶剂，再加入燃烧剂、氧化剂，利用锅炉车加热（50～60℃），边加热边搅拌，搅拌均匀后加入性能改良剂，再搅拌均匀。

建议选择的固体点火药为复合药，复合药的制造工艺如图 9.1.16 所示。

该工艺适用于各种类型的复合药，具体流程如下。

（1）准备氧化剂：过筛，把坚硬的杂质和成团的物质除去，粉碎到规定粒度，再烘干、称量。

（2）准备燃料黏合剂，制备含燃料黏合剂的预混物：在液态预混物中加入火药配方所包含的组分（除氧化剂外），在特定条件下制备出成分均匀的浆状物，该浆状物是组成复合火药的骨架，即燃料预混体系，为与氧化剂混合做准备。

（3）混合药料：混合前将各种原材料进行分析检验，符合技术标准后，进行混合。具体为将黏合剂分批进行小型试验，当其工艺性能、力学性能和弹性性能达到预定指标后，将各批黏合剂组批和混合。铝粉等金属材料需过筛除去杂质，并在 95℃下干燥 6h，以除去水分。

（4）脱模：将固化成型的药柱借外力脱去模芯和模具。经脱模后，得到一定形状和尺寸的完整药柱。脱模芯和模具的操作为危险操作，一般用气动油压千斤顶将模芯和药柱脱出。

（5）包覆：药柱的包覆是用一定温度下能流动的聚合物阻燃材料包覆于药柱的部分表面，对药柱部分表面进行阻燃。

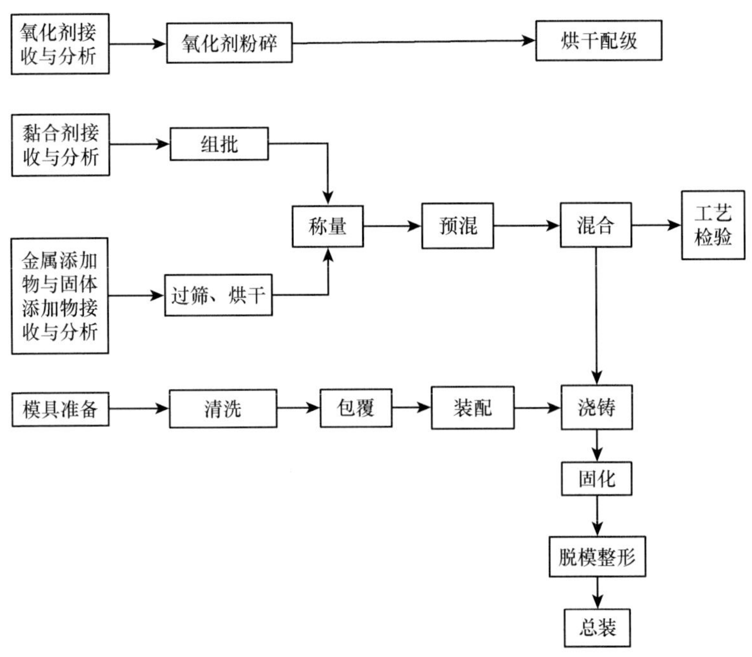

图 9.1.16　复合药制造工艺流程

（6）整形：药柱的整形是将其端面和内孔不规整处进行整形。无论是壳体黏结式还是非壳体黏结式浇铸，药柱均需对药柱不规则的外形（端面倾斜、毛刺等）加以整形，达到所需的精确形状与尺寸。

（7）探伤：探伤是利用无损探伤，检查药柱内部是否有足以影响药柱物理化学性能的内伤。目的是为确保固体药在使用过程中安全可靠。一般情况下，直径为 80mm 左右的药柱内不允许存在直径 2mm 的气孔。

9.2　技术方案

9.2.1　工艺设计

1. 设计流程

层内脉冲波压裂施工设计的基本流程，如图 9.2.1 所示。

第一步：根据层内脉冲波压裂工艺选井选层条件，选择合适的目的层。根据储层条件，优选液体药、隔离液和点火药。

第二步：结合地层参数及改造范围，确定液体药、点火药及隔离液用量。

第三步：泵送液体药。利用地面泵车系统或其他泵注方法，将前置液、隔离液、液体药和隔离液注入储层内的裂缝中。

第四步：根据井眼条件，选择适宜的点火工艺。

第五步：点火。点火成功后，关井观察，若井口压力超过 2MPa，延长观察时间，后逐步放喷泄压至 2MPa 以下，对放喷液体进行测试，做好记录。如施工失败，分析原因，按预案进行后续处理。

图 9.2.1　层内脉冲波压裂施工设计基本流程

2. 工艺流程

（1）起管柱和洗井清理。泵入清水，循环洗井，将岩土碎屑及其他杂质从井底和裂缝内清除。

（2）安装设备。井口及高压连接管线采用地锚、钢丝绳绑定牢固。

（3）试压。对井口及高压管汇试压 100MPa，要求高压试压 5min 压力不降，不渗不漏为合格；对平衡管线试压 52MPa，低压试压 5min 压力不降，不渗不漏为合格；按照额定压力对 BX158 法兰 BT 型密封注密封脂并试压，稳压 30min，压降小于 0.5MPa 为合格；低压 2MPa，稳压 30min 压力不降，不渗不漏为合格。

（4）配制液体药。根据液体药配方比例、用量，按照配制工艺配制。

（5）配制隔离液。按照隔离液配方比例，配制所需剂量的隔离液。

（6）施工。

①按照设计的泵注程序泵注药剂，顺序为前置液、隔离液、液体药、隔离液、顶替液，泵注过程中，确保液体药进入储层内。

②液体药泵注施工完成后，起下管柱，下入固体点火药及起爆器。将设计好的点火药药量换算成药柱节数，将固体点火药药柱按设计的组合方式由上至下依次连接，并根据需要通过管柱输送至预定点火层位。

③再次检查井口、工艺流程和点火系统，确认无误后，人员撤离井口 50m 以外安全区域，实施点火作业。

（7）放喷测试。点火成功后，关井观察压力变化。根据实际情况选择合适的放喷制度，要求液体返排中排液管线处于下风口，返排全程监测 H_2S，做好防护工作，防护措施和设备到位。

①返排中，由于层内返出物可能使刺坏油嘴，更换频率较高，要求不同大小的油嘴准备 3～4 套以备更换。

②残液返排，以地层出液、见到地层流体为准。

③根据排液情况，及时上报相关管理部门，排出的液体进计量罐。

④准确记录返排时的油套压力、流量及液量；前 100m^3 返排液体，每排出 2m^3 液取 1 个样；后返排出的液体，每 20m^3 液取 1 个样。样品数量不少于 500mL，并描述液体颜色，检测液体的 pH 和密度；将样品送交化验室进行分析。

（8）处理残液。施工完成 48h 后，液体药残液中加入工业烧碱，按 1∶0.05 比例加料，将处理后的废液排放到污水处理站。

（9）分析总结。检查井眼状况，清理现场设备，分析测试数据。

9.2.2　泵送工艺

将液体药高效地挤入层内是该工艺技术的关键。目前没有专门的泵送设备，可借鉴酸化压裂的泵送工艺技术，所需车组相对少，增加的是液体炸药现场配制车及相关的起爆设备等。井场布置如图 9.2.2 所示。

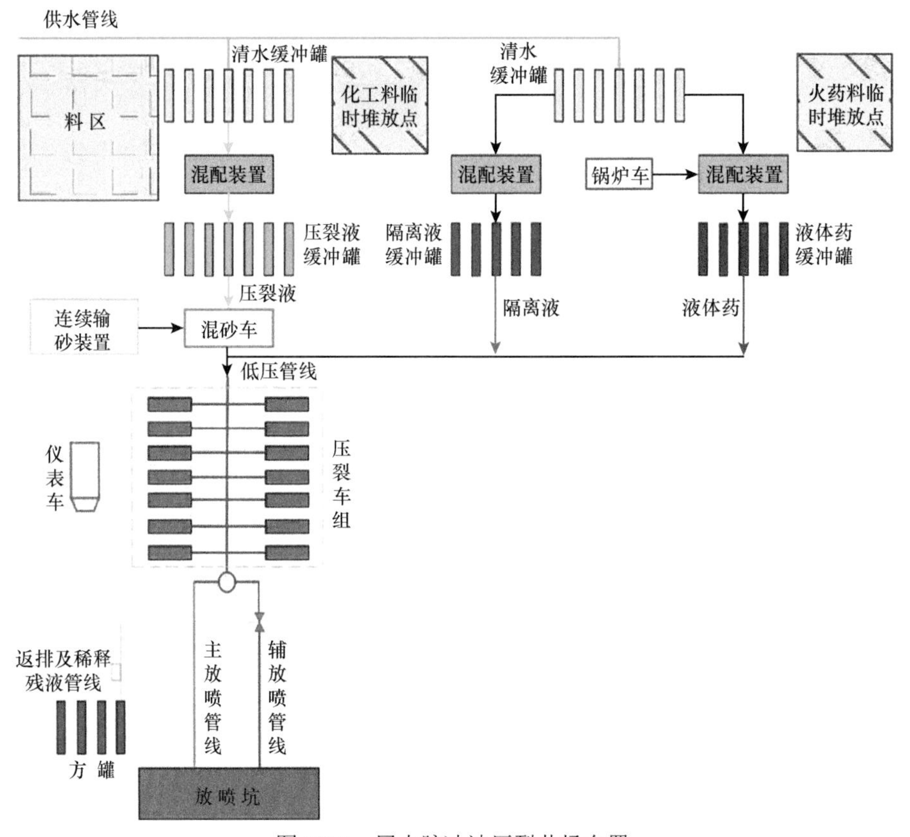

图 9.2.2　层内脉冲波压裂井场布置

泵送过程中油井液体对液态药性能会产生影响，应用中常发现液态药与井筒液体混合形成珠滴，不能形成连续相的药剂，导致点火失败。因此，需在液态药注入的前后注入一定量的隔离液，防止液态药与油井液体接触混合，影响连续传爆性能。

按照常规现场泵注程序，结合药剂特点，对液体药的泵送进行优化。泵送顺序为前置液、隔离液、液体药、隔离液、顶替液，泵送完成后，安装并检查井口装置，人员撤离。

其他泵送工艺：①将液体药由特殊材料包裹，由井口投入，运移至井底待包裹材料溶解后，井口加压，将液体药挤入地层；②在高压泵车与井口之间连接缓冲罐，加压泵注前将液体药添加到缓冲罐中，封闭缓冲罐，高压泵车加压，液体药经管柱挤入地层。

9.2.3 点火工艺

引燃药剂的基本原理主要为冲击作用和热作用。冲击起爆是利用冲击波对药剂冲击使之起爆，药剂一般为非均相，冲击波使药剂局部产生高温，从而实现引爆。热起爆是指在一定的温度和压力下，气体混合物反应的放热速度大于散热速度，混合物内部产生热积累，使反应加速，导致爆炸。常用的点火起爆方法有起爆器点火、地层加热起爆和地层温度起爆。

1. 起爆器点火方法

点火器的设计须符合高能液体药的主要性能要求和点火条件，且点火起爆器点火可靠、能稳定传爆、结构简单、施工方便。常用的起爆器点火方法分为非电起爆和电力起爆，非电起爆是采用非电方式引起液体药燃爆的起爆方法，包括压力起爆、投棒起爆和压差起爆；电力起爆是利用电缆通电点燃液体药。

压力起爆：起爆器的结构如图9.2.3所示，主要部件包括活塞、剪切销、挡板、击针、上接头、下接头和起爆雷管等。其工作原理是从井口加压，通过井筒液柱把压力传递到起爆器活塞，活塞由剪切销支撑，当活塞面受到一定压力后剪断剪切销，活塞下行，带动击针冲击起爆雷管而引爆起爆器，从而引爆层内的液体药。压力起爆器只能实现一级起爆，目前耐温200℃、耐压80MPa，有效时长48h，适用于井斜大于30°的单级起爆。

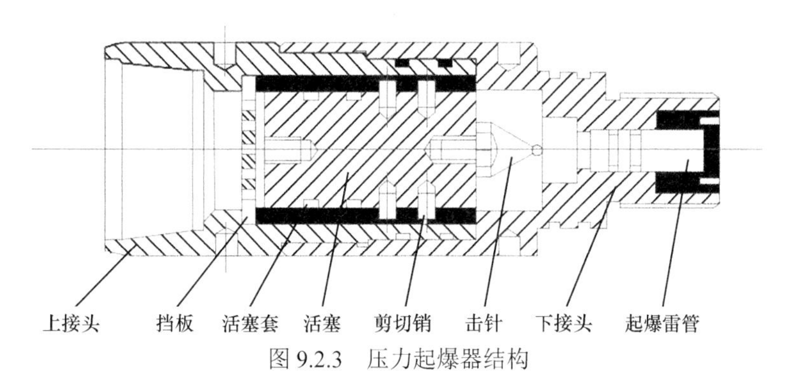

图9.2.3 压力起爆器结构

投棒起爆：起爆器部件包括剪切销钉、击针和火攻部件（起爆雷管），结构如图9.2.4所示。投棒起爆法工作原理是从井口投棒，投放棒撞击击针，剪断击针组件上的剪切销，击针释放下落，撞击并引爆起爆器，从而引爆层内的液体药。目前投棒起爆器耐温200℃、耐压 80MPa，有效时长 48h，适合高温高压储层、直井的单级和多级投棒起爆。对井斜大于 30°的斜井，因其斜度大不利于投放棒的下落，故斜度较大的井不宜采用投棒起爆点火。

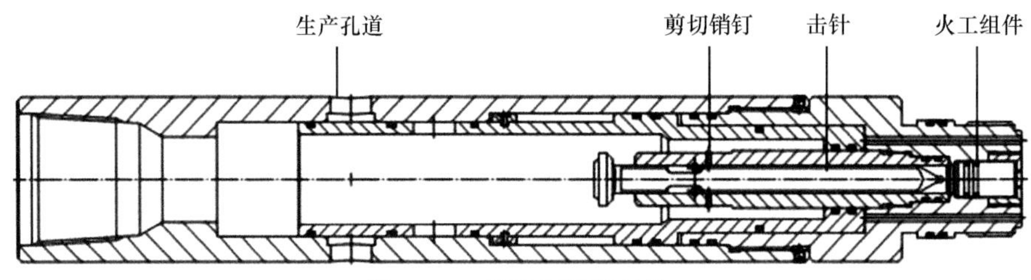

图 9.2.4　投棒起爆器结构

压差起爆：起爆器包括活塞、撞针、剪切帽、剪切套和火攻部件等，结构如图 9.2.5 所示。压差起爆器利用封隔器以下管柱的内外压差实现药剂点火起爆。下井过程中，封隔器上面的压力转换装置使起爆器活塞挡套的上下压力一致（均为环空静液柱压力）；封隔器坐封，形成的测试压差 Δp 作用在活塞挡套上，促使活塞挡套上移，剪断销钉，解除球锁，击针下挫，撞击并引爆起爆器，从而引爆层内的液体药。对井筒内流体密度不确定、测试压差大或井筒承压能力小的高温高压超深井，采用压差起爆器可有效地提高点火的成功率和安全性。

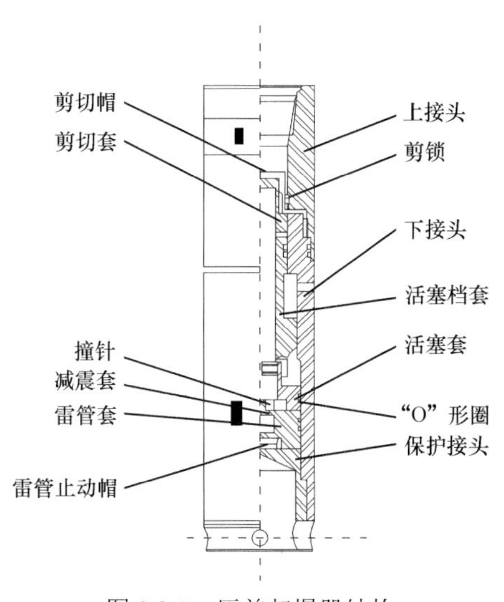

图 9.2.5　压差起爆器结构

电缆起爆：工作原理是电缆与点火器连接（图 9.2.6），电流通过电缆传到点火器电阻丝，电阻丝（常用镍铬丝）加热点燃其周围的点火药（高温点火药或黑火药），产生的高温高压气体通过中心管引燃层内的液体药。该点火起爆方法施工工艺复杂，受电缆在油气井下入深度的限制，不适用于深度超过 5500m 的井。

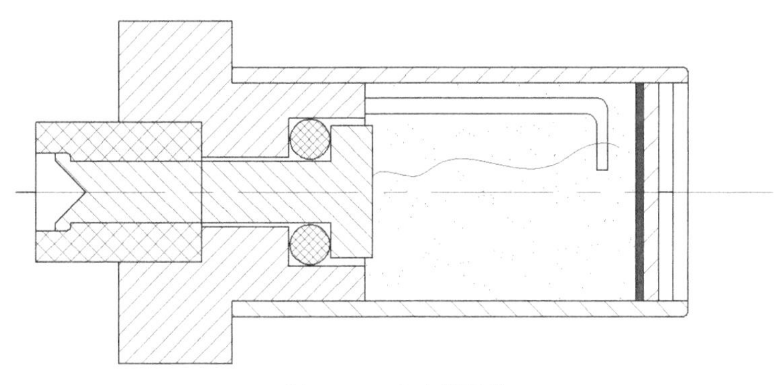

图 9.2.6　点火器结构

综上，压力起爆法、投棒起爆法、压差起爆法均有一定的适用性，具体选用何种起爆方法，应根据具体的油井条件确定。

2. *地层加热起爆方法*

常规点火方式（起爆器点火）点火可靠，但可能会对井眼或套管造成影响，增加施工成本。为减少对井眼或套管的影响，利用热起爆原理，对地层加热，从而引爆层内高能液体药。地层加热方法包括电加热法、化学加热法和热气化学处理法。

（1）电加热法是将电加热器（电阻式、感应式）下放至点火位置，通过加热储层来引爆液体药。该方法将地层加热至 60～80℃需 3～5d，影响半径为 1～1.5m，是比较安全可靠的加热方法。整体上，其加热影响范围有限，且时间长、成本高，应用较少。

（2）化学加热法是利用化学反应释放的热量引爆液体药。该方法放出的热量与化学品的用量及比例密切相关，一般利用盐酸和金属镁或镁铝合金反应、金属钠和水反应来加热地层。加热范围小、成本较高，应用较少。

（3）热气化学处理法是利用固体火药制成的以生热为主的热气化学处理弹，对储层加热，引爆层内液体药。试验表明，50kg 药量产生的热量可使井眼中心 15m 范围内的地层保持 60℃的温度，100kg 药量产生的热量使井眼中心 20m 范围内的地层保持 60℃的温度。采用热气化学处理法，只需将以生热为主的火药弹，通过电缆送入井下并引燃。操作方便，但用药量大、成本高。

地层加热起爆方法的安全性和可靠性较高，但施工时间较长，成本高。对塔河深部储层，温度达 120～160℃，采用地层加热起爆法，对药剂体系的要求高。

3. *地层温度起爆方法*

地层温度点火方法是利用地层温度使热敏微球适时自燃，利用产生的热量引爆液体炸药。该方法的关键是确定与储层温度相适应的热敏微球体系，包括三部分：①利用测井资料确定改造层段处的地层温度。②根据地层温度，优选热敏微球配方，使其能够停留 5～6h 后稳定燃烧。③利用地层温度将高能液体炸药中的热敏微球点燃，从而引燃层内的高能液体炸药。

层内热敏微球自动起爆方式可充分利用地层热量进行点火引爆，且热敏微球可随高能液体药一同注入储层裂缝内，施工步骤简单，作业成本低，该技术处于探索阶段。

9.3　参 数 设 计

参数设计主要对所涉及的液体药用量、点火药用量和井口压力进行综合计算，地层及井眼基础数据如表 9.3.1 所示，液体药及点火药基础数据如表 9.3.2 所示。

表 9.3.1　地层及井眼基础数据

类型	参数	参数值	类型	参数	参数值
地层	破裂压力/MPa	90.5	井身	裸眼段长度/m	120
	岩石弹性模量/GPa	41.2		井深/m	6164
	岩石泊松比	0.25		裸眼段直径/mm	165.1
	岩石单轴抗压强度/MPa	73.1	酸压裂缝	裂缝长度/m	100
	地层渗透率/mD	2.45		裂缝高度/m	50
	地层孔隙度/%	1.98		裂缝宽度/mm	4
	水平最大主应力/MPa	120	压井液	液体密度/（kg/m^3）	1000
	水平最小主应力/MPa	91.2		液体中声速/（m/s）	1523
	岩石断裂韧性/（$MPa \cdot m^{1/2}$）	5.1		液体黏度/（mPa · s）	1
	岩石单轴抗拉强度/MPa	3.9		液体压缩系数/Pa^{-1}	4.31×10^{-10}
	岩石密度/（g/cm^3）	2.94			
	地层压力/MPa	68			

表 9.3.2　液体药及点火药基础数据

参数	点火药	液体药
内径/mm	25	
外径/mm	80	
密度/（g/cm^3）	1.68	1.30
定容爆热/（J/g）	2610.5	2843.2
火药力/（J/g）	520.1	621.8

9.3.1　固-液火药耦合

1. 不同燃速火药

在实际井况、压挡液和设定的药柱结构条件下，三种均为 50kg 的火药分别燃烧时，井底加载压力如图 9.3.1 所示。

（1）三种火药在井况条件下燃烧时的加载速率分别为 23.4MPa/ms、2.0MPa/ms、0.6MPa/ms，燃烧时间分别为 11.7ms、59.2ms、106ms；第一级、第二级火药燃烧时的峰值压力为 202.8MPa、123.6MPa，第三级火药的峰值压力较低。

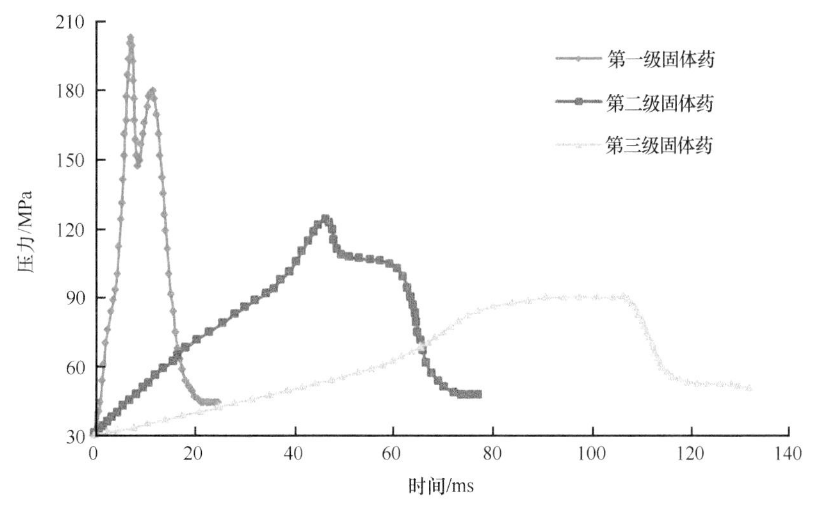

图 9.3.1　不同燃速火药分别燃烧时压力-时间曲线

（2）第一级高燃速火药，加载速率较大，峰值压力较高，但压力升高到岩石动载下的破裂压力后，迅速降低。虽峰值压力高，但火药的总燃烧时间短，不足以维持裂缝的后续延伸。

（3）第二级中燃速火药，压力曲线的整体形态与高燃速火药类似，但加载速率明显下降，峰值压力降低。火药燃烧加压与裂缝延伸泄压基本持平，存在一较为稳定的裂缝延伸阶段。总体上，加载速率偏低、岩石破裂滞后和裂缝延伸时间偏短，形成复杂径向裂缝的概率较低。

（4）第三级低燃速火药，加载速率较低，难以有效破岩。

作业过程中，既要保证初期加载速率在一合理的高值，在井周形成径向多裂缝，又需维持高的压力值，充分延伸裂缝。实际施工时，可根据不同燃速火药的特点进行药柱结构及药量设计，在不同的方向形成具有一定长度的有效裂缝。

2. 高燃速火药量的设计

压裂中的合理装药量既要确保能顺利压开储层，又不能损坏套管。合理装药量的火药燃烧形成的压力曲线应与储层岩石破裂压力曲线相交，而始终处于套管极限损坏压力之下；若火药燃烧压力曲线超出套管安全压力极限，则该火药量形成的压力过大，会造成套管损坏；若火药燃烧压力曲线始终处于储层岩石破裂压力曲线之下，表明该火药量不能正常压开储层。如此可分析不同参数条件下的最大、最小极限装药量。

图 9.3.2 为在给定参数下，30kg 火药燃烧时各曲线的对应关系。给定参数：与水平最大地应力方向夹角 0°和 180°处射孔孔眼的静载破裂压力为 121MPa，水平最小地应力方向处的破裂压力为 145MPa；压挡液柱高 3045m。火药燃烧用时 12ms，峰值压力 174MPa，低于套管的极限安全压力 260MPa，可确保套管安全；火药燃烧至 4.56ms 时，井内压力超出与水平最大地应力方向夹角 0°和 180°处射孔孔眼的破裂压力；火药燃烧至 8.79ms 时，井内压力超出水平最小地应力方向的破裂压力。该给定参数条件下，满足条件的高燃速火

药质量范围为 12～68kg。综合考虑安全和效果，选定火药用量为 30kg。

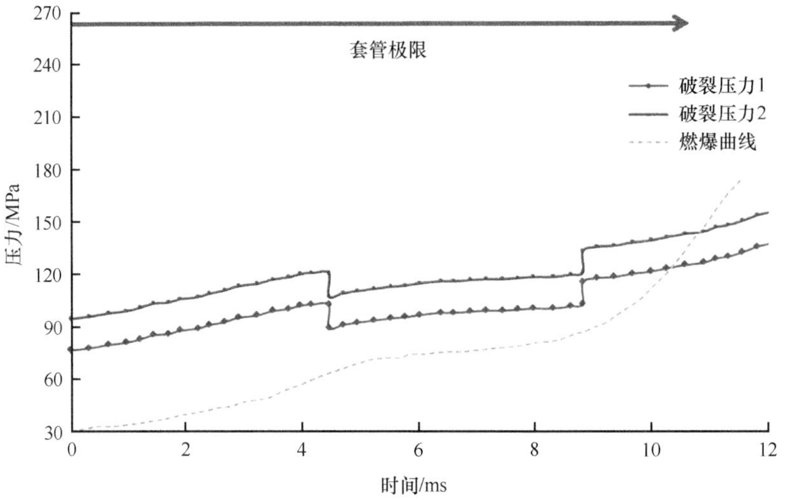

图 9.3.2　30kg 火药燃烧时各压力曲线的对应关系

3. 中/低燃速火药量的设计

高燃速火药为 30kg，任意变换中、低燃速火药质量，高燃速火药与中、低燃速火药间用延迟点火装置连接，中、低燃速火药同步引燃，火药组合如表 9.3.3 所示。

表 9.3.3　不同燃速火药用量组合

组合	高速火药/kg	中速火药/kg	低速火药/kg
1	30	60	0
2	30	50	10
3	30	40	20
4	30	30	30
5	30	20	40
6	30	10	50
7	30	0	60

结果显示，中燃速和低燃速火药量不同，井底持压规律存在较大差异（图 9.3.3）。中燃速火药比重越大，后续压力越高，持压时间越短。综合考虑裂缝起裂与延伸，即井底压力值既要保持较高水平，又要尽可能延长压力的加载时间，建议优选组合 3～5 为施工药量。

以组合 5 为例，采用高燃速火药 30kg+中燃速火药 20kg+低燃速火药 40kg 的组合，分析结果如图 9.3.4 所示，分四个阶段。

（1）初始加压阶段（*A* 之前）：液柱受火药燃烧形成的压力作用向上运动，但未达到井周岩石的起裂压力；燃烧速率快速攀升，燃烧层段井筒压力急速增大，快速突破储层岩石的破裂压力，岩石破裂。裂缝优先沿水平最大主应力方向产生裂缝。

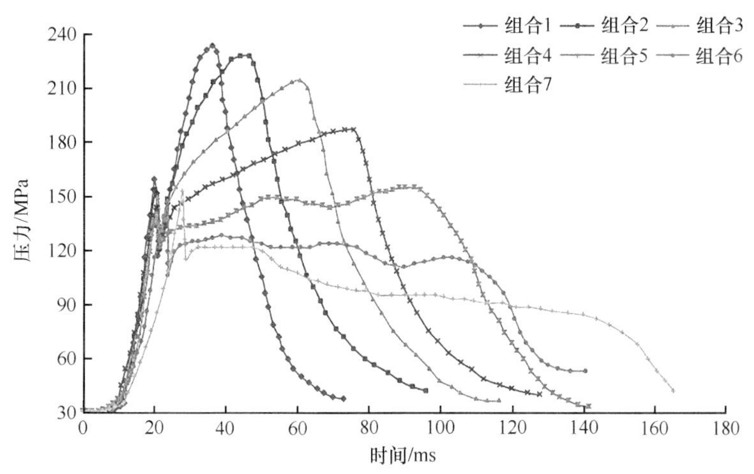

图 9.3.3　不同火药不同用量组合的压力时间曲线

（2）低压力裂缝延伸阶段（A 到 B 之间）：泄压速率小于火药燃烧释能速率，压力上升；由于能量有限，仅对水平最大主应力方向的裂缝进行初步延伸。

（3）高压力裂缝延伸阶段（B 到 C 之间）：促进水平最大主应力方向裂缝进一步延伸；水平最小主应力方向的裂缝开始延伸，而后压力下降并趋于稳定，裂缝延伸速率逐渐减小。

（4）裂缝止裂阶段（C 之后）：裂缝延伸缓慢，井筒压力在液柱运动和散热作用下继续下降，趋于井筒初始压力，裂缝止裂。

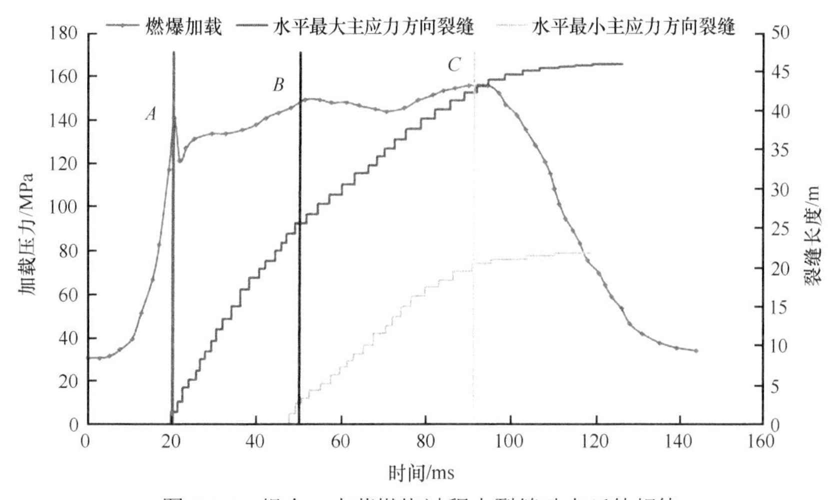

图 9.3.4　组合 5 火药燃烧过程中裂缝动态延伸规律

对表 9.3.3 的火药组合进行模拟，计算水平最大和最小主应力方向预存裂缝的延伸规模。结果如图 9.3.5 所示，可以看出两个方向的裂缝长度随低燃速火药的增加，呈现先增大后减小的趋势；高燃速火药比例大，有利于水平最小主应力方向裂缝的起裂延伸；低速火药的比例大，有利于水平最大主应力方向裂缝的延伸。

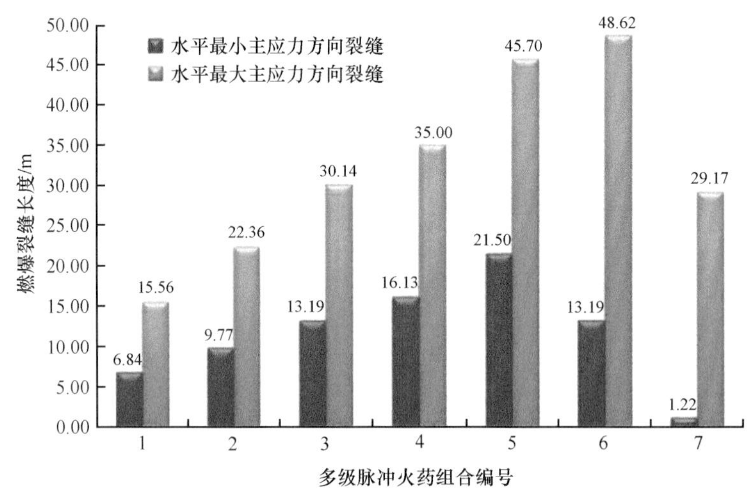

图 9.3.5 不同组合方案下水平最大和最小主应力方向裂缝的延伸规模

4. 固体火药和液体火药燃烧分析

固-液火药可以耦合应用，用高燃速固体药破裂储层并点燃液体药，液体火药持续燃烧维持较高压力，充分延伸裂缝。对高燃速固体火药 30kg，液体药为 300kg 和 600kg 的耦合燃烧进行分析，压力时间曲线如图 9.3.6 所示。

从图 9.3.6 可以看出，液体火药的持续燃烧时间更长，300kg、600kg 火药燃烧时长分别为 209ms、362ms。液体火药燃烧方式可简化为由井筒处的裂缝起始端到储层内裂缝末端的层燃，持压时间与加药量呈线性关系。条件允许情况下，可适量加大液体火药的用量，提升储层改造规模。

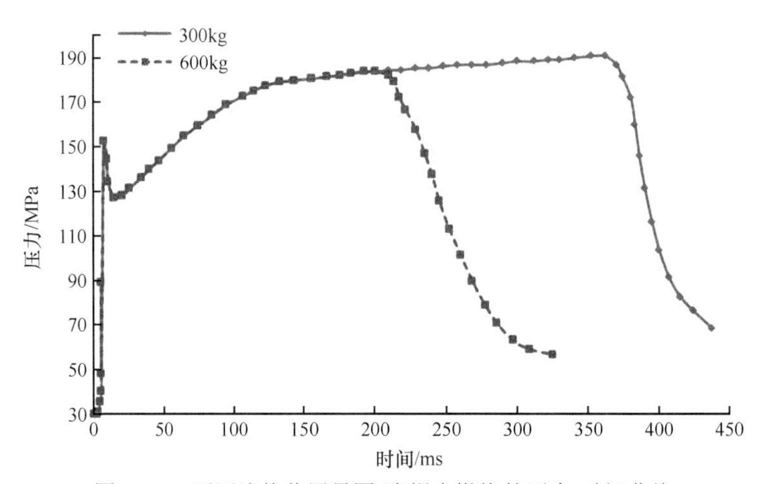

图 9.3.6 不同液体药用量固-液耦合燃烧的压力-时间曲线

9.3.2 井口压力计算

根据药剂用量，计算极限加药量条件下井口压力的变化，评价施工过程中井口的安全性。对敞开井口和关闭井口这两种井况进行计算。

1. 敞开井口

对于敞开井口，压井液液柱运动状态分为应力波传到液面前与应力波传到液面后。应力波传到液面前，压井液为流体压缩阶段；应力波传到液面后，压井液液柱既压缩又向上做加速运动。

1）应力波传到液面前

液柱整体无垂直位移。考虑燃烧产生的高温气体对液柱的压力为连续作用，将某一微小时间段内的压力看作同一值，则 Δt_i 时间内的压力增量为 $\Delta p_i = p_i - p_{i-1}$，$\Delta p_i$ 对压挡液柱的作用时间 $t_i = t - t_{i-1}$。

液柱受到冲击，冲击应力将以应力波的形式向上传播，且流动为等截面流，不考虑套管的弹性。应力波传播速度为液体声速 c_0，t 时刻压缩长度为

$$s(t) = \beta_{\mathrm{L}} c_0 \sum_{i=1}^{n} (p_i - p_{i-1})(t - t_{i-1}) \tag{9.3.1}$$

时间间隔足够小时，可写为

$$s'(t) = \beta_{\mathrm{L}} c_0 \left[-p_0 t + \int_0^t p(t)\,\mathrm{d}t \right] \tag{9.3.2}$$

式（9.3.1）和式（9.3.2）中，$s'(t)$ 为时间 t 时刻液柱压缩长度；β_{L} 为液体压缩系数；p_i 为 t_i 时刻作用在液柱底面的冲击力；p_0 为井底初始压力。

2）应力波传到液面后

液柱让出的高度分两部分：一部分是应力压缩液柱；另一部分是液柱整体向上做加速运动。考虑摩擦阻力对液柱的影响，压缩液柱让出的高度值为

$$\begin{aligned} s''(t) &= \beta_{\mathrm{L}} c_0 \left[-p_0 t + \int_0^t p(t)\,\mathrm{d}t \right] - \beta_{\mathrm{L}} c_0 \left[-p_0 (t - t_{\mathrm{m}}) + \int_{t_{\mathrm{m}}}^t p(t - t_{\mathrm{m}})\,\mathrm{d}t \right] \\ &= \beta_{\mathrm{L}} c_0 \left[-p_0 t_{\mathrm{m}} + \int_0^t p(t)\,\mathrm{d}t - \int_{t_{\mathrm{m}}}^t p(t - t_m)\,\mathrm{d}t \right], \quad t > t_{\mathrm{m}} \end{aligned} \tag{9.3.3}$$

式中，t_{m} 为初始应力波传到液面的时间，s。

由牛顿第二定律可知，液柱整体运动的速度为

$$\frac{\mathrm{d}v}{\mathrm{d}t} = \frac{p(t - t_{\mathrm{m}}) - p_{\mathrm{a}}}{\rho H} - g - \lambda \frac{v^2}{2D} \tag{9.3.4}$$

式中，v 为液柱运动速度，m/s；ρ 为压井液液柱密度，$\mathrm{kg/m^3}$；H 为压井液柱高度，m；p_{a} 为大气压，MPa；λ 为摩阻系数，$\lambda = \dfrac{64}{Re} = 0.032$，其中雷诺数 $Re = 2000$；D 为总流断面直径，m。

液柱整体运动让出的高度为

$$s'''(t) = \int_0^t v(t)\,\mathrm{d}t \tag{9.3.5}$$

由式（9.3.2）～式（9.3.5）可得，向上运动让出高度为

$$s(t)=\begin{cases}s'(t), & t\leqslant t_{\mathrm{m}}\\ s''(t)+s'''(t), & t>t_{\mathrm{m}}\end{cases} \tag{9.3.6}$$

计算示例：压井液液柱高度 H=6110m，压井液液柱密度 ρ=1110kg/m^3，压井液液体压缩系数 β_{L}=4.5×10^{-4}/MPa，液柱弹性模量 E=2.06×10^{9}Pa，管径 D=165.1mm，管道弹性系数 E_0=2.06×10^{11}Pa，声波在压井液中的传播速度 c_0=1460m/s，井底初始压力 p_0=89MPa。则压力波传出液柱面的时间为

$$t_{\mathrm{m}}=\frac{H}{c_0}=\frac{6110}{1460}\approx 4.18\mathrm{s} \tag{9.3.7}$$

由于燃烧时间远小于压力波传出液柱面的时间 t_{m}，脉冲压裂结束前压井液仅停留在流体压缩阶段，液柱不会向上运动，可得油套环空内液柱和油管内液柱让出井底空间的高度变化如图 9.3.7 所示。从图中可以看出，油管内液柱让出的井底空间高度最大为 142m，油套环空内为 54m。油管内液体让出的空间高度大于油套环空内让出的空间高度，这是由于油套环空内的液体受套管内壁和油管外壁的摩擦力，而油管内液体仅受油管内壁的摩擦力。燃烧结束后，压力波继续在液柱内传播，在压力波传出液柱面之前，井口压力始终为大气压，井口流速为零。

将加载时间（加载至峰值压力时对应的时间）划分为 n 个时间段：

$$\begin{aligned}\Delta p_1 &= p_{\max}-\rho g H_0\times 10^{-6}-p_{\mathrm{a}}\\ \Delta p_i &= p_{\max}-\rho g\left(H_0-c_0 t\right)\times 10^{-6}-p_{\mathrm{a}}\end{aligned} \tag{9.3.8}$$

式中，$p_{\max}$ 为峰值压力，MPa；H_0 为压井液液柱高度，m；t 为加载时间划分的时间段，s；Δp_i 为第 i 个时间段液柱所受的净压力，MPa。

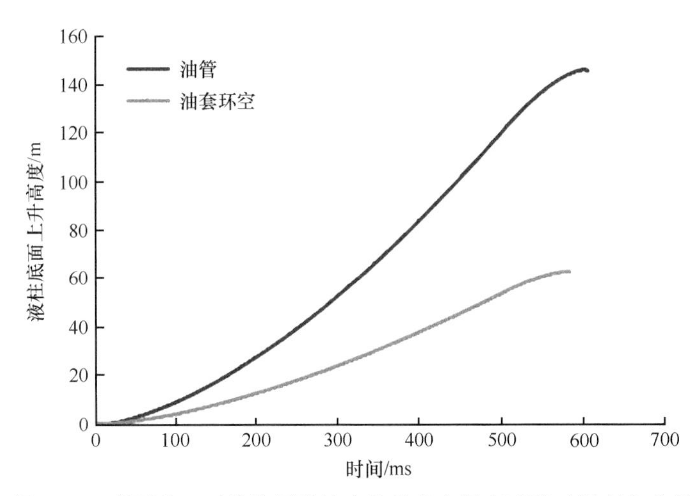

图 9.3.7 敞开井口时液柱压缩让出的井底空间高度随时间变化曲线

利用液体体积压缩系数，有如下关系：

$$\begin{aligned}\Delta L_i &= \beta_{\mathrm{L}} c_0 \Delta p_i t\\ v_i &= \Delta L_i / t\end{aligned} \tag{9.3.9}$$

式中，ΔL_i 为第 i 个时间段液柱压缩的长度；v_i 为第 i 个时间段液柱相对运动速度。

考虑液柱压缩产生的摩阻损失，对液柱整体求解：

$$\left(p_{\max}A-\rho AH_0 g\times 10^{-6}-p_{\mathrm{a}}A-\rho AL\sum_{i=1}^{n}\frac{\lambda v_i^2}{2D}\times 10^{-6}\right)t_0=\rho AH_0 v\times 10^{-6} \tag{9.3.10}$$

式中，t_0 为燃烧加载时间，s；A 为井筒横截面积，m^2。

油套环空内液柱和油管内液柱让出井底空间的速度变化曲线如图 9.3.8 所示。

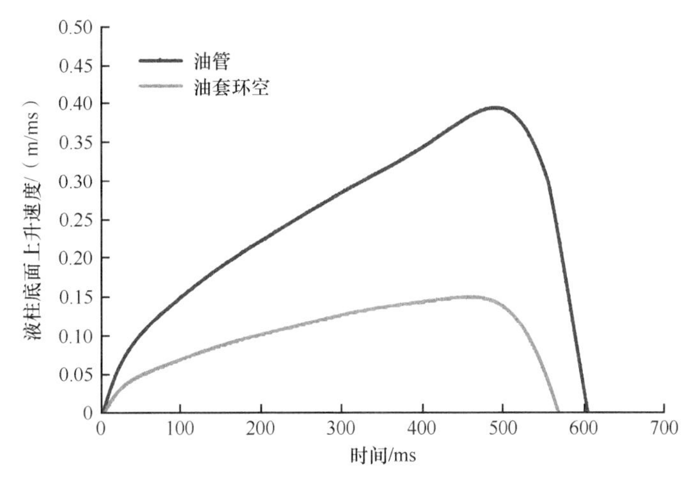

图 9.3.8　敞开井口时液柱压缩让出的井底空间速度随时间变化曲线

敞开井口下，井口压力始终为零，油管内液柱压缩让出井底空间的最大速度为 0.38m/ms，油套环空内为 0.15m/ms。整个过程中，油管内液体上升的速度大于油套环空内的液体上升速度。

2. 关闭井口

压井液运动状态为流体压缩运动，应力波传到液面前与敞开井口分析相同。应力波传到液面后，井口压力为水击压力和初始井口压力之和。

井口压力可表示为

$$p_{井口}(t)=\begin{cases}p_{0井口}, & t\leqslant t_{\mathrm{m}}\\ p_{0井口}+\Delta p, & t>t_{\mathrm{m}}\end{cases} \tag{9.3.11}$$

水击压力计算为

$$\Delta p=\frac{pvc_0}{\sqrt{1+\dfrac{D}{e}\dfrac{E}{E_0}}} \tag{9.3.12}$$

式中，c 为水击传播速度；e 为管壁厚度；E 为压井液的弹性系数；E_0 为管材的弹性系数。

计算示例：参数与敞开井口中的计算示例参数相同，计算分析液柱让出井底空间的高度变化，如图 9.3.9 所示。

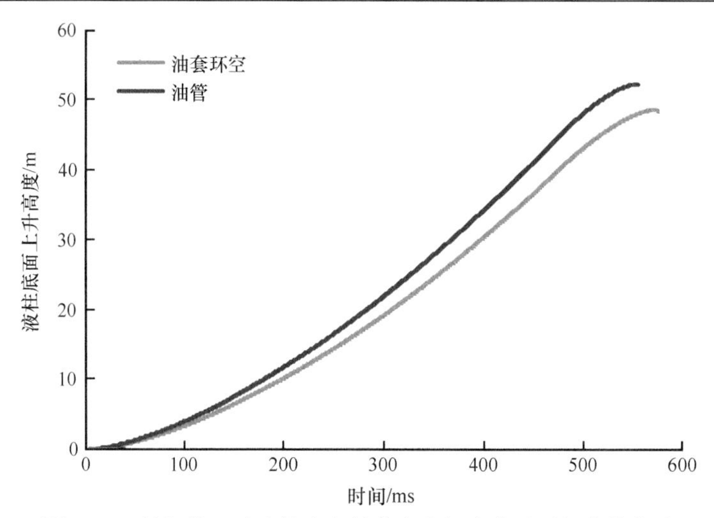

图 9.3.9　关闭井口时液柱让出的井底空间高度随时间变化曲线

从图 9.3.9 可以看出，关闭井口时，油管内液柱让出的井底最大高度为 52m，油套环空内让出的最大高度为 46m。压力波传出液柱面的时间约为 4.18s。

由于燃烧时间远小于压力波传出液柱面的时间，脉冲压裂结束前压井液仅发生流体压缩，液柱不会整体向上运动，液柱让出井底空间高度的速度变化曲线如图 9.3.10 所示。

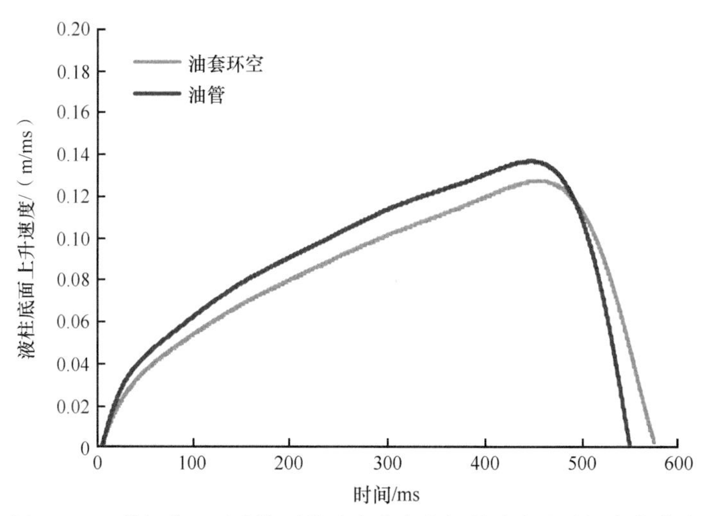

图 9.3.10　关闭井口时液柱压缩让出井底空间的速度随时间变化曲线

关闭井口时，油管和油套环空的井口压力在液柱压缩阶段保持不变，油管内液柱压缩让出井底空间的最大速度为 0.16m/ms，油套环空内让出井底空间的最大速度为 0.14m/ms。整个过程中，油管内液体压缩上升的速度大于油套环空内的液体。脉冲压裂结束后，压力波继续在液柱内传播。压力波传出液柱面前，井口压力为初始井口压力，井口流速为零。当压力波传出液柱面后，参考计算的液柱最大流速，根据水击现象理论，井口增压为

$$
\begin{cases}
\text{油管内升压}\Delta p = \rho c v = 1110 \times 3266 \times 0.16 \times 10^{-6} = 0.58\text{MPa} \\
\text{套管内升压}\Delta p = \rho c v = 1110 \times 3266 \times 0.14 \times 10^{-6} = 0.52\text{MPa}
\end{cases}
\tag{9.3.13}
$$

式中，$c = \dfrac{c_0}{\sqrt{1+\dfrac{D}{e}\dfrac{E}{E_0}}}$=3266m/s 。

关井情况下，层内脉冲波压裂引起的井口增压虽然较小，但为避免风险，优先考虑在敞开井口中进行施工。

第 10 章　二氧化碳压裂技术

塔河缝洞型碳酸盐岩储层基质岩性致密、围岩应力大，常规压裂改造穿透距离小，形成裂缝形态单一，沟通缝洞体的概率小。特低渗、高泥质含量、强水敏砂岩储层，水基压裂液存在返排率低、储层伤害大的问题。主要表现如下。

（1）液相圈闭：致密砂岩储层的孔道半径小，导致毛细管力大，致使进入储层的水基或烃基液体滞留于细小喉道处。另外，在大多储层中，水为润湿相，降低了储层基质对烃类液体的自吸能力。

（2）返排困难：一般致密砂岩储层压力低，地层能量不足，造成返排率低，大量压裂液滞留于地层。

（3）储层伤害：储层岩石对压裂液中的液相及添加剂较为敏感。水基压裂液进入储层后，储层中的部分黏度矿物遇水膨胀、分散和运移，另外铁离子遇到压裂液后会产生沉淀，同时由于压裂液本身固有的不溶物或破胶不彻底所残留的残渣会对储层基质和支撑剂层造成伤害，堵塞油气渗流通道，影响油气产量。

为降低上述问题对油气藏开发的影响，探索采用超临界二氧化碳作为压裂液的改造技术。

10.1　二氧化碳物性特征

10.1.1　物性特征

1. 基本性质

二氧化碳俗称碳酸气，又名碳酸酐，是广泛存在于自然界中的一种无色、无味、无毒、能溶于水的气体。常温下（25℃）二氧化碳在水中的溶解度为 0.144g/100g，水溶液呈弱酸性；二氧化碳的密度比空气大，压力为 0.1MPa、温度为 0℃时密度为 1.977kg/m^3，是空气的 1.53 倍；二氧化碳具有一定的腐蚀性，不能供给动物呼吸，是一种窒息性气体，同时它既不可燃也不助燃，易被液化，在大气中的体积分数为 0.03%～0.04%。二氧化碳的基本物理性质如表 10.1.1 所示。

表 10.1.1　二氧化碳基本物理性质

物性参数	数值	物性参数	数值
相对分子质量	44.01	气态密度/（kg/m^3）	7.74
摩尔体积/（L/mol）	22.26	液态密度/（kg/m^3）	1178
绝热系数	1.295	固态密度/（kg/m^3）	1512.4
三相点	T= −56.56℃、p=0.52MPa	临界温度/℃	31.1
沸点/℃	−78.5	临界压力/ MPa	7.38

续表

物性参数	数值	物性参数	数值
临界状态下的流体密度/（kg/m^3）	448	临界状态下的偏差因子	0.225
临界状态下的压缩系数	0.315	临界状态下的流体黏度/（mPa·s）	0.404
临界状态下的偏差系数	0.274	标准状态下的流体黏度/（mPa·s）	0.138
标准状态下的定压比热容/[kJ/（kg·K）]	0.85		

2. 相态特征

注二氧化碳压裂过程中，由于温度、压力的变化，其相态发生改变。在不同的温度、压力条件下，能以四种状态存在，即固态、液态、气态和超临界状态（图 10.1.1），其关键特征如下。

（1）固、液、气三相共存点，即三相点对应的温度、压力分别为−56.56℃、0.52MPa。

（2）在三相共存点附近，温度、压力的微小改变都会引起二氧化碳相态的变化。

（3）二氧化碳的临界温度为 31.1℃，低于这一温度，二氧化碳可呈液态或气态，超过这一温度，二氧化碳在任何压力下都不以液态存在。

（4）与临界温度对应的临界压力为 7.36MPa，低于这一压力，二氧化碳可呈液态或气态，高于这一压力，在任何温度下二氧化碳都不以气态存在。

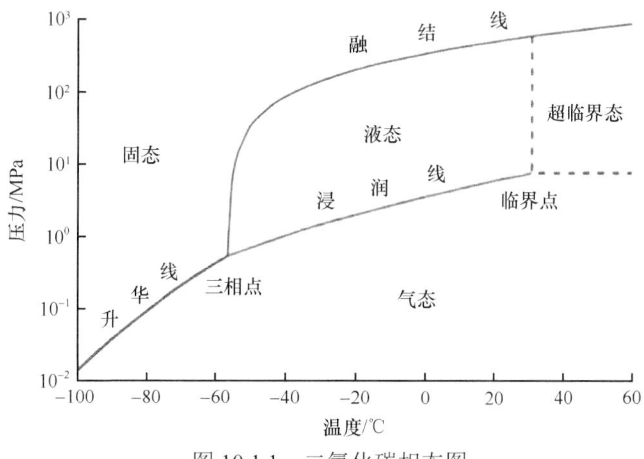

图 10.1.1　二氧化碳相态图

当温度和压力均高于临界温度和临界压力时，二氧化碳处于超临界状态。超临界二氧化碳的气液界面消失，同时具有气态和液态的部分性质，但本身非气也非液，超临界流体与气态和液态流体物性对比如表 10.1.2 所示。

表 10.1.2　不同相态下的物性对比

流体相态	黏度系数/（mPa·s）	导热系数/[W/（m·K）]	扩散系数/（cm^2/s）
气态	$1\times10^{-2}\sim3\times10^{-2}$	$5\times10^{-3}\sim30\times10^{-3}$	$5\times10^{-2}\sim200\times10^{-2}$
超临界态	$2\times10^{-2}\sim10\times10^{-2}$	$30\times10^{-3}\sim70\times10^{-3}$	$0.01\times10^{-2}\sim1\times10^{-2}$
液态	$10\times10^{-2}\sim1000\times10^{-2}$	$7\times10^{-3}\sim250\times10^{-3}$	$0.0004\times10^{-2}\sim0.003\times10^{-2}$

由表 10.1.1 及表 10.1.2 可知，超临界流体具有如下基本性质。

（1）黏度较小，接近于气态，因此导热性能好。

（2）密度较大，接近于液态，且可以在一个较大的范围内连续变化。

（3）扩散系数较大，接近于气态，因此超临界流体的扩散性能比较好。

（4）其他一些特殊的性质，如物性参数随温度、压力的改变变化较大。

10.1.2 物性参数计算模型

二氧化碳不同于常规压裂液，其密度、比热容、黏度、导热系数等物性参数随温度、压力变化较大，而这些物性参数会对二氧化碳压裂液及压裂施工产生影响，因此准确预测二氧化碳压裂过程中井筒的温度、压力对合理的二氧化碳压裂施工参数设计具有重要意义。

二氧化碳压裂过程中，压力范围一般为 10～100MPa，温度范围一般为–20～120℃，在该温度、压力区间内，二氧化碳呈液态或超临界态，进行二氧化碳压裂的温度场计算时，需应用物性计算模型，计算液态二氧化碳和超临界二氧化碳的密度、比热容、黏度和导热系数等。

1. 密度和比热容

二氧化碳对井筒压力和温度较为敏感，由理想状态方程计算的二氧化碳密度和比热容与真实状态相比存在较大误差。采用较为常用的真实气体状态方程，即 Pen-Robinson（以下简称 P-R）状态方程，计算多种烃类气体、氮气、二氧化碳甚至不同气体混合物的物性参数，且计算简单；另外，Span-Wagner（以下简称 S-W）状态方程是针对二氧化碳建立的真实气体状态方程，该方程精度高，但计算过程相对复杂。

1）P-R 状态方程计算密度和比热容

简称 P-R 状态方程，于 1976 年提出，是最著名的立方型状态方程之一，由其方程形式简洁，使用范围广，被普遍应用于真实气体物性参数的计算。

（1）计算密度。

真实气体的非理想性可以用压缩因子 Z 表示：

$$Z=\frac{pV}{RT} \tag{10.1.1}$$

式中，p 为绝对压力；V 为摩尔体积；R 为普适气体常数；T 为绝对温度。

对于理想气体 Z=1.0，对于真实气体，Z 通常小于 1（高对比温度和高对比压力除外）。

Z 通常按照式（10.1.2）的形式与对比温度 T_r 和对比压力 p_r 关联：

$$Z=f\left(T_r,p_r\right) \tag{10.1.2}$$

要获得真实气体的密度，则需求出气体相应的压缩因子 Z，p-R 气体状态方程表达形式为

$$p=\frac{RT}{V-b}-\frac{a}{V^2+ubV+\omega b^2} \tag{10.1.3}$$

这是一个关于体积的三次方程，为便于计算，可转化为如下形式：

$$Z^3-\left(1+B^*-uB^*\right)Z^2+\left(A^*+\omega B^{*2}-uB^*-uB^{*2}\right)Z-A^*B^*-\omega B^{*2}-\omega B^{*3}=0 \tag{10.1.4}$$

式中，$A^*=\dfrac{ap}{R^2T^2}$，$B^*=\dfrac{bp}{RT}$，其中$a=\dfrac{0.45724R^2T_c^2}{p_c}\left[1+f\omega\left(1-T_r^{1/2}\right)\right]^2$，$b=\dfrac{0.07780RT_c}{p_c}$，$u=2$，$\omega=-1$，$f\omega=0.37464+1.54226\omega-0.26992\omega^2$。

再根据式（10.1.5），求出二氧化碳的密度：

$$\rho=\frac{M}{V}=\frac{44.01}{V} \tag{10.1.5}$$

式中，ρ 为二氧化碳密度；M 为二氧化碳气体的分子量，取值为 44.01g/mol。

（2）计算定压比热容。

根据热力学原理，定压比热容 C_p 和余焓 H_r 之间有如下关系：

$$C_{p,r}=C_p^*-C_p=\left(\frac{\partial H_r}{\partial T}\right)_p \tag{10.1.6}$$

p-R 方程的余焓方程为

$$H_r=\frac{(T\beta-\alpha)}{2\sqrt{2}b}\ln\frac{V-0.414b}{V+2.414b}+RT-pV \tag{10.1.7}$$

根据热力学函数关系式有：

$$\left(\frac{\partial H_r}{\partial T}\right)_p=\left(\frac{\partial H_r}{\partial T}\right)_V+\left(\frac{\partial H_r}{\partial V}\right)_T\left(\frac{\partial V}{\partial T}\right)_p \tag{10.1.8}$$

由式（10.1.7）可得

$$\left(\frac{\partial H_r}{\partial T}\right)=\frac{T\gamma}{2\sqrt{2}b}\ln\frac{V-0.414b}{V+2.414b}+R-V\left(\frac{\partial p}{\partial T}\right)_V \tag{10.1.9}$$

根据热力学理论，有

$$\left(\frac{\partial V}{\partial T}\right)_p=-\frac{\left(\dfrac{\partial p}{\partial T}\right)_V}{\left(\dfrac{\partial P}{\partial V}\right)_T} \tag{10.1.10}$$

由式（10.1.3）可得

$$\begin{aligned}\left(\frac{\partial p}{\partial T}\right)_V&=\frac{R}{V-b}-\frac{\beta}{V(V+b)+b(V-b)}\\ \left(\frac{\partial p}{\partial V}\right)_T&=-\frac{RT}{(V-b)^2}+\frac{2a(V+b)}{\left[V(V+b)+b(V-b)\right]^2}\end{aligned} \tag{10.1.11}$$

至此，式（10.1.8）中的各物理量均可以通过 p-R 状态方程求出。即可计算出真实气体的定压比热容：

$$C_p=C_p^*-C_{p,r} \tag{10.1.12}$$

2）S-W 气体状态方程计算密度和比热容

S-W 状态方程是 1994 年 Span 和 Wagner 根据亥姆霍兹（Helmholtz）自由能理论建立的专门针对二氧化碳的气体状态方程，在温度和压力分别高达 500K、30MPa 时，应用 S-W 模型计算密度，误差可控制在 0.05%以下（Span and Wagner，1996）。

（1）计算密度。

Helmholtz 自由能可以通过相对独立的两个变量，即温度 T 和密度 ρ 来表示，无因次 Helmholtz 自由能 $\Phi=A(\rho,T)/(RT)$，可以将它分为两部分：一部分是理想状态部分，用 Φ^{o} 表示；另一部分是残余状态部分，用 Φ^{r} 表示。则无因次 Helmholtz 自由能可以表示为

$$\Phi(\delta,\tau)=\Phi^{\mathrm{o}}(\delta,\tau)+\Phi^{\mathrm{r}}(\delta,\tau) \tag{10.1.13}$$

式中，Φ 为 Helmholtz 自由能；Φ^{o} 为理想部分 Helmholtz 自由能；Φ^{r} 为残余部分 Helmholtz 自由能；δ 为对比密度，$\delta=\rho/\rho_{\mathrm{c}}$；$\tau$ 为对比温度，$\tau=T/T_{\mathrm{c}}$。

对方程进行拟合，得到残余部分和理想部分的 Helmholtz 自由能。

理想部分 Helmholtz 自由能表达式为

$$\Phi^{\mathrm{o}}(\delta,\tau)=\ln\delta+a_1^{\mathrm{o}}+a_2^{\mathrm{o}}\tau+a_3^{\mathrm{o}}\ln\tau+\sum_{i=4}^{8}a_i^{\mathrm{o}}\ln\left[1-\exp\left(-\tau\theta_{i-3}^{\mathrm{o}}\right)\right] \tag{10.1.14}$$

式中，$a_1^{\mathrm{o}},a_2^{\mathrm{o}},\cdots,a_i^{\mathrm{o}}$ 为非解析系数；$\theta_{i-3}^{\mathrm{o}}$ 为非解析系数；i 为整数。

残余部分 Helmholtz 自由能表达式为

$$\begin{aligned}\Phi^{\mathrm{r}}=&\sum_{i=1}^{7}n_i\delta d^i\tau^{t_i}+\sum_{i=8}^{34}n_i\delta d^i\tau^{t_i}\mathrm{e}^{-\delta^{c_i}}+\sum_{i=35}^{39}n_i\delta d^i\tau^{t_i}\mathrm{e}^{\left[-a_i(\delta-\varepsilon_i)^2-\beta_i(\tau-\gamma_i)^2\right]}\\&+\sum_{i=40}^{42}n_i\Delta^{b_i}\delta\mathrm{e}^{\left[-c_i(\delta-1)^2-D_i(\tau-1)^2\right]}\end{aligned} \tag{10.1.15}$$

式中，n_i、d^i、t_i、c_i、D_i、α_i、β_i、γ_i、ε_i、b_i 均为非解析系数；$\Delta=\left\{(1-\tau)+A_i\left[(\delta-1)^2\right]^{-1/(2\beta_i)}\right\}^2+B_i\left[(\delta-1)^2\right]^{a_i}$，其中 A_i、B_i、β_i 均为非解析系数。

根据上述公式可以得到压缩因子：

$$Z=1+\delta\Phi_{\delta}^{r} \tag{10.1.16}$$

求出不同状态下二氧化碳压缩因子后，可由式（10.1.1）求得摩尔体积 V，进而由式（10.1.5）求得密度。上述方程中非解析无因次系数的数值见文献 Span 和 Wagner（1996）。

（2）计算定压比热容

二氧化碳定压比热容表达式为

$$C_p(\delta,\tau)=R\left[-\tau^2\left(\Phi_{\tau^2}^{\mathrm{o}}+\Phi_{\tau^2}^{\mathrm{r}}\right)+\frac{\left(1+\delta\Phi_{\delta}^{\mathrm{r}}-\delta\tau\Phi_{\delta\tau}^{\mathrm{r}}\right)}{1+2\delta\Phi_{\delta}^{\mathrm{r}}+\delta^2\Phi_{\delta^2}^{\mathrm{r}}}\right] \tag{10.1.17}$$

式中，

$$\Phi_{\tau^2}^{\mathrm{o}}=-a_3^{\mathrm{o}}/\tau^2-\sum_{i=1}^{8}a_i^{\mathrm{o}}\left(\theta_i^{\mathrm{o}}\right)^2\mathrm{e}^{-\theta_i^{\mathrm{o}}\tau}\left(1-\mathrm{e}^{-\theta_i^{\mathrm{o}}\tau}\right)^{-2} \tag{10.1.18}$$

$$\begin{aligned}\Phi_{\tau^2}^{\mathrm{r}} &= \sum_{i=1}^{7} n_i t_i \left(t_i - 1\right)\delta^{d_i}\tau^{t_i-2} + \sum_{i=8}^{34} n_i t_i \left(t_i-1\right)\delta^{d_i}\tau^{t_i-2}\mathrm{e}^{-\delta^{c_i}} \\ &+ \sum_{i=35}^{39} n_i \delta^{d_i}\tau^{t_i}\mathrm{e}^{-\alpha_i(\delta-\varepsilon_i)^2-\beta_i(\tau-\gamma_i)^2}\left\{\left[\frac{t_i}{\tau}-2\beta_i\left(\tau-\gamma_i\right)\right]^2-\frac{t_i}{\tau^2}=2\beta_i\right\} \\ &+ \sum_{i=40}^{42} n_i \delta\left(\frac{\partial^2\Delta^{b_i}}{\partial\tau^2}\Psi+2\frac{\partial\Delta^{b_i}}{\partial\tau}\frac{\partial\Psi}{\partial\tau}+\Delta^{b_i}\frac{\partial\Psi}{\partial\tau^2}\right)\end{aligned} \tag{10.1.19}$$

$$\begin{aligned}\Phi_{\delta}^{\mathrm{r}} &= \sum_{i=1}^{7} n_i d_i \delta^{d_i-1}\tau^{t_i} + \sum_{i=8}^{34} n_i \mathrm{e}^{-\delta^{c_i}}\left[\delta^{d_i-1}\tau^{t_i}\left(d_i-c_i\delta^{c_i}\right)\right] \\ &+ \sum_{i=35}^{39} n_i\delta^{d_i}\tau^{t_i}\mathrm{e}^{-\alpha_i(\delta-\varepsilon_i)^2-\beta_i(\tau-\gamma_i)^2}\left[\frac{d_i}{\delta}-2\alpha_i\left(\delta-\varepsilon_i\right)\right] \\ &+ \sum_{i=40}^{42} n_i\left[\Delta^{b_i}\left(\Psi+\delta\frac{\partial\Psi}{\partial\delta}\right)+\frac{\partial\Delta^{b_i}}{\partial\delta}\delta\Psi\right]\end{aligned} \tag{10.1.20}$$

$$\begin{aligned}\Phi_{\delta\tau}^{\mathrm{r}} &= \sum_{i=1}^{7} n_i d_i t_i \delta^{d_i-1}\tau^{t_i-1} + \sum_{i=8}^{34} n_i \mathrm{e}^{-\delta^{c_i}}\delta^{d_i-1}t_i\tau^{t_i-1}\left(d_i-c_i\delta^{c_i}\right) \\ &+ \sum_{i=35}^{39} n_i\delta^{d_i}\tau^{t_i}\mathrm{e}^{-\alpha_i(\delta-\varepsilon_i)^2-\beta_i(\tau-\gamma_i)^2}\left[\frac{d_i}{\delta}-2\alpha_i\left(\delta-\varepsilon_i\right)\right]\left[\frac{t_i}{\tau}-2\beta_i\left(\tau-\gamma_i\right)\right] \\ &+ \sum_{i=40}^{42} n_i\left[\Delta^{b_i}\left(\frac{\partial\Psi}{\partial\tau}+\delta\frac{\partial\Psi^2}{\partial\delta\partial\tau}\right)+\delta\frac{\partial\Delta^{b_i}}{\partial\delta}\frac{\partial\Psi}{\partial\tau}+\frac{\partial\Delta^{b_i}}{\partial\tau}\left(\Psi+\delta\frac{\partial\Psi}{\partial\delta}\right)+\frac{\partial^2\Delta^{b_i}}{\partial\delta\partial\tau}\delta\Psi\right]\end{aligned} \tag{10.1.21}$$

$$\begin{aligned}\Phi_{\delta^2}^{\mathrm{r}} &= \sum_{i=1}^{7} n_i d_i\left(d_i-1\right)\delta^{d_i-2}\tau^{t_i} + \sum_{i=8}^{34} n_i\mathrm{e}^{-\delta^{c_i}}\left\{\delta^{d_i-2}\tau^{t_i}\left[\left(d_i-c_i\delta^{c_i}\right)\left(d_i-1-c_i\delta^{c_i}\right)-c_i^2\delta^{c_i}\right]\right\} \\ &+ \sum_{i=35}^{39} n_i\tau^{t_i}\mathrm{e}^{-\alpha_i(\delta-\varepsilon_i)^2-\beta_i(\tau-\gamma_i)^2}\left[-2\alpha_i\delta^{d_i}+4\alpha_i^2\delta^{d_i}\left(\delta-\varepsilon_i\right)^2-4d_i\alpha_i\delta^{d_i-1}\left(\delta-\varepsilon_i\right)\right. \\ &\left.+d_i\left(d_i-1\right)\delta^{d_i-2}\right]+\sum_{i=40}^{42} n_i\left[\Delta^{b_i}\left(2\frac{\partial\Psi}{\partial\delta}+\delta\frac{\partial^2\Psi}{\partial\delta^3}\right)+2\frac{\partial\Delta^{b_i}}{\partial\delta^2}\delta\Psi\right]\end{aligned} \tag{10.1.22}$$

2. 黏度和导热系数

1）p-R 状态方程计算黏度和导热系数

（1）计算黏度。

等温条件下的 p-V 图与等压下的 T-μ 图具有相似性，因此可以基于 p-R 状态方程建立真实气体黏度方程。

通过相似原理，得到黏度的 p-R 状态方程：

$$T=\frac{rp}{\mu-b'}-\frac{a}{\mu\left(\mu+b''\right)+b''\left(\mu-b''\right)} \tag{10.1.23}$$

与求解密度相类似，将式（10.1.23）转换为如下形式：

$$
\begin{aligned}
&T\mu^3+\left(2Tb'-Tb-rp\right)\mu^2+\left(a-Tb''^2-2Tb''b'-2rpb''\right)\mu \\
&+\left(Tb'b''^2+rpb''^2-ab'\right)=0
\end{aligned}
\tag{10.1.24}
$$

式中，

$$a=0.45724\frac{r_c^2p_c^2}{T_c}$$

$$b''=0.0778\frac{r_cp_c}{T_c},\quad r_c=\frac{\mu_cT_c}{p_cZ_c},\quad \mu_c=7.7T_c^{-1/6}M^{0.5}p_c^{2/3}$$

$$r=r_c\tau\left(T_r,p_r\right),\quad \tau\left(T_r,p_r\right)=\left[1+Q_1\left(\sqrt{p_rT_r}-1\right)\right]^{-2}$$

$$b'=b''\varphi\left(T_r,p_r\right),\quad \varphi\left(T_r,p_r\right)=\exp\left[Q_2\left(\sqrt{T_r}-1\right)\right]+Q_3\left(\sqrt{p_r}-1\right)^2$$

式中，$Q_1\sim Q_3$为偏心因子ω的关联式，具体表达式如下。

当$\omega<0.3$时：

$$
\begin{aligned}
Q_1&=0.829599+0.350857\omega-0.747682\omega^2\\
Q_2&=1.94546-3.19777\omega+2.80193\omega^2\\
Q_3&=0.299757+2.20855\omega-6.64959\omega^2
\end{aligned}
$$

当$\omega\geqslant0.3$时：

$$
\begin{aligned}
Q_1&=0.956763+0.192829\omega-0.303189\omega^2\\
Q_2&=-0.258789-37.1071\omega+20.551\omega^2\\
Q_3&=5.16307-12.8207\omega+11.01109\omega^2
\end{aligned}
$$

通过求解式（10.1.24）即可得到黏度的值。

（2）计算导热系数。

同样通过相似原理，得到导热系数的 *p-R* 状态方程（陈爽和郭绪强，2006）：

$$T=\frac{rp}{\lambda-b'}-\frac{a}{\lambda\left(\lambda+b''\right)+b\left(\lambda-b''\right)}\tag{10.1.25}$$

式中，在临界点处有$a=0.45724\frac{r_c^2p_c^2}{T_c}$，$b''=0.0778\frac{r_cp_c}{T_c}$，$b'=b''$；在其他温度和压力下有

$$r=r_c\tau p_r$$

$$r_c=\frac{\lambda_cT_c}{p_cZ_c}$$

$$\lambda_c=T_c^{-1/6}M^{-0.5}p_c^{2/3}/21$$

$$b'=b''\varphi\left(T_r,p_r\right)$$

$$\tau\left(p_{\mathrm{r}}\right)=\left[1-Q_{1}\left(1-p_{\mathrm{r}}^{0.5}\right)\right]^{-2}$$

$$\varphi\left(T_{\mathrm{r}},p_{\mathrm{r}}\right)=Q_{2}\left[\left(T_{\mathrm{r}},p_{\mathrm{r}}\right)^{0.5}-1\right]^{2}+\exp\left[Q_{3}\left(p_{\mathrm{r}}^{0.125}-1\right)^{2}\right]+\exp\left[Q_{4}\left(T_{\mathrm{r}}^{0.5}-1\right)+Q_{6}\left(p_{\mathrm{r}}^{0.125}-1\right)^{2}\right]$$
$$-Q_{5}\exp\left[\left(\frac{1}{T}-\frac{1}{T_{\mathrm{c}}}\right)\left(T_{\mathrm{r}}^{0.5}-1\right)\left(p_{\mathrm{r}}^{3}-1\right)\right]$$

同样将式（10.1.25）改写成λ的一元三次方程求解，可得导热系数的值。

2）Fenghour 和 Vesovic 方法计算黏度和导热系数

Fenghour 和 Vesovic（Fenghour et al.，1998）在实验数据的基础上结合理论推导，应用拟合得到的半经验系数，建立了黏度和导热系数的计算模型，取得了较理想的计算结果，在常温低压下其计算误差小于 0.3%，在高密度区域其误差小于 5%。

（1）Fenghour 方法计算黏度。

在 Fenghour 等的方法中，黏度可分为独立的三部分计算：

$$\mu\left(\rho,T\right)=\mu_{0}\left(T\right)+\Delta\mu\left(\rho,T\right)+\Delta_{\mathrm{c}}\mu\left(\rho,T\right)\tag{10.1.26}$$

式中，$\mu_0(T)$为零密度时黏度的临界值；$\Delta\mu(\rho,T)$为密度增大引起的黏度附加值；$\Delta_{\mathrm{c}}\mu(\rho,T)$为临界点附近引起的黏度附加增量。

$\mu_0(T)$的表达式为

$$\mu_{0}\left(T\right)=\frac{1.00697T^{1/2}}{\mathfrak{R}_{\eta}^{*}\left(T^{*}\right)}\tag{10.1.27}$$

式中，$\mathfrak{R}_{\eta}^{*}\left(T^{*}\right)=\exp\left[\sum_{i=0}^{4}a_{i}\left(\ln T^{*}\right)^{i}\right]$，其中$T^{*}=\dfrac{T}{251.196}$，$a_i$为计算系数，其值见文献 Fenghour 等（1998）。

$$\Delta\mu\left(\rho,T\right)=d_{11}\rho+d_{21}\rho^{2}+\frac{d_{64}\rho^{6}}{T^{*3}}+d_{81}\rho^{8}+\frac{d_{82}\rho^{8}}{T^{*}}\tag{10.1.28}$$

式中，d_i为系数，其值参见文献陈爽和郭绪强（2006）。

$$\Delta_{\mathrm{c}}\mu\left(\rho,T\right)=\sum_{i=1}^{4}e_{i}\rho^{i}\tag{10.1.29}$$

式中，e_i为系数，由于$\Delta_{\mathrm{c}}\mu(\rho,T)$的值很小，通常小于 1%，因此可以忽略。

（2）Vesovic 方法计算导热系数。

类似地，导热系数也可分为独立的三项计算：

$$\lambda\left(\rho,T\right)=\lambda_{0}\left(T\right)+\Delta\lambda\left(\rho,T\right)+\Delta_{\mathrm{c}}\lambda\left(\rho,T\right)\tag{10.1.30}$$

式中，$\lambda_0(T)$为零密度时导热系数的临界值；$\Delta\lambda(\rho,T)$为密度增大引起的导热系数附加值；$\Delta_{\mathrm{c}}\lambda(\rho,T)$为临界点附近引起的导热系数附加增量。

$\lambda_0(T)$的表达式为

$$\lambda_{0}\left(T\right)=\frac{0.475598T^{1/2}\left(1+r^{2}\right)}{\mathfrak{R}_{\lambda}^{*}\left(T^{*}\right)}\tag{10.1.31}$$

式中，$r=\left(\dfrac{2c_{\text{int}}}{5k}\right)^{1/2}$，$\dfrac{c_{\text{int}}}{k}=1.0+\exp(-183.5/T)\sum_{i=1}^{5}c_i(T/100)^{2-i}$，$\mathfrak{R}_\eta^*=\sum_{i=0}^{7}b_i/T^{*i}$。其中，$k$ 为气体等熵指数；b_i,c_i 为系数，详见 Fenghour 等（1998）。

$\Delta\lambda(\rho)$ 的表达式为

$$\Delta\lambda(\rho)=\sum_{i=1}^{4}d_i\rho^i \tag{10.1.32}$$

式中，d_i 为系数，详见文献 Fenghour 等（1998）。

$$\frac{\Delta_{\text{c}}\lambda(\rho,T)}{\rho C_p}=\frac{RkT}{6\pi\eta\xi}(\Omega-\Omega_0) \tag{10.1.33}$$

简化后为

$$\frac{\Delta_{\text{c}}\lambda(\rho,T)}{\rho C_p}=\frac{RkT}{6\pi\bar{\eta}\xi}\left(\widetilde{\Omega}-\widetilde{\Omega}_0\right) \tag{10.1.34}$$

式中，

$$\begin{aligned}\widetilde{\Omega}&=\frac{2}{\pi}\left[\left(\frac{C_p-C_v}{C_p}\right)\arctan\left(\tilde{q}_{\text{D}}\xi\right)+\frac{C_v}{C_p}\tilde{q}_{\text{D}}\xi\right]\\ \widetilde{\Omega}_0&=\frac{2}{\pi}\left\{1-\exp\left[-\frac{1}{\left(\tilde{q}_{\text{D}}\xi\right)^{-1}+\frac{1}{3}\left(\tilde{q}_{\text{D}}\xi\rho_{\text{c}}/\rho\right)^2}\right]\right\}\end{aligned} \tag{10.1.35}$$

其中，$\bar{\eta}$、ξ、$\widetilde{\Omega}$、$\widetilde{\Omega}_0$、$\tilde{q}_{\text{D}}$ 均为中间变量；C_v 为定容比热容，J/（kg · K）；C_p 为定压比热容，J/（kg · K）。

3. 物性参数计算结果

经以上分析，选用 S-W、Fenghour 和 Vesovic 模型作为二氧化碳物性参数的计算模型，计算不同温度压力下的密度、定压比热容、导热系数和黏度，结果如图 10.1.2～图 10.1.5 所示。

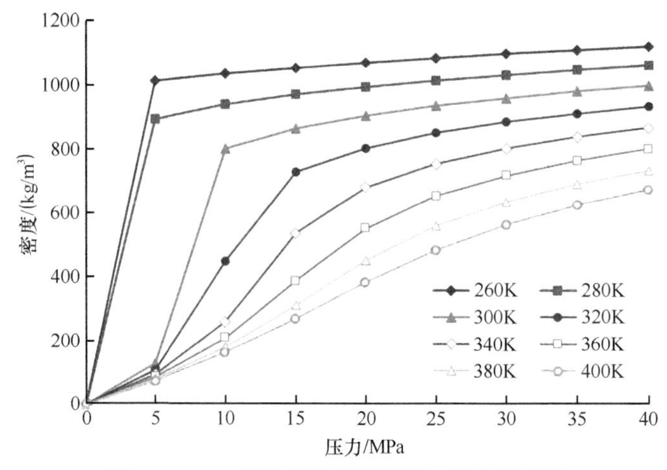

图 10.1.2　二氧化碳密度随温度、压力的变化

由图 10.1.2 可知，随着温度降低或压力升高，二氧化碳的密度逐渐增大，且在临界压力附近变化剧烈。

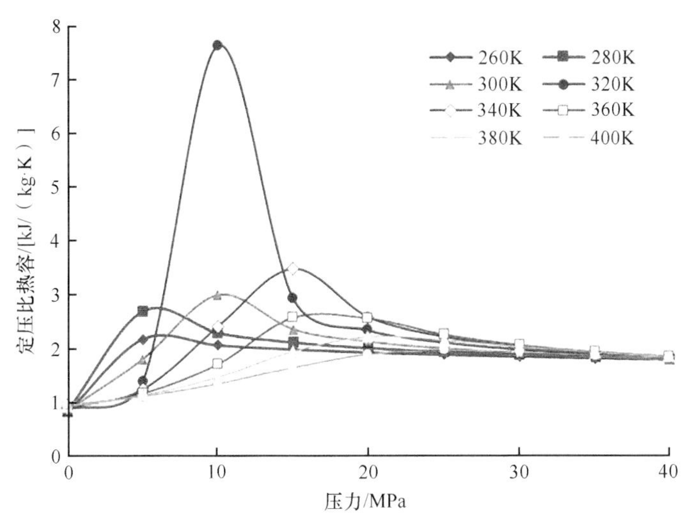

图 10.1.3　二氧化碳定压比热容随温度、压力的变化

由图 10.1.3 可知，二氧化碳的定压比热容在临界压力附近出现了最大值，之后随着压力的增加而减小，当压力升高到 40MPa 左右时，定压比热容几乎不再随温度变化而变化。

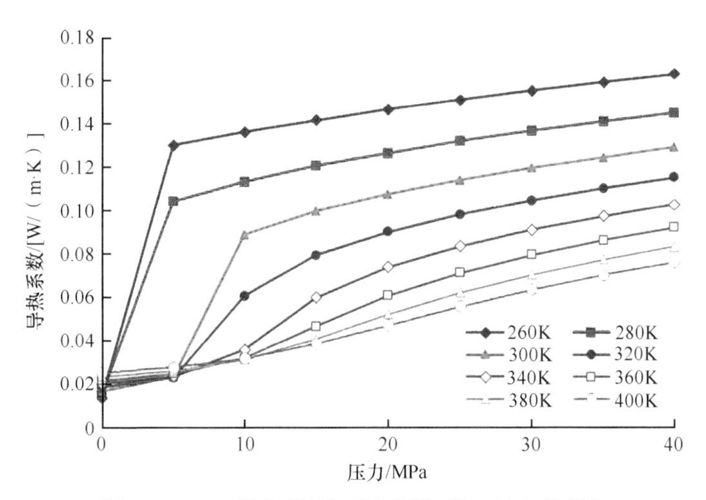

图 10.1.4　二氧化碳导热系数随温度、压力的变化

由图 10.1.4 可知，随着温度降低或压力升高，二氧化碳的导热系数逐渐增大。

由图 10.1.5 可知，随着温度降低或压力升高，二氧化碳的黏度逐渐增大。

综上，利用 S-W 状态方程、Fenghour 和 Vesovic 方程计算了不同温度下二氧化碳密度、黏度、导热系数和比热容等物性参数随压力的变化。随着温度降低和压力升高，二氧化碳

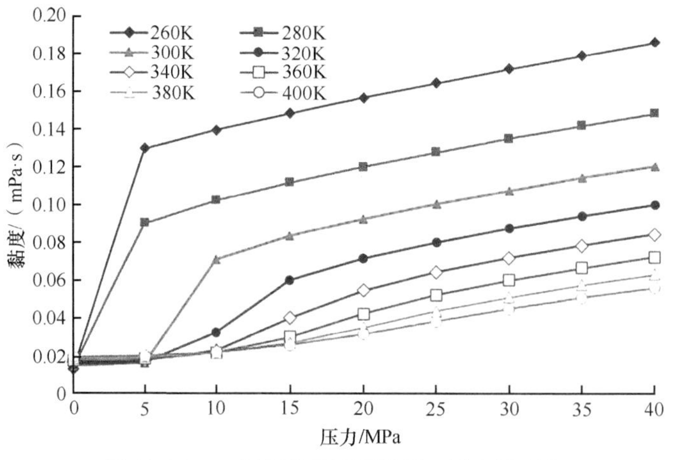

图 10.1.5　二氧化碳黏度随温度、压力的变化

的密度、黏度和导热系数呈上升趋势，而二氧化碳的定压比热容在临界压力点附近出现了最大值，之后随着压力的增加而减小，当压力升高到 40MPa 左右时，定压比热容几乎不再随温度变化而变化。

10.1.3　井筒温度场模型

压裂过程中，注入流体从地面泵入井筒，在压力作用下流到井底，在此过程中流体与油管壁、环形空间、套管壁、水泥环及地层发生热交换，导致温度逐渐升高。随着流体向压裂裂缝端部流动，其温度进一步升高，在缝端达到最大，接近地层温度。注二氧化碳压裂与常规压裂液不同的是，二氧化碳的密度、黏度、导热系数和比热容等影响热传导和热对流的物性参数对温度和压力较为敏感，计算物性参数时需实时更新温度、压力数据，使计算结果更准确。本节介绍耦合物性的二氧化碳压力、温压预测瞬态模型。

1. 物理模型

假设各传热介质以油管为中心成轴对称分布，则二氧化碳压裂井筒结构如图 10.1.6 所示。传热介质包括井筒内流体、油管壁、环空液体、套管壁、水泥环和地层。为建立数学模型，对二氧化碳压裂井筒传热过程做如下假设。

（1）井筒内是一维垂直的瞬态流动。

（2）地层中仅包含径向传热而忽略垂向传热（Wu and Pruess，1990；Fenghour et al.，1998）。

（3）地层恒温点温度为 20℃，且相同垂向距离处的地层初始温度相等。

（4）注入方式为油管注入，套管环空内为静止的水。

（5）井口注入速率为恒定值。

（6）岩石物性参数均质且各向同性。

（7）初始时井筒内流体静止。

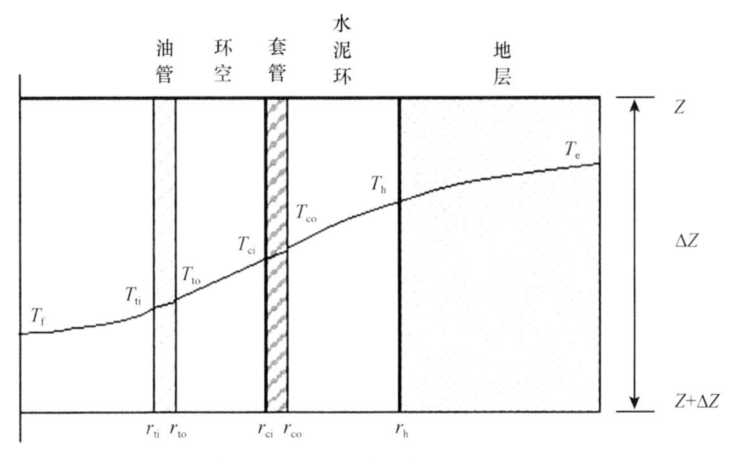

图 10.1.6　井筒传热物理模型

2. 数学模型

1）连续性方程

根据假设条件，井筒内为一维瞬态流动，且二氧化碳的物性参数随温度、压力发生变化，因此在连续方程中需要将密度作为变量并考虑时间项，根据质量守恒，得到油管内流体的连续性方程为

$$v_z\frac{\partial\rho_1}{\partial z}+\rho_1\frac{\partial v_z}{\partial z}+\frac{\partial\rho_1}{\partial t}=0 \tag{10.1.36}$$

式中，v_z为井筒内流体速度，m/s；ρ_1为二氧化碳密度，kg/m^3；t为时间，s。

2）动量方程

油管内流体的动量方程采用动量通量张量函数进行推导。动量通量张量中包括对流动量通量张量和分子动量通量张量，能够全面地描述流动过程中由摩擦及密度和流速变化所引起的压力梯度，结合单元体的体积力，得到油管内流体的动量方程为

$$\frac{\partial p}{\partial z}=\rho_1 g-f\frac{\rho_1 v_z^2}{r_1}-\rho_1 v_z\frac{\partial v_z}{\partial z}-\rho_1\frac{\partial v_z}{\partial t} \tag{10.1.37}$$

式中，p为井筒内压力；f为摩阻系数，可通过传统的摩阻系数-雷诺数经验关系式求得。

流动状态不同，摩阻系数的求解方法也有所不同，要根据井筒内流体的雷诺数来判定流动状态，从而选择相应的求解方法，雷诺数计算方法如下：

$$Re=\frac{2\rho_1 v r_1}{\mu} \tag{10.1.38}$$

式中，r_1为油管半径，m；μ为流体黏度，Pa · s。

计算出雷诺数之后，摩阻系数可由如下公式计算：

$$f:\left\{\begin{array}{ll} f=\dfrac{64}{Re}, & Re\leqslant 2000 \\ \dfrac{1}{\sqrt{f}}=1.74-2\lg\left(\dfrac{2\eta}{d}+\dfrac{18.7}{Re\sqrt{f}}\right), & 2000<Re\leqslant 4000 \\ \dfrac{1}{\sqrt{f}}=1.74-2\lg\dfrac{2\eta}{d}, & Re>4000 \end{array}\right\} \tag{10.1.39}$$

式中，η 为表面粗糙度；d 为油管直径。

3）能量方程

油管内流体的能量方程由能量通量矢量函数进行推导。能量通量矢量中包含了对流能量通量矢量、分子热量通量矢量和分子功通量矢量，能够全面地描述流动过程中由于体积、压力、流速变化和黏滞力做功所引起的温度梯度，结合单元体的体积力、功率及热力学方程，得到油管内流体的能量方程为

$$\begin{aligned} &-\rho_1 v_z C_{\mathrm{p1}}\frac{\partial T_1}{\partial z}+J\rho_1 C_{\mathrm{p1}} v_z\frac{\partial p}{\partial z}+\frac{4\lambda_2}{r_1(r_2-r_1)}(T_2-T_1)+f\frac{\rho_1 v_z^2}{r_1}v_z+\rho_1 v_z g \\ &+E_{\mathrm{KE}}+E_{\mathrm{VS}}=\rho_1 C_{p1}\frac{\partial T_1}{\partial t}-\left(J\rho_1 C_{p1}+1\right)\frac{\partial p}{\partial t}+\frac{1}{2}v_z^2\frac{\partial \rho_1}{\partial t}+\rho_1 v_z\frac{\partial v_z}{\partial t} \end{aligned} \tag{10.1.40}$$

式中，J 为焦汤系数；C_{p1} 为比热容；λ_2 为油管壁导热系数；$E_{\mathrm{KE}}=-\dfrac{\partial}{\partial z}\left[\left(\dfrac{1}{2}\rho_1 v_z^2\right)v_z\right]$；$E_{\mathrm{VS}}=-\dfrac{4}{3}\dfrac{\partial}{\partial z}\left(\mu\dfrac{\partial v_z}{\partial z}\right)$。

油管壁的能量方程和径向第 i 个单元的能量方程为

$$\frac{2r_2\lambda_2}{r_2^2-r_1^2}\left(\frac{\partial T_2}{\partial r}\right)_{r_2}-\frac{4r_1\lambda_1(T_2-T_1)}{(r_2^2-r_1^2)(r_2-r_1)}=\rho_2 C_{p2}\frac{\partial T_2}{\partial t} \tag{10.1.41}$$

$$\frac{2r_i\lambda_i}{r_i^2-r_{i-1}^2}\left(\frac{\partial T}{\partial r}\right)_{r_i}-\frac{2r_{i-1}\lambda_{i-1}}{r_i^2-r_{i-1}^2}\left(\frac{\partial T}{\partial r}\right)_{r_{i-1}}=\rho_i C_{pi}\frac{\partial T_i}{\partial t},\quad i=3,4,\cdots \tag{10.1.42}$$

以上方程中二氧化碳的物性参数采用 S-W 模型、Fenghour 和 Vesovic 模型进行计算。

10.1.4　缝内温度场模型

对于深井及超深井压裂裂缝一般为垂直缝，压裂液在注入压力的作用下向缝内流动，使裂缝向前延伸；同时，液体在垂直于裂缝壁面的方向上向地层滤失。由于注入的液体和地层之间存在温度差，液体在裂缝中流动时，不断与地层进行热交换，液体温度不断升高，同时地层温度相应下降。

1. 物理模型

二氧化碳压裂过程中低温二氧化碳进入高温地层后的传热示意图如图 10.1.7 所示。裂缝及近缝地层温度场可以分为三个区域：裂缝流体温度场、滤失带温度场和近缝地层温度

场，有如下假设条件。

（1）裂缝为垂直缝，延伸过程符合 KGD 模型。

（2）忽略缝高和缝宽方向的流动和温度变化。

（3）忽略摩擦和体积变化引起的热量变化。

（4）近缝地层为一维径向非稳态传热。

（5）岩石物性参数均质各向同性。

（6）考虑二氧化碳物性随温度压力的变化。

（7）忽略地层垂向上的温度变化。

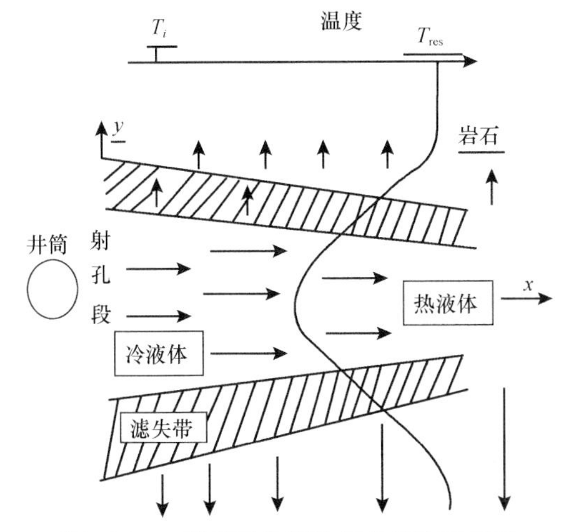

图 10.1.7　裂缝及近缝地层传热物理模型

2. 数学模型

1）连续性方程

连续性方程如下所示：

$$\frac{\partial w}{\partial t}+w\frac{\partial u}{\partial x}+u\frac{\partial w}{\partial x}+2f_{\mathrm{r}}=0 \tag{10.1.43}$$

式中，u 为裂缝内沿缝长方向的流动速率；w 为缝宽；f_{r} 为沿缝宽方向的滤失速率。

2）动量方程

二氧化碳压裂过程中的动量守恒可以表示为（孙小辉等，2014）

$$\frac{\partial}{\partial t}\left(\rho_{\mathrm{f}}wu\right)+\frac{\partial}{\partial x}\left(\rho_{\mathrm{f}}wu^{2}\right)=-\rho_{\mathrm{f}}w\left(\frac{1}{\rho_{\mathrm{f}}}\frac{\partial p}{\partial x}+f\frac{u^{2}}{w}\right) \tag{10.1.44}$$

式中，f 为摩阻系数。

3）能量方程

能量方程如下所示：

$$\frac{\partial T_{\mathrm{f}}}{\partial t}=\frac{\lambda_{\mathrm{f}}}{\rho_{\mathrm{f}}C_{\mathrm{f}}}\frac{\partial^{2}T_{\mathrm{f}}}{\partial x^{2}}-u\frac{\partial T_{\mathrm{f}}}{\partial x}+\frac{2\alpha}{w\rho_{\mathrm{f}}C_{\mathrm{f}}}\left(T_{\mathrm{rw}}-T_{\mathrm{f}}\right) \tag{10.1.45}$$

式中，λ_{f} 为导热系数；ρ_{f} 为压裂液密度；C_{f} 为压裂液比热容；α 为表面换热系数；T_{f} 为

裂缝内液体温度；T_{rw} 为滤失带温度。

4）裂缝拓展模型

采用 KGD 模型计算缝长、缝宽的变化。假设如下。

（1）地层均质，各向同性。

（2）线弹性应力-应变。

（3）裂缝内为层流，并考虑沿缝宽方向的滤失。

（4）缝宽界面形状为矩形，侧向形状为椭圆。

裂缝拓展模型的基本方程为

$$w_{\max}=\left[\frac{84(1-\nu)}{\pi}\left(\frac{1}{60}\right)\frac{\mu QL^2\overline{p}}{GHp_w}\right]^{\frac{1}{4}} \tag{10.1.46}$$

$$L=\frac{Q}{32\pi Hc_t^2}\left(\pi w_{\max}+8S_p\right)\left[\frac{2\alpha_L}{\sqrt{\pi}}-1+e^{\alpha_L^2}\operatorname{erf}\left(\alpha_L\right)\right] \tag{10.1.47}$$

式中，$\alpha_L=\dfrac{8c_t\sqrt{\pi t}}{\pi w_{\max}+8S_p}$。

对于垂直裂缝有

$$\left(\frac{dw}{df_L}\right)_{f_L=1}=0,\quad f_L=\frac{x}{L} \tag{10.1.48}$$

边界条件式（10.1.48）保证了裂缝端部应力不会出现无穷大的情况，且其值为岩石的抗张强度。泊松比为 0.25 时，有如下方程：

$$L=\frac{1}{2\pi}\frac{Q\sqrt{t}}{Hc_t} \tag{10.1.49}$$

$$w=0.135\sqrt[4]{\frac{\mu QL^2}{GH}} \tag{10.1.50}$$

式（10.1.46）～式（10.1.50）中，$w_{\max}$ 为井底最大缝宽；Q 为排量；L 单翼缝长；$\overline{p}$ 为裂缝内平均压力；p_w 为井底压力；S_p 为初滤失系数；ν 为泊松比；μ 为压裂液黏度；t 为施工时间；H 为裂缝高度；c_t 为综合滤失系数；G 为岩石剪切模量；w 为裂缝的缝口宽度。

5）滤失带能量方程

缝内流体滤失对滤失带的热对流以及滤失带向地层滤失的热对流：

$$Q_1=f\rho_f C_f\left(T_f-T_{rw}\right)dxdydt \tag{10.1.51}$$

缝内流体对滤失带的热传导：

$$Q_2=\alpha\left(T_f-T_{rw}\right)dxdydt \tag{10.1.52}$$

滤失带对地层的热传导：

$$Q_3=\lambda_{ef}\frac{\partial T_r}{\partial z}\Big|_{z=0}dxdydt \tag{10.1.53}$$

微元体能量变化：

$$\Delta Q = T_{\mathrm{rw}}\big|_{t+\Delta t}(\rho C)_{\mathrm{ef}}\,\mathrm{d}x\mathrm{d}y\delta - T_{\mathrm{rw}}\big|_{t}(\rho C)_{\mathrm{ef}}\,\mathrm{d}x\mathrm{d}y\delta \tag{10.1.54}$$

因此，由微元体能量守恒有 $\Delta Q = Q_1 + Q_2 + Q_3$，即

$$\begin{aligned} T_{\mathrm{rw}}\big|_{t+\Delta t}(\rho C)_{\mathrm{ef}}\,\mathrm{d}x\mathrm{d}y\delta - T_{\mathrm{rw}}\big|_{t}(\rho C)_{\mathrm{ef}}\,\mathrm{d}x\mathrm{d}y\delta = f\rho_{\mathrm{f}}C_{\mathrm{f}}(T_{\mathrm{f}} - T_{\mathrm{rw}})\mathrm{d}x\mathrm{d}y\mathrm{d}t + \\ \alpha(T_{\mathrm{f}} - T_{\mathrm{rw}})\mathrm{d}x\mathrm{d}y\mathrm{d}t + \lambda_{\mathrm{ef}}\frac{\partial T_{\mathrm{r}}}{\partial z}\Big|_{z=0}\mathrm{d}x\mathrm{d}y\mathrm{d}t \end{aligned} \tag{10.1.55}$$

整理可得

$$\frac{\partial T_{\mathrm{rw}}}{\partial t} = \frac{1}{\delta}\left[\frac{\rho_{\mathrm{f}}C_{\mathrm{f}}}{(\rho C)_{\mathrm{ef}}}f(T_{\mathrm{f}} - T_{\mathrm{rw}}) + \frac{\alpha(T_{\mathrm{f}} - T_{\mathrm{rw}})}{(\rho C)_{\mathrm{ef}}} + \frac{\lambda_{\mathrm{ef}}}{(\rho C)_{\mathrm{ef}}}\frac{\partial T_{\mathrm{r}}}{\partial z}\Big| z=0\right] \tag{10.1.56}$$

式（10.1.51）～式（10.1.56）中，T_{rw} 为滤失带温度；T_{r} 为近缝地层温度；δ 为滤失带厚度；$(\rho C)_{\mathrm{ef}}$ 为岩石有效密度和比热容的乘积；ρ_{f} 为压裂液密度；C_{f} 为压裂液比热容；λ_{ef} 为岩石有效导热系数；z 为缝宽方向网格。

6）近缝地层能量方程

在传热过程中，从滤失边界到原始地层有一定的距离，在这段距离内，其热传导方程为

$$\frac{\partial T_{\mathrm{r}}}{\partial t} = \frac{\lambda_{\mathrm{ef}}}{(\rho C)_{\mathrm{ef}}}\frac{\partial^2 T_{\mathrm{r}}}{\partial z^2} - \frac{\rho_{\mathrm{f}}C_{\mathrm{f}}}{(\rho C)_{\mathrm{ef}}}f_{\mathrm{r}}\frac{\partial T_{\mathrm{r}}}{\partial z} \tag{10.1.57}$$

对于各种压裂液，其滤失速度 f_{r} 可以近似表示为 $f_{\mathrm{r}} = c_{\mathrm{t}}\big/\sqrt{t - t_{\mathrm{px}}}$。

令 $D = \dfrac{\lambda_{\mathrm{ef}}}{(\rho c)_{\mathrm{ef}}}$，$C = \dfrac{\rho_{\mathrm{f}}c_{\mathrm{f}}}{(\rho c)_{\mathrm{ef}}}c_{\mathrm{t}}$，则式（10.1.57）可变为

$$\frac{\partial T_{\mathrm{r}}}{\partial t} = D\frac{\partial^2 T_{\mathrm{r}}}{\partial z^2} - \frac{C}{\sqrt{t - t_{\mathrm{px}}}}\frac{\partial T_{\mathrm{r}}}{\partial z} \tag{10.1.58}$$

10.2　二氧化碳制备

10.2.1　增黏剂

1. 液态二氧化碳增黏剂分子结构设计与增黏剂助溶剂的优选

提高超临界二氧化碳黏度的最有效方案是添加与二氧化碳相溶性良好的化学剂，高聚物溶于超临界二氧化碳之后，不同的聚合物链之间由于其类似于“头发丝”的结构，将会发生缠绕，从而大大增加溶剂的黏度。但由于二氧化碳是一个非常稳定的溶剂，具有极低的介电常数、黏度和表面张力，一般的溶剂不能与二氧化碳混溶。尽管乙二醇、氟碳化合物等溶剂可与二氧化碳混溶，但改变其物理化学性质极为有限。因此需设计含有亲二氧化碳官能团的离子或极性化学添加剂，通过化学剂基团间存在的较强分子间相互作用，来改良其物理化学性质。

目前报道的二氧化碳增黏剂主剂主要包括氢化聚癸烯、聚乳酸、聚乙酸乙烯酯、聚乙基乙烯醚、苯乙烯氟化丙烯酸共聚物等。然而这些聚合物大多需要在较高的压强下才能溶

解于二氧化碳，常规条件下溶解度非常小，达不到增黏效果，而苯乙烯氟化丙烯酸由于氟的存在，对二氧化碳液体有较好的亲和性，但氟有一定的毒性，作为压裂液存在一定的风险。综合考虑各种增黏剂的优缺点，提出可以在苯乙烯氟化丙烯酸的基础上加以改进，在聚合物中增加一个憎二氧化碳嵌段，形成一个新的三嵌段共聚物 ZCJ-1，其分子结构如图 10.2.1 所示。

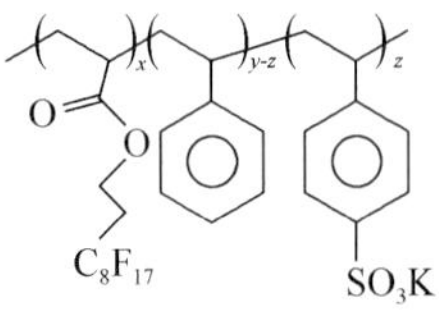

图 10.2.1　ZCJ-1 分子结构

ZCJ-1 具有如下特点：①降低了增黏剂的毒性，使压裂液更加环保；②将苯乙烯氟化丙烯酸改造成对二氧化碳两亲性共聚物，其两亲性结构将在二氧化碳中形成蠕虫状胶束，在没有损失太多溶解性能的前提下大大提高黏度；③憎二氧化碳嵌段具有亲油性，在遇到油后胶束打散，从而降低黏度，易于返排，减少对地层的伤害。

溶解度参数定义为内聚能密度的平方根，反映了分子内聚力即分子间作用力的大小，被广泛用于解释和预测溶液的热力学行为。溶解度参数相近的两种物质更容易产生混溶。超临界二氧化碳的溶解度参数可通过温度和压力的调节达到液态烷烃及芳烃、苯和甲苯的溶解度参数值，但仍然远低于甲醇、乙醇、丙酮和甲酸等极性溶剂的溶解度参数。可见，单纯大幅度提高压力和温度并不能达到明显提高二氧化碳溶解度参数的目的。研究结果表明，在超临界二氧化碳中添加少量助溶剂，尤其是溶解度参数高于二氧化碳的极性溶剂，如甲醇、乙醇、丙酮等，不仅仍能保持流体溶解度参数的连续调节性，而且提高了混合流体的溶解度参数值。更由于极性溶质与极性助溶剂间可能形成某种特殊分子作用力，从而增强溶质的溶解性和选择性。

对 ZCJ-1 的溶解度参数进行计算，预测其在超临界二氧化碳中的溶解性，并分别计算二氧化碳与甲醇、乙醇、乙二醇、丙酮及甲酸混溶后体系的溶解度参数，优选增黏剂 ZCJ-1 的助溶剂。计算得到的溶解度参数如表 10.2.1 所示。

表 10.2.1　不同压强下液态二氧化碳及 ZCJ-1 的溶解度参数

物质	压强/MPa	密度/（g/cm^3）	溶解度参数
二氧化碳	8	0.296	4.82
	12	0.401	8.13
	16	0.612	11.27
	20	0.723	14.38
	24	0.776	14.96
	28	0.807	15.77
ZCJ-1	20	0.896	17.91

与试验值相比，二氧化碳体系计算所得的密度最大误差为 8.7%，溶解度参数的最大误差为 7.9%，所选取的方法是可信的。由表 10.2.1 看到，随着压强增加，超临界二氧化碳的

密度急剧升高，而溶解度参数在临界点附近对压强相当敏感，随着压强增加而增大，而随着压强进一步增加，其增大的趋势逐渐变缓，小于极性物质的溶解度参数。可见依靠增加压强并不能大幅提高二氧化碳对极性物质的溶解能力。在 20MPa 条件下，二氧化碳的溶解度参数为 14.38，ZCJ-1 的溶解度参数为 17.91，相差 3.53，判断为有较弱的溶解性，需要加入助溶剂。甲醇、乙醇、乙二醇及丙酮等有机溶剂可以溶于超临界二氧化碳中。计算得到的溶解度参数如表 10.2.2 所示。

表 10.2.2　不同助溶剂与超临界二氧化碳体系计算结果

助溶剂类别	溶解度参数
二氧化碳	14.38
甲醇	16.59
乙醇	15.78
乙二醇	18.32
丙酮	17.83

随着助溶剂的加入，二氧化碳溶剂的溶解度参数有一定幅度的提高，与 ZCJ-1 的溶解度参数相差不大，其中丙酮的溶解度参数与 ZCJ-1 最接近，因此选用丙酮作为助溶剂。

2. *液态二氧化碳/ZCJ-1 体系的自组装结构*

自组装是指基本结构单元（分子、纳米材料、微米或更大尺度的物质）自发形成有序结构的一种技术。在自组装过程中，基本结构单元在基于非共价键的相互作用下自发地组织或聚集为一个稳定、具有一定规则几何外观的结构。采用软件将 ZCJ-1 简化为由多根弹簧连接的球形颗粒，同时将二十个二氧化碳分子简化为一个球形颗粒，对这些颗粒施加介观 DPD 作用势，并对牛顿运动方程进行时间积分，从而获得液态二氧化碳/ZCJ-1 体系的自组装结构。可看到溶液中的 ZCJ-1 分子并不是简单地随机缠绕在一起，而是形成了憎二氧化碳基团在内、亲二氧化碳基团包裹在外的蠕虫状结构。这样形成的网状结构骨架，其长宽比大大增加，根据胶体相对黏度的经验公式：

$$\eta_r = 1 + \left(2.5 + \frac{J^2}{16}\right)\varPhi \tag{10.2.1}$$

式中，η_r 为相对黏度；J 为长宽比；$\varPhi$ 为溶质的体积分数。J 增大将大大增加黏度。

引入从 $30s^{-1}$ 到 $1000s^{-1}$ 不等的剪切速率，观察剪切场下 ZCJ-1 自组装胶束的形貌转移。从不同剪切速率下 ZCJ-1 的自组装结构来看，当初始剪切速率较小时，胶束的结构与平衡态下自组装结构相似。随着剪切速率的增加，100/s 后胶束呈现明显的沿着速度方向的定向性；剪切速率进一步增加，剪切速率为 300/s 时出现了大量被打散的胶束，胶束聚集数减小，数量增加。

3. *液态二氧化碳/ZCJ-1 体系的密度及黏度*

由于聚合物分子量较大，仅对 ZCJ-1 建立质量分数为 5%的分子体系模拟，限定温度为 330K，压强为 20MPa。对该体系计算其质量分数、密度及剪切黏度，其中黏度 η 由 Green-Kubo 公式计算：

$$\eta = \frac{V}{kT}\int_0^{\infty} P_{\alpha\beta}(t)P_{\alpha\beta}(0)\mathrm{d}t \tag{10.2.2}$$

式中，$P_{\alpha\beta}$为应力张量的非对角元素；t为时间。

计算结果：ZCJ-1 的质量分数为 5%，密度为 0.739g/cm^3，剪切黏度为 19.96mPa · s。计算同样条件下的苯乙烯氟化丙烯酸，得到其剪切黏度为 14.41mPa · s。

4. 液态二氧化碳/ZCJ-1/丙酮体系的密度及黏度

由于聚合物分子量较大，同样仅对 ZCJ-1 建立质量分数为 5%的 ZCJ-1 分子体系模拟，同时加入质量分数为 1%、3%、5%、7%的丙酮。限定温度为 330K，压强为 20MPa。对该体系计算其质量分数、密度及剪切黏度，其中黏度由 Green-Kubo 式（10.2.2）计算，结果如表 10.2.3 所示。

表 10.2.3　液态二氧化碳/ZCJ-1/丙酮体系的计算结果

ZCJ-1 质量分数/%	丙酮/%	密度/（g/cm^3）	剪切黏度/（mPa · s）
5	1	0.739	20.02
5	3	0.74	20.09
5	5	0.741	20.17
5	7	0.741	20.13

丙酮密度一般为 0.8g/cm^3，少量丙酮的加入使体系密度略微提升是合理的。同时由于丙酮具有中等强度的极性，在体系内形成了极性键，因此有效提升了剪切黏度。增黏剂体系优化配比为 ZCJ-1∶丙酮=1∶1。

10.2.2　黏温性能

在实际应用中，黏度是压裂液最重要的性质之一，它直接影响压裂液的造缝性能、携砂性能和滤失性能。在压裂施工过程中，二氧化碳流体作为压裂液主要以液态-超临界态存在。液态二氧化碳为牛顿流体，其黏度不随剪切速率而变化，只与流体的温度和压强有关。

由于液态二氧化碳为牛顿流体，而牛顿流体的黏度不随剪切速率而变化，只与流体的温度和压力有关。因此，试验中只需测试所对应的状态下某一剪切速率下的黏度值，即为液态二氧化碳在该状态下的黏度。利用流变仪测试在不同温度和压力下液态二氧化碳的黏度值，试验温度为−10℃、0℃、10℃、20℃，试验压强为 10MPa、15MPa、20MPa、25MPa、30MPa，结果如表 10.2.4 所示。

表 10.2.4　不同温度和压力下液态二氧化碳黏度值

压力/MPa	温度/℃	黏度（测量值）/（mPa · s）	黏度（报道值）/（mPa · s）	偏差/%
10	−10	0.1449	0.1330	8.947
	0	0.1152	0.1139	1.141
	10	0.1007	0.0970	3.814
	20	0.0878	0.0815	7.730
15	−10	0.1453	0.1418	2.468
	0	0.1271	0.1231	3.249

续表

压力/MPa	温度/℃	黏度（测量值）/（mPa · s）	黏度（报道值）/（mPa · s）	偏差/%
15	10	0.1138	0.1068	6.554
	20	0.0956	0.0925	3.351
20	−10	0.1538	0.1500	2.533
	0	0.1343	0.1313	2.285
	10	0.1182	0.1153	2.515
	20	0.1088	0.1013	7.404
25	−10	0.1627	0.1577	3.171
	0	0.1425	0.1390	2.518
	10	0.1301	0.1230	5.772
	20	0.1121	0.1091	2.750
30	−10	0.1728	0.1651	4.664
	0	0.1515	0.1463	3.554
	10	0.1381	0.1301	6.149
	20	0.1213	0.1163	4.299

结果表明，当压力一定时，二氧化碳黏度随温度的升高而降低；温度一定时，二氧化碳黏度随压力的增加而增加。对于液态二氧化碳，温度升高，液态二氧化碳分子动能增加，分子之间的作用力不足以约束液态二氧化碳分子，二氧化碳流动性增强，黏度减小。压力增加使液态二氧化碳分子之间的作用力增强，因此液态二氧化碳黏度增加。对于液态二氧化碳，温度对黏度的影响大于压力的影响，说明温度对液态二氧化碳分子自由运动促进作用的影响要大于压力对分子自由运动的抑制作用，进而分子的自由运动程度影响流体的黏度。

1. ZCJ-1 加量对黏度的影响

第一组试验，增黏剂的加量为 1%（质量分数，下同），试验过程持续约 70min，剪切速率设为 $170s^{-1}$，试验温度为 10℃、40℃、60℃，试验压强为 10MPa。测得的黏度如图 10.2.2 所示，试验开始时，流体的黏度有明显的波动，10min 后逐渐平稳，稳定后 10℃

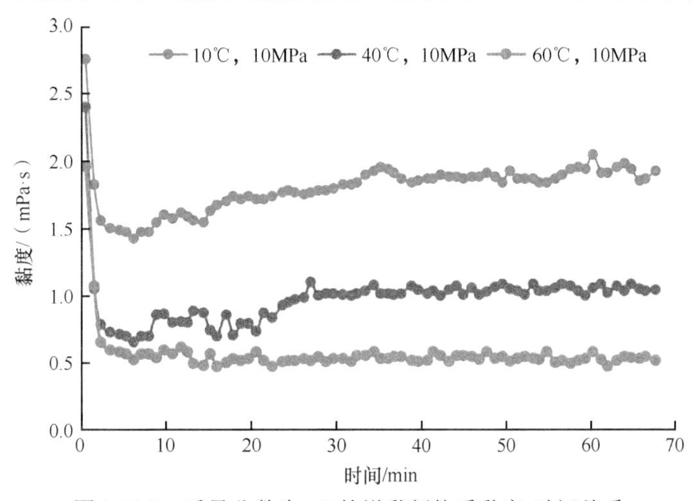

图 10.2.2　质量分数为 1%的增黏剂体系黏度-时间关系

液态体系的平均黏度值为 1.86mPa · s，稳定后 40℃时超临界状态体系平均黏度值为 0.84mPa · s，稳定后 60℃时超临界状态体系平均黏度值为 0.53mPa · s。

第二组试验，增黏剂的加量为 1.5%，试验时间约 70min，剪切速率为 170s^{-1}，试验温度为 10℃、40℃、60℃，试验压强为 10MPa。测得的黏度如图 10.2.3 所示，试验过程的前 30min，流体的黏度波动较大，原因可能是试验初期增黏剂在测量杯中没有完全扩散开；随着转子的转动剪切，增黏剂扩散并溶解于二氧化碳中，逐渐发挥增黏作用；40min 后流体黏度虽有小幅度波动，但总体趋势较为平稳；最终 10℃液态及 40℃、60℃超临态时增黏后的平均黏度分别为 3.21mPa · s、1.39mPa · s、0.85mPa · s。

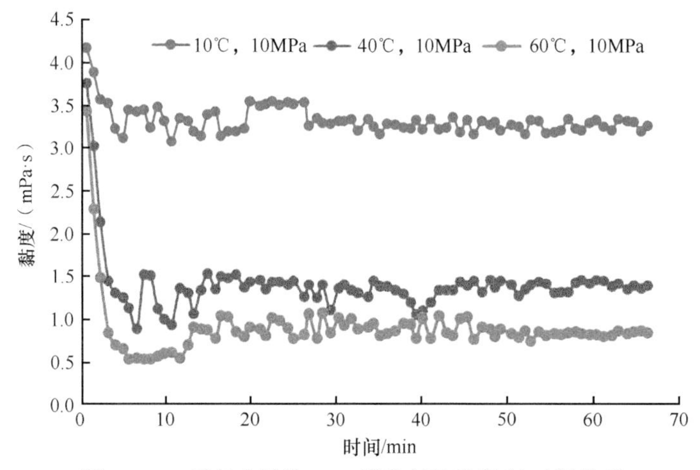

图 10.2.3　质量分数为 1.5%增黏剂体系黏度-时间关系

第三组试验，增黏剂的加量为 2%，试验时间约 75min，剪切速率为 170s^{-1}，试验温度为 10℃、40℃、60℃，试验压强为 10MPa。测得的黏度如图 10.2.4 所示，试验初期黏度波动较大，试验的前 30min 内黏度曲线有一定的波动，但黏度整体上随着时间增加逐渐平稳，液态（10℃）以及超临态（40℃、60℃）最终增黏后的平均黏度分别为 5.02mPa · s、1.96mPa · s、1.35mPa · s。

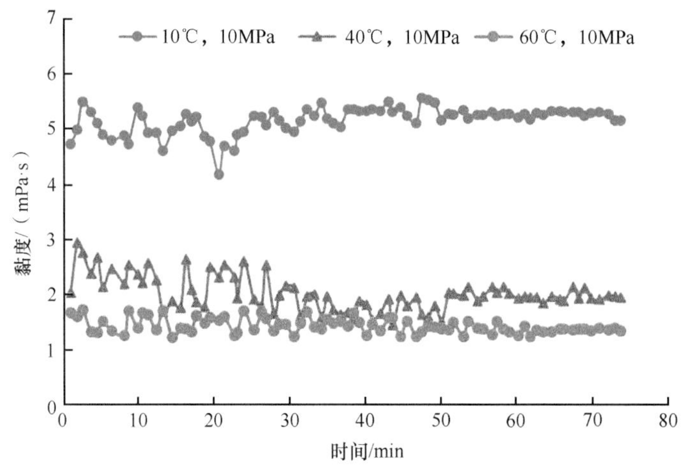

图 10.2.4　质量分数为 2%的增黏剂体系黏度-时间关系

压强为 10MPa，温度为 10℃、40℃、60℃，增黏剂浓度为 1%、1.5%、2%条件下的二氧化碳压裂液体系的黏温试验结果如表 10.2.5 所示。对应 10℃、10MPa 条件下，随着增黏剂加量从 1%升高到 2%，压裂液黏度相应地从 1.86mPa · s 升高到 5.02mPa · s；相同温度和压力条件下，液态二氧化碳的黏度为 0.1007mPa · s，提黏倍数从 18.5 倍升高到 49.8 倍，提黏效果显著。

表 10.2.5　不同浓度增黏剂的流变试验

增黏剂浓度/%	压强/MPa	温度/℃	黏度/（mPa · s）
1	10	10	1.86
1	10	40	0.84
1	10	60	0.53
1.5	10	10	3.21
1.5	10	40	1.39
1.5	10	60	0.85
2	10	−10	6.91
2	10	0	6.03
2	10	10	5.02
2	10	40	1.96
2	10	60	1.35

2. 温度对黏度的影响

增黏剂的加量为 2%，压强为 10MPa，剪切速率为 $170s^{-1}$，调整温度，分析温度对黏度的影响。

不同温度条件下增黏剂的流变试验结果如表 10.2.6 所示，在 10MPa 下−10℃的液态二氧化碳黏度约为 0.1449mPa · s，0℃的液态二氧化碳黏度约为 0.1152mPa · s，而 10℃时二氧化碳黏度则约 0.1007mPa · s。增黏剂的加入是在二氧化碳基液的基础上对其进行黏度改性，二氧化碳基液的黏度随着温度升高而降低，因此增黏剂/二氧化碳混合液体的黏度与温度之间呈负相关关系。总体上，在 2%的增黏剂加量、10MPa 条件下，随着温度从−10℃升至 60℃，压裂液黏度从 6.91mPa · s 降至 1.35mPa · s。

表 10.2.6　不同温度的增黏剂流变试验

温度/℃	压强/MPa	ZCJ-1 浓度/%	黏度/（mPa · s）
−10	10	0	0.1449
0	10	0	0.1152
10	10	0	0.1007
−10	10	2	6.91
0	10	2	6.03
10	10	2	5.02
40	10	2	1.96
60	10	2	1.35

3. 压强对黏度的影响

增黏剂的加量为2%质量分数，温度为10℃，压强分别为10MPa、15MPa及20MPa，剪切速率为170s^{-1}，分析压强对二氧化碳压裂液体系黏度的影响。

不同压强条件下增黏剂流变试验结果如表10.2.7所示，温度为10℃条件下，10MPa时二氧化碳基液黏度为0.1007mPa · s，15MPa时为0.1038mPa · s，20MPa时达0.1182mPa · s，增黏剂的加入是在二氧化碳基液的基础上对其进行黏度改性，二氧化碳基液黏度随压强的升高而升高，黏度与压强呈显著的正相关关系。总体上，在2%的增黏剂加量和10℃条件下，随压强从10MPa升至20MPa，压裂液黏度从5.02mPa · s升至5.79mPa · s。

表10.2.7 不同压强的增黏剂流变试验

温度/℃	压强/MPa	ZCJ-1浓度/%	黏度/（mPa · s）
10	10	0	0.1007
10	15	0	0.1038
10	20	0	0.1182
10	10	2	5.02
10	15	2	5.57
10	20	2	5.79

综上，压力对增黏剂体系黏度的影响最小，温度影响次之，增黏剂浓度的影响最大；随着增黏剂浓度的增加，压裂液体系黏度增大，综合考虑成本和温度影响，优选的增黏剂配方为2%ZCJ-1+2%丙酮。

10.2.3 携砂性能

压裂液的携砂性能是指压裂液对支撑剂的悬浮及携带能力。当携砂压裂液注入裂缝时，支撑剂颗粒主要受到水平方向上流体的携带力和竖直方向上的重力作用，因此支撑剂在水平运移的过程中会逐渐发生沉降。携砂性能好的压裂液不仅能将支撑剂全部均匀地带入裂缝内，还能提高压裂液的含砂比，增大所携带支撑剂的直径，提升裂缝导流性能。携砂性能差的压裂液，会使支撑剂在注入裂缝过程中快速沉降，导致支撑剂不能全部进入裂缝内，使裂缝端部没有支撑剂填充成为无效裂缝，影响压裂效果，甚至导致支撑剂沉聚于井筒或井底附近造成砂卡、砂堵等。

室内评价压裂液的携砂性能主要通过动态携砂试验和静态悬砂试验。动态携砂试验为了模拟携砂压裂液在管道中的输送过程，可通过大型可视管路设备观察支撑剂在管路流体内水平运移及沉降情况，同时还能测量支撑剂在压裂液中的临界沉降流速，即支撑剂颗粒从完全悬浮状态到开始在管路底部沉降时的流体流速。静态悬砂试验能够观察支撑剂在压裂液中静止状态下的沉降情况，并测量出单颗和多颗支撑剂在压裂液中的静态沉降速度，以此评价压裂液的悬砂性能。分析支撑剂在压裂液中的沉降规律，可为施工排量和砂比优化提供参考。

二氧化碳在实际压裂过程中泵注压力较大，其在井筒和地层内以液态或超临界态存在。动态携砂试验设备中的水平透明观察段材质大多为玻璃或塑料，耐压能力有限，难以在试验中保持较高的压力，以确保二氧化碳处于液态或超临界状态，无法进行动态携砂试验。以下主要通过静态悬砂试验评价二氧化碳压裂液的悬砂性能。

1. 支撑剂颗粒沉降过程的受力分析

支撑剂颗粒在沉降过程中不仅受重力作用，还受压裂液的浮力和阻力。支撑剂颗粒在压裂液中受到的重力为

$$F_g = \frac{\pi d_p^3}{6}\rho_p g \tag{10.2.3}$$

式中，ρ_p 为支撑剂密度；d_p 为支撑剂（颗粒）直径；g 为重力加速度。

支撑剂受到的浮力为

$$F_b = \frac{\pi d_p^3}{6}\rho_f g \tag{10.2.4}$$

式中，ρ_f 为压裂液密度。

支撑剂受到的阻力为

$$F_D = C_d \frac{A\rho_f u^2}{2} \tag{10.2.5}$$

式中，C_d 为阻力系数；A 为垂直方向的颗粒面积；u 为支撑剂颗粒的沉降速度。其中 A 的表达式为

$$A = \frac{\pi}{4}d_p^2 \tag{10.2.6}$$

支撑剂颗粒在合力作用下以一定的速度沉降，即

$$F = F_g - F_b - F_D = \frac{\pi d_p^3}{6}\rho_g g - \frac{\pi d_p^3}{6}\rho_f g - \frac{C_d \pi d_p^2 \rho_f u^2}{8} \tag{10.2.7}$$

由运动方程可知：

$$F = m\frac{du}{dt} \tag{10.2.8}$$

将式（10.2.8）代入式（10.2.7），整理可得

$$\frac{du}{dt} = \frac{g(\rho_p - \rho_f)}{\rho_p} - \frac{3C_d\rho_f u^2}{4d_p\rho_p} \tag{10.2.9}$$

当支撑剂颗粒从静止状态落下，由于受重力作用，开始向下加速运动，其受到的阻力随着沉降速度的增大而增大。当支撑剂颗粒受到的合力逐渐趋向于零时，将匀速下落，即 $\frac{du}{dt} = 0$。由此可得到支撑剂颗粒的沉降速度为

$$u = \left[\frac{4g(\rho_p - \rho_f)d_p}{3C_d\rho_f}\right]^{1/2} \tag{10.2.10}$$

2. 试验设备及过程

主要试验仪器为高压可视反应釜，如图 10.2.5 所示，与其配套的设备包括中间容器、增压泵、制冷循环机、压力表、管线等，试验系统如图 10.2.6 所示。

图 10.2.5　高压可视反应釜

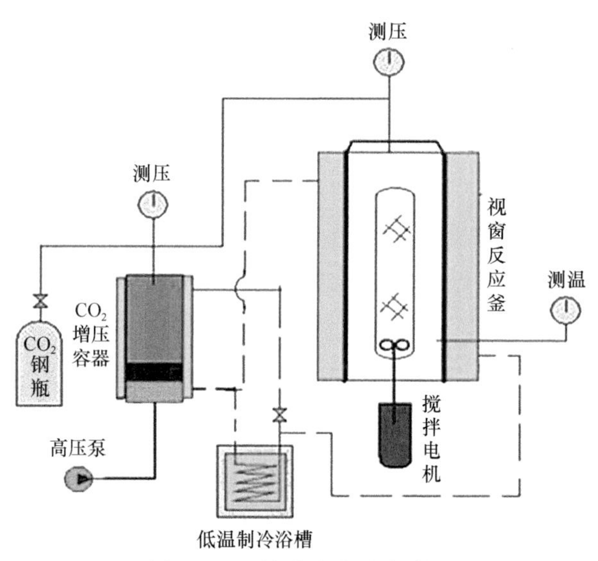

图 10.2.6　悬砂试验测试系统

反应釜的釜体材料为不锈钢，工作压强为 35MPa。在反应釜前后两面分别有矩形蓝宝石可视窗，矩形的可视窗便于观察支撑剂从釜顶到釜底的沉降过程。反应釜外部由低温浴槽所包裹，浴槽中不断循环的制冷剂与釜体进行热交换，从而对釜体内的二氧化碳降温。在反应釜内部上方有一根金属棒，端部的凹槽与可视窗位于同一竖直面，如图 10.2.7 所示。当从外部转动金属棒时，凹槽内的支撑剂颗粒便可由静止开始向下落。在反应釜底部为带有电机的搅拌桨，可通过高速旋转并带动流体，将落下的支撑剂扬起。这样可多次重复观察支撑剂的沉降情况。

图 10.2.7　反应釜内部结构

试验过程：①通过管线将二氧化碳气瓶、中间容器、增压泵、高压可视反应釜、循环制冷机依次连接；②提前将支撑剂放入釜内的凹槽；③检测整套设备的气密性；④关闭中间容器与反应釜之间的阀门，利用二氧化碳气瓶向系统内通入二氧化碳；⑤通过增压泵使中间容器中二氧化碳的压强达到一定压力，同时通过循环制冷机对整套设备进行降温，使中间容器中的二氧化碳成为液态；⑥打开反应釜的阀门使液态二氧化碳流入釜内；⑦旋转反应釜上方的金属棒，凹槽内的支撑剂从静止状态下落，记录支撑剂从可视窗上部落到底部所需的时间；⑧计算支撑剂的沉降速度。

3. 支撑剂在液态二氧化碳中的沉降

第一组试验，反应釜内通入液态二氧化碳，釜内保持温度为 10℃和 40℃，压强为 20MPa。所用的支撑剂均为 30～50 目陶粒，密度为 $2.35g/cm^3$。经过测量和计算，单颗支撑剂在液态二氧化碳、超临界态二氧化碳中的沉降速度分别为 16.52cm/s、18.13cm/s。

第二组试验，反应釜内通入液态二氧化碳，釜内保持温度为 10℃和 40℃，压强为 20MPa。支撑剂的浓度由单颗粒变为 5%砂比，提前将支撑剂放入反应釜内，通过搅拌桨的快速旋转将支撑剂扬起，记录支撑剂整体沉降的平均时间。5%砂比支撑剂在液态二氧化碳、超临界二氧化碳中的沉降速度分别为 18.39cm/s、20.14cm/s。

对比两组试验，液态二氧化碳的温度和压强保持不变，增加支撑剂的浓度，沉降速度略微增大。这是由于支撑剂浓度增大后，在下落过程中部分支撑剂颗粒发生聚集并下落，可以看作一颗直径更大的支撑剂颗粒。支撑剂在沉降过程中遵循斯托克斯定律，其沉降速度正比于颗粒粒径，因此随着直径的增大，沉降速度相应增加。

4. 支撑剂在增黏剂/二氧化碳中的沉降

第三组试验，测试单颗粒撑剂在增黏剂/二氧化碳混合体系中的沉降速度，增黏剂的加量为 2%(质量分数)，釜内的温度和压强保持为 10℃和 20MPa，测得的沉降速度为 10.34cm/s。其他条件不变，釜内的温度调整为 40℃，测试单颗粒支撑剂在增黏剂/超临界混合体系中的沉降速度为 15.33cm/s。

第四组试验，加入的支撑剂砂比为 5%，釜内为 2%增黏剂和二氧化碳的混合体系，温度和压强分别为 10℃和 20MPa，测得的沉降速度为 11.97cm/s。其他条件不变，釜内的温度调整为 40℃，测试 5%砂比的支撑剂颗粒在增黏剂/超临界混合体系中的沉降速度为 17.21cm/s。

5. 支撑剂在加入纤维的二氧化碳压裂液中的沉降

在水基压裂液施工过程中，通过加入纤维来防止支撑剂返排和提高压裂液的携砂能力。其原理在于纤维在压裂液中扩散形成空间网状结构，通过网状结构与颗粒之间的相互作用来减缓颗粒下沉，降低支撑剂的沉降速度。目前关于在二氧化碳压裂液中加入纤维对压裂液携砂能力影响的研究较少。本小节将通过在二氧化碳压裂液中加入纤维，分析纤维对支撑剂沉降情况的影响。试验中所用的纤维为纳米涂层纤维，具体为聚合物/蒙脱土纳米复合纤维，纤维长度为 3～6mm。

第五组试验，提前将纤维放入反应釜内，纤维在压裂液中的质量分数为 1.5%，釜内压裂液增黏剂的加量为 2%。釜内的温度和压强分别为 10℃和 20MPa，等到反应釜内充满液态二氧化碳后，先进行搅拌，使纤维均匀分散，然后旋转金属杆使支撑剂颗粒从静止状态开始下落，测得支撑剂颗粒的沉降速度为 8.41m/s。加入纤维后，支撑剂的沉降情况如图 10.2.8 所示，纤维之间形成的网状结构，能够固定支撑剂颗粒并降低其沉降速度。

图 10.2.8　加入纤维后支撑剂颗粒的沉降

第六组试验，试验条件与第五组试验相同，支撑剂浓度由单颗粒变为 5%砂比。当纤维在压裂液中扩散开，通过搅拌桨旋转将支撑剂扬起，测得支撑剂团的平均沉降速度为 10.19cm/s。

上述六组试验结果如表 10.2.8 所示，一定量的增黏剂和纤维能够降低支撑剂在二氧化碳压裂液中的沉降速度。在液态二氧化碳中，支撑剂颗粒的沉降速度为 16.52cm/s，在加入 1.5%纤维和 2%增黏剂的二氧化碳压裂液中，沉降速度为 8.41cm/s，支撑剂颗粒的沉降速度下降明显。这是因为加入增黏剂后体系的黏度大幅提高，体系黏弹性的提高有利于提升悬砂性能。纤维扩散形成的网状结构与增黏剂蠕虫胶束形成缠绕结构，增强了网状结构的强度，进一步降低了支撑剂颗粒的沉降速度。

表 10.2.8　支撑剂在二氧化碳压裂液中的沉降速度　（单位：cm/s）

试验条件	10℃液态二氧化碳			40℃超临界二氧化碳	
	无增黏剂	2%增黏剂	1.5%纤维+2%增黏剂	无增黏剂	2%增黏剂
单颗粒支撑剂	16.52	10.34	8.41	18.13	15.33
5%砂比支撑剂	18.39	11.97	10.19	20.14	17.21

当支撑剂的浓度为 5%砂比时，在液态二氧化碳中加入增黏剂和纤维，其沉降速度从 18.39cm/s 下降到 10.19cm/s。在三种不同的压裂液体系中，5%砂比支撑剂的沉降速度比单颗支撑剂大。三种压裂液体系的支撑剂沉降速度远远大于水基压裂液，主要原因是二氧化碳压裂液体系的黏度低于水基压裂液，因此需提高增黏剂的增黏效率，以提高其悬砂能力，另外需进一步筛选出能促进纤维扩散的添加剂。

10.2.4　摩阻

试验前对试验系统循环降温，使二氧化碳快速液化。二氧化碳气瓶内的气体经过冷却水槽达到合适的压力和温度，后经过高压柱塞泵进行加压，液态二氧化碳流体以一定的剪切速率进入水平摩阻测量段，特定长度试验段上的摩擦压降通过差压变送器实时采集，并送入计算机显示及存储，通过数据处理，即完成一个工况条件下的性能测试。

二氧化碳压裂液摩阻测试：试验参数为温度 40℃，压力为 10MPa、20MPa。二氧化碳在不同流速下的压降值如表 10.2.9 所示，其中由于试验台流量和压力限制，对于流速为 $0.5m^3/min$ 的试验点，采用 6mm 管径，其他流速试验点均采用 4mm 管径。结果表明，同一温度下，压力较高的二氧化碳产生的摩擦压降较大。

表 10.2.9　液态二氧化碳在不同压强和流速下的压降值

压强/MPa	流速/（m/s）	压降/Pa
10	1.84	466.70
	3.69	2630.72
	5.53	5292.78
	7.37	8790.86
	9.21	13058.58
	11.06	17971.12
20	1.84	510.79
	3.69	2807.44
	5.53	5589.85
	7.37	9597.28
	9.21	13483.33
	11.06	19197.41

增黏后二氧化碳压裂液摩阻测试：试验参数为温度 40℃，压力 10MPa、20MPa，增黏剂浓度 0.5%、1%、2%，结果如表 10.2.10 所示，二氧化碳压裂液与具有一定浓度增黏剂的二氧化碳压裂液相比，在较小流速下，二氧化碳压裂液由摩阻产生的压降高于添加了增黏剂的二氧化碳压裂液体系，因此在二氧化碳压裂液中加入增黏剂具有减阻作用。

表 10.2.10　加入不同浓度增黏剂超临界态二氧化碳的压降值

浓度/%	压强/MPa	流速/（m/s）	压降（试验值）/Pa
0.5	10	3.87	1983.82
0.5	10	7.78	7229.31
0.5	10	9.73	10663.81
0.5	20	3.87	1801.4
0.5	20	7.78	8471.52
0.5	20	9.73	12888.42
1	10	3.87	1844.67
1	10	5.05	3325.16
1	10	6.49	5165.35
1	10	7.70	6906.4
1	10	8.81	8937.82
1	10	9.99	11393.92
1	20	3.87	1714.41
1	20	5.05	3256.38
1	20	6.49	5278.48
1	20	7.70	7567.83
1	20	8.81	9838.48
1	20	9.99	12865.95
2	10	3.98	2335.91
2	10	4.50	2681.79
2	10	4.98	3205.1
2	10	5.79	4115.26
2	10	6.74	5431.68
2	10	8.81	9276.18
2	10	9.99	12153.97
2	20	3.98	1834.85
2	20	4.50	2192.51
2	20	4.98	2625.46
2	20	5.79	3671.82
2	20	6.74	5137.55
2	20	8.81	9177.59
2	20	9.99	12156.87

10.2.5　配伍性

配伍性评价即伤害性试验，伤害前后渗透率测试参照中华人民共和国石油天然气行业标准《钻井液完井液损害油层室内评价方法：SY/T 6540—2002》，对试验区岩心进行切割、标记、洗油、烘干及称量。试验结果如表 10.2.11 所示，平均伤害率为 2.56%，相比于水基压裂液伤害率极低，说明 ZCJ-1 与地层具有良好的配伍性，对敏感性地层适用性强。

表 10.2.11　二氧化碳压裂液岩心伤害结果

岩心编号	长度/cm	直径/cm	伤害前渗透率/mD	伤害后渗透率/mD	岩心孔隙度/%	伤害率/%
a	3.63	2.54	53.61	51.55	11.64	3.84
b	3.61	2.54	60.23	59.49	12.94	1.23

10.3　二氧化碳压裂设计

塔河地区奥陶系除上统桑塔木组有较多碎屑岩之外，其余各组均为碳酸盐岩。二氧化碳作为储层改造压裂液的一部分，主要特点为具有穿透深、易破岩。根据不同的储层岩石类型分别具有以下特点：碳酸盐岩储层，二氧化碳作为介质进行泡沫酸压，其可克服常规酸压技术由于酸岩反应快导致酸蚀距离有限、酸液流动方向受控导致酸蚀裂缝形态单一等缺陷，增加酸液有效波及范围和酸蚀裂缝沟通地下裂缝或溶洞储集体的概率，提高裂缝体系的综合导流能力，相对于常规酸压具有更好的增产改造效果。

砂岩储层，超临界二氧化碳作为压裂液，其易返排、储层伤害小，但存在如下问题。

（1）二氧化碳处于超临界状态，地面施工泵压高。

（2）超临界二氧化碳在井口注入过程中，会吸收大量热量，存在冷伤害风险，对设备密封性要求高。

（3）二氧化碳作为一种酸性介质，对管柱及设备会产生一定的腐蚀伤害。

（4）在高温储层中，二氧化碳注入地层后，地层温度降低，导致原油温度下降，存在沥青质析出的风险。

（5）二氧化碳属于温室气体，存在一定的环境污染及二氧化碳窒息风险。

10.3.1　管线与设备

二氧化碳压裂的井口、管柱、泵车、混砂装置、循环增压泵、管线连接要求如下。

1）井口装置

（1）额定工作压力大于施工限压的采油气井口。

（2）井口配有限压安全阀，安全阀的启动压力为井口额定工作压力。

（3）井口及所有配件、管线必须耐低温（＜−20℃）、耐高压（＞100MPa）。

2）油管

压裂用 3.5in（1in=2.54cm）油管，为降低施工摩阻，采用环空注入。

3）压裂泵车

（1）压裂泵注设备的总功率大于等于施工功率的 150%。

（2）压裂车上水室密封良好，承压大于 5MPa。

（3）泵缸在试验前需经过清洁、晾干，更换新的密封件。

4）二氧化碳密闭混砂装置

（1）额定工作压力大于 2.0MPa。

（2）输砂速率可调，并可实现远程控制。

（3）压裂施工作业前 10h 摆放至预定位置，调试正常后将支撑剂加入。

5）二氧化碳循环增压泵

（1）排出压力大于 2.2MPa。

（2）排出排量大于等于压裂泵注排量。

6）连接管线

（1）所有高压管汇管线及其附件在施工前均要测厚，低于技术要求的须更换。

（2）管线承压大于井口限压。

（3）具有气密性。

（4）所有涉及二氧化碳管线须用乙二醇溶液循环，确保管线中无积液。

地面设备连接如图 10.3.1 所示。

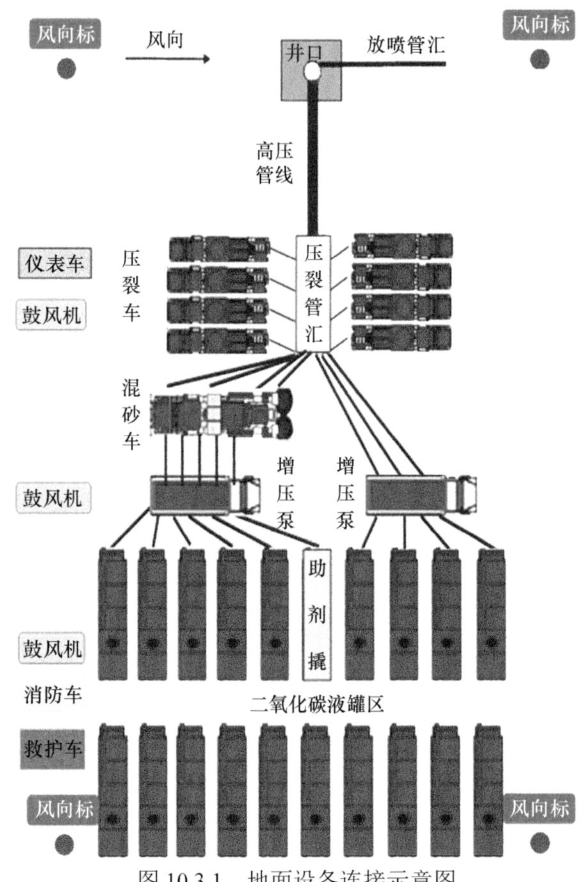

图 10.3.1　地面设备连接示意图

10.3.2　导流能力与粒径

支撑裂缝的特征参数为支撑缝宽和裂缝的渗透率，两者的乘积为裂缝的导流能力。不同支撑剂粒径，对应的渗透率不同，一般粒径越大，渗透率越高。选择支撑剂尺寸时需要满足设计的导流能力，在达到设计的导流能力后，一般不选择粒径更大的支撑剂，支撑剂粒径越大，对缝宽的要求越高，易造成砂堵等风险。不同来源的支撑剂，因为杂质、圆球度等因素，导致同样目数的支撑剂，导流能力存在差异，这里通过导流能力测试试验来选择支撑剂及尺寸。

以某目标区块储层有效闭合应力 55MPa 为例。基于闭合应力，首先确定选择人造陶粒为支撑剂，再基于不同粒径陶粒的导流能力，选择粒径。分别选取 20～40 目、30～50 目、30～60 目、40～70 目粒径陶粒支撑剂，采用 Stimlab 的 FCES 导流仪进行导流能力测试，闭合压力为 10～60MPa，铺砂浓度分别为 $10kg/m^2$ 和 $5kg/m^2$。结果分别如图 10.3.2 和图 10.3.3 所示，粒径 20～40 目陶粒的导流能力明显大于其余三者，粒径越大，获得的导流能力就越大。随着闭合压力的增大，支撑剂的导流能力一开始明显下降，随后下降幅度减缓，且导流能力的差距随着闭合压力的升高而减小，这是因为在闭合压力较低时，支撑剂没有破碎，比较完整，因此大粒径支撑剂的孔隙也比较大，流体易通过，即导流能力比相应的小粒径支撑剂高。随着闭合压力的增加，支撑剂逐渐破碎，孔隙被支撑剂的碎屑填充，大颗粒支撑剂的优势逐渐消失，大粒径支撑剂与小粒径支撑剂的差距逐渐缩小。如图 10.3.4 所示，提高支撑剂的铺砂浓度，导流能力有明显的提高，铺砂浓度从 $5kg/m^2$ 提高到 $10kg/m^2$，支撑剂的导流能力提高一倍以上，因此为获得较高的导流能力，可在施工条件许可的情况下，适当增加支撑剂的铺砂浓度。储层有效闭合应力处于 50～60MPa，根据产量及裂缝形态优化的裂缝导流能力为 40～50D · cm，因此推荐选取 30～50 目陶粒为支撑剂。

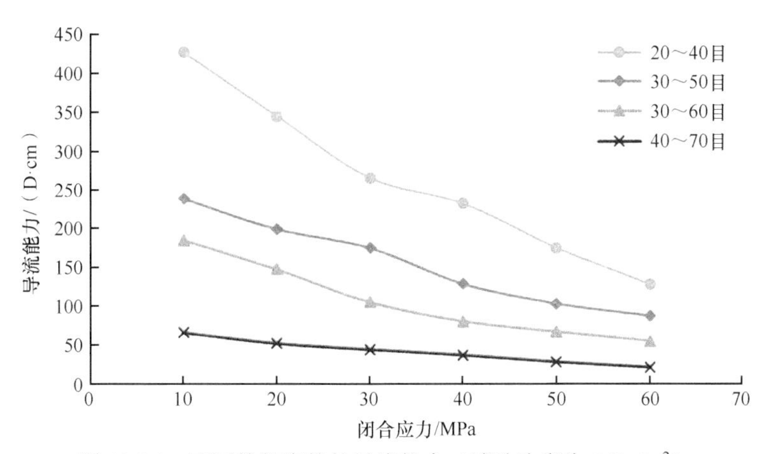

图 10.3.2　不同粒径陶粒的导流能力（铺砂浓度为 $10kg/m^2$）

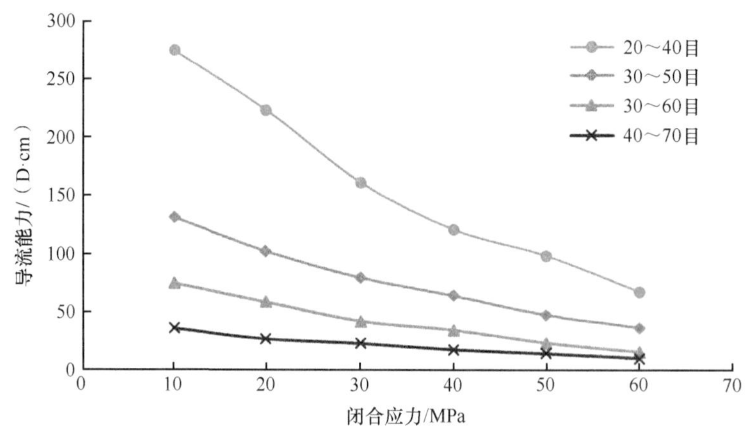

图 10.3.3　不同粒径陶粒的导流能力（铺砂浓度为 5kg/m²）

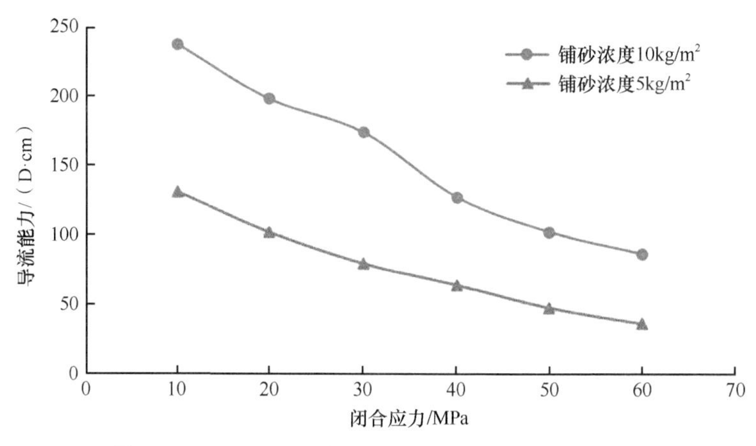

图 10.3.4　30～50 目陶粒不同铺砂浓度下的导流能力

10.3.3　支撑剂类型

压裂用支撑剂类型主要有天然石英砂、陶粒和树脂涂层砂，支撑剂选择时，首先需要选择支撑剂类型，再根据导流能力要求选择支撑剂粒径。支撑剂类型需保证支撑剂在地层闭合压力条件下不被压碎，常见的支撑剂有三种。

1. 天然石英砂

天然石英砂已广泛应用于浅层（1500m 以内）的压裂施工中，如美国的 Ottwa 砂，中国的兰州砂、通辽砂等。石英砂的最高使用地层闭合压力为 21.0～30.0MPa。

2. 人造陶粒

矿物成分为氧化铝、硅酸盐和铁-钛氧化物，密度为 $3.8\times10^3kg/m^3$，强度高。在 70.0MPa 的闭合压力下，陶粒支撑缝的渗透率比天然砂高一个数量级，能用于深井高闭合压力的油气层压裂。低强度适用的闭合压力为 56.0MPa，中强度为 70.0～84.0MPa，高强度达 105.0MPa。从物理性质来看，人造陶粒要优于石英砂。陶粒强度虽然大，但密度高，给压裂施工带来一定的困难，特别在深井条件下由于高温和剪切作用，对压裂液的携砂性能要求高。

3. 树脂包层支撑剂

树脂包层支撑剂是中等强度，低密度或高密度，能承受 56.0～70.0MPa 的闭合压力，适用于强度处于低强度天然砂和高强度陶粒之间的支撑剂，密度小，便于携砂与铺砂。其优点如下。

（1）增加了砂粒间的接触面积，从而提高支撑剂抗闭合压力的能力。

（2）树脂薄膜可将压碎的砂粒小块或粉砂包裹起来，减少微粒的运移与孔道堵塞，从而改善填砂裂缝的导流能力。

（3）体积密度比陶粒低得多，便于悬浮，降低了对携砂液的要求。

（4）树脂包层支撑剂具有可变形的特点，使接触面积增加，可防止支撑剂在软地层中的嵌入。

10.3.4　应用设计

HY 井所在区块黏土、长石含量较高，超过 25%，储层敏感性较强，储层为气藏，有效层厚 15m，中间有隔层，需采用合层压裂，裂缝高度超过 30m。常规水力压裂易引起水敏、返排困难等问题，采用二氧化碳压裂工艺，实现储层无污染压裂改造。目标储层渗透率较高，二氧化碳压裂液黏度较低，易滤失，携砂能力较弱，设计中要充分考虑前置液的用量，防止脱砂，同时尽量增加排量，利于携砂，排量增加会造成摩阻上升，采用环空注入降低摩阻。以二氧化碳压裂液能实现的最高砂比为目标，进行施工优化。

根据目标储层及隔层分布，裂缝参数优化为缝长 35m、导流能力 40～50D · cm。根据改造段层厚，取平均缝高 30m，裂缝支撑缝宽取 4mm，初步计算加砂量为 $V=2L_{f}H\bar{w}=2\times 35\times 30\times 0.004=8.4\text{m}^3$。

二氧化碳压裂液黏度低，携砂能力弱，根据已施工井的经验，现场砂比最高达 12%，平均砂比取 8%，则携砂液用量需 105m^3 左右。以此计算不同加砂量下的裂缝参数，优化施工规模，如表 10.3.1 所示，依据优化的裂缝长度和导流能力，确定加砂量为 10m^3。

表 10.3.1　不同施工规模计算结果

施工规模/m^3	加砂量/m^3	支撑缝长/m	裂缝高度/m	导流能力/（D · cm）
310	8	38.4	37.1	35.28
	10	40.1	37.4	41.84
	12	41.2	37.9	48.97
260	8	32.3	34.3	45.53
	10	34.2	34.5	53.25
	12	35.3	34.9	61.20
360	8	47.5	38.1	27.43
	10	48.2	38.6	33.77
	12	49.8	39.2	38.72

排量影响裂缝的长度、高度、导流能力、摩阻，增加排量，裂缝长度、高度增加，在同样加砂量条件下，裂缝导流能力降低；当排量过高，裂缝长度不会成比例增加，如图 10.3.5 为裂缝半长、缝高、裂缝导流能力随排量的变化，为满足裂缝半长、导流能力要求，选取排量为 6m^3/min。由于二氧化碳压裂液黏度较低，携砂能力弱，高排量有利于速度携砂，但高排量易引起裂缝高度过度增长且摩阻高，一般采用油套环空注入方式降低摩阻。

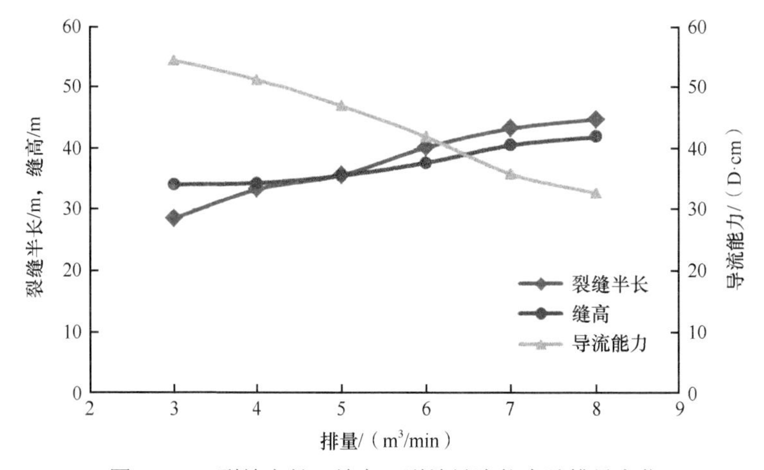

图 10.3.5　裂缝半长、缝高、裂缝导流能力随排量变化

前置液用来造缝，前置液用量会影响动态缝长、支撑缝长、缝高及导流能力。前置液量过少，会过早脱砂；前置液量过大，动态缝长比支撑缝长大很多，造成液体浪费。合适的前置液量产生的动态缝长比支撑缝长大一点，既可避免过早脱砂，又可避免液体浪费。如图 10.3.6 显示了前置液比例对动态缝长、支撑缝长、缝高、导流能力的影响。由于该气藏渗透率较高，二氧化碳压裂液黏度较低，滤失大，前置液比例为 50%时，动态缝长等于

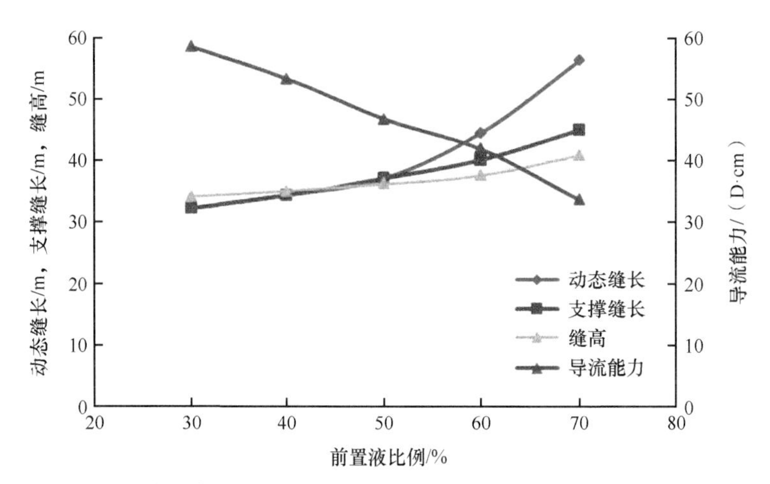

图 10.3.6　前置液比例对动态缝长、支撑缝长、缝高、导流能力的影响

支撑缝长，说明前置液量过少，易引起脱砂。前置液比例为 60%左右时，动态缝长比支撑缝长稍大，为控制风险，选择前置液比例为 60%～65%。

基于上述优化的裂缝参数、施工参数，优选的支撑剂，设计泵注程序如表 10.3.2 所示。

表 10.3.2　泵注程序

步骤	施工时间/min	工序	排量/（m^3/min）	用量/（m^3）	二氧化碳压裂						
					支撑剂			二氧化碳		增稠剂	
					加砂速度/（m^3/min）	砂比/%	用量/m^3	排量/（m^3/min）	用量/m^3	排量/（m^3/min）	用量/m^3
前置液	33.0	前置液	6.0	198.0				5.88	194.0	0.120	3.96
携砂液	5.0	携砂液	6.0	30.0	0.2	3.3	1.0	5.75	28.8	0.115	0.58
	5.0	携砂液	6.0	30.0	0.3	5.0	1.5	5.68	28.4	0.113	0.57
	5.0	携砂液	6.0	30.0	0.5	8.3	2.5	5.54	27.7	0.111	0.56
	7.0	携砂液	6.0	42.0	0.7	11.7	4.9	5.40	37.8	0.108	0.76
顶替液	31.8	顶替液	3.0	95.4							

取破裂压力梯度 1.8MPa/100m，环空注入，净压力取 5MPa，$p_{地面}=p_{闭合}+p_{摩阻}+p_{净压力}-p_{静液柱}$，摩阻、井口压力随排量变化如表 10.3.3 所示。

表 10.3.3　施工压力预测

排量/（m^3/min）	流速/（m/s）	摩阻/MPa	井口压力/MPa
3	2.248	10.39	56.83
4	2.997	18.53	64.97
5	3.747	29.02	75.46
6	4.496	41.86	88.31
7	5.245	57.07	103.51

主要参考文献

陈爽，郭绪强. 2006. PR 导热系数普遍化模型及其精度预测分析. 中国石油大学学报(自然科学版), 30(4): 126-131.

韩布兴. 2005. 超临界流体科学与技术. 北京：中国石化出版社.

彭英利，马承愚. 2005. 超临界流体技术应用手册. 北京：化学工业出版社.

孙小辉，孙宝江，王志远，等. 2014. 临界二氧化碳压裂裂缝内温度场计算方法//第十三届全国水动力学学术会议暨第二十六届全国水动力学研讨会，青岛.

Fenghour A, Wakeham W A, Vesovic V. 1998. The viscosity of carbon dioxide. Journal of Physical & Chemical Reference Data, 27(1): 31-44.

Span R, Wagner W. 1996. A new equation of state for carbon dioxide covering the fluid region fromthe triple-point temperature to 1100K at pressures up to 800MPa. Journal of Physical & Chemical Reference Data, 25(6): 1509-1596.

Span R. 2000. Multi-Parameter Equation of State: An Accurate Source of Thermodynamic Property Data. Berlin: Springer-Verlag Press.

Wu Y S, Pruess K. 1990. An analytical solution for wellbore heat transmission in layered formations(includes associated papers 23410 and 23411). SPE Reservoir Engineering, 5(4): 531-538.

第 11 章　裂缝导流能力

裂缝导流能力是储层改造的一个关键评价指标。本章就裂缝导流能力关键影响因素和评价方法进行阐述。

11.1　基于应力场的天然裂缝预测

裂缝开度和密度是影响裂缝导流能力的关键因素，而裂缝开度又与应力场密切相关。如能找到裂缝开度、密度和应力场之间的关系，就可通过应力场来预测裂缝开度、密度。为建立应力场与裂缝开度和密度之间的关系，汪必峰（2007）对裂缝开度、裂缝面积密度和裂缝体积密度进行量化。

11.1.1　裂缝密度与应变能密度的关系

裂缝体积密度是岩石内裂缝总表面积与体积之比，即

$$D_{\mathrm{vf}}=\frac{\sum_{i=1}^{n}S_i}{V_{\mathrm{c}}} \tag{11.1.1}$$

式中，D_{vf} 为裂缝体积密度；V_{c} 为基质岩石的总体积；S_i 为第 i 条裂缝的表面积；n 为裂缝数量。

根据裂缝与岩样交切关系不同，裂缝面积计算方法不同，具体如下。

（1）裂缝倾角大于等于 0°且小于 90°，与岩样交切较规则时，裂缝面积计算为

$$S_i=\frac{D^2}{4}\left\{\frac{1}{\cos\alpha_i}\arccos(1-A)-\frac{1}{2\cos\alpha_i}\sin\left[2\arccos(1-A)\right]\right\} \tag{11.1.2}$$

式中，D 为岩心直径；α_i 为第 i 条裂缝倾角；$A=\dfrac{2L_i\cos a_i}{D}$，其中 L_i 为第 i 条裂缝沿倾向的长度。

（2）裂缝倾角大于等于 0°且小于 90°，与岩样交切不规则时，裂缝未完全贯穿岩样，假设裂缝切割岩样的弧长为 M，裂缝面积计算式为

$$S_i=\frac{D^2}{4}\left[\frac{M}{D}-\frac{1}{\cos\alpha_i}\sin\left(\frac{M}{D}\cos\alpha_i\right)\cos\left(\frac{M}{D}\cos\alpha_i\right)\right] \tag{11.1.3}$$

（3）裂缝倾角等于 90°时，裂缝面积计算为

$$S_i=L_iC_i \tag{11.1.4}$$

式中，L_i 和 C_i 分别为第 i 条裂缝沿倾向和走向的长度。

按该方法将各种不同类型的裂缝表面积相加，得裂缝的总面积为

$$S = \sum S_i \tag{11.1.5}$$

为建立复杂应力状态下应力场与裂缝开度和密度的关系，选取代表单元体（REV）进行分析，并对 REV 做如下简化和假设：①REV 足够小且裂缝能贯穿整个 REV；②REV 受力前内部不存在具有渗流意义的裂缝；③REV 为各向同性均质体；④REV 边长为 L_1、L_2、L_3 的平行六面体，平行于三个边长的正应力分别为 σ_1、σ_2 和 σ_3，压应力为正应力，且 $\sigma_1 > \sigma_2 > \sigma_3$；裂缝面法线位于 σ_1 - σ_3 主平面内，裂缝主方向（长轴方向）与最大主应力方向类角为 θ（按照莫尔-库仑强度理论，$\theta = 45° - \dfrac{\varphi}{2}$，其中 φ 为内摩擦角）且与中间主应力平行，如图 11.1.1 所示。

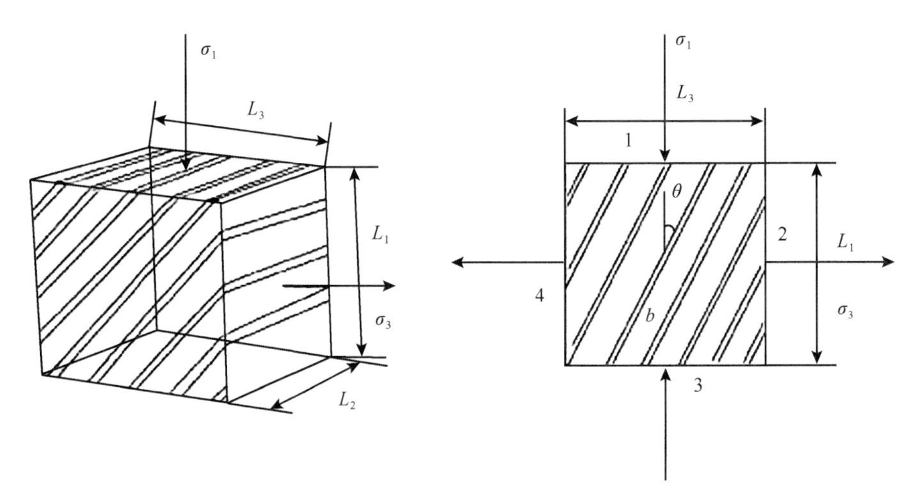

图 11.1.1　表征单元体裂缝参数与应力关系

b 为裂缝开度

根据弹性力学理论，固体内部弹性应变能密度为

$$\omega = \frac{1}{2}\left(\sigma_1\varepsilon_1 + \sigma_2\varepsilon_2 + \sigma_3\varepsilon_3\right) \tag{11.1.6}$$

根据广义胡克定律，应变为

$$\begin{aligned} \varepsilon_1 &= \frac{1}{E}[\sigma_1 - \mu(\sigma_2 + \sigma_3)] \\ \varepsilon_2 &= \frac{1}{E}[\sigma_2 - \mu(\sigma_1 + \sigma_3)] \\ \varepsilon_3 &= \frac{1}{E}[\sigma_3 - \mu(\sigma_1 + \sigma_2)] \end{aligned} \tag{11.1.7}$$

式中，E 为弹性模量；μ 为泊松比。

将式（11.1.7）代入式（11.1.6），得到弹性应变能密度为

$$\omega = \frac{1}{2E}\left[\sigma_1^2 + \sigma_2^2 + \sigma_3^2 - 2\mu\left(\sigma_1\sigma_2 + \sigma_2\sigma_3 + \sigma_1\sigma_3\right)\right] \tag{11.1.8}$$

根据断裂力学理论，当材料弹性应变能释放率等于断裂能时，材料发生断裂。其中一部分应变能用来提供断裂所需要的能量，其余部分则以弹性波形式释放。根据能量守恒原理，有如下关系：

$$\omega_{\mathrm{f}} V = S_{\mathrm{f}} J \tag{11.1.9}$$

式中，ω_{f} 为用于新增裂缝表面积的应变能密度；V 为 REV 的体积；S_{f} 为新增裂缝的表面积；J 为产生单位面积裂缝所需要能量，即裂缝表面能。

式（11.1.9）可理解为 REV 单元体内释放的部分应变能等于新增裂缝表面积所需的能量。由此可得 REV 内裂缝的体积密度为

$$D_{\mathrm{vf}} = \frac{S_{\mathrm{f}}}{V} = \frac{\omega_{\mathrm{f}}}{J} \tag{11.1.10}$$

11.1.2　应力条件下的裂缝开度和密度

1. 裂缝体积密度

单轴压缩下，当应力超过 $0.85\sigma_{\mathrm{c}}$ 时岩石出现初始微裂缝，假设应力值为 $0.85\sigma_{\mathrm{c}}$ 时的应变能密度为 ω_{c}。岩石处于压应力状态时，由破裂准则可得岩石破裂时的最大主应力为

$$\sigma_{\mathrm{p}} = \frac{2C_0 \cos\varphi + (1+\sin\varphi)\sigma_3}{1-\sin\varphi} \tag{11.1.11}$$

式中，φ、C_0 分别为内摩擦角和内聚力。

任意主应力状态下，若 $\sigma_3 > 0$，$\sigma_1 > \sigma_{\mathrm{p}}$，表明岩石满足破裂条件，利用弹性理论求出 $0.85\sigma_{\mathrm{p}}$ 时轴向应力产生的应变能密度 ω_{e}，即

$$\omega_{\mathrm{e}} = \frac{1}{2} 0.85\sigma_{\mathrm{p}} \times 0.85\varepsilon_{\mathrm{p}} = \frac{1}{2E}\left\{0.85\sigma_{\mathrm{p}}\left[0.85\sigma_{\mathrm{p}} - 2\mu(\sigma_2+\sigma_3)\right]\right\} \tag{11.1.12}$$

用于新增裂缝表面积的应变能密度为

$$\omega_{\mathrm{f}} = \omega - \omega_{\mathrm{e}} = \frac{1}{2}(\sigma_1\varepsilon_1 + \sigma_2\varepsilon_2 + \sigma_3\varepsilon_3) - \omega_{\mathrm{e}} \tag{11.1.13}$$

综合考虑裂纹表面能及围压效应，可得裂缝体积密度为

$$D_{\mathrm{vf}} = \frac{\omega_{\mathrm{f}}}{J} = \frac{(\sigma_1\varepsilon_1 + \sigma_2\varepsilon_2 + \sigma_3\varepsilon_3)}{2(J_0+\Delta J)} - \frac{0.85^2\sigma_{\mathrm{p}}\varepsilon_{\mathrm{p}}}{2(J_0+\Delta J)} \tag{11.1.14}$$

式中，$J = J_0 + \Delta J$；J_0 为断裂能；ΔJ 为围压 σ_3 产生的阻力效应，$\Delta J=\omega/S=\sigma_3 b$，其中 b 为裂缝开度，S 为裂缝面面积。断裂阻力效应示意如图 11.1.2 所示。

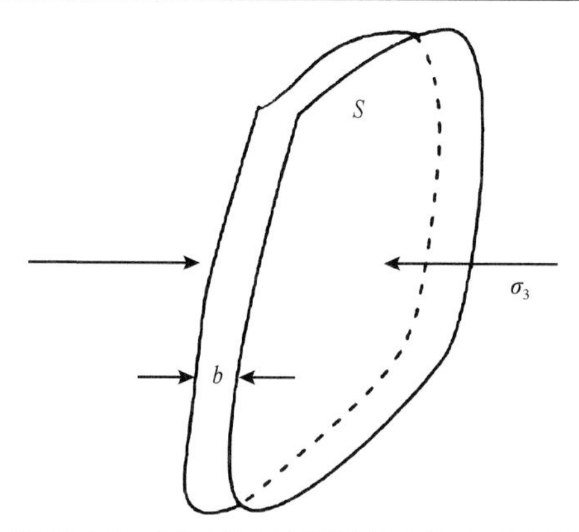

图 11.1.2　围压产生的断裂阻力效应示意图

2. 裂缝线密度

采用裂缝体积密度描述裂缝能综合反映裂缝信息，且受单元体尺寸的影响小，但不利于油藏裂隙-孔隙双重介质渗流的研究。裂隙-孔隙双重介质渗流研究更注重裂缝的线密度（或裂缝间距），即单位长度上裂缝的条数（裂缝间距是裂缝线密度的倒数）。

裂缝线密度模型如图 11.1.1 所示，REV 单元体中裂缝与σ_2平行，裂缝走向与σ_1方向的夹角为θ，与σ_2垂直作切面σ_1-σ_3，并将裂缝等效成平行等间距排列（图 11.1.3）。裂缝体贯穿整个单元体，计算出裂缝体的总长度，再乘以L_2即为裂缝体的总表面积。图 11.1.3 中的裂缝可分两部分，沿L_1方向和沿L_3方向。

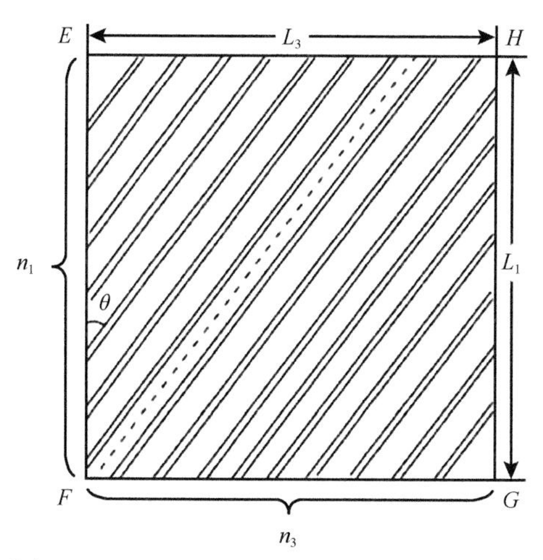

图 11.1.3　$\theta\neq0°$时，σ_1-σ_3切面等效裂缝模型

图 11.1.3 中虚线将该切面上的裂缝体分为左右两部分。两部分裂缝体的总长度可分开计算，裂缝总条数即为沿EF边的条数n_1加上沿FG边的条数n_2。裂缝体等效为均匀分布、等间距、平行排列，从E点沿EF边到第一条裂缝的长度为该方向上裂缝的间距d_1，从G点沿GF边到第一条裂缝的长度为该方向上裂缝的间距d_3。计算虚线左半部分的裂缝体长度，从E点作裂缝体的垂线EQ，如图 11.1.4 所示，图中θ为裂缝面走向与σ_1方向的夹角，

该角与单元体围压有关。设 EQ 方向上的裂缝间距为 d，则 EF 边上的视裂缝间距为

$$d_1 = d / \sin\theta = \frac{1}{D_{\mathrm{lf}} \sin\theta} \tag{11.1.15}$$

EF 边上裂缝总条数：$n_1 = L_1 / d_1 = L_1 D_{\mathrm{lf}} \sin\theta$

从 E 点数起，EF 边上第 i 条裂缝的长度为

$$L_i = \frac{i}{D_{\mathrm{lf}} \sin\theta\cos\theta} \tag{11.1.16}$$

式中，i 为从 0 到 n_1 的任一值；D_{lf} 为裂缝线密度。

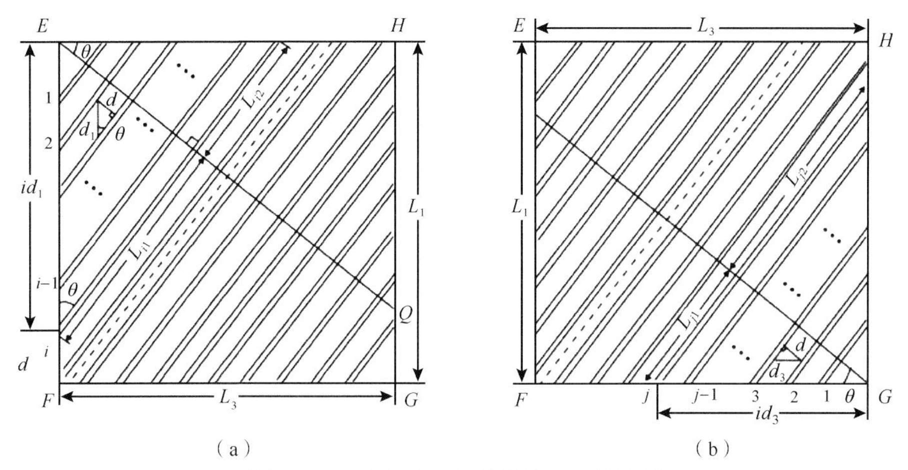

图 11.1.4　虚线左右部分裂缝长度的计算

图 11.1.4（a）中虚线左半部分的裂缝体总长度：

$$L_{1\mathrm{t}} = \frac{L_1^{\ 2} D_{\mathrm{lf}} \sin\theta + L_1}{2\cos\theta} \tag{11.1.17}$$

同理，可计算图 11.1.4（b）中虚线右半部分的裂缝体总长度：

$$L_{3\mathrm{t}} = \frac{L_3^{\ 2} D_{\mathrm{lf}} \cos\theta + L_3}{2\sin\theta} \tag{11.1.18}$$

σ_1 - σ_3 切面内裂缝体的总长度为

$$L_{\mathrm{t}} = L_{1\mathrm{t}} + L_{3\mathrm{t}} = \frac{L_1^{\ 2} D_{\mathrm{lf}} \sin\theta + L_1}{2\cos\theta} + \frac{L_3^{\ 2} D_{\mathrm{lf}} \cos\theta + L_3}{2\sin\theta} \tag{11.1.19}$$

图 11.1.4 所示模型裂缝体总表面积：

$$S_{\mathrm{f}} = L_2 L_{\mathrm{t}} = L_2 \left(\frac{L_1^2 D_{\mathrm{lf}} \sin\theta + L_1}{2\cos\theta} + \frac{L_3^2 D_{\mathrm{lf}} \cos\theta + L_3}{2\sin\theta} \right) \tag{11.1.20}$$

将式（11.1.20）代入式（11.1.10）且 $V = L_1 L_2 L_3$，可得裂缝线密度为

$$D_{\mathrm{lf}} = \frac{2D_{\mathrm{vf}} L_1 L_3 \sin\theta\cos\theta - L_1 \sin\theta - L_3 \cos\theta}{L_1^2 \sin^2\theta + L_3^2 \cos^2\theta} \tag{11.1.21}$$

式（11.1.17）～式（11.1.21）中，L_1、L_2、L_3 分别为表征单元体在 σ_1、σ_2、σ_3 方向上的

长度。取值与所分析的问题有关，近似等于数值模拟单元网格边长。

3. 裂缝开度

若 b 表示裂缝开度，d 表示裂缝间距。当 $L_1 = L_3 = L$，则有

$$D_{\text{lf}} = \frac{1}{d+b} \tag{11.1.22}$$

因 $d \gg b$，式（11.1.22）可写为

$$D_{\text{lf}} = \frac{1}{d} \tag{11.1.23}$$

裂缝面与最大主压应力 σ_1 方向的夹角 $\theta > 0°$，裂缝和主应力的方向如图 11.1.5 所示。

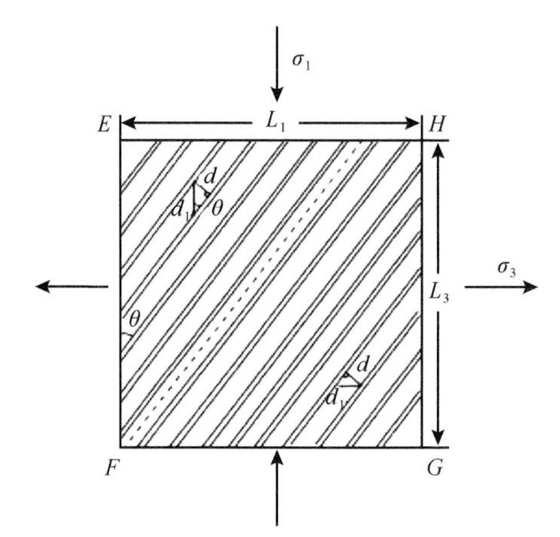

图 11.1.5　切面裂缝真实间距和视间距的关系

σ_1 方向上，裂缝视间距 $d_1 = d / \sin\theta$，视开度 $b_1 = b / \sin\theta$，则有

$$D_{\text{lf1}} = \frac{1}{d} = D_{\text{lf}} \sin\theta \tag{11.1.24}$$

σ_3 方向上，裂缝视间距 $d_3 = d / \cos\theta$，视开度 $b_3 = b / \cos\theta$，则有

$$D_{\text{lf3}} = \frac{1}{d} = D_{\text{lf}} \cos\theta \tag{11.1.25}$$

式（11.1.24）～式（11.1.25）中，D_{lf1}、D_{lf3} 分别为 σ_1 和 σ_3 方向上的裂缝视线密度；D_{lf} 为垂直于裂缝走向的线密度，即裂缝真实线密度。

主应变状态下，裂缝的开度大小由张应变决定。对强脆性岩石材料，在应力场作用下，其张性应变达到某一值时开始萌生裂缝（未完全破裂），后发生的张性应变由微裂纹的开裂引起，由此可得

$$D_{\text{lf3}} b_3 = \frac{\varepsilon_{\text{f}}}{1+\varepsilon_{\text{f}}} \tag{11.1.26}$$

因 $1 \gg \varepsilon_{\text{f}}$，由式（11.1.26）可得裂缝开度为

$$b = \frac{\varepsilon_{\mathrm{f}}}{D_{\mathrm{lf}}} \tag{11.1.27}$$

式中，$\varepsilon_{\mathrm{f}} = |\varepsilon| - |\varepsilon_0|$，其中 ε 为当前应力状态下的张性应变，ε_0 为岩石弹性变形的最大张应变，它对应裂缝开始萌生时的张性应变，与材料性质有关，可根据实验测定。

4. 拉应力下的裂缝密度

拉张型盆地，应力出现负值，表现为拉张特性。通常两个水平主应力为一张一压，虽不能排斥两个水平主应力同为张性主应力，但这种情况极少见；垂向应力为正，处于压缩状态。这时处于一种垂向受压，水平拉张的地应力状态。近地表处，垂向应力很小，主要处于一个或两个拉应力为主的受力状态下，莫尔-库仑理论不适用，采用格里菲斯破裂准则。存在拉张应力，岩石破裂以张破裂-张剪破裂为主，破裂面近于垂直于最大张性主应力。产生裂缝时，弹性应变能密度等于单轴拉伸时峰值强度对应的应变能密度 ω_{c}，而非单轴压缩下（应力达 0.85 $\sigma_{\max}$ 时）初始微裂缝出现时的应变能密度。

令岩石抗张强度为 σ_{t}，弹性模量为 E，单轴拉伸时峰值强度 σ_{t} 处的极限应变为 ε_{t}，$\sigma_{\mathrm{t}} = E\varepsilon_{\mathrm{t}}$，应变能密度为 $\omega_{\mathrm{c}} = \frac{1}{2}\sigma_{\mathrm{t}}\varepsilon_{\mathrm{t}} = \frac{1}{2E}\sigma_{\mathrm{t}}^{\ 2}$。则裂缝体积密度公式为

$$D_{\mathrm{vf}} = \frac{1}{J} \tag{11.1.28}$$

5. Willis-Richards 裂缝开度模型

由 Willis-Richards 等（1996）提出的现今地应力条件下裂缝开度计算模型：

$$b = \frac{|\varepsilon_3| - |\varepsilon_1|}{D_{\mathrm{lf}}(1 + 9\sigma_{\mathrm{n}} / \sigma_{\mathrm{f}})} \tag{11.1.29}$$

式中，D_{lf} 为裂缝线密度，由式（11.1.21）计算；ε_1、ε_3 分别为最大和最小主应变，$\varepsilon_1 = \frac{1}{E}\left[\sigma_3 - \mu\left(0.85\sigma_{\mathrm{p}} + \sigma_2\right)\right]$，$\varepsilon_3 = \frac{1}{E}\left[\sigma_1 - \mu\left(\sigma_2 + \sigma_3\right)\right]$；$\sigma_{\mathrm{n}}$ 为有效正应力；σ_{f} 为使裂缝开度降低 90%的有效正应力。

11.1.3 天然裂缝宽度预测

以目标区块为例，采用上述模型进行预测。部分井的裂缝线密度由测井资料获取，得到该区块的裂缝表面能及裂缝宽度值，并与测井资料的裂缝数据对比，结果如表 11.1.1 和表 11.1.2 所示。

表 11.1.1　裂缝宽度预测及结果对比

参数	井号					
	TP38	TP40X	TP37	TP28X	TP15	TP32
深度范围/m	7004.29～7005.35	6210.55～6237.53	6832.24～6911.64	6728.00～6728.30	6495.38～6495.69	6443.63～6524.75

续表

参数	井号					
	TP38	TP40X	TP37	TP28X	TP15	TP32
最大主应力/MPa	167.44	147.96	163.45	160.16	150.49	149.37
中间主应力/MPa	139.40	124.22	123.00	149.11	135.146	134.2952
最小主应力/MPa	101.53	81.05	94.45	99.74	96.06	87.805
泊松比	0.31	0.32	0.30	0.31	0.30	0.30
内聚力/MPa	10.20	10.20	10.20	10.20	10.20	10.20
内摩擦角/（°）	25.38	25.38	25.38	25.38	25.38	25.38
破裂强度/MPa	285.98	234.80	268.28	281.51	272.31	251.68
最小张应变	1.01×10^{-4}	-9.24×10^{-5}	1.01×10^{-4}	5.32×10^{-5}	1.71×10^{-4}	3.28×10^{-5}
最大弹性张应变	-2.28×10^{-4}	-3.42×10^{-4}	-1.70×10^{-4}	-2.83×10^{-4}	-2.29×10^{-4}	-2.74×10^{-4}
裂缝应变能密度/（J/m^3）	243.64	226.67	197.87	255.05	234.38	241.80
线密度/（1/m）	6.27	4.35	1.79	12.39	3.28	2.45
线密度范围/（1/m）	4.15～8.40	1.64～9.32	0.22～3.28	1.64～16.5	3.28084	0.5～6.56
破裂角/rad	0.56	0.56	0.56	0.56	0.56	0.56
体密度/（m^2/m^3）	8.47	6.34	3.51	15.25	5.16	4.24
表面能/J	28.78	35.73	56.31	16.73	45.43	56.96
杨氏模量/GPa	70.71	66.35	72.51	72.99	60.68	63.65
缝宽（古应力）/cm	0.0020121	0.0057273	0.0038344	0.0018518	0.0017848	0.0098167
正应力/MPa	120.34	100.35	114.14	116.99	111.60	111.91
有效正应力/MPa	57.34	37.35	51.14	53.99	48.60	48.91
闭合 90%正应力/MPa	78.00	78.00	78.00	78.00	78.00	78.00
缝宽（现今应力）/cm	0.0002642	0.0010786	0.0005556	0.0002562	0.0002701	0.0014777
缝宽范围（现今应力）cm	0.0001165～0.000431	0.0004895～0.004040	0.0000788～0.009393	0.0001443～0.001478	0.0002661～0.000270	0.0000916～0.010212
测井资料值/cm	0.0005838	0.0011307	0.0003828	0.0006991	0.0002667	0.0033414
误差（AV37.5）/%	−54.75	−4.61	45.16	−63.36	1.30	−55.77

表 11.1.2　裂缝宽度预测（深度 6300m）

参数	井号				
	TP5	TP11	TP14	TP18	TP43
最大主应力/MPa	149.13	149.1	145.85	148.01	160.16
中间主应力/MPa	135.146	135.146	135.146	135.146	135.146
最小主应力/MPa	84.027	81.366	75.123	112.07	99.74
泊松比	0.30	0.30	0.30	0.30	0.30
内聚力/MPa	10.20	10.20	10.20	10.20	10.20
内摩擦角/（°）	25.38	25.38	25.38	25.38	25.38
破裂强度/MPa	242.24	235.59	219.99	312.32	281.50

续表

参数	井号				
	TP5	TP11	TP14	TP18	TP43
最小张应变	-1.88×10^{-5}	-5.89×10^{-5}	-1.27×10^{-4}	4.26×10^{-4}	1.70×10^{-4}
最大弹性张应变	-2.74×10^{-4}	-2.90×10^{-4}	-2.97×10^{-4}	-1.27×10^{-4}	-1.92×10^{-4}
裂缝应变能密度/（J/m^3）	239.51	247.25	231.65	168.07	229.19
线密度/（1/m）	4.07	4.24	3.89	2.44	3.83
线密度范围/（1/m）	2.35～12.14	2.47～12.59	2.23～11.70	1.24～8.11	2.19～11.56
表面能范围/J	16～58	16～58	16～58	16～58	16～58
破裂角/rad	0.56	0.56	0.56	0.56	0.56
体密度/（m^2/m^3）	6.03	6.23	5.83	4.23	5.77
体密度范围/（m^2/m^3）	4.13～14.97	4.26～15.45	3.99～14.48	2.90～10.50	3.95～14.32
表面能/J	39.71	39.71	39.71	39.71	39.71
杨氏模量/GPa	66.86	66.35	72.51	63.65	65.65
缝宽（古应力）/cm	0.0062621	0.0054491	0.0043763	0.0122225	0.0005719
正应力/MPa	102.60947	100.6994412	95.31073872	122.3284208	116.9857926
有效正应力/MPa	39.61	37.70	32.31	59.33	53.99
闭合 90%正应力/MPa	78.00	78.00	78.00	78.00	78.00
缝宽（现今应力）/cm	0.0011242	0.0010185	0.0009256	0.0015579	0.0000791
缝宽范围/cm	0.0003767～0.0019458	0.0003437～0.0017495	0.0003077～0.0016158	0.0004694～0.0030750	0.0000262～0.0001384

地层岩石的天然裂缝数量多且分布无规律，受地应力场作用，大多数天然构造裂缝呈挤压状态。但在水力压裂作用下，天然裂缝会开裂、扩展和贯通，形成人工缝。水力压裂对天然裂缝的影响，可采用等效替换原则。可将其视为古应力场上施加一定的拉应力，再计算压裂后的裂缝宽度。通过计算得到 TP38 等 6 井次压裂后天然裂缝的宽度为 33～237μm，较现今应力场缝宽增加幅度为 12～18 倍，结果如表 11.1.3 所示。

表 11.1.3　压裂天然裂缝宽度

井号	深度范围/m	最大主应力/MPa	中间主应力/MPa	最小主应力/MPa	缝宽（古应力）/cm	缝宽（现今应力）/cm	压裂缝宽/cm	变化率/%
TP38	7004.29～7005.35	167.44	139.40	101.53	0.002012	0.000264	0.004756	1801.515
TP40X	6210.55～6237.53	147.96	124.22	81.05	0.005727	0.001079	0.013537	1254.588
TP37	6832.24～6911.64	163.45	123.00	94.45	0.003834	0.000556	0.009063	1630.036
TP28X	6728.00～6728.3	160.16	149.11	99.74	0.001852	0.000256	0.004377	1709.766
TP15	6495.38～6495.69	150.49	133.93	96.06	0.001785	0.000257	0.003354	1305.058
TP32	6443.63～6524.75	149.37	132.57	87.81	0.009817	0.001478	0.023757	1607.375

11.2　基于测井数据的裂缝宽度预测

11.2.1　渗透率的估算

渗透率是衡量储层参数的一个重要指标，在油田探勘开发过程中起着十分重要的作用，渗透率难以通过传统测井方法获取，一般通过建立岩石物理参数与渗透率间的关系来估算渗透率。常见方法是建立渗透率与储层参数（尤其是孔隙度）的关系。岩石孔隙度、毛细管半径、岩石比面及孔隙饱和度都可能对渗透率产生影响。具体为如下所示。

（1）渗透率与孔隙度为增函数关系，但对不同类型的岩石，其关系有差别。

（2）渗透率与孔隙毛细管的半径平方（截面积）成正比，但与孔隙通道曲折度无关。

（3）渗透率与岩石比面为减函数关系。

（4）水或油的相对渗透率与其饱和度为增函数关系。

岩石渗透率和孔隙度间常没有严格的函数关系，但它们都受控于岩石结构。岩石骨架颗粒粒径差别越大，孔隙度和渗透率则越高；粒度越粗，渗透率越高，孔隙度略有降低；胶结物和细粒物质含量越多，渗透率随孔隙度呈对数式降低。

渗透率与孔隙度的关系为

$$k_{\mathrm{f}} = a\exp\left(b\phi_{\mathrm{f}}\right) \tag{11.2.1}$$

式中，a、b 均为经验常数；k_{f} 为裂缝渗透率；ϕ_{f} 为裂缝孔隙度。

该公式为区域性经验公式，孔隙度 ϕ_{f} 可利用测井数据获取，在均匀地层中具有较强的适用性。

11.2.2　裂缝宽度的预测

当渗透率和孔隙度确定时，可根据 van Golf-Racht 公式计算裂缝宽度，即

$$\omega = \sqrt{\frac{12k_{\mathrm{f}}}{\phi_{\mathrm{f}}}} \tag{11.2.2}$$

由式（11.2.1）和式（11.2.2）得

$$\omega = \sqrt{\frac{12a\exp\left(b\phi_{\mathrm{f}}\right)}{\phi_{\mathrm{f}}}} \tag{11.2.3}$$

根据数据拟合形成渗透率的常用经验公式为

$$k_{\mathrm{f}} = 0.8072\exp\left(2.4142\phi_{\mathrm{f}}\right) \tag{11.2.4}$$

选取六井次数据代入式（11.2.4）计算渗透率，进而代入式（11.2.2）得到裂缝宽度，并与微电阻测井资料所得的深度-平均缝宽进行比较，结果如表 11.2.1 所示。

表 11.2.1　中子孔隙度测井预测裂缝宽度

井号	平均深度/m	测井资料宽度/cm	孔隙度/%	预测宽度/cm	误差（AV43.9）/%
TP37	6832.24～6911.64	0.000375	1.17978	0.00119	68.46
TP32	6489.94～6492.84	0.000692	1.14607	0.00116	40.36

续表

井号	平均深度/m	测井资料宽度/cm	孔隙度/%	预测宽度/cm	误差（AV43.9）/%
TP40	6210.56～6210.86	0.000617	1.00000	0.001041	40.74
TP28X	6728.00～6728.30	0.000550	1.17391	0.001185	53.58
TP38	7004.29～7005.35	0.000584	0.50562	0.000806	27.56
TP32	6489.95～6492.85	0.000691	0.97753	0.001024	32.55

由表 11.2.1 知，误差在可控范围内，表明由式（11.2.4）拟合的渗透率计算裂缝宽度具有可行性。通过测井资料，利用建立的模型，获取孔隙度；分析计算选定区块 O_2yj 层位 10 井次的裂缝宽度，如表 11.2.2 所示。

表 11.2.2　O_2yj 层位裂缝预测

编号	井号	深度/m	孔隙度/%	裂缝宽度/cm
1	T816（K）CH	5948	0.590	0.00083
		6004	0.900	0.00097
2	TK830	5635	1.250	0.00126
		5664	1.000	0.00104
3	TK853X	5686	1.750	0.00195
		5706	2.170	0.00290
4	TP883	5749	1.150	0.00116
		5769	0.980	0.00103
5	TK833CH	5993	1.250	0.00126
		6163	0.560	0.00082

对微电阻测井中的孔隙度数据进行分析计算，得到孔隙度和裂缝宽度的分布规律，通过拟合得到三个经验公式，即缝宽上限值、中间值（预测值）、下限值：

缝宽上限值：

$$\omega=\sqrt{\frac{12\times 88.15\exp^{2.34\phi_{\mathrm{f}}}\times 10^{-8}}{\phi_{\mathrm{f}}}} \tag{11.2.5}$$

缝宽中间值：

$$\omega=\sqrt{\frac{12\times 0.637\exp^{3.0591\phi_{\mathrm{f}}}\times 10^{-8}}{\phi_{\mathrm{f}}}} \tag{11.2.6}$$

缝宽下限值：

$$\omega=\sqrt{\frac{12\times 0.0416\exp^{2.4158\phi_{\mathrm{f}}}\times 10^{-8}}{\phi_{\mathrm{f}}}} \tag{11.2.7}$$

对缝宽的上限值、中间值、下限值与测井实测值进行对比，如图 11.2.1 所示。

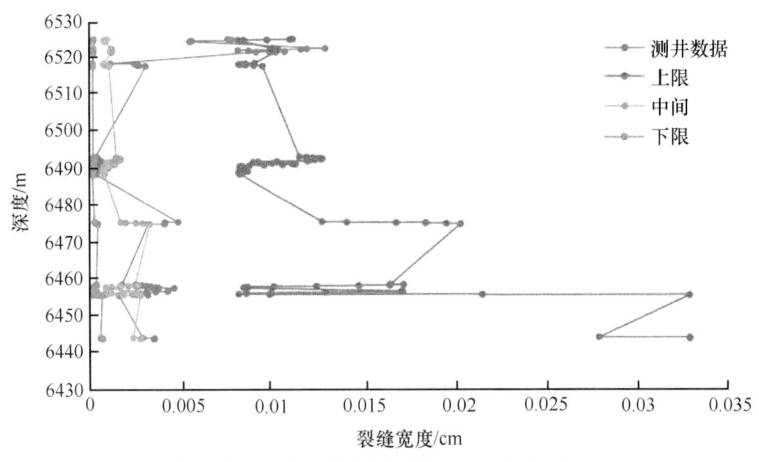

图 11.2.1　深度-缝宽分布规律（TP32 井）

11.3　长期导流能力

11.3.1　酸岩反应动力学实验

酸岩反应动力学实验是研究酸岩反应动力学规律的最有效途径，通过实验确定酸岩反应速度常数 k、反应级数 m，反应活化能 E_a 及频率因子 K_o，建立不同温度下的酸岩反应动力学方程。图 11.3.1 是酸岩反应动力学模型示意图。模型存在两个边界：水动力学边界和酸岩反应边界层。当酸液进入裂缝内，裂缝壁面酸浓度与缝内酸的浓度一致，但酸岩反应导致两者间形成浓度梯度，控制酸岩反应速度的关键是 H^+从缝内向壁面传递的速度。由于水动力边界比反应边界发展得快，滤失在反应边界的扩展中起主要控制作用。

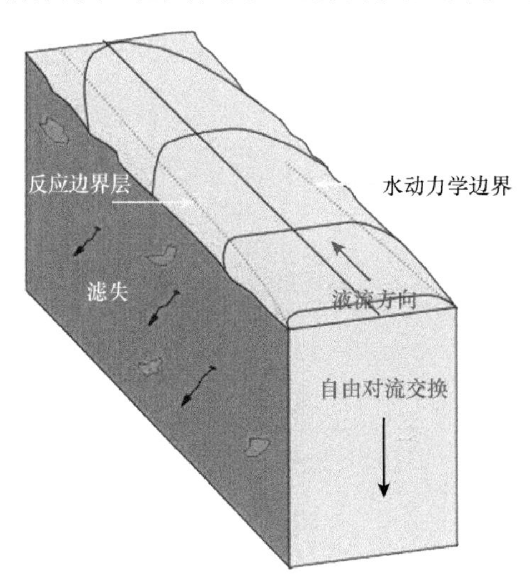

图 11.3.1　酸岩反应动力学模型

旋转岩盘酸岩反应动力学实验仪是进行该项试验的主要设备，它包括储液罐、高压反应釜、温度及旋转控制系统、数据采集与处理系统等。在给定温度、压力、转速等条件下，进行酸岩反应动力学参数及 H^+、Ca^{2+}、Mg^{2+}等的传递规律测试，为酸压数值模拟及酸液性能评价提供依据。

1. 酸岩反应动力学方程

酸岩反应为复相反应，与岩石反应物的浓度可视为定值。根据质量作用定律，温度、压力恒定条件下的化学反应速度与反应物浓度的次方成正比，采用单位时间内酸液浓度的降低值表示酸岩反应速度：

$$-\frac{\partial C}{\partial t}=kC^m \tag{11.3.1}$$

复相反应过程中面容比对酸岩反应速度的影响较大，对式（11.3.1）进行修正：

$$v=-\frac{\partial C}{\partial t}\cdot\frac{V}{S}=\frac{V}{S}\cdot kC^m \tag{11.3.2}$$

式（11.3.1）和式（11.3.2）中，v 为反应速度，单位时间流到岩石表面的质量；V 为反应酸液体积；S 为岩石反应表面积；k 为反应速度常数；C 为 t 时刻的酸液内部浓度；m 为反应级数。

实验时测定一定时间间隔的酸液浓度变化，求出酸岩反应速度；利用不同浓度的反应速度，求酸岩反应速度常数 k 和反应级数 m，计算模型为

$$\lg v=\lg k+m\lg C \tag{11.3.3}$$

酸压中不同施工阶段及裂缝不同位置，酸液的温度是变化的。酸压模拟中需考虑温度影响。根据 Arrhenius 定律，反应速度常数与温度的关系为

$$k=k_{\mathrm{o}}\mathrm{e}^{-\frac{E_{\mathrm{a}}}{RT}} \tag{11.3.4}$$

式中，k_{o} 为反应速度常数；E_{a} 为反应活化能；R 为气体常数；T 为温度。

将式（11.3.4）代入式（11.3.3）中，得到酸岩反应方程：

$$\lg v=-\frac{E_{\mathrm{a}}}{RT}+\lg\left(k_{\mathrm{o}}C^m\right) \tag{11.3.5}$$

2. 氢离子传质系数

酸岩反应中，由于裂缝壁面的酸液与岩石反应后浓度降低，导致缝内酸液浓度呈现较大差异，离子由高浓度区向低浓度区扩散。在旋转岩盘反应实验中，高速旋转的岩盘使紧靠岩心表面酸液近乎与岩心一起运动，可认为垂直于岩心表面远离岩心的离子不随岩心转动而流动，仅向岩心表面进行对流传递。H^+由酸液向岩盘表面扩散，Ca^{2+}、Mg^{2+}由岩盘表面向酸液扩散。旋转岩盘实验可将酸液浓度视为仅与岩盘垂直方向相关，根据质量守恒定律，建立旋转时酸液的对流扩散方程为

$$D_{\mathrm{H}^+}\frac{\partial^2 C}{\partial y^2}-V_y\frac{\partial C}{\partial y}=0 \tag{11.3.6}$$

式中，D_{H^+} 为 H^+有效传质系数；y 为与岩盘垂直方向的距离。

考虑边界条件：$C\big|_{y=0,t=0}=C_{\mathrm{o}}$，$C\big|_{y=\infty,t}=C_{\mathrm{o}}$，$v=D_{\mathrm{H}^+}\frac{\partial C}{\partial t}\big|_{y=0}$。

求解上述方程，得到传质系数为

$$D_{H^+}=f\left(\mu_k,\omega,C_t,v\right) \tag{11.3.7}$$

式中，μ_k 为酸液平均运动黏度，$\mu_k=\dfrac{ka}{\rho}$，其中 ka 为酸液的幂律流体稠度指数，ρ 为酸液密度；ω 为角速度；C_t 为酸液在时刻 t 的浓度；v 为酸岩反应速度。

不同温度下测定 μ_k、ω、C_t、v 等参数，计算 H^+离子传质系数。

对牛顿流体（流态指数为 1），则反应速度为

$$v=0.62D_{H^+}^{2/3}\left(\mu_k\right)^{-\frac{1}{6}}\omega^{\frac{1}{2}}\left(C_b-C_s\right) \tag{11.3.8}$$

式中，C_b 为酸液的体积浓度；C_s 为酸液的表面浓度。

3. 试验条件及结果

为研究酸岩反应动力学规律，进行试验，试验条件为压力 7MPa、温度 120℃、转速 500r/min。酸液配方如下。

C1：20%HCl+0.8%～1.0%CX-206+2.0%YHS-2+0.1%CX-301+0.5%CX-308+0.5%sp169。

C2：20%HCl+2%KMS-6+2.5%BD1-6+1%KMS-7+1%SD1-16+1%FRZ-4。

C3：2%BD1-7+0.7%BD1-10+30%柴油+20%HCl+1%B-125+1%KMS-7。

C4：20%HCl+2%～2.5%JN-6+2%HS-6+1%FB-1+1%PR-7+1%LT-5+1%JM-4。

C5：20%HCl+2%～2.5%JN-2+2%HS-6+1%FB-1+1%PR-7+1%LT-5+1%JM-4。

实验结果如表 11.3.1。

表 11.3.1　120℃下不同酸液反应速度与传质系数

配方及反应序号		反应前浓度/（mol/L）	反应后浓度/（mol/L）	浓度差/（mol/L）	岩盘直径/cm	反应体积/mL	反应时间/s	反应速度/[mol/（cm² · s）]	D_{H^+}/（cm/s）
C1	1	6.0542	5.9032	0.151	2.538	560	180	9.29×10^{-5}	1.37×10^{-4}
	2	5.1023	4.9683	0.134	2.538	560	180	8.24×10^{-5}	1.48×10^{-4}
	3	4.2018	4.0988	0.103	2.538	560	180	6.33×10^{-5}	1.33×10^{-4}
	4	3.0123	2.9263	0.086	2.538	560	180	5.29×10^{-5}	1.68×10^{-4}
C2	1	6.0321	6.015	0.0171	2.538	490	180	9.22×10^{-6}	3.08×10^{-6}
	2	5.0124	4.9966	0.0158	2.538	490	180	8.48×10^{-6}	3.59×10^{-6}
	3	4.2105	4.1959	0.0146	2.538	490	180	7.86×10^{-6}	4.16×10^{-6}
	4	3.0068	2.9958	0.011	2.538	490	180	5.92×10^{-6}	4.52×10^{-6}
C3	1	4.1032	4.0897	0.0135	2.538	530	180	7.86×10^{-6}	1.29×10^{-6}
	2	3.4931	3.483	0.0101	2.538	530	180	5.88×10^{-6}	1.06×10^{-6}
	3	2.6712	2.6627	0.0085	2.538	530	180	4.95×10^{-6}	1.23×10^{-6}
	4	2.0581	2.0518	0.0063	2.538	530	180	3.67×10^{-6}	1.16×10^{-6}
C4	1	6.1032	6.0857	0.0175	2.538	530	180	1.02×10^{-5}	3.78×10^{-6}
	2	5.1002	5.0857	0.0145	2.538	530	180	8.44×10^{-6}	3.73×10^{-6}

续表

配方及反应序号		反应前浓度/（mol/L）	反应后浓度/（mol/L）	浓度差/（mol/L）	岩盘直径/cm	反应体积/mL	反应时间/s	反应速度/[mol/（cm^2·s）]	D_{H^+}/（cm/s）
C4	3	4.0321	4.0198	0.0123	2.538	530	180	7.16×10^{-6}	4.15×10^{-6}
	4	3.1022	3.092	0.0102	2.538	530	180	5.94×10^{-6}	4.64×10^{-6}
C5	1	6.1034	5.9984	0.105	2.538	560	180	6.46×10^{-5}	6.15×10^{-5}
	2	5.1105	5.0315	0.079	2.538	560	180	4.86×10^{-5}	5.95×10^{-5}
	3	3.9176	3.8636	0.054	2.538	560	180	3.32×10^{-5}	4.39×10^{-5}
	4	3.012	2.971	0.041	2.538	560	180	2.52×10^{-5}	4.31×10^{-5}

对比酸岩反应动力学实验及不同体系的酸岩反应动力学特性，得如下结论：目标区块碳酸盐岩酸岩反应特性受岩性及温度的影响，反应速度为 10^{-6}～10^{-5}mol/（cm^2·s）数量级，H^+传质系数 D_{H^+}为 10^{-6}～10^{-4}cm/s 数量级；反应速度受温度的影响较显著，反应活化能 E_a 为 2×10^4～3×10^4J/mol。实验时根据岩心的表面积计算反应速度，而实际上由于天然裂缝的存在，岩心的表面积远大于视表面积，导致实验结果偏大。

11.3.2　酸蚀裂缝导流能力

酸岩反应效果主要体现在酸蚀裂缝的导流能力上。通过酸蚀裂缝导流能力试验，可分析不同施工工艺对酸蚀裂缝导流能力的影响。

在 FCS-100 耐酸裂缝导流能力试验仪上进行试验，测试流程如下。

（1）试验中两块岩板间模拟裂缝宽度为 0.3mm 左右。

（2）注酸前注入 2%KCl，测定初始滤失。实际条件下滤失使裂缝壁面的酸液浓度不断改变，有助于形成不同的刻蚀形态。

（3）注入前置压裂液。流量为 50mL/min，温度为 85℃（采用油藏温度的 60%），注入时间为 15min。

（4）注入酸液。注入流量为 50mL/min，温度为 85℃，注入时间为 15min。

（5）注入 2%KCl 溶液顶替 15min。

（6）测定不同闭合应力下的导流能力，闭合应力范围为 0～80MPa，根据结果确定是否进行闭合酸压测试。

（7）如果测试中导流能力小于 0.05μm^2·cm，按有效闭合应力 50MPa 进行闭合酸压，闭合酸压注入排量为 10～12mL/min，注入时间为 10min。

（8）闭合酸压完成后采用 2%KCl 溶液顶替 15min。

（9）进行步骤（6）的导流能力测试。

形成沟槽后酸液通过缝洞穿过试验岩心，在进行导流能力测试的同时进行滤失测定。结果表明，酸液滤失系数随酸蚀作用增强而逐渐增大，从 0.0121cm/min$^{1/2}$ 增大到 0.0522cm/min$^{1/2}$。导流能力测试过程中，随闭合应力增大，滤失系数逐渐降低。表明酸液的滤失是一个动态变化的过程，主要是酸岩反应后岩心的结构发生变化，特别是一些酸蚀孔洞的形成，会增强酸液的滤失；应力增大后，酸蚀裂缝变窄，孔洞变小，导致滤失减小，从 0.0522cm/min$^{1/2}$ 减小到 0.0213cm/min$^{1/2}$。

根据酸蚀裂缝导流能力测试结果，酸蚀裂缝的渗透率达 300μm^2 以上，裂缝的动态缝宽达 3mm 以上，产生的酸蚀裂缝沟槽深度大于 1cm，部分薄弱部位产生了穿透岩心的孔洞，深度达 2cm 以上。理想状态下，通过宽度为 w 的裂缝通道的流速与 w^2 成正比，裂缝导流能力可写为

$$wk_{\mathrm{f}}=\frac{w_i^3}{12} \tag{11.3.9}$$

油藏中的地应力使裂缝通道趋于闭合。如果酸蚀较均匀，酸蚀裂缝的闭合可按与计算椭圆裂缝缝宽相似的方法进行。作为近似，对均匀酸蚀缝宽，闭合缝宽为

$$w(z)=w_{\mathrm{etch}}-\frac{4\sigma_{\mathrm{c}}}{E'}\sqrt{h_{\mathrm{f}}^2-z^2} \tag{11.3.10}$$

式中，w_{etch} 为酸蚀缝宽；h_{f} 为高度。

受岩石非均质性和酸蚀通道的指进影响，酸蚀岩石表面是不均匀的，会产生许多“支柱”支撑裂缝（即酸蚀过程中形成的酸蚀沟槽），酸蚀沟槽将导致裂缝导流能力较强。因此，式（11.3.10）中固定缝高 h_{f} 用支柱间的距离代替。如果支柱强度不足以支撑裂缝张开，有些支柱会垮塌，从而降低裂缝的导流能力。

裂缝导流能力不仅取决于酸蚀形态，还与岩石强度和闭合应力有关。Nierodo-Kruk 导流能力经验公式为

$$(wk)_{\mathrm{eff}}=C_1\exp(-C_2\sigma) \tag{11.3.11}$$

式中，σ 为有效应力。C_1 和 C_2 的表达式分别为

$$C_1=0.256(wk_{\mathrm{ft}})^{0.822}$$

$$C_2=\begin{cases}(36.82-1.885\ln S_{\mathrm{RE}})\times10^{-3}, & 0\mathrm{MPa}<S_{\mathrm{RE}}<138\mathrm{MPa}\\(9.1-0.406\ln S_{\mathrm{RE}})\times10^{-3}, & 138\mathrm{MPa}<S_{\mathrm{RE}}<3450\mathrm{MPa}\end{cases}$$

其中，S_{RE} 为岩石嵌入强度；wk_{ft} 为导流能力，k_{ft} 为岩石支撑处渗透率。

Nierode-Kruk 关系式表示的是单一裂缝导流能力（图 11.3.2），但要反映储层中裂缝的渗流能力，尤其是反映含酸蚀蚓孔的酸压裂缝的渗流能力，单一的裂缝导流表达式过于简单。

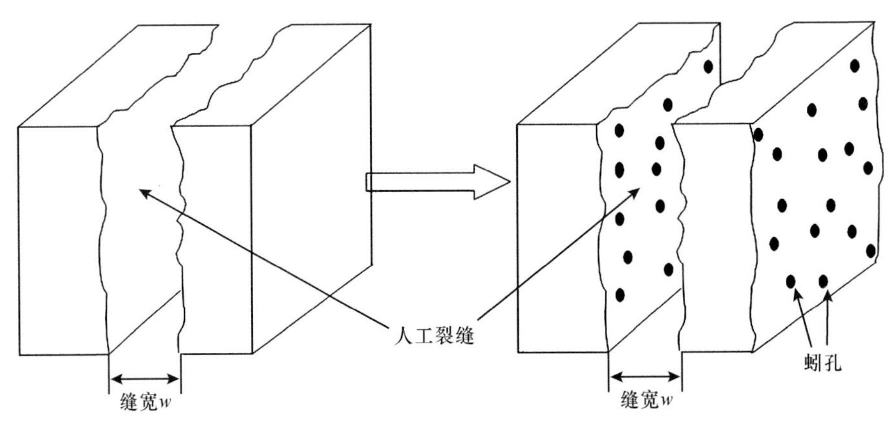

图 11.3.2 酸压后储层改造效果示意图

对于酸蚀储层，可将蚓孔引起的渗滤特性归为孔隙性渗流，与裂缝共同形成蚓孔-裂缝系统，其渗流能力为二者的综合渗流能力之和（图 11.3.2）。

1. 裂缝渗透率的计算

考虑一块具有单一裂缝的岩石。假设该岩石端面上的裂缝宽度为 w，高度 h_f，并沿液体流动方向上不变，则裂缝渗透率为

$$k_f = \frac{\phi_f w^2}{12} \tag{11.3.12}$$

式中，k_f为裂缝渗透率；w 为裂缝宽度；ϕ_f 为裂缝孔隙度（又称裂缝性系数），其表达式为

$$\phi_f = \frac{V_{pf}}{V_b} = \frac{wh_f}{A} \tag{11.3.13}$$

2. 酸蚀蚓孔的渗透率计算

假设酸蚀蚓孔垂直于人工裂缝壁面，酸蚀有效缝长为 L_{fe}，缝高为 h_f，在人工裂缝 i 处形成蚓孔。则该蚓孔对整个酸蚀壁面的渗透率贡献为

$$k_{wi} = \frac{\pi D_i^4}{128 L_{fe} h_f} \tag{11.3.14}$$

酸蚀壁面所有蚓孔对岩体的总渗透率为 $k_w = \sum k_{wi}$，因而酸蚀蚓孔形成的渗透率为

$$k_w = \frac{\pi}{128 L_{fe} H_f} \sum D_i^4 \tag{11.3.15}$$

裂缝-蚓孔系统的渗透率可用裂缝渗透率 k_f和蚓孔渗透率 k_w叠加表示，即

$$k_t = k_f + k_w \tag{11.3.16}$$

11.3.3 导流能力的影响因素

结合目标区块 30 多口井的数据资料分析，表明影响导流能力的因素有闭合应力、天然裂缝及溶孔系统、酸压裂缝缝长、酸压规模及施工排量等。通过建立区块内目标储层油藏地质模型，对这些影响因素进行数值模拟分析，得出酸压裂缝导流能力的变化规律。

（1）储层闭合应力直接影响酸压裂缝的导流能力。一般来说，闭合应力越高，导流能力越低。

（2）缝宽是影响裂缝长期导流能力的一个重要因素。假设酸蚀缝长 100m，结合油藏地质模型参数，分别模拟不同酸蚀缝宽条件下的导流能力。可知，随酸蚀缝宽从 2mm 增加到 12mm，裂缝导流能力从 1mD · m 增加到 79mD · m。随生产时间的增加，酸蚀裂缝长期导流能力均表现出不同程度的降低，不同酸蚀缝宽的导流能力变化如图 11.3.3 所示。

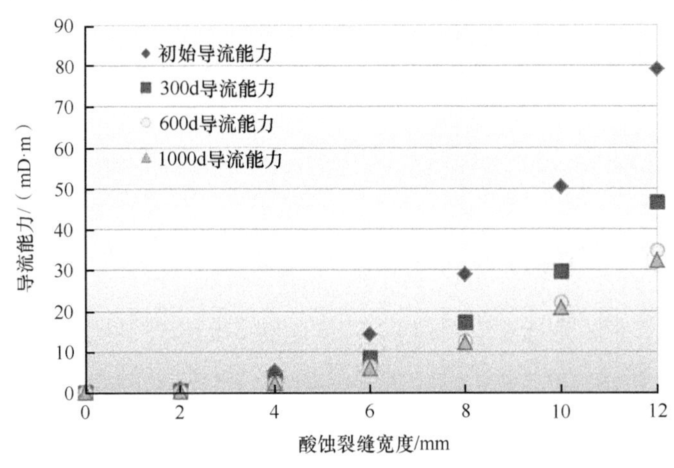

图 11.3.3　不同酸蚀缝宽条件下裂缝导流能力变化规律

（3）酸蚀缝长对储层的深穿透改造具有重要作用。假设酸蚀缝宽为 10mm，结合油藏地质模型参数，分别模拟不同酸蚀缝长的导流能力。结果表明，随缝长增加，导流能力逐渐增加；缝长从 40m 增加大 160m，其导流能力从 21.9mD · m 增加到 31.8mD · m，总体上增幅不大，当缝长大于 120m，导流能力增加幅度明显降低。表明相对于缝宽，缝长对导流能力影响的敏感程度低。

（4）为分析酸压、加砂酸压和加砂压裂条件下裂缝导流能力的变化，进行模拟分析。

酸压模拟条件：酸蚀缝宽 8mm，缝长 100m，缝高 30m。

加砂酸压模拟条件：支撑剂铺置浓度 7.5kg/m^2，酸蚀缝宽 8mm，缝长 100m，缝高 30m。

加砂压裂模拟条件：支撑剂铺置浓度为 7.5kg/m^2，缝长 100m，缝高 30m。

结果如图 11.3.4 所示，加砂酸压导流能力最高，其次为加砂压裂，酸压导流能力最低，即加砂酸压导流能力约为酸压导流能力的 2.76 倍，加砂压裂导流能力为酸压导流能力的 1.70 倍。图 11.3.5 结果显示，加砂酸压日产油量一直保持最高，酸压日产油量在前期相对加砂压裂低，后期比加砂压裂稍高。表明针对目标区块的裂缝孔洞或裂缝溶洞发育储层，加砂酸压工艺措施有利于形成更宽、更长的酸蚀裂缝，并进行有效支撑，从而大幅提高裂缝长期导流能力，提高单井产油量。

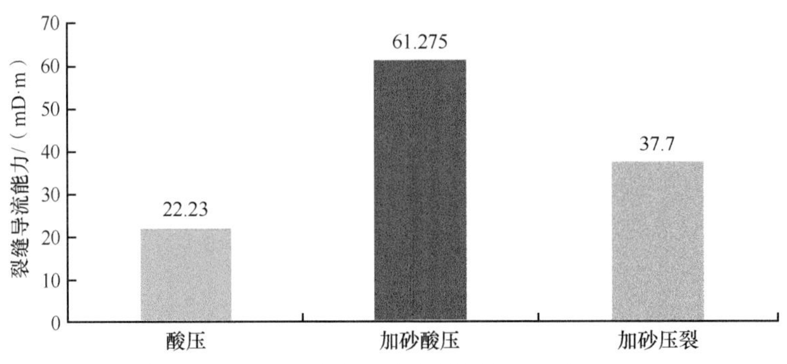

图 11.3.4　不同工艺措施条件下裂缝导流能力对比

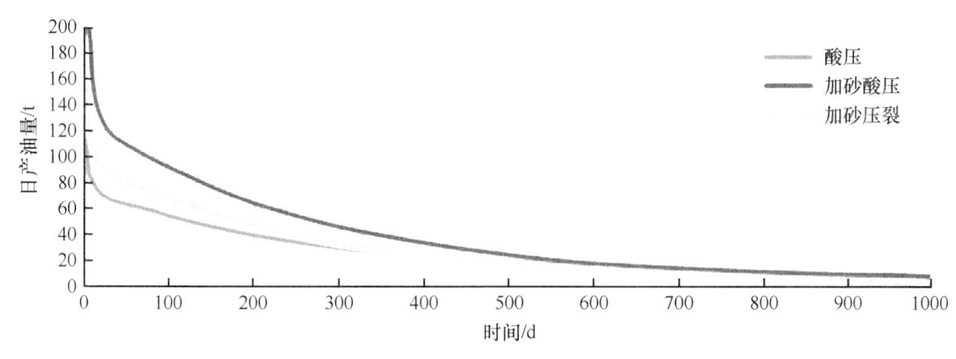

图 11.3.5 不同工艺措施条件下日产油量对比

11.3.4 提高导流能力的措施

缝洞型碳酸盐岩储层酸压过程中液体滤失量大，导致酸蚀缝长短，裂缝长期导流能力低，提高导流能力的主要思路如下（图 11.3.6）。

（1）深穿透：采用缓速性能优良的酸液体系，采取交替注入模式，提高酸蚀缝长，再利用高黏液体形成长缝。

（2）复杂缝：利用低黏液体（减阻水、有机酸）的穿透性，激活天然裂缝，提高人工裂缝的复杂程度。

（3）强刻蚀：采用酸蚀能力强的酸液体系，提高酸液用量，注酸压力降低时及时提高酸液排量，强化对复杂缝的刻蚀。

（4）高导流：采取三级支撑模式，最大限度提高复杂缝的长期导流能力，促进增产。

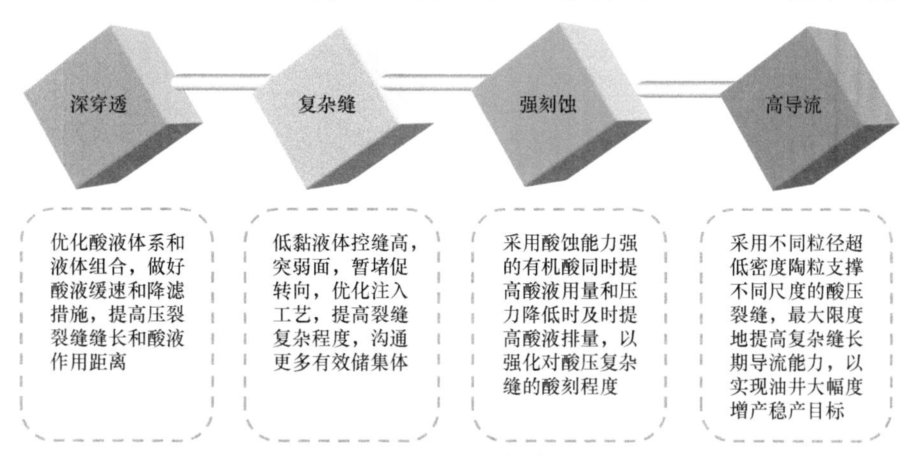

图 11.3.6 加强导流能力的思路

配套两种酸压工艺方案，详述如下。

（1）酸压工艺方案一：（胶液+变黏酸）+暂堵转向剂+超低密度支撑剂组合+闭合酸+变排量注入[图 11.3.7（a）]，主要工艺流程如下。

①前期采用胶液形成主缝，后期采用适量变黏酸刻蚀裂缝，增加缝宽，促进缝内暂堵转向，酸后使用胶液顶替变黏酸。

②泵入暂堵转向剂，提高缝内净压力，激活天然裂缝。

③注入胶液扩缝、降滤，实现储层深部沟通。

④注入变黏酸，刻蚀裂缝，增加缝宽，实现酸压裂缝深度刻蚀。

⑤采用胶液携带 30～50 目的超低密度、高强陶粒支撑剂，支撑主缝，提高导流能力。

⑥后期采用闭合酸液刻蚀裂缝，提高缝口导流能力。

⑦注入闭合酸液顶替，结束施工。

（2）酸压工艺方案二：减阻水+（有机酸+胶液）交替注入+暂堵转向剂+超低密度支撑剂组合+闭合酸+变排量注入[图 11.3.7（b）]，主要工艺流程如下。

①前期采用减阻水以高排量形成主缝，配合使用适量的 70～140 目的低密度、高强度陶粒支撑剂打磨、降滤。

②采用适量低黏有机酸刻蚀裂缝，增加缝宽，酸后使用具有扩缝、降滤作用的胶液顶替低黏有机酸，在注胶液阶段往裂缝远端泵送 40～70 目的超低密度、高强陶粒支撑剂。

③中期采用一定裂缝转向控制剂，实现缝内暂堵转向。

④交替注入低黏有机酸刻蚀裂缝，增加缝宽，利用胶液扩缝、降滤，向主缝携入 30～50 目的低密度、高强度陶粒支撑剂。

⑤采用闭合酸液刻蚀裂缝，提高缝口导流能力。

⑥减阻水顶替闭合酸液，结束施工。

图 11.3.7　缝洞型碳酸盐岩储层提高酸压裂缝导流能力的工艺流程

方案一适用于裂缝-孔洞较发育的碳酸盐岩储层，方案二适用于裂缝-孔洞欠发育的碳酸盐岩储层。

11.3.5　导流能力的评价方法

酸压裂缝导流能力评价方法如图 11.3.8 所示，结合室内酸蚀裂缝长期裂缝导流能力试验、生产数据拟合分析方法、Predict-K 拟合分析方法、SRV 导流能力动态评价方法等手段，拟合分析酸压裂缝长期导流能力的大小及变化规律，明确影响导流能力的因素。

（1）室内酸蚀裂缝长期裂缝导流能力试验：由酸蚀裂缝导流能力测试、支撑剂填充裂缝导流能力测试，分析评价裂缝导流能力的主要影响因素，如注入工艺、支撑剂类型、液体体系及组合等。针对目标区块储层，由于室内模拟高温高压长期导流能力试验难度较大，风险较高。从评价参数的角度，参照长期导流能力测试标准和方法，试验结果仅供一定参考。

（2）生产数据拟合分析方法：通过拟合产量与压力、双对数曲线、Blasingame 曲线等，获取生产时间内的长期裂缝导流能力，再应用三重介质模型拟合导流能力并进行预测，识别是否沟通溶洞或裂缝。

（3）Predict-K 拟合分析方法：通过对产量、压力进行拟合，获取生产时间内的长期裂缝导流能力变化规律。利用拟合后的酸蚀缝长、酸蚀缝宽、酸蚀裂缝导流能力、等效孔渗等参数，评价酸压工艺及参数对裂缝导流能力的影响。

（4）SRV 导流能力动态评价方法：通过拟合产量与压力数据，获取生产时间内长期裂缝导流能力的变化规律，也可对返排数据进行拟合，评价返排方案。可实现酸蚀裂缝体积、等效孔渗及动态裂缝导流能力的拟合，分析判断裂缝形态及 SRV 值，分阶段动态评估导流能力及效果。

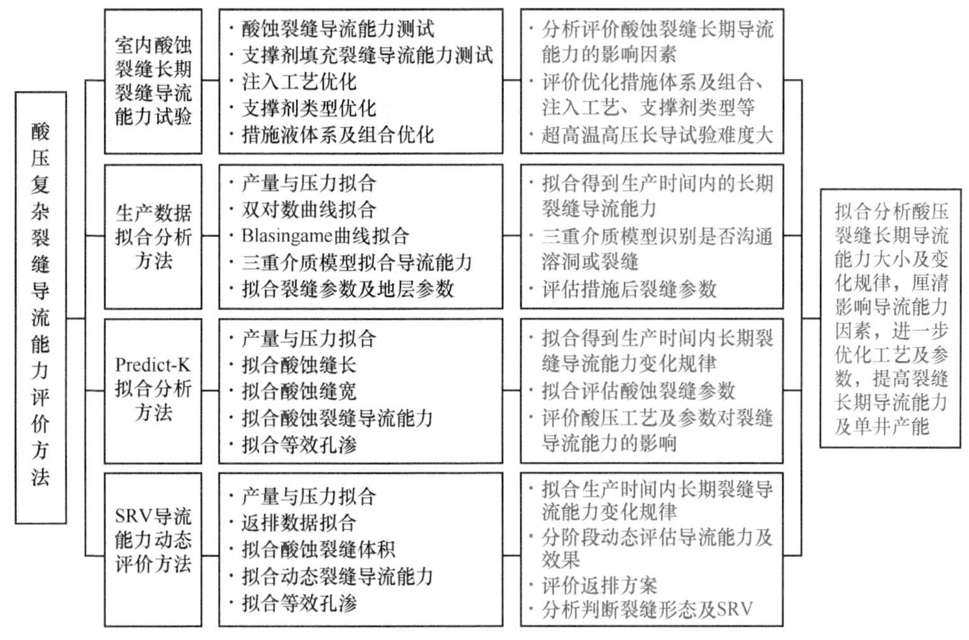

图 11.3.8　长期导流能力评价方法

11.4　支撑剂参数优化

11.4.1　支撑剂的类型

1. 天然石英砂

对出砂严重的井用涂层砂，对出砂不严重的井尽量用石英砂或以石英砂为主体，缝口处以少量涂层砂封口。石英砂的最高抗压值为 21.0～35.0MPa，深井中应慎重使用。

2. 人造支撑剂（陶粒）

人造陶粒砂优于石英砂。其矿物成分为氧化铝、硅酸盐和铁-钛氧化物，密度为 3800kg/m^3，强度较高。70.0MPa 闭合应力下，其支撑缝的渗透率比石英砂高一个数量级，能应用于深井。低强度适用的闭合应力为 56.0MPa，中强度为 70.0～84.0mPa，高强度达 105.0MPa。陶粒强度虽高，但密度较大，给压裂施工带来一定风险，特别在深井下由于高温和剪切作用，对压裂液的携砂性能要求高。

3. 树脂包层支撑剂

树脂包层支撑剂是中等强度，低密度或高密度，能承受 56.0～70.0MPa 的闭合应力，支撑能力介于低强度天然石英砂和高强度陶粒之间。其密度小，便于携砂与铺砂，具有如下特点。

（1）增加了砂粒间的接触面积，提高了支撑剂抗闭合应力的能力。

（2）树脂薄膜可将压碎的砂粒小块或粉砂包裹起来，减少微粒运移及孔道堵塞，改善填砂裂缝的导流能力。

（3）体积密度比陶粒要低得多，便于悬浮，降低了对携砂液的要求。

（4）树脂包层支撑剂具有可变形的特点，使其接触面积增加，防止支撑剂在软地层的嵌入。支撑剂的性质及矿物组成如表 11.4.1 所示。

表 11.4.1　支撑剂的性质及矿物组成

类别	强度	类型	相对密度	堆积密度/（kg/m^3）	69MPa 破碎率/%	最大承压/MPa
天然	低	石英砂	2.65	1538～1650	40.8～59.0	20.7～34.5
人造	中	低密度硅酸铝	2.70～2.75	1586～1650	4.3～9.5	55
		高密度氧化铝与硅酸铝	3.15～3.25	1802～1870	3.5～6.1	69～82.7
	高	氧化铝	3.6～3.8	2082～2307	3.5～5.0	103.4
		氧化锆—硅酸盐	3.15～3.17	1648～1922	0.3～4.6	103.4

支撑剂的用途是支撑已张开的裂缝，使施工结束后裂缝不闭合，供地层内的油气流入井筒。一般情况下，若要使增产达到 2 倍，相对渗透率需达到 10000，如缝宽为 2.5mm 的裂缝，支撑裂缝的渗透率须是油层岩石的 10000 倍，即渗透率为 10mD 的地层，支撑后的裂缝渗透率须达到 100D。

实验室评价支撑剂导流能力一般采用短期评价的方法，短期导流能力不能完全说明支撑剂在地下的真实导流能力，其局限性主要表现如下。

（1）试验闭合应力难以达到油藏条件下的压力。

（2）试验在常温下进行，试验结果不能完全反映油藏温度下支撑剂的导流能力。

（3）试验没有考虑支撑剂在岩石内的嵌入作用，及压裂液滤饼、微粒运移、时间等因素的作用。

短期导流能力的评价可在实验室条件下对比不同支撑剂的性能，为选择支撑材料提供参考依据。

11.4.2　影响支撑剂长期导流能力的因素

从闭合应力、支撑剂嵌入、温度和时间、压裂液滤饼及填砂裂缝中的残渣、酸碱性、非达西流及两相流等方面，分析各因素对支撑剂长期导流能力的影响。

1. 闭合应力

闭合应力由地层传递给支撑剂，会引起支撑剂破碎，颗粒尺寸减小，圆度变差，面积增大，粒径不均匀，造成缝宽减小、支撑剂充填层孔隙度变小、渗透率降低。

2. 支撑剂的嵌入

支撑剂嵌入裂缝缝壁，有效缝宽下降，引起导流能力降低。4000psi 闭合应力下，中强度支撑剂嵌入岩石深度为 0.001in[①]；闭合应力增加到 10000psi，总嵌入深度为 0.0032in，由于嵌入而导致导流能力下降 17%。考虑岩石硬度和闭合应力等多种因素，在较软或中硬地层中，随闭合应力增大，嵌入将成为损害导流能力的主要因素。

3. 温度和时间

一定压力下，时间和温度是导致长期导流能力下降的主要原因。温度对短期导流能力的影响较小，而对长期导流能力的影响较大，温度升高而导致的导流能力下降是永久性的。时间对导流能力的影响较大，为准确地评价支撑剂的长期导流能力，须有足够的时间，使支撑剂达到稳定状态，测得的导流能力才尽可能接近真实的导流能力。

4. 压裂液滤饼及填砂裂缝中的残渣

滤饼和裂缝中残渣将伤害裂缝渗透率，降低导流能力，国内外大量使用水基压裂液，其中的成胶剂多数是天然植物粉剂。天然植物胶中有一定量的残渣，将减小裂缝的有效宽度，导致导流能力呈现不同程度的下降。为减少滤饼及压裂液残渣带来的不利影响，提高支撑剂的缝内浓度是有效途径。

5. 酸碱性

酸性环境将溶解支撑剂，使支撑剂承受闭合应力的能力降低，同时减小支撑剂粒径，从而降低裂缝的有效宽度。

6. 非达西流及两相流

当流体通过裂缝，如果流速超出了层流范围，流体的流动规律将不再遵循达西定律，会产生一个附加阻力，使导流能力下降。当存在两相流，液体的流速由于气体的存在而受到影响。

---

① 1in=2.54cm。

11.4.3　支撑剂导流能力测试

试验原理为达西定律，即 $k=Q\mu L/(A\Delta p)$。其中 k 为支撑裂缝的渗透率，Q 为裂缝内流量，μ 为流体黏度，L 为测试段长度，A 为支撑裂缝的截面积，Δp 为测试段两端的压力差。采用岩板，开展支撑剂嵌入试验，分析不同支撑剂粒径及粒径组合、铺砂浓度和闭合应力条件下，支撑剂嵌入后的导流能力。试验方案如表 11.4.2 所示。

表 11.4.2　支撑剂导流能力试验参数

序号	支撑剂粒径/目	铺砂浓度/（kg/m^2）	闭合应力/MPa	测试时间/h	备注
1	20～40	5	40、50、60	3	陶粒、岩板、短期导流能力测试
2	20～40	2.5	40、50、60	144	陶粒、岩板、长期导流能力测试
3	30～50	5	40、50、60	3	陶粒、岩板、短期导流能力测试
4	30～50	2.5	40、50、60	144	陶粒、岩板、长期导流能力测试
5	40～70	5	40、50、60	144	陶粒、岩板、长期导流能力测试
6	40～70	2.5	40、50、60	3	陶粒、岩板、短期导流能力测试
7	70～140	2.5	40、50、60	3	陶粒、岩板、短期导流能力测试
8	30～50：40～70=3：7	5	40、50、60	3	陶粒、岩板、短期导流能力测试
9	30～50：40～70=1：1	5	40、50、60	3	陶粒、岩板、短期导流能力测试
10	30～50：40～70=7：3	5	40、50、60	3	陶粒、岩板、短期导流能力测试

1. 20～40 目陶粒支撑剂导流能力

在 40MPa、50MPa、60MPa 下分别进行 48h 的长期导流能力测试，如图 11.4.1 所示，其中 0～48h 压力为 40MPa、48～96h 压力为 50MPa、96～144h 压力为 60MPa。结果表明在相同压力下，随时间增加导流能力缓慢下降，在压力发生变化的节点处，导流能力发生微小突变。

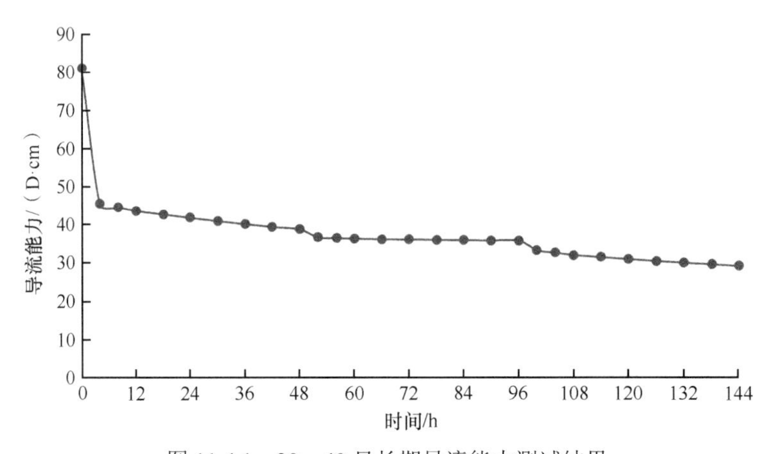

图 11.4.1　20～40 目长期导流能力测试结果

2. 30～50 目陶粒支撑剂导流能力

在 40MPa、50MPa、60MPa 下分别进行 48h 的长期导流能力测试，如图 11.4.2 所示，其中 0～48h 压力为 40MPa、48～96h 压力为 50MPa、96～144h 压力为 60MPa。表明在相同压

力下，随时间增加导流能力缓慢下降，在压力发生变化的节点处，导流能力发生微小突变。

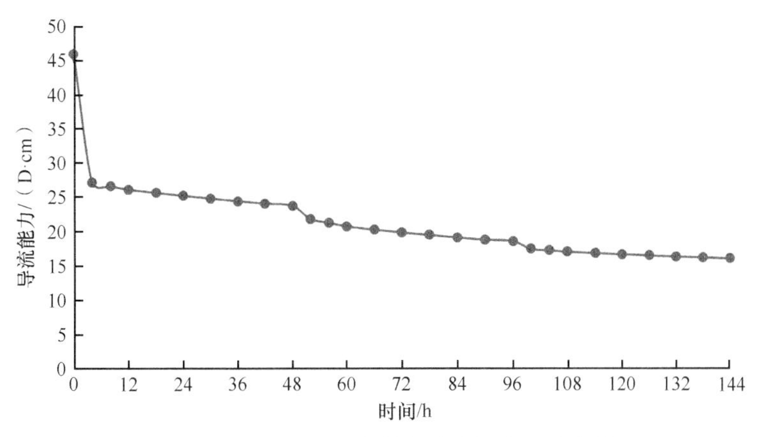

图 11.4.2 30～50 目支撑剂导流能力测试结果

3. 40～70 目陶粒支撑剂导流能力

40～70 目陶粒支撑剂导流能力测试结果如图 11.4.3 所示。

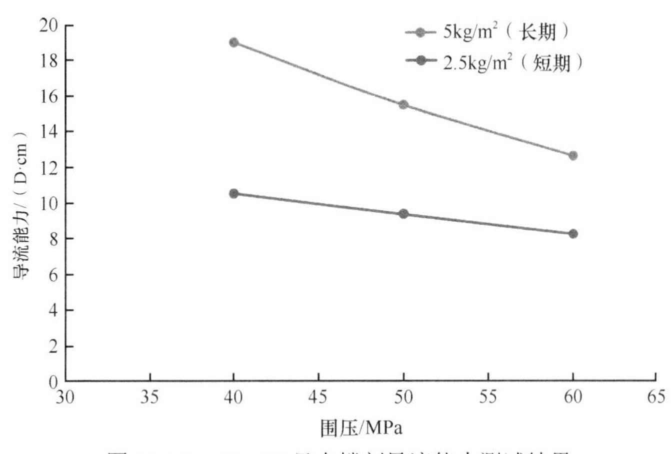

图 11.4.3 40～70 目支撑剂导流能力测试结果

4. 70～140 目陶粒支撑剂导流能力

70～140 目支撑剂在 2.5kg/m^2 的铺砂浓度、40～60MPa 条件下，导流能力较小，从 40MPa 的 6.84D · cm 下降到 60MPa 的 3.64D · cm，下降了 46.78%。

5. 30～50 目与 40～70 目陶粒支撑剂混配导流能力

测试 30～50 目与 40～70 目的陶粒支撑剂混配，在 5kg/m^2 铺砂浓度和 40～60MPa 闭合应力条件下的导流能力，如图 11.4.4 所示。

①30～50 目∶40～70 目=3∶7（质量比，下同）的混配比，短期导流能力从 40MPa 的 31.25D · cm 下降到 60MPa 的 19.55D · cm，下降了 37.44%。

②30～50 目∶40～70 目=1∶1 的混配比，短期导流能力从 40MPa 的 38.65D · cm 下降

到 60MPa 的 23.64D · cm，下降了 38.84%。

③30～50 目∶40～70 目=7∶3 的混配比，短期导流能力从 40MPa 的 44.86D · cm 下降到 60MPa 的 25.78D · cm，下降了 42.53%。

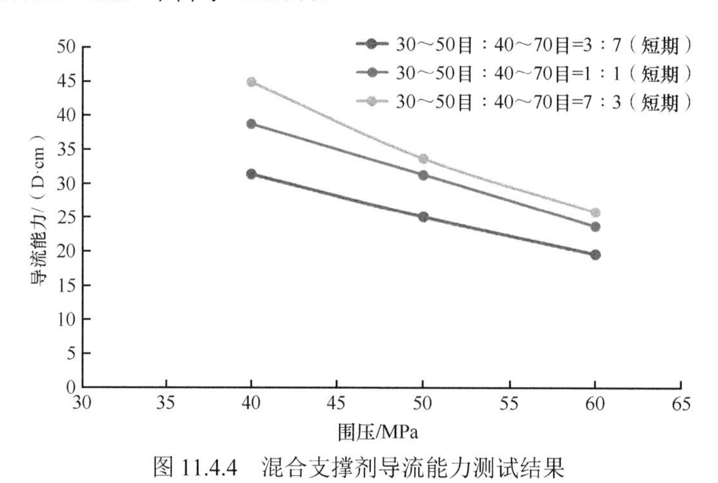

图 11.4.4　混合支撑剂导流能力测试结果

11.5　脉冲波压裂裂缝导流能力评估

脉冲压裂的目的是提高储层的渗透能力，沟通最小主应力方向上的缝洞储集体。脉冲加载，会产生复杂的裂纹网络；脉冲压裂后的储层渗透力是否提高与脉冲裂纹是否闭合有关。如果脉冲裂纹以剪切型断裂为主，由于剪胀效应，脉冲结束后裂纹具有一定的张开度，会大大增加储层的渗透能力。储层渗透能力的提高为所有脉冲裂纹的总体效应。但如何对脉冲压裂后的储层渗透能力评估是一个难题。为此，提出一种脉冲压裂后的储层渗透能力的评估方法。

11.5.1　评估方法

脉冲压裂后，储层渗透性随距离井口远近而不同。实际工程关注的储层渗透性是“地层向井口综合渗流的能力”，而不是关注每一点、每一条裂缝或每一个单独区域的渗流能力。如果假设在井口施加一恒定水压，在井周一个有限闭合区域外边界设定水压为零，则井口的流量可作为闭合区域的渗流能力的指标。闭合区域大小不同，其渗流能力有所不同。实际评估脉冲压裂后的储层渗流能力，以脉冲压裂前的储层渗流能力作参考。取其相对值作脉冲压裂后储层渗流能力的改善指标。

选定未压裂前的地层导流能力作参考，如图 11.5.1 所示。以井口为中心，以半径为 r 的圆形域作研究对象。为评价该圆形区域的导流能力，在井口处施加一恒定水压 p_1，圆形边界结点施加零水压，即 $p_0 = 0\text{MPa}$，计算井口的总流量 q。如果取不同的半径区域[r_1,r_2,⋯,r_n]，计算的井口流量分别为

$$\left[q_1^{\mathrm{c}}, q_2^{\mathrm{c}}, \cdots, q_n^{\mathrm{c}}\right] \tag{11.5.1}$$

以式（11.5.1）做评估脉冲压裂后的储层渗流能力的参考值。

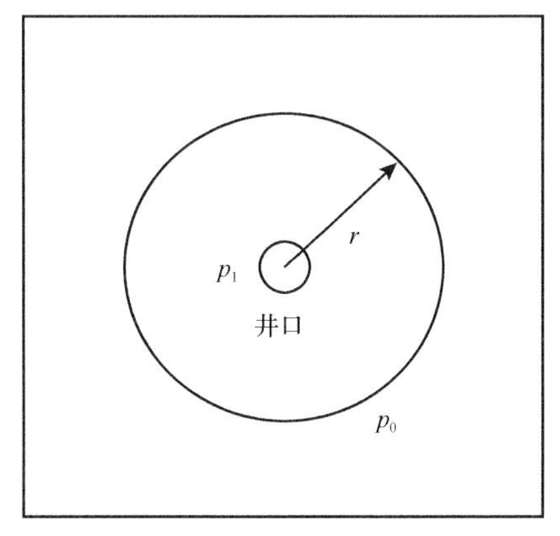

图 11.5.1　地层导流能力评估区域

脉冲压裂结束后，压力降到初始地层压力，以此时的储层作评估对象，并以此时的位移场作裂纹张开度的计算依据。渗流能力评估中，裂缝张开度的计算最重要。应用单元劈裂法（EPM）模拟裂纹，裂纹张开度可由劈裂单元计算。单元劈裂法中，劈裂点坐标是必要的计算参数，单元劈裂时已由程序自动计算并记录，因而每个劈裂单元的劈裂点坐标是计算输出量，可直接从输出数据中读取。对一个劈裂单元，如图 11.5.2 所示。

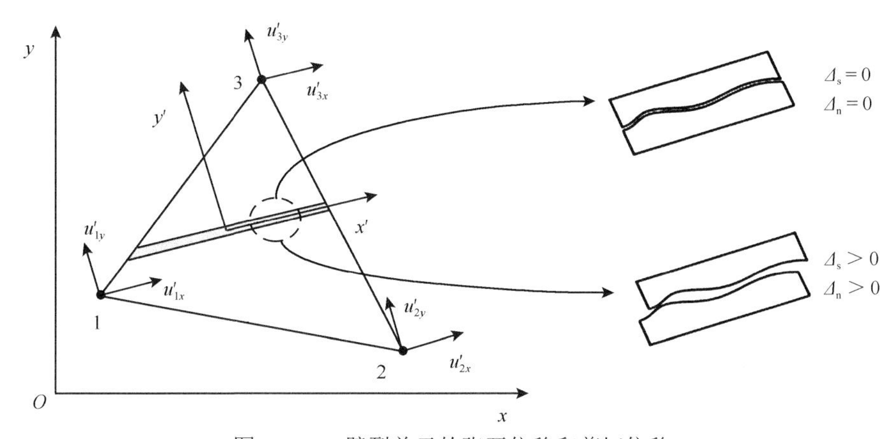

图 11.5.2　劈裂单元的张开位移和剪切位移

根据劈裂点坐标可计算新生裂纹面长度及倾角 α 的正弦和余弦，即

$$
\begin{aligned}
&L=\sqrt{\left(x_2-x_1\right)^2+\left(y_2-y_1\right)^2}\\
&\sin\alpha=\left(y_2-y_1\right)/L\\
&\cos\alpha=\left(x_2-x_1\right)/L
\end{aligned}
\tag{11.5.2}
$$

裂纹面的局部坐标系内，根据结点位移计算裂纹面的张开位移 Δ_{n} 和剪切位移 Δ_{s}，即

$$
\begin{aligned}
&\Delta_{\mathrm{n}}=\frac{u'_{3y}-u'_{1y}}{2}+\frac{u'_{3y}-u'_{2y}}{2}\\
&\Delta_{\mathrm{s}}=\frac{u'_{3x}-u'_{1x}}{2}+\frac{u'_{3x}-u'_{2x}}{2}
\end{aligned}
\tag{11.5.3}
$$

式中，u' 为结点在局部坐标系中的位移。局部坐标系的结点位移可由整体坐标系的位移经

坐标变换得到。

对一个劈裂单元，考虑到新生裂纹面具有一定的粗糙度，不可能完全光滑，当其张开位移 $\varDelta_{\mathrm{n}}$ 小于等于零，形式上该裂纹面是闭合的。实际上该裂纹是否具有张开度取决于该裂纹面的剪切位移。当剪切位移不为零，发生剪胀效应，如图 11.5.2 所示。裂纹的实际张开度可写为

$$a = \mu_{\mathrm{c}} \left| \varDelta_{\mathrm{s}} \right| \tag{11.5.4}$$

式中，μ_{c} 为脉冲裂纹的剪胀系数。

对张开位移大于零，即 $\varDelta_{\mathrm{n}} > 0$，计算张开度的模型为

$$a = \max\left(\varDelta_{\mathrm{n}}, \mu_{\mathrm{c}} \left| \varDelta_{\mathrm{s}} \right|\right) \tag{11.5.5}$$

天然裂纹的张开度计算式为

$$a = \max\left(a_0,\ \varDelta_{\mathrm{n}}, \mu_{\mathrm{J}} \left| \varDelta_{\mathrm{s}} \right|\right) \tag{11.5.6}$$

式中，a_0、μ_{J} 分别为天然裂纹的初始张开度和剪胀系数。

每条裂纹段的张开度计算完成后，可用三次方定律来描述裂纹的渗流行为，即 $q = a^3/(12\mu)\cdot\nabla p$。其中，$\mu$ 为流体的黏性系数，∇p 为压力梯度。

在渗流方面，一个劈裂单元可视为由一个裂纹单元和一个完整基质单元相叠加而成，如图 11.5.3 所示。劈裂单元的渗透矩阵 $\boldsymbol{k}$ 可表示为

$$\boldsymbol{k} = \boldsymbol{k}_{\mathrm{M}} + \boldsymbol{k}_{\mathrm{J}} \tag{11.5.7}$$

式中，$\boldsymbol{k}_{\mathrm{M}}$、$\boldsymbol{k}_{\mathrm{J}}$ 分别为三角基质单元和裂纹单元的渗透矩阵。

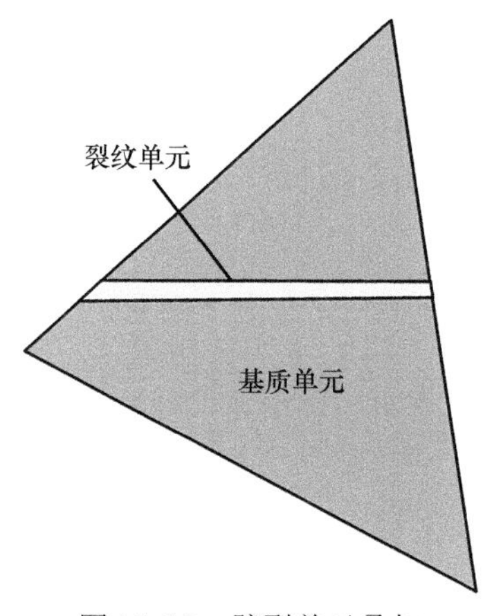

图 11.5.3　劈裂单元叠加

对脉冲压裂后的储层，以井口为中心，分别取不同半径区域$[r_1, r_2, \cdots, r_n]$，如图 11.5.4 所示。在井口和闭合区域外边界分别施加水压，定水压 p_1 和 p_0=0MPa，计算相应的井口流量为

$$\left[q_1, q_2, \cdots, q_n\right] \tag{11.5.8}$$

每一半径区域的渗流能力提高的倍数为

$$[\lambda_1, \lambda_2, \cdots, \lambda_n] = \left[\frac{q_1}{q_1^{\mathrm{c}}}, \frac{q_2}{q_2^{\mathrm{c}}}, \cdots, \frac{q_n}{q_n^{\mathrm{c}}}\right] \tag{11.5.9}$$

图 11.5.4　脉冲压裂后的储层导流能力评估区域

张开度计算完成后，赋予每个劈裂单元一个张开度，取不同的半径区域进行流量计算，将流量与参考值进行对比，可得到一系列比例系数。不同的半径对应不同的比例系数。根据比例系数，得到不同半径区域内总体的渗透系数提高了多少。根据这一方法，对脉冲压裂进行渗流能力评估。

11.5.2　评估算例

为探讨脉冲压裂后地层导流能力改善效果，进行模拟分析。采用图 11.5.5 所示的计算域及边界条件，计算域为 100m×100m 的矩形，井筒直径为 0.1651m 。计算域左边界和下边界法向位移约束，右边界和上边界分别施加地应力 σ_x 和 σ_y，井筒内施加水压。

计算参数：杨氏模量 E=38.0GPa，泊松比 ν=0.2，岩石抗拉强度 σ_t=4.0MPa，基质渗透系数 k_m=1.0×10^{-15}m^2，流体黏性系数 μ=0.05Pa · s，脉冲加载时间步 Δt=2.0μs。

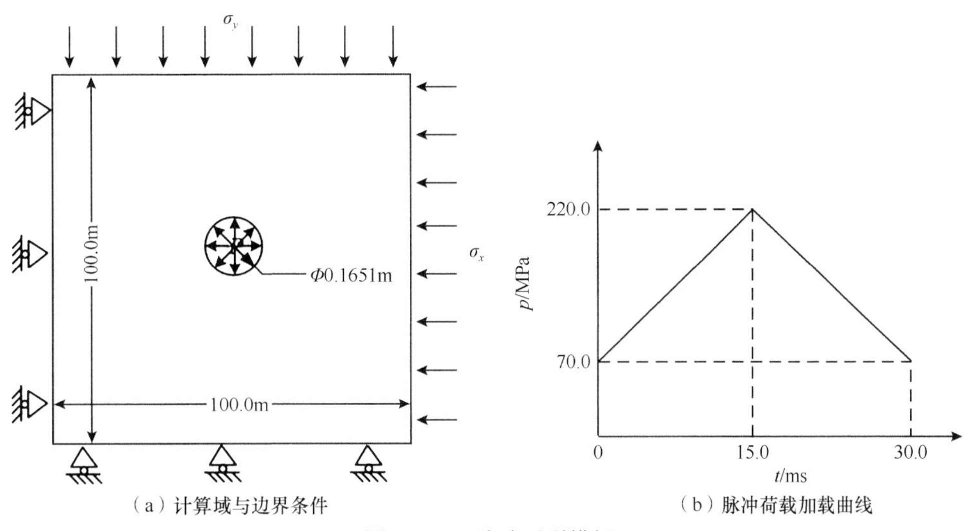

（a）计算域与边界条件　　（b）脉冲荷载加载曲线

图 11.5.5　脉冲压裂模拟

脉冲压裂结束，压力降至地层孔隙压力后（30.0ms 时），分别取半径 R=5.0m、10.0m、15.0m 三个不同的区域。井口施加水压 p_1=100.0MPa，区域外边界施加水压 $p_0=0\text{MPa}$，计算稳态渗流的井口流量值。

假设未脉冲压裂前的储层为均质储层，即各向渗透系数均相等，可求解不同半径区域时的井口流量：

$$Q=\frac{|p_0-p_1|}{\mu/(2.0\pi K_m)\cdot\ln(R/r)} \tag{11.5.10}$$

由式（11.5.10）可知，当 R=5.0m、10.0m、15.0m 时，井口流量的理论值分别为 $3.0621\times10^{-6}\text{m}^3/\text{s}$、$2.6197\times10^{-6}\text{m}^3/\text{s}$、$2.4155\times10^{-6}\text{m}^3/\text{s}$。

1. 算例 1：地应力 $\sigma_x/\sigma_y=130\text{MPa}/120\text{MPa}$

脉冲压裂 t=30.0ms 时的脉冲裂纹扩展如图 11.5.6（a）所示。此时井周已形成复杂的放射状裂缝网络，裂缝网络形态对称，6 条主裂缝夹角近似相等（约 60.0°），x 方向单侧延伸范围为 25.0～28.0m，y 方向单侧延伸范围为 19.0～23.0m。裂缝张开度如图 11.5.6（b）所示。

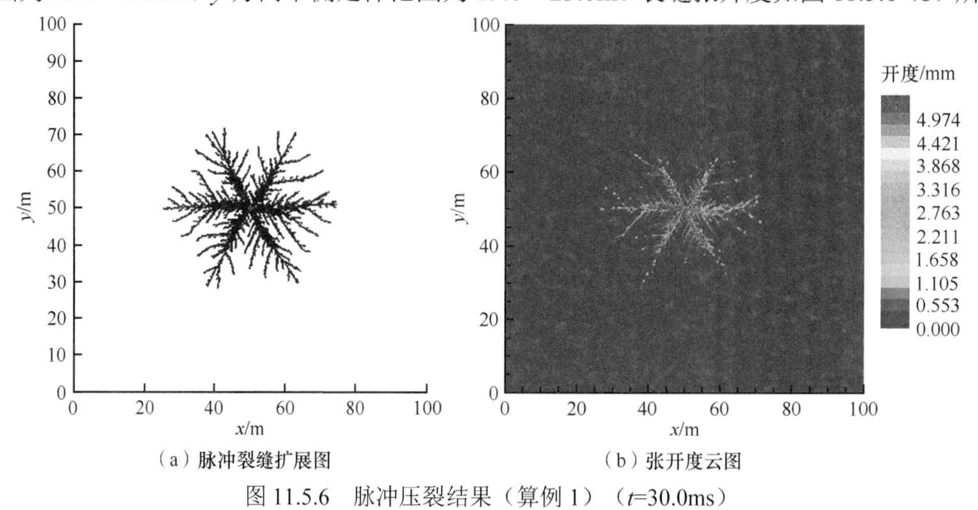

（a）脉冲裂缝扩展图　（b）张开度云图

图 11.5.6　脉冲压裂结果（算例 1）（t=30.0ms）

2. 算例 2：地应力 $\sigma_x/\sigma_y=140\text{MPa}/120\text{MPa}$

脉冲压裂 t=30.0ms 时的脉冲裂纹网络如图 11.5.7（a）所示。此时井周已形成复杂的放射状裂缝网络，裂缝网络形态对称，6 条主裂缝夹角近似相等（约 60.0°），x 方向单侧延伸范围 26.5～29.0m，y 方向单侧延伸范围 21.0～24.0m。裂缝张开度如图 11.5.7（b）所示。

对比两算例，应力差大时（算例 2）脉冲裂缝扩展延伸范围（含 x、y 方向）明显增大。截取圆形半径 R=5m、10m、15m 的区域进行导流能力评估，结果如图 11.5.8 所示。

（1）地应力差较小时（算例 1），脉冲裂纹扩展分叉在近井区域各个方向较为均匀，增渗能力强，近井区域的导流能力较强。

（2）地应力差较大时（算例 2），近井区域的导流能力偏低。

（3）总体上，脉冲压裂后，井周地层导流能力显著提升，提高近 10^8 倍，当区域半径超过脉冲压裂范围，渗透性趋于原始地层。

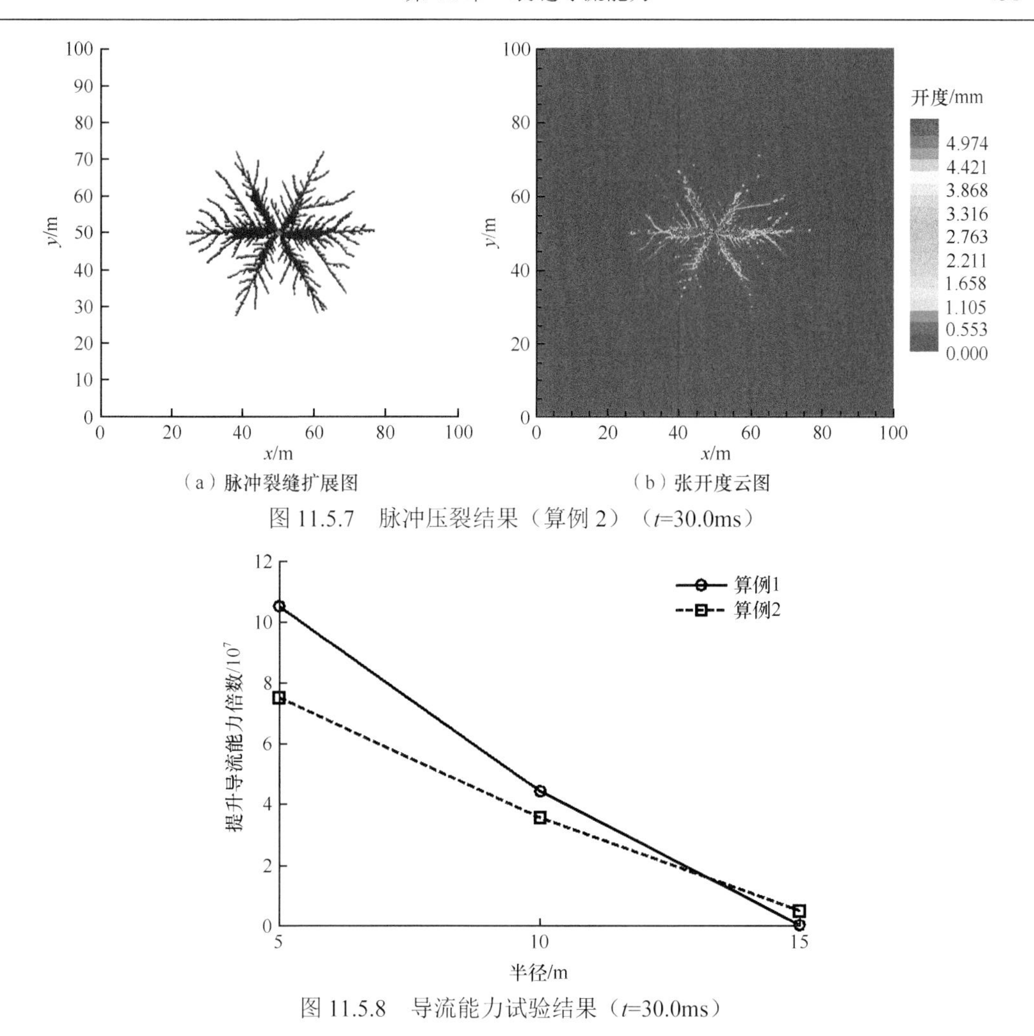

（a）脉冲裂缝扩展图　　（b）张开度云图

图 11.5.7　脉冲压裂结果（算例 2）（t=30.0ms）

图 11.5.8　导流能力试验结果（t=30.0ms）

11.6　井 例 分 析

11.6.1　天然裂缝宽度预测

采用三种方法预测目标区块天然裂缝缝宽，结果如图 11.6.1 所示。可以看出，采用地

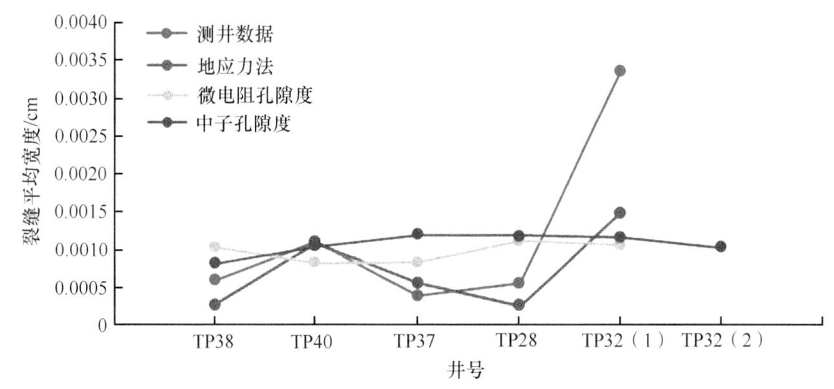

图 11.6.1　三种方法预测裂缝宽度对比

应力法，预测的精度高于中子孔隙度及微电阻孔隙度，原因是地应力场计算缝宽适用于以构造裂缝为主的地层（区块）。而目标区块 O_2yj 层位构造裂缝明显且走向一致，使该种预测方法较为准确。孔隙度预测法依托经验公式，对区块岩性参数的一致性要求较高。岩性种类复杂且不易定量分析，导致回归方程相关性不理想，预测精度低。

目标区块 O_2yj 层位各井点裂缝宽度分布如图 11.6.2 所示，裂缝宽度值总体呈正态分布（μ=0.0019057，σ=0.0025366）。从测井资料裂缝宽度正态分布曲线来看（图 11.6.3），区块内 O_2yj 层位各井点裂缝宽度值分布于 0.00021～0.00952cm 的占 97.11%。

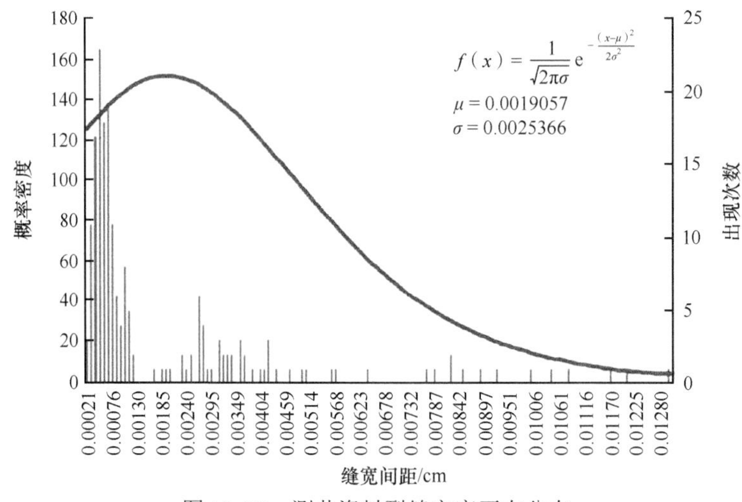

图 11.6.2　测井资料裂缝宽度正态分布

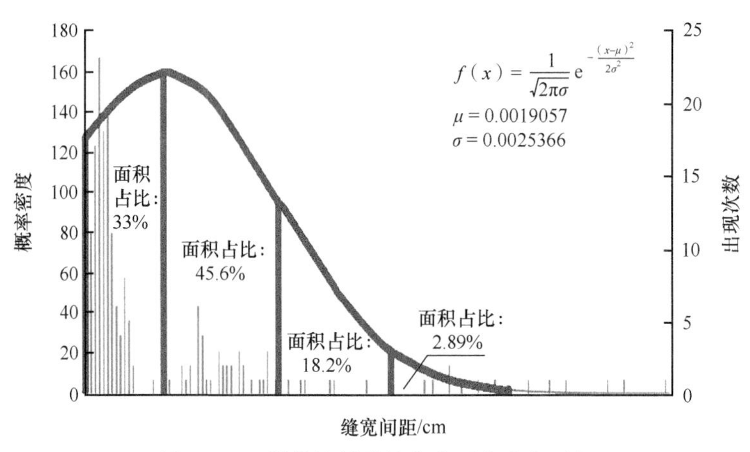

图 11.6.3　测井资料裂缝宽度正态分布面积

11.6.2　缝宽与缝长分析

根据表 11.6.1 中目标区块的基础数据，进行缝宽与缝长关系的有限元数值计算。

表 11.6.1 目标区块的基础数据参数

参数	参数值	参数	参数值
水平最大地应力/MPa	140	水平最小地应力/MPa	101
垂向地应力/MPa	165	地层孔隙压力/MPa	70
泊松比	0.26	有效应力系数	0.95
逼近角/（°）	30	内聚力/MPa	8
岩石本体抗拉强度/MPa	4	内摩擦系数	0.625
弹性模量/GPa	43	孔隙度/%	2
渗透率/mD	3	排量/（m^3/min）	2，4，6，8

提取缝宽沿缝长方向的分布数据，并绘制曲线，图 11.6.4 和图 11.6.5 分别给出了排量为 8m^3/min、4m^3/min 时，前置液体积为 200m^3、300m^3、400m^3、500m^3 下的缝宽沿缝长分布情况。

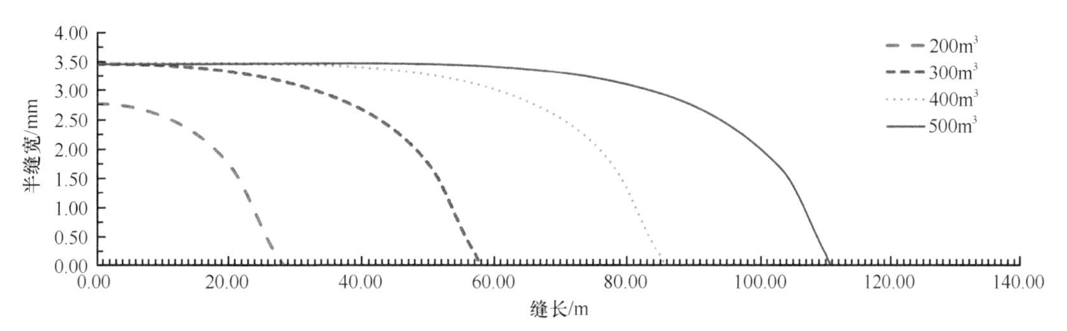

图 11.6.4 排量为 8m^3/min 时半缝宽与缝长关系

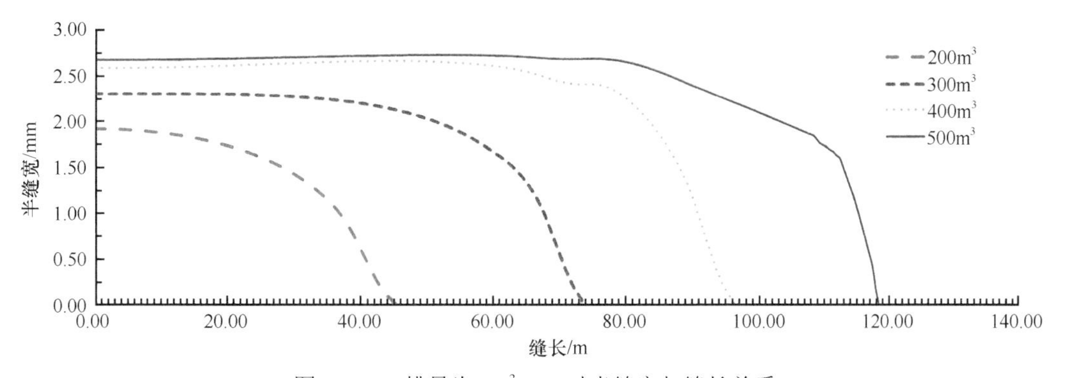

图 11.6.5 排量为 4m^3/min 时半缝宽与缝长关系

现场施工过程中，先采用大排量造缝，后采用小排量泵入暂堵材料进行缝内暂堵。为模拟该动态过程中缝宽沿缝长方向上的分布，第一步、第二步、第三步、第四步分别模拟排量为 8m^3/min、4m^3/min、2m^3/min、1m^3/min 的压裂过程。模拟结束后，提取每个排量下，缝宽沿缝长方向的分布数据，并绘制曲线，如图 11.6.6 所示。

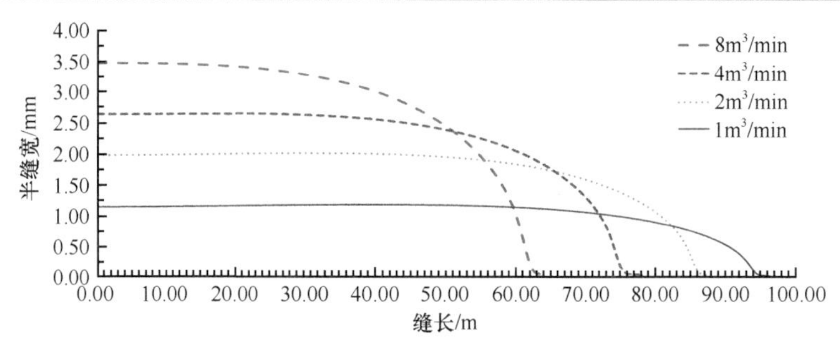

图 11.6.6　变排量下半缝宽沿缝长方向上的分布

实际施工中，可利用式（11.6.1）计算缝内净压力，利用式（11.6.2）计算缝宽沿缝长方向的分布。当指定封堵位置，利用图 11.6.7 获取相应的缝宽，利用缝宽确定暂堵剂配方。

缝内净压力计算公式：

$$p_{\text{net}}=\left[\frac{E^3}{h_{\text{f}}^4}\left(\kappa\mu q\chi_{\text{f}}\right)+p_{\text{tip}}^4\right]^{1/4} \tag{11.6.1}$$

式中，p_{net}为净压力；E为弹性模量；μ为流体黏度；q为平均流速；χ_{f}为裂缝长度；p_{tip}为裂缝缝尖流体压力；h_{f}为缝高；κ为常数，椭圆形缝取值为 16/π。

缝宽沿缝长计算公式：

$$\omega(x)=\frac{4\left(1-\nu^2\right)}{E}p_{\text{net}}\sqrt{L^2-x^2} \tag{11.6.2}$$

式中，L为裂缝长度；ν为泊松比。

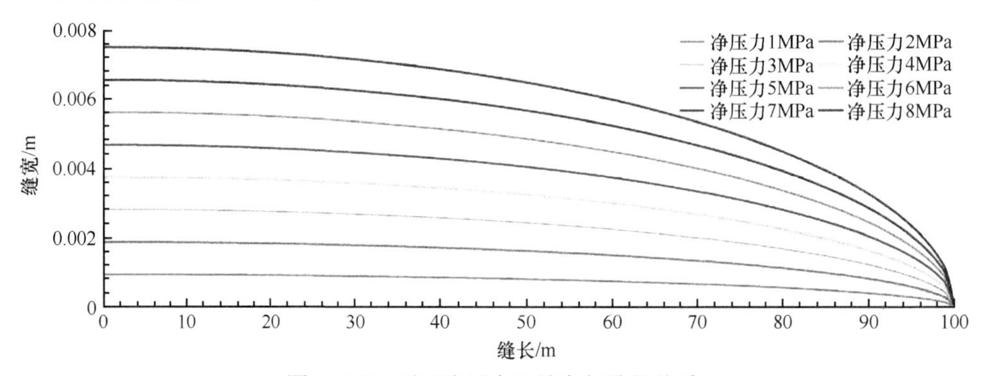

图 11.6.7　不同净压力下缝宽与缝长关系

11.6.3　裂缝长期导流能力

1. Predict-K 软件分析长期导流能力

采用 Predict-K 软件的 Acid Frac 模型对目标区块酸压裂缝导流能力进行评价分析。利用生产数据对产量曲线进行拟合，得到酸压井裂缝参数，对导流能力进行评价分析，并得到基础油藏参数模型。

根据目标区域地质特征情况，选取了 7 口酸压井进行酸压裂缝导流能力评价分析。以 TP7 井酸压产量拟合曲线及导流能力评价分析结果为例。该井酸压施工后，开井初始油压

17MPa，自喷生产时间达 1809d，且累计产油量达 126349.40t，平均日产油量 69.84t，属该区块的高产井。通过产量拟合曲线获得酸蚀裂缝缝宽为 12mm，酸蚀裂缝缝长为 160m，初始酸蚀裂缝导流能力为 115.47mD · m。

由图 11.6.8 可知，TP7 井酸蚀裂缝初始导流能力较强，经 1809d 逐渐降低后仍保持一定的导流能力，表明酸压不仅形成了深穿透高导缝，还沟通了大量的断裂带天然裂缝，形成了复杂的酸蚀裂缝系统。随储层油气产出，地层能量衰减，上覆岩层对储层施加的有效应力增加，导致天然裂缝逐渐闭合，使长期导流能力在一定程度上降低。对长期自喷生产数据拟合分析，统计（图 11.6.9～图 11.6.11，表 11.6.2）后发现，TP7 井酸压效果最好，TP207X 井酸压效果最差。

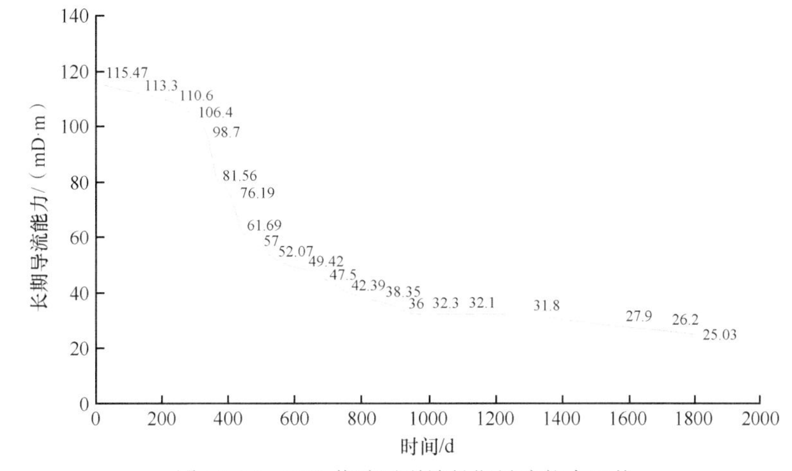

图 11.6.8　TP7 井酸压裂缝长期导流能力评价

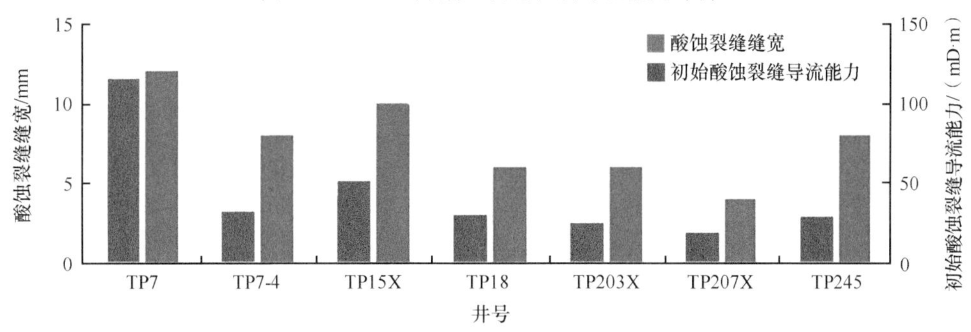

图 11.6.9　7 口井酸蚀裂缝缝宽与初始酸蚀裂缝导流能力关系对比

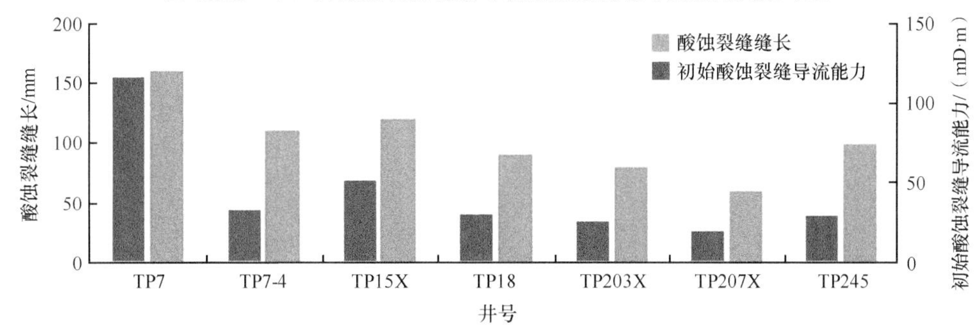

图 11.6.10　7 口井酸蚀裂缝缝长与初始酸蚀裂缝导流能力关系对比

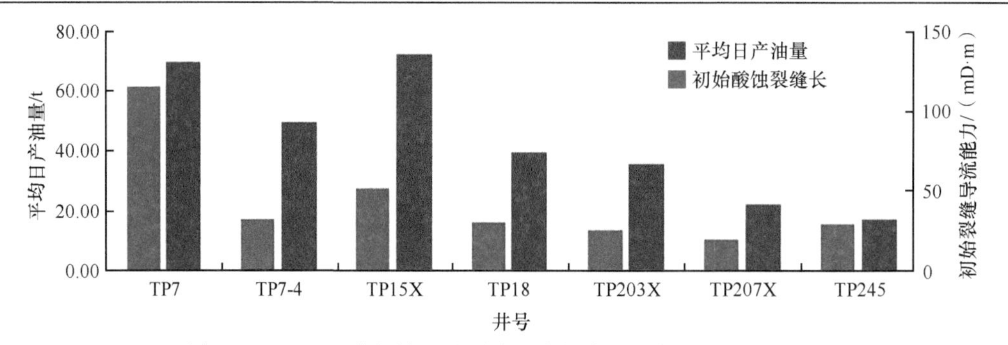

图 11.6.11　7 口井初始酸蚀裂缝导流能力与日产油量关系对比

表 11.6.2　7 口井酸压裂缝拟合分析结果

井号	酸蚀缝宽/mm	酸蚀缝长/m	初始酸蚀裂缝导流能力/（mD · m）
TP7	12	160	115.47
TP7-4	8	110	31.9
TP15X	10	120	50.85
TP18	6	90	29.68
TP203X	6	80	24.84
TP207X	4	60	18.86
TP245	8	100	28.44

7 口井酸压裂缝导流能力、酸蚀缝宽和缝长（酸蚀裂缝半长）与平均日产液量存在正相关关系，表明裂缝长度和导流能力是后期稳产的关键。每口井长期导流能力存在一定差异。

（1）TP7 井酸压后的裂缝长期导流能力前期下降较快，后期降幅趋于平缓。

（2）TP7-4 井酸压后的裂缝长期导流能力前期保持缓慢降低状态，中后期降幅稍有加快。

（3）TP15X 井酸压后的裂缝长期导流能力前期降低较缓慢，中后期降低趋势较快。

（4）TP18 井酸压后的裂缝长期导流能力前期降低慢，中期降低快，后期稍快。

（5）TP203X 井酸压后的裂缝长期导流能力前期降低较快，而到中后期降低较慢。

（6）TP207X 井酸压后的裂缝长期导流能力前期降低较快，中期降低慢，后期降低较慢。

（7）TP245 井酸压后的裂缝长期导流能力前期降低较慢，中后期阶段降低较快。

2. Blasingame 软件分析长期导流能力

建立三重介质模型，对区域内 34 口井长期生产数据进行拟合，获得单井裂缝长期导流能力、相关地质和裂缝参数，并分析相关参数的影响关系。

根据目标区域地质特征情况，得到 12 口酸压井反演裂缝参数。以 TP7 井为例，TP7 井酸压施工后开井自喷，对该井进行生产数据分析，拟合生产时间 1800d，累计产油量

125991.8t，平均日产油量 70.00t。基于产量拟合，拟合双对数曲线及 Blasingame 曲线，分别如图 11.6.12 和图 11.6.13，得到酸压裂缝半长为 82.0m，裂缝导流能力为 14.84D · cm。

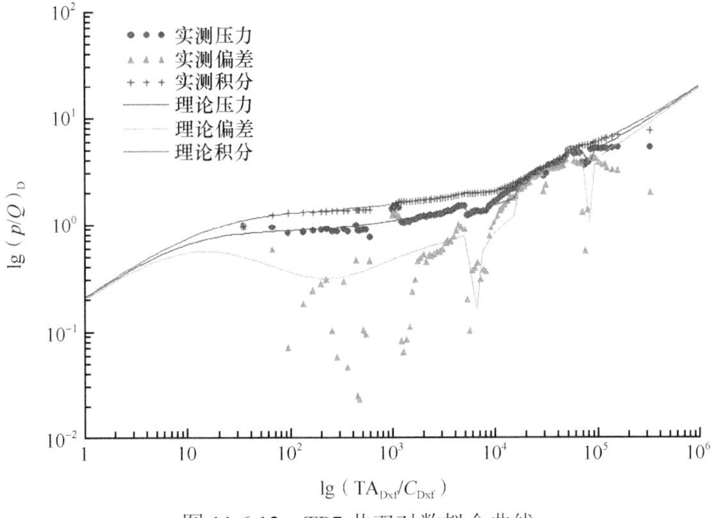

图 11.6.12　TP7 井双对数拟合曲线

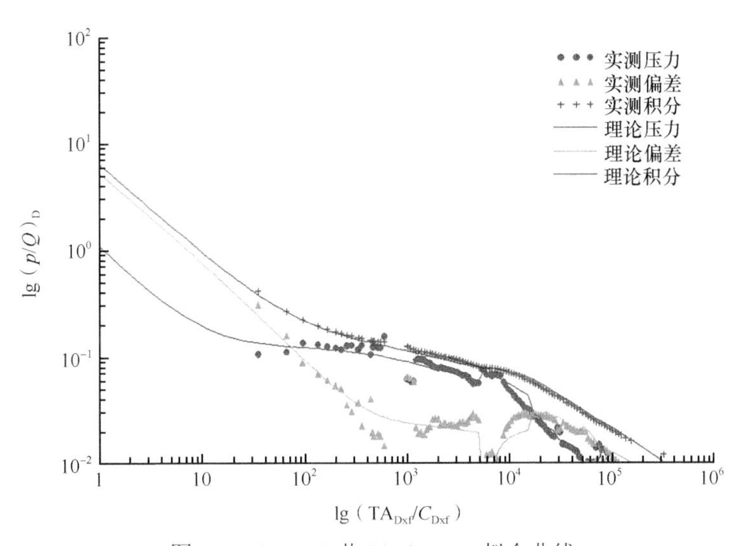

图 11.6.13　TP7 井 Blasingame 拟合曲线

根据均质模型、双重介质模型和三重介质模型拟合结果，拟合度高的大部分井具有三重介质特征，两口井符合均质模型特征。从 TP264、TP267X 两口井的压裂施工曲线、压降 G 函数、双对数、Blasingame 拟合分析，两口井具有相似的表现特征，说明改造裂缝不复杂。统计 TP7 井、TP7-1 井、TP7-4 井、TP15X 井、TP18 井、TP27X 井、TP203X、TP207X 井、TP240 井、TP245 井、TP264 井和 TP267X 井的裂缝半长与裂缝导流能力数据，如表 11.6.3 所示。

表 11.6.3　均质模型、双重介质模型和三重介质模型拟合结果统计

井号	模型	等效基质渗透率/mD	裂缝半长/m	裂缝导流能力/（D · cm）	日平均产液量/t	压裂规模/m³
TP7	三重介质模型	181.0	82.0	14.8	70.0	592.0
TP7-1	三重介质模型	33.5	100.6	12.8	67.5	635.0
TP7-4	三重介质模型	38.9	95.0	8.1	49.9	587.0
TP15X	三重介质模型	25.2	96.5	16.0	72.3	668.7
TP18	三重介质模型	8.1	105.8	6.9	40.4	694.0
TP27X	三重介质模型	5.0	90.1	1.6	15.1	685.0
TP203X	三重介质模型	25.0	110.4	6.1	38.6	641.2
TP207X	三重介质模型	3.8	87.0	2.0	22.0	694.0
TP240	三重介质模型	2.2	146.0	3.2	20.9	1100.0
TP245	三重介质模型	34.3	88.3	3.0	20.5	555.0
TP264	均质模型	0.5	125.0	1.2	12.2	830.0
TP267X	均质模型	0.6	106.6	1.2	16.8	611.6

对缝洞型碳酸盐岩油藏，由图 11.6.14 可知，裂缝半长与日平均产液量不呈正相关关系，表明酸压并不是以追求长缝为目的，主要目的是沟通目标井附近的天然裂缝及溶洞。

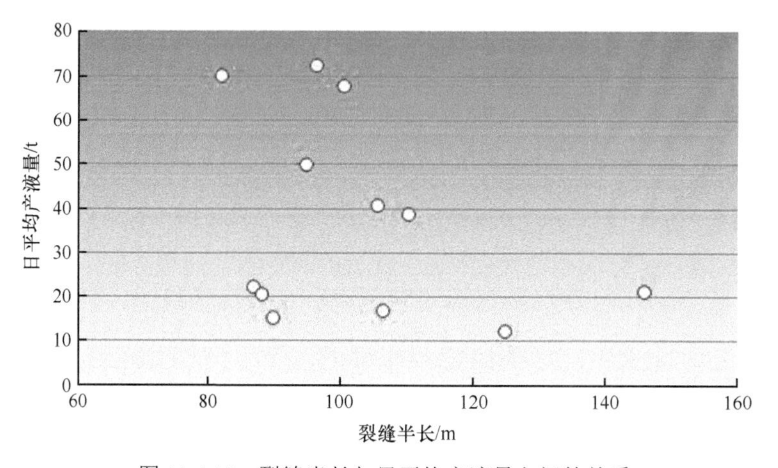

图 11.6.14　裂缝半长与日平均产液量之间的关系

由图 11.6.15 知，随压裂总液量的增加，裂缝半长增加。从曲线来看，当目标区块酸压施工的总液量为 600～700m³ 时，裂缝半长与压裂总液量相关性较差。

综上，裂缝长期导流能力与产液量有明显的正相关，酸压液量与裂缝半长有一定的正相关关系。

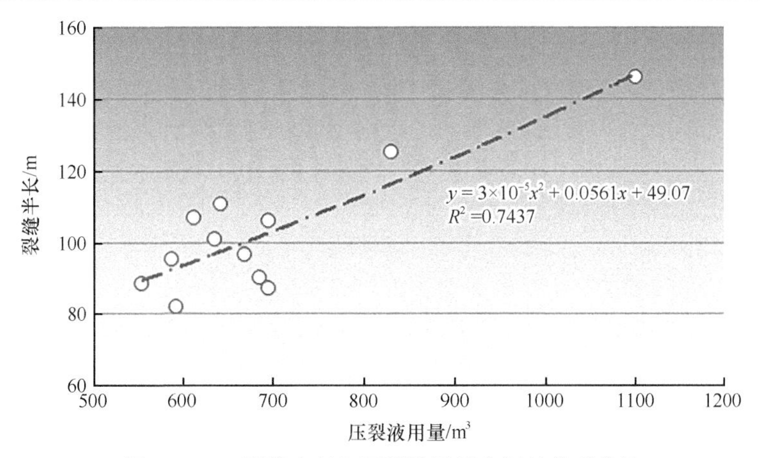

图 11.6.15　裂缝半长与压裂液用量之间的关系曲线

主要参考文献

汪必峰. 2007. 储集层构造裂缝描述与定量预测. 青岛: 中国石油大学(华东).

Willis-Richards J, Watanabe K, Takahashi H. 1996. Progress toward a stochastic rock mechanics model of engineered geothermal systems. Journal of Geophysical Research, 101(B8): 17481-17496.

第12章　储层改造监测与评价

随着酸压大规模地应用于碳酸盐岩储层增产，如何有效评价酸压效果越来越重要。酸压效果评价方法一般包含如下几类。

（1）室内实验包括岩性实验（X射线衍射、扫描电子显微镜、薄片鉴定）、酸蚀裂缝导流能力试验、滤失试验、暂堵剂评价试验、CT 扫描、流变试验、常规五敏试验、配伍性试验及应力敏感试验等。通过上述试验，可间接评价酸压效果，或为酸压效果评价提供基础资料和支撑。其中，酸蚀裂缝导流能力实验是评价酸压导流能力的主要方式，现场测试较难获得酸蚀裂缝导流能力数据。

（2）地层测试资料评估酸压效果是运用地质综合录井、地球物理测井和岩心分析等获得储层物性等参数，采用地层测试技术获取地质参数，利用地层测试资料计算的裂缝参数（裂缝半长、裂缝传导系数、裂缝传导系数、表皮系数等参数），结合压力曲线形态特点对压裂效果进行评价。

（3）近井裂缝监测与诊断技术是通过测井手段（井温测井、生产测井、成像测井、同位素测井、放射性示踪测井），测量井眼附近地层的物理性质，结合油气井动态资料，对酸压效果综合解释，判断裂缝位置、高度与方位。

（4）远井裂缝监测与诊断技术是通过人工电位测井、地面测斜仪、井下测斜仪及微地震成像技术，获取裂缝的空间分布，以此确定震源的空间分布，并解释裂缝的缝长、缝高及方位。

12.1　储层改造监测方法

阐述常用的微地震监测方法。微地震指微小地震事件，对水力压裂发生的地震波，通过井中或地面布设的检波器接收，从而对裂缝进行定位，获取裂缝的长度、宽度、高度和方位角的一种地球物理解释方法。微地震监测有两种方式，即井中和地面监测。二者原理相同，但前者在井中接收信号，后者在地面接收信号。

目前较为公认的是井下微地震监测，可实时反映裂缝的延伸方向、长度、宽度和高度。其他监测方法只能测出其中一种或几种裂缝参数信息，而微地震监测能更全面地反映裂缝信息。微地震压裂监测实施方便，相比放射性测试，微地震监测对环境危害较小，但其对仪器、电子设备要求极高，对压裂井和监测井的井况和距离也有一定要求。其主要应用如下。

（1）判断压裂诱发裂缝的形态及是否形成多裂缝分布。

（2）评估裂缝走向是否符合施工方案，裂缝延伸是否到达目的层。

（3）可识别出天然裂缝和断层的存在，并判断哪些裂缝是诱发形成，哪些是触发形成。

（4）结合裂缝分布情况，对压裂效果进行优化指导和经济价值评价。

除上述在储层改造监测方面的应用外，还可应用于以下方面。

（1）油藏动态监测。

（2）作为储层内部的有效震源，用于速度成像和横波各向异性分析，对储层有关的流动各向异性进行成像。

（3）对微地震波形和震源机制的研究，可提供有关油藏内部变形机制、传导性裂缝和再活动断裂构造形态信息、流体流动的分布和压力前缘的移动情况。

（4）微地震监测与其他井中地震技术和反射地震技术结合，提供功能强大的预测工具。

依据井下微地震裂缝测试要求，选井选层主要考虑监测井和被监测井井距、井眼状况、监测井完井方式及油层段距离等（王治中等，2006）。压裂井的选择相对较容易，可根据实际生产井的产油潜能评估确定。如果该井有压裂的生产价值，则可对其进行压裂改造。对监测井，受很多因素限制，如井况、噪声干扰、与压裂井的距离等。总体上，监测井的选择要考虑以下几个因素。

（1）距离：监测井距压裂井一般不超过 800m。不同的地层和检波器会导致不同的监测半径（检波器的最大检测距离），但一般不会超过 800m；如果监测井距太远，则接收不到微地震信号，导致微地震监测失败。

（2）井况：监测井最好不存在井眼垮塌，垮塌段会造成速度异常，对后续震源定位存在较大影响。监测井最好是直井，斜井中的微地震监测较复杂，对检波器的固定和数据处理提出了较高的要求。

（3）噪声：尽可能选择周围没有生产作业的井进行监测。生产作业会产生微地震，产生干扰信号，对后续震源定位存在很大影响。观测井必须无噪声，例如，没有射孔的新井，封闭的旧生产井。

微地震监测的基本流程如下。

第一步，压裂期间，在合适的时间段采用设计好的观测系统接收微地震数据。

第二步，根据工区地质条件，选择合适的阈值筛选微地震事件。

第三步，合适的方法进行噪声压制，消除背景干扰。

第四步，通过射孔采集的微地震数据，并对其作极化分析，对检波器方位角进行定位，确定波的传播方向。

第五步，综合工区内测井和地质相关资料建立速度模型，进行震源定位。

第六步，检测实际震源位置与预测震源位置的合理性，若相差很大，调整速度模型，重新进行震源定位，进行误差分析，直至满足误差条件为止。

第七步，将震源定位结果用于解释压裂效果，指导后期布井及油气注采管理。

12.1.1　微地震裂缝监测原理

通过微地震震源定位得到一系列震源的三维坐标。将三维坐标投影在二维平面上，通过计算筛选去除偏离的震源（有可能为噪声干扰而产生），对剩余的震源进行曲线拟合，对拟合结果进行分析，即可得到裂缝方位。对于二维震源 $S_1(x_1,y_1)$，$S_2(x_2,y_2)$，…，$S_L(x_L,y_L)$，裂缝从井筒延伸，裂缝延伸方程满足 $y=kx$ 的形式，记为 $\boldsymbol{A}k=\boldsymbol{B}$，运用最小二乘法解得

$k=(\boldsymbol{A}^{\mathrm{T}}\boldsymbol{A})^{-1}(\boldsymbol{A}^{\mathrm{T}}\boldsymbol{B})$。则裂缝的方位角为

$$\theta=\operatorname{acrtan}\left[\left(\boldsymbol{A}^{\mathrm{T}}\boldsymbol{A}\right)^{-1}\left(\boldsymbol{A}^{\mathrm{T}}\boldsymbol{B}\right)\right] \tag{12.1.1}$$

式中，$\boldsymbol{A}^{\mathrm{T}}$为矩阵$\boldsymbol{A}$的转置；$\theta$为方位角。

裂缝的有效缝长是指压裂施工后，闭合在支撑剂上的裂缝长度。计算缝长的最大可能值乘以经验系数可得裂缝的有效缝长。根据裂缝延伸方向拟合方程$y=kx$，计算最远端的微震信号在拟合曲线上的投影点P（x_p，y_p），可得井中心到该投影点的距离（动态缝长）为$r_{\max}=\sqrt{x_p^2+y_p^2}$，则有效缝长可计算为

$$r=\mu r_{\max} \tag{12.1.2}$$

式中，r为有效缝长；μ为经验系数，取值0～1。

微地震云空间占有体积越大，裂缝形态越复杂，压后效果越好。裂缝复杂因子（FCI）是利用微地震事件评价裂缝复杂程度的常用评价指标，即根据微地震云图在平面内的分布状况，对裂缝网络的复杂程度进行简单评价。裂缝复杂因子可表示为

$$\mathrm{FCI}=X_{\mathrm{n}}/\left(2X_{\mathrm{f}}\right) \tag{12.1.3}$$

式中，X_{n}为微地震点集的宽度；X_{f}为微地震点集的半长。

根据统计结果，当FCI为0.25～0.5时，认为压后形成了复杂网状裂缝。但是微地震事件波及范围是否代表真实水力裂缝展布形态，以及微地震云图分布范围是否意味着覆盖体积范围被充分改造等问题，还需进一步研究。

12.1.2　微地震监测方案

1. 定位算法

目标区块三口井的微地震处理属深部储层压裂定位。微地震纵波信号传播速度快，检波器间时差差异较小或呈线性变化。基于纵波时差定位方法处理效果不可靠，存在较大误差。对三口井采取纵横波PSP联合定位方法，采用“PS+P”，即传统纵横波联合定位和单个纵波时差定位方法。

从射线理论出发，得到P、S波到时方程分别为

$$\begin{aligned}\mathrm{at_P}(i)&=t_0+\mathrm{tt_P}(i)+\delta_{\mathrm{P}}\\ \mathrm{at_S}(i)&=t_0+\mathrm{tt_S}(i)+\delta_{\mathrm{S}}\end{aligned} \tag{12.1.4}$$

两检波器间的到时差方程：

$$\mathrm{at_P}(i)-\mathrm{at_P}(j)=\mathrm{tt_P}(i)-\mathrm{tt_P}(j)+\delta_{\mathrm{P}}(i)-\delta_{\mathrm{P}}(j) \tag{12.1.5}$$

同一检波器P、S波相对时差方程：

$$\mathrm{at_S}(i)-\mathrm{at_P}(i)=\mathrm{tt_S}(i)-\mathrm{tt_P}(i)+\delta_{\mathrm{S}}-\delta_{\mathrm{P}} \tag{12.1.6}$$

式（12.1.4）～式（12.1.6）中，i、j分别为第i和j个检波器；at为直达波到时；t_0为事件发震时刻；tt为直达波走时，$\mathrm{tt}=\int\frac{l}{v}$；$\delta$为拾取误差（下标P、S分别表示P波和S波）。

1）P 波时差定位方法

通过构造检波器间 P 波走时的目标函数式（12.1.7），可建立 n（n–1）个独立方程。$\mathrm{at_P}(i)-\mathrm{at_P}(j)$ 是指向两个检波器中点的双曲线（10 倍以上检波距，近似为指向检波器中点的直线）相交的定位，由于方位角覆盖的缺陷，导致指向检波器方位的分辨率降低。

$$\mathrm{val}=\sum_{i=1}^{m}\sum_{j=1}^{m}\mathrm{abs}\left[\mathrm{at_P}(i)-\mathrm{at_P}(j)-\mathrm{tt_P}(i,x)+\mathrm{tt_P}(j,x)\right] \tag{12.1.7}$$

2）P-S 波相对时差定位方法

P-S 波相对时差定位[即 $\mathrm{tt_S}(i,x)-\mathrm{tt_P}(i,x)$]是一种圆（以单个检波器为圆心）相交的定位方法，检波器的方位限制在狭小的范围内，使定位结果呈现画弧的系统误差：

$$\mathrm{val}=\sum_{i=1}^{m}\left[\mathrm{at_S}(i)-\mathrm{at_P}(i)-\mathrm{tt_S}(i,x)+\mathrm{tt_P}(i,x)\right] \tag{12.1.8}$$

速度模型足够准确下，δ_S 与 δ_P 都为 0，无论哪一种都能很容易地反推到震源点。这种情况下正演走时和实际走时相同，皆为 $\mathrm{tt_P}$ 和 $\mathrm{tt_S}$。一旦存在速度模型或初至拾取的误差，单一信息定位方法会产生严重的定位偏差。因为不容易获得两个目标函数的权重（每一个事件 P-S 波信噪比都存在较大的差异），将 P 波时差定位和 P-S 波相对时差定位联合反演难以实现。假设地层速度变化不大，利用 P-S 波相对时差定位结果计算发震时刻是合理的。

3）P-S 时差与 P 波联合定位

t_0 起到桥梁作用，利用 P-S 波时差定位出一个误差较大的结果 X 后，无法确定其角度信息的准确性，但射线长度在合理的误差范围内。地层速度变化不大的情况下，t_0 是相对准确的。有如下关系式：

$$\begin{aligned}
\mathrm{at}&=t_0+\int\frac{l}{v}\\
t_0&=\frac{1}{m}\sum_{i=1}^{m}\left[\mathrm{at}(i)-\mathrm{tt_P}(i,X)\right]\\
\mathrm{val}&=\sum_{i=1}^{m}\mathrm{abs}\left[t_0+\mathrm{tt_P}(i)-\mathrm{at_P}(i)\right]
\end{aligned} \tag{12.1.9}$$

利用式（12.1.9）估计出事件的 t_0，可对 P 波的定位进行射线长度上的约束，并可完成定位。

对比 P 波时差方法和 P-S 波相对时差方法，P 波对射线方向分辨高，P-S 波时差更多反映射线路径的长度。利用 P-S 波时差求 t_0，将其加入 P 波正演求理论解。这是一种简单的策略，能有效地限制定位的系统误差。

2. 速度建模

速度是微震精确定位的关键因素，速度模型建立分两步，即初始速度建模和速度模型校正。

在包含监测井、压裂井、射孔井点的范围内，根据监测井的声波测井曲线，获取大概的地层情况，建立初始速度模型。模型的建立要综合考虑各种情况。

（1）建立模型的范围，由射孔点的位置，根据现场施工经验，估计压裂地层位置在射孔点附近±50m 的范围，还包括三分量检波器的深度范围。

（2）划分地质模型的层数，考虑微地震波长范围，层位划分过细，增加计算量且不利于速度模型校正。

（3）层位划分过于稀疏，又不能很好地反映实际地质情况。

（4）可依据测井曲线，经反复试算，建立最佳初始速度模型。

选取快速模拟退火法进行初始速度模型校正，为微地震事件定位提供可靠和精确的速度模型。算法基本步骤如下。

（1）对射孔数据拾取的各检波器初至走时，计算其相邻检波器射孔走时差。

（2）根据初始得到的速度模型，通过射线追踪得到正演走时，并计算相邻检波器的射孔正演走时差。

（3）所有得到的检波器对应的走时残差之和作为目标函数。

（4）通过模拟退火扰动调整速度模型，对每一扰动后的速度模型计算目标函数，目标函数最小的速度模型即为所求。

3. 敏感测试

敏感测试分两部分开展：一是从物理学特征，分析微地震信号传播速度受哪些地层因素影响；二是基于深部储层监测理论模型，分析速度模型误差对定位结果的影响。

1）岩石物理参数对地震波速的影响

地下岩石性质与地震波速度的关系密切，微震定位的速度模型与岩石物理属性、各向异性及压裂作业时引起的地层参数变化等密不可分。在均匀各向同性弹性介质中，地震波速度为

$$\begin{aligned} V_{\mathrm{P}} &= \sqrt{(\lambda+2\mu)/\rho} \\ V_{\mathrm{S}} &= \sqrt{\mu/\rho} \end{aligned} \tag{12.1.10}$$

式中，ρ 为密度；μ 为剪切模量；λ 为拉梅常数。

由式（12.1.10）可知，不同岩石类型的地震波速不同。一般地，火成岩的波速较高且变化范围小，沉积岩相反，变质岩的波速变化范围较宽。

岩石压力对波速有一定的影响。对致密岩石，波速受压力影响较小，甚至可忽略。孔隙岩石中若上覆压力增加，孔隙压力不变，则岩石基质被挤压，地震波速度增加。反之，孔隙压力增加，岩石较松，地震波速度减小。

综上分析，微地震监测中，P 波速度与地层参数间的关系可简化为

$$V_{\mathrm{P}} \propto \left(K,\mu,p_{\mathrm{con}},p_{\mathrm{pore}},p_{\mathrm{eff}},\rho,\phi,T\right) \tag{12.1.11}$$

S 波不受体积模量影响，其速度与地层参数间的关系可近似为

$$V_{\mathrm{S}} \propto \left(\mu,p_{\mathrm{con}},p_{\mathrm{pore}},p_{\mathrm{eff}},\rho,\phi,T\right) \tag{12.1.12}$$

地震波速度与岩石的体积模量 K、密度 ρ、剪切模量 μ、围岩压力 p_{con}、孔隙压力 p_{pore}、有效压力 p_{eff}、孔隙度 ϕ 及地层温度 T 有关。微地震压裂监测前期，岩石的物理参数相对稳定，地层速度是静态值，利用测井数据可得到比较接近实际的速度模型。而在压裂监测过程中，地层物性参数不断变化，尤其是随流体支撑剂的注入及地层压力的增加，地层等效密度增加，岩石的等效模量变大，根据式（12.1.11）和式（12.1.12）难以确定地震波速度的增长或降低趋势。若采用测井的固定速度模型，将导致定位结果出现偏差。若用 ΔM 表示利用静态速度导致的误差，$v_r(x,y,z)$ 为压裂中的实时传播速度，$v_P(x,y,z)$ 为静态传播速度，则有

$$\Delta M = v_r(x,y,z)t - v_P(x,y,z)t \tag{12.1.13}$$

对一个微地震事件，利用实时的速度模型反演定位难度较大，有效的解决办法是利用不同的射孔段数据进行速度模型的修正。

2）速度模型误差对定位的影响

井中微地震事件定位方法逐渐成熟，但需建立准确的初始速度模型。受泥浆侵入及套管等影响，由测井数据标定的地层速度存在整体性偏差，将导致较大的定位误差。因而有必要分析各因素对速度及定位精度的影响，以减少定位误差。

图 12.1.1 为速度模型，保持正演旅行时初值不变，正演速度模型（图 12.1.2）上加入 –20%和 20%的误差，步长为 2%，定位结果如图 12.1.3 所示。与真实源点位置对比，分别统计相应垂向 Z 方向、水平 X 方向定位误差，如图 12.1.4 所示。定位精度随速度模型误差的增大而降低，在接近真实速度模型时各误差几乎为零。由于速度变化引起的微地震走时差不同，定位精度与走时差的敏感度有所不同。速度模型在负向变化产生的定位误差梯度强于正向。图 12.1.4 中，Z 方向误差变化趋势小于 X 方向，表明井中微地震监测定位处理存在 Z 方向易收敛，X 方向难收敛的特点。

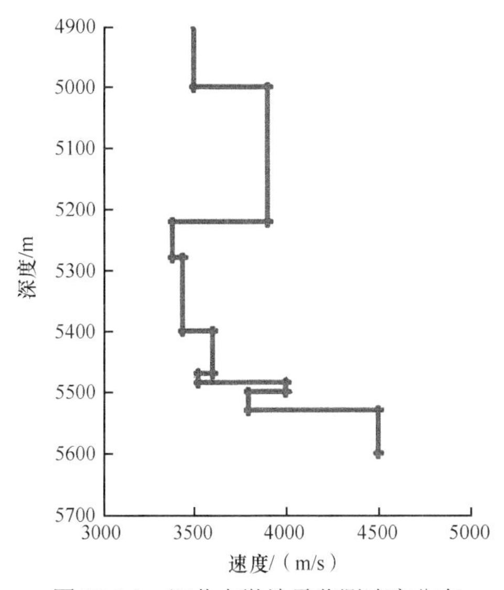

图 12.1.1　深井中微地震监测速度分布

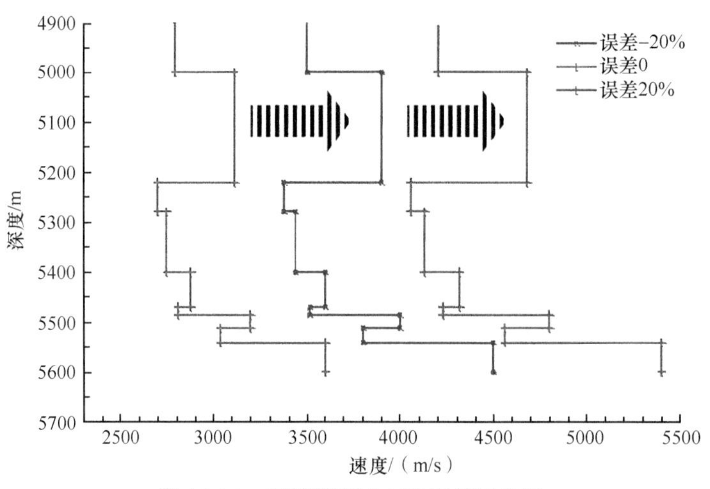

图 12.1.2　速度模型±20%误差示意图

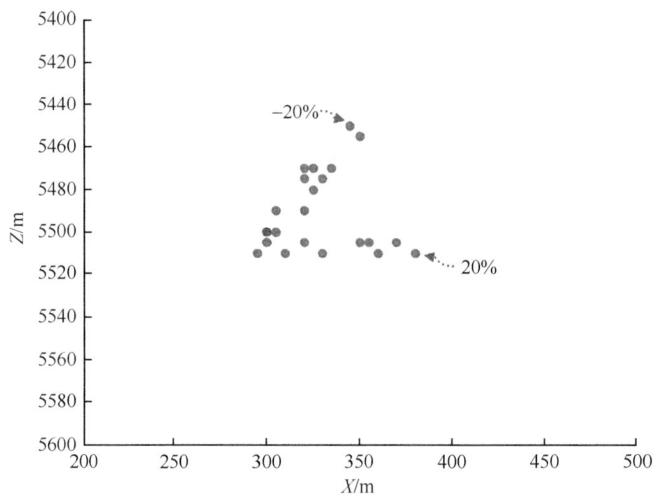

图 12.1.3　不同速度误差定位结果

红点为真实源位置，绿点为不同速度误差定位反演位置

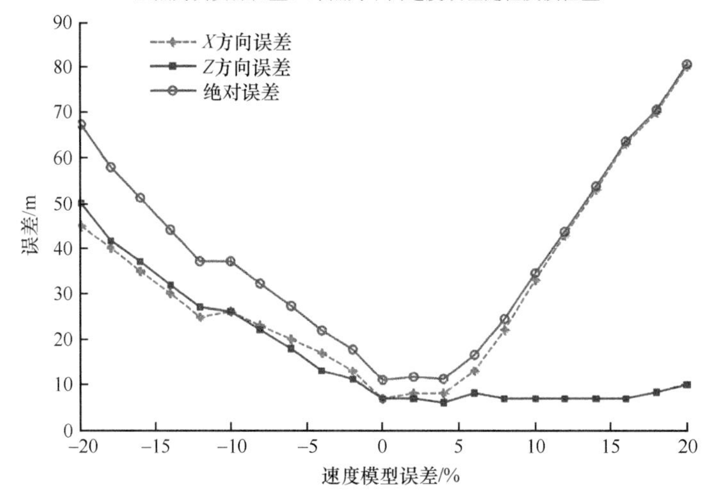

图 12.1.4　基于速度模型变化垂向、水平方向定位误差统计

射孔位置和激发时间已知，运用射孔旅行时间及优化算法能拟合校正到最佳速度模型，并运用到反演定位，这是一个静态的速度模型过程。射孔及水力压裂过程形成的高压流体会产生裂缝，改变压裂缝附近地层的孔隙压力，引起地层速度的变化，这是一个动态变化。压裂前后目标压裂段速度会发生变化，但微地震事件定位处理时，速度模型通过射孔定位分析的速度（该速度是压裂前的地层静态速度），会产生一定的定位误差。

利用图 12.1.1 深部储层模型，保持除压裂段外的速度不变，模拟压裂段速度变化为–20%～20%，步长为 2%，分析定位结果误差。图 12.1.5 为定量分析了压裂段速度变化对定位精度的影响，横坐标表示压裂段速度在特定误差范围（–20%～20%）内变动，纵坐标表示水平方向 *X*、垂向方向 *Z* 及绝对误差值。结合图 12.1.5 分析，压裂段速度误差为–20%～0%，定位结果误差较小，且误差来源表现在 *X* 方向，而 *Z* 方向误差较稳定；压裂段速度误差为 0%～20%，定位结果误差较大，*X* 方向及 *Z* 方向呈发散趋势，误差值随速度增大而不断增大，但当速度增加到一定程度，误差趋于稳定。

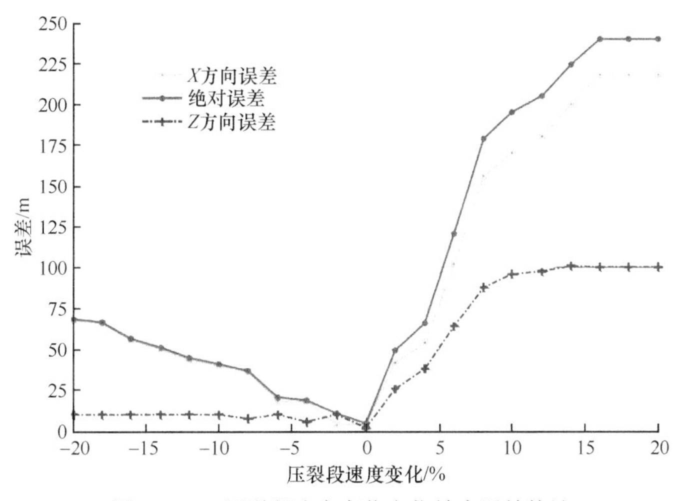

图 12.1.5　压裂段速度变化定位精度误差统计

4. 目标区块碳酸盐岩储层的微地震部署原则与质控原则

通过分析速度对定位影响，震源点对检波器张角越大，井中微地震系统误差越小，但是并不是检波器越靠近目标压裂段其观测就越好。如果增加一个高速层，当检波器靠近震源点一定程度，检波器接收到的首波，有可能是滑行波，不是透射波，甚至使首波更复杂。井中微地震常用的成熟定位方法是基于透射波走时反演算法，全波场定位方法处于理论研究阶段，增加了井中微地震定位难度与稳定性，影响压裂工程进展。

井中微地震观测系统设计需兼顾两点：①检波器尽量靠近目标层压裂段，以提高定位系统精度；②尽量避开滑行波，使首波为透射波，利于定位的稳定性和有效性。

因此，目标工区井中微地震观测系统设计具体操作：通过监测井、压裂井、测井速度或 VSP 速度，建立模型，从压裂段设计可能事件位置，计算极限反射情况，即当开始发生滑行波，统计深度分布范围（如图 12.1.6 所示，存在一个滑行波蓝色虚线位置），实际检波器尽量避开该范围且尽量靠近压裂段。

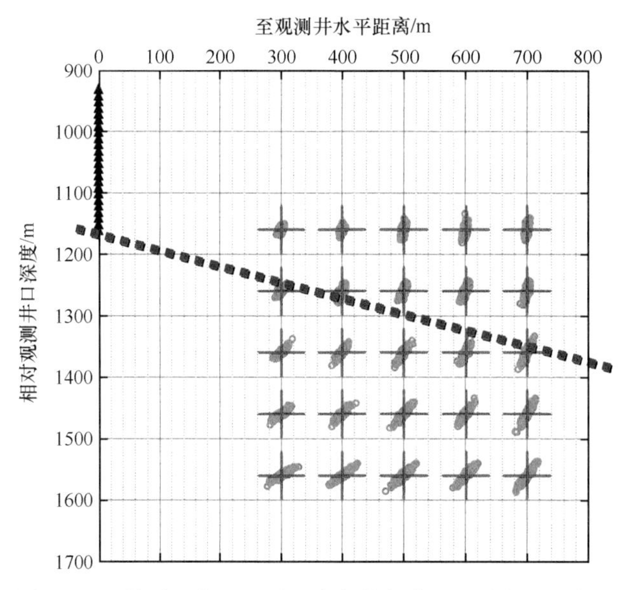

图 12.1.6 检波器靠近压裂段存在蓝色线滑行波交界示意图

针对目标工区，空炮弹如不能放置到压裂段内部，应提前分析波的干扰窗口。观测段接近酸压段时，纵波的时差较小，单程 P 波定位算法不稳定，应采用 PSP 联合定位方法。观测段超过双峰灰岩上部 150m，首波的深度敏感性极低，应剥离二次折射波，考虑多属性波联合定位。其他部署与质控原则如下。

（1）选井原则：井距不宜过远（小于 600m）；检波器深度（接近压裂段为宜，至少不应高出双峰灰岩 150m）；压裂位置深度（可考虑选择更深的位置）；井温（以不超过 160℃为宜）。

（2）设备：耐高温且高温连续工作表现稳定；时间采样率尽可能高。

（3）观测时间：压裂前 15min 到压裂后 2～4h（根据停泵后微地震事件的实际情况）。

（4）推荐算法：扫描叠加、PSP 纵横波联合定位、波场分离技术、极性一致性偏振技术、高精度纵横波初至拾取技术。

12.2 酸压效果评价方法

针对碳酸盐岩储层，酸压评价方法不完全成熟。在实践基础上，利用酸压施工曲线、裂缝净压力拟合曲线、G 函数及不稳定试井等评估储层参数、酸压后的裂缝尺寸、滤失系数与产量、储层特性的相关性。

12.2.1 施工曲线评价

酸压施工曲线可定性地反映人工裂缝延伸及储层发育特征，如图 12.2.1 所示，其中：第①阶段为酸压施工裂缝开裂前的挤酸阶段，泵压及排量变化基本平行；第②阶段为酸压裂缝起裂阶段，泵压先升高后急剧下降，相应的排量大幅增加；第③阶段为酸压裂缝延伸阶段，泵压和排量在稳定的数值范围内变化；第④阶段为酸压裂缝沟通天然缝洞系统阶段，泵压急剧下降，泵排量大幅增加，即出现高排量、低泵压的情况；第⑤阶段为停泵测压降阶段。

酸压未沟通大缝洞系统的典型特征：在注前置液期间，泵压随裂缝延伸而缓慢上升且延伸压力较高；注酸时的压降仅反映正常的酸岩反应；停泵后因储层物性差，压降较缓慢。

井筒附近裂缝发育的典型特征：泵压曲线因不出现拐点而无法判断闭合压力。

沟通大缝洞体的典型特征：施工压力呈跳跃、起伏较大或阶段性压降，停泵压力低，可以确定酸压沟通了较大的缝洞体，且停泵压力反映真实地层压力。

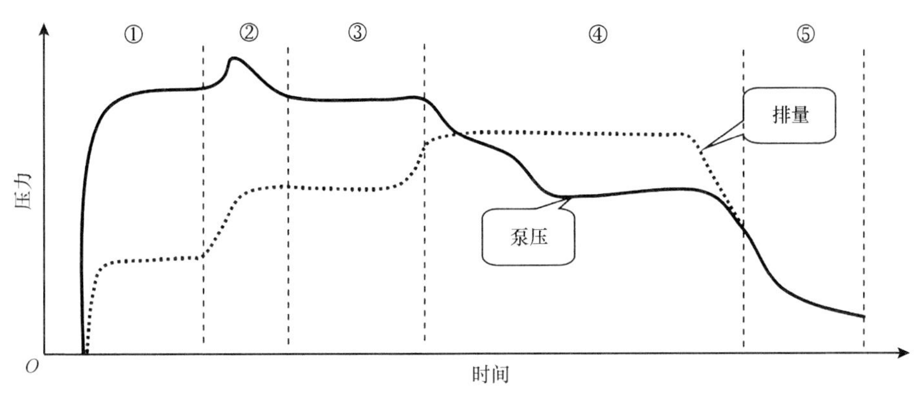

图 12.2.1　理论压裂施工曲线

酸压施工曲线是实时施工情况的反映，利用酸压施工曲线的典型形态特征，判断某井（图 12.2.2）的酸压特征。地层破裂点明显，裂缝缓慢向前延伸，挤酸酸蚀明显，挤顶替液泵压低，停泵压降快，停泵压力低，定性判断酸压效果较好。

因成岩作用不同，碳酸盐岩岩性有一定差异，储集空间有溶孔、溶缝、溶洞和构造裂缝。部分缝洞为方解石或泥质所充填，具有较强的非均质性。酸压施工中工作液和排量不变的情况下，储层特性是影响施工压力的主要因素，例如，岩性变化引起人工裂缝几何尺寸变化，导致工作液摩阻变化；储集类型在空间上的变化使工作液滤失发生变化，引起泵压变化。

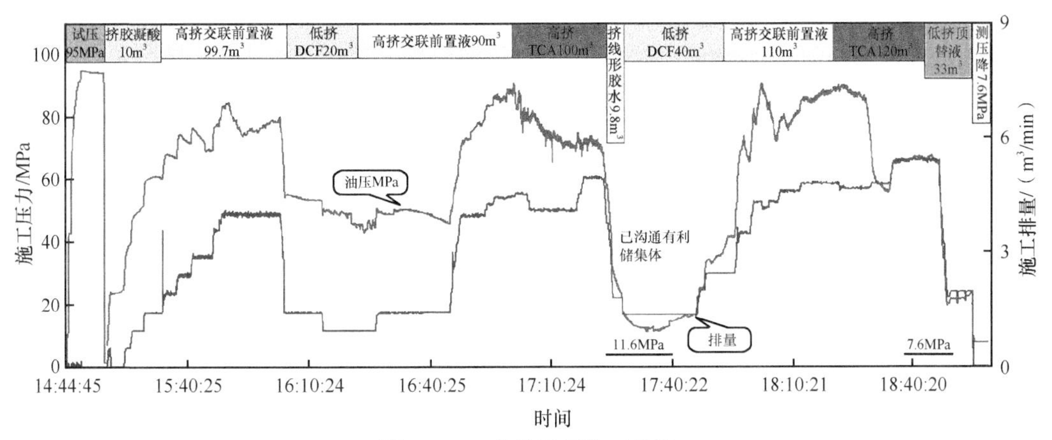

图 12.2.2　某井酸压施工曲线

12.2.2 裂缝净压力拟合评价

裂缝净压力指酸压中裂缝中流体压力与裂缝闭合压力之差，其大小决定了酸压工作液的造缝能力，公式为

$$p_{\mathrm{net}} = p_{\mathrm{w}} - p_{\mathrm{c}} - \Delta p_{\mathrm{entry}} \tag{12.2.1}$$

式中，p_{w}为井底施工应力；p_{c}为裂缝闭合压力；$\Delta p_{\mathrm{entry}}$为裂缝入口摩阻。

对于存在天然裂缝的储层，使天然裂缝张开的井筒净压力为

$$p_{\mathrm{net}} = \frac{\sigma_{\mathrm{H,max}} - \sigma_{\mathrm{h,min}}}{1-2\nu} \tag{12.2.2}$$

现场施工中净压力无法直接获取，一般通过监测井底压力或地面施工泵压间接计算净压力，计算公式为

$$p_{\mathrm{net}} = p_{\mathrm{b}} + p_{\mathrm{h}} - \Delta p_{\mathrm{hf}} - p_{\mathrm{c}} - \Delta p_{\mathrm{entry}} \tag{12.2.3}$$

式中，p_{b}为井口施工泵压；p_{h}为静液柱压力；Δp_{hf}为管柱摩阻。

压裂中裂缝净压力随时间呈幂律变化，表示为

$$p_{\mathrm{net}} = p_{\mathrm{w}} - p_{\mathrm{c}} = at^{b} \tag{12.2.4}$$

式中，a为常数；指数b则为双对数图上净压力与时间t的斜率，决定了裂缝几何形态和液体流变性及效率。

由式（12.2.4）可得

$$t\frac{\mathrm{d}p_{\mathrm{w}}}{\mathrm{d}t} = abt^{b} \tag{12.2.5}$$

建立双对数诊断分析图（图 12.2.3），对施工中不同的裂缝延伸模式及几何尺寸进行诊断分析：

（1）净压力双对数解释分析中，裂缝受隔层影响之前的时间较短，压力下降。

（2）裂缝受隔层限制后，净压力增加，但增加速率小。

（3）随缝中压力增加，达到地层压力或延伸进隔层，液体在近井筒均匀滤失，压力几乎无变化。

（4）当裂缝打开，某一尖端缝高失控，液体滤失使压力下降。

（5）裂缝的延伸受限，压力显著增加，近井筒受限的压力增加速率高于端部受限。

依据净压力双对数曲线（图 12.2.3）建立相应的诊断模型（表 12.2.1）：

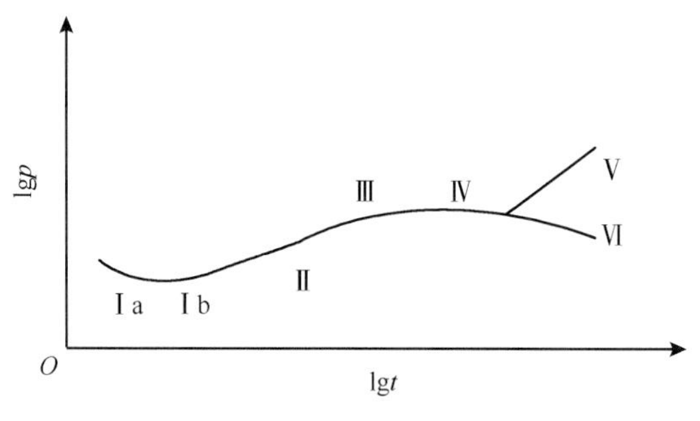

图 12.2.3 净压力双对数解释图

表 12.2.1　净压力双对数诊断模型

延伸类型	双对数斜率	解释
Ⅰa	–1/5～–1/6	KGD 型裂缝
Ⅰb	–1/5～–1/8	径向扩展裂缝
Ⅱ	1/6～1/4	PKN 型裂缝
Ⅲ	＞0 且＜1/4	控制缝高延伸
Ⅳ	0	高度延伸，裂隙扩张，T 型裂缝
Ⅴ	≥1	受限扩展
Ⅵ	≤0	缝高延伸失控

碳酸盐岩储层存在大量的裂缝及溶洞，部分储层厚度大，净压力下降呈负斜率，有可能是沟通了有利的缝洞系统，而不是缝高延伸失控。对于天然裂缝发育的碳酸盐岩储层易形成多裂缝，由于多裂缝竞争扩展，净压力随多裂缝呈幂函数增加。为使水力裂缝延伸，须使水压超过地层所能承受的临界应力值，称破裂压力。典型储层中，水力裂缝可从一个或多个孔隙处开始，也可从井眼处的裂缝开始发育，而后形成一条或几条主要裂缝，延伸一段距离。多裂缝延伸特点如下。

（1）多条裂缝同时扩展时每个裂缝的缝宽都比单一裂缝的宽度小（对径向裂缝，裂缝宽度是多裂缝数量的 5/9 次方），但总的缝宽随裂缝数量的增加而增加。多裂缝中的每条单独裂缝的更小宽度可导致支撑剂在裂缝内部出现桥堵、脱砂。

（2）多条裂缝同时扩展还导致更高的净压力和地面压力，对于径向裂缝的几何形态，净压力以多裂缝数量的 2/3 次方增加。净压力增加，在遇到天然裂缝时，裂缝开裂和扩展更容易。对天然裂缝发育地层进行酸压施工，将监测到的缝口净压力与软件模拟的净压力进行拟合，可知施工中地下裂缝条数及裂缝延伸状态，以评价酸压施工效果。

（3）完全避免多条裂缝同时扩展是不可能的，但可以通过以下方法来减少同时扩展的数量：减少射孔段或裸眼井段的长度；压裂起始期间使用高排量或高压裂液黏度；使用支撑剂段塞来堵塞多裂缝；为减少多裂缝起始位置，减少射孔孔眼数。

压裂中净压力由排量、液体属性、地层物性、岩石力学参数、裂缝参数、地应力等参数决定，净压力变化间接反映裂缝参数变化。基于裂缝扩展模型，通过净压力曲线可求裂缝参数。

12.2.3　*G* 函数评价

1979 年，Nolte 首次提出了根据压裂后压力降落曲线来确定压裂参数的方法，其思想是基于地层渗流连续性方程，运用物质平衡原理（即流体的体积平衡），建立常规 *G* 函数及导数分析图版。利用人工拟合的 *G* 函数来分析压裂过程中或关井后的压力变化来阐明压裂后的裂缝几何尺寸、导流能力、滤失系数等参数变化规律。但该方法有一定的缺陷，如假设裂缝高度为常数，滤失面积不变，不考虑初始滤失，停泵后裂缝的延伸，压裂液性质不受温度影响等。

1. 传统模型

停泵后任意两个时间的压力差为

$$\Delta p(\delta_0,\delta)=p(\delta_0)-p(\delta)=\frac{C_{\mathrm{v}}H_{\mathrm{p}}E'\sqrt{t_{\mathrm{p}}}}{H_{\mathrm{f}}^2\beta}=p^*G(\delta,\delta_0) \tag{12.2.6}$$

其压力差标准函数为

$$G(\delta,\delta_0)=\frac{4}{\pi}\left[g(\delta)-g(\delta_0)\right] \tag{12.2.7}$$

滤失体积函数为

$$g(\delta)=\frac{4}{3}\left[(1+\delta)^{\frac{3}{2}}-\delta^{\frac{3}{2}}-1\right](1+\delta)\sin^{-1}(1+\delta)^{-\frac{1}{2}}+\delta^{\frac{1}{2}} \tag{12.2.8}$$

绘制 $\Delta p(\delta_0,\delta)$ 和 $G(\delta_0,\delta)$ 之间的关系图版曲线，通过拟合获取 p^*，计算其他的压裂参数。滤失系数为

$$C_{\mathrm{v}}=\frac{p^*\beta_{\mathrm{s}}H_{\mathrm{f}}^2}{H_{\mathrm{p}}E'\sqrt{t_{\mathrm{p}}}} \tag{12.2.9}$$

压力递减比为

$$B_{\mathrm{p}}=\frac{\beta_{\mathrm{p}}(p_{\mathrm{inip}}-p_{\mathrm{c}})}{\beta_{\mathrm{s}}p^*} \tag{12.2.10}$$

压裂液效率为

$$\eta=\frac{B_{\mathrm{p}}}{1+B_{\mathrm{p}}} \tag{12.2.11}$$

缝长为

$$L=\frac{Qt_{\mathrm{p}}(1-\eta)}{\pi C_{\mathrm{v}}H_{\mathrm{p}}\sqrt{t_{\mathrm{p}}}} \tag{12.2.12}$$

平均缝宽为

$$\overline{w}=\pi C_{\mathrm{v}}\frac{H_{\mathrm{p}}}{H_{\mathrm{f}}}\sqrt{t_{\mathrm{p}}}B_{\mathrm{p}} \tag{12.2.13}$$

裂缝闭合时间为

$$\begin{cases}g(\delta)=\dfrac{\overline{w}H_{\mathrm{f}}}{2C_{\mathrm{v}}H_{\mathrm{p}}\sqrt{t_{\mathrm{p}}}}\\ \delta=g^{-1}(\delta)\end{cases} \tag{12.2.14}$$

式（12.2.6）～式（12.2.14）中，t_{p}、E'、H_{f} 和 H_{p} 分别为泵注时间、平面应变弹性模量、裂缝总高度和裂缝滤失高度；p^*、p_{inip} 和 p_{c} 分别为拟合压力、瞬时停泵压力和闭合压力；

β_p、β_s 分别为泵注时与压力梯度影响有关的系数和裂缝闭合阶段与压力梯度影响有关的系数；β 为压力梯度影响系数，定义为缝中平均压力 Δp_f 与井筒中净压力 p_{net} 之比，即 $\beta=\dfrac{\Delta p_f}{p_{net}}=\dfrac{\overline{p}_f-p_c}{p_w-p_c}$

对于不同的情况 β_s 和 β_p 的取值为

$$\begin{cases}\beta_p=(n+2)/(n+3+a), & \text{PKN型裂缝}\\ \beta_s=(2n+2)/(n+3+a), & \text{PKN型裂缝}\\ \beta_s=0.9, & \text{KGD型裂缝}\\ \beta_s=2\pi^2/32, & \text{辐射型裂缝}\end{cases} \tag{12.2.15}$$

2. 滤失类型

G 函数曲线是判断地层滤失特征和储层类型的重要方法。碳酸盐岩储层非均质性强、储层类型复杂，G 函数曲线形态与经典 G 函数存在较大差别，表现出多种地层滤失特征的组合型 G 函数曲线形态。典型滤失类型 G 函数及其导数曲线如下。

1）标准化的滤失特征

正常滤失表明，滤失是从均质岩块通过，此时裂缝面积为恒定值。如图 12.2.4 所示，正常的滤失特征为叠加导数，是一条通过原点的直线，若叠加导数曲线开始脱离直线向下偏离时，判断裂缝此时开始闭合。

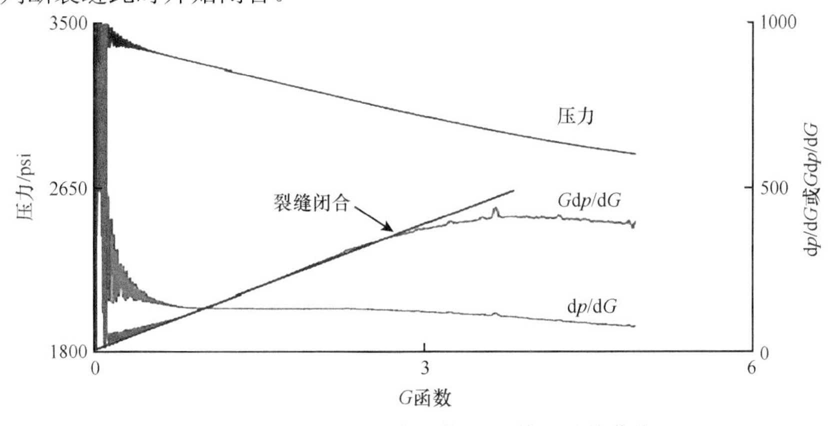

图 12.2.4　标准滤失特征的 G 函数及导数曲线

2）随压力变化的滤失特征

张开裂隙/裂缝随压力变化的滤失特征，可通过一条位于正常滤失曲线上方叠加导数曲线的隆起描述。如图 12.2.5 所示，若叠加导数的曲线符合外推直线，隆起的端部表明天然裂缝的开启；若叠加导数曲线从直线开始向下偏离，此时裂缝/裂隙闭合，判断裂缝/裂隙闭合前的滤失为正常滤失特征。

3）裂缝高度衰退的特征

利用 G 函数及其导数图版分析，若叠加导数曲线位于正常滤失特征曲线下方，认为裂缝在停泵时高度后退。裂缝高度后退表示为一条上凹且增长的压力曲线。若叠加导数曲线开始向下偏离，判断裂缝闭合，如图 12.2.6 所示。

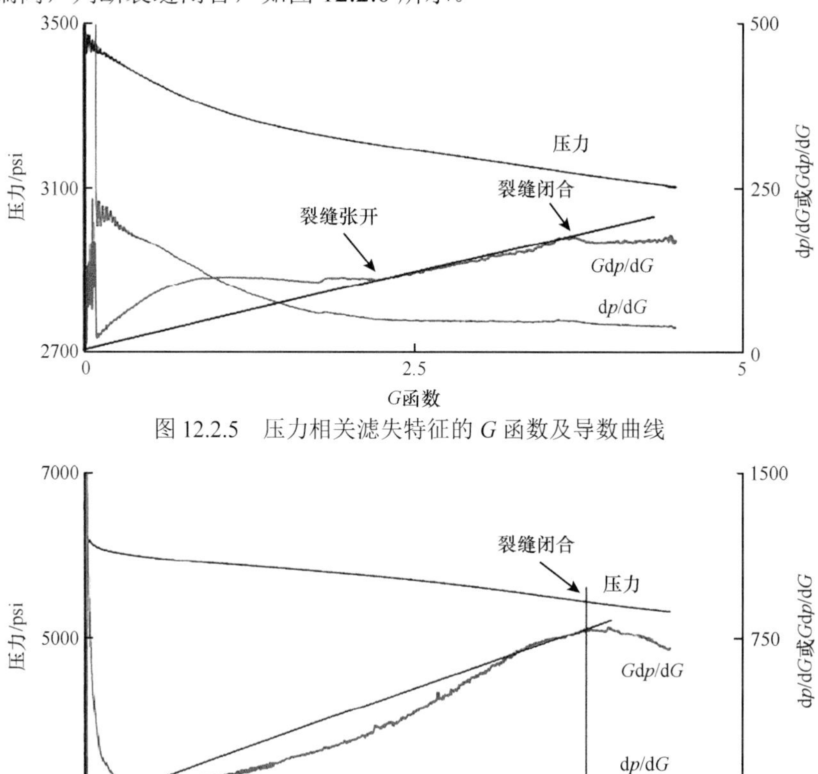

图 12.2.5　压力相关滤失特征的 G 函数及导数曲线

图 12.2.6　裂缝高度衰退的 G 函数及导数曲线

4）裂缝端部延伸特征

如图 12.2.7 所示，若停泵后叠加导数曲线贯穿于过原点的直线上方，可判断发生裂缝端部延伸。G 函数通过适当改进，结合典型滤失特征，对酸压滤失及碳酸盐岩储集体特征的判断具有一定的指导意义。

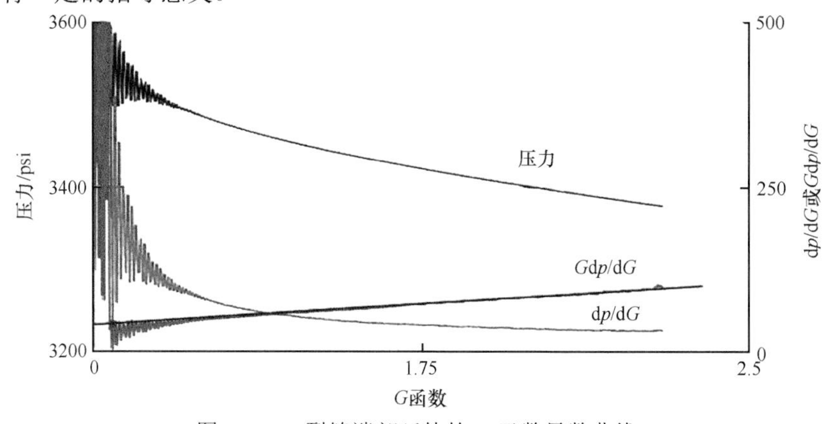

图 12.2.7　裂缝端部延伸的 G 函数导数曲线

12.2.4　不稳定试井评价

试井是以渗流力学理论为基础，以各种测试仪器为手段，通过改变油气井工作制度，进行求产、测压来研究储层特性和油、气、水井生产能力的一种方法。利用试井资料，可求得储层物理参数[如渗透率、采油（气）指数、流动系数、导压系数、储层边界、断层位置等]。试井用于压裂井，可求出裂缝参数。根据渗流力学中的稳定流与非稳定流，试井分稳定试井与不稳定试井。改变井工作制度，测量一个工作制度下稳定的井底压力及产量，称稳定试井；改变井工作制度，使井底压力发生变化，根据井底压力变化求地层参数，称不稳定试井。

1. 基质型压裂井不稳定试井

有限导流垂直裂缝的物理模型如图 12.2.8 所示，假设为均质、各向同性和水平等厚的油藏，流体微可压缩，流体的黏度与压缩系数均为常数。圆形外边界油藏中压开一条垂直裂缝，与井筒对称，其半长为 x_f，裂缝宽度为 w_f，裂缝渗透率为 k_f，流体在裂缝中流动产生压降，为达西流动。忽略重力和毛细管力的影响，考虑井筒储集和表皮效应的影响，以定产量 q 产出。

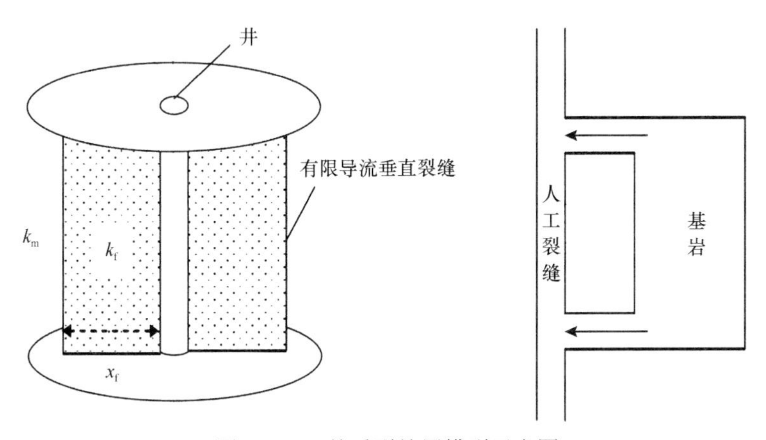

图 12.2.8　基质型储层模型示意图

垂直裂缝井不稳定渗流分为基岩流动和裂缝流动。从基岩角度，将裂缝看成汇区；对于裂缝，内部流动可看成一维线性流动。依据渗流理论，建立无因次数学模型，如图 12.2.9 所示，典型特征曲线分为六段。

第 I 段为纯井筒储集段，受井筒储集效应的影响，压力与压力导数线重合且斜率均为 1 的直线。

第 II 段为续流过渡段，受裂缝表皮效应的影响。

第III段为裂缝基质双线性流段，压力及压力导数呈 1/4 斜率平行直线。

第IV段为地层线性流段，压力及压力导数呈 1/2 斜率平行直线。

第 V 段为地层拟径向流段，压力导数呈水平直线。

第Ⅵ段为外边界反映段，对于压降时的圆形封闭边界，其压力导数上翘；对于圆形定压边界，其压力导数下倾。

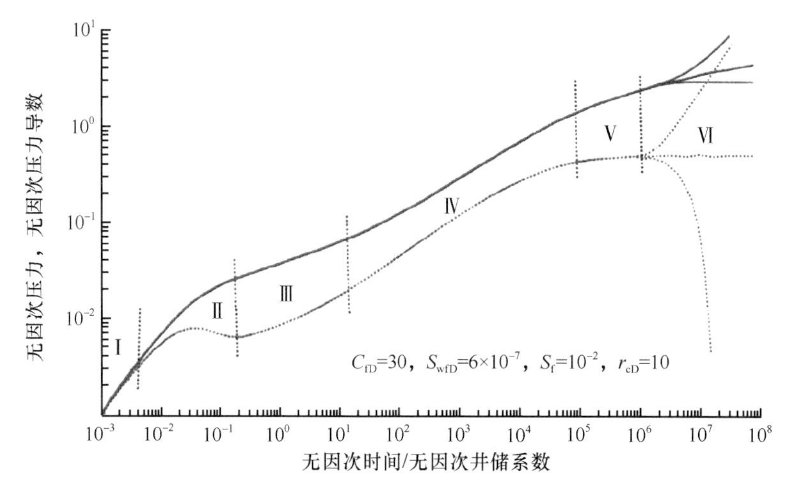

图 12.2.9　基质型储层不稳定试井典型双对数曲线

实线为因次压力，虚线为无因次压力导数，余下类似图同

井筒储集系数 S_{wfD} 对基质型储层裂缝井的井底压力动态影响如图 12.2.10 所示。井筒储集系数 S_{wfD} 对井底压力动态的影响表现在早期井筒储集效应持续的时间，井筒储集系数越大，续流效应持续时间越长，裂缝特征越不明显；反之，续流效应持续时间越短，裂缝特征越明显。

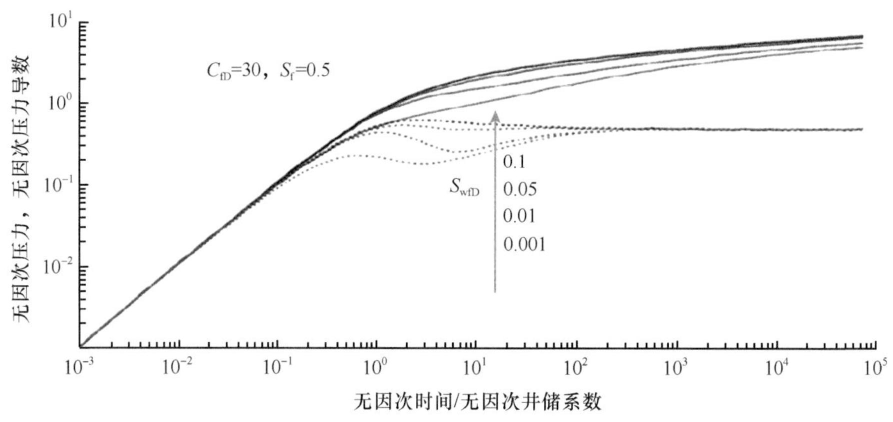

图 12.2.10　不同井筒储集影响下的基质型储层不稳定试井典型双对数曲线

不同裂缝表皮系数对基质型储层裂缝井的井底压力动态影响如图 12.2.11 所示。裂缝表皮效应对井底压力动态曲线的影响是在除纯井筒储集阶段外的任何流动阶段，裂缝表皮系数 S_f 越大，无因次压力曲线的位置越高，无因次压力曲线与无因次压力导数曲线间的距离越大，裂缝壁面所受的污染越严重；压力导数曲线上，裂缝表皮系数对曲线形态的影响反应在纯井筒储集阶段后的续流过渡段，裂缝表皮系 S_f 越大，续流过渡段的驼峰越高；反之，续流过渡段的驼峰越低。

分析图 12.2.11 和图 12.2.12，受井筒储集和裂缝表皮影响，随着井筒储集和裂缝表皮的增大，裂缝线性流特征段被完全掩盖，裂缝地层双线性流特征段和地层线性流特征段被部分或完全掩盖。井筒储集和裂缝表皮越大，基质型储层裂缝井的流动特征段缺失越严重。如果井筒储集和裂缝表皮过大，基质型储层裂缝井试井曲线和基质型油藏普通直井试井曲线相近，井筒储集系数和裂缝表皮对其压力动态的影响不可忽略。

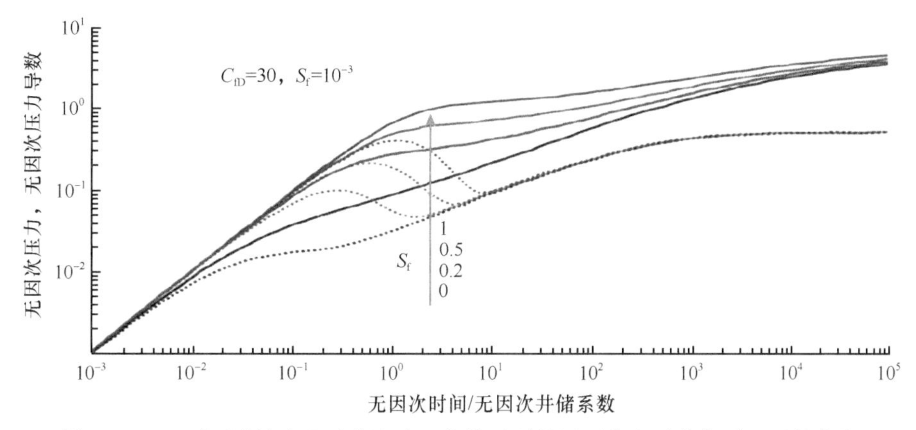

图 12.2.11　不同裂缝表皮系数影响下的基质型储层不稳定试井典型双对数曲线

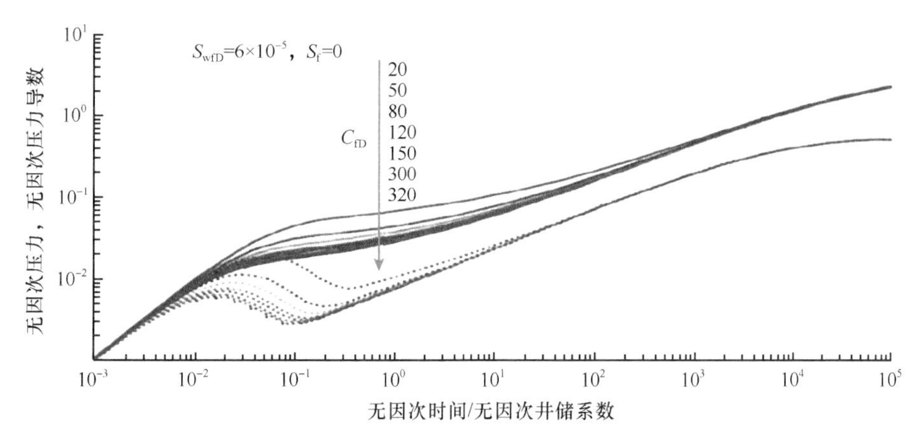

图 12.2.12　不同裂缝导流能力影响下的基质型储层不稳定试井典型双对数曲线

不同裂缝导流能力对基质型储层裂缝井的井底压力动态影响如图 12.2.12 所示。生产初期，当井筒储集系数 S_{wfD} 和裂缝表皮系数 S_f 一定时，裂缝导流能力 $C_{fD}\leqslant300$。裂缝导流能力越大，井底压降越小，压力变化越缓慢，表现为无因次压力及压力导数曲线位置越低。裂缝导流能力越小，裂缝地层双线性流特征越明显。当裂缝导流能力增大到一定程度（$C_{fD}\geqslant100\pi$），裂缝导流能力对压力及其导数曲线形态影响不大。

2. 裂缝型压裂井不稳定试井

有限导流垂直裂缝压开裂缝型储层的物理模型如图 12.2.13 所示，人工裂缝连通的是双重介质储层，其基本假设如下。

（1）地层中存在两种系统，即天然裂缝和基岩系统，天然裂缝系统是主要的流动通道，基岩系统是流体的主要储集空间，作为源不断地向天然裂缝提供补给，且基岩向天然裂缝的窜流考虑为拟稳态窜流。

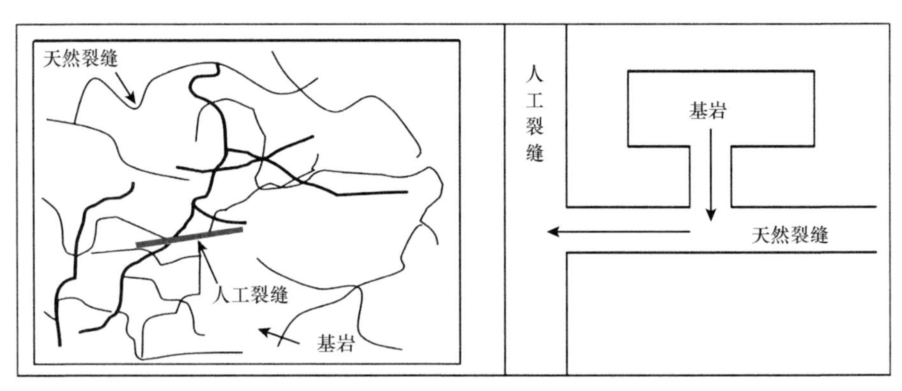

图 12.2.13　裂缝型储层模型示意图

（2）基岩和裂缝系统的渗透率分别为 k_{m}、k_{Nf}，孔隙度分别为 ϕ_{m}、ϕ_{Nf}。

（3）地层中存在两种相对独立的压力系统，且储层打开前，储层各处的压力均相等。

（4）地层流体微可压缩，流体的黏度与压缩系数均为常数。

（5）圆形外边界油藏中压开一条垂直裂缝，该裂缝与井筒对称，其半长为 x_{f}，裂缝宽度为 w_{f}，裂缝渗透率为 k_{f}，流体流动会产生压降，流体在人工裂缝、天然裂缝和基岩系统中的渗流均服从达西规律。

（6）忽略重力和毛细管力的影响，考虑井筒储集和表皮效应的影响。

（7）以定产量 q 生产。

基于物理模型，根据渗流力学理论，建立无因次数学模型。如图 12.2.14 所示，典型特征曲线分为七段。

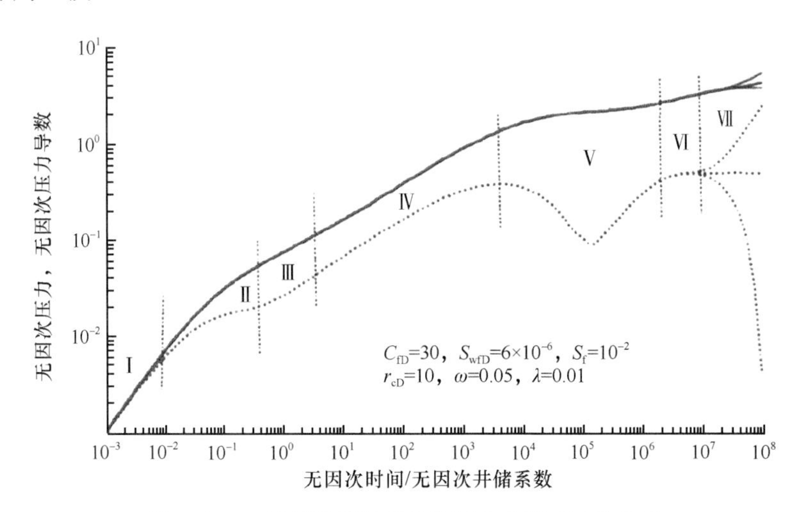

图 12.2.14　裂缝型储层不稳定试井典型双对数曲线

第Ⅰ段为纯井筒储集段。

第Ⅱ段为续流过渡段。

第Ⅲ段为裂缝、地层双线性流段。

第Ⅳ段为地层线性流段。

第Ⅴ段为基岩向天然裂缝拟稳态窜流的阶段，压力导数出现凹陷。

第Ⅵ段为基岩、天然裂缝和人工裂缝拟径向流段，压力导数为水平直线。

第Ⅶ段为外边界反应段。

井筒储集、裂缝表皮及裂缝导流能力对裂缝型储层裂缝井与对基质型储层裂缝井的压力动态的影响基本一致。井筒储集和裂缝表皮越大，裂缝型储层裂缝井的流动特征段缺失越严重；如果井筒储集和裂缝表皮过大，可能会造成裂缝型储层裂缝井试井曲线与裂缝型油藏普通直井试井曲线相近。与基质型油藏相比，裂缝型储层裂缝井的压力导数曲线会出现一个凹陷，凹陷的程度及凹陷出现的时间早晚分别受储容比 ω 和裂缝窜流系数 λ 的影响。

储容比对裂缝型储层裂缝井的井底压力动态影响如图 12.2.15 所示。储容比不同，压力导数曲线下凹的程度不同。ω 越小，基质孔隙相对发育而裂缝孔隙发育较差，基岩压力与裂缝压力同步下降需较长的时间；反之，裂缝孔隙相对发育而基质孔隙发育较差，基质系统向裂缝系统供给流体，基岩压力与裂缝压力同步下降仅需较短时间。

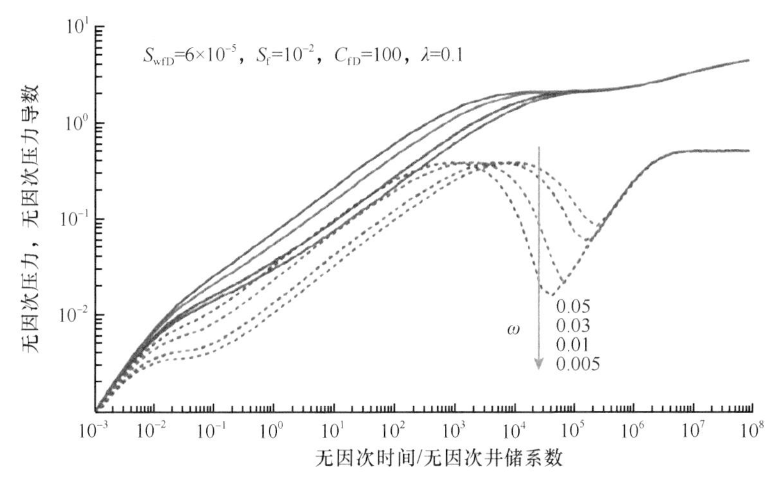

图 12.2.15　不同储容比影响下的裂缝型储层典型双对数曲线

3. 缝洞型压裂井不稳定试井

有限导流垂直裂缝压开裂缝型储层的物理模型如图 12.2.16 所示，人工裂缝连通的是三重介质储层，建立三重介质垂直裂缝井的不稳定渗流模型。基于物理模型，根据渗流力学理论，建立无因次数学模型。典型特征曲线分为八段（图 12.2.17）。

第Ⅰ段为纯井筒储集段。

第Ⅱ段为续流过渡段。

第Ⅲ段为裂缝、地层双线性流段。

第Ⅳ段为地层线性流段。

第Ⅴ段为溶洞系统向天然裂缝拟稳态窜流阶段，压力导数出现第一个凹陷。

第Ⅵ段为基质系统向天然裂缝拟稳态窜流阶段，压力导数出现第二个凹陷。

第Ⅶ段为基岩、溶洞、天然裂缝和人工裂缝总系统拟径向流段，压力导数为水平直线。

第Ⅷ段为外边界反应段。

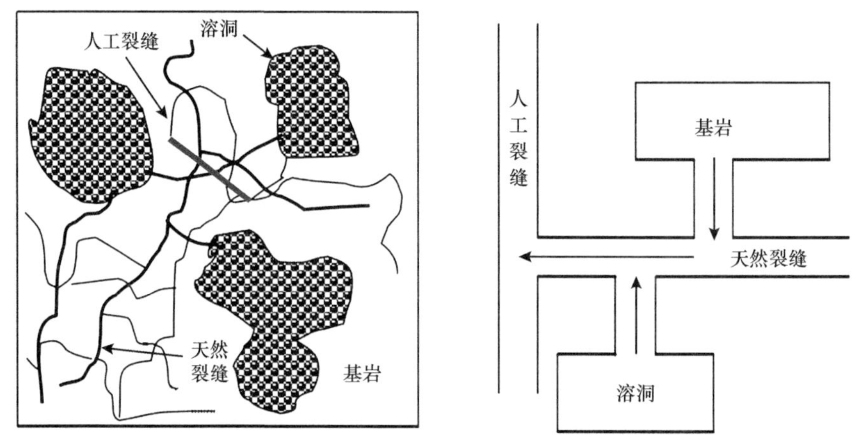

图 12.2.16　缝洞型储层模型示意图

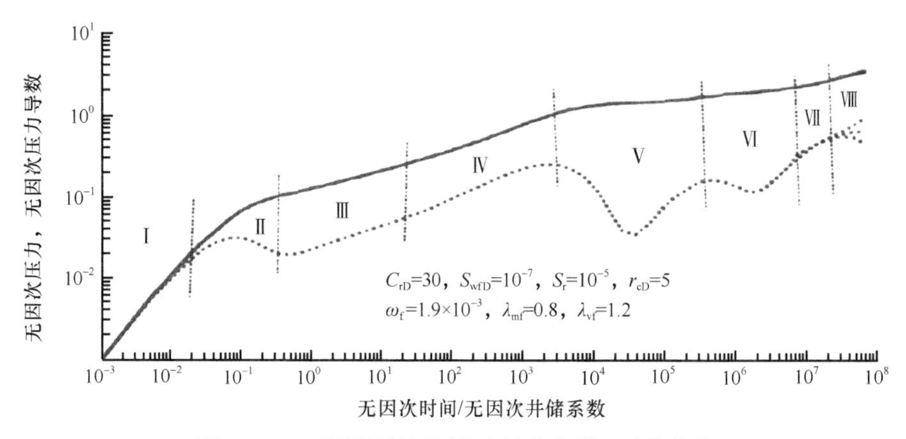

图 12.2.17　缝洞型储层不稳定试井典型双对数曲线

井筒储集、裂缝表皮以及裂缝导流能力对缝洞型裂缝井与对基质型储层裂缝井的压力动态的影响基本一致。分析表明，受井筒储集和裂缝表皮影响，随井筒储集和裂缝表皮的增大，裂缝线性流特征段被完全掩盖，裂缝地层双线性流特征段及地层线性流特征段被部分甚至完全掩盖。井筒储集和裂缝表皮越大，裂缝流动特征段缺失越严重。与基质型油藏相比，缝洞型储层裂缝井的压力导数曲线出现两个凹陷，凹陷的程度及凹陷出现的时间受储容比 ω_{f}、ω_{v} 和窜流系数 λ_{vf}、λ_{mf} 的影响。

天然裂缝储容比对缝洞型储层裂缝井的井底压力动态影响如图 12.2.18 所示。储容比影响压力导数曲线第一个凹陷的下凹程度。ω_{f} 越小，说明溶洞孔隙相对发育，而裂缝孔隙较差，溶洞岩块向裂缝补充流体，需较长的时间才能使溶洞与裂缝的压力同步下降，第一过渡段延伸越长；反之，说明裂缝孔隙相对发育，而溶洞孔隙较差，溶洞岩块向裂缝补充流体，较短的时间使溶洞的压力与裂缝的压力同步下降，第一过渡段延伸越短。

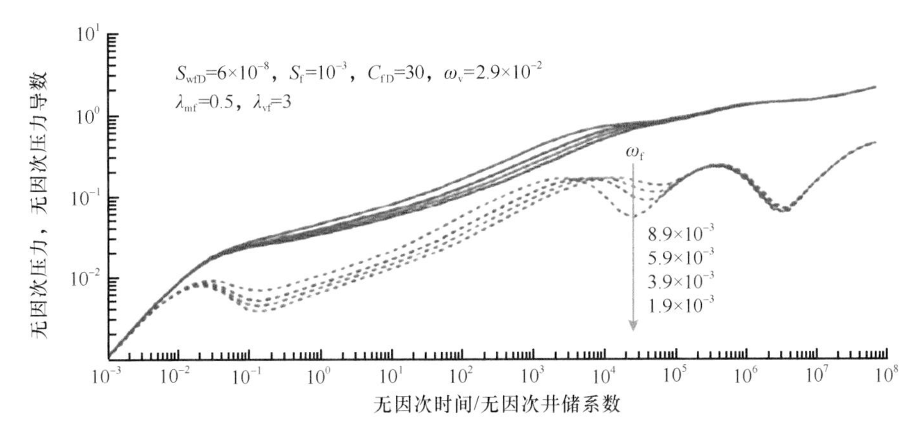

图 12.2.18　天然裂缝储容比 ω_f 对缝洞型储层典型双对数曲线的影响

溶洞储容比对缝洞型储层裂缝井的井底压力动态影响如图 12.2.19 所示。溶洞储容比 ω_v 影响压力导数曲线两个凹陷的凹陷程度。ω_v 越小，基岩、裂缝孔隙相对发育而溶洞孔隙较差，溶洞岩块向裂缝补充流体，较短的时间使溶洞岩块的压力与裂缝的压力同步下降，第一过渡段延伸越短。基岩向裂缝补充流体，需较长的时间才能使基岩与裂缝的压力同步下降，第二过渡段延伸越长；反之，第一过渡段越长，第一个下凹越深；第二过渡段越短，下凹越浅。

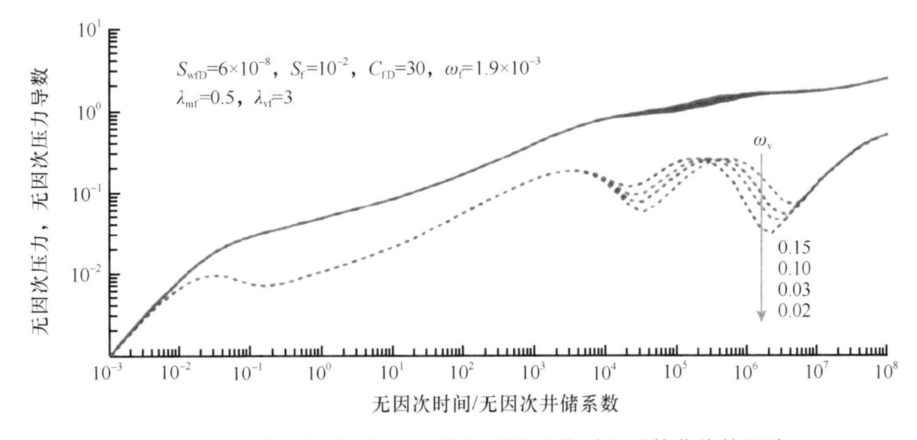

图 12.2.19　溶洞储容比 ω_v 对缝洞型储层典型双对数曲线的影响

基质窜流系数 λ_{mf} 对缝洞型储层裂缝井的井底压力动态影响如图 12.2.20 所示。基质窜流系数 λ_{mf} 影响压力导数第二个凹陷出现的早晚。基质窜流系数 λ_{mf} 越大，压力导数第二个凹陷出现得越早；λ_{mf} 越大，基岩渗透率越高，基质孔隙渗透率与裂缝渗透率差异越小，基质、裂缝窜流的阻力越小，发生窜流所需压差越小，基质与裂缝两个系统的压差达到窜流所需的压差时间越短。因此，λ_{mf} 越大，出现过渡段的时间越早。

溶洞窜流系数 λ_{vf} 对缝洞型储层裂缝井的井底压力动态影响如图 12.2.21 所示。溶洞窜流系数 λ_{vf} 影响压力导数第一个凹陷出现的早晚。λ_{vf} 越大，溶洞渗透率越高，溶洞孔隙渗透率与裂缝渗透率差异越小，发生窜流压差越小，溶洞与裂缝两系统的压差达到窜流所需压差的时间越短；溶洞和裂缝系统压降得越早，基岩向溶洞和裂缝系统能量补给也越早，压力导数第二个凹陷出现得越早。

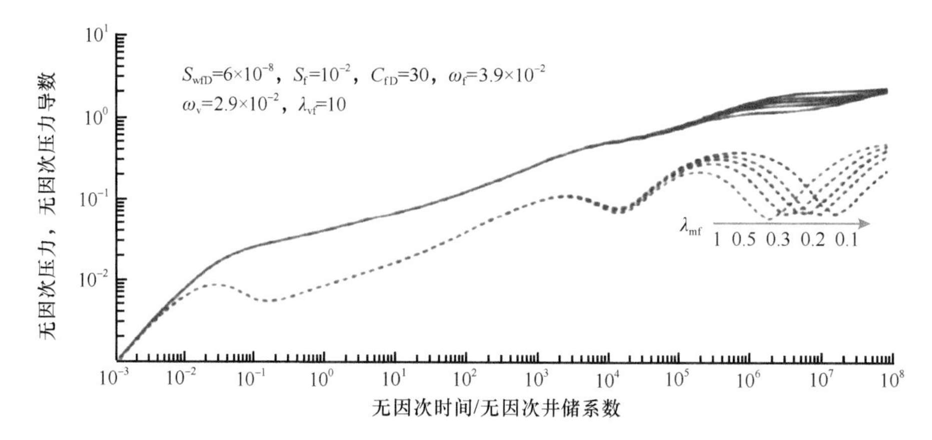

图 12.2.20　基质窜流系数 λ_{mf} 对缝洞型储层典型双对数曲线的影响

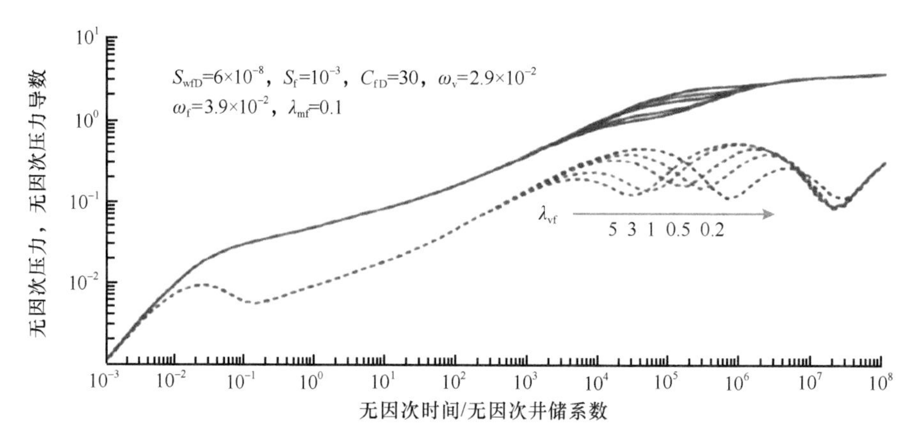

图 12.2.21　溶洞窜流系数 λ_{vf} 对缝洞型储层典型双对数曲线的影响

12.2.5　其他评价方法

1. 人工神经网络评价方法

人工神经网络技术可解决高度复杂的非线性问题，能实现对目标区块目的层的优选和储层改造效果的定量预测，从而优选出施工井段。人工神经网络具有自组织、自学习非线性映射功能，在处理储层改造效果影响参数间的非线性关系时，利用网络上各神经元参数（即复杂的网络结构）描述问题，通过调节网络中各节点间的连接系数（即参数的权值）解决参数存在的重复和主次现象，为储层改造提供可靠的依据（刘长印等，2003）。

2. 微破裂影像裂缝评价方法

微破裂“四维影像”裂缝监测采用适用于地面监测低信噪比情况的震源定位方法，即地震发射层析成像法。它是用数值模拟方法将监测目标区域空间划分为多个网格扫描单元，通过对地震波震相运动学（走时、射线路径）和动力学（振幅）属性分析，基于反演偏移向量叠加计算，得出各网格交点振幅能量属性数值，再应用层析成像技术对压裂破裂点进行空间定位及三维空间形态参数求取（周瑶琪等，2008）。该项技术包括数据采集、震源成像和精细反演等关键步骤，具有三分量监测，先进的去噪技术，可实现震级描述和 4D 输出优点，但解释过程复杂。地面微地震监测受信号弱、干扰大及地震波分辨率等因素影响，有效人工裂缝的识别需结合多方面的资料，遵循认识规律综合识别（苗洪波等，2014）。

微破裂“四维影像”技术通过水平能量梯度切片确定缝长，利用垂向能量梯度切片确定缝高。但岩石破裂中，地震波的频率具有向低频区偏移的趋势，且裂缝越大频率越低，低频率地震信号分辨率低，从而影响解释精度。在没有更先进的技术手段条件下，微破裂“四维影像”监测技术是描述人工裂缝延展方向及形成过程的有效手段。

3. 灰色关联理论评价方法

裂缝预测识别是裂缝性储层评价的关键技术之一。基于灰色关联理论的裂缝性储层常规测井识别，具有较好的效果，为裂缝性储层的识别评价提供了新思路和新途径。灰色关联系统理论具有标准化强、自动化程度高、适用性强、计算工作量小和计算速度快等优点，基于此进行裂缝的识别具有可行性。研究表明，基于灰色关联理论的裂缝性储层常规测井识别，具有较好的效果。在成像测井及岩心样品有限的情况下，该方法为裂缝的识别提供了新思路和新途径，对裂缝性储层的识别评价具有重要意义。酸压效果评价新技术的优缺点如表 12.2.2 所示。

表 12.2.2　酸压效果评价方法优缺点

名称	主要优点	局限性	塔河油田碳酸盐岩储层改造中的适应性
人工神经网络技术	解决复杂的非线性问题，能实现对目标区块目的层的优选和储层改造效果的定量预测，优选出施工井层	不适用对人工裂缝识别评价	适用性差
微破裂“四维影像”裂缝监测	微破裂“四维影像”裂缝监测采用适用于地面监测低信噪比情况的震源定位方法——地震发射层析成像法，利用压裂中的地震波信号获取裂缝三维形态	解释过程复杂，所需时间长，地面微地震监测受信号弱、干扰大及地震波分辨率等影响，有效人工裂缝的识别需结合多方面的资料，深度受限	适用性一般
灰色关联理论裂缝评价技术	建立影响因素与目标值间的关联，计算关联度，排序，找出影响目标值的主控因素	只能通过测井曲线判断裂缝是否发育，不能获得裂缝参数信息	适用性一般

12.3　典型井例

12.3.1　TP159HF 井分析

1. 地质概况

酸压层段为奥陶系中—下统一间房组 6364.00～7185m（斜），岩性为黄灰、灰色、浅灰色泥晶灰岩，砂屑泥晶灰岩，钻井中无放空漏失。录井显示一间房组见 13 层油迹，斜厚 358m，垂厚 8.39m。测井解释一间房组有Ⅱ类储层 5 层，斜厚 73.5m；Ⅲ类储层 16 层，斜厚 535.5m。

该井水平段位于构造斜坡部位，周边断裂发育程度相对较低，结合邻井数据分析，该井自然建产较难。采用分段酸压完井，充分发挥水平井分段酸压优势，形成多条酸蚀裂缝，沟通多个储集体。

2. 示踪剂监测设计

1）CTT 示踪剂性能

无毒害、无辐射，对地层无污染、无伤害，安全、环保；液体高度浓缩，用量少，现场施工方便，与压裂液混合具有较高的相容性，对压裂液性能无影响；热稳定性好，化学稳定性好，耐酸、耐碱，抗氧化，地层吸附少；不与储层流体发生化学反应、生成沉淀或同位素交换；抗干扰、配伍性好，示踪剂间不相互影响，监测灵敏度高，操作简单、方便、耗时短。

2）CTT 示踪剂技术指标

耐温 200℃，耐酸，检测浓度 10^{-9} 数量级，投加浓度为 0.01%～0.015%，pH 为 5～8，示踪剂有效期≥500d。

3）施工参数优化所需资料

所需资料包括地质概况、油井完井数据、油层套管数据、固井质量，施工管柱示意和井构造图，分层压裂目的层的小层数据，以及分层压裂设计工艺：①压裂井的分段；②备液数量；③泵注程序。

4）施工工艺流程

（1）分析压裂地质和工程设计，收集相关资料，做好示踪剂投加施工方案。

（2）压裂施工时，从混砂车加入液体示踪剂，不同的层段施工加入不同的液体示踪剂，但加入浓度相对统一，现场施工根据不同的施工排量均匀地调整加入速度，也可在配好的压裂液中加入液体示踪剂，但液体示踪剂的浓度要一致，不同储层使用的压裂液所含的液体示踪剂不同。

（3）压裂液返排期间，连续跟踪监测取样、计量，直到返排结束。

（4）下泵合层生产期间，须做到跟踪监测和计量，了解正常生产时的被跟踪井出液量的大小，井别不同，跟踪取样的要求也不同。

（5）分析、化验、检测。

（6）数据、曲线综合分析处理。

（7）综合分析与评价。

5）压裂设计

分段酸压泵注程序如表 12.3.1 和表 12.3.2 所示。

表 12.3.1　TP159HF 井第二段酸压泵注程序

序号	施工阶段	液量/m^3	排量/（m^3/min）	施工压力/MPa	示踪剂		备注
					型号	用量/L	
1	普通胶凝酸	60	1.0～3.0				低排量挤入酸液，浸泡地层
2	隔离液	35	1.0～3.0				滑溜水，将酸液挤入地层
3	浸泡地层 20min						
4	压裂液	60	2.5～3.0	91	TYJ-2	20	压开地层并稳定造缝
5	高温胶凝酸	35	2.5～3.0				排量与注压裂液保持一致
6	高温胶凝酸	65	3.5	87			
7	隔离液	10	1.0～2.0				滑溜水
8	压裂液	80	2.5～3.0	91	TYJ-2	30	
9	高温胶凝酸	50	2.5～3.0				排量与注压裂液保持一致
10	高温胶凝酸	100	3.5	87			
11	顶替液	125	2.0	66			滑溜水
12	打开压裂滑套 2	5	2.0	66			投球
13		23	2.0				送球（不包括地面管线）
14		10	0.8				打滑套 2
15	试挤滑溜水	40	1.0～4.0				判断投球滑套打开程度及地层吸液能力
合计		693			TYJ-2	50	

表 12.3.2　TP159HF 井第三段酸压泵注程序

序号	施工阶段	液量/m^3	排量/（m^3/min）	施工压力/MPa	示踪剂型号	用量/L	备注
1	普通胶凝酸	60	1.0～2.0				低排量挤入酸液，浸泡地层
2	隔离液	32	1.0～2.0				滑溜水
3	浸泡地层 20min						
4	压裂液	100	3.5～4.0	81	TYJ-5	25	
5	高温胶凝酸	40	3.5～4.0				排量与注压裂液保持一致
6	高温胶凝酸	80	5.0	82			
7	隔离液	20	1.0～3.0				滑溜水
8	压裂液	120	3.5～4.0	81	TYJ-5	30	
9	高温胶凝酸	40	3.5～4.0				排量与注压裂液保持一致
10	高温胶凝酸	100	5.0	82			
11	顶替液	100	4.0	81			
12	停泵测压降						
合计		692			TYJ-5	55	

注：液体配制严格按配方及配制要求进行操作，准确计量，配制液量预留出施工过程中的液体损失。

6）示踪剂监测参数

示踪剂投加段的确定及选择依据：依据压裂段的岩性及物性好坏作主要依据，岩性、物性优者为先，差者为后依次优选。参考各压裂段地层参数，TP159HF 井压裂中（按压裂顺序），在第二、三段实施分段压裂井改造效果评价，分别投加不同的示踪剂（表 12.3.3）。

表 12.3.3　TP159HF 井分段压裂投加示踪剂用量表

投加顺序	压裂层（段）	井段/m	参考层位	斜厚/层数	示踪剂种类	设计用量/L	实际投加液量/L
1	第二段	6595～6831	O_2yj	189m/4 层	CTT-W1	50	50
2	第三段	6364～6595		181.5m/9 层	CTT-W2	55	55

3. 分段酸压改造效果评价

1）数据分析及曲线特征

产出浓度曲线如图 12.3.1 和图 12.3.2 所示，发现第三段产出浓度曲线值高于第二段。其原因在于第三段为该井的主产液层，第二段有一定的产液能力，但比第三段差。曲线显示从第 50 个取样点后井筒内层间干扰逐渐减弱，各层（段）的主产液裂缝供液逐步变差，

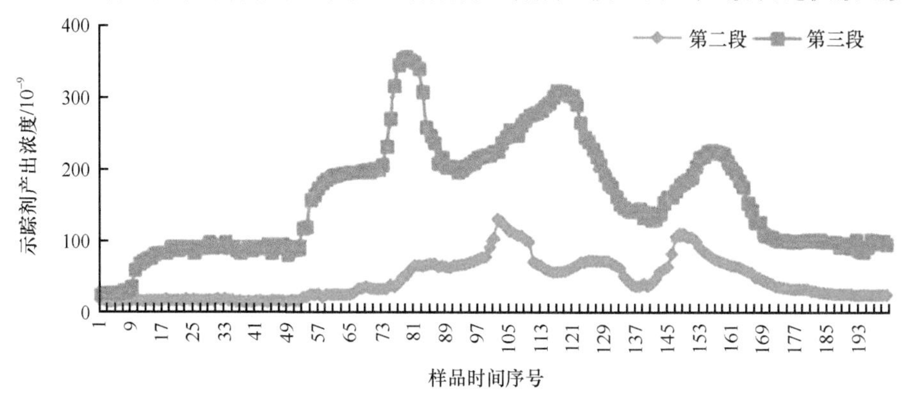

图 12.3.1　TP159HF 井各段示踪剂产出浓度曲线叠加图

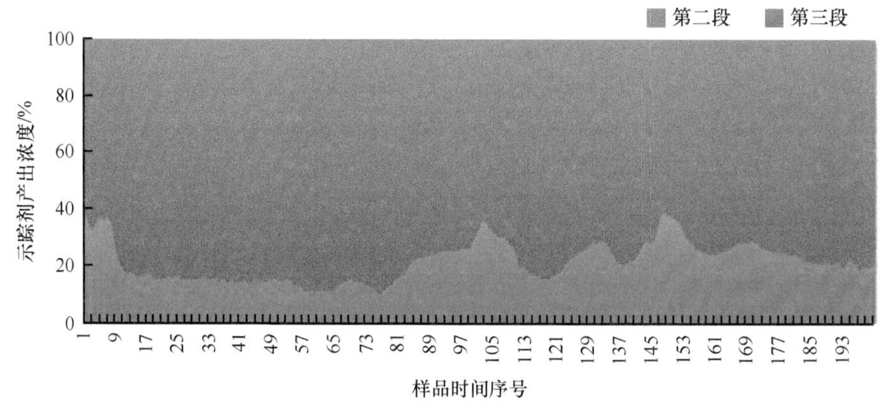

图 12.3.2　TP159HF 井各段示踪剂产出浓度构成图

其他次产液裂缝供液量增加，示踪剂浓度上升，多条不连通的裂缝在不同时期产液增加或减少，导致了曲线出现多个峰值。

第二段示踪剂产出曲线特征如图 12.3.3 所示，该段示踪剂产出浓度前低后高，高值波动幅度大，总体浓度产出值较低，表现为三个方面特征：①酸液进入地层后沟通了多条裂缝，且裂缝供液能力存在较大差异，早期阶段的主产液裂缝供液能力较强，但产出的示踪

剂被其他层位大量产出的原状地层液体稀释，导致初期产出浓度值较低；②主产液裂缝能量下降后，其他裂缝系统有产液贡献，示踪剂浓度逐步回升；③示踪剂后期出现多个峰值，高低值突转特征明显，显示出多条不连通裂缝在井筒压力变化下的不同期的供液变化。

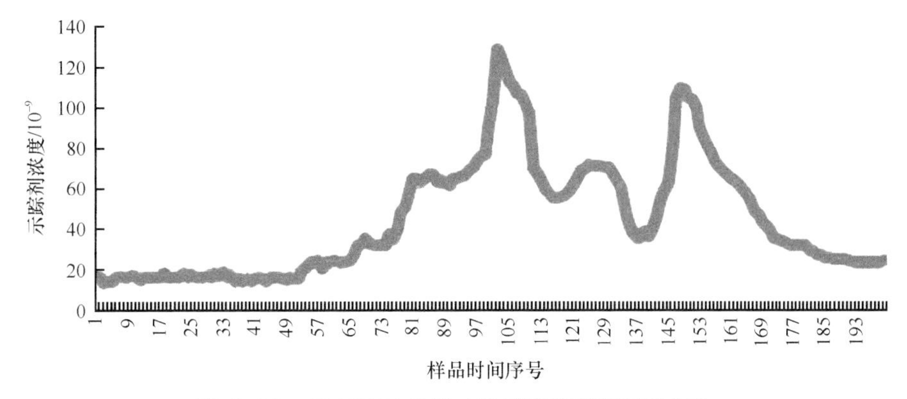

图 12.3.3 TP159HF 井第二段示踪剂产出响应曲线

第三段示踪剂产出曲线特征如图 12.3.4 所示，该段与第二段具有相似的曲线特征，但该层段供液能力更好。分析产出浓度特征曲线可得：早期阶段该层（段）产出浓度未出现较高值，主要是示踪剂进入大容量裂缝被稀释导致的初期值较低，随主产液裂缝系统的产液量下降，其他较小规模的裂缝产液，示踪剂浓度回升。该层段显示，形成了 4 条不连通的裂缝系统，后阶段的 3 个产出浓度峰值较高，表明该 3 条裂缝系统都有较强的供液能力，3 个峰值的快速下降显示裂缝系统的持续供液能力较差，裂缝系统规模较小。后两个峰值缓慢上升过程，显示该层段主产液的裂缝供液能力持续下降，随井筒内压力下降，层间干扰逐步减小，其他次产液裂缝供液量增加。

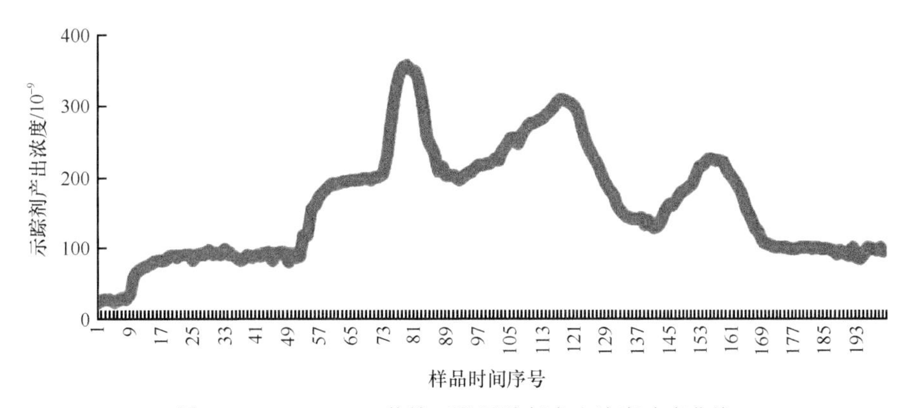

图 12.3.4 TP159HF 井第三段示踪剂产出浓度响应曲线

2）各压裂段产能分析

依据示踪剂回采率分析，该井各段产出情况如图 12.3.5 所示。第二段的示踪剂回采量为 21.34L，回采率为 42.67%；第三段的回采量 46.08L，回采率为 83.79%。示踪剂与压裂液混溶性好，认为各段的回采率代表了各段压裂液的返排情况。

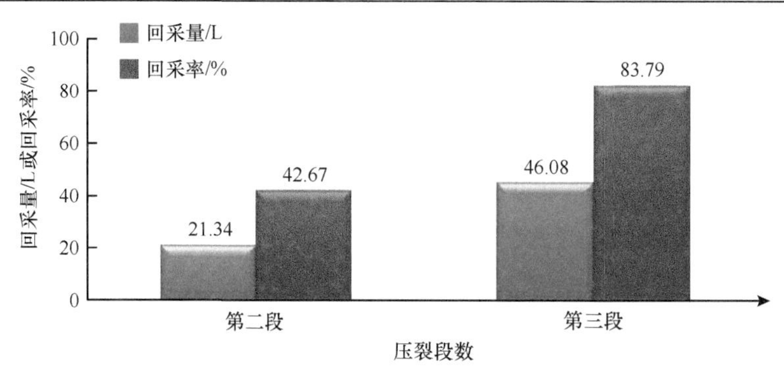

图 12.3.5　TP159HF 井各段示踪剂回采量和回采率柱状图

综合分析，所有段均压裂成功，依回采率与产液量间的关系，第二段产液贡献率为22%，为次产液层；第三段产液贡献率 78%，为主产液层（图 12.3.6）。

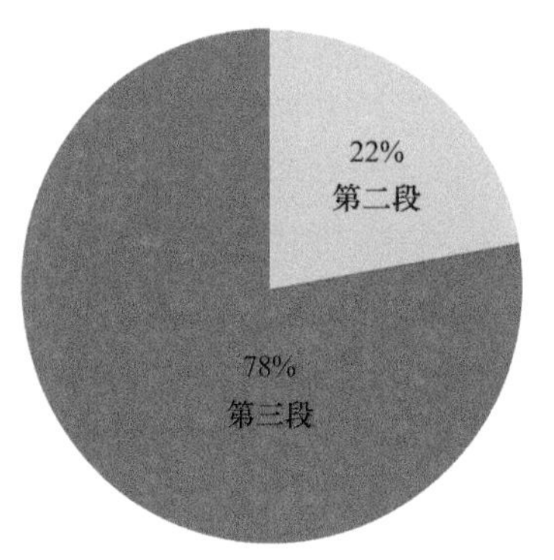

图 12.3.6　TP159HF 井压裂后各段贡献率图

结合单层产出及总产出量的情况，利用各段贡献率（产率）相对百分数划分分层产液，评价各段压裂后监测时间段内分层产液量的情况如表 12.3.4 所示。

表 12.3.4　TP159HF 井压裂后各类层（段）贡献率及产液量构成数据

序号	日期	浓度/ppm			贡献率/%		产液量/（m³/d）			备注
		第二段	第三段	合计	第二段	第三段	第二段	第三段	合计	
1	2 月 18 日	15.5	76.7	92.2	16.81	83.19	50.4	249.6	300	日产液量均为估算
2	2 月 19 日	47.5	224.7	272.2	17.45	82.55	61.9	293.1	355	
3	2 月 20 日	80.6	272.4	353	22.83	77.17	66.2	223.8	290	
4	2 月 21 日	57.4	160.2	217.6	26.38	73.62	31.7	88.3	120	
5	2 月 22 日	71.3	179.5	250.8	28.43	71.57	29.3	73.7	103	
6	2 月 23 日	32.8	99.8	132.6	24.74	75.26	29.7	90.3	120	
7	2 月 24 日	30	100.1	130.1	23.06	76.94	3.5	11.5	15	
8	2 月 25 日	25.3	96.7	122	20.74	79.26	5.2	19.8	25	
9	2 月 26 日	23.5	94.2	117.7	19.97	80.03	1.4	5.6	7	参考 27 日排液量
10					22.27	77.73			1335	

注：ppm 即百万分之一。

4. 监测结果

实验评价及现场试验表明，示踪剂能有效地监测分析水平井各段返排情况，各段产液贡献率等产能数据。该耐温 150℃耐酸的化学示踪剂，能满足碳酸盐岩储层超深、高温、强酸条件下，水平井分段酸压监测的应用需求。

（1）监测阶段（10d）内压裂液的返排率高达 77%，表明该井压裂改造效果较好。

（2）该井第三段为主产液层，第二段有产液能力，但相对较差。

（3）第三段压裂后形成了 4 条或 4 条以上的压裂裂缝带，第三段存在 4 条连通效果较差的裂缝带，两条示踪剂产出曲线峰值出现规律相似，说明压裂层间存在较严重的干扰。

12.3.2　TK777X 井分析

1. 地质概况

TK777X 井 B 点位于河道内，处于 TK7-451 北西向断裂带附近（图 12.3.7），井区水体不发育。过 TK777X 井 B 点地震时间剖面显示，TK777X 井 B 点 T_7^4 地震反射波下具串珠状反射特征，反射波以下 0～40ms 内平均振幅变化率较大。

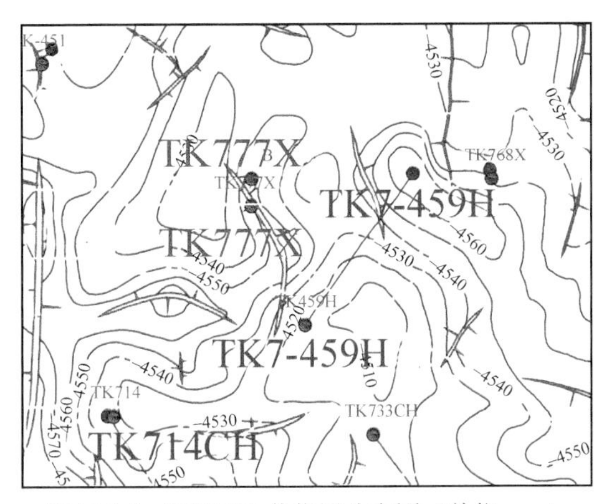

图 12.3.7　TK777X 井位置分布图（单位：m）

针对 TK777X 井开展酸压施工，同时将多级三分量检波器放置到监测井 TK7-459H 中进行井中微地震监测。根据采样原理，需满足时间为$\Delta t \leqslant \frac{1}{2} f_{\max} \leqslant 1\text{ms}$[$\Delta t$ 为时间采样间隔，$f_{\max}$为有效波（微地震事件）的最高频率]。在有效满足时间采样率要求下，为保障方位旋转的稳定性，实际采样间隔为 0.25ms。根据定位原理和现有设备条件，将检波器间距定为 10m。

2. 微地震监测参数

以压裂井 TK777X 井井口为坐标原点，建立压裂井 TK777X 井轨迹和监测井 TK7-459H 井轨迹的统一坐标系，确立检波器位置与压裂段的相对坐标（图 12.3.8、图 12.3.9）。

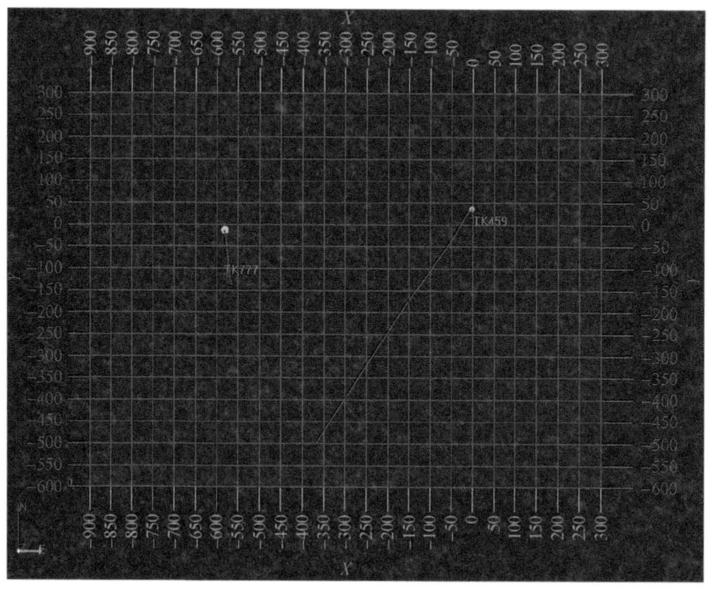

图 12.3.8　压裂井与监测井井口位置平面示意图

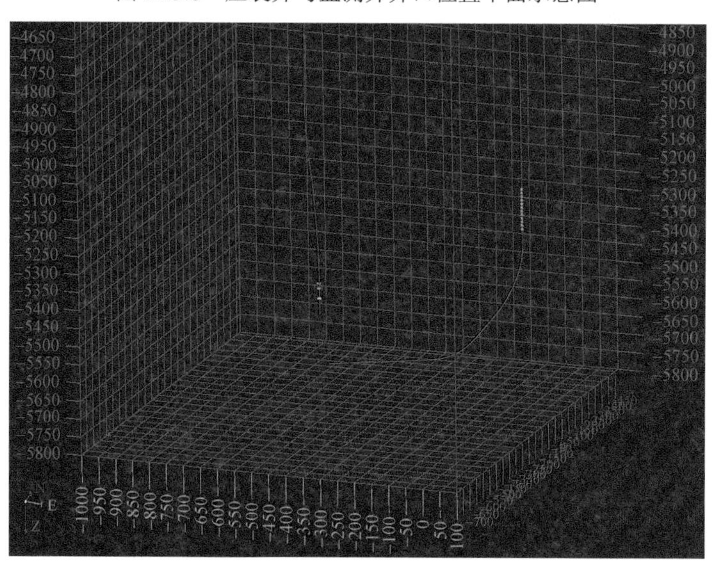

图 12.3.9　压裂井和监测井相对轨迹图

采用 12 级 Slimwave 三分量检波器接收，监测深度为 5190～5300m，具体位置见表 12.3.5。检波器和压裂段的距离为 627～650m，空炮弹深度为 5520～5523m，酸压段为 5507.05～5550.00m，酸压地层为奥陶系鹰山组裸眼井段。

表 12.3.5　压裂井射孔定位误差

相对坐标系	真实位置	定位结果	误差
X 方向	239270.68	239266.85	3.83
Y 方向	4579427.73	4579429.96	2.23
Z 方向	5502.9	5504.3	1.4

加载射孔（或导爆索）三分量数据，如图 12.3.10（a）所示。P 波得益于井中干扰较小，数据频带较宽（0～780Hz）、时间域短、初至信噪比较高、一致性较好。S 波受制于初至干扰，数据频带较窄（0～650Hz）、时间域稍长、初至信噪比较低、一致性较差。为提高微地震事件的信噪比，在不影响初至拾取准确性上开展去噪处理。如图 12.3.10（b）所示，去除高低频噪声后，P 波首波初至更加干脆、更易拾取走时。

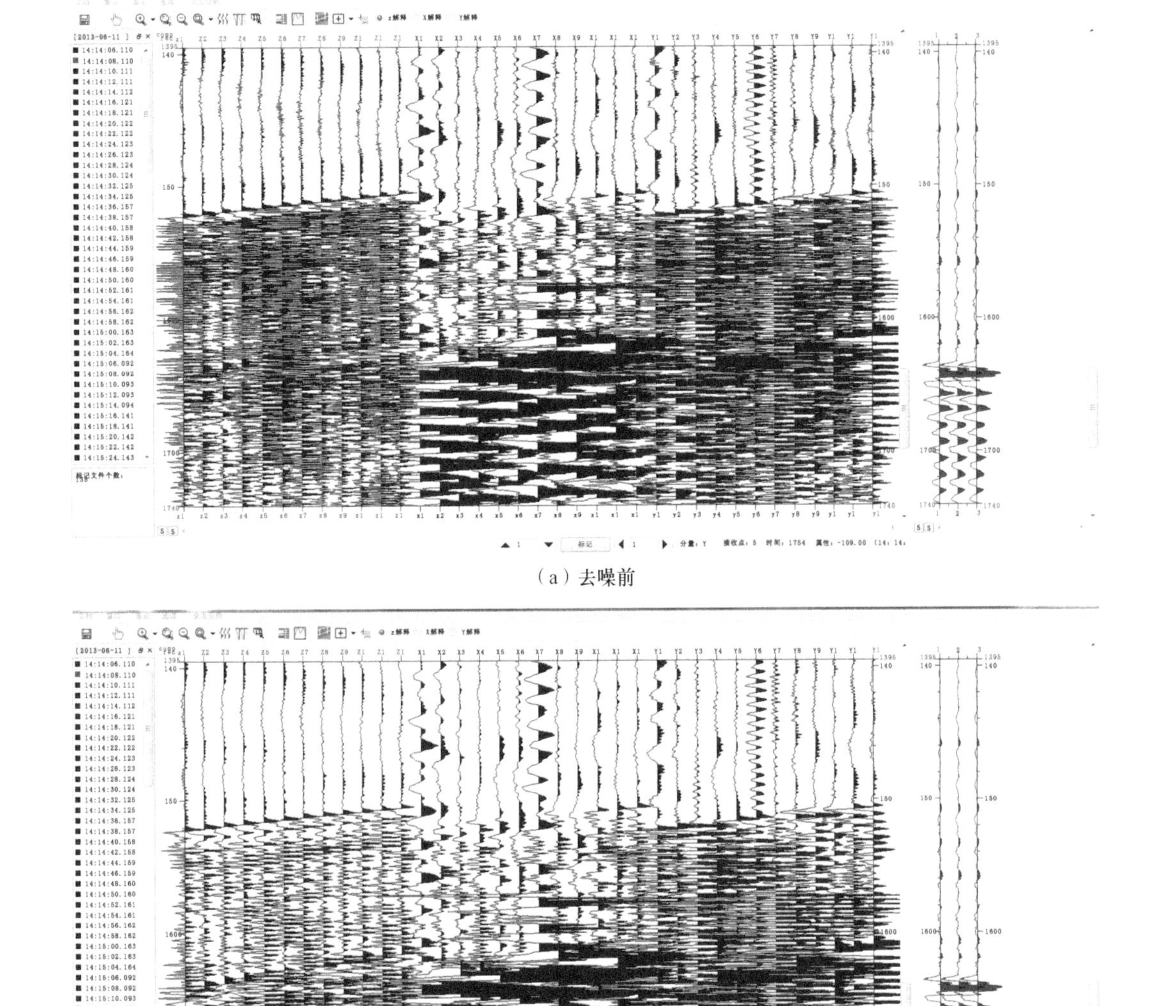

（a）去噪前

（b）去噪后

图 12.3.10　井中微地震自适应频率域 kl 滤波去噪前和去噪后对比

根据声波测井和井区地震、地质资料，建立初始速度模型。利用空炮弹的初至和位置信息，通过正、反演反复迭代计算，校正速度模型，至反演射孔位置与实际吻合，如表 12.3.5

所示。

将所有数据旋转至空炮弹位置指向检波器的三维矢量上，初步校正振幅与极性的随机性，再进行水平偏振与垂向偏振分析，完成矢量分解，获取地下实际横向传播方向的 P 波和垂直传播方向的 S 波。分析强事件和弱事件处理前后的对比图，提高 P 波和 S 波的信噪比和一致性。

3. 微地震监测结果

目标井中定位方法为微地震事件走时信息的定位方式，采取纵横波联合定位方法处理。图 12.3.11 为定位结果，TK777X 井微地震监测点与压裂施工参数对比，如图 12.3.12 所示。

（1）加压初期的微地震事件较弱，频带集中在极低频（小于和远小于 1Hz），以张开为主（张开模式），表征裂缝张开过程。

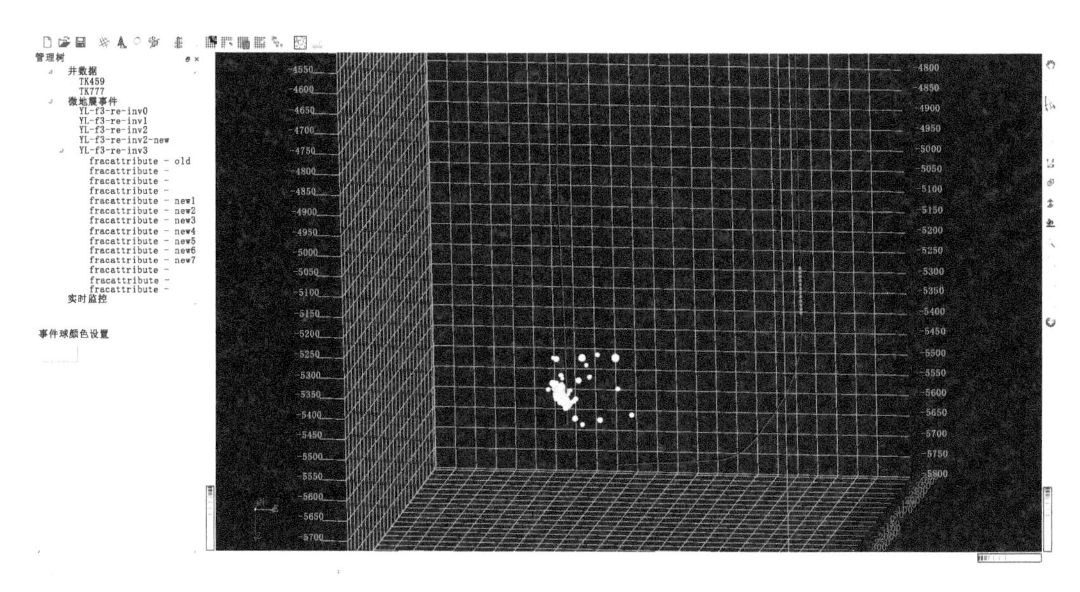

图 12.3.11 压裂段井中微地震监测结果（三维全景）

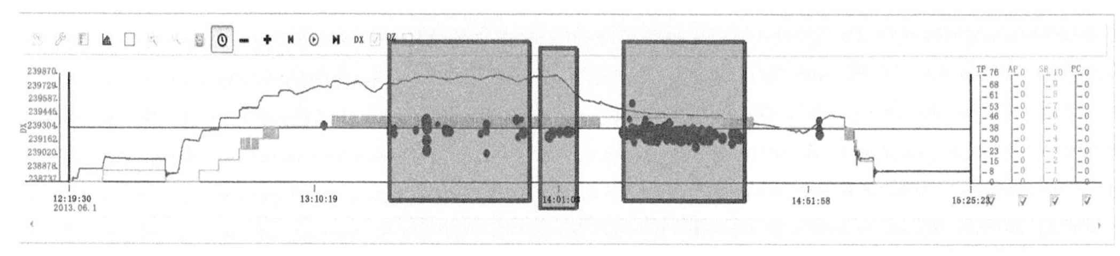

图 12.3.12 TK777X 井微地震监测点与压裂施工参数对比

（2）酸压中的微地震事件能量较强，频带较宽，以张开和剪切耦合为主（混合模式），表征为酸化和短时活动，加酸可改变裂缝生长的方向。

（3）通过持续的时间长度判断，形成的裂缝规模较大。

（4）降压和停泵阶段微地震事件能量较强，频带较宽，以剪切为主（剪切模式），表征为裂缝闭合过程。

（5）压裂后期，如果微地震事件忽然大量集中出现而后停止，表征储层中裂缝泄压过程的开始和结束。

主要参考文献

刘长印, 孔令飞, 张国英, 等. 2003. 人工智能系统在压裂选井选层方面的应用. 钻采工艺, (1): 37-38.

苗洪波, 胡晓波, 王建鹏, 等. 2014. 微破裂四维影像技术在水力压裂效果监测中的应用. 非常规油气, (1): 60-64.

王治中, 邓金根, 赵振峰, 等. 2006. 井下微地震裂缝监测设计及压裂效果评价. 大庆石油地质与开发, (6): 76-78.

周瑶琪, 王爱国, 陈勇, 等. 2008. 岩石压裂过程中的声发射信号研究. 中国矿业, (2): 94-97.

Fraim M L, Lee W J, Gatens J M. 1986. Advanced decline curve analysis using normalized-time and type curves for vertically fractured wells//SPE Annual Technical Conference and Exhibition, New Orleans.